# 透射电镜基本原理与应用

## Basic Principles and Applications of Transmission Electron Microscopy

陈 彬 编著

上海交通大学出版社
SHANGHAI JIAO TONG UNIVERSITY PRESS

**内容提要**

透射电镜技术在材料、物理、化学、生物、医学、环境等领域有广泛应用。本书介绍了透射电镜的理论基础、操作经验和分析实例，注重理论与实践相结合。主要内容包括电子衍射分析、衍射衬度分析、常用附件功能、透射电镜样品制备、透射电镜基本操作和维护等方面，使读者能较直观地了解透射电镜相关技术。

本书可作为使用透射电镜进行学习和研究的本科生、研究生和其他科研人员的参考用书。

**图书在版编目（CIP）数据**

透射电镜基本原理与应用 / 陈彬编著. –– 上海：
上海交通大学出版社，2025.1. –– ISBN 978–7–313–30913
–6

Ⅰ. TN16
中国国家版本馆CIP数据核字第2024WP8499号

**透射电镜基本原理与应用**
**TOUSHE DIANJING JIBEN YUANLI YU YINGYONG**

编　　著：陈　彬

出版发行：上海交通大学出版社　　　　　　　地　　址：上海市番禺路951号

邮政编码：200030　　　　　　　　　　　　　电　　话：021-64071208

印　　制：浙江天地海印刷有限公司　　　　　经　　销：全国新华书店

开　　本：710mm×1000mm　1/16　　　　　印　　张：34.75

字　　数：676千字

版　　次：2025年1月第1版　　　　　　　　　印　　次：2025年1月第1次印刷

书　　号：ISBN 978-7-313-30913-6

定　　价：148.00元

# 序

　　经过 80 多年的发展，电子显微技术已经日趋成熟，并在材料、物理、化学、生物、医学、环境等领域得到广泛应用。其中，透射电子显微镜已经成为材料研究领域的重要工具，在我国高校和科研机构越来越普及，普通教师、学生、科研工作者亲自操作该仪器的机会也逐渐增多，但一直以来，透射电子显微镜相关书籍大多偏重于理论，市面上缺乏一本理论和实践相结合的参考书籍。

　　本书在保留了电子显微学基本原理的基础上，增加了电镜基本操作技术、电镜样品制备技术等实用技术方面的内容，并一一做了较完整、清晰的阐述。本书由浅入深、循序渐进、结构严谨、内容图文并茂、语言通俗易懂，使读者较轻松地掌握透射电子显微镜的基本原理、使用技术及结果分析。本书的一大特色是采用了许多操作和分析的实例，包含了不少作者自己的经验。本书的另一大特色是介绍了随着电子显微技术发展不断出现的一些新技术，例如球差校正技术、高角环形暗场技术等，在这方面弥补了以往教材的不足。

　　多年前，陈彬曾在我的指导下攻读博士学位，在指导其学习、科研的过程中，我发现其有实践能力强、善于思考的特点。毕业后他留校从事电子显微技术和材料的相关研究，在材料科研、电镜教学、电镜操作等方面积累了较丰富的经验。本书是他多年来学习实践的经验积累的总结，可以作为材料相关学科的教师、学生及科研工作者在透射电子显微镜原理和应用方面的学习资料和教材，相信本书能给读者带来一些收获。

　　　　　　　　　　　　　　　　　　　　　　　　　林桦樑

# 前　言

首先，感谢我的博士生导师林栋樑教授和卢晨教授，在他们的指导和帮助下，我走上学习和使用电子显微镜之路。林先生在看完初稿后欣然答应给本书作序，遗憾的是他没能等到本书出版的这一天。

编撰本书时，我参考了一些国内外相关的书籍、论文等资料，这些资料给了我很大的帮助；同时，越看别人的著作越感觉自己能力不够。有幸在撰写过程中得到了诸多老师、朋友的帮助和支持，并提供了专业的建议和素材：日本电子公司的工程师王灵灵、单常杰在透射电镜方面提供了相关资料，布鲁克公司的焦汇胜博士和禹宝军博士、牛津仪器公司的工程师蔡怿春在 EDS 方面提供了相关资料，德国 EMSIS 公司的工程师尚振华在 CCD、CMOS 相机方面给予了支持，生物岛实验室的金亮研究员在直接电子探测相机方面贡献了相关信息，得克萨斯农工大学的 Kelvin Xie 老师、上海微纳国际贸易有限公司的王佳庆在 EELS 方面提供了相关内容，上海交通大学的王永瑞老师在样品制备方面给予了支持。复旦大学谢颂海老师阅读了全书，并提出了宝贵建议。上海交通大学出版社的编辑张潇、陈艳对本书的撰写提供了宝贵意见。我的学生朱怡欣协助检查了书稿的格式和错别字。本书的部分图片来自我指导学生的科研工作。上海交通大学材料科学与工程学院的研究生教材建设项目对本书提供了出版费用的资助。在此一一表示感谢。

本书旨在让材料相关专业研究生能较系统地掌握透射电镜的相关基础理论知识，并学习运用透射电镜的相关技术和方法解决学习、科研中在材料等领域的实际问题。本书也可供物理、化学、生物、医学等领域的师生、科研工作者学习参考。鉴于本人知识和能力有限，本书难免存在错误，不妥之处恳请读者批评指正！

陈彬

2024 年 3 月

# 目　录

# 第 1 章　透射电镜基础

## 1.1　透射电镜的发展历史

1857 年,德国物理学家尤利乌斯·普吕克(Julius Plücker)在利用"盖斯勒管"研究磁场对放电的影响时发现阴极的荧光现象[1-2]。1869 年,普吕克的学生约翰·威廉·希托夫(Johann Wilhelm Hittorf)发现,从阴极发射出一些未知射线在发光的管壁上投下阴影,表明这些射线是沿直线前进的[3]。1871 年,英国物理学家克伦威尔·弗利特伍德·瓦尔利(Cromwell Fleetwood Varley)根据阴极射线在磁场中受到偏转的事实,提出该射线是由带负电的物质微粒组成的设想,这被认为是"负电微粒说"的始源。1876 年,德国物理学家艾蒂根·戈尔茨坦(Etigen Goldstein)认为这是从阴极发出的某种射线,并命名为"阴极射线"[4]。

1879 年,威廉·克鲁克斯(William Crookes)改良了真空泵,得到了百万分之一个大气压的"克鲁克斯管",他在实验中除了注意到阴极射线的磁力偏转外,还发现阴极射线能把它行进中遇到的金属片打成白炽状态,另外他还做了风轮实验,不仅验证了阴极射线是带电的,还发现阴极射线具有热效应并具有动量[5]。1883 年起,海因里希·鲁道夫·赫兹(Heinrich Rudolf Hertz)对阴极射线进行了一系列实验,发现阴极射线是连续射出的。1892 年,他进一步发现阴极射线能够穿透金属薄片(金箔、银箔、铝箔),打破了当时人们认为任何物质粒子都不能穿过金属薄片的观念[6-7]。1894 年,赫兹的学生菲利普·爱德华·安东·冯·伦纳德(Philipp Eduard Anton von Lenard)为阴极射线管开了一个"伦纳德窗口(0.000 265 cm 厚铝箔的窗口)",把阴极射线引到管外空间,使几厘米处的荧光屏发出荧光,并测量它们在管外的平均自由行程[8]。他还发现阴极射线有不同类型,在磁场中偏转程度不一样。

1897 年,约瑟夫·约翰·汤姆逊(Joseph John Thomason)(见图 1-1)从阴极射线实验中证实了阴极射线是带负电的微粒子,他命名这种微粒子为"电子",他还发现如果将阴极射线的放电管抽到非常低压的状态,可更有效地使阴极射线偏转,并计算出电子的质荷比[9],他因此获得 1906 年的诺贝尔物理学奖。同在 1897 年,卡尔·费迪南德·布劳恩(Karl Ferdinand Braun)建造了第一台阴极射线管示波器[10]，被称为"布劳恩管"，在阴极射线管的一端装上电极，这样从阴极发出的阴极射线受静电力影响，磁场改变时会发生偏转，就在荧屏上得到波动的图像。阴极射线管的发明和改进为电子显微镜(简称电镜)的发明奠定了重要基础。

1923年，路易·维克多·德布罗意(Louis Victor de Broglie)(见图1-2)在《法国科学院通报》上发表了三篇有关波和量子的短文[11-13]。1924年，德布罗意在他的博士论文中进行了更详细的描述[14]，指出波粒二象性不只是光子才有，电子等一切微观粒子也具有波动性，其波长与能量有确定关系，能量越大波长越短。在博士答辩会上，有人问有没有办法验证这一新理论，德布罗意答道："通过电子在晶体上的衍射实验，应当有可能观察到这种假定的波动效应。"德布罗意因提出波粒二象性假说获得1929年的诺贝尔物理学奖。

图1-1 约瑟夫·约翰·汤姆逊

图1-2 路易·维克多·德布罗意

克林顿·约瑟夫·戴维森(Clinton Joseph Davisson)(见图1-3)在研究电子在镍中散射的实验时，意外发现了电子在晶体中的衍射现象。开始时他很疑惑，后来当他了解到德布罗意物质波的概念后，意识到这可能是电子的衍射现象，可用来验证电子波。1926—1927年，他与雷斯特·哈尔伯特·革末(Lester Halbert Germer)设计了一个实验，他们用低速电子入射镍晶体，测量出电子的散射强度与散射角度的数据关系，取得的电子衍射图案满足布拉格定律，从而证实了德布罗意假说的正确性[15-17]。戴维森-革末实验也为电子显微镜的发展奠定了基础。同一时期，约瑟夫·约翰·汤姆逊之子乔治·佩吉特·汤姆逊(George Paget Thomson)(见图1-4)和亚力山大·里德(Alexander Reid)使用快速电子也做了电子衍射实验，电子束通过金箔后在感光底片显示的图案是透射束电子形成的中心斑点和衍射束形成的许多圆环[18]。根据这些衍射圆环的直径,可计算出入射电子的物质波波长,实验结果与德布罗意的假说一致。戴维森和汤姆逊分享了 1937 年的诺贝尔物理学奖。

图 1-3　克林顿·约瑟夫·戴维森　　　图 1-4　乔治·佩吉特·汤姆逊

1926—1927 年,德国学者汉斯·布什(Hans Busch)(见图 1-5)发表了关于磁聚焦的论文,指出类似于具有固定焦距的光学凸透镜对光束的作用[19-20],具有轴对称的磁场对电子束起着透镜的作用,可使电子束(波)聚焦成像,这为电子显微镜的制作提供了理论依据。他还计算了电子束中的电子轨迹,并发现短线圈的磁场对电子束的影响与具有精确焦距的凸透镜对光束的影响相同,这种"磁透镜"的焦距可以通过线圈电流连续改变。布什想在实验上验证他的理论,但由于时间的原因,他无法进行新的实验,只能利用了他 16 年前在哥廷根的实验结果。然而,这些实验结果与理论的

图 1-5　汉斯·布什

一致性极差,未能实现用线圈成像某个物体,导致布什最终没能验证他的透镜理论。

1928 年,柏林工业大学的高电压技术教授阿道夫·马蒂亚斯(Adolf Matthias)让马克斯·克诺尔(Max Knoll)来领导一个研究小组,在布劳恩管的基础上开发一种高效的阴极射线示波器,用于测量发电站和露天高压输电线路中的极快电过程[21]。这个研究小组由几个博士生组成,这些博士生包括恩斯特·奥古斯特·弗里德里希·卢斯卡(Ernst August Friedrich Ruska)和波多·冯·波里斯(Bodo von Borries)。这组研究人员考虑了通过透镜设计和示波器的排列来找到更好的示波器的设计方案,同时研制可以用于产生低放大倍数的电子光学元件。1929 年,卢斯卡在读到了布什

发表的关于电子束磁聚焦的论文后受到了启发,并对布什的理论进行了解释,认为磁场的确可以约束电子流、产生透镜效应,这扫除了电子显微镜的最后一个障碍。他们随后运用这一理论,制造了磁透镜,发现布什线圈实验不理想的原因是线圈沿轴的磁场分布太宽,于是他们用铁将线圈包裹起来,在其内圈中设置了环形间隙,实现用较少的安匝就可以达到相同的焦距。1931 年,克诺尔和卢斯卡成功地获得了光阑网格的放大图像[22-24],这个设备使用了两个磁透镜,放大倍率为 17.4 倍,证明可用电子束和磁透镜得到电子像,因此被称为第一台电子显微镜(见图 1 - 6)。同年,他们证实布什的透镜理论[25-26]。同在 1931 年,他们才知道德布罗意于 1923 年发表了揭示电子波具有波动特性的论文,他们迅速意识到电子波的波长比可见光波长小了若干数量级。通过计算,他们于 1932 年得出电子显微镜的极限分辨率为 2.2 Å,理论上可实现原子尺度的观察[24]。1932 年,波里斯等申请了极靴的专利[27-28]。1933 年,波里斯等在德国西门子公司一起研制电子显微镜,引入极靴及投影镜,得到了金属箔和棉纤维的放大像,放大倍率达到 12 000 倍,分辨率稍优于光学显微镜[29-30]。20 世纪 30 年代中期,在许多有影响力的生物学家和物理学家怀疑电子是否可以用于生物医学进行高倍成像时,恩斯特·卢斯卡的弟弟——赫尔穆特·卢斯卡(Helmut Ruska)医生力促恩斯特·卢斯卡和波里斯将电子显微镜应用于生命和疾病的研究。西门子公司认为能够承担开发电子显微镜的经济风险和技术风险,于 1937 年邀请恩斯特·卢斯卡在柏林建立了超显微镜学实验室,以支持恩斯特·卢斯卡、波里斯和赫尔穆特·卢斯卡的密切合作。1938 年,恩斯特·卢斯卡等人制作了两台新型透射电镜原型,不但有聚光镜、高性能物镜、投影镜,还配备了更换样品、底片的装置,分辨率达到 70 Å,可获得 3 万倍放大率的图像[31]。其中一台电子显微镜由赫尔穆特·卢斯卡独家使用。1939 年,西门子公司推出世界上第一台商品电子显微镜,并投入批量生产,分辨率达

图 1 - 6  克诺尔、卢斯卡和第一台透射电镜

到 30 Å[32]。同年，赫尔穆特·卢斯卡与德国的古斯塔夫·A. 考什（Gustav A. Kausche）、埃德加·潘库奇（Edgar Pfannkuch）一起在透射电镜下观察到了烟草花叶病毒，首次从分子尺度研究了病毒结构，这是人类有史以来第一次看到病毒[33]。为表彰恩斯特·卢斯卡在电子光学基础研究方面的贡献和设计出第一台透射电镜，他被授予 1986 年的诺贝尔物理学奖。

## 1.2　电子光学基础

### 1.2.1　显微镜的分辨率

恩斯特·卡尔·阿贝（Ernst Karl Abbe）（见图 1 - 7）在 1873 年发表的阿贝成像原理[34]，指出对物体细节的分辨率受到用于成像的光波波长的限制，因此使用光学显微镜仅能对微米级的结构进行放大观察。由于可见光波长的限制，无法得到亚微米分辨率的图像。

#### 1.2.1.1　阿贝成像原理

阿贝成像原理是指入射光经物平面发生夫琅禾费衍射，在透镜的后焦平面上形成一系列衍射光斑，将各个衍射斑当成新的光源，发出的各个球面次波在像平面上进行相干叠加形成像。如图 1 - 8 所示，平行光束受到有周期性特征物体 ABC 的散射作用形成各级衍射谱，同级平行散射波经过透射后都聚焦在后焦面上同一点，形成衍射振幅的极大值 $S_0$、$S_1$、$S_1'$、$S_2$、$S_2'$……各级衍射波通过干涉重新在像平面上形成反映物体特征的像 $A'B'C'$。

图 1 - 7　恩斯特·卡尔·阿贝

在透射电子显微镜中，用电子束代替平行入射光束，用薄膜状的样品代替周期性结构物体，可重复以上衍射成像过程。

如图 1 - 9 所示，当光源和观察点距障碍物为无限远，即当平行光通过光学仪器的孔隙，则会发生夫琅禾费衍射。衍射圆斑中以第一暗环为周界的中央亮斑的光强度约占通过透镜总光强的 83.5%，这个中央亮斑被称为艾里斑（Ariy disk）[35]。

#### 1.2.1.2　瑞利准则

在实践中，人们经常使用瑞利准则来表征显微镜的分辨率极限。瑞利勋爵［Lord Rayleigh，原名约翰·威廉·斯特拉特（John William Strutt）］根据阿贝对显微镜成

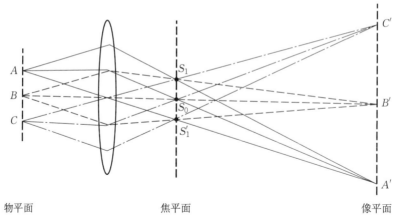

图 1-8 阿贝成像原理

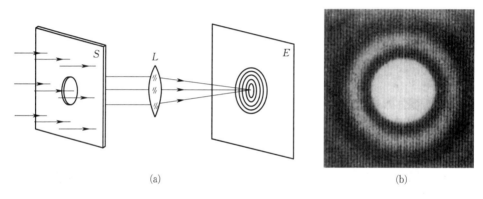

(a)　　　　　　　　　　　　　　(b)

图 1-9 圆孔的夫琅禾费衍射

(a) 示意图；(b) 衍射圆斑

像波动光学物理过程的解释,提出著名的电磁波显微成像分辨率极限判据:当一个艾里斑的边缘与另一个艾里斑的中心正好重合时,此时对应的两个物点刚好能被人眼或光学仪器所分辨,这就是瑞利准则(Rayleigh criterion),也称为瑞利判据[36]。如图 1-10 所示,两个相等强度的点光源,当一个点的衍射图样的中心(中央极大值)刚好与另一个点的衍射图样的第一个极小值重叠时,则它们刚好能够被分辨,这一距离是临界值;若它们的距离超过临界值时,两点都是能够被分辨的;若比这个距离小,则无法被分辨。

### 1.2.1.3 波长与分辨率

显微镜的最小可分辨距离参考瑞利准则公式:

$$\Delta r_0 = \frac{0.61\lambda}{n\sin a} \tag{1-1}$$

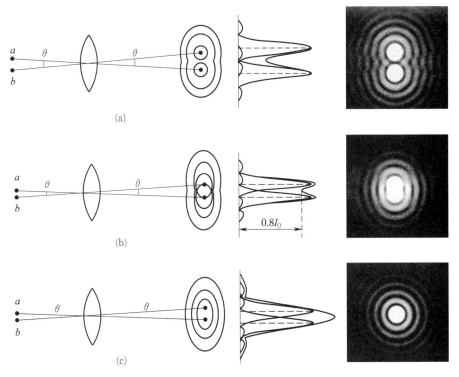

图 1 - 10　瑞利准则示意图

(a) 能够分辨;(b) 恰能分辨;(c) 不能分辨

式中,$\Delta r_0$ 为最小可分辨距离;$\lambda$ 为光源的波长;$n$ 为物点和透镜之间的折射率;$\alpha$ 为孔径半角(即透镜对物点的张角的一半);$n\sin\alpha$ 称为数值孔径。

从式(1-1)可以看出,显微镜的分辨率取决于式中的 $\lambda$、$n$、$\alpha$ 三个参数,对于光学显微镜而言,孔径半角最大可以做到 $70°\sim75°$,$n$ 的值也不可能很大,因此有时将分辨率定为不超过所用光源波长的二分之一。可见光的波长在 $390\sim780$ nm 之间,因此使用光学显微镜仅能对微米级的结构进行放大观察。普通光学显微镜的分辨率不会超过 200 nm,正常人眼的分辨能力接近 0.1 mm,因此从光学显微镜获得的最大放大倍数在 1 500~2 000 倍。

既然是光源的波长限制了显微镜的放大倍数,那么要制造放大倍数更大的显微镜,首先应该选择合适的光源,而电子波正是这样一种理想的光源。电子波的波长 $\lambda$ 取决于电子波的运动速度和质量,它由式(1-2)决定:

$$\lambda = \frac{h}{mv} \qquad (1-2)$$

式中,$h$ 为普朗克常量;$m$ 为电子的质量;$v$ 为电子的速度。

电子的速度与加速电压之间存在如下的关系:

$$\frac{1}{2}mv^2=eU$$

由此可以推出

$$v=\sqrt{\frac{2eU}{m}} \tag{1-3}$$

当加速电压比较低时,电子运动速度远小于光速,它的质量近似等于电子的静止质量 $m_0$,即 $m=m_0$。由式(1-2)和式(1-3)得

$$\lambda=\frac{h}{\sqrt{2em_0U}}$$

考虑相对论修正以后,最终可以得到电子波与加速电压的关系式为

$$\lambda=\frac{h}{\sqrt{2m_0eU\left(1+\frac{eU}{2m_0c^2}\right)}} \tag{1-4}$$

常用透射电镜的电子波波长就是用式(1-4)推导出来的,如表1-1所示。

表1-1　透射电镜电子波长、电子速度与加速电压的关系[37]

| 加速电压 $U$/kV | 40 | 60 | 80 | 100 | 200 | 500 | 1 000 |
|---|---|---|---|---|---|---|---|
| 电子波长 $\lambda$/nm | 0.006 01 | 0.004 37 | 0.004 18 | 0.003 70 | 0.002 51 | 0.001 42 | 0.000 87 |
| 电子速度 $v$/($\times 10^{11}$ mm·s$^{-1}$) | 1.122 | 1.338 | 1.506 | 1.644 | 2.079 | 2.587 | 2.822 |

因此,理论上为了追求透射电镜的分辨率,可以将电镜的加速电压提升到超高压(加速电压≥500 kV),但这要求把电镜建得很大,1 000 kV 的电镜的高度就超过三层楼,如图1-11所示。此外,加速电压越高,电子能量越大,对材料造成的损伤也越大。因此,超高压透射电镜不适合观察常规样品。但由于超高压透射电镜的电子波长很短,即使增大物镜极靴之间的间隙,也能获得高分辨率的图像,较大的物镜极靴间隙为需要较大空间的原位观察和需要大角度倾斜的三维观察在电镜内的实现提供了可能。此外,超高压透射电镜的另一个优点是电子束具有很强的穿透能力,即使较厚样品也能观察到清晰的图像。

分辨率是透射电镜最主要的性能指标,它表示电镜的分辨能力。实践上,透射电镜的分辨率一般以点分辨率和线分辨率表示,点分辨率表示电镜所能分辨的两点之间的最小距离,线分辨率表示电镜所能分辨的两条线之间的最小距离。通常分辨率是通过拍摄已知晶体的晶格像来测定的,又称晶格分辨率。

图 1 - 11 日本电子超高压透射电子显微镜 JEM - 1000

## 1.2.2 电子在磁场中的运动

电子是带负电的粒子,在静电场中会受到电场力的作用,使运动方向发生偏转,通过改变静电场的大小和形状可实现电子的聚焦和发散,由静电场制成的透镜称为静电透镜。运动的电子在磁场中也会受磁场力的作用产生偏折,从而达到会聚和发散的效果。

运动电子在磁场中受到洛伦兹力作用如图 1 - 12 所示,其表达式为

$$\boldsymbol{F} = -e\boldsymbol{v} \times \boldsymbol{B} \tag{1-5}$$

式中,$e$ 为运动电子电荷;$v$ 为电子运动速度;$\boldsymbol{B}$ 为磁感应强度;$\boldsymbol{F}$ 为洛仑兹力。$\boldsymbol{F}$ 的方向垂直于矢量 $v$ 和 $\boldsymbol{B}$ 所决定的平面,力的方向可由右手法则确定。

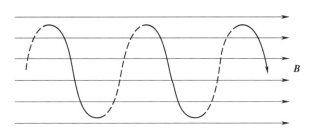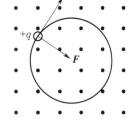

图 1 - 12 电子在均匀磁场中的运动

当分析电子束通过透镜时的受力情况时,可以把透镜磁场中任意一点的磁感应强度 $B$ 分解为平行于透镜主轴的轴向分量 $B_z$ 和与之垂直的径向分量 $B_r$,如图 1-13(a)所示。由式(1-5)可知,如果一束速度为 $v$ 的电子沿着透镜主轴方向进入透镜,轴线上磁感应强度径向分量为零,因此其中沿轴线运动的电子不受磁场力作用,不会改变其运动方向。而其他与主轴平行的电子将受到所处位置磁感应强度径向分量 $B_r$ 的作用,产生的切向力为 $F_t=evB_r$,使电子获得切向速度 $v_t$。一旦电子获得切向速度 $v_t$,开始做圆周运动,由于 $v_t$ 垂直于 $B_z$,产生径向作用力 $F_r=ev_tB_z$,使电子向轴偏转。根据上面的电子受力分析,可知电子束在通过电磁透镜时的运动方式为圆锥螺旋运动,如图 1-13(b)(c)所示。当然,电子束只在电磁透镜中才会做螺旋运动,其离开电磁透镜以后还是沿着直线运动的。

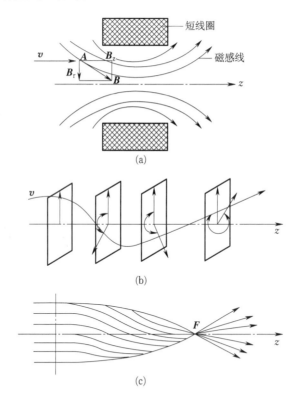

图 1-13　电子束在电磁透镜运动的示意图[37-38]

(a) 电子束通过透镜时的受力情况;(b) 电子束在通过电磁透镜时的运动方式;

(c) 电磁透镜中电子束的传播方式

### 1.2.3　电磁透镜的结构

能使电子束聚焦的装置称为电子透镜,电子透镜可以利用电场或磁场使电子束聚焦成像,其中,用静电场成像的透镜称为静电透镜,用电磁场成像的透镜称为电磁透镜,目前的电子显微镜大多采用电磁透镜。

在电镜中,为了提高总的放大倍数,需要放大率高的短焦距的强透镜,而且强透镜产生的像差也较小,可以获得较高的分辨率。简单螺旋管一部分磁力线在线圈外部,对电子束的聚焦成像不起作用,磁场强度比较低,难以获得强透镜,如图 1-14(a)所示。如果用高导磁率的软铁把线圈封闭起来,就能提高磁透镜的效率,使通过同样激励电流的磁透镜磁场更强,焦距更短,称为包壳透镜,如图 1-14(b)所示。如果再加上呈锥状的圆柱形极靴,就能使有效磁场尽可能地接近轴,使整个外磁场高度集中到透镜轴上的一个很短的距离内,使透镜磁场极强,称为极靴透镜,如图 1-14(c)所示。

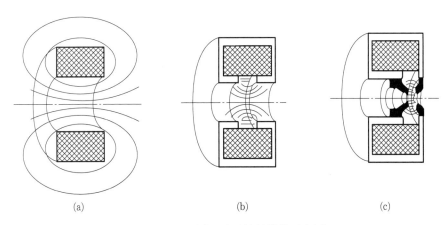

图 1-14　不同电磁透镜的结构示意图
(a) 简单螺旋管;(b) 包壳透镜;(c) 极靴透镜

图 1-15 是磁场强度在简单螺旋管、包壳透镜和极靴透镜的轴向分布图。从图中可见,极靴透镜的强度在相同的激励电流下,远大于其他两种透镜,故通常电镜都使用极靴透镜。由于极靴的存在,使得磁场被聚焦在上、下极靴之间较小的区域,在如此小的区域内,磁场强度得到加强,透镜的球差也大大减小。所以现在的透射电镜,极靴之间的距离都非常小,尤其是追求高分辨率的电镜,其物镜极靴的距离一定都会非常小,因此会影响样品的倾转角度。

电镜的分辨率与物镜极靴有很

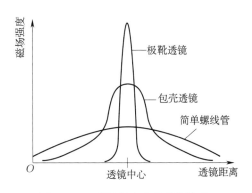

图 1-15　磁场强度在简单螺旋管、
包壳透镜和极靴透镜的轴向分布

大关系,物镜极靴可分为超高分辨物镜极靴、高分辨物镜极靴、高倾斜物镜极靴等,如表 1-2 所示。因此,要根据电镜的需要配置合适的物镜极靴,例如追求高的分辨率可以选择超高分辨物镜极靴,但超高分辨物镜极靴之间的间隙空间较小,样品的倾转角度要小于高分辨物镜极靴,导致有些特殊样品杆(例如原位样品杆)无法使用。

表 1-2　日本电子 JEM-2100Plus 透射电镜不同物镜极靴及其点分辨率

| 物镜极靴 | 超高分辨(UHR) | 高分辨(HR) | 高倾斜(HT) | 冷冻传输(CR) | 高衬度(HC) |
|---|---|---|---|---|---|
| 点分辨率/nm | 0.194 | 0.23 | 0.25 | 0.27 | 0.31 |

物镜极靴通常用软铁制成,其任何表面损伤或由外力产生的内应力都会引起透镜性能的下降,因此要避免样品杆碰撞极靴。电镜配有自保护功能,当样品杆触碰到物镜极靴时,样品杆被停止进一步运动,并发出警报。另外,当污染物或颗粒样品被吸附到物镜极靴上时,也会严重影响分辨率,因此也要避免发生这种情况。

### 1.2.4　电磁透镜的折射和变焦

透射电镜中的电磁透镜与光学显微镜中的玻璃凸透镜有很多类似的地方,两者在很大程度上具有可比性,但两者也有差异。

#### 1.2.4.1　电磁透镜的折射

电磁透镜产生的磁场沿透镜长度方向是不均匀的,但却是轴对称的,一束平行于主轴的入射电子,通过电磁透镜后被聚焦在轴线上一点,即焦点。电磁透镜等磁位面的几何形状与光学玻璃透镜的界面相似,使得其与光学玻璃凸透镜具有相似的光学性质。与光学玻璃凸透镜相似,电磁透镜可以放大和会聚电子束。

电子束在电磁透镜中的折射行为也和可见光在玻璃透镜中的折射相似。首先,通过透镜光心的电子束不会发生折射。其次,平行于主轴的电子束,通过透镜后聚焦在焦点。最后,一束与某一副轴平行的电子束,通过透镜后将聚焦于该副轴与焦平面的交点上,焦平面是指经过焦点并垂直于主轴的平面。

对于光学玻璃凸透镜来说,当其物距大于焦距时,在透镜后面得到倒立的实像。当其物距小于焦距时,在透镜前面得到正立的虚像。因此,当由实像过渡到虚像时,像的位置发生倒转。电磁透镜也具有类似的现象。但由于成像电子在透镜磁场中是螺旋运动前进的,相应转了一个附加的角度,即电磁透镜磁转角 $\varphi$。因此电磁透镜成像时,物与像的相对位向对于实像来说为 $180°\pm\varphi$,对于虚像来说为 $\pm\varphi$。电磁透镜磁转角与励磁安匝数($IN$)成正比,其方向随励磁方向而变。现在的电镜都能够自动校正磁转角,即 $\varphi=0$,因此在一般实验中可以不予考虑。

基于电磁透镜与光学玻璃凸透镜的相似性,为了便于绘制和介绍由电磁透镜组成的电子光学系统光路,可以用类似光学玻璃凸透镜的双凸球面符号(或透镜主平面)来表示电磁透镜,可以用折线轨迹来简单地表示电子在电磁透镜中的螺旋运动。

### 1.2.4.2 电磁透镜的变焦

电磁透镜的焦距可以由下式求出:

$$f \approx K \frac{U_r}{(IN)^2} \tag{1-6}$$

式中,$K$ 为常数;$U_r$ 为经相对论校正的电子加速电压;$IN$ 为电磁透镜励磁安匝数。

从式(1-6)可知,电磁透镜与光学玻璃透镜一个显著不同的特点是它的焦距 $f$ 可变,它的焦距与励磁安匝数的平方成反比,也就是说,无论励磁电流方向如何改变,电磁透镜的焦距总是正的。如果励磁安匝数($IN$)固定不变,只要调节励磁电流,电磁透镜的焦距和放大倍数将发生相应变化。因此,电磁透镜是一种变焦距或变倍率的会聚透镜,这是它有别于光学玻璃凸透镜的一个特点。

## 1.2.5 电磁透镜的像差

电磁透镜存在着缺陷,使得实际分辨距离远小于理论分辨距离。对电镜分辨能力起作用的像差有两类:一类是因透镜磁场的几何缺陷产生的,叫作几何像差,它包括球面像差(球差)、像散等;另一类是由电子的波长或能量非单一性引起的,叫作色差。图1-16分别是电磁透镜的球差、色差、像散的示意图。

### 1.2.5.1 球差

球差的产生是由于电磁透镜磁场中的近轴区域(也称傍轴区域)与远轴区域对电子束的折射能力不同,即电磁透镜的中心区域和边沿区域对电子的会聚能力不同而造成的。如图1-16(a)所示,当一个理想的物点所散射的电子经过有球差的透镜后,近轴电子聚焦在光轴的 $O$ 点,如果在 $O$ 点作一平面 $N$ 垂直于光轴,此平面称为高斯像平面。所有近轴电子在高斯像平面上得到清晰的像,而离透镜主轴较远的电子(远轴电子)比近轴电子被折射程度要大,两者不会聚到同一焦点上,而分别被会聚在一定的轴向距离上,从而形成了一个散焦斑。因此,无论平面 $N$ 位于何处,对所有参加成像的电子而言,不能得到清晰的图像,在平面 $N$ 上仅呈现一个模糊的圆斑。但在聚焦距离内可以找到一个适当位置,如垂直于光轴的 $M$ 平面,在此平面获得比较清晰、具有最小直径的圆斑,被称为最小散焦斑,最小散焦斑的半径为

$$\Delta r_s' = MC_s \alpha^3 \tag{1-7}$$

式中,$M$ 为透镜的放大倍率;$C_s$ 为球差系数;$\alpha$ 为透镜孔径半角。

折算到透镜物平面时,有

$$\Delta r_s = \frac{\Delta r_s'}{M} = C_s \alpha^3 \tag{1-8}$$

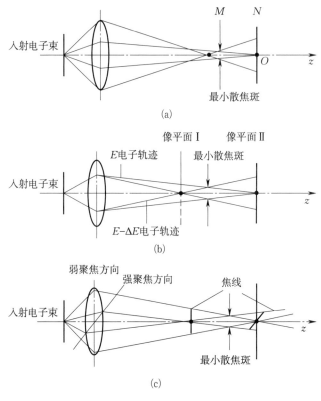

图 1-16　电磁透镜的像差示意图[37-38]

（a）球差；（b）色差；（c）像散

　　由此可以看出,为了减少由于球差的存在而引起的散焦斑,可以通过减小球差系数和缩小成像时的孔径半角来实现。随着孔径半角增大,透镜的分辨率将迅速变差。为减小球差,孔径半角应取得小。对于目前普通的电镜来说,其物镜的焦距一般在2~4 mm,球差系数最小可以做到0.5 mm。一般来说,球差系数随电磁透镜的励磁电流增大而减小,所以现在的高分辨电镜的物镜都是强励磁、低放大倍数的透镜。物镜后焦面放置的物镜光阑可减小散射角,从而有效降低球差产生的偏差,但光阑太小时高频信号的分辨受到影响。

### 1.2.5.2　色差

　　色差是由于成像电子波长(或能量)变化引起电磁透镜焦距变化而产生的一种像差,如图1-16(b)所示。波长较短、能量较大的电子有较大的焦距,波长较长、能量较小的电子有较短的焦距。一个物点散射的具有不同波长的电子进入透镜磁场后,将沿着各自的轨迹运动,结果不能聚焦在一个像点,而分别在一定的轴向距离范围内,其效果与球差相似。在该轴向距离范围内也存在着一个最小散焦斑,被称为色差散

焦斑。折算到原物平面后的半径为

$$\Delta r_0 = C_0 \cdot \alpha \cdot \left| \frac{\Delta E}{E} \right| \qquad (1-9)$$

式中，$C_0$ 为电子透镜的色差系数，取决于加速电压的稳定性；$\left| \dfrac{\Delta E}{E} \right|$ 为成像电子束能量的变化率。

引起电子束能量变化的原因主要有两个：一是电子的加速电压不稳定；二是电子束照射到试样时，和试样相互作用，一部分电子发生非弹性散射，致使电子的能量发生变化。使用薄试样，并用小孔径光阑将散射角大的非弹性散射电子挡掉，将有助于减小色散。一般来说，当样品很薄时，由于非弹性散射引起的能量变化很小，可以忽略此影响。因此，一般认为色差大小主要取决于加速电压的稳定性和发射电子的电子枪所用材料的功函数。

#### 1.2.5.3 像散

像散是由于透镜的磁场非旋转对称引起的一种缺陷。这种非旋转对称磁场会使它在不同方向上的聚焦能力出现差别，即在透镜磁场中同样径向距离、不同方向上对电子的折射能力不一样。一个物点散射的电子，经过透镜磁场后不能在像平面上聚焦成一点，而交在一定的轴向距离上，在该轴向距离内也存在一个最小散焦斑，被称为像散散焦斑，如图 1-16(c)所示。其折算到透镜物平面的半径为

$$\Delta r_A' = M \Delta f_A \alpha \qquad (1-10)$$

式中，$\Delta f_A$ 为由透镜磁场非旋转对称产生的焦距差。

在原物平面的折算半径值可表示成

$$\Delta r_A = \Delta f_A \alpha \qquad (1-11)$$

透镜磁场不对称的原因，可能是极靴被污染，或极靴的机械不对称性，例如极靴圆孔有点椭圆度或极靴材料存在各向磁导率差异。像散是像差中对电镜高分辨率有严重影响的缺陷，但它能通过引入一个强度和方向都可以调节的矫正电磁消像散器来矫正。

#### 1.2.5.4 像差对分辨率的影响

在像差中，像散是可以消除的，而色差对分辨率的影响相对球差来说要小得多，所以像差对分辨率的影响主要来自球差。

由瑞利准则式(1-1)和球差最小散焦斑半径的表达式式(1-8)可以看出，为了提高电镜的分辨率，从衍射的角度来看，应该尽量增大孔径半角，而从球差对散焦斑的影响来看，应该尽量减小孔径半角。为了使电镜具有最佳分辨率，最好使衍射艾里斑半径和球差造成的散焦斑半径相等，即

$$\Delta r_0 = \frac{0.61\lambda}{ns} = \Delta r_s = C_s \alpha^3 \qquad (1-12)$$

在透射电镜中,$\alpha$ 的值一般很小(透射电镜孔径半角 $\alpha$ 通常是 $0.001 \sim 0.01$ rad),所以有 $\sin\alpha \approx \alpha$;电子波在真空中传播,所以 $n = 1$。故由式(1-12)可得电磁透镜的最佳孔径半角

$$a = 0.88\left(\frac{\lambda}{C_s}\right)^{\frac{1}{4}} \tag{1-13}$$

代入球差散焦斑半径的表达式即可得到电镜的理论分辨率的表达式为

$$\Delta r_0 = AC_s^{\frac{1}{4}}\lambda^{\frac{3}{4}} \tag{1-14}$$

式中,$A$ 是常数,这里 $A$ 取值约为 $0.68$。

### 1.2.6 电磁透镜的景深和焦长

从原理上讲,当透镜的焦距一定时,物距和像距的值是确定的,这时只有一层样品平面与透镜的理想物平面重合。而偏离理想物平面的特点是都存在一定程度的失焦,它们在透镜的像平面上将产生一个具有一定尺寸的失焦圆斑。如果失焦圆斑的尺寸不超过由衍射效应和像差引起的散焦斑,则不会影响电镜的分辨率。电磁透镜景深是指透镜物平面允许的轴向偏差,即在保持像清晰的前提下,试样的物平面沿镜轴可移动的距离,或者说试样超越物平面所允许的厚度,如图1-17(a)所示。同样的道理,由于像平面的移动也会引起失焦,如果失焦斑尺寸不超过透镜因衍射和像差引起的散焦斑尺寸,也不会影响图像的分辨率。电磁透镜焦长是指透镜像平面允许的轴向偏差,即在保持像清晰的前提下,像平面沿镜轴可移动的距离,或者说观察屏或照相底版沿镜轴所允许的移动距离,如图1-17(b)所示。下面分别对电磁透镜的景深和焦长进行分析。

#### 1.2.6.1 景深

如图1-17(a)所示,如果把透镜物平面允许的轴向偏差定义为透镜的景深,用 $D_f$ 表示,则它与透镜的分辨率 $\Delta r_0$、孔径半角 $\alpha$ 之间可用下式表示:

$$D_f = \frac{2\Delta r_0}{\tan\alpha} \approx \frac{2\Delta r_0}{\alpha} \tag{1-15}$$

式(1-15)表明,对于一定的光源来讲,孔径半角越小,景深越大;显微镜的分辨率越高,景深也越大。

对于电磁透镜来讲,孔径半角 $\alpha$ 都很小,一般为 $0.001 \sim 0.01$ rad,所以电磁透镜的景深 $D_f = (200 \sim 2\ 000)\Delta r_0$。如果电磁透镜的分辨本领是 $0.1$ nm,景深可达 $20 \sim 200$ nm。在使用物镜光阑的前提下,孔径半角一般取较小的值,因此厚度在 $100 \sim 200$ nm 时的电镜样品各处均能得到清晰的像。

电磁透镜的景深大,对于图像的聚焦操作是非常有利的,尤其是在高放大倍数下。

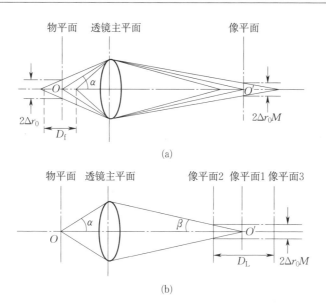

图 1 - 17　景深和焦长示意图

(a) 景深；(b) 焦长

### 1.2.6.2　焦长

如图 1 - 17(b)所示，像平面允许的轴向偏差定义为透镜的焦长，用 $D_L$ 表示，则它与透镜的分辨率 $\Delta r_0$、像点所张的孔径半角 $\beta$ 之间可用下式表示：

$$D_L = \frac{2M\Delta r_0}{\tan\beta} \approx \frac{2M\Delta r_0}{\beta} \tag{1-16}$$

式(1 - 16)表明，影响焦长的因素有分辨率、孔径半角、透镜放大倍数，当电磁透镜放大倍数和分辨率一定时，透镜焦长随孔径半角的减小而增大。

因为 $\beta = \dfrac{\alpha}{M}$，所以

$$D_L = \frac{2M^2\Delta r_0}{\alpha} = D_f M^2 \tag{1-17}$$

如果电磁透镜的分辨率为 0.1 nm，孔径半角 $\alpha = 0.01$ rad，放大倍数取 100 000 倍，则焦长为 100 cm。透射电镜的这一特点给电子显微图像的记录带来了极大的方便。

由上述分析可见，电磁透镜的景深和焦长与孔径半角有关系，减小孔径半角，如插入小孔光阑，可使电磁透镜的景深和焦长显著增大。而电磁透镜所用的孔径半角非常小，因此具有景深大、焦长长的特点，这对其在电子显微镜的应用和结构设计上具有重大意义，不仅使透射电镜成像方便，而且使电镜荧光屏和相机的设计位置也非常方便。

### 1.2.7　透射电镜的变倍原理

透射电镜的成像系统由物镜、中间镜和投影镜组成。物镜的作用是形成样品的第一次放大镜,电子显微镜的分辨率是由一次像来决定的,物镜是一个强励磁短焦距的透镜,它的放大倍数较高。中间镜是一个弱透镜,其焦距很长,放大倍数可通过调节励磁电流来改变,在电镜操作过程中主要是利用中间镜的可变倍率来控制电镜的放大倍数。投影镜的作用是把中间镜放大(或缩小)的像进一步放大,并投影到荧光屏上,它和物镜一样,是一个短焦距的强磁电镜。而磁透镜的焦距可以通过线圈中所通过的电流大小来改变,因此它的焦距可任意调节。用磁透镜成像时,可以在保持物距不变的情况下,改变焦距和像距来满足成像条件,也可以保持像距不变,改变焦距和物距来满足成像条件。

在用电子显微镜进行图像分析时,物镜和样品之间的距离总是固定不变的,因此改变物镜放大倍数进行成像时,主要是改变物镜的焦距和像距来满足条件,中间镜像平面和投影镜物平面之间距离可近似地认为固定不变,因此若要在荧光屏上得到一张清晰的放大像,必须使中间镜的物平面正好和物镜的像平面重合,即通过改变中间镜的励磁电流,使其焦距变化,与此同时,中间镜的物距也随之变化。

与光学透镜的成像原理相似,电磁透镜的物距($L_1$)、像距($L_2$)和焦距($f$)三者以及放大倍率 $M$ 之间满足以下关系式:

$$\frac{1}{L_1}+\frac{1}{L_2}=\frac{1}{f} \tag{1-18}$$

$$M=\frac{L_2}{L_1} \tag{1-19}$$

由两式整理得

$$M=\frac{f}{L_1-f} \tag{1-20}$$

$$M=\frac{L_2-f}{f} \tag{1-21}$$

在透射电镜中,物镜、中间镜、投影镜以积木方式成像,即上一透镜(如物镜)的像就是下一透镜(如中间镜)成像时的物,上一透镜的像平面就是下一透镜的物平面,这样才能保证经过连续放大的最终像是一个清晰的像。

在这种成像方式中,如果电子显微镜是三级成像,那么总的放大倍率就是各个透镜倍率的乘积:

$$M_3 = M_o M_i M_p \tag{1-22}$$

式中，$M_o$ 为物镜放大倍率，$M_i$ 为中间镜放大倍率，$M_p$ 为投影镜放大倍率。

图 1-18 为三级透镜成像系统，图中物镜的物距 $L_{o1}$、物镜主平面至中间镜主平面的距离 $Z_{oi}$、中间镜主平面至投影镜主平面的距离 $Z_{ip}$、投影镜主平面至荧光屏（或照相底片）的距离 $L_{p2}$ 都是固定值。投影镜的励磁电流是个固定值，由式（1-6）可知，在一定加速电压下，投影镜的焦距 $f_p$ 是个常数，由式（1-18）得

$$\frac{1}{f_p} = \frac{1}{L_{p2}} + \frac{1}{L_{p1}}$$

由于 $L_{p2}$ 和 $f_p$ 是定值，可知投影镜的物距 $L_{p1}$ 是个固定值。中间镜至投影镜的距离 $Z_{ip}$ 是常数，所以中间镜的像距 $L_{i2} = Z_{ip} - L_{p1}$ 也是固定值。而中间镜的励磁电流可在一定范围改变，即其焦距 $f_i$ 可变，由式（1-18）得

$$\frac{1}{f_i} = \frac{1}{L_{i2}} + \frac{1}{L_{i1}}$$

$$\frac{1}{f_o} = \frac{1}{L_{o2}} + \frac{1}{L_{o1}}$$

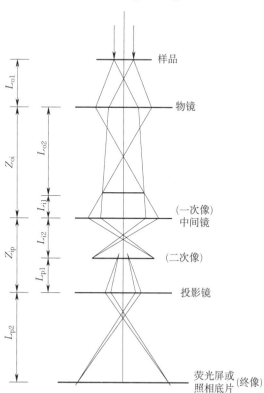

图 1-18　透射电镜的三级透镜成像系统示意图[37]

由变倍光路分析可知,当改变中间镜电流,在实际光路中使中间镜物平面上下移动,从而改变了中间镜的倍率。由于中间镜物平面的移动将造成它与物镜像平面的分离,使原本清晰的图像变得模糊,因此随后必须通过改变物镜电流,使物镜像平面重新与中间镜物平面重合,从而使模糊的像变成清晰的像。虽然这时的物镜倍率有所变化,但变化相对于很大的物镜放大倍率是很小的,因此可近似认为物镜放大倍率不变。所以,中间镜起着变倍的作用,它以较小的倍率改变使总的倍率发生较大的变化。物镜主要起着聚焦的作用,它的电流是由中间镜的电流所决定的,不是独立变量。

根据以上分析,由式(1-21)、式(1-22)可知,三级透镜总的放大倍率 $M_3$ 是中间镜电流的函数:

$$M_3 = M_o \left( \frac{L_{i2}}{f_i} - 1 \right) M_p \qquad (1-23)$$

由式(1-23)可得,当中间镜电流 $I_i$ 增大时,中间镜的焦距变小,而总的倍率提高;反之,总的倍率就下降。总倍率与中间镜电流呈抛物线关系,但近似于线性关系,如图 1-19 中直线 2 所示。

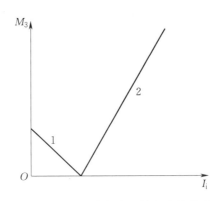

图 1-19　总倍率与中间镜电流的关系

图 1-19 中直线 1 是放大倍率较低时的情况。此时,物镜成像于中间镜之下,中间镜以物镜像为"虚物" $\left( \text{此时的成像条件:} \frac{-1}{f_i} = \frac{-1}{L_{i2}} + \frac{1}{L_{i1}} \right)$ 将其形成缩小的实像位于投影镜之上。这种成像方式的目的是减少低倍成像时的畸变问题,根据成像条件可推出

$$M_3 = M_o \left( 1 - \frac{L_{i2}}{f_i} \right) M_p \qquad (1-24)$$

当中间镜电流 $I_i$ 增大时,$M_3$ 下降;反之,$M_3$ 则上升。当 $L_{i2} = f_i$ 时,$M_3 = 0$。

## 1.3　透射电镜的结构与工作原理

　　无论是光学透镜还是电磁透镜,只要它们能够将光波(无论是可见光还是电子波)会聚或者发散,就都可以做成透镜。而且,无论是何种透镜,它们的几何光学成像原理都是相同的,所以对于透射电子显微成像的光路,我们可以像分析可见光一样来处理。图 1-20 是透射电镜电子光学系统与光学显微镜光学系统比较示意图。从图中可以看出,电镜中的电子光学系统主要包括电子枪、聚光镜、试样台、物镜、物镜光阑、选区光阑、中间镜、投影镜和观察记录系统等几部分,其成像的光路与光学显微镜基本相同。

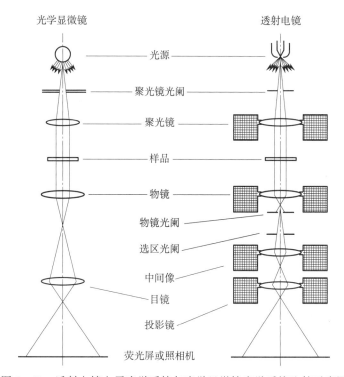

图 1-20　透射电镜电子光学系统与光学显微镜光学系统比较示意图

　　图 1-21、图 1-22 分别是 JEM-2100 透射电镜镜体的示意图和实物图。

　　透射电镜结构非常复杂,一般由电子光学系统、真空系统、电源与控制系统三大部分组成。其中,电子光学系统又可以分为照明系统、成像系统、观察记录系统、调校系统。一般将电子枪和聚光镜归为照明系统,将样品室、物镜、中间镜和投影镜归为成像系统,观察记录系统则一般包括荧光屏、照相机、CCD 相机、探测器等,而调校系统包括消像散器、束取向调整器、光阑。真空系统包括机械泵、扩散泵、离子泵、真空测量和显示仪表等。电源与控制系统包括高压电源、透镜电源、真空电源、辅助电源、

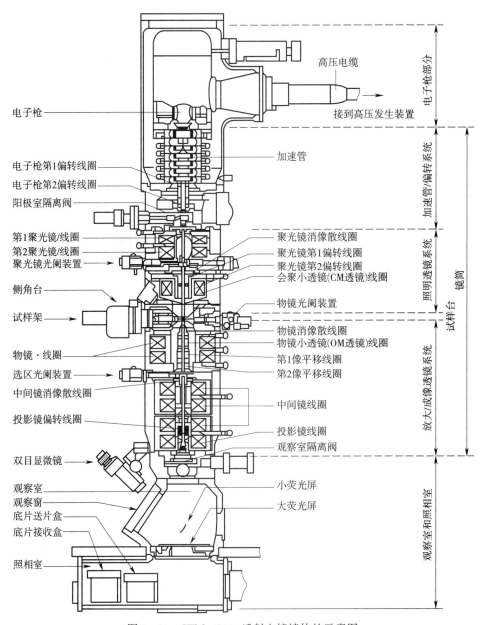

图 1 - 21　JEM - 2100 透射电镜镜体的示意图

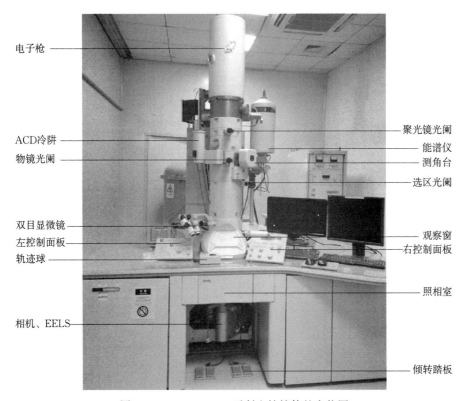

图 1-22　JEM-2100 透射电镜镜体的实物图

安全系统、总调压变压器等。此外,透射电镜还有水冷系统,包括水箱、循环水泵、制冷压缩机、冷凝器、散热风扇等。下面对电镜的几个系统分别进行介绍。

### 1.3.1　照明系统

照明系统由电子枪、聚光镜以及相应的平移、倾斜等调节装置组成,其作用是提供一束亮度高、照明孔径半角小、相干性好、束流稳定的照明源,通过聚光镜的控制可以实现从平行照明到大会聚角的照明条件。

电子枪发射出的电子束有一定的发散角,束斑尺寸较大,相干性也较差。为了更有效地利用这些电子,获得亮度高、相干性好的照明电子束以满足透射电镜在不同放大倍数下的需要,由电子枪发射出来的电子束还需要通过聚光镜进一步会聚,提供束斑尺寸不同、近似平行的照明束。此外,在照明系统中还安装有束倾斜装置,可以很方便地使电子束在 2°～3° 的范围内倾斜,以便实现以某些特定的倾斜角度照明样品,例如满足中心暗场成像的需要。电子束的束流大小可通过调节会聚镜的电流来调节。样品上需要照明的区域大小与放大倍数有关,放大倍数越高,照明区域越小,相应地要求以更细的电子束照明样品。

### 1.3.1.1 电子枪

电子枪是透射电镜的光源,要求发射的电子束亮度高、电子束斑的尺寸小,发射稳定度高。电子枪可分为热阴极发射型和场发射型两种,热阴极发射型电子枪的材料主要有钨(W)丝和六硼化镧($LaB_6$)丝,而场发射型电子枪又可以分为热场发射、冷场发射和肖特基(Schottky)场发射,有时将肖特基场发射也归到热场发射。图1-23是不同电子枪灯丝的扫描电镜图。

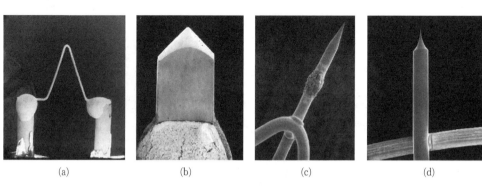

(a)　　　　　　　(b)　　　　　　　(c)　　　　　　　(d)

图1-23　电子枪灯丝的扫描电镜图[39]

(a) 钨灯丝;(b) 六硼化镧灯丝;(c) 肖特基场发射灯丝;(d) 冷场发射灯丝

#### 1) 热阴极电子枪

热阴极电子枪由灯丝(阴极)、栅极帽、阳极组成,热阴极电子枪如图1-24所示。热阴极电子枪通过加热灯丝发射电子束,在阳极加电压使电子加速,阳极与阴极间的电位差为总的加速电压。经加速而具有能量的电子从阳极板的孔中射出,射出的电子束能量与加速电压有关,栅极帽起控制电子束形状的作用。

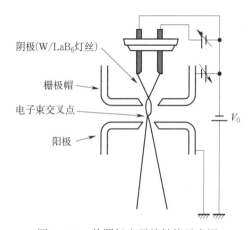

阴极(W/$LaB_6$灯丝)

栅极帽

电子束交叉点

阳极

$V_0$

图1-24　热阴极电子枪结构示意图

图 1-25 是热阴极电子枪灯丝的实物图,其中图 1-25(a)采用的是钨灯丝,图 1-25(b)采用的是六硼化镧灯丝。钨灯丝电子枪的特点是价格便宜,对真空系统的要求不高,但使用寿命较短,需要经常更换,所以一般用于比较老式的电镜中。而六硼化镧灯丝的性能要优于钨灯丝,在现在的透射电镜中,热阴极电子枪一般采用六硼化镧灯丝。它比钨丝阴极的亮度高 1～2 个数量级,而且使用寿命长很多。

(a)　　　　　　　　　　　(b)

图 1-25　热阴极电子枪灯丝的实物图

(a) 钨灯丝；(b) 六硼化镧灯丝

2) 场发射电子枪

目前亮度最高的电子枪是场发射电子枪,其结构原理如图 1-26 所示。在金属表面加一个强电场,金属表面的势垒就变小,由于隧穿效应,金属内部的电子穿过势垒从金属表面发射出来,这种现象称为场发射。场发射电子枪没有栅极帽,由阴极和两个阳极构成。第一阳极主要使电子发射,第二阳极使电子加速和会聚。

场发射电子枪所选用的阴极材料必须是高强度材料,以承受高电场加于阴极尖端的高机械应力,钨由于强度高而成为较佳的阴极材料。场发射对真空的要求较高,一般来说其价格较昂贵。

热场发射电子枪在 1 800 K(1 526.85 ℃)下工作,不需要定时去除吸附气体原子。其电流稳定性较佳,所要求的真空度为 $10^{-9}$ (Torr)[1],要低

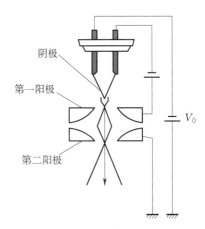

阴极

第一阳极

第二阳极

$V_0$

图 1-26　场发射电子枪结构示意图

---

[1]　Torr 为压力单位,1 Torr=1.333 22×$10^2$Pa。

于冷场发射,但其能量散布比冷场发射要大 3～5 倍。

肖特基场发射电子枪的工作温度也是 1 800 K,它是在钨⟨100⟩单晶上镀 ZrO 层,将纯钨的功函数从 4.5 eV 减至 2.8 eV,从而使得电子能够很容易以热能的形式逃出针尖表面,所需真空度与热场发射接近。其发射的电流稳定性好,发射的电流也大,而且其能量散布很小,只稍逊于冷场发射,其电子束斑直径要大于冷场发射,其能量散布也比冷场发射要大 3～5 倍。

冷场发射电子枪的阴极温度是室温,钨单晶是⟨310⟩取向。其电子束直径、发射电流密度、能量扩展均优于热场发射,电子的能量扩展约为 0.2 eV(热场约为 0.5 eV),所以冷场的电子束色差小,在低加速电压时的冷场比热场有更高的图像分辨率,更高的空间分辨率和能量分辨率,在电子能量损失谱(EELS)与扫描透射电镜技术(STEM)表征时具有更好的信噪比。但是它的缺点就是长时间束流不够稳定,游离的气体分子吸附于发射体尖端会大大降低电子枪的场发射性能。为了避免针尖被外来气体吸附,必须在 $10^{-10}$(Torr)的真空下操作,而且需要定时做 Flash,将针尖加热至 2 500 K,以去除吸附气体分子。如图 1 - 27 所示,做 Flash 时,灯丝瞬间通过电流,将附着于灯丝表面的气体分子轰走。此时,灯丝的发射强度最大。然后,电子枪内的空气分子会一个一个慢慢回到灯丝表面,此时灯丝亮度开始不稳定。当灯丝表面的气体正好够铺满一层时,灯丝的发射束流可以保持稳定,这个稳定期可以保持 6～8 h。当气体分子继续在灯丝表面增加,灯丝的发射束流又变得不稳定,这时需要再做 Flash。冷场发射电子枪的另一缺点是发射的总电流较小。

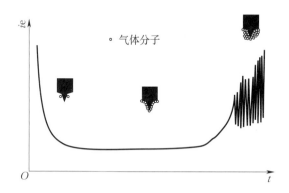

图 1 - 27　冷场发射电子枪 Flash 后气体分子吸附过程示意图

不同类型电子枪的比较如表 1 - 3 所示。

### 1.3.1.2　聚光镜

聚光镜用来会聚电子枪射出的电子束,以最小的损失照明样品,调节照明强度、孔径半角和束斑大小。一般电镜至少采用双聚光镜,对于较新型的电镜,很多采用双聚光镜加一个迷你聚光镜的模式,甚至有采用三聚光镜加一个迷你聚光镜的情况。

表 1-3 不同类型电子枪的比较[40]

| 性能特性 | 热阴极电子枪 | | 场发射电子枪 | | |
|---|---|---|---|---|---|
| | W | LaB$_6$ | 热阴极 | | 冷阴极 |
| | | | ZrO/W⟨100⟩ | W⟨100⟩ | W⟨310⟩ |
| 亮度(200 kV)/(A/cm$^2$·sr) | 约5×10$^5$ | 约5×10$^6$ | 约5×10$^8$ | 约5×10$^8$ | 约5×10$^8$ |
| 光源尺寸/μm | 50 | 10 | 0.1~1 | 0.01~0.1 | 0.01~0.1 |
| 能量发散度/eV | 2.3 | 1.5 | 0.6~0.8 | 0.6~0.8 | 0.3~0.5 |
| 使用条件 真空度/Pa | 10$^{-3}$ | 10$^{-5}$ | 10$^{-7}$ | 10$^{-7}$ | 10$^{-8}$ |
| 使用条件 温度/K | 2 800 | 1 800 | 1 800 | 1 600 | 300 |
| 发射 电流/μA | 约100 | 约20 | 约100 | 20~100 | 20~100 |
| 发射 短时间稳定度/% | 1 | 1 | 1 | 7 | 5 |
| 发射 长时间稳定度 | 1%/h | 3%/h | 1%/h | 6%/h | 5%/15 min |
| 发射 电流效率/% | 100 | 100 | 10 | 10 | 1 |
| 维修 | 无须 | 无须 | 安装稍费时间 | 更换时,要安装几次 | 每隔几小时需进行 Flash 处理 |
| 价格/操作性 | 便宜/简单 | 便宜/简单 | 贵/容易 | 贵/容易 | 贵/复杂 |

当采用双聚光镜时,分别是第 1 聚光镜和第 2 聚光镜。第 1 聚光镜一般是短焦距强励磁透镜,它通常保持不变,其作用是将电子枪得到的光斑尽量缩小,将电子枪的交叉点成一缩小的像,使其尺寸缩小一个数量级以上。第 2 聚光镜是长焦距弱透镜,它将第 1 聚光镜得到的光源会聚到试样上。采用双聚光镜的优点在于:① 扩大了光斑尺寸的变化范围,在不同的模式下,可以通过改变第 1 聚光镜的电流,选择所需要的光斑尺寸;② 可以减小试样的照射面积,减少试样的温升;③ 观察时可以通过改变第 2 聚光镜电流,改变试样的照射面积;④ 由于第 2 聚光镜为弱透镜,增加了聚光镜和样品之间的距离,有利于安装聚光镜光阑和电子束偏转线圈等附件。

## 1.3.2 成像系统

成像系统包括物镜、中间镜、投射镜、样品室、物镜光阑、选区光阑以及其他电子光学部件。成像系统的基本功能是将透过试样的电子束在透镜后成像或成衍射花样,并经过物镜、中间镜和投影镜接力放大后投影到荧光屏上。三级透射成像系统由物镜、中间镜和投射镜3个透镜组成,现在高性能的透射电镜有四级、五级透镜成像系统,但是基本形式是相似的,例如四级透射成像系统由物镜、两个中间镜(第1中间镜和第2中间镜)和投射镜4个透镜组成。

经过会聚镜得到的平行电子束照射到样品上,穿过样品后沿各自不同的方向传播。物镜将来自样品不同部位、传播方向相同的电子在其背焦面上会聚为一个斑点,沿不同方向传播的电子相应地形成不同的斑点,其中散射角为零的透射束被会聚于物镜的焦点,形成中心斑点。这样,在物镜的背焦面上便形成了衍射花样。而在物镜的像平面上,这些电子束重新组合相干成像,即经物镜和物镜光阑作用形成一次电子图像,再经中间镜和投射镜放大后,在荧光屏上得到最后的电子图像。通过调整中间镜的透镜电流,使中间镜的物平面与物镜的背焦面重合在荧光屏上得到衍射花样,若使中间镜的物平面与物镜的像平面重合则得到显微像,如图1-28所示。

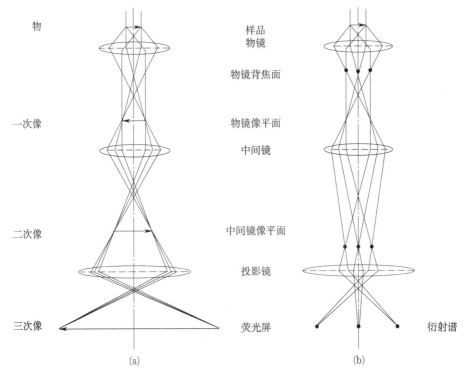

图1-28 透射电镜成像系统的两种基本操作

(a) 将显微像投影到荧光屏;(b) 将衍射谱投影到荧光屏

透射电镜按照放大倍数范围差异可以分为3种成像模式,其光路如图1-29所示。

高放大倍数成像时,物镜成像于中间镜之上;中间镜以物镜像为物,成像于投影

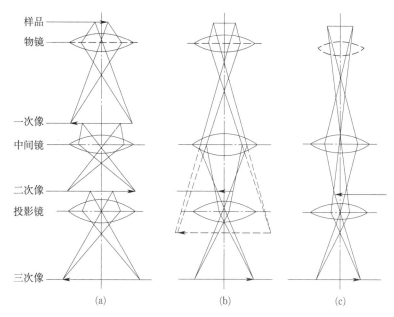

图 1-29　不同倍率下成像系统光路[38]

(a) 高倍成像；(b) 中倍成像；(c) 低倍成像

镜之上；投影镜以中间镜像为物，成像于荧光屏或照相底片上。每一级都成放大实像，可获得高达几十万倍的放大倍率，其光路如图 1-29(a) 所示。

中放大倍数成像时，如果适当改变物镜励磁强度，使物镜成像于中间镜之下，中间镜以物镜像为"虚物"，将其形成为缩小的实像于投影镜之上；投影镜以中间镜像为物，成像于荧光屏或照相底片上，获得几千至几万倍的电子像，其光路如图 1-29(b) 所示。

低放大倍数成像时，最简便的方法是减少透镜的数目或放大倍数。例如关闭物镜，减弱中间镜励磁强度，使中间镜起着长焦距物镜的作用，成像于投影镜之上，投影镜以中间镜像为物，成像于荧光屏或照相底片上，获得几十倍至几百倍、但视域较大的图像，其光路如图 1-29(c) 所示。

以上分析是基于三级透镜成像系统，至于四级透镜成像系统，一般第 1 中间镜用于中放大倍数成像，第 2 中间镜用于高放大倍数成像。在低放大倍数成像时，关闭第 2 中间镜，减弱第 1 中间镜和物镜励磁强度。在最高放大倍数情况下，第 1、第 2 中间镜同时使用。这样就可获得很宽的变倍范围。

透射电镜成像系统除了得到常规成像模式和常规衍射模式外，还能用于其他不同模式，图 1-30 是透射电镜几种模式的光路对比，包括：普通电镜观察(TEM)模式，高电流密度、微区照明(EDS)模式，小会聚焦、微区照明(NBD)模式，大会聚焦、微区照明(CBD)模式。在 TEM 模式,强激发的小聚光镜使入射电子束聚焦于物镜前场的前焦平面上,形成近乎平行的电子束。在 EDS 模式,小聚光镜关闭,形成束斑很小的入射电子束(探针),是高电流密度、微区照明模式,可用于能谱分析。在 NBD 模式,小聚光镜的关闭将导致很大的会聚角 $\alpha_1$,将小聚光镜弱激发,配合使用较小的第 2 聚光镜光阑,由此可得到小样品室束斑和小会聚角 $\alpha_2$ 的入射电子束,是小会聚角、微区照明模式,用于纳米束衍射。在 CBD 模式,适当地激发小聚光镜,使用适当大小的第 2 聚光镜光阑,就可以得到会聚角大小合适并可调节的入射电子束,是大会聚角、微区照明模式,用于会聚束衍射。

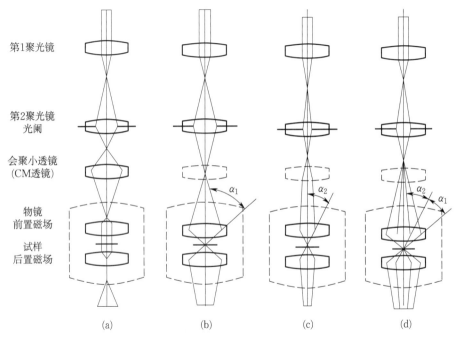

图 1 - 30    透射电镜 4 种模式的光路对比[37]
(a) TEM 模式;(b) EDS 模式;(c) NBD 模式;(d) CBD 模式

### 1.3.2.1    物镜

物镜是透射电镜最关键的部分,透射电镜分辨率的高低主要取决于物镜,物镜是强励磁短焦距的透镜,其分辨率主要取决于极靴的形状和加工精度。一般来说,极靴的内孔和上下极靴之间的距离越小,物镜的分辨率越高,所以高分辨电镜的可倾转角度往往比较小。新型电镜中的物镜皆由两部分组成,分为上物镜和下物镜,试样置于上下物镜之间,上物镜起强聚光作用,下物镜起成像放大作用。物镜的作用是将来自试样不同点的同方向同相位的弹性散射束会聚于其后焦面上,构成含有试样结构信息的散射花样或衍射花样。将来自试样同一点的不同方向的弹性散射束会聚于其像平面上,构成与试样组织相对应的显微像。透过样品的电子束经过物镜形成第 1 幅电子像或衍射谱,它还承担了物到像的转换并加以放大的作用,既要求尽可能小的像差又要求高的放大倍数。现在高分辨电镜的物镜放大倍数一般固定在一定的数值,只有在聚焦的时候才微小改变它的电流。在实际操作时,物距一般固定,可通过调节样品高度来微调,所以在成像时,主要通过改变焦距和像距来满足成像条件。

### 1.3.2.2　中间镜

中间镜是弱励磁长焦距可变倍率透镜,作用是把物镜形成的一次中间像或衍射花样投射到投影镜的物平面上。通过两个中间镜相互配合,可实现在较大范围内调整相机长度和放大倍数。在电镜操作中,主要是通过中间镜来控制电镜的总放大倍率。当放大倍数大于 1 时,用来进一步放大物镜像,当放大倍数小于 1 时,用来缩小物镜像。如果把中间镜的物平面和物镜的像平面重合,则在荧光屏上得到一幅放大的电子图像,这就是成像操作。如果把中间镜的物平面和物镜的背焦面重台,则在荧光屏上得到一幅电子衍射花样,这就是透射电镜的电子衍射操作。在物镜的像平面上有一个选区光阑,通过它可以进行选区电子衍射操作。

### 1.3.2.3　投影镜

投影镜是短焦距强磁透镜,它的作用是把经中间镜形成的二次中间像及衍射花样进一步放大并投影到荧光屏上,形成最终放大的电子像及衍射花样。投影镜的励磁电流是固定的,因为成像电子束进入投影镜时孔径角很小,因此它的景深和焦长都非常大。即使电镜的总放大倍数有很大的变化,也不会影响图像的清晰度。

### 1.3.2.4　样品室

样品室位于照明系统和物镜之间,其中可以承载样品杆,使样品可以进行各种运动,如平移、倾斜和旋转等,以便观测者找到所要观察的位置。

借助双倾样品杆还可使样品位于所需的晶体学取向进行观察。样品室内还可分别装有加热、冷却或拉伸等各种功能的样品杆,以满足相变、形变等过程的动态观察。广义的样品室还包括测角台、样品杆、冷阱等。样品室有一套机构,保证样品经常更换时不破坏电镜主体的真空。

### 1.3.2.5　测角台

测角台是透射电镜重要的硬件之一,图 1 - 31 是 JEM - 2100 测角台的照片。测角台具备绕 $X$ 轴旋转的功能,样品杆插入测角台后,可以随测角台绕 $X$ 轴转动。样品绕 $Y$ 轴转动不是通过测角台实现的,而是通过双倾杆上的机构实现的,但测角台上有双倾杆连接头,连线后为双倾杆提供倾转信号。向电镜装入和退出样品都是通过将样品杆插入或拔出测角台来实现的,因此测角台是样品从大气环境到真空环境的传输窗口。

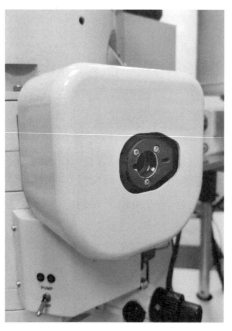

图 1-31　测角台

### 1.3.2.6　样品杆

现在电镜最常见的样品杆主要有单倾杆和双倾杆,此外还有多样品杆、原位样品杆等。单倾杆只能随测角台转动($X$ 轴),双倾杆除了可以随测角台转动外,其自身还可以提供绕垂直于测角台轴线的 $Y$ 轴转动。因此,单倾杆有 4 个自由度:$X$、$Y$ 水平平移,$Z$ 轴垂直移动,绕 $X$ 轴转动。双倾杆有 5 个自由度:$X$、$Y$ 水平平移,$Z$ 轴垂直移动,绕 $X$ 轴转动,绕 $Y$ 轴转动。

### 1.3.2.7　防污染装置

防污染装置(anti - contamination devices,ACD)是防止电镜样品室污染的装置,如图 1-32 所示。图 1-32(a)是电镜防污染装置的冷阱,里面盛放液氮。液氮的低温通过铜丝编制的柔性导热装置传导到冷指,冷指深入到样品室内,低温将镜筒中的碳氢化合物、空气分子等污染物吸附到冷指上。因为冷指在样品附近,所以它可以有效地减少样品的污染,同时也有效地提高了镜筒的真空度。在液氮快挥发完的时候,冷指的温度开始上升,原来吸附在它上面的污染物开始挥发,降低了镜筒的真空度,如果这时超过离子泵的负荷,就可能导致破真空。因此,灌满冷阱一次可工作 7~8 个小时,如果延长电镜工作时间,应补充液氮。使用完电镜后,利用加热棒[见图 1-32(b)]对冷阱中的液氮进行烘烤,烘烤前通过加热棒的导管将剩余的液氮导出,烘烤时系统自动启动机械泵,将挥发出来的污染物抽走,以免污染镜筒。烘烤前,应退出所有的光阑,防止其被污染。

重新开机抽真空时,如果能谱的冷阱没有液氮,需要加入液氮,这有利于抽真空。如果停机后,镜筒真空度下降后,此时不能对 ACD 冷阱加液氮,否则不利于抽真空。等离子泵指示灯亮后,往 ACD 冷阱加液氮,这时有利于抽真空。

## 1.3.3　观察记录系统

观察记录系统由荧光屏、照相机、探测器和显示器等组成。投影镜给出的最终像显示在荧光屏上,通过观察窗能观察到荧光屏上呈现的电子显微像和电子衍射花样。通常,观察窗外备有 10 倍的双目光学显微镜,用于对图像和衍射花样的聚焦。当图

(a)　　　　　　　　　　(b)　　　　　　　　　　(c)

图 1 - 32　防污染装置

(a) 冷阱;(b) 加热棒;(c) 插入加热棒后的冷阱

像和衍射花样需要记录时,将荧光屏抬起后,它们就被记录在荧光屏下方的相机上。

相机分为胶片相机和数码相机两种。胶片相机的拍摄需要用底片,拍摄后需要将其冲洗出来才能看到图像,这样非常费时费力。而使用数码相机可以直接在计算机显示器上看到所拍摄的图像,成像方便快捷,可直接储存成数字文件,目前数码相机已经替代胶片相机。

根据安装位置不同,相机又可以分为底装相机和侧装相机,底装相机安装位置可分为正轴和近轴两种。底装正轴是最常见的安装位置,尤其适用于高分辨成像。底装近轴适合当正轴位置已经安装其他 CCD 相机或者能量过滤器等时,也适合安装快扫描相机等。侧装相机的最主要优点是视场范围大,但投影镜光阑的像散会导致图像扭曲,因而很难获得高分辨图像。为了满足不同的功能,有时在一台电镜上安装多台相机,由于相机面积不同、安装的位置不同,在同样摄影条件下,得到的图片是不同的。图 1 - 33(a)和(b)分别是侧装相机和底装相机在同一条件下拍摄的照片,虽然拍摄时电镜的放大倍率是一样的,但两个相机的视野却差很多,因此拍照时添加标尺很重要。侧装相机视野大,但空间分辨率差。底装相机视野小,但分辨高。

目前通常使用 CCD 相机或 CMOS 相机,这两种数码相机具有操作方便等特点,可以获得数字图像照片。图 1 - 34 是 CCD 相机的实物照片及其结构图。为了减少 CCD 相机因热和暗电流产生的噪声,需要对 CCD 芯片进行珀尔帖(Peltier)冷却(一般为 -35～-30 ℃),并通过循环水将热量导走。

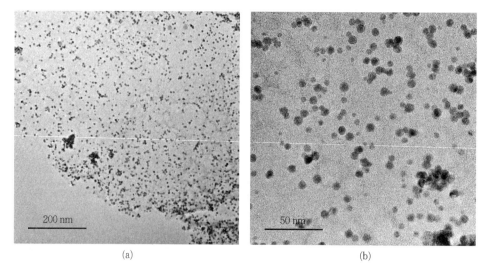

(a)                                    (b)

图 1 - 33　相同倍率下不同位置相机采集的照片

（a）侧装相机；（b）底装相机

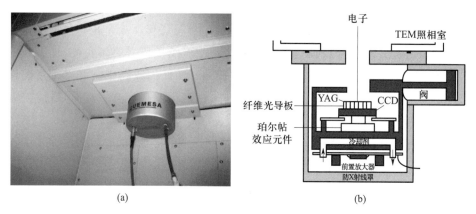

(a)                                    (b)

图 1 - 34　CCD 相机的实物照片和结构图

（a）实物照片；（b）结构图[37]

CCD 相机和 CMOS 相机分别采用电荷耦合器件（charged coupled device，CCD）传感器和互补金属氧化物半导体（complementary metal oxide semiconductor，CMOS）传感器，它们的工作原理如图 1 - 35 所示。

CCD 传感器的基本结构是由一组光电探测器组成的。在光电探测器中的光电二极管用于捕捉光，当一个光子撞击光电探测器时，由于光电效应导致一个电子从光电探测器中释放出来，使得从光电探测器释放的电子数量与入射光子的数量成正比。电子（电荷）存储在像素下方的电子势阱中。由于该设备是数字设备，因此每个像素

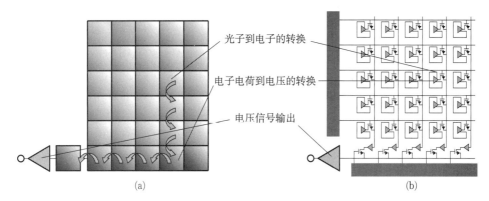

图 1-35　不同传感器的原理比较[41]

(a) CCD；(b) CMOS

的电荷都必须转换为数字信号，而靠近 CCD 图像传感器边缘的像素将其电荷从传感器上转移。电荷逐个像素地移动到相邻像素，直到它们移到边缘像素再到达专用读出区域的放大器。因为当电荷从 CCD 图像传感器中移除时便被转换为电压，一旦从 CCD 图像传感器中移除电压，外部电子设备就会放大电压并将其转换为数字信号。

CMOS 传感器和 CCD 传感器一样，通过光电探测器探测光并通过光电效应取代电子。然而，一旦电子存储在势阱中，就会发生与 CCD 不同的过程。CMOS 传感器的每个像素都有电路，可将电荷转换为电压，而不是像 CCD 传感器一样通过图像传感器传输电荷并在芯片角落读取电荷，该电压通过传感器上的电路直接放大，然后通过读出区域放大器发送读数。

### 1.3.3.1　CCD 相机

CCD 是由美国贝尔实验室的 Willard S. Boyle 和 George E. Smith 领导的研究团队于 1969 年发明的[42-43]，他们因此获得 2009 年诺贝尔物理学奖。这项技术一经发明，就立刻在图像传感器上得到了应用[44]。1970 年，第一个 CCD 感光元件实验成功。1971 年，第一项关于 CCD 成像的专利获批。1974 年，仙童公司造出了第一个商业化的 $100\times100$ 像素的二维感光芯片。第二年，柯达公司就用这款芯片发明了第一台数码相机。随后的几十年中，CCD 技术在设备设计、材料和制造技术方面取得了渐进式的进步。

CCD 相机利用闪烁体将电子信号转换为光子信号，然后通过光纤或镜头传输到 CCD 的传感器上，并转换为电荷累积在 CCD 芯片的并行寄存器中。在读出的过程中，电荷依次传送到串行寄存器中，以像素点的形式输入至输出端口，进入模拟数字转换器。

闪烁体可分为多晶磷闪烁体和单晶钇铝石榴石（yttrium aluminum garnets，

YAGs)两种类型。多晶磷闪烁体为高效率(单电子信号)优化,也容易为分辨率和依赖于加速电压的敏感度优化。多晶磷闪烁体具有发光量高、成本低、均匀度差、脆弱等特点,因为是粉末状,因此易加工。单晶YAGs收集到的信号比多晶磷少5倍,但是抗机械破坏。YAGs具有均匀度极高、稳定度高、耐电子打击等特点,但发光量低、造价高昂,因为是晶体,所以难加工。CCD相机对束斑强度比较敏感,过强的电子束或过长曝光时间会损坏相机的闪烁体,尤其是多晶磷闪烁体,因此拍摄时要特别注意,即使在荧光屏上看起来不亮,也要注意选择束斑强度和曝光时间。

携带高能量的入射电子打中闪烁体,形成一个水滴状的散射区,入射电子在多级散射中丧失能量,能量被传递给闪烁体。整个多级散射的区域内都产生光子,每个入射电子产生一个光源。如图1-36所示,光源的大小对应于闪烁体中多级散射区的大小,如果采取更薄的闪烁体,就可以产生更小的光源束盘尺寸,例如图1-36右侧。但每个入射电子产生的光子变少,CCD采集到的信号变弱,整个相机系统的信噪比受到损失。

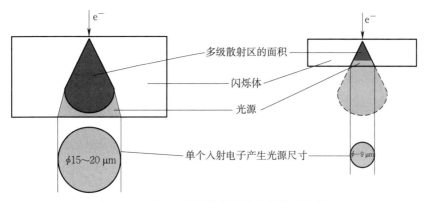

图1-36　闪烁体厚度和光源尺寸的关系示意图

将闪烁体产生的光子传输到CCD传感器,可采用两种光电耦合方式进行,如图1-37所示。一种是光纤耦合,该方式效率高,如图1-37(a)(b)所示,其中锥形光纤具有更大的视野和有效像素,更好的分辨率和灵敏度,但造价昂贵。另一种是透镜耦合,如图1-37(c)所示,该方式非常容易改变后端放大倍数,但是效率低,不可能检测到单电子。

随着电镜技术的发展,对CCD相机的性能也提出新的要求。CCD相机的性能主要看成像速度和分辨率,前者主要和帧速率有关,后者和像素数有关。帧速率即每秒获得的帧数,可以根据像素数和读出速率,结合总曝光时间来近似计算帧速率。读出速率是指每秒传输到模拟数字转换器的读出像素数。

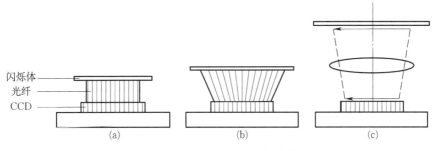

图 1-37 CCD 相机的光电耦合方式

(a) 普通光纤耦合;(b) 锥形光纤耦合;(c) 透镜耦合

CCD 像素数是指 $X$、$Y$ 方向的像素个数,典型像素数为 1 024(1k)×1 024(1k)到 4 096(4k)×4 096(4k)等。图像上的每个点对应于 CCD 传感器上的一个像素,如 2 048×2 048 的相机,得到的图像就有 400 多万个点,传感器上也就有这么多像素,每个像素最终得到的电流信号通过模拟数字转换器(analog to digital converter,ADC)转化成一个读数,然后用软件就可以把这 400 多万个读数变成一张照片。CCD 像素尺寸决定分辨率和满阱容量,因此也决定了动态范围,较大的像素尺寸能提高分辨率和动态范围,动态范围是满阱容量与本底噪声的比值。CCD 的视场是指 CCD 感光区的尺寸,由像素尺寸和像素数决定。如图 1-38 所示,最左边是圆形物体,其右分别是采取三种不同像素的相机拍摄得到的照片,三个相机像素逐渐提高。当拍摄时,具有更多像素的 CCD,可获得更高的分辨率。

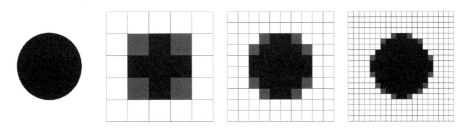

图 1-38 采取不同像素相机对分辨率的影响

CCD 相机有不同的面积尺寸,这里的面积尺寸是指 CCD 感光器件的面积大小。在相同拍摄条件下,CCD 面积越大,拍摄视野也越大。如果图 1-39 是 CCD 面积为 2 048(2k)×2 048(2k)相机拍摄的图片,则图中黑方框是 CCD 面积为 1 024(1k)×1 024(1k)相机能拍摄的图片。实践中,会采用像素合并(binning)将相邻的像素所堆积的电荷进行合并,并当作一个单一的像素输出信号。这样可以提高灵敏度,但降低了分辨率。例如 2×2 合并会提高 4 倍灵敏度,但降低一半的分辨率。

在实际使用中,CCD 相机的成像速度和分辨率是相关的,当要求高的分辨率时,成像速度就会慢,而较快的成像会导致较低的分辨率。

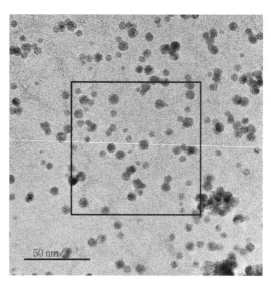

图 1-39 不同面积尺寸 CCD 相机的拍摄面积范围

### 1.3.3.2 CMOS 相机

CMOS 作为一项集成电路技术是由 Frank M. Wanlass 在 1963 年提出的[45]，并申请了专利[46]。其后 CMOS 在逻辑与计算芯片制造中广泛使用，但在光学传感器上的应用走过了一段坎坷曲折的道路。1968 年就有科学家提出可以将 CMOS 技术应用于光学成像，并且做出了被动像素感光型 CMOS 感光芯片，但是因为性能的限制，未能得到大规模应用。这使得 CCD 在其后数十年内在感光领域占据主导地位，而 CMOS 只在部分边缘领域得到应用。20 世纪 80 年代末，日本奥林巴斯公司发明了主动像素传感器（active piel sensor，APS），但并未使用 CMOS 工艺。1992 年，美国航天局喷气推进实验室（NASA Jet Propulsion Lab）造出了主动像素感光型 CMOS 图像传感器，这成为 CMOS 图像传感器发展历史上的重大转折点。

当代的 CMOS 相机都采用基于 CMOS 工艺的主动像素图像传感器，与 CCD 传感器一样，是根据光电效应系统工作，将光转化为电能，执行相同的电荷产生和收集、测量、转换成电压或电流、信号输出等基本任务，但 CMOS 传感器有其自身的优点。首先，CMOS 传感器的最大优点是图像传输速度快。CCD 的像素感光产生电荷后，需要沿着固定的方向将光生电荷传输到特定的输出节点，再转化为电压。而 CMOS 的每个像素点上都有一套将光生电荷转化为电压的半导体器件。其次，CMOS 的第二个优点是成本低。因为使用了部分与 CPU 逻辑处理芯片相近的技术，所以大规模制造起来对半导体工厂的要求相对更低。随着光刻技术的发展，当半导体制造厂的加工工艺从几百纳米进步到几纳米，CMOS 相机可以更快地在同样的面积上实现更多的像素。此外,CMOS 上的像素只在传输信号的一瞬间耗电,所以功耗远低于CCD。最后,因为电荷无须在像素之间移动,CMOS 从设计原理上根除了高光溢出的可能性,这一点在透射电子显微镜拍摄电子衍射时有突出的优势。

CMOS 的传统劣势是背景电子噪声较高,这也是早期 CMOS 性能被 CCD 全面压制的主要原因。近年来随着制造工艺的进步,部分科学级 CMOS 已经在噪声方面达到或超过 CCD 的水平。多数 CMOS 相机采用的卷帘快门(rolling shutter)会造成图像失真,这在拍摄高速移动的物体时表现得尤为明显。如果采用全域快门(global shutter),可以解决这个问题,但是图像速度和灵敏度都会有所损失。CCD 相机使用像素合并可以显著提高图像速度和质量,2 倍像素合并可以将信噪比和速度都提高到原来的 4 倍。而CMOS 相机如果使用同样的技术,则只能提高到 2 倍。可见,CMOS 和 CCD 有各自的优势和劣势,各自又分为各种不同的类型,我们应该根据应用需求,选择合适的相机。

### 1.3.3.3　直接电子探测相机

如上所述,CCD 相机、CMOS 相机等传统电镜相机在电子束和闪烁体作用后,通过光纤将光子转移到光电探测器上,先将电子信号转换成光子,然后再转化为光电子进行探测,如图 1 - 40(a)所示,这就意味电子强度信息经历了电-光-电的转换,这样的间接探测性能上受限于荧光闪烁体和光纤,能量利用率低。为了保证一定的衬度,这要求入射电子束的剂量率要很高,不然图像就很弱。

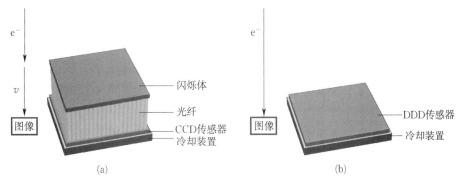

图 1 - 40　不同相机信号转换过程示意图

(a) CCD 相机;(b) 直接电子探测相机

直接电子探测相机采用直接电子探测器(direct detection devices,DDD)技术,该相机直接电子探测,无须荧光闪烁体,跳过了电子与光子之间的两个转换过程,电子和 PN 结作用后直接产生电子-空穴对,在迁移到探测器基底后转换为电信号,如图 1 - 40(b)所示。能量利用率基本只由电子-空穴对产生率决定。这就意味着只要很低剂量的电子束流就足以产生高衬度的照片。图 1 - 41 是直接电子探测得到的图像,图中的每个黑点是一个电子信号,黑点的大小和成像时电子的能量损失有关,电子的能量损失越大,黑点越大。

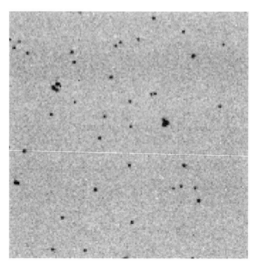

图 1-41 直接电子探测图像

对于生物样品的透射电镜观察来说,高剂量率是毁灭性的损伤。传统的 CCD 相机的检测量子效率(detective quantum efficiency,DQE)在低频时仅为 30% 左右,高频则更低,严重影响了高分辨率信息的采集。直接电子探测成像系统作为冷冻电镜的成像设备,其引入了电子计数(electron counting)的新技术,可以对穿透样品的电子进行计数,甚至定位某一个电子在像素中的位置,该设备快速读取与几乎无噪声的电子计数组合,在低电子剂量、小欠焦条件下可以获得高反差、高原子分辨率的图像,不会产生信号的扭曲与失真,与传统冷冻电镜配备的 CCD 图像探测相比,其检测量子效率提升到 70%,为蛋白、病毒等生物样品三维结构的解析提供了坚实的基础,直接电子探测系统已经成为结构学领域必不可少的重要工具。在透射电镜的材料应用领域,直接电子探测可用于高速原位电镜的观察、电子束敏感材料的低剂量成像等。但高性能直接电子探测相机价格非常昂贵,产生的数据量大,需要大的存储空间,数据处理也较复杂。

### 1.3.4 调校系统

#### 1.3.4.1 电子束平移与倾转装置

如图 1-42 所示,电子束的平移和倾转是通过安装在聚光镜下方的两个偏转线圈来实现的。图 1-42(a)是平移的示意图,它是通过上下偏转线圈联动实现的,当上偏转线圈顺时针偏转 $\theta$ 角时,下偏转线圈会同时逆时针偏转 $\theta$ 角,从而使光路在总的效果上只产生平移,而不产生偏转。图 1-42(b)是倾转的示意图,当上偏转线圈顺时针转动 $\theta$ 角时,下偏转线圈会逆时针转动 $\theta+\alpha$ 角,使得光路总的效果产生了 $\alpha$ 角倾转,而对样品来说其入射点的位置不变。

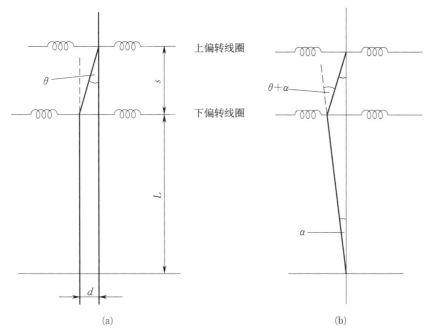

上偏转线圈

下偏转线圈

（a）

（b）

图 1-42　电子束倾转与平移装置工作原理示意图

（a）平移；（b）倾转

## 1.3.4.2　消像散器

消像散器可以是机械式的，也可以是电磁式的。机械式消像散器是在电磁透镜的磁场周围放置几块位置可以调节的导磁体，用它们来吸引一部分磁场，把固有的椭圆形磁场校正成接近旋转对称的磁场。电磁式消像散器是通过电磁极间的吸引和排斥来校正椭圆形磁场的。图 1-43 是电磁式消像散器的示意图，它由两组（四对）电磁体排列在透镜磁场的外围，每对电磁体均采用同极相对的安置方式。通过改变这两组电磁体的励磁强度和磁场的方向，就可以把固有的椭圆形磁场校正成旋转对称的磁场，起到消除像散的作用。在透射电镜中，聚光镜、物镜、中间镜下都安装有消像散器，其中聚光镜的像散比较好消除，而物镜的消像散最重要，也相对来说较复杂，尤其是在对分辨率要求较高时，物镜像散的消除往往非常关键。不过现在随着 CCD 相机等的引入，这个工作已经相对来说变得较为容易了。中间镜像散一般情况下不需要调节，通常只在衍射模式下需要调节衍射斑的像散。

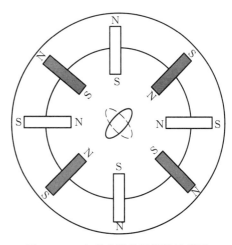

图 1-43　电磁式消像散器的示意图

### 1.3.4.3 摇摆调焦器

1947 年,Jan Bart Le Poole 发明了称为摇摆调焦器(wobbler)的聚焦辅助装置[47],并在飞利浦 EM100 上配备此装置。IMAGE wobbler 用于帮助调整聚焦,HT wobbler 用于调整电压中心,OBJ wobbler 用于调整电流中心。其中 IMAGE wobbler 是最常用的功能,一般是较低倍(一般15 000 倍以下)调正焦点时使用,它由两组偏转线圈组成,在偏转线圈上通 50 c/s 的交流电,使用时照明束以样品平面上的一点为中心来回摆动。当物镜处于正焦点时,从样品平面上的一点任意方向发射的电子到像平面上还是一点。当物镜处于过焦或欠焦时,则在像平面上散焦成两个点,图像呈现摆动。通过聚焦使图像稳定,此时即为正焦点。

### 1.3.4.4 光阑

透射电镜三种主要光阑是聚光镜光阑、物镜光阑和选区光阑,一般选用非磁性的金属材料制作。光阑有固定光阑和活动光阑两种,固定光阑为管状无磁金属物,嵌入透镜中心,操作者无法调整。目前一般采用活动光阑,活动光阑是用长条状无磁性金属钼薄片制成的,上面纵向等距离排列有 4 个大小不同的光阑孔,直径从数十微米到数百微米不等,以供选择。在 JEOL - 2100 电镜中,光阑的最小尺寸约为 5 μm。聚光镜光阑的作用是限制照明孔径角,提高电子束的相干性,在双聚光镜系统中,常装在第 2 聚光镜的下方。物镜光阑又称衬度光阑,通常安放在物镜的后焦面上,作用是挡住散射角较大的非弹性电子,散射角度大的电子被光阑截获而除去,仅让透射电子和散射角小的电子穿过光阑孔参与成像,提高图像的成像衬度,如图 1 - 44 所示。光阑孔越小,被截除的散

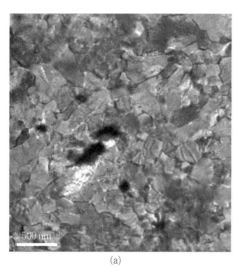
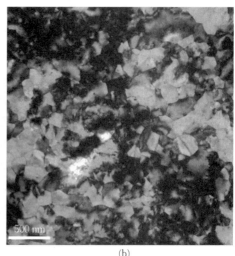

(a)            (b)

图 1 - 44 插入物镜光阑前后的衬度对比

(a) 未插入物镜光阑;(b) 插入物镜光阑

射电子便越多,像的衬度也越好。物镜光阑的另一作用是在物镜后焦面上选择晶体样品衍射束的斑点成像,获得暗场像,及衍衬成像操作。选区光阑又称场限光阑或视场光阑,位于物镜的像平面上,用于选区电子衍射,即选定样品上的微小区域进行电子衍射操作。

图 1 - 45 是光阑的示意图。光阑孔要求很圆而且光滑,并能在 $X$、$Y$ 方向上的平面里做几何位置移动,使光阑孔精确地处于光路轴心。活动光阑钼片被安装在光阑支架上的一头,另一头连接在镜筒外部的光阑选择旋钮,中间嵌有"O"形橡胶圈来隔离镜筒内外部的真空。因此,通过旋转镜体外部的光阑选择旋钮可以方便地选择光阑孔径,调整、移动活动光阑钼片在光路上的空间几何位置。

光阑通过光阑调节旋钮进行插入、选择、退出等操作。图 1 - 46 是光阑调节旋钮,

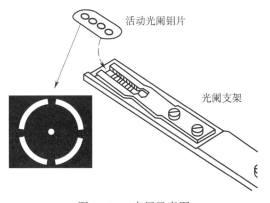

图 1 - 45　光阑示意图

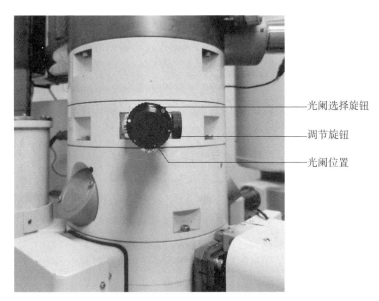

图 1 - 46　光阑调节旋钮

包括光阑选择旋钮和光阑位置调节旋钮。通过顺时针或逆时针旋转光阑选择旋钮可以插入或退出聚光镜光阑。红色小点对准黑色小点时,表示光阑是退出状态。4 个白色小点表示四级光阑,白点越小表示光阑越小。有两个互相垂直的光阑位置调节旋钮,调节它们可以沿 $X$、$Y$ 方向调节光阑至中心,调节时可以通过观察荧光屏来确定光阑的位置。

### 1.3.5 真空系统

如果真空度低,高速电子与气体分子相互作用导致电子散射,引起炫光和像衬度降低,还会使电子栅极与阳极间高压电离导致极间放电,使电子束不稳定。残余气体会污染样品,腐蚀、氧化灯丝,缩短其寿命。因此,透射电镜的真空系统要求高。真空系统由机械泵、扩散泵、离子泵、阀门、真空测量仪表及真空管道组成,它的作用是排除镜筒内气体,保证电子的稳定发射和在镜筒内整个狭长的通道中不与空气分子碰撞而改变电子原有的运行轨迹,同时为了保证高压稳定度和防止样品污染,不同的电子枪要求不同的真空度,一般热阴极电子枪的镜筒真空度至少要在 $10^{-5}$ Torr[①],目前冷场发射枪对真空度的要求最高,最好的真空度可以达到 $10^{-10} \sim 10^{-9}$ Torr。

#### 1.3.5.1 真空泵

透射电镜的真空泵包括机械泵、扩散泵、离子泵。

机械泵的工作过程包括吸气、压缩、排气等过程,它工作时靠泵体内的旋转叶轮刮片将镜筒内空气吸入、压缩、排放到外界。机械泵油起润滑、密封和堵塞缝隙的作用。机械泵不工作时,应使进气口处于大气压力状态,以防止返油。由于极限压强较高,远不能满足电镜镜筒对真空度的要求,常用做前级泵(预抽泵)。

扩散泵的工作过程包括油蒸发、喷射、凝结等。扩散泵的工作原理是用电炉将特种扩散泵油加热至蒸汽状态,高温油蒸汽膨胀向上升起,靠油蒸汽吸附电镜镜体内的气体,从喷嘴朝着扩散泵内壁射出,在环绕扩散泵外壁的冷却水的强制降温下,油蒸汽冷却成液体时析出气体排至泵外,由机械泵抽走气体,油蒸汽冷却成液体后靠重力回落到加热电炉上的油槽里循环使用。所以,扩散泵是利用低压、高速和定向流动的油蒸汽射流抽气的真空泵。这种泵的极限真空为 $10^{-5} \sim 10^{-4}$ Pa,工作压力范围为 $10^{-4} \sim 10^{-1}$ Pa,抽速为几十 L/s 至十几万 L/s(1 L $= 10^{-3}$ m³)。由于射流具有工作过程高流速(约 200 m/s)、高密度、高分子量(300 $\sim$ 500)的特点,故能有效地带走气体分子,抽气速度很快。扩散泵不能单独使用,它只能在气体分子较稀薄时使用,由于氧气成分较多时易使高温油蒸汽燃烧,所以一般采用机械泵为前级泵,以满足出口压强(最大 40 Pa),如果出口压强高于规定值,抽气就会停止。

离子泵的工作过程包括气体分子电离、潘宁放电、离子轰击钛溅射、化学吸附及

---

① 1 Torr=133.322 368 4 Pa。

掩埋吸附分子等过程。离子泵利用阴极放电产生气体分子的离子,离子撞击阴极而被阴极捕捉,同时产生溅射效果。阴极材料用钛金属制作,钛被溅射后,在腔体的内壁连续形成活性膜,和气体分子发生反应,从而吸收气体分子。离子泵一般采用扩散泵作为前级泵来提供 $10^{-3}$ Pa 的启动压强。且一旦进入正常工作压强,离子泵应与前级泵隔开。离子泵会出现氩不稳定性,这是由于溅射离子泵在排除氩等惰性气体原子时,真空系统内的压强会脉冲式上升,然后下降。由于离子轰击钛阴极板并且不断溅射,理论上,钛板被溅射完毕时,泵的寿命才算终结,但事实上,因钛阴极溅射主要出现在对着阳极筒的中心区域,长期使用这个区域会出现穿孔,其寿命就已终结。由于离子泵的泵体暴露于大气及吸附大量的水汽,或长期使用后使泵体吸附气体分子增多,这些因素将影响泵的启动及抽速和极限压强。烘烤离子泵可使泵体上易脱附的气体分子脱附,烘烤时通常把离子泵与前级泵相连,抽走脱附的气体分子,这样使得离子泵恢复其性能。在离子泵真空差时需进行烘烤,烘烤时间要大于两天。

#### 1.3.5.2 真空规

真空规用于镜筒各部位真空度的检测,向真空表和真空控制电路提供信号,根据检测目标的真空度不同,真空规分为皮拉尼规(Pirani gauge)和潘宁规(Penning gauge)两种。前者用于低真空检测,后者用于高真空检测,被安装在镜体的不同部位。皮拉尼规也叫皮拉尼真空计,它是利用热传导原理来工作的。皮拉尼规利用电热丝的电阻温度特性和温度随压强变化关系,将压强变换为电阻测量。把在常温下相同的电阻丝分别装在待测的皮拉尼管中和用高真空密封的闭口管中。利用这两个电阻丝建立平衡电路。当待测体为高真空时,电路处于平衡状态,平衡电流设定为 $25~\mu A$。当待测体为大气状态时,电路处于不平衡状态,平衡电流设定为 $250~\mu A$。所以皮拉尼规存在两个工作点,有时需要进行校正。潘宁规也叫潘宁真空计,它是根据潘宁放电现象来检测真空的规计。潘宁放电现象是指在正交电磁场下气体分子电离产生的离子质量远大于电子,故不受磁场的约束达到阴极消失且不引起空间电荷。放电电子受磁场的约束在阳极附近相当长的时间,与气体分子不断碰撞并产生离子。故潘宁规通过测定放电电流来计算真空。

#### 1.3.5.3 真空阀

真空阀用于启闭真空通道各部分的关卡,使各部分能独立放气、抽真空而不影响整个系统的真空度。电镜中的真空阀多为气动式,动力源自压缩空气,这是因为如采用电磁动力的真空阀门,易产生干扰电磁场,影响电镜工作。电镜外部专配的空气压缩机通常能自动地保持在 4 个大气压以上,以提供足够的气体压力。由空气压缩机输出的高压气体经多根软塑细管送出,先经过在计算机程序控制下动作的总操纵集合电磁阀,然后连接到镜体内各部位安装的气动阀门处。这样,就可以通过固定程序(或人为)来操纵控制镜体外部的集合电磁阀,切断或联通任一路软塑细管,间接地启闭镜体内部的任一气动阀。

下面以图 1-47 中 JEM-2100 为例来说明透射电镜真空系统。图中,PI1 表示镜筒的皮拉尼规,PI2 表示电子枪的皮拉尼规,PI3 表示照相室的皮拉尼规,PI4 表示样品室的皮拉尼规,PI5 表示预抽罐的皮拉尼规,PE 表示潘宁规。RP 表示机械泵,RT 表示预抽罐,DP 表示扩散泵,SIP 表示溅射离子泵。V1~V21 表示阀门,除了V17 之外,其他阀门绿色为开通状态,黑色为关闭状态,V17 状态相反。总开机时,V17 关闭,30 s 后 V13 打开,系统经过 20 min DP 电炉加热,达到预定温度以及预抽RT 的状态。20 min 后系统进入自动抽真空状态,当 $P_1$、$P_2$、$P_3$、$P_4$ 值从 250 $\mu A$ 到170 $\mu A$ 之间为 RP 预抽,低于 170 $\mu A$ 为 DP 预抽。当 PE 低于 $5 \times 10^{-3}$ Pa 时 SIP 启动。当 $P_1$、$P_2$、$P_3$、$P_4$ 值低于 35 $\mu A$ 时,说明系统进入待机状态。由于皮拉尼规的读数会越来越大,$P_1$、$P_2$、$P_3$、$P_4$ 值经过一段时间应调整。

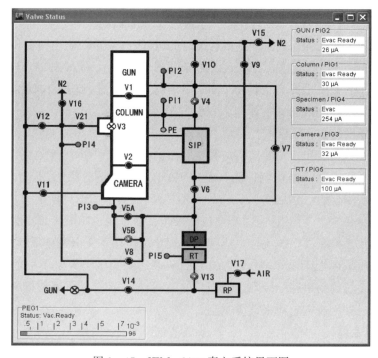

图 1-47　JEM-2100 真空系统界面图

### 1.3.6　电源与控制系统

电源与控制系统的电源部分主要用于高压直流电源、透镜励磁电源、偏转器线圈电源、电子枪灯丝加热电源,以及真空泵电源等其他辅助系统的电源。其中对电镜性能最重要的两部分电源:一是电子枪加速电子用的小电流高压电源;二是透镜励磁用的大电流低压稳流电源。加速电压和透镜磁电流不稳定将使电子光学系统产生严重像差,会产生严重的色差及降低电镜的分辨率,所以加速电压和透镜电流的稳定度是衡量电镜性能好坏的一个重要标准。所以对供电系统的主要要求是产生高稳定的加速电压和各透镜的励磁电流。在所有的透镜中,物镜励磁电流的稳定度要求最高。物镜是决定显微镜分辨率的关键,对物镜电流稳定度要求更高,一般为 $(1\sim2)\times10^{-6}$ A/min,对中间镜和投影镜电流稳定度要求可比物镜低,约为 $5\times10^{-6}$ A/min。电压的稳定性和高压发生器有较大关系,高压发生器(见图 1-48)是为电镜提供高压的装置,由高压气箱和高压电缆组成,为发射的电子提供加速能量。高压气箱内充入 $SF_6$ 气体绝缘,充气时一定要彻底排出空气,否则会由于放电导致高压不稳定或掉高压。高压箱和电子枪用高压电缆连接,连接处使用高压绝缘座,并在压电缆头部涂上高压绝缘硅胶。

　　除了上述电源部分外,透射电镜还包括程序控制系统和处理数据的计算机系统。现代的透射电镜都实现了计算机控制,用户使用非常方便。例如,各透镜系统的电流值等都可以存储在计算机中。利用计算机还能实现自动聚焦和消像散以及照相等一系列操作。在仪器设备方面,目前电镜的操作系统已经使用了友好的操作界面。用户只须按动鼠标,就可以实现电镜镜筒和电气部分的控制以及各类参数的自动记忆和调节。用户甚至可以通过网络系统,实现对电镜的遥控,演示样品的移动、成像模式的改变、电镜参数的调整等。安全防护方面,电镜还有安全保护装置,当出现冷却水温度过高、真空泄漏、实验室进水或由于外界温度较高、湿度较大等因素影响

图 1-48　高压发生器

仪器工作时,能通过安全自控电路切断电源或关闭必要的阀门并发出警报,提醒操作人员注意,这样就有效地保护了仪器,使之免于在突发的事故中损坏。

　　图 1-49 给出了电子显微镜和它的各种附属装置的框架图。

　　透射电镜的操作和控制往往通过控制面板和软件来完成。图 1-50 是 JEM-2100 电镜左、右控制面板的照片,其上面的按钮和旋钮的功能说明如下。

　　(1) BEAM:电子束阀开关,按下开关打开 V1 阀,电子束照到样品上。

　　(2) ROOM LAMP:房间灯开关,连接设置后可以打开或关闭电镜室的室内灯。

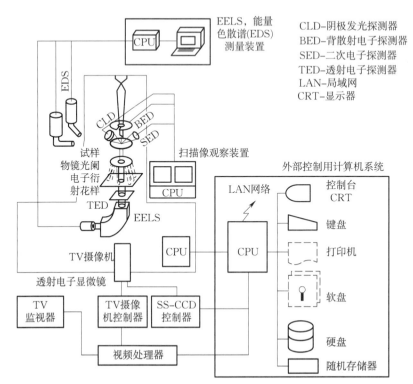

图 1-49　透射电子显微镜和它的各种附属装置的框图[37]

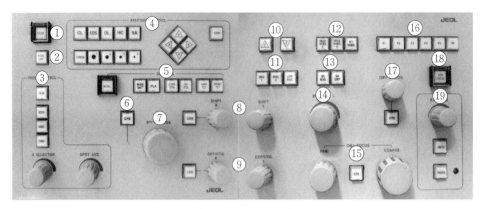

图 1-50　控制面板

（3）PROBE CONTROL：模式切换按钮。TEM 模式是普通电镜观察模式，用于形貌观察；EDS 模式是高电流密度、微区照明模式，用于能谱分析；NBD 模式是小会聚焦、微区照明模式，用于纳米束衍射；CBD 模式是大会聚焦、微区照明模式，用于会聚束衍射；α SELECTOR 是角选择旋钮，在保持束斑尺寸不变的情况下，用于改变会聚角；SPOT SIZE 是束斑大小选择旋钮，用于改变束斑尺寸。

（4）APERTURE CONTROL：光阑控制按钮，需要安装相应的硬件才能使用，用于控制选择不同类型、尺寸的光阑，并调整光阑位置。

（5）DEF/STIG：按下该区域的任一按钮，然后利用 DEF/STIG X 和 DEF/STIG Y 旋钮调节相应的线圈电流。NTRL 按钮用于清除所选择按钮的内存记录；IMAGE SHIFT 按钮用于在高的放大倍数下平移图像；PLA 按钮用于在衍射模式下改变投影镜偏转线圈电流，平移衍射斑点；COND STG 按钮用于改变聚光镜像散线圈电流，校正聚光像散；OBJ STIG 按钮用于改变物镜像散线圈电流，校正物镜像散；DARK TILT 按钮用于改变聚光镜束流偏转线圈电流值并记录在选择的内存，用于倾斜电子束，观测暗场像；BRIGHT TILT 按钮用于改变聚光镜束流偏转线圈电流值并记录在选择的内存，用于倾斜电子束，观测明场像。

（6）CRS：在多个旋钮边上有 CRS 按钮，按下该按钮，相应的调节旋钮的每个步长增加 16 倍。

（7）BRIGHTNESS：散开和收缩电子束，改变电子束的亮度。

（8）SHIFT X 和 SHIFT Y：通过调节聚光镜偏转线圈电流，沿 X 方向和 Y 方向平移电子束。

（9）DEF/STIG X 和 DEF/STIG Y：选择 DEF/STIG 开关按钮⑤时，调节相应偏转线圈电流。

（10）Z：调解样品的高度。

（11）成像模式按钮：用于选择成像模式，每个按键下都可以预先设定多个放大倍率。MAG1 和 MAG2 一般设定为正常的放大模式，LOW MAG 设定为低倍放大模式。选择某按键后，通过旋转 MAG/CAML 旋钮可以调整放大倍数。

（12）Wobbler 按钮：用于选择 Wobbler 模式。当打开 IMAGE WOBB X 和 IMAGE WOBB Y 按钮，第 1 和第 2 束流偏转线圈周期性变化，如果图像远离焦平面，则图像沿 X 或 Y 方向抖动，用于为聚焦时提供参考。当打开 HT WOBB 按钮，电压周期性变化，用于为电压中心合轴时提供参考。

（13）选区衍射模式：SA MAG 用于观察选区衍射的区域；SA DIFF 用于切换至选区衍射模式。

（14）MAG/CAM L：顺时针转动旋钮，增加放大倍数或相机长度；逆时针转动旋钮，减小放大倍数或相机长度。打开 MAG1 开关或 LOW MAG 开关，调节旋钮改变放大倍数;打开 SA DIFF 开关,调节旋钮改变相机长度。

(15) OBJ FOCUS:FINE 旋钮用于精细调焦;CORASE 旋钮用于粗调焦。

(16) 功能设置按钮:可以对按钮设置功能,例如自动抬起屏幕。

(17) DIFF FOCUS:用于在衍射模式时对衍射斑点聚焦。

(18) STD FOCUS:按下开关,物镜电流恢复到原始参考值,处于最优化状态。

(19) EXP TIME/PHOTO:使用底片照相机照相时的参数调节,使用数码照相时该项功能无效。

### 1.3.7 水冷系统

电镜内部产热元部件较多,如扩散泵电炉、电磁透镜、大功率半导体器件等,所以电镜工作时要进行冷却,通常都通过水冷系统采用水冷方式来降温。水冷系统包括循环水泵、压缩机、冷凝器、温控系统、节流装置、水箱和换热器等,另外还有许多曲折迂回、密布在各电磁透镜、扩散泵、电路中大功率发热元件之中的管道。为保证充分的热交换,要求水压和流量要足够大,一般要达到 $4\sim5$ L/min 的流量、$0.5\sim2$ kg/cm$^2$ 的压力。同时对水温也有一定要求($10\sim25$ ℃),水温太高对电镜冷却不够充分,太低则可能在冷水通道外壁造成水蒸气的凝结,除对电镜的电气性能带来影响外,还可能引起锈蚀。冷却水的水质一定要软,一般选用蒸馏水,因为电镜冷水通道盘根错节,

图 1-51 制冷循环水装置

管口细且接头多,过硬水质易在管道中结垢,或滋生微生物,清除起来十分困难。目前都采用循环水装置(见图 1-51)对电镜进行降温冷却,该装置既能使电镜内流出的水降温,又能重复使用蒸馏水,同时达到避免结垢、节约用水的目的。在冷却水管道的出口,装有水压探测器,在水压不足时既能报警,又能通过控制电路切断镜体电源,以保证电镜在正常工作时不因过热而发生故障。水冷系统的工作要开始于电镜开启之前,结束于电镜关闭 20 min 以后。

本章介绍了透射电镜的发展历史,以及透射电镜的结构和工作原理。透射电镜的分辨率高、使用场景广泛,本书将在后续章节介绍不同类别图像的成像原理,以及透射电镜的操作方法。

# 第2章 电子衍射

德国物理学家马克斯·冯·劳厄(Max von Laue)(见图2-1)在助手弗里德里希 (Walther Friedrich)和保罗·克尼平(Paul Knipping)的帮助下,于1912年发现了晶体的X射线衍射现象[48],并因此获得1914年诺贝尔物理学奖。威廉·劳伦斯·布拉格(William Lawrence Bragg)(见图2-2)和他的父亲威廉·亨利·布拉格 (William Henry Bragg)(见图2-3)通过对X射线谱的研究,提出晶体衍射理论,建立了布拉格方程[49],布拉格父子二人共同获得1915年的诺贝尔物理学奖。

图2-1 马克斯·冯·劳厄　　　图2-2 威廉·劳伦斯·　　　图2-3 威廉·亨利·
　　　　　　　　　　　　　　　　　　布拉格　　　　　　　　　　布拉格

布拉格父子发现,对于X射线衍射,当光程差等于波长的整数倍时(见图2-4),晶面的衍射线将加强,此时满足布拉格方程

$$2d\sin\theta = n\lambda \qquad\qquad (2-1)$$

式中,$d$ 为晶面间距;$\theta$ 为入射线、反射线与反射晶面之间的夹角;$\lambda$ 为波长;$n$ 为反射级数。

布拉格方程是X射线在晶体产生衍射时的必要条件而非充分条件。因为在有些情况下晶体虽然满足布拉格方程,但不一定出现衍射,即所谓系统消光。布拉格方程

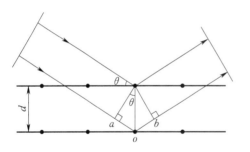

图 2-4 布拉格方程示意图

不仅对 X 射线有效,对电子波等其他波也有效。

克林顿·约瑟夫·戴维森(Clinton Joseph Davisson)和雷斯特·哈尔伯特·革末(Lester Halbert Germer)于1927年在观察镍单晶(111)面对电子束进行散射时,发现了散射束强度随空间分布的不连续性,即晶体对电子的衍射现象[15-17]。1928年,乔治·佩吉特·汤姆逊(George Paget Thomson)指导其学生亚力山大·里德(Alexander Reid)用类似约瑟夫·约翰·汤姆逊用的装置将一束电子透过赛璐珞薄片,获得包含以主光斑为中心的漫反射连续环状的图案[18]。对这些图案的分析表明,这些环是由赛璐珞片中有机分子的电子衍射形成的,电子的波长可以由德布罗意方程预测得出,但问题是赛璐珞的结构未知,因此无法进行精确的计算。为了克服这个难题,乔治·佩吉特·汤姆逊用金、铝等金属薄膜样品进行了一系列实验,因为它们的晶体结构已经由 X 射线衍射确定[50-53]。1936年,汉斯·伯尔施(Hans Boersch)(见图 2-5)发现了选区电子衍射原理,证明电子束经过电磁透镜聚焦后在背焦面上形成衍射花样,并指出可以用衍射束产生暗场像及进行图像处理[54-55]。直到1944年,简·巴特·勒·普尔(Jan Bart Le Poole)(见图 2-6)将选区电子衍射实现了应用,他在电子显微镜中加入衍射透镜(即中间镜)和选区光阑后实现选区电子衍射,既可以观察所选区域的图像,又可切换得到同一区域的衍射花样[56]。因为电子在微小的晶体中也会被多次散射和吸收,选区电子衍射因此难以获得足够精确的数据,使其当时难以成为一种普遍适用的方法。20世纪50年代,电子衍射晶体结构分析借鉴 X 射线晶体结构分析方法开始发展,用几百 keV 的电子束研究薄样品,克服了晶体中原子对电子散射的动力学效应的困难,形成了含轻、重原子的微小晶体结构分析的小高潮。鲍里斯·康斯坦丁诺维奇·魏因施泰因(Boris Konstantinovich Vainshtein)(见图 2-7)等人将电子衍射用于黏土矿物、云母薄片等对衍射电子的吸收和多重散射可以忽略不计的物质,使电子衍射发展成为一种独立的结构分析方法,适用于在电子显微镜下研究晶体样品[57]。1954年,由恩斯特·卢斯卡设计并由西门子公司生产了带有选区电子衍射功能的 Elmiskop I 电镜[58]。

图 2-5 汉斯·伯尔施

图 2-6　简·巴特·勒·普尔　　　图 2-7　鲍里斯·康斯坦丁诺维奇·
　　　　　　　　　　　　　　　　　　　魏因施泰因

## 2.1　电子衍射的原理

### 2.1.1　电子衍射的种类

在透射电镜的电子衍射中,对于不同的样品或者同一样品的不同区域,采用不同的衍射方式时,可以得到多种形式的衍射结果,如单晶电子衍射花样、多晶电子衍射花样、非晶电子衍射花样、会聚束电子衍射花样、菊池衍射花样等。

除了不同的电子衍射种类之外,实践中会遇上更加复杂的电子衍射花样。首先,晶体本身的结构特点会在电子衍射花样中体现出来,如析出相、有序结构、晶体缺陷使电子衍射花样发生变化。其次,电子束和样品的交互作用会使电子衍射花样变得更加复杂,如二次衍射等。此外,同一个样品形成的衍射花样还和实验条件等因素有关系。如图 2-8 所示,经过喷丸处理后的铝合金表面是超细晶,当选区光阑选择大量晶粒时得到的衍射花样是多晶衍射环,当选区光阑选择单个晶粒时得到的衍射花样是单晶衍射花样。同样,常规非晶的选区电子衍射得到的应该是非晶衍射环,但是如果采取非常小的电子束进行纳米束电子衍射,得到原子团簇的斑点。图 2-9 是 $Zr_{66.7}Ni_{33.3}$ 金属玻璃在不同电子束直径下的纳米束电子衍射和选区电子衍射下得到的衍射花样比较[59]。

### 2.1.2　倒易点阵

密勒指数的概念在很久以前就出现在晶体学文献中了[60-61],它用晶胞基矢定义

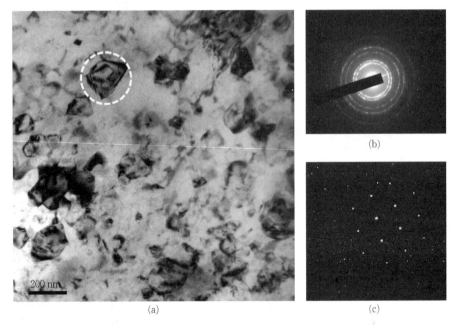

图 2-8   经喷丸处理后的铝合金表面及不同选区光阑时的衍射花样

（a）铝合金表面喷丸后的组织形貌；（b）大量晶粒的选区衍射花样；（c）单个晶粒的选区衍射花样

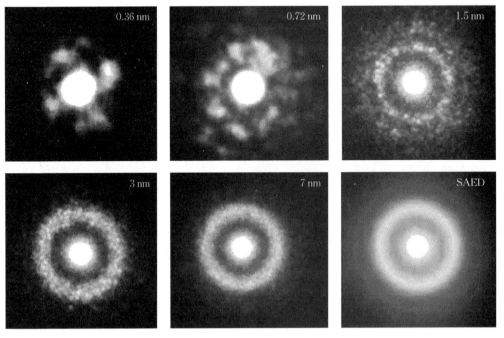

图 2-9   $Zr_{66.7}Ni_{33.3}$ 金属玻璃在不同电子束直径下的纳米束电子衍射和

选区电子衍射下得到衍射花样的比较[59]

的互质整数来表示晶面的方向,对于当时用来描述某一种晶格点阵中某一晶面族,只需要密勒指数$(hkl)$的$h$、$k$、$l$的比值。1912 年,劳厄发现 X 射线衍射之后[48],人们才开始从实验上认识到原子的点阵结构,在研究晶体对 X 射线或对电子束的衍射效应时,某晶面$\{hkl\}$能否产生衍射的重要条件就是该晶面相对于入射束的取向以及晶面间距$d_{(hkl)}$,这时晶面间距的信息变得重要。

为了从几何学上形象地确定衍射条件,人们就找到一个新的点阵,使其与正点阵(实际点阵)相对应。新点阵中的每一个结点都对应着正点阵的一定晶面,该结点既反映该晶面的取向,也反映该晶面的面间距。新点阵中原点 $O$ 到任意结点 $P_{(hkl)}$(倒易点)的矢量正好沿正点阵中$\{hkl\}$面的法线方向,新点阵中原点 $O$ 到任意结点 $P_{(hkl)}$的距离等于正点阵中$\{hkl\}$面的面间距的倒数。将实际晶体中一切可能的$\{hkl\}$面所对应的倒易点都画出来,由这些倒易点组成的点阵就是倒易点阵。

1881 年,约西亚·威拉德·吉布斯(Josiah Willard Gibbs)在给学生的一个讲座上首次提出了倒易点阵[62]。1912 年,保罗·彼得·爱瓦尔德(Paul Peter Ewald)在他的博士论文中首次在晶体学中引入了倒易点阵的概念[63]。倒易点阵是相对于正空间中的晶体点阵而言的,它是衍射波的方向与强度在空间的分布。由于衍射波是由正空间中的晶体点阵与入射波作用形成的,正空间中的一组平行晶面就可以用倒空间中的一个矢量或阵点来表示。矢量的方向代表晶面的法线,矢量的长度代表晶面间距的倒数。正空间的一组二维晶面可用一个倒空间的一维矢量或零维的点来表示,正空间的一个晶带所属的晶面可用倒空间的一个平面表示。

可见,用倒易点阵处理衍射问题时,能使几何概念更清楚,简化数学推理。每一幅单晶的衍射花样就是倒易点阵在该平面上的投影,电子衍射花样中的每一个衍射斑点是由一支衍射波造成的,而该衍射波是一组特定取向的晶面对入射波衍射的结果,这样就反映了该组晶面的取向和面间距。

## 2.1.2.1　倒易点阵基矢[64]

如果将正点阵中晶胞中的$a$、$b$、$c$、$\alpha$、$\beta$、$\gamma$ 六个点阵常数用三个基矢$\boldsymbol{a}_1$、$\boldsymbol{a}_2$、$\boldsymbol{a}_3$来代替,那么$\boldsymbol{a}_1$、$\boldsymbol{a}_2$、$\boldsymbol{a}_3$就可以确定一个正点阵。同样,倒易点阵也可以用三个矢量来确定,即由$\boldsymbol{a}_1^*$、$\boldsymbol{a}_2^*$、$\boldsymbol{a}_3^*$ 三个矢量确定倒易点阵,$\boldsymbol{a}_1^*$、$\boldsymbol{a}_2^*$、$\boldsymbol{a}_3^*$ 即倒易基矢。

如果正点阵单胞的基矢为$\boldsymbol{a}_1$、$\boldsymbol{a}_2$、$\boldsymbol{a}_3$,则定义相应的倒易点阵基矢为

$$\left.\begin{aligned} \boldsymbol{a}_1^* &= \frac{\boldsymbol{a}_2 \times \boldsymbol{a}_3}{V} \\ \boldsymbol{a}_2^* &= \frac{\boldsymbol{a}_3 \times \boldsymbol{a}_1}{V} \\ \boldsymbol{a}_3^* &= \frac{\boldsymbol{a}_1 \times \boldsymbol{a}_2}{V} \end{aligned}\right\} \tag{2-2}$$

式中,$V$ 是正点阵单胞的体积,$V = \boldsymbol{a}_1 \cdot (\boldsymbol{a}_2 \times \boldsymbol{a}_3) = \boldsymbol{a}_2 \cdot (\boldsymbol{a}_3 \times \boldsymbol{a}_1) = \boldsymbol{a}_3 \cdot (\boldsymbol{a}_1 \times \boldsymbol{a}_2)$。

由式(2-2)可知,$\boldsymbol{a}_1^*$、$\boldsymbol{a}_2^*$、$\boldsymbol{a}_3^*$ 分别垂直于 $\boldsymbol{a}_2$ 和 $\boldsymbol{a}_3$、$\boldsymbol{a}_3$ 和 $\boldsymbol{a}_1$、$\boldsymbol{a}_1$ 和 $\boldsymbol{a}_2$ 所在的平面,因此可以得到正、倒点阵基矢之间的关系如下:

$$\boldsymbol{a}_i^* \cdot \boldsymbol{a}_j = 0 (i \neq j; i, j = 1, 2, 3) \qquad (2-3)$$

$$\boldsymbol{a}_i^* \cdot \boldsymbol{a}_i = 1 (i = 1, 2, 3) \qquad (2-4)$$

式(2-3)决定倒易基矢的方向,即下标不同的正、倒基矢互相垂直。式(2-4)决定了倒易点阵基矢的长度,即

$$a_i^* = \frac{1}{a_i \cos(\boldsymbol{a}_i^*, \boldsymbol{a}_i)} \qquad (2-5)$$

对于正交、四方、立方点阵,因为 $\boldsymbol{a}_i^* /\!/ \boldsymbol{a}_i$,式(2-5)可简化为

$$a_i^* = \frac{1}{a_i} (i = 1, 2, 3) \qquad (2-6)$$

#### 2.1.2.2 倒易点阵矢量

倒易点阵矢量[64](简称倒易矢量),即由倒易点阵原点 $O^*$ 指向任意一坐标为 $(hkl)$ 的阵点的矢量,记为

$$\boldsymbol{g}_{hkl} = h\boldsymbol{a}_1^* + k\boldsymbol{a}_2^* + l\boldsymbol{a}_3^* \qquad (2-7)$$

该倒易矢量垂直于对应的正点阵的同名晶面 $(hkl)$,即平行于该晶面法线方向,它的长度 $g_{hkl}$ 等于 $(hkl)$ 晶面间距 $d_{hkl}$ 的倒数,即

$$\boldsymbol{g}_{hkl} \perp (hkl), g_{hkl} = \frac{1}{d_{hkl}} \qquad (2-8)$$

由于正点阵与倒易点阵之间是互为倒易的,所以正点阵中的方向矢量 $\boldsymbol{r}_{uvw}$ 或 $[uvw]$ 垂直于倒易点阵中的同名指数平面 $(uvw)^*$,即 $\boldsymbol{r}_{uvw} \perp (uvw)^*$。正点阵中的方向矢量 $\boldsymbol{r}_{uvw}$ 的长度 $r_{uvw}$ 等于倒易点阵中的同名指数平面间距的倒数 $\frac{1}{d_{uvw}^*}$,即 $r_{uvw} = \frac{1}{d_{uvw}^*}$。可见,正点阵与倒易点阵是完全对应的,倒易矢量 $\boldsymbol{g}_{hk}$ 与正点阵 $(hkl)$ 晶面对应,正点阵中的方向矢量 $\boldsymbol{r}_{uvw}$ 与倒易点阵中的 $(uvw)^*$ 倒易平面对应。

#### 2.1.2.3 正点阵与倒易点阵的指数互换[64]

在晶体学及电子衍射分析中,常常需要求出 $(hkl)$ 晶面法线的指数 $[uvw]$,或需要求出与 $[uvw]$ 方向垂直的晶面的指数 $(hkl)$。这实际上就是同一方向的矢量用正点阵基矢或倒易点阵基矢表达的问题,涉及正倒点阵的平行平面或平行方向间指数互换,以及各自点阵中平面与其法线间的指数互换。

假设存在着变换矩阵 $\boldsymbol{G}$,使正倒点阵基矢之间满足如下定量关系:

$$\begin{bmatrix} a_1 \\ a_2 \\ a_3 \end{bmatrix} = \boldsymbol{G} \begin{bmatrix} a_1^* \\ a_2^* \\ a_3^* \end{bmatrix} \quad \text{或} \quad \begin{bmatrix} a_1^* \\ a_2^* \\ a_3^* \end{bmatrix} = \boldsymbol{G}^{-1} \begin{bmatrix} a_1 \\ a_2 \\ a_3 \end{bmatrix} \tag{2-9}$$

求得正点阵基矢与倒易点阵基矢间的变换矩阵：

$$\boldsymbol{G} = \begin{bmatrix} A_{11} & A_{12} & A_{13} \\ A_{21} & A_{22} & A_{23} \\ A_{31} & A_{32} & A_{33} \end{bmatrix} A_{ij} = \boldsymbol{a}_i \cdot \boldsymbol{a}_j \, (i,j=1,2,3) \tag{2-10}$$

$$\boldsymbol{G}^{-1} = \begin{bmatrix} A_{11}^* & A_{12}^* & A_{13}^* \\ A_{21}^* & A_{22}^* & A_{23}^* \\ A_{31}^* & A_{32}^* & A_{33}^* \end{bmatrix} A_{ij}^* = \boldsymbol{a}_i^* \cdot \boldsymbol{a}_j^* \, (i,j=1,2,3) \tag{2-11}$$

对于不同晶系的变换矩阵 $\boldsymbol{G}$ 和 $\boldsymbol{G}^{-1}$ 列于附录 1 中。

$\boldsymbol{G}$ 可以用来将正点阵方向 $[uvw]$ 的指数转换成与其平行的倒易矢量 $[hkl]^*$ 指数或与其垂直的正点阵平面 $(hkl)$，也可以将倒易点阵平面指数 $[uvw]^*$ 转换成与其平行的正点阵平面指数 $(hkl)$ 或与其垂直的倒易矢量 $[hkl]^*$ 的指数，这些转换只需左乘 $\boldsymbol{G}$，例如

$$\begin{bmatrix} h \\ k \\ l \end{bmatrix} = \boldsymbol{G} \begin{bmatrix} u \\ v \\ w \end{bmatrix} \tag{2-12}$$

同理，进行上述转换的逆转换可以左乘 $\boldsymbol{G}^{-1}$，例如

$$\begin{bmatrix} u \\ v \\ w \end{bmatrix} = \boldsymbol{G}^{-1} \begin{bmatrix} h \\ k \\ l \end{bmatrix} \tag{2-13}$$

由式(2-12)、式(2-13)转换求得的 $u$、$v$、$w$、$h$、$k$、$l$ 一般情况下不是整数，这时可以把它们同乘以一个系数，化成彼此无公约数的整数。例如已知四方结构 $CuFeS_3$ 晶体，$a=0.524$ nm，$c=1.032$ nm，如要求其 $(111)$ 晶面的法线 $[uvw]$，首先查附录 1 获得四方晶系 $\boldsymbol{G}^{-1}$，得

$$\boldsymbol{G}^{-1} = \begin{bmatrix} \dfrac{1}{a^2} & 0 & 0 \\ 0 & \dfrac{1}{a^2} & 0 \\ 0 & 0 & \dfrac{1}{c^2} \end{bmatrix}$$

代入式(2-13)，可得

$$\begin{bmatrix} u \\ v \\ w \end{bmatrix} = \begin{bmatrix} h \cdot \dfrac{1}{a^2} \\ k \cdot \dfrac{1}{a^2} \\ l \cdot \dfrac{1}{c^2} \end{bmatrix} = \begin{bmatrix} \dfrac{1}{0.524^2} \\ \dfrac{1}{0.524^2} \\ \dfrac{1}{1.032^2} \end{bmatrix}$$

所以，$[uvw] = [3.6420 \quad 3.6420 \quad 0.9389] = [1 \quad 1 \quad 0.2578] \approx [4 \quad 4 \quad 1]$。

### 2.1.2.4 晶面间距、晶面间夹角、晶向间夹角计算公式

在电子衍射分析中，经常用到晶面间距、晶面间夹角以及晶向间夹角等数据[64]。利用倒易点阵的概念可以推导出晶面间距等晶体学计算公式。

晶面间距的计算公式为

$$\frac{1}{d_{hkl}^2} = g_{hk}^2 = (ha_1^* + ka_2^* + la_3^*) \cdot (ha_1^* + ka_2^* + la_3^*) = [hkl] \cdot \boldsymbol{G}^{-1} \begin{bmatrix} h \\ k \\ l \end{bmatrix} \tag{2-14}$$

晶面间夹角的计算公式为

$$\begin{aligned} \cos(g_1, g_2) &= \frac{g_1 \cdot g_2}{g_1 g_2} \\ &= \frac{(h_1 a_1^* + k_1 a_2^* + l_1 a_3^*) \cdot (h_2 a_1^* + k_2 a_2^* + l_2 a_3^*)}{g_1 g_2} \\ &= \frac{1}{g_1 g_2} [h_1 \ k_1 \ l_1] \boldsymbol{G}^{-1} \begin{bmatrix} h_2 \\ k_2 \\ l_2 \end{bmatrix} \end{aligned} \tag{2-15}$$

晶向间夹角的计算公式为

$$\begin{aligned} \cos(r_1, r_2) &= \frac{r_1 \cdot r_2}{r_1 r_2} = \frac{(u_1 a_1^* + v_1 a_2^* + w_1 a_3^*) \cdot (u_2 a_1^* + v_2 a_2^* + w_2 a_3^*)}{r_1 r_2} \\ &= \frac{1}{r_1 r_2} [u_1 \ v_1 \ w_1] \boldsymbol{G}^{-1} \begin{bmatrix} u_2 \\ v_2 \\ w_2 \end{bmatrix} \end{aligned} \tag{2-16}$$

上述这些计算公式在不同晶体结构中的具体表达式见附录1。

## 2.1.3 电子衍射的成像原理

### 2.1.3.1 电子衍射的产生

成像和衍射都涉及入射电子被固体中原子的弹性散射，即不涉及能量转移的散射。对于某个原子对电子的散射来说，只与电子的速度及其距离原子核的距离

有关。距离不同的入射电子受原子核中正电荷的吸引发生不同程度的偏转,离原子核较远的电子发生小角散射,接近原子核的电子发生大角散射,而非常接近原子核的电子会被背散射。核外的电子云对弹性散射的影响很小,主要与非弹性散射有关。

当固体中不同原子各自独立发生散射时,即散射之间不发生关联时,就产生非相干散射。非相干散射是电镜中质厚衬度的基础,它是由原子的序数、密度及样品的厚度改变所产生的衬度强度变化,通常原子排列无序的非晶材料等所形成的像即为非相干衬度。

原子周期性排列的晶体结构可对入射电子产生有调制的相干散射,可对沿特定方向的电子散射起到加强作用,而对其他方向的电子散射起减弱或消光作用,形成所谓的衍射效应。如图 2 - 10 所示,强度增强的方向应满足布拉格定律,即被晶面全反射的散射电子波才能形成对应于该晶面的衍射束。所以同一排晶面可产生一组有特定关系的衍射方向,如图 2 - 10 中的 G 及它的正负倍数。衍射矢量 **g** 则表示该衍射在倒易空间中的位置,一般为分列的点。该矢量代表入射与衍射束的方向差,其方向定义为垂直于产生该衍射的晶面平面。倒易空间中两倍、三倍和几倍的衍射矢量对应间距分别为原始间距二分之一、三分之一和几分之一的双倍、三倍及多倍周期。每一特定衍射束中的电子都沿同一方向被固体散射,物镜会将这一组平行电子束聚焦于物镜后焦面上的一个点。一组晶面产生的不同的衍射束会形成一排衍射点,而晶体中不同晶面的衍射会在后焦面上形成二维的电子衍射花样。

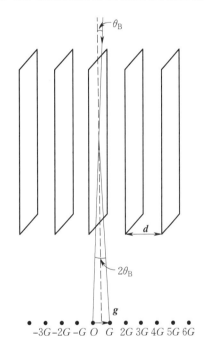

图 2 - 10　正空间一组晶面与倒易空间
一组衍射点之间的关系

### 2.1.3.2　电子衍射的几何条件

布拉格方程是衍射几何条件在正空间中的表示方法,而爱瓦尔德球构图是衍射几何条件在倒易空间中的描述[65],如图 2 - 11 所示。图中以晶体点阵原点 O 为球心,以 $1/\lambda$ 为半径作球面,沿平行于入射方向,从 O 作入射波波矢 **k**,并且 $|\mathbf{k}| = 1/\lambda$,其端点 $O^*$ 作为相应的倒易点阵的原点,该球称为爱瓦尔德球,或称为反射球。当倒易阵点 G 与爱瓦尔德球面相截时,则相应的晶面组 $(hkl)$ 与入射束的方位必满足布拉格条件,而衍射束的方向就是 OG,或者写成衍射波的波矢 **k′**,其长度也等于爱瓦尔

德球的半径 $1/\lambda$。根据倒易矢量定义，$O^*G = g$，则可得

$$\boldsymbol{k}' - \boldsymbol{k} = \boldsymbol{g} \qquad (2-17)$$

可见，爱瓦尔德球构图是布拉格公式的图形解释，只需从倒易阵点是否落在爱瓦尔德球球面上，就能判断是否能产生衍射，并显示出衍射方向。

如果倒易点阵都是理想意义上的点，那么不可能使某个零层倒易面上的每个点同时满足布拉格方程，即同时落在如图 2-11 所示的爱瓦尔德球上。之所以可以得到单晶电子衍射花样，与电子衍射的自身特点有关。首先，电子波的波长非常短，因为与其对应的爱瓦尔德球半径会非常大，因此与倒易点阵相交的地方近似于一个平面。其次，尺寸很小的晶体在倒易阵点要扩展，当厚度为 $t$，扩展量等于 $2/t$，考虑三维空间的情况，不同形状的实际晶体扩展后的倒易阵点也就有不同的形状。如图 2-12 所示，薄片

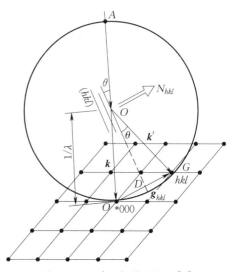

图 2-11　爱瓦尔德球构图[37]

晶体的倒易阵点拉长为倒易"杆"，棒状晶体为倒易"盘"，细小颗粒晶体则为倒易"球"等。在透射电镜中观察的样品区域往往非常薄，因此在垂直于厚度的方向，倒易点会拉长扩展为倒易杆。

如图 2-13 所示，对于薄样品，有时即使倒易阵点中心不落在爱瓦尔德球球面上，只要倒易阵点的扩展部分与爱瓦尔德球相截也能产生衍射，只是衍射强度可能会变弱。当偏离布拉格公式产生衍射时，由图 2-13 可得到倒易空间中的衍射几何条件为

$$\boldsymbol{k}' - \boldsymbol{k} = \boldsymbol{g} + \boldsymbol{s} \qquad (2-18)$$

式中，$s$ 称为偏离参量或偏离矢量，它与 $\boldsymbol{g}$ 和 $\boldsymbol{k}$、$\boldsymbol{k}'$ 一样也是倒易空间中的参量。

当 $s=0$ 时，为精确地符合布拉格条件，式（2-18）就为式（2-17），此时在倒易阵点中心处有最大的衍射强度。

$s$ 以倒易阵点的中心作为该矢量的原点，由倒易阵点中心指向球面为其方向。一般规定 $s$ 方向和 $\boldsymbol{k}$ 一致，这时倒易阵点中心在爱瓦尔德球内，$s$ 值取正；$s$ 方向与 $\boldsymbol{k}$ 相反，这时倒易阵点中心在爱瓦尔德球外，则 $s$ 值取负。假设 $\Delta\theta$ 为实际入射角 $\theta$ 减去布拉格角 $\theta_B$ 所得角度差，由于 $\Delta\theta$ 很小，根据几何关系可得

$$s = |\boldsymbol{g}_{hkl}| \cdot \Delta\theta \qquad (2-19)$$

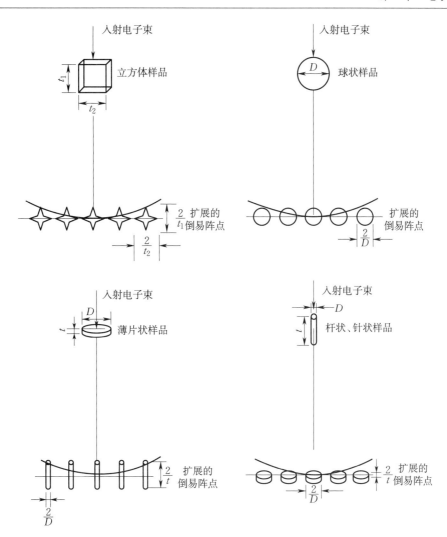

图 2 - 12　晶体形状和扩展的倒易阵点形状的关系

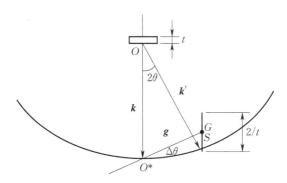

图 2 - 13　与衍射条件存在偏差时的爱瓦尔德球构图[37]

由于 $|\boldsymbol{g}_{hkl}|$ 恒为正值,所以当 $s<0$ 时,$\Delta\theta<0$,表示实际入射角 $\theta$ 小于布拉格角;当 $s>0$ 时,则 $\Delta\theta>0$,表示实际入射角 $\theta$ 大于布拉格角。

### 2.1.3.3　电子衍射的物理条件

应该指出,布拉格定律及其图解爱瓦尔德球构图规定了产生衍射的条件和几何关系:$2d\sin\theta=\lambda$ 或 $\boldsymbol{k}'-\boldsymbol{k}=\boldsymbol{g}$,但这仅是产生衍射的必要条件,还不够充分,满足布拉格条件的晶面组($hkl$)能否产生衍射束以及衍射束的强弱还要取决于其结构因子的大小。也就是说,判定某晶面组能否产生衍射束,不仅要考察其所对应的倒易阵点是否与爱瓦尔德球面相截,而且还要计算相应的结构因子。结构因子常用 $F_{hkl}$(也可用 $F_g$)表示,它表示单胞中所有原子的散射波在($hkl$)晶面的衍射方向上的合成振幅,因此也称其为结构振幅。一个晶胞内所有原子的散射波在衍射方向上的合成振幅不等于零,即满足结构振幅 $F_{hkl}$ 不等于零,才能产生衍射。($hkl$)晶面的结构因子(结构振幅)的表达式为

$$F_{hkl}=\sum_{j=1}^{n}f_j\exp\left(2\pi i\,\boldsymbol{g}_{hkl}\cdot\boldsymbol{r}_j\right) \tag{2-20}$$

式中,$f_j$ 为单胞中第 $j$ 个原子的散射因子;$\boldsymbol{g}_{hkl}$ 为衍射晶面($hkl$)对应的倒易矢量;$\boldsymbol{r}_j$ 为第 $j$ 个原子的位置矢量,第 $j$ 个原子的坐标为($x_j,y_j,z_j$);$n$ 为晶胞中的原子数。

因 $\boldsymbol{g}_{hkl}=h\boldsymbol{a}_1^*+k\boldsymbol{a}_2^*+l\boldsymbol{a}_3^*$,$\boldsymbol{r}_j=x_j\boldsymbol{a}_1+y_j\boldsymbol{a}_2+z_j\boldsymbol{a}_3$,所以式(2-20)也常写成如下形式:

$$F_{hkl}=\sum_{j=1}^{n}f_j\exp\left[2\pi i(hx_j+ky_j+lz_j)\right] \tag{2-21}$$

结构因子 $F_{hkl}$ 的物理意义是表示($hkl$)晶面的反射能力,$F_{hkl}^2$ 具有强度的意义,即 $F_{hkl}$ 值越大,衍射强度也越大。当 $F_{hkl}=0$ 时,即使满足布拉格条件,也不产生衍射束,这种现象称为消光。$F_{hkl}=0$ 称为消光条件,常见晶体结构的消光条件如表 2-1 所示。

表 2-1　常见晶体结构的消光条件

| 晶体结构 | 消光条件($F_{hkl}=0$) |
| --- | --- |
| 简单立方 | 无系统消光现象 |
| 面心立方(FCC) | $h$、$k$、$l$ 奇偶混合 |
| 体心立方(BCC) | $h+k+l=$ 奇数 |
| 密排立方(HCP) | $H+2k=3n$,且 $l=$ 奇数 |
| 金刚石型 | $h$、$k$、$l$ 全偶,且 $h+k+l\neq 4n$ 或 $h$、$k$、$l$ 奇偶混合 |
| 体心四方(BCT) | $h+k+l=$ 奇数 |
| NaCl 型 | $h,k,l$ 奇偶混合 |
| 复杂立方(如 ZnS) | $h,k,l$ 奇偶混合 |

#### 2.1.3.4　电子衍射基本公式

图 2-14 是电子衍射装置示意图。从图中可见,电子衍射花样实际上就是晶体的倒易点阵与爱瓦尔德球相截部分在荧光屏或照相底片上的投影。样品内某$(hkl)$晶面满足布拉格条件,在与入射束呈 $2\theta$ 角方向上产生衍射,透射束和衍射束分别与离开样品距离为 $L$ 的照相底片相交于 $O'$ 点和 $P'$ 点,$O'$ 点称为衍射花样的中心斑点,用 $000$ 表示;$P'$ 点则以产生该衍射的晶面指数来命名,称为 $hkl$ 衍射斑点。衍射斑点与中心斑点之间的距离用 $R$ 表示。由于 $\theta$ 角很小,因此可得

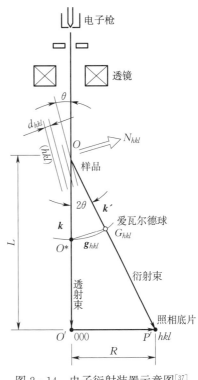

图 2-14　电子衍射装置示意图[37]

$$\frac{R}{L}=\tan 2\theta \approx 2\sin\theta \qquad (2-22)$$

代入式(2-1)得

$$\frac{\lambda}{d}=2\sin\theta=\frac{R}{L}$$

$$Rd=L\lambda \qquad (2-23)$$

式(2-23)为电子衍射基本公式。在恒定的实验条件下,$L\lambda$ 是一个常数,通常将 $K=L\lambda$ 称为相机常数。

### 2.1.4　选区电子衍射

为了得到晶体中某一个微区的电子衍射花样,一般用选区电子衍射的方法,通过选区光阑选择样品某个感兴趣的区域,获得该区域的电子衍射花样。然而,选区光阑不是直接放置在样品处,而是放置在物镜像平面,即中间镜成像模式时的物平面,如图 2-15 所示。这是因为做选区衍射时,所要分析的微区经常是亚微米级的,制备这样小的光阑比较困难,也很难准确地放置在待观察的样品区域处。而且在很强的电子照射下,光阑会很快被污染而不能再使用。此外,现在的电镜极靴间隙都非常小,放入样品台以后很难再放下一个光阑。由于电子束的可逆性,物体和其所成的图像具有共轭的特点,对于在物平面或者是像平面进行样品区域的选择是等效的。如果在物镜的像平面处加入一个选区光阑,那么只有 $A'B'$ 区域的成像电子能够通过选区光阑,并最终在荧光屏上形成衍射花样,这一部分的衍射花样实际上是由样品的 $AB$ 区域提供的,因此在像平面上放置选区光阑的作用等同于在物平面上放置了一个虚

拟的光阑。像经过放大比实物尺寸要增大多倍,因此直径为 20 μm 的选区光阑孔,如果物镜放大倍数为 100 倍,那么位于像平面上的选区光阑可以选择样品上对应 200 nm 的区域。现在电镜的选区光阑可以做到非常小,如 JEM - 2100 的四级选区光阑孔径分别为 5 μm、20 μm、60 μm 和 120 μm,对应的虚拟选区光阑尺寸更小,因此利用选区光阑可以分析样品上微区的结构。

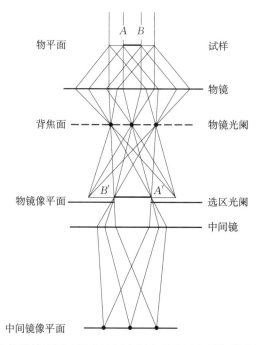

图 2 - 15　在物镜像平面上插入选区光阑实现选区电子衍射的原理示意图

　　由于选区电子衍射能使图像和对应的电子衍射花样联系起来,可以在材料研究领域进行多个方面的应用,包括根据电子衍射花样斑点分布的几何特征,确定衍射物质的晶体结构,进行物相鉴定、未知结构的测定;利用选区电子衍射花样提供的晶体学信息,并与选区形貌像对照,可以进行第二相和晶体缺陷的有关晶体学分析,如测定第二相在基体中的生长惯习面、位错的柏氏矢量等;确定晶体相对于入射束的取向,或利用两相的电子衍射花样确定两相的取向关系等。在操作上,选区电子衍射也比较容易。对于多晶和非晶的电子衍射花样,往往不需要倾转,只要插入选区光阑并切换到衍射模式即可。对于某个特殊晶面的电子衍射花样,则需要配合利用双倾台倾转样品,使特征平面处于与入射束平行的方向。

## 2.2 电子衍射的分析与标定

电子衍射花样的标定就是确定电子衍射图谱中的各衍射斑点或者衍射环所对应的晶面的指数和对应的晶带轴。理想的简单电子衍射花样是指衍射花样中的斑点仅由一个晶带内的晶面衍射所产生,花样中的衍射斑点只反映一个零层倒易平面上阵点的排列,无高阶劳厄带斑点、超点阵斑点、二次衍射斑点等额外的斑点。然而,实际遇到的电子衍射花样通常并非理想的简单花样,花样中除了反映一个零层倒易平面阵点规则排列的衍射斑点外,还可能出现一些额外的斑点或其他图案,形成复杂的电子衍射花样。产生复杂电子衍射花样的原因很多,包括:① 反射球的半径有限,可能同时有多个晶带参与衍射,在衍射花样中出现高阶劳厄带斑点或双晶带衍射;② 晶体结构的变化,如有序固溶体产生超点阵衍射斑点;③ 入射电子束在晶体内受到多次散射,导致产生二次衍射斑点和菊池线;④ 两个或两相晶体同时参与衍射,衍射花样中同时存在两个或两相晶体的衍射斑点;⑤ 晶体的形状、尺寸及晶体缺陷,可能导致衍射斑点变形或分裂,在花样中出现衍射条纹或卫星斑点。因此,遇到复杂的电子衍射花样时要进行分析,其主要目的除了在于正确地辨认额外的斑点,并排除其对简单花样分析的干扰外,而且要分析利用复杂花样提供的额外有用信息。

电子衍射花样的标定主要分两类情况:一类情况是晶体结构已知,或虽然晶体结构未知,但样品的化学成分、加工状态及微区成分分析等信息是已知的,可以限定待分析的物质所属的范围。前者如铝合金中的基体,后者如铝合金中的析出相。标定此类衍射花样的目的在于确认某物质及其晶体结构以确认样品存在的物相、确定样品取向或两相的取向关系、为衍衬分析提供有关的晶体学信息等。另一类情况是样品晶体结构完全未知,也不了解有关样品的其他信息。标定这类衍射图比较困难,因为一幅电子衍射花样图只能给出晶体的二维信息,不可能由此唯一确定晶体的三维结构。因此,通常需要倾转样品获得两个或多个晶带的电子衍射花样图,或者利用双晶带衍射或衍射图中出现的高阶劳厄带斑点,从而获得晶体的三维信息,最终准确地鉴定衍射物质的晶体结构。因为现在电镜的附件越来越多,通过 X 射线能量色散谱(EDS)、电子能量损失谱(EELS)等分析总能获得微区成分信息,也可以在电镜外进行成分、结构、物相等分析作为参考,还可以和晶体数据库中的晶体结构进行对比,所以实践中前一类情况在衍射分析工作中比较常见。

### 2.2.1 晶带定律

晶带定律[64]是衍射分析中经常使用的一条定律。晶体内同时平行于某一方向 $Z=[uvw]=ua_1+va_2+wa_3$ 的所有晶面组构成一个晶带,$Z=[uvw]$ 称为此晶带的晶带轴。这个晶带内所有晶面组所对应的倒易矢量 $\boldsymbol{g}_i$，必然均与晶带轴 $\boldsymbol{Z}$ 垂直，且均位于通过倒易原点 $O^*$ 的一个零层倒易平面 $(uvw)_0^*$ 内。这个倒易平面 $(uvw)_0^*$ 上所有的阵点所对应的晶面组就是 $[uvw]$ 晶带，如图 2-16 所示。

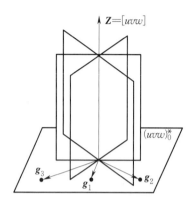

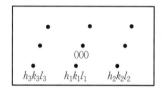

图 2-16　晶带及其电子衍射图

因为 $\boldsymbol{g}_i \perp \boldsymbol{Z}$，所以有

$$\boldsymbol{g}_i \cdot \boldsymbol{Z} = 0 \qquad (2-24)$$

即

$$(h_i \boldsymbol{a}_1^* + k_i \boldsymbol{a}_2^* + l_i \boldsymbol{a}_3^*) \cdot$$
$$(u \boldsymbol{a}_1 + v \boldsymbol{a}_2 + w \boldsymbol{a}_3) = 0 \qquad (2-25)$$

所以有

$$h_i u + k_i v + l_i w = 0 \qquad (2-26)$$

式（2-26）就是晶带定律，它描述了晶带轴指数 $[uvw]$ 与该晶带内所有晶面组的指数 $(h_i k_i l_i)$ 之间的关系。利用晶带定律可以求出已知两个晶面交线（即晶带轴）的指数。例如，若已知两个晶面组的指数 $(h_1 k_1 l_1)$ 和 $(h_2 k_2 l_2)$，代入式（2-26），应有

$$\left.\begin{array}{l} h_1 u + k_1 v + l_1 w = 0 \\ h_2 u + k_2 v + l_2 w = 0 \end{array}\right\} \qquad (2-27)$$

由式（2-27）可以求解它们的晶带轴的指数 $[uvw]$

$$\left.\begin{array}{l} u = k_1 l_2 - k_2 l_1 \\ v = l_1 h_2 - l_2 h_1 \\ w = h_1 k_2 - h_2 k_1 \end{array}\right\} \qquad (2-28)$$

为了简化运算，式（2-28）常写成如下形式：

$$(2-29)$$

两两交叉相乘后相减，即求出 $[uvw]$。式（2-28）也可写成矩阵式，即

$$\begin{bmatrix} u \\ v \\ w \end{bmatrix} = \begin{bmatrix} 0 & -l_1 & k_2 \\ l_1 & 0 & -h_1 \\ -k_1 & h_1 & 0 \end{bmatrix} \begin{bmatrix} h_2 \\ k_2 \\ l_2 \end{bmatrix} \qquad (2-30)$$

解出的 $[uvw]$ 一般需约去公因子，转换成无公约数的整数。同理，利用晶带定律亦可求出已知指数的两个方向 $[u_1 v_1 w_1]$ 和 $[u_2 v_2 w_2]$ 所决定的晶面 $(hkl)$，方法与求

解晶带轴指数相同,得

$$
\left. \begin{array}{l} h = v_1 w_2 - v_2 w_1 \\ k = w_1 u_2 - w_2 u_1 \\ l = u_1 v_2 - u_2 v_1 \end{array} \right\} \tag{2-31}
$$

晶带定律的矢量表达式反映了正倒空间一些特定方向和平面间的几何关系。若 $(h_i k_i l_i)$ 属于 $[uvw]$ 晶带,则正点阵方向 $[uvw]$ 垂直于倒易矢量 $[h_i k_i l_i]^*$,倒易平面 $(uvw)^*$ 垂直于正点阵平面 $(h_i k_i l_i)$,正点阵方向 $[uvw]$ 平行于正点阵平面 $(h_i k_i l_i)$,倒易平面 $(uvw)^*$ 平行于倒易矢量 $[h_i k_i l_i]^*$。

基于上述分析不难得出,如果入射电子束平行于晶体样品的 $[uvw]$ 方向,则零层倒易平面 $(uvw)_0^*$ 应与反射球面相切,电子衍射图应该是由 $[uvw]$ 晶带内满足衍射条件的那些晶面组产生的衍射斑点组成。电子衍射图是零层倒易面 $(uvw)_0^*$ 上因扩展与反射球相截的倒易阵点排列图形的放大像。如果倾转样品,使入射电子束平行于另一晶带轴 $[u'v'w']$,则将得到 $[u'v'w']$ 晶带的衍射图,其衍射斑点的排列应反映 $(u'v'w')_0^*$ 倒易平面上阵点的分布。

## 2.2.2 单晶衍射花样

### 2.2.2.1 单晶电子衍射花样的几何特征[64]

单晶电子衍射花样是 $(uvw)_0^*$ 零层倒易截面的放大像,其成像原理如图 2-17 所示。

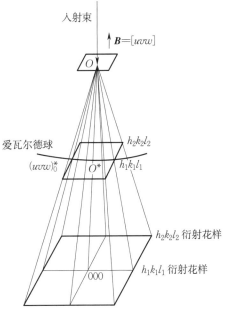

图 2-17 单晶电子衍射成像原理图

电子衍射图的一个几何特征是衍射斑点规则地排列成二维网络,即衍射斑点在二维上的排列具有周期性,这是电子衍射图最明显的几何特征。衍射图中任意两个不在一个方向上的衍射斑点所对应的坐标矢量为 $\boldsymbol{R}_1$ 和 $\boldsymbol{R}_2$,其他所有斑点的位置或所对应的坐标矢量 $\boldsymbol{R}$ 均可通过矢量合成的方法确定,$\boldsymbol{R}=m\boldsymbol{R}_1+n\boldsymbol{R}_2$($m$、$n$ 是任意整数),即衍射图中所有斑点的位置可以通过 $\boldsymbol{R}_1$ 和 $\boldsymbol{R}_2$ 构成的平行四边形的平移来确定。特殊地,如果选用距中心斑点最近的两个衍射斑点所对应的坐标矢量作为 $\boldsymbol{R}_1$ 和 $\boldsymbol{R}_2$($\boldsymbol{R}_1$ 和 $\boldsymbol{R}_2$ 不共线,且 $\boldsymbol{R}_1{\leqslant}\boldsymbol{R}_2$),则由 $\boldsymbol{R}_1$ 和 $\boldsymbol{R}_2$ 构成的平行四边形称为特征平行四边形,并以此作为构成电子衍射图的基本单元,表征电子衍射中衍射斑点呈周期性规则排列的几何特征,如图 2-18 所示。特征平行四边形的选择要符合以下原则:① 最短边原则,$\boldsymbol{R}_1<\boldsymbol{R}_2<\boldsymbol{R}_3<\boldsymbol{R}_4$;② 锐角原则,$60°{\leqslant}\varphi{\leqslant}90°$,$\varphi$ 为 $\boldsymbol{R}_1$ 和 $\boldsymbol{R}_2$ 之间的夹角。可见,$\boldsymbol{R}_1$、$\boldsymbol{R}_2$ 和 $\varphi$ 是特征平行四边形的基本参量,所以平行四边形可用两边及其夹角来表征。

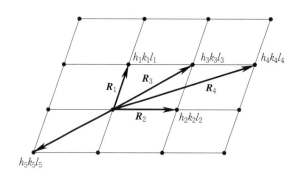

图 2-18　衍射斑点的周期性及特征平行四边形的选择

电子衍射图的另一个几何特征是斑点的分布具有明显的对称性。这种对称性不仅表现在衍射斑点的几何配置上,也表现在当入射束与晶带轴平行时衍射斑点的强度分布上。正空间有 5 种布拉菲平面点阵,倒易点阵平面和电子衍射图中斑点的配置也只有 5 种,它们是平行四边形、矩形、有心矩形、正六边形和正方形,如表 2-2 所示。在电子衍射中出现最多的图形是低对称性的平行四边形,七大晶系均可能出现这种排列。而对称性越高的斑点分布,相应地这种衍射图可能归属的晶系的对称性也越高。熟悉二维倒易平面阵点分布对称性的特征,根据衍射图中斑点的分布,能迅速判断它可能归属的晶系,这对提高分析速度、减少工作量有很大帮助。从表 2-2 可知,衍射花样为平行四边形在 7 个晶系均可出现,衍射花样为正方形,则晶系可能为四方或立方,衍射花样为六角形,则晶系可能为六方、三角、立方,如果上述三个衍射花样均在同一试样的同一部位获得,则此晶体只能属于立方晶系。

表 2 - 2　电子衍射图的对称性

| 衍射花样几何图形 | 电子衍射花样 | 可能归属的晶系 |
|---|---|---|
| 平行四边形 | 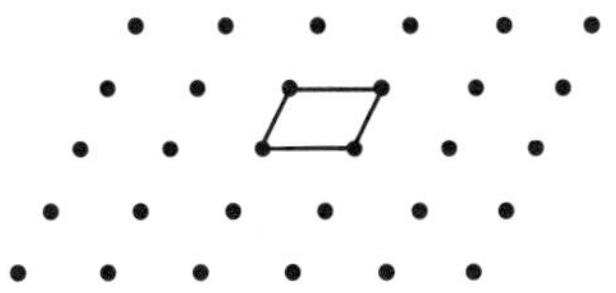 | 三斜、单斜、正交、四方、六方、三方、立方（所有） |
| 矩形 | 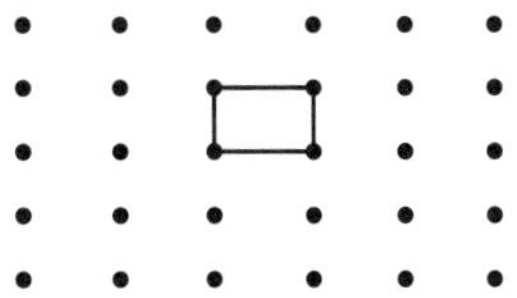 | 单斜、正交、四方、六方、三方、立方（除三斜） |
| 有心矩形 | 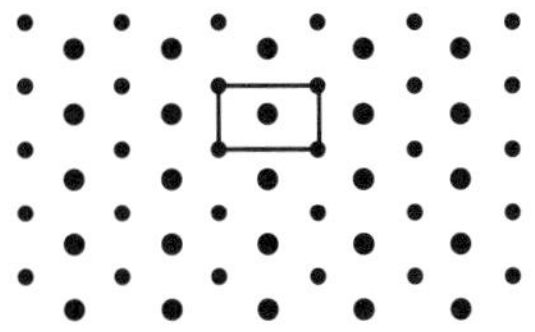 | 单斜、正交、四方、六方、三方、立方（除三斜） |
| 正六边形 | 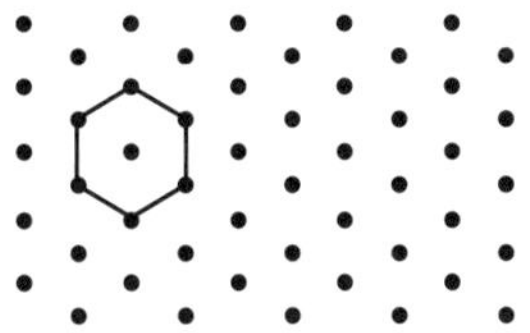 | 六方、三方、立方 |
| 正方形 | 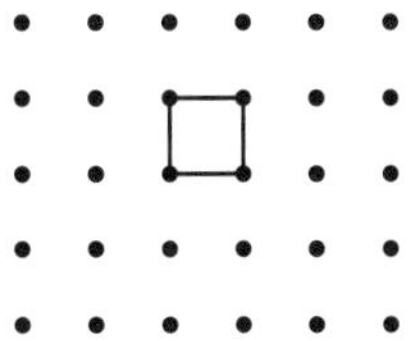 | 立方、四方 |

　　电子衍射图的其他几何特征：电子衍射图中衍射斑点到中心斑点之间的距离 $R$ 与相应晶面的间距 $d$ 成反比，即 $d = K/R$。任意两个衍射斑点所对应的坐标矢量间的夹角就是相应两个倒易矢量间的夹角，即正点阵中相应两个晶面间的夹角。

　　根据前面对电子衍射图所具有的几何特征分析可知，在标定电子衍射图时，只需先标出两个衍射斑点的指数，其余各衍射斑点的指数可利用衍射斑点呈周期性排列的几何性质，通过矢量合成的方法确定。若用 $(h_1 k_1 l_1)$ 和 $(h_2 k_2 l_2)$ 表示 $\boldsymbol{R}_1$ 和 $\boldsymbol{R}_2$ 所对应的衍射斑点的指数，则 $\boldsymbol{R}$ 所对应的斑点指数 $(hkl)$ 可由式 $\boldsymbol{R} = m\boldsymbol{R}_1 + n\boldsymbol{R}_2$ 求

出,即

$$\begin{cases} h=mh_1+nh_2 \\ k=mk_1+nk_2 \\ l=ml_1+nl_2 \end{cases} \tag{2-32}$$

假如图 2-18 中 $(h_1k_1l_1)$ 和 $(h_2k_2l_2)$ 分别是 $(11\bar{1})$ 和 $(200)$,则 $(h_3k_3l_3)=[(1+2)$ $(1+0)(\bar{1}+0)]=(31\bar{1})$,$(h_4k_4l_4)=[(1+2\times2)(1+2\times0)(\bar{1}+2\times0)]=(51\bar{1})$。

如果已标出某衍射斑点的指数为 $(hkl)$,根据衍射斑点的几何配置具有对称性的性质,则可直接标出与 $(hkl)$ 斑点呈二次旋转对称的衍射斑点的指数为 $(\bar{h}\ \bar{k}\ \bar{l})$。如图 2-18 所示,$(h_5k_5l_5)=(\bar{h}_3\bar{k}_3\bar{l}_3)=(\bar{3}\bar{1}1)$。

### 2.2.2.2　单晶电子衍射花样的标定依据和方法[64]

如前所述,电子衍射图是由规则排列的衍射斑点构成的,它是二维倒易平面阵点排列的放大像,提供了样品晶体结构及与晶体学性质有关的诸多信息,但需要通过对其标定将其指数化,从而确定各衍射斑点的相应晶面指数,确定衍射花样所属晶带轴指数,确定样品的点阵类型、物相及位向。其分析的理论依据如下:① 单晶电子衍射谱相当于一个倒易平面,每个衍射斑点与中心斑点的距离符合电子衍射的基本公式 $Rd=L\lambda$,从而可以确定每个倒易矢量对应的晶面间距和晶面指数。② 两个不同方向的倒易点矢量遵循晶带定律 $hu+kv+lw=0$,因此可以确定倒易点阵平面 $(uvw)$ 的指数,该指数也是平行于电子束的入射方向的晶带轴的指数。

对于分析标定未知结构的电子衍射图,首先要根据已经掌握的有关信息,确定衍射物质可能属于的范围。一般情况下,研究者对要分析的材料都有一定的了解,即使不了解,由于现在分析手段丰富,可以用制备多余的样品通过光谱等方法进行化学成分分析,也可以在电镜里利用 EDS、EELS 等进行成分分析。通过成分和电镜下的形貌,在数据库或文献中查找可能的候选项。其次根据其衍射图的对称性,确定衍射物质可能归属的晶系,进一步缩小候选范围。如表 2-2 所示,若衍射图中的斑点构成为正方形,则该衍射物质只可能属于立方或正方晶系。最后根据初步掌握的该物质可能归属的范围和晶系信息,再选择合适的标定单晶电子衍射花样的方法。常用的电子衍射标定方法包括尝试-校核法、查表法、标准花样对照法、比值规律法。

### 2.2.2.3　比值规律法

比值规律法是根据电子衍射基本公式建立的,即 $Rd=L\lambda$,因 $K=L\lambda$ 是相机常数,则 $R=K/d$,即 $R$ 和 $1/d$ 存在着简单的正比关系,即 $R\propto1/d$。如果计算得知比值规律,则可以直接写出相应的晶面指数。

由 $R=L\lambda/d$ 知,衍射斑点半径正比于相应的晶面间距的倒数:

$$R_1 : R_2 : R_3 : \cdots : R_j : \cdots = \frac{1}{d_1} : \frac{1}{d_2} : \frac{1}{d_3} : \cdots : \frac{1}{d_j} : \cdots \qquad (2-33)$$

以立方晶系为例来讨论电子衍射花样的标定,立方晶系的晶面间距公式为

$$R = \frac{K}{d} = \frac{K \sqrt{h^2+k^2+l^2}}{a} = \frac{K \sqrt{N}}{a} \qquad (2-34)$$

式中,$N$ 为衍射晶面干涉指数平方和,即 $N = h^2 + k^2 + l^2$。

由式(2-34)得

$$R_1 : R_2 : R_3 : \cdots = \sqrt{N_1} : \sqrt{N_2} : \sqrt{N_2} : \cdots \qquad (2-35)$$

或

$$R_1^2 : R_2^2 : R_3^2 : \cdots = N_1 : N_2 : N_3 : \cdots$$

立方晶系电子衍射花样中,各个衍射斑点的半径平方一定满足整数的比例关系。不同点阵的可能的 $N$ 值受到消光条件的限制,具有不同的规律性,如表 2-3 所示。

表 2-3  立方晶体各类结构的规律

| | 简单立方 | 体心立方 | 面心立方 | 金刚石 |
|---|---|---|---|---|
| 根据消光条件产生衍射的指数 | 100、110、111、200、210、211、220、221… | 110、200、112、220、310、222、321… | 111、200、220、311、222、400… | 111、220、311、400、331、422… |
| 产生衍射的 $N$ 值序列比(或 $R^2$ 序列比) | 1:2:3:4:5:6:8:9:10… | 2:4:6:8:10:12:14:16:18… | 3:4:8:11:12:16:19:20:24… | 3:8:11:16:19:24:27… |
| 上述数列前后项差值的规律 | 1、1、1、1、1、2、1、1、1… | 1、1、1、1、1、1、1、1… | 1、4、3、1、4、3、1… | 5、3、5、3、5、3、5… |

从表 2-3 中差值数列可以看出各个结构的不同,特别是简单立方与体心立方也不同。图 2-19 为立方晶系的 $N$ 值数列图,如果是多晶试样的衍射环,其谱线的排列也符合图 2-19 所示分布。此外,多晶衍射环参考其谱线间隔的疏密,可以较直观地判断晶体的点阵类型。

对于四方晶系,$a = b \neq c$,$\alpha = \beta = \gamma = 90°$,其晶面间距公式为

$$d = \frac{1}{\sqrt{\dfrac{h^2+k^2}{a^2} + \dfrac{l^2}{c^2}}} \qquad (2-36)$$

由电子衍射基本公式得

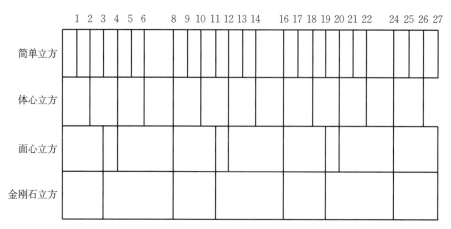

图 2 - 19　立方晶系的 N 值数列图

$$R^2=\frac{K^2}{d^2}=K^2\left(\frac{h^2+k^2}{a^2}+\frac{l^2}{c^2}\right)=K^2\left(\frac{M}{a^2}+\frac{l^2}{c^2}\right) \tag{2-37}$$

式中，$M=h^2+k^2$。

显然，$R^2$ 比的数列是比较复杂的。但如果仅考虑 $l=0$ 的那些晶面族，即 $\{h\,k\,0\}$ 晶面族，就有 $R^2\propto M$，矢径平方比 1、2、4、5、8、9、10、13、16…。

对于六方晶系，$a=b\neq c$，$\alpha=\beta=90°$，$\gamma=120°$，其晶面间距公式为

$$d=\frac{1}{\sqrt{\dfrac{4(h^2+hk+k^2)}{3a^2}+\dfrac{l^2}{c^2}}} \tag{2-38}$$

由电子衍射基本公式得

$$R^2=\frac{K^2}{d^2}=K^2\left[\frac{4(h^2+hk+k^2)}{3a^2}+\frac{l^2}{c^2}\right]=K^2\left(\frac{4M}{3a^2}+\frac{l^2}{c^2}\right) \tag{2-39}$$

式中，$M=h^2+hk+k^2$。

显然，这也是一个复杂的数列，但如果仅考虑 $l=0$ 的那些晶面族，即 $\{h\,k\,0\}$ 晶面族，这些数组成一个新的 $M$ 数列，则有 1、3、4、7、9、12、13、16…。

比值规律法标定步骤如下：

（1）在衍射花样中选取与透射斑点距离不等的衍射斑点，测量它们的长度 $R_1$、$R_2$、$R_3$…及夹角 $\varphi$，计算 $R_2^2/R_1^2$、$R_3^2/R_1^2$…。

（2）根据各比值，对照表 2-3，判断属于哪类立方晶系，并确定相应斑点的 $N_i$ 和 $\{hkl\}_i$。

（3）决定离中心斑点最近衍射斑点的指数。若 $R_1$ 最短，则相应斑点的指数应为 $\{h_1k_1l_1\}$ 面族中的一个。对于 $h$、$k$、$l$ 三个指数中有两个相等的晶面族（例如 $\{112\}$），就有 24 种标法；两个指数相等、另一指数为 0 的晶面族（例如 $\{110\}$）有 12 种标法；三个指数相等的晶面族（如 $\{111\}$）有 8 种标法；两个指数为 0 的晶面族有 6 种标法。因

此,第一个指数可以是等价晶面中的任意一个。

(4)决定第 2 个斑点的指数。第 2 个斑点的指数不能任选,因为它和第 1 个斑点之间的夹角必须符合夹角公式。对立方晶系而言,夹角公式为

$$\cos\varphi = \frac{h_1h_2 + k_1k_2 + l_1l_2}{\sqrt{(h_1^2 + k_1^2 + l_1^2)}\sqrt{(h_2^2 + k_2^2 + l_2^2)}} \qquad (2-40)$$

(5)决定了两个斑点后,其他斑点可以根据矢量运算求得

$$\boldsymbol{R}_3 = \boldsymbol{R}_1 + \boldsymbol{R}_2 \qquad (2-41)$$

$$(h_3k_3l_3) = (h_1k_1l_1) + (h_2k_2l_2) \qquad (2-42)$$

即 $h_3 = h_1 + h_2, k_3 = k_1 + k_2, l_3 = l_1 + l_2$

(6)根据晶带定律求零层倒易截面的法线方向,即晶带轴的指数。

$$[uvw] = \boldsymbol{g}_{h_1k_1l_1} \times \boldsymbol{g}_{h_2k_2l_2} \qquad (2-43)$$

晶带轴指数可利用式(2-29)求出。

此外,由式(2-35)可计算得到附录 2[66],也可以用于进行标定,其标定步骤如下:

(1)测量低指数的两个斑点到透射点的距离 $R_1$ 和 $R_2$,并求出比值 $R_1/R_2$,测量它们的夹角 $\varphi$。

(2)从附录 2 中找出与 $R_1/R_2$ 值接近的比值,及相应的几组 $(h_1k_1l_1)$、$(h_2k_2l_2)$ 指数。

(3)利用立方晶系晶面夹角表(见附录 3),在这几组晶面指数中,确定与所测量 $\varphi$ 角相符或接近的一对面指数,作为合理的标定方式。

图 2-20 是从马氏体时效钢基体获得的电子衍射照片,已知相机常数 $L\lambda = 19.25 \text{ mm} \cdot \text{Å}$,当对其指数进行标定时,先测量距透射点最近两点 $A$、$B$ 至中心的距离,均为 9.5 mm,得 $R_1/R_2 = 1$。由附录 2 知 {100} 与 {100},{110} 与 {110},…,{hkl} 与 {hkl} 的 $\sqrt{N_2} : \sqrt{N_1}$ 之值均为 1。但透射点附近斑点的指数一般应是低指数,即可能是 {100}、{110} 或 {200}。由于已知基体是体心立方的 $\alpha$-Fe,根据消光条件(见表 2-3),排除了 $A$、$B$ 取指数 {100} 的可能性;又由于 $A$、$B$ 联线中点不存在斑点,也排除了 $A$、$B$ 取 {200} 指数的可能性;因此其指数只能是 {110} 类型的。考虑到倒

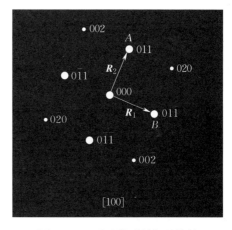

图 2-20 马氏体时效钢基体的
电子衍射照片及其标定

易矢 $R_1$ 与 $R_2$ 的夹角是 90°，根据矢量合成的方法求出其余各衍射斑点的指数，可以分别标定 $A$、$B$ 为 011 和 01$\bar{1}$。由此通过矢量合成，标定其他斑点的指数。

计算对应于 $A$、$B$ 斑点的 $d$ 值：$d=\dfrac{L\lambda}{R}=\dfrac{19.25}{9.5}=2.027$ Å，与马氏体 $\{110\}$ 的面间距符合良好。

最后，利用叉乘的方法求出晶带轴指数：

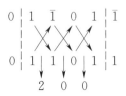

$[uvw]=[2\ 0\ 0]=[1\ 0\ 0]$。

对于立方晶系，其晶体学特点是三个基本矢量互相垂直且长度相等，即 $\alpha=\beta=\gamma=90°$，$\alpha_1=\alpha_2=\alpha_3=\alpha$，其晶面间距和两晶面间夹角公式分别为

$$d_{hkl}=\frac{a}{\sqrt{h^2+k^2+l^2}} \tag{2-44}$$

$$\cos\varphi=\frac{h_1h_2+k_1k_2+l_1l_2}{\sqrt{(h_1^2+k_1^2+l_1^2)(h_2^2+k_2^2+l_2^2)}} \tag{2-45}$$

再利用电子衍射基本公式中 $R$ 与 $1/d$ 成正比的关系，可以得出

$$\frac{R_i}{R_j}=\frac{d_j}{d_i}=\frac{\sqrt{h_i^2+k_i^2+l_i^2}}{\sqrt{h_j^2+k_j^2+l_j^2}} \tag{2-46}$$

由式(2-45)和式(2-46)可知，在立方晶系的单晶电子衍射图中，任意两个衍射斑点的坐标矢量长度之比以及这两个矢量之间的夹角与点阵常数 $\alpha$ 无关，而只与相应的指数有关。因此，对于立方晶系，可以建立适合所有立方晶体的通用表格，或绘制相应的标准衍射图谱，通过查表法和标准花样对照法供立方晶系电子衍射图分析标定时使用。

#### 2.2.2.4 查表法

按照前面介绍的特征平行四边形定义，把体心立方结构和面心立方结构晶体的一些低指数晶带衍射图特征平行四边形的基本参量，例如 $\dfrac{R_2}{R_1}$、$\dfrac{R_3}{R_1}$ 及 $R_1$ 与 $R_2$ 间夹角 $\varphi$ 分别列入表中，得到附录 4。由 $\dfrac{R_3}{R_1}$、$\dfrac{R_2}{R_1}$、$\varphi$ 这些特征几何参数，可从表中直接查出 $R_1$ 和 $R_2$ 代表的衍射斑点指数 $h_1k_1l_1$ 和 $h_2k_2l_2$ 及晶带轴指数。

查表法标定步骤如下：

(1) 选择一个由斑点构成的平行四边形，要求这个平行四边形是由最短的两个

邻边组成,测量透射斑到衍射斑的最小矢径和次小矢径的长度 $R_1$、$R_2$ 和两个矢径之间的夹角 $\varphi$;也可以测量透射斑到衍射斑的最小、次小和第 3 小矢径的长度 $R_1$、$R_2$、$R_3$。

（2）根据矢径长度的比值 $R_2/R_1$ 和 $\varphi$ 角(或者 $R_2/R_1$ 和 $R_3/R_1$)查表,在与此物相对应的表格中查找与其匹配的晶带花样,确定 $h_1k_1l_1$ 和 $h_2k_2l_2$ 及晶带轴指数 $[uvw]$。

（3）其余各衍射斑点的指数可按照矢量合成的方法求出。

（4）利用电子衍射基本公式 $Rd = L\lambda$ 计算,将与衍射斑点对应的晶面的面间距与矢径的长度相乘,与相机常数进行核实。

（5）由衍射花样中任意两个不共线的晶面叉乘,验算晶带轴是否正确。

图 2-21 是从某镍基高温合金的基体获得的电子衍射照片,已知基体为面心立方结构,晶格常数 $a = 0.3597$ nm,当对其指数进行标定时,首先测量靠近透射斑点的几个衍射斑点的矢量长度。测得 $R_1 = 12.2$ mm、$R_2 = 19.9$ mm、$R_3 = 23.4$ mm,且测得 $\varphi = 90°$。计算得 $R_2/R_1 = 1.631$、$R_3/R_1 = 1.918$。查面心立方晶体衍射图特征平行四边形基本参量表(见附录 4),由 $R_2/R_1 = 1.631$、$R_3/R_1 = 1.918$ 或 $R_2/R_1 = 1.631$ 和 $\varphi = 90°$ 可查得,$[112]$ 晶带衍射图的基本参量与此相符,表中 $R_2/R_1 = 1.633$、$R_3/R_1 = 1.915$、$\varphi = 90°$。因此,可以确定 $A$ 斑点的指数为 $(1\bar{1}1)$,$B$ 斑点的指数为 $(\bar{2}20)$,晶带轴的指数为 $[112]$。用矢量合成法计算其余斑点的指数。如 $C$ 斑点所对应的坐标矢量为 $\boldsymbol{R}_3$,则有 $\boldsymbol{R}_3 = \boldsymbol{R}_1 + \boldsymbol{R}_2$,相应得 $(h_3k_3l_3) = (h_1k_1l_1) + (h_2k_2l_2) = (1\bar{1}1) + (\bar{2}20) = (\bar{1}31)$,即 $C$ 斑点的指数为 $(\bar{1}31)$。再如 $D$ 斑点与 $A$ 斑点关于中心斑点对称,其斑点指数应为 $(\bar{h}_1\bar{k}_1\bar{l}_1)$,即 $(\bar{1}1\bar{1})$。利用矢量合成的方法,根据 $A$、$B$ 两

斑点的指数,可以逐一求出各衍射斑点的指数。根据衍射试验条件 $L = 770$ mm,$\lambda = 0.0334$ Å,由电子衍射基本公式 $Rd = L\lambda$ 可求出 $(1\bar{1}1)$ 晶面间距

$$d_1 = \frac{L\lambda}{R_1} = \frac{770 \times 0.0334}{12.4} = 2.077 \text{ Å},$$ 由表

中的数据 $a/d_1 = 1.732$,可求得晶格常数 $a = 1.732d_1 = 3.596$ Å,计算结果与已知晶格常数 $a$ 相符。因此,这幅电子衍射图(见图 2-21)是镍基高温合金基体的 $[112]$ 晶带的衍射。

对于一幅电子衍射图,往往有多种标定结果,这是由于晶体点阵具有对称

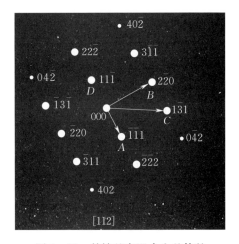

图 2-21　某镍基高温合金基体的
电子衍射图及其标定

性,以及倒易点阵平面具有附加的二次旋转对称的特点所决定的。如图 2-21 所示的电子衍射图,还可以标定成[121]、[211]、[112]等晶带,因为这些倒易平面上阵点排列的规律是完全相同的,这些倒易平面的法线同属一个晶向族{112}。因此,上例的电子衍射图共有 24 种标定结果。如果不考虑晶体的取向,衍射图的标定仅仅是为了确认其晶体结构,则一幅衍射图标定成其中任何一种结果都是可以的,它们之间是互相等效的。

查表法应该注意的问题有如下方面:

(1)首先查表法标定完了之后一定要用相机常数来验算,因为即使物相是已知的,同一种物相中也会有形状基本一样的花样,但它们不可能是由相同的晶面构成,因而算出来的相机常数也不可能相同。

(2)通过两个矢径和一个夹角来查表时,有的表总是取锐角,查表时要注意花样也许和表上的晶带轴反号,所以标定完了之后,一定要用不共线的两矢量叉乘来验算。如果夹角不是只取锐角,一般不存在这个问题。

(3)如果从衍射花样上得到的值在表上查不到,则要注意与夹角互补的结果,因为晶带轴的正反向在表中往往只有一个值。

### 2.2.2.5 标准花样对照法

所谓标准花样就是各种晶体点阵主要晶带的倒易截面根据晶带定理和相应晶体点阵的消光规律绘出的电子衍射花样。标准花样对照法是将实际观察到的衍射花样直接与标准花样对比,依据各斑点的相对几何位置判断是否一致,写出斑点的指数并确定晶带轴的方向。标准花样对照法简单易行,如果材料是已知的,只需要一张低指数衍射谱就可以标定,比较适用于简单立方、面心立方、体心立方和密排六方的低指数晶带轴,因为这些晶系的低指数晶带的标准花样容易获得。本书附录 5 附有体心立方和面心立方等晶体的一些低指数倒易面标准花样,即标准电子衍射图,将实际观察到的待标定的电子衍射花样直接与标准花样对比,找出与其在几何上具有相似性的标准衍射图,即 $\dfrac{R_2}{R_1}$ 和 $\varphi$ 值相同,如果得到的衍射花样跟标准花样完全一致,则基本上可以确定该花样的指数并确定晶带轴的方向。熟悉标准花样,有助于快速判断衍射花样属于哪个晶系,迅速进行标定。

图 2-22 是铝合金基体的三张电子衍射照片。已知铝是面心立方结构,根据这些电子衍射花样的特点,找到类似的标准花样,如图 2-22 中各衍射照片对应的下方。通过测量和对比面间距和面夹角,可以确定这些分别是铝合金基体[001]、[011]、[ $\bar{1}$ 11]方向的衍射花样。

值得注意的是,通过标准花样对照法标定的花样,标定完了以后,一定要验算它的相机常数,因为标准花样给出的只是花样的比例关系,而对于研究多相材料中的某

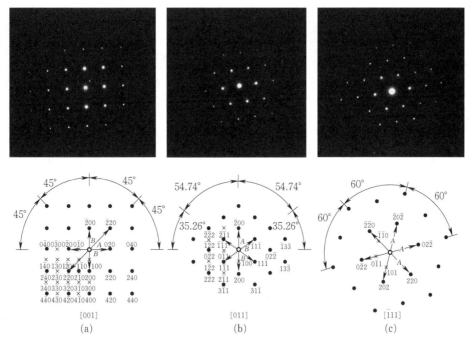

图 2-22　面心立方应用实例

一相时容易搞混。图 2-23(a)、(b)分别是铝合金基体及其析出相的形貌及其选区电子衍射,如果对两者单独做衍射,两者都可得到正方形的衍射花样,但两者的晶面间距相差约 4 倍。如果选用小的选区光阑去套小的析出相时特别容易出错,有时候得到的是基体的信息。而对于有的单相的材料,某些较高指数花样在形状上与某些低指数花样十分相似,但是由两者算出来的相机常数会相差很远。所以即使知道该晶体的结构,在对比时仍然要小心。

### 2.2.2.6　尝试-校核法

对于非立方晶系,具有相同晶体结构的两种物质,其同一指数的倒易面或同一晶带的衍射图中,倒易阵点或衍射斑点的分布特征一般不存在几何上的相似性。因此,非立方晶体的电子衍射图不像立方晶体那样可以利用通用的表格进行分析标定,也不能绘制标准衍射图利用标准图谱对照法进行标定。非立方晶系单晶电子衍射图的标定可以采用尝试-校核法。尝试-校核法在分析过程中要将电子衍射花样中求得的 $d$ 值与具体物质的面间距表中的 $d$ 值相对照,一般是和标准物质的粉末衍射文件 (powder diffraction file,PDF)卡片的 $d$ 值相对照,因此又称 $d$ 值比较法。PDF 卡片数据库包含大量的晶体结构数据,利用尝试-校核法标定衍射花样时具有普遍性,它不仅适用于立方晶系的晶体,也适用于其他任何晶系的晶体,因此可以用于分析已知和未知晶体结构的样品。但是尝试-校核法的计算量大,比较烦琐。

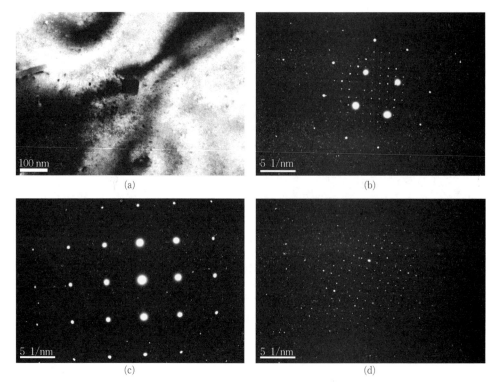

图 2-23　铝合金基体和其析出相的形貌及其选区电子衍射

（a）铝合金基体和其析出相的形貌；（b）同时选取有基体和析出相的电子衍射花样；

（c）选取基体的选区电子衍射花样；（d）选取析出相的选区电子衍射花样

尝试-校核法标定步骤包括如下几方面：

（1）在衍射图中选择距中心斑点最近的三个或三个以上的衍射斑点，并测量它们到中心斑点的距离 $R_i$，测量两个最小的 $R$ 所对应的坐标矢量间的夹角 $\varphi$。

（2）根据衍射基本公式 $Rd = L\lambda$ 求出相应的晶面间距 $d_1$、$d_2$、$d_3$、$d_4 \cdots d_i$。

（3）利用晶面间距公式（见附录 1）计算已知衍射物质若干低指数晶面族的面间距，或查找该衍射物质的 PDF 卡片。

（4）将步骤（2）中计算的面间距与步骤（3）中计算的面间距或标准物质 PDF 卡片中给出的面间距进行比较，可根据 $d$ 值定出相应的晶面族指数 $\{hkl\}$，即由 $d_1$ 查出 $\{h_1 k_1 l_1\}$，由 $d_2$ 查出 $\{h_2 k_2 l_2\}$，依次类推。

（5）从 $\{h_1 k_1 l_1\}$ 中，任选 $h_1 k_1 l_1$ 作第 1 个斑点的指数，从 $\{h_2 k_2 l_2\}$ 中，通过试探，选择一个 $h_2 k_2 l_2$，核对夹角后，确定第 2 个斑点的指数。

（6）决定了两个斑点后，可按照矢量合成的方法求出其余各衍射斑点的指数。

（7）计算晶带轴指数 $[uvw]$。

对于立方晶系、四方晶系和正交晶系来说，它们的晶面间距可以用其指数的平方来表示,因此对于间距一定的晶面来说,其指数的正负号可以随意。但是在标定时,只有第一个矢径是可以随意取值的,从第二个开始,就要考虑它们之间角度的自恰。同时还要考虑它们的矢量相加减以后,得到的晶面指数也要与其晶面间距自恰,同时角度也要保证自恰。另外晶系的对称性越高,$h$、$k$、$l$ 之间互换而不会改变面间距的机会越大,选择的范围就会更大,标定时就应该更加小心。

图 2-24 是纯镍基体的电子衍射照片,$a=0.352\ 3$ nm,相机常数 $L\lambda$ 为 1.12 mm·nm。当对其指数进行标定时,首先测量靠近透射斑点的几个衍射斑点的矢量长度。各衍射斑点离中心斑点的距离为:$R_1=3.5$ mm,$R_2=13.9$ mm,$R_3=14.25$ mm。测得夹角 $\varphi_1=82°$,$\varphi_2=76°$,由 $Rd=L\lambda$ 算出 $d_i$:$d_1=0.080\ 5$ nm、$d_2=0.203\ 8$ nm、$d_3=0.078\ 4$ nm,查 PDF 卡片得对应的指数是{420}、{111}、{$\bar{3}31$}。由

$$\cos\varphi=\frac{h_1h_2+k_1k_2+l_1l_2}{\sqrt{(h_1^2+k_1^2+l_1^2)}\sqrt{(h_2^2+k_2^2+l_2^2)}}=\frac{-3+3+1}{\sqrt{3}\sqrt{19}}=0.132\ 4$$,算得 $\varphi=83.388°$,符

合实测值,而其他指数如($\bar{3}13$)、($\bar{3}31$),不符合夹角要求。根据矢量运算$(h_3k_3l_3)=(h_1k_1l_1)+(h_2k_2l_2)=(111)+(\bar{3}31)=(\bar{4}20)$,照矢量合成的方法求出其余各衍射斑点的指数。由晶带定律可求得晶带方向为$[111]\times[\bar{3}31]=[\bar{1}23]$。

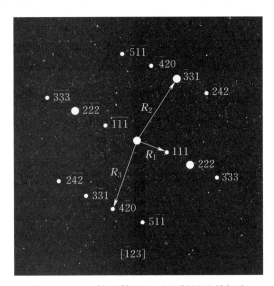

图 2-24　纯镍基体的电子衍射图及其标定

对于晶体结构未知的电子衍射花样标定,可以用尝试-校核法标定,步骤如下:

(1)在衍射图中选择距中心斑点最近的三个或三个以上的衍射斑点,并测量它们到中心斑点的距离 $R_i$,测量两个最小的 $R$ 所对应的坐标矢量间的夹角 $\varphi$。也可以在几个不同的方位摄取衍射花样,保证能测出最前面的 8 个 $R_i$ 值。如果衍射物质可能归属于立方晶系,可根据其特征平行四边形的基本参量,利用前述的查表法标定衍

射图；如果衍射物质是非立方晶系，衍射图的标定继续按后续步骤进行。

（2）利用电子衍射基本公式 $Rd = L\lambda$，计算每个斑点所代表的晶面组的面间距 $d_i$。

（3）利用晶面间距公式（见附录1）计算已知衍射物质若干低指数晶面族 $\{hkl\}$ 的面间距，或查找该衍射物质的 PDF 卡片。

（4）将步骤（2）中计算的 $d_i$ 与步骤（3）中计算的几种物质的面间距或 PDF 卡片中给出的面间距进行比较，找出面间距值能一一对应的物质，再根据所对应的 $d$ 值，确定每个衍射斑点对应的晶面组所属的晶面族 $\{h_ik_il_i\}$。注意：电子衍射的精度有限，有可能出现几张卡片上 $d$ 值均和测定的 $d$ 值相近的情况，此时，应根据待测晶体的其他信息，例如化学成分等来排除不可能出现的物相。

（5）先指定其中某一斑点的指数为 $(h_1k_1l_1)$，另一斑点的指数 $(h_2k_2l_2)$ 通过尝试再利用面间距公式校核后确定。注意 $(h_1k_1l_1)$ 和 $(h_2k_2l_2)$ 的选择要符合同一晶面族内的指数互换规则，即指数互换后要保持晶面间距不变。

（6）其余各斑点指数可根据以上两个斑点的指数 $(h_1k_1l_1)$ 和 $(h_2k_2l_2)$，利用矢量运算确定。

（7）利用晶带定律求出晶带轴指数 $[uvw]$。

由以上标定步骤可见，未知晶体结构的分析和标定步骤与已知晶体结构的分析和标定步骤很类似。

以上分析了各种电子衍射花样标定方法，无论采用什么方法，其基本原理都是一样的，就是通过分析未确定结构物质电子衍射的信息，和已知的晶体结构数据进行对比，从而确定其结构。同时结合 EDS、EELS 等成分分析手段，缩小在已知晶体结构数据中的筛选范围。对于已知晶体结构的分析和标定可以参考一些规律和经验，可以选择根据衍射斑点特征平行四边形的查表法，或选择根据衍射斑点矢径比值或 $N$ 值序列的比值规律法，也可以选择标准花样对照法，使标定过程更简便。

### 2.2.2.7　标定电子衍射花样的注意事项[64,66]

（1）满足电子衍射基本公式。

各斑点到中心斑点的距离 $R$ 和相应的面间距 $d$ 要满足电子衍射基本公式 $Rd = L\lambda$，这是正确标定电子衍射图必须满足的基本条件。

（2）各衍射斑点的指数互洽。

所谓互洽是指各斑点指数不能互相矛盾，它们之间必须满足矢量合成关系，而且两个斑点的坐标矢量间夹角应与相应晶面间夹角相符。

（3）衍射图互洽。

同一区域获得的两幅电子衍射图的标定结果应该考虑两图的互洽。一幅电子衍射图往往有多种标定结果，最多有48种，两指数相同者（如 $\{221\}$）有24种标定结果，三指数相同者（如 $\{111\}$）有8种标定结果，晶带轴的指数也不是唯一的，但它们一般都属于同一晶向族。如果分析标定衍射图的目的仅仅是确定晶体结构和物相鉴定,各标定结果是互相等价的,其中的任何一种标定结果都可以。但是在标定同一区域获得的两张衍射图时,必须保证两晶带共有晶面的衍射斑点指数相同,而且所标定的两个晶带轴间的夹角必须与样品在这两个取向下的实际相对倾转角相符。

(4) 180°不唯一性问题。

由于电子衍射图具有二次旋转对称性,使一个衍射斑点的指数既可以标定为 $(hkl)$,也可以标定为 $(\bar{h}\bar{k}\bar{l})$。因此,对于一幅电子衍射图,即使在同一晶带 $[uvw]$ 下进行标定,仍然会得出两种不同的结果,这就是 180°不唯一性。如果 $[uvw]$ 本身就是二次旋转对称轴,则无须区别 $hkl$ 和 $\bar{h}\bar{k}\bar{l}$,任选其中一套指数并不改变晶体的取向。但是,在 $[uvw]$ 是非二次旋转对称轴的情况下,$hkl$ 和 $\bar{h}\bar{k}\bar{l}$ 是有区别的,代表两种不同的取向。也就是说,晶体绕非二次旋转对称轴 $[uvw]$ 旋转 180°重合,即 $hkl$ 和 $\bar{h}\bar{k}\bar{l}$ 重合,但两幅电子衍射图却没有区别。但在晶体中,除了 $[uvw]$ 晶带的晶面以及与两幅电子衍射图可以绕 $[uvw]$ 旋转 180°相重合,$[uvw]$ 方向垂直的晶面的取向没有变化外,其余晶面的取向都有所改变,如图 2 – 25 所示。

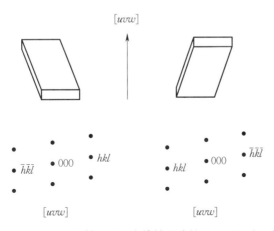

图 2 – 25  电子衍射图的二次旋转对称性及 180°不唯一性

当标定电子衍射图仅作物相分析时,可不考虑 180°不唯一性。但如果涉及晶体取向分析,共存相间的取向关系以及界面、层错、位错等缺陷的晶体学性质测定时,必须要考虑设法消除 180°不唯一性。消除 180°不唯一性的方法包括双晶带衍射、系列倾转、高阶劳厄斑和菊池线[64-66]。

(5) 偶合不唯一性问题。

在具有高对称性的立方晶体中,有些不同类型高指数晶带的倒易平面上阵点排列的图形恰好是完全相同的。在这样的取向下获得的电子衍射图,可以有两种完全不同的标定结果,两种标定结果均能自洽,而且晶带轴指数也并非属于同一晶向族,这就是偶合不唯一性问题。由于偶合不唯一性的存在,有时一张衍射图可以标定为两个非同族的晶带,但这两个晶带轴指数的平方和相等,说明这两个倒易平面不仅阵点排列图形相同,而且其倒易面间距也相等。

在分析标定电子衍射图时,很少遇到偶合不唯一性问题,因为通常习惯使用低指数晶带的电子衍射图和低指数操作反射,而偶合不唯一性一般出现在立方晶体的高指数晶带。消除偶合不唯一性问题有两种方法,一是先假定第一种标定是正确的情况下进行计算,沿着某已知晶向倾斜已知角,如得到的倒易面与计算的倒易面相同,则说明该标定结果是正确的;反之是不正确的。还有一种方法,就是利用高阶劳厄斑点在零层上不同的投影位置。

(6) 利用一张电子衍射图确定未知物质的三维结构的不可靠性。

一张电子衍射图只反映一个二维倒易平面阵点的排列,由此不能确定晶体的三维结构。因此,需要通过电子衍射图的分析标定来确定未知物质的晶体结构时,必须利用系列倾转技术,获得几幅不同晶带的电子衍射图,并通过对它们的正确标定得出可信的结论。如果衍射图中有高阶劳厄带斑点,可以通过高阶劳厄斑点出现的位置获得有关晶体的三维结构的信息。当然,对于已知物质,在一定候选相的范围内,可以通过一张电子衍射图确定晶体结构。

(7) 晶带轴 $[uvw]$ 方向的确定。

当完成衍射斑点指数之后,通常选择两个低指数衍射斑点 $(h_1k_1l_1)$ 和 $(h_2k_2l_2)$,按右手法则求出晶带轴指数 $[uvw]$,即 $[uvw] = \boldsymbol{g}_1 \times \boldsymbol{g}_2$,$\boldsymbol{g}_1$ 和 $\boldsymbol{g}_2$ 要满足以下两个条件:一是 $\boldsymbol{g}_1$ 和 $\boldsymbol{g}_2$ 不共线;二是 $\boldsymbol{g}_1$ 应在 $\boldsymbol{g}_2$ 的逆时针方向上,且 $\boldsymbol{g}_2$ 和 $\boldsymbol{g}_1$ 之间的夹角小于 $180°$,这样才能使求得的 $[uvw]$ 方向从图面向上。否则,选择 $\boldsymbol{g}_2$ 位于 $\boldsymbol{g}_1$ 的顺时针方向,求得的晶带轴指数为 $[\bar{u}\bar{v}\bar{w}]$,其方向是从图面向下的。因此,在确定电子衍射图的晶带轴指数时,特别是对称性较低的具有平行四边形特征的衍射图,应该使用右手逆时针法则,保持晶带轴方向朝上。否则将因晶带轴的指向不明确而出现混乱,甚至得出错误的结论。

### 2.2.3 多晶衍射花样

#### 2.2.3.1 多晶电子衍射花样的几何特征

$Mg_{96}Y_3Zn_1$ 合金在 $350\ ℃$ 经过 4 道次等通道角挤压,其拉伸后断口附近的形貌照片及其选区电子衍射如图 2 - 26 所示[67]。从图 2 - 26(a)中可以看到,经过变形后长周期结构的衬度较深区域是因为产生高密度的位错。从图 2 - 26(b)中可以看到,长周期结构的衍射斑点出现了两个变化:一是出现了弧状斑点;二是出现了两个斑点密排方向。这是由于位错塞积使长周期结构发生变形,出现了弧状斑点是因为高密度位错使长周期结构发生连续的扭曲,而出现两个衍射斑点密排方向是因为黑色区域的扭曲变形使长周期结构的方向形成一定角度。从这个例子不难想象多晶环衍射的形成机制,是同一种晶体结构的晶体取向发生了变化,从单一取向往多取向变化。

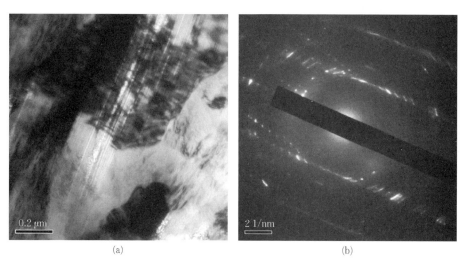

(a)                                              (b)

图 2 - 26    在 350 ℃经过等通道角挤压后的 $Mg_{96}Y_3Zn_1$ 合金的形貌照片及其选区电子衍射图[67]
(a) 形貌照片;(b) 选区电子衍射图

正如前文介绍过,因与选区光阑大小的选择有关,一个样品做选区电子衍射有可能获得单晶衍射,也可能获得多晶衍射,两者的关系从图 2 - 27 可以很直观地看到,将单晶的衍射斑点围绕着中心斑点进行旋转就形成了一系列亮度不均匀的多晶衍射

图 2 - 27    同种材料单晶衍射和多晶衍射的比较

环。形成多晶环最常见的样品是微纳尺度的粉末材料和超细晶的块体材料。晶粒越多,晶粒取向分布越随机,多晶衍射环越完整。

多晶的晶粒取向无规律地随机分布,其中 $hkl$ 倒易点是以倒易原点为中心,$(hkl)$ 晶面间距的倒数为半径的球面,该球称为倒易球。此球面与爱瓦尔德反射球面相截于一个圆,所有能产生衍射的斑点都同理扩展成圆。面间距不等的晶面导致倒易矢量长度不等的倒易阵点将分别落在以倒易原点 $O^*$ 为球心、倒易矢量长度为半径的一系列倒易球上(见图 2-28)。凡与爱瓦尔德反射球相截的倒易点对应的晶面均能产生反射,反射球与每个倒易球面的交线是一个圆,衍射线构成若干个以 $O$ 为反射球顶点、以入射线为轴线的圆锥面,衍射花样为一系列同心衍射环或一系列衍射弧段。

在进行电子衍射分析时,如果试样是大量取向无规律的晶粒尺寸细小的晶体颗粒,做选区电子衍射时,参与衍射的晶粒数将会非常多,这些晶粒取向各异,衍射球与反射球相交会得到一系列的圆环,多晶电子衍射花样就是这些圆环的放大像,其成像原理如图 2-29 所示。$d$ 值相同的同一$(hkl)$晶面族所产生的衍射束,构成以入射束为轴,$2\theta$ 为半顶角的圆锥面,它与照相底板的交线即为半径为 $L\lambda/d$ 的圆环。

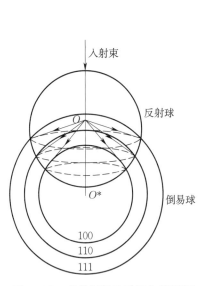

图 2-28　多晶衍射的爱瓦尔德图解

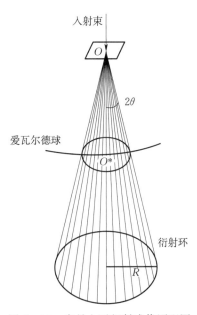

图 2-29　多晶电子衍射成像原理图

#### 2.2.3.2　多晶电子衍射花样的标定

如前文介绍,比值规律法也可以用于多晶电子衍射花样的标定,不同点阵的 $N$ 值受到消光条件的限制具有规律性,这一规律在多晶衍射环上体现在其谱线间隔的疏密,可以较直观地判断晶体的点阵类型。

根据前面对多晶电子衍射花样的原理分析,由 $R = L\lambda/d$ 知,同心衍射环半径正比于相应的晶面间距的倒数,即式(2-33),得到对其的标定步骤如下:

(1)测出各衍射环的直径,算出它们的半径 $R$:$R_1$、$R_2$、$R_3$…$R_i$。

(2)计算 $R^2$ 及 $R_1^2/R_i^2$,其中 $R_1$ 为直径最小的衍射环的半径,分析 $R^2$ 比值的递增规律,找出最接近的整数比规律,由此确定晶体的结构类型,并可写出衍射环的指数。

(3)根据相机常数 $K = L\lambda$ 和 $R_i$ 值可计算出不同晶面族的晶面间距 $d_i$。

(4)根据衍射环的强度确定 3 个强度最大的衍射环的 $d$ 值,借助索引就可找到相应的 PDF 卡片。比较 $d$ 值和强度,最终标定物相。

图 2-30 是多晶铁在高温下的衍射环,铁在高温下有可能是面心立方结构或体心立方结构。测得衍射环的环半径分别为 8.42 mm、11.88 mm、14.52 mm、16.84 mm 和 18.88 mm。由 $N$ 的比值确定为体心立方结构,如表 2-4 所示。参考表 2-3 知其符合体心立方结构多晶衍射环的消光规律,将指数标记到衍射图上。已知 $L\lambda = 17.00$ mmÅ,由 $d = L\lambda/R$ 得到 $d$ 值,然后查 PDF 卡片进行对比,发现与 α-Fe 的数据符合,确定此多晶物相为 α-Fe。

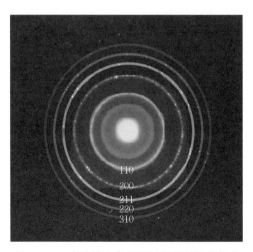

图 2-30 多晶铁在高温下的衍射环及其标定

表 2-4 多晶铁衍射环的测量数据和计算

| $R/\text{mm}$ | $R^2/\text{mm}^2$ | $N$ | $d$(实验) | $I/I1$(实验) | $d$(查表) | $I/I1$(查表) |
|---|---|---|---|---|---|---|
| 8.42 | 70.9 | 2 | 2.02 | 100 | 2.01 | 100 |
| 11.81 | 141.1 | 4 | 1.44 | 20 | 1.41 | 15 |
| 14.52 | 210.8 | 6 | 1.17 | 40 | 1.17 | 38 |
| 16.84 | 283.6 | 8 | 1.01 | | | |
| 18.88 | 356.5 | 10 | 0.9 | | | |

借助一些图像处理软件可以方便地测量衍射花样中多晶环的直径。首先,用软件将衍射花样照片打开,如图 2-31(a)所示。接着,在感兴趣的区域画一条直线,这条直线要通过透射斑和多晶环的圆心位置,这时得到如图 2-31(b)所示亮度的强度峰分布图,强度峰呈对称分布。这时再测量同一个环的两个强度峰之间的距离,如图 2-31(b)所示最近的两个峰,即如图 2-31(a)所示最内的环的距离是 473,记录到表 2-5 中。其他多晶环直径也按照该方法获得。因为有些环并不是完整的圆环,可以调整截线的位置,使其强度峰明显再测量距离。然后对这些 $R$ 值进行平方,$R^2$ 再除以一个常数 $A$,这个常数 $A$ 可以将通过 $R^2$ 除以 2、3 等值尝试获得。通过和图 2-19 各类晶体电子衍射谱线位置图比较,发现其为面心立方晶体的可能性最大,因此尝试通过 $R^2=223\ 729$ 除以 3 时,得到约等于常数 $A=74\ 576$,然后将所有 $R^2$ 值除以 74 576,得到的数值经过和表 2-3 比较,发现和面心立方结构晶体的 $N$ 规律相近,因此可以确定其为面心立方结构晶体,就可以将衍射的指数标上。

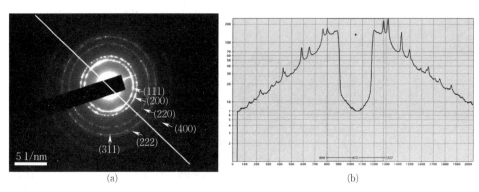

(a)　　　　　　　　　　　　　　　　　　(b)

图 2-31　多晶衍射环的分析

(a) 多晶衍射花样;(b) 衍射环截线的强度峰分布

表 2-5　多晶环的测量数据

| $R$ | $R^2$ | $R^2/A$ | $N$ |
| --- | --- | --- | --- |
| 473 | 223 729 | 3. 000 013 | 3 |
| 551 | 303 601 | 4. 071 028 | 4 |
| 773 | 597 529 | 8. 012 35 | 8 |
| 910 | 828 100 | 11. 104 11 | 11 |
| 945 | 893 025 | 11. 974 7 | 12 |
| 1 095 | 1 199 025 | 16. 077 89 | 16 |

多晶环除了用于确定物相结构之外,还经常用于分析材料的应变和组织演变。图 2-32 显示了表面机械研磨处理(SMAT)的纯铜距离表面不同深度处的典型横截

面明场像和对应的选区衍射花样[68]。深度越小,越靠近表面,受到的应变越大。从图中可以看到,在 300 μm 的深度,形成了位错胞结构,对应的衍射花样基本还是单晶的衍射花样。在 25～200 μm 的深度,原始晶粒被细分为亚微米级晶粒和/或亚晶粒,大部分具有等轴形状,大多数晶界是比较明锐的,晶界两侧的衬度差很小,这是典型的亚晶界形态。相应的选区衍射花样也证实了亚晶粒间的小取向差存在,斑点开始变得发散和拉长。随着深度的继续减小,亚晶粒或晶粒尺寸减小,晶粒间的取向差逐渐增大。在大约 25 μm 的深度,可以看到尺寸大小约 100 nm 的等轴晶,晶界明锐,相应的选区衍射花样显示了一组没有明显择优取向的衍射环,表明晶粒存在高度取向差。本方法还可以用于 ECAP、HPT、ARB 等各类深度塑性变形法(SPD)制备样品的微观组织表征。

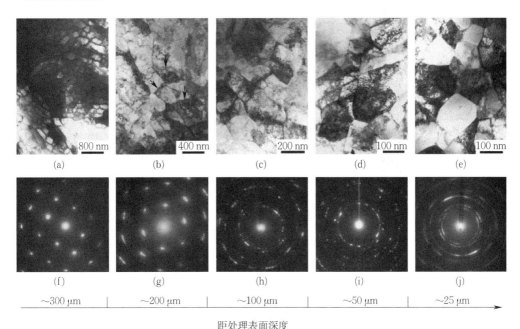

图 2-32　表面机械研磨处理样品距离表面不同深度处的微观结构演变的
明场像和对应的选区衍射花样[68]

## 2.2.4　孪晶衍射花样

### 2.2.4.1　孪晶的晶体几何特征

若两个晶体(或一个晶体的两部分)沿一个公共晶面(即特定取向关系)构成镜面对称的位向关系,这两个晶体就称为孪晶。晶体学上,孪晶晶体的一部分是另一部分以某一低指数晶面为对称面的镜像,或以某一低指数晶向为旋转轴旋转一定的角度。构成孪晶的两部分晶体可以通过以特定晶面为镜面的反映对称操作,或以特定晶向为轴的旋转对称的对称操作,使两部分晶体重合。旋转对称中的旋转角度有 60°、90°、120°、180°,其中以旋转 180°最为常见,180°旋转对称亦可称作二次旋转对称。

李晶按几何对称特征可分为两类:反映李晶和旋转李晶。反映李晶又可分为两种,一种是以李晶面为镜面的反映对称,另一种是以垂直于李生方向的晶面为镜面的反映对称。旋转李晶也可分为两种,一种是以李晶轴为轴的旋转对称,另一种是以李生方向为轴的旋转对称。无论是何种形成机制得到的李晶,李晶面两侧晶体的点阵对称关系都不外乎为上述 4 种。对于高对称性的立方晶体,我们无须区分反映李晶和旋转李晶,因为两者是等效的[64]。

李晶面和李生方向合称李晶系统,用以描述李晶特性的特征晶面和特征方向,又常称其为李晶的基本要素。在 FCC、BCC、HCP 结构金属晶体中,FCC 晶体中的 $\{111\}\langle11\bar{2}\rangle$ 李晶系统比较常见,BCC 晶体中的 $\{112\}\langle111\rangle$ 李晶系统比较常见,HCP 晶体中的 $\{10\bar{1}2\}\langle\bar{1}011\rangle$ 和 $\{10\bar{1}1\}\langle10\bar{1}2\rangle$ 李晶系统比较常见。

### 2.2.4.2 李晶倒易点阵的对称关系

晶体的正、倒点阵互为倒易,若正点阵中存在李晶关系,相应的倒易点阵也必定存在李晶关系。因此,正点阵中基体和李晶同名指数的晶面、晶向具有对称关系,相应的倒易矢量之间也一定有对称关系。李晶晶体点阵所存在的 4 种对称关系可以用李晶的倒易矢量之间的关系来表达(见图 2-33)。

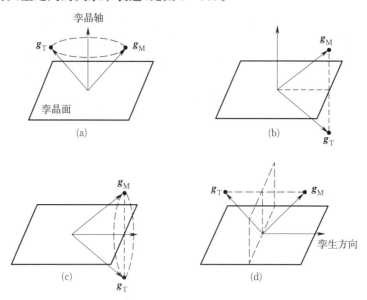

图 2-33 李晶倒易矢量的 4 种对称关系[64]

(a) 以李晶轴为轴旋转 180°对称;(b) 以李晶面为镜面反映对称;(c) 以李生方向为轴旋转 180°;

(d) 以垂直于李生方向的晶面为镜面反映对称

因为电子衍射图是二维倒易截面阵点排列的反映,孪晶电子衍射图中衍射斑点的排列也能反映孪晶的上述 4 种对称关系。如果对孪晶电子衍射图的分析,只是为了斑点指数标定,以及确定取向关系等几何方面的问题,则无须区分反映对称和旋转对称,4 种对称关系可以简化为两种旋转对称关系。利用基体和孪晶的同名倒易矢量相对于孪晶轴或孪生方向有二次旋转对称关系这一性质,把基体的倒易阵点绕孪晶轴或孪生方向旋转 180°,就可以得到与其同名的孪晶倒易阵点,这是分析孪晶电子衍射图的基础。

### 2.2.4.3　二次旋转孪晶的指数变换公式[64]

图 2-34 是二次旋转孪晶基体倒易矢量和同名指数的孪晶倒易矢量相对孪晶轴对称分布的示意图。$g_M$ 为基体倒易矢量,其指数为 $(hkl)_M$;$g_T$ 为孪晶倒易矢量,其指数为 $(hkl)_T$,即其在基体倒易点阵中的坐标为 $(h'k'l')$;$g_A$ 为孪晶面所对应的倒易矢量,其指数为 $[pqr]$;$r_A$ 为孪晶轴(孪晶面的法线),其指数为 $[UVW]$。

因为 $g_M$ 绕孪晶轴 $r_A$ 旋转 180° 后将与同名指数的 $g_T$ 相重合,所以两者与 $r_A$ 之间的夹角相等,且矢量长度也相等,因此有

$$g_M \cdot r_A = g_T \cdot r_A$$

可得

$$hU + kV + lW = h'U + k'V + l'W$$

$$(2-47)$$

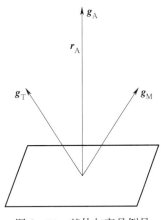

由于 $g_M$、$g_T$ 和 $g_A$ 三个倒易矢量共面,又有

$$g_M + g_T = m g_A$$

即 $(h+h')a_1^* + (k+k')a_2^* + (l+l')a_3^* = mpa_1^* + mqa_2^* + mra_3^*$

图 2-34　基体与孪晶倒易矢量的对称关系

同矢量在三个轴上的分矢量也应相等,即 $h + h' = mp, k + k' = mq, l + l' = mr$,解方程组可得

$$\begin{cases} h' = mp - h \\ k' = mq - k \\ l' = mr - l \end{cases}$$

$$(2-48)$$

将式(2-48)代入式(2-47)可得

$$2(hU + kV + lW) = m(pU + qV + rW)$$

即

$$m = \frac{2(hU + kV + lW)}{pU + qV + rW}$$

$$(2-49)$$

将式(2-49)代入式(2-48)可得

$$
\begin{cases}
h' = \dfrac{2p}{pU+qV+rW}(hU+kV+lW)-h \\[3mm]
k' = \dfrac{2q}{pU+qV+rW}(hU+kV+lW)-k \\[3mm]
l' = \dfrac{2r}{pU+qV+rW}(hU+kV+lW)-l
\end{cases}
\tag{2-50}
$$

式(2-50)是适用于任意晶系二次旋转孪晶的晶面指数变换公式。利用这个公式可以求出与基体倒易阵点$(hkl)_M$同名的孪晶倒易阵点$(hkl)_T$在基体倒易点阵中的坐标$(h'k'l')$。简单地说,就是把孪晶倒易阵点的指数$(hkl)_T$变换成基体倒易点阵中的指数$(h'k'l')$,也适用于把基体倒易阵点指数变换为孪晶倒易点阵中的指数。虽然式(2-50)适用于旋转孪晶,在反映孪晶的情况下只需将式右边各项加反号。

同理,可推导出任意晶系二次旋转孪晶的晶向指数变换式

$$
\begin{cases}
u' = \dfrac{2U}{Up+Vk+Wr}(up+vq+wr)-u \\[3mm]
v' = \dfrac{2V}{Up+Vk+Wr}(up+vq+wr)-v \\[3mm]
w' = \dfrac{2W}{Up+Vk+Wr}(up+vq+wr)-w
\end{cases}
\tag{2-51}
$$

式(2-50)和式(2-51)的矩阵形式为

$$
\begin{bmatrix} h' \\ k' \\ l' \end{bmatrix} = [T]_{晶面} \begin{bmatrix} h \\ k \\ l \end{bmatrix}
\tag{2-52}
$$

$$
\begin{bmatrix} u' \\ v' \\ w' \end{bmatrix} = [T]_{晶向} \begin{bmatrix} u \\ v \\ w \end{bmatrix}
\tag{2-53}
$$

式中,

$$
[T]_{晶面} = \frac{2 \begin{bmatrix} p \\ q \\ r \end{bmatrix} [UVW]}{[UVW] \begin{bmatrix} p \\ q \\ r \end{bmatrix}} - \boldsymbol{I}
\tag{2-54}
$$

$$[T]_{晶向} = \frac{2\begin{bmatrix}U\\V\\W\end{bmatrix}[pqr]}{[pqr]\begin{bmatrix}U\\V\\W\end{bmatrix}} - I \qquad (2-55)$$

式中，$I$ 为单位矩阵。

式(2-54)和式(2-55)分别为孪晶晶面指数变换矩阵和孪晶晶向指数变换矩阵。比较两个变换矩阵，不难看出$[T]_{晶面}$和$[T]_{晶向}$互为转置矩阵。

由式(2-13)，则式(2-54)可转为

$$[T]_{晶面} = \frac{2\begin{bmatrix}p\\q\\r\end{bmatrix}[pqr][G]^{-1}}{\left|\dfrac{1}{d}\right|^2} - I \qquad (2-56)$$

式中，$d$ 和$[G]^{-1}$都可由附录 1 查得。

同理，式(2-55)可转为

$$[T]_{晶面} = \frac{2[G]^{-1}\begin{bmatrix}p\\q\\r\end{bmatrix}[pqr]}{\left|\dfrac{1}{d}\right|^2} - I \qquad (2-57)$$

假设要求立方晶系孪晶的晶面变换矩阵，$d$ 和$[G]^{-1}$都可由附录 1 查得，代入式(2-56)得

$$[T]_{晶面} = \frac{1}{p^2+q^2+r^2}\begin{bmatrix} p^2-q^2-r^2 & 2pq & 2pr \\ 2pq & q^2-p^2-r^2 & 2qr \\ 2pr & 2qr & r^2-p^2-q^2 \end{bmatrix} \qquad (2-58)$$

同理求得

$$[T]_{晶向} = \frac{1}{p^2+q^2+r^2}\begin{bmatrix} p^2-q^2-r^2 & 2pq & 2pr \\ 2pq & q^2-p^2-r^2 & 2qr \\ 2pr & 2qr & r^2-p^2-q^2 \end{bmatrix} \qquad (2-59)$$

对于其他晶系，只要知道孪晶面指数$\{pqr\}$，就不难利用式(2-56)和式(2-57)求出它们的孪晶面变换矩阵和晶向变换矩阵。并据此利用式(2-52)式(2-53)对

孪晶衍射谱进行标定。

在正交晶系,孪晶指数变换矩阵为

$$[T]_{\text{晶面}}=\cfrac{1}{\left(\cfrac{p}{a}\right)^2+\left(\cfrac{q}{b}\right)^2+\left(\cfrac{r}{c}\right)^2}$$

$$\begin{bmatrix} \left(\cfrac{p}{a}\right)^2-\left(\cfrac{q}{b}\right)^2-\left(\cfrac{r}{c}\right)^2 & \cfrac{2pq}{b} & \cfrac{2pr}{c^2} \\ \cfrac{2pq}{a^2} & \left(\cfrac{q}{b}\right)^2-\left(\cfrac{p}{a}\right)^2-\left(\cfrac{r}{c}\right)^2 & \cfrac{2qr}{c^2} \\ \cfrac{2pr}{a^2} & \cfrac{2qr}{b^2} & \left(\cfrac{r}{c}\right)^2-\left(\cfrac{p}{a}\right)^2-\left(\cfrac{q}{b}\right)^2 \end{bmatrix}$$

$$(2-60)$$

$$[T]_{\text{晶向}}=\cfrac{1}{\left(\cfrac{p}{a}\right)^2+\left(\cfrac{q}{b}\right)^2+\left(\cfrac{r}{c}\right)^2}$$

$$\begin{bmatrix} \left(\cfrac{p}{a}\right)^2-\left(\cfrac{q}{b}\right)^2-\left(\cfrac{r}{c}\right)^2 & \cfrac{2pq}{a^2} & \cfrac{2pr}{a^2} \\ \cfrac{2pq}{b^2} & \left(\cfrac{q}{b}\right)^2-\left(\cfrac{p}{a}\right)^2-\left(\cfrac{r}{c}\right)^2 & \cfrac{2qr}{b^2} \\ \cfrac{2pr}{c^2} & \cfrac{2qr}{c^2} & \left(\cfrac{r}{c}\right)^2-\left(\cfrac{p}{a}\right)^2-\left(\cfrac{q}{b}\right)^2 \end{bmatrix}$$

$$(2-61)$$

在六方晶系,孪晶指数变换矩阵为

$$[T]_{\text{晶面}}=\cfrac{1}{p^2+pq+q^2+\cfrac{3}{4}\left(\cfrac{a}{c}\right)^2 r^2}$$

$$\begin{bmatrix} p^2-q^2-\cfrac{3}{4}\left(\cfrac{a}{c}\right)^2 r^2 & p^2+2pq & \cfrac{3}{2}pr\left(\cfrac{a}{c}\right)^2 \\ 2pq+q^2 & q^2-p^2-\cfrac{3}{4}\left(\cfrac{a}{c}\right)^2 r^2 & \cfrac{3}{2}qr\left(\cfrac{a}{c}\right)^2 \\ 2pr+qr & pr+2qr & -p^2-pq-q^2+\cfrac{3}{4}\left(\cfrac{a}{c}\right)^2 r^2 \end{bmatrix}$$

$$(2-62)$$

$$[T]_{\text{晶向}}=\cfrac{1}{p^2+pq+q^2+\cfrac{3}{4}\left(\cfrac{a}{c}\right)^2 r^2}$$

$$
\left[
\begin{array}{ccc}
p^2-q^2-\dfrac{3}{4}\left(\dfrac{a}{c}\right)^2 r^2 & 2pq+q^2 & 2pr+qr \\[3mm]
p^2+2pq & q^2-p^2-\dfrac{3}{4}\left(\dfrac{a}{c}\right)^2 r^2 & pr+2qr \\[3mm]
\dfrac{3}{2}pr\left(\dfrac{a}{c}\right)^2 & \dfrac{3}{2}qr\left(\dfrac{a}{c}\right)^2 & -p^2-pq-q^2+\dfrac{3}{4}\left(\dfrac{a}{c}\right)^2 r^2
\end{array}
\right]
$$

$$(2-63)$$

#### 2.2.4.4　孪晶电子衍射图的分析[64]

1) 面心立方晶体孪晶倒易阵点的分布特征

在立方晶系中,孪晶的晶面指数 $(pqr)$ 和孪晶面的法向指数 $[UVW]$ 相同,因此,由式(2-50)得立方晶系孪晶指数变换公式为

$$
\begin{cases}
h'=\dfrac{2p}{p^2+q^2+r^2}(hp+kq+lr)-h \\[3mm]
k'=\dfrac{2q}{p^2+q^2+r^2}(hp+kq+lr)-k \\[3mm]
l'=\dfrac{2r}{p^2+q^2+r^2}(hp+kq+lr)-l
\end{cases}
\tag{2-64}
$$

面心立方晶体,孪晶面指数为 $\{111\}$,将 $p^2+q^2+r^2=3$ 代入式(2-64),则有

$$
\begin{cases}
h'=\dfrac{2p}{3}(hp+kq+lr)-h \\[3mm]
k'=\dfrac{2q}{3}(hp+kq+lr)-k \\[3mm]
l'=\dfrac{2r}{3}(hp+kq+lr)-l
\end{cases}
\tag{2-65}
$$

当 $hp+kq+lr=3n(n=0,1,2,\cdots,整数)$ 时,式(2-65)可改为

$$
\begin{cases}
h'=2np-h \\
k'=2nq-k \\
l'=2nr-l
\end{cases}
\tag{2-66}
$$

或

$$
\begin{bmatrix} h' \\ k' \\ l' \end{bmatrix}
= 2n \begin{bmatrix} p \\ q \\ r \end{bmatrix}
+ \begin{bmatrix} \bar{h} \\ \bar{k} \\ \bar{l} \end{bmatrix}
\tag{2-67}
$$

此时,孪晶的 $(hkl)_{\mathrm{T}}$ 倒易阵点(或衍射斑点)与基体的某一倒易阵点相重,其位置是从基体的 $(\bar{h}\,\bar{k}\,\bar{l})$ 倒易阵点出发,经过 $2n\langle111\rangle$ 的位移。

当 $hp+kq+lr=3n\pm1(n=0,1,2,\cdots,整数)$ 时,式(2-65)可改为

$$
\begin{cases}
h'=2\left(n\pm\dfrac{1}{3}\right)p-h \\[2mm]
k'=2\left(n\pm\dfrac{1}{3}\right)q-k \\[2mm]
l'=2\left(n\pm\dfrac{1}{3}\right)r-l
\end{cases}
\tag{2-68}
$$

或

$$
\begin{bmatrix} h' \\ k' \\ l' \end{bmatrix} = \begin{bmatrix} 2np-h \\ 2nq-k \\ 2nr-l \end{bmatrix} \pm \frac{2}{3}\begin{bmatrix} p \\ q \\ r \end{bmatrix}
\tag{2-69}
$$

由此可见,孪晶倒易阵点与基体倒易阵点不相重,孪晶倒易阵点的位置是从基体某一倒易阵点出发,再作 $\pm2/3\langle111\rangle$ 位移。

在面心立方结构中,若孪晶面为(111),求孪晶 $(31\bar{1})$ 倒易阵点在基体倒易点阵中的位置。由 $(pqr)=(111)$,$(hkl)=(31\bar{1})$,得 $hp+kq+lr=3$,因此 $n=1$,代入式(2-67),得

$$
\begin{bmatrix} h' \\ k' \\ l' \end{bmatrix} =2\begin{bmatrix} 1 \\ 1 \\ 1 \end{bmatrix} + \begin{bmatrix} \bar{3} \\ \bar{1} \\ 1 \end{bmatrix} = \begin{bmatrix} \bar{1} \\ 1 \\ 3 \end{bmatrix}
$$

即孪晶的 $(31\bar{1})$ 倒易阵点与基体 $(\bar{1}13)$ 倒易阵点重合。若孪晶面为(111),求孪晶 $(311)_T$ 倒易阵点在基体倒易点阵中的位置。由 $(pqr)=(111)$,$(hkl)=(311)$,得

$$
hp+kq+lr=5
$$

因此 $n=2$,代入式(2-69),得

$$
\begin{bmatrix} h' \\ k' \\ l' \end{bmatrix} = \begin{bmatrix} 4-3 \\ 4-1 \\ 4-1 \end{bmatrix} - \frac{2}{3}\begin{bmatrix} 1 \\ 1 \\ 1 \end{bmatrix} = \frac{1}{3}\begin{bmatrix} 1 \\ 7 \\ 7 \end{bmatrix}
$$

即孪晶的 $(311)_T$ 倒易阵点与基体倒易阵点不重合,而位于基体(177)倒易阵点的 $1/3$ 处。

2) 体心立方晶体孪晶倒易阵点的分布特征

体心立方晶体,孪晶面指数 $\{112\}$,将 $p^2+q^2+r^2=6$ 代入式(2-64),则有

$$
\begin{cases}
h'=\dfrac{p}{3}(hp+kq+lr)-h \\[2mm]
k'=\dfrac{q}{3}(hp+kq+lr)-k \\[2mm]
l'=\dfrac{r}{3}(hp+kq+lr)-l
\end{cases}
\tag{2-70}
$$

当 $hp+kq+lr=3n(n=0,1,2,\cdots,整数)$ 时,式(2-70)可改为

$$\begin{cases} h'=np-h \\ k'=nq-k \\ l'=nr-l \end{cases} \quad (2-71)$$

或

$$\begin{bmatrix} h' \\ k' \\ l' \end{bmatrix} = n\begin{bmatrix} p \\ q \\ r \end{bmatrix} + \begin{bmatrix} \overline{h} \\ \overline{k} \\ \overline{l} \end{bmatrix} \quad (2-72)$$

此时,孪晶的 $(hkl)_{\mathrm{T}}$ 倒易阵点(或衍射斑点)与基体的某一倒易阵点相重,这与面心立方孪晶相同。

当 $hp+kq+lr=3n\pm1(n=0,1,2,\cdots,整数)$ 时,式(2-70)可改为

$$\begin{cases} h'=\left(n\pm\dfrac{1}{3}\right)p-h \\[2mm] k'=\left(n\pm\dfrac{1}{3}\right)q-k \\[2mm] l'=\left(n\pm\dfrac{1}{3}\right)r-l \end{cases} \quad (2-73)$$

或

$$\begin{bmatrix} h' \\ k' \\ l' \end{bmatrix} = \begin{bmatrix} np-h \\ nq-k \\ nr-l \end{bmatrix} \pm \dfrac{1}{3}\begin{bmatrix} p \\ q \\ r \end{bmatrix} \quad (2-74)$$

此时,孪晶的 $(hkl)_{\mathrm{T}}$ 倒易阵点(或衍射斑点)与基体的某一倒易阵点不重合,而是位于基体某一倒易阵点的1/3处,这与面心立方孪晶相同。

### 2.2.4.5　孪晶电子衍射图的标定

1)面心立方晶体孪晶电子衍射图的标定[64]

孪晶电子衍射图是基体和孪晶相互平行的两个零层倒易平面的叠加。面心立方晶体孪晶衍射图中衍射斑点的分布特征也存在如前所述的两种情况,当孪晶面指数 $(pqr)$ 和孪晶斑点指数 $(hkl)_{\mathrm{T}}$ 之间满足 $hp+kq+lr=3n$ 时,孪晶斑点与基体斑点重合;否则,孪晶斑点与基体斑点不重合,孪晶斑点将出现在基体某一斑点的 1/3 处。

首先考虑几种特殊的取向,然后再分析标定一般取向情况下的孪晶电子衍射图。可能出现如下几种情况。

(1)入射束方向与孪晶轴平行,即电子束垂直于孪晶面入射。在这种情况下,孪晶轴为晶带轴 $[uvw]$,由晶带定律 $hu+kv+lw=0$ 可知,孪晶斑点与基体斑点全部重合。而且,由于孪晶和基体为二次旋转对称,同一斑点的孪晶指数与基体指数符号

相反,即 $[hkl]_M^* = [hkl]_T^*$。在这种特殊的取向下,获得的电子衍射图看起来只是一套衍射斑点,如图 2-35(a)所示,看不见有孪晶的斑点存在,在衍衬像中也观察不到孪晶的形貌。因此,在实际分析中,这种取向的电子衍射图无法判断有无孪晶存在。

(2)入射束方向与孪晶轴垂直,即入射束平行于孪晶面。在此情况下,孪晶面 $(pqr)$ 衍射斑点为基体和孪晶所共有,基体和孪晶的其他同名指数斑点均以 $[pqr]^*$ 为轴,呈二次旋转对称。也就是说,孪晶的 $(hkl)_T$ 衍射斑点绕 $[pqr]^*$ 旋转 $180°$ 可以与基体的 $(hkl)_M$ 衍射斑点重合,如图 2-35(b)所示。这种取向下的孪晶电子衍射图能直观地显示孪晶对称关系,而且衍射图的分析标定也比较简便,同时衍衬像中孪晶面的迹线也恰好与 $[pqr]^*$ 垂直。因此,在分析孪晶晶体几何关系时,通常希望获得这种取向的孪晶电子衍射图。

(3)入射电子束与孪晶面既不垂直也不平行,只有一套衍射斑点。在该情况下,电子衍射图看起来似乎只有一套衍射斑点,而事实上这是两套衍射斑点的叠加,其中一套衍射斑点与另一套衍射斑点全部重合,另一套衍射中的部分斑点是单独的。如在面心立方晶体中,$[110]$ 和 $[114]$ 与 $[111]$ 方向之间的夹角均为 $35.26°$。对于 $(111)$ 孪晶,如果入射束方向与基体的 $[110]_M$ 方向平行,则孪晶的 $[114]_T$ 方向与入射束平行,这种情况下获得的电子衍射图如图 2-35(c)所示。由图 2-35(c)可见,孪晶 $[114]_T$ 晶带的衍射斑点全部与基体 $[110]_M$ 晶带的衍射斑点相重,使得衍射图看起来只有面心立方晶体 $[110]$ 晶带一套衍射斑点。但由于孪晶 $[114]_T$ 晶带衍射的叠加,可以发现基体和孪晶重合斑点强度较高,而基体单独的斑点强度相对较弱。

(4)入射电子束与孪晶面不垂直也不平行,有两套衍射斑点。在此情况下,电子衍射图可以明显地观察到两套衍射斑点,这是比较常见的情况。这样的孪晶电子衍射图,只有一部分衍射斑点相重合,而其余的孪晶衍射斑点均位于基体衍射斑点的 $1/3$ 处,如图 2-35(d)所示。在衍射图中出现三分之一位置的衍射斑点,这是立方晶体系孪晶电子衍射图的一个主要特征。

对于以上 4 种情况,如图 2-35(b)所示的孪晶面与入射束平行时获得的电子衍射图的这种情况下,孪晶电子衍射图的标定最为方便,只要标出一套衍射斑点(如基体的衍射),孪晶衍射斑点的指数可根据基体斑点指数直接标出。其标定步骤如下:

(1)在衍射图中分离出两套衍射斑点。

(2)标定基体的斑点。把其中的一套作为基体的衍射,并按前述单晶花样的标定方法标定基体的衍射斑点指数,确定基体的晶带轴为 $[101]_M$,结果如图 2-35(b)所示。

(3)标定孪晶的斑点。由衍射图中孪晶衍射斑点和基体衍射斑点的对称关系,标定孪晶各衍射斑点的指数,即孪晶和基体的同名指数斑点以孪晶轴 $[\bar{1}11]$ 为轴,呈二次旋转对称。孪晶衍射斑点的标定结果如图 2-35(b)所示。

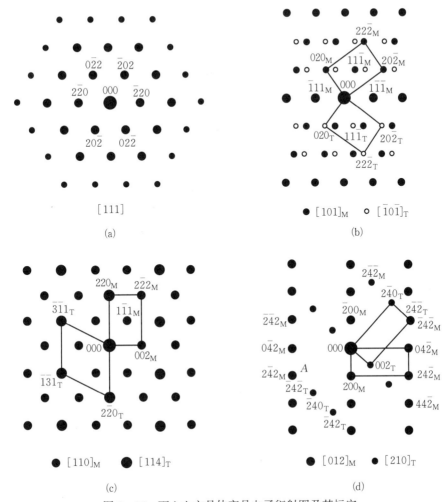

图 2-35　面心立方晶体孪晶电子衍射图及其标定

（a）入射束方向与孪晶轴平行；（b）入射束方向与孪晶轴垂直；（c）入射电子束与孪晶面既不垂直也不平行，
只有一套衍射斑点；（d）入射电子束与孪晶面不垂直也不平行，有两套衍射斑点

　　（4）孪晶晶带轴的确定。孪晶的晶带轴可以用两个已标定的孪晶斑点指数确定，也可以根据孪晶对称关系确定。基体的$[101]_M$方向由纸面向上，孪晶的$[\bar{1}01]_T$方向应由纸面向下，所以孪晶的晶带轴为$[\bar{1}01]_T$。

　　由以上分析标定可知，当衍射图中有孪晶面的衍射斑点时，衍射图不仅能反映孪晶对称关系，而且分析标定也比较简便。

　　而对于图 2-35（d），入射电子束与孪晶面不垂直也不平行的电子衍射图，这种情况的孪晶电子衍射图的标定相对复杂一点。其标定步骤如下：

　　（1）在衍射图中分离出两套衍射斑点，把其中一套作为基体的衍射，先进行标定，标定结果为$[012]_M$晶带，如图 2-35（d）所示。

（2）根据可能的孪晶面，利用式（2-51）求出与基体晶带轴$[012]_M$方向平行的孪晶晶带轴$[u'v'w']$，计算结果如表 2-6 所示。

表 2-6　孪晶晶带轴的计算

| $pqr$ | (111) | $(\bar{1}11)$ | $(1\bar{1}1)$ | $(11\bar{1})$ |
|---|---|---|---|---|
| $u'v'w'$ | $[210]$ | $[\bar{2}10]$ | $[2\bar{5}4]$ | $[\bar{2}5\bar{4}]$ |

从孪晶衍射斑点的分布特征可以看出，孪晶的晶带轴和基体属于同一晶向族，即$[210]$或$[\bar{2}10]$。因此，孪晶面为(111)和$(\bar{1}11)$两者之一。

（3）利用重合斑点确定孪晶面指数。A 斑点$(2\bar{4}2)_M$是基体和孪晶的重合斑点。该斑点指数与孪晶面指数应满足 $hp+kq+lr=3n$，由此容易确定孪晶面为(111)。相应地，孪晶晶带轴应为$[210]$。

（4）标定重合斑点的孪晶指数。利用式（2-65）或式（2-67）计算重合斑点 A 的孪晶指数。A 斑点为基体$(2\bar{4}2)_M$的衍射斑点，由 $hp+kq+lr=3n$，求得 $n=0$，代入式（2-67）得

$$\begin{bmatrix} h' \\ k' \\ l' \end{bmatrix} = 2n \begin{bmatrix} p \\ q \\ r \end{bmatrix} + \begin{bmatrix} \bar{h} \\ \bar{k} \\ \bar{l} \end{bmatrix} = \begin{bmatrix} \bar{2} \\ 4 \\ \bar{2} \end{bmatrix}$$

即孪晶斑点 A 的指数为$(\bar{2}4\bar{2})_T$。

（5）标定其他孪晶衍射斑点的指数。前面已经计算出孪晶的晶带轴为$[210]_T$，由晶带定律可知，(002)晶面属于$[210]$晶带。因此，$[210]_T$晶带的衍射点中应有$(002)_T$衍射斑点。下面利用式（2-65）或式（2-69）计算$(002)_T$斑点在基体衍射图中的位置。由$(pqr)=(111)$，$(hkl)_T=(002)_T$，得 $hp+kq+lr=2=3-1$，即得 $n=1$，代入式（2-69）得

$$\begin{bmatrix} h' \\ k' \\ l' \end{bmatrix} = \begin{bmatrix} 2np-h \\ 2nq-k \\ 2nr-l \end{bmatrix} - \frac{2}{3} \begin{bmatrix} p \\ q \\ r \end{bmatrix} = \begin{bmatrix} 2 \\ 2 \\ 2 \end{bmatrix} - \frac{2}{3} \begin{bmatrix} 1 \\ 1 \\ 1 \end{bmatrix} = \frac{1}{3} \begin{bmatrix} 4 \\ 4 \\ 2 \end{bmatrix}$$

即孪晶的$(002)_T$衍射斑点位于基体$(44\bar{2})_M$斑点的 1/3 处。将位于$(44\bar{2})_M$斑点 1/3 处的 B 斑点标为$(002)_T$。

标定两个衍射斑点的指数之后，其余各斑点指数可以用矢量合成的方法计算求出，标定结果如图 2-35(d)所示。

2）体心立方晶系孪晶电子衍射图的分析和标定

体心立方晶系孪晶的电子衍射图也可以像面心立方晶系孪晶一样分几种情况分析，这里就不赘述了。

假如某体心立方晶体的孪晶电子衍射图如图 2-36 所示，这幅衍射图中孪晶衍

射斑点与基体斑点全部重合,根据斑点亮度可以看出是两套斑点。其标定步骤如下:

(1) 根据衍射斑点的强度找出孪晶斑点的位置,即花样中强度高的点,如 $A$ 斑点为孪晶和基体的重合斑点。

(2) 由重合斑点的指数 $(\bar{1}10)_M$,根据 $hp+kq+lr=3n$ 确定可能的孪晶面为 $(112)$、$(11\bar{2})$、$(2\bar{1}1)$、$(\bar{2}11)$、$(1\bar{2}1)$ 和 $(\bar{1}21)$ 等。利用式 $(2-51)$ 计算对应的孪晶晶带轴,孪晶的晶带轴指数分别为 $[221]_T$、$[\bar{2}\bar{2}1]_T$、$[2\bar{1}2]_T$、$[\bar{2}1\bar{2}]_T$、$[1\bar{2}2]_T$ 和 $[\bar{1}2\bar{2}]_T$。在这种情况下,如果要唯一确定孪晶面的指数,尚需借助迹线分析的方法。但标定衍射图的目的,仅仅是为了确定是否为 $\{112\}$ 孪晶,则可选择上述任一结果。

(3) 假定孪晶面为 $(112)$,利用式 $(2-69)$ 或式 $(2-71)$ 不难求出孪晶 $A$ 斑点和 $B$ 斑点的指数分别为 $(\bar{1}10)_T$ 和 $(\bar{1}14)_T$,孪晶的其余斑点指数可以如此求出,也可以利用矢量合成的方法计算求出,标定结果如图 $2-36$ 所示。

(4) 最后利用叉乘的方法或利用式 $(2-69)$ 求出孪晶的晶带轴,确定基体的晶带轴为 $[001]_M$,孪晶的晶带轴为 $[221]_T$。

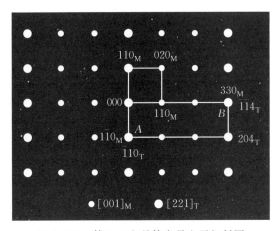

图 $2-36$　体心立方晶体孪晶电子衍射图

3) 密排六方晶系孪晶电子衍射图的分析和标定

如图 $2-37$ 所示,以钛合金为例,$a=2.665\ \text{Å}$,$c=4.947\ \text{Å}$,$c/a=1.856$,假设孪晶面 $\{pqr\}$ 为 $\{102\}$,则求基体斑点 $(100)$、$(001)$、$(101)$ 对应的孪晶斑点 $(100)_T$、$(001)_T$、$(101)_T$ 在基体倒易点阵中的位置坐标,只需分别代入式 $(2-62)$,便可得

$$(100)_T=(\bar{1}00)+0.912(102)$$

$$(001)_T=(00\bar{1})+0.544(102)$$

$$(101)_T=(\bar{1}0\bar{1})+1.456(102)$$

因此,如图 $2-37$ 所示,孪晶斑点 $(100)_T$、$(001)_T$、$(101)_T$ 分别以基体斑点 $\bar{1}00$、$00\bar{1}$、$\bar{1}0\bar{1}$ 为基准沿孪晶面 $(102)$ 的法线方向移动 $(102)$ 间距的 $0.912$、$0.544$、$1.456$。

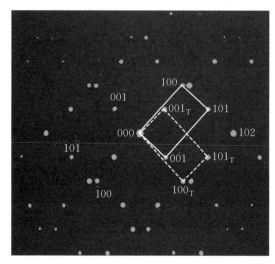

图 2-37  钛的孪晶电子衍射图

图 2-38(a)是在 77 K 低温下拉伸得到的 Mg-Gd-Y-Zr 镁合金的透射电镜照片，可以看到低温下形成大量的孪晶[69]。对其孪晶的标定步骤如下：

（1）首先根据衍射花样图中的衍射斑点亮度就可以轻易地分离出两套衍射斑点。

（2）标定基体的斑点。因为在做选区衍射时，选区光阑中基体选中的面积较孪晶大，因此基体的衍射斑点较强，因此把衍射花样中较亮的一套作为基体的衍射斑点，并按前述单晶花样的标定方法标定基体的衍射斑点指数，确定基体的晶带轴为 $[2\bar{1}\bar{1}0]_M$，结果如图 2-38(b)所示。

（3）标定孪晶的斑点。由衍射图中孪晶衍射斑点和基体衍射斑点的对称关系，标定孪晶各衍射斑点的指数，即孪晶和基体的同名指数斑点以孪晶轴为轴，呈二次旋转对称。孪晶衍射斑点的标定结果如图 2-38(b)所示。

（4）孪晶晶带轴的确定。孪晶的晶带轴可以用两个已标定的孪晶斑点指数确定，也可以根据孪晶对称关系确定。基体的 $[2\bar{1}\bar{1}0]_M$ 方向由图面向上，孪晶的方向应由图面向下，所以孪晶的晶带轴为 $[\bar{2}110]_T$。

### 2.2.4.6  标定孪晶电子衍射谱的解析方法

前面介绍了矩阵分析方法标定孪晶衍射谱，对于低对称性晶系，求孪晶变换矩阵的运算比较烦琐，建立公式的几何模型亦不够直观。黄孝瑛提出了一个解析方法[66]，适用于分析任意晶系孪晶衍射谱，具有几何图像直观清晰、计算简便的特点。

$$\begin{cases} \boldsymbol{H} \cdot \boldsymbol{S} = 0 \\ |\boldsymbol{H}| = |\boldsymbol{h}| \\ \boldsymbol{H} \cdot \boldsymbol{p} = \boldsymbol{h} \cdot \boldsymbol{p} \end{cases} \tag{2-75}$$

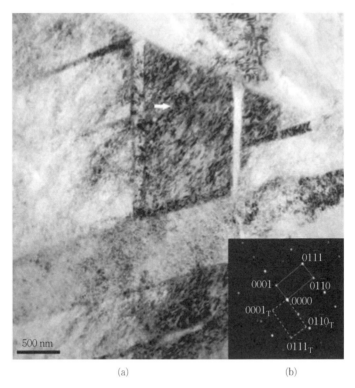

图 2-38　密排六方结构镁合金晶体孪晶电子衍射图的标定

(a) Mg-Gd-Y-Zr 镁合金透射电镜照片；(b) 孪晶电子衍射图

式中，$p[pqr]$ 为孪晶轴矢量；$h[hkl]$ 为与 $(hkl)_M$ 相应的倒易矢量；$H[HKL]$ 为与 $(hkl)_M$ 同名的孪晶反射 $(hkl)_T$ 在基体倒易点阵中位置的倒易矢量；$S[STR]$ 为 $h$ 和 $p$ 所在晶带的带轴矢量。

　　给定一个 $(hkl)_M$，就可通过式(2-75)求得在形成 $(pqr)$ 孪晶时，$(hkl)_T$ 在基体倒易点阵中的位置 $H$。式(2-75)应用于各晶系的具体表达式如表 2-7 所示。

　　由于式(2-75)第二个方程为三元二次方程，恒有一与 $(hkl)_M$ 同指数的增根，应予舍弃。由表 2-7 可知，各晶系的 $|H|=|h|$ 和 $H \cdot p = h \cdot p$ 方程的具体表达式，有良好的对称性，将物质已知点阵常数代入，最终方程均十分简单。

　　已知面心立方晶体形成 $(111)$ 孪晶时，求孪晶反射 $(311)_T$ 在基体倒易点阵中的位置。由 $(pqr)=(111)$、$(hkl)=(311)$ 得 $[STR]=[0\bar{2}2]$，代入表 2-7 中立方晶系一栏的公式中，得

$$\begin{cases} L=K \\ H^2+K^2+L^2=11 \\ H+K+L=5 \end{cases}$$

表 2 - 7　求不同晶系零晶反射位置 H 的公式

| 晶系 | $H \cdot S=0$ | $\lvert H \rvert = \lvert h \rvert$ | $H \cdot p = h \cdot p$ |
|---|---|---|---|
| 立方 | | $H^2+K^2+L^2=h^2+k^2+l^2$ | $(H-h)p+(K-k)q+(L-l)r=0$ |
| 六方 | | $4\left(\dfrac{c}{a}\right)^2(H^2+HK+K^2-h^2-hk-k^2)+3(L^2-l^2)=0$ | $4\left(\dfrac{c}{a}\right)^2\{[H-h+0.5(K-k)]p+[K-k+0.5(H-h)]q\}+3(L-l)r=0$ |
| 四方 | | $(H^2+K^2-h^2-k^2)+\left(\dfrac{c}{a}\right)^{-2}(L^2-l^2)=0$ | $(H-h)p+(K-k)q+\left(\dfrac{c}{a}\right)^{-2}(L-l)r=0$ |
| 正交 | | $\dfrac{1}{a^2}(H^2-h^2)+\dfrac{1}{b^2}(K^2-k^2)+\dfrac{1}{c^2}(L^2-l^2)=0$ | $\dfrac{1}{a^2}(H-h)p+\dfrac{1}{b^2}(K-k)q+\dfrac{1}{c^2}(L-l)r=0$ |
| 菱形 | $HS+KT+LR=0$ | $\dfrac{H^2+K^2+L^2-h^2-k^2-l^2}{HK+KL+LH-hk-kl-lh}=\dfrac{2\cos\alpha}{1+\cos\alpha}$ | $\dfrac{(H-h)p+(K-k)q+(L-l)r}{(K+L-k-l)p+(H+L-h-l)q+(H+K-h-k)r}=\dfrac{\cos\alpha}{1+\cos\alpha}$ |
| 单斜 | | $\dfrac{H^2-h^2}{a^2}+\dfrac{\sin^2\beta}{b^2}(K^2-k^2)+\dfrac{L^2-l^2}{c^2}+\dfrac{2\cos\beta}{ac}(hl-HL)=0$ | $\dfrac{H-h}{a^2}p+\dfrac{\sin2\beta}{b^2}(K-k)q+\dfrac{L-l}{c^2}r+\dfrac{\cos\beta}{ac}[(l-L)p+(h-H)r]=0$ |
| 三斜 | | $(bc\sin\alpha)^2(H^2-h^2)+(ac\sin\beta)^2(K^2-k^2)+(ab\sin\gamma)^2(L^2-l^2)+2abc^2(\cos\alpha\cos\beta-\cos\gamma)(HK-hk)+2a^2bc(\cos\beta\cos\gamma-\cos\alpha)(KL-kl)+2ab^2c(\cos\gamma\cos\alpha-\cos\beta)(HL-hl)=0$ | $(bc\sin\alpha)^2(H-h)p+(ac\sin\beta)^2(K-k)q+(ab\sin\gamma)^2(L-l)r+2abc^2(\cos\alpha\cos\beta-\cos\gamma)[(K-k)p+(H-h)q]+2a^2bc(\cos\beta\cos\gamma-\cos\alpha)[(L-l)q+(K-k)r]+2ab^2c(\cos\gamma\cos\alpha-\cos\beta)[(L-l)p+(H-h)r]=0$ |

解此联立方程,得 $H[HKL]=\dfrac{1}{3}[177]$。

### 2.2.5　准晶衍射花样

以色列科学家达尼埃尔·谢赫特曼(Danielle Shechtman)于 1982 年在急冷的 Al-Mn 合金中观察到了具有二十面体对称性的选区电子衍射图(见图 2-39),相关结果于 1984 年发表[70]。这些衍射图之间的夹角关系符合 m$\overline{3}$5 点群对称,明锐的衍射斑点说明物质的长程有序,但各衍射峰之间不呈周期排列,而是满足黄金数的比例关系。经典晶体学理论认为,晶体是原子、离子或分子的三维周期性排列,即具有平移周期性。由于晶体的平移周期性对点对称性的制约,晶体只能具有 1、2、3、4、6 次旋转对称对,5 次和高于 6 次的旋转对称性都是不允许的。这种衍射特征引起了晶体学家和物理学家的极大兴趣,揭开了准晶研究的序幕。其中,多夫·莱文(Dov Levine)和保罗·约瑟夫·斯坦哈特(Paul Joseph Steinhardt)基于谢赫特曼的研究进行计算[71],发现与传统晶体学的基本规

图 2-39　AlNiCo 合金的电子衍射花样

律相违背的晶体对称性在准晶中是存在的,验证了 Al-Mn 合金中观察到的电子衍射与二十面体结构的密切相关性,并在 1984 年发表的文章中提出了"准晶"的概念。准晶是准周期晶体的简称,具有长程准周期性平移序和非晶体学旋转对称性的结构特性。

传统晶体的周期点阵及其衍射比较简单,而准点阵没有周期性,它的描述就要复杂得多。多夫·莱文和保罗·约瑟夫·斯坦哈特在对二十面体准晶进行计算并提出准晶的概念时,就讨论了准点阵的描述及衍射图的计算[71]。实际上在准晶发现之前,数学家罗杰·彭罗斯(Roger Penrose)就研究过具有 5 次旋转对称的二维非周期拼图[72],后来称为 Penrose 图。N.G.德·布鲁因(N.G. de Bruijn)对 Penrose 图作了详细的代数分析,提出了用多重网格法及高维空间投影法绘制 Penrose 图[73-74]。艾伦·L.麦凯(Alan L. Mackay)首先考虑了 Penrose 图的晶体学意义,称为准点阵(quasilattice)[75],除得到 Penrose 图的 5 次旋转对称的光学衍射图外,把 Penrose 图推广到三维空间,同时还进一步讨论了三维准点阵。彼得·克莱默(Peter Kramer)分析了由 7 种拼块构成的具有二十面体对称的三维非周期结构[76]。皮切·格麦特

(Petra Gummelt)于 1995 年提出了覆盖模型[77]，其不仅描述准晶的结构效果完全等同于 Penrose 图，而且能运用普通成核生长理论来描述准晶的生长。这些开创性工作为准点阵的描述及其衍射的讨论奠定了基础。

准晶的原子排列虽然没有周期性，却有严格的位置序，准周期结构在其衍射花样中显示出明锐的衍射斑点，表明其为一种长程有序结构，并具有传统晶体学所禁止的非晶体学旋转对称性，如 5 次、8 次、10 次等。最早发现的二十面体准晶、12 次准晶、10 次准晶、8 次准晶均是依靠选区电子衍射花样鉴定出来的[78]。图 2 - 40 分别为典型的二十面体准晶[70]、12 次准晶[79]、10 次准晶[80]、8 次准晶的选区电子衍射图[81]，这些衍射图衍射点分布具有明显的不同。此外，准晶会因为其中某元素的差异产生不同的结构变体，例如 Al - Co - Ni 10 次准晶不同变体的选区电子衍射图均呈现出明显的 10 次对称，但这些衍射图衍射点分布又有不同的特点[82]。显然，通过衍射花样可以快速鉴定出准晶相，并判断准晶类型。

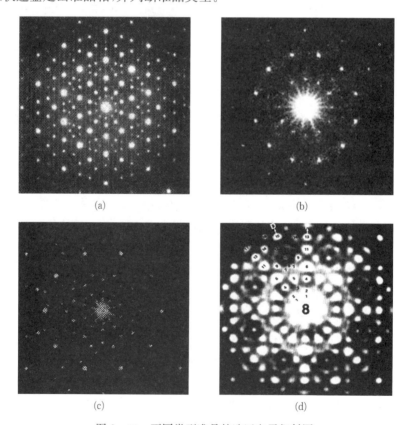

图 2 - 40　不同类型准晶的选区电子衍射图

(a) Al - Mn 二十面体准晶的衍射图[70]；(b) Cr - Ni 12 次旋转对称的选区电子衍射图[79]；

(c) Al - Mn 10 次准晶的衍射图[80]；(d) Cr - Ni - Si 8 次准晶的衍射图[81]

　　准晶按周期维数分类,可分为一维、二维、三维准晶。三维准晶指的是三维物理空间材料的原子在三维都是呈现准周期分布的,实验上发现的三维准晶有二十面体准晶和立方准晶两大类,其中二十面体准晶又可分为面心二十面体准晶和简单二十面体准晶。二维准晶在一个平面的两个方向显示准周期性,在其法线方向显示周期性,二维准周期平面的特征可以用具有周期性的旋转轴表征,因此可用它来区别二维准晶,如 8 次准晶(8 次旋转轴),10 次准晶(10 次旋转轴)及 12 次准晶(12 次旋转轴)。二维 10 次准晶与二十面体准晶间关系密切,是由三维二十面体准晶中一个 5 次准周期轴变成 10 次周期轴而生成的。类似的,一维准晶是由二维 10 次准晶中一个 2 次准周期轴(与 10 次轴正交)变成 2 次周期轴而生成的,所以一维准晶有两个正交的周期方向以及一个与它们正交的准周期方向。准晶的这一特点在电子衍射图上得到体现,例如,图 2-41 是 $Al_{20}Si_{20}Mn_{20}Fe_{20}Ga_{20}$ 高熵合金甩带样品中 10 次准晶的选区电子衍射图[83]。图 2-41(a) 为 10 次准晶沿 10 次轴方向的选区电子衍射图,图 2-41(b-c) 是沿 2 次轴方向的选区电子衍射图。可见只有 10 次轴的选区电子衍射图表现出明显的 10 次对称,说明它是 10 次准晶,而其他 2 次轴方向的选区电子衍射斑点呈周期性排列,则不能说明它是 10 次准晶。

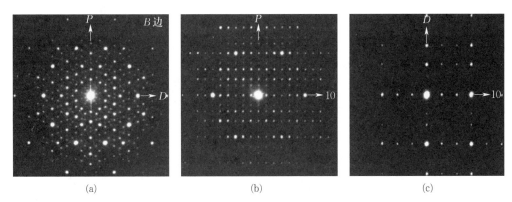

图 2-41　$Al_{20}Si_{20}Mn_{20}Fe_{20}Ga_{20}$高熵合金甩带样品中 10 次准晶的选区电子衍射图[83]

(a) 沿 10 次轴方向的选区电子衍射图;(b) 沿 2 次轴方向的选区电子衍射图;

(c) 与图(b) 呈 18°的另一个 2 次轴的选区电子衍射图

　　二十面体准晶理论上分三种:简单点阵、体心点阵、面心点阵。但到目前为止实验上还未发现体心二十面体准晶,另外两种点阵可以从衍射花样上区别。其衍射斑点具有长程有序,并且满足黄金分割数 $\tau=(1+\sqrt{5})/2$ 的比例关系。图 2-42 是二十面体准晶的 2 次轴衍射花样一角。从图中可以看出,对于简单二十面体准晶来说,沿 5 次轴方向的衍射斑点对应的倒易矢量是按照 $\tau^3$ 的关系膨胀的,而面心二十面体准晶则是按照 $\tau$ 的关系膨胀的。从这一特征我们可以快速区分二十面体准晶的类型。

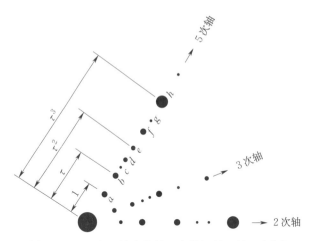

图 2 - 42　二十面体准晶的 2 次轴衍射花样一角[84]

图 2 - 43 是简单二十面体准晶和面心二十面体准晶的 2 次轴衍射花样的一角。如图 2 - 43(a)所示,简单点阵 2 次轴选区电子衍射花样沿着 5 次轴方向,衍射斑点 $h$、$a$ 到透射斑点的距离之比满足 $\tau^3$ 倍关系。同样,图 2 - 43(b)表示面心点阵 2 次轴衍射花样中,衍射斑点 $h$、$e$、$b$、$a$ 等到透射斑点的距离之比满足 $\tau$ 倍关系。

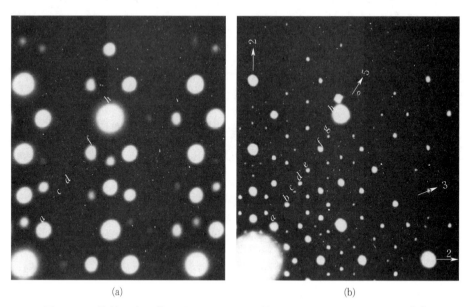

(a)　　　　　　　　　　　　　(b)

图 2 - 43　简单二十面体准晶和面心二十面体准晶的 2 次轴衍射花样一角[84]
(a) 简单二十面体;(b) 面心二十面体

由上述分析可见,准晶准周期方向的选区电子衍射花样与普通晶体衍射花样有着截然不同的特征,因此可以很容易从选区电子衍射花样来判断样品是否为准晶相,以及是何种类型的准晶相。例如,在 300 ℃ 热处理后的 2198 铝合金中发现的一种盘状相,数量少,对其进行选区电子衍射(见图 2 - 44)[85]。可见,虽然有来自基体相斑点的干扰,但很容易识别出其有 10 次旋转对称结构,这是典型的准晶衍射花样特点,这可以将 2198 铝合金中常见的 $T_1$ 相、$\theta'$ 相、$\delta'$ 相排除在外,2198 铝合金的主要元素有 Al、Cu、Li,经文献调研,发现 $T_2(Al_6CuLi_3)$ 相是准晶相,经分析很快就得到确认。

## 2.2.6 高阶劳厄带衍射

如前文所述,以入射束与反射球的交点作为原点,构造出与晶体对应的倒易点阵。则对于正空间中的任一晶带轴,与之垂直且过倒易空间的原点的倒易面,称为该晶带的零层倒易面,该倒易面上的所有晶面与晶带轴之间满足晶带轴定律,通常我们得到的某晶带轴的电子衍射花样就是该晶带轴的零层倒易面。对于任一晶带轴而言,除了零层倒易面之外,所有与零层倒易面平行的倒易平面都与之垂直,但这些倒易面与晶带轴之间不满足晶带轴定律,它们之间的关系满足广义晶带轴定律,所有与零层倒易面平行的倒易平面统称为高层倒易面。

在有些情况下,高层倒易平面上的倒易阵点也可能与反射球相截从而产生相应的衍射斑点,这就是高阶劳厄斑点或高阶劳厄带斑点,如图 2 - 45 所示。高阶劳厄带斑点可以给出三维倒易点阵的资料,是晶体相分析和取向分析中非常有用的信息。

图 2 - 44　$T_2(Al_6CuLi_3)$ 相的选

区电子衍射图[85]

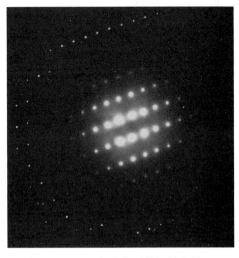

图 2 - 45　高阶劳厄带衍射花样

#### 2.2.6.1　高阶劳厄带斑点产生的原因[64]

反射球的半径 $1/\lambda$ 与常见金属的低指数倒易矢量的长度相比是很大的,但并非无穷大,反射球面具有一定的曲率。因此,曲率半径有限的反射球面不仅与零层倒易平面相截,而且也可能与高层倒易平面的阵点相截。高阶劳厄带斑点的形成就是高层倒易平面上的阵点与反射球面相截的结果。但是,并非在任何情况下都能获得高阶劳厄带斑点。归纳起来,出现高阶劳厄带斑点的主要因素有如下几方面:

(1) 薄膜样品的厚度。由于薄膜试样的形状效应,样品越薄,倒易阵点扩展量就越大,长的倒易杆容易与反射球面相交。

(2) 样品晶体的晶格常数。晶格常数较大时,相应的倒易点阵的倒易面间距较小,使高层倒易平面上的倒易阵点与反射球面相交的机会增多。

(3) 晶体取向。晶带轴方向偏离入射束方向的程度增大,使倒易平面倾斜的程度增大,也将使高层倒易平面上的阵点与反射球面相交的机会增大。

(4) 晶带轴指数。晶带轴指数增大,与其垂直的倒易平面的间距减小,高层倒易平面上的阵点易与反射球相交。

(5) 加速电压。加速电压降低,电子束的波长 $\lambda$ 增大,反射球半径 $1/\lambda$ 减小,易获得高阶劳厄带斑点。

(6) 会聚束使反射球面具有一定厚度。

在以上因素中,前两个与样品有关,其他是由试验条件决定的。

#### 2.2.6.2　高阶劳厄带斑点的几何特征[64]

高阶劳厄带斑点有以下几何特征:

(1) 同一高阶劳厄带斑点构成的二维网格与零阶劳厄带斑点相同,但相对于零阶劳厄带斑点具有一定的平移。平移的方向和大小与晶体结构及晶带轴指数有关,利用高阶劳厄带斑点出现的位置,可以进行物相鉴定。

(2) 当晶带轴方向与入射束方向平行的情况下,称为对称入射。对称入射条件下的零阶劳厄带斑点构成以中心斑点为圆心的圆,而高阶劳厄带斑点构成同心的圆环,如图 2-46(a)所示。

(3) 若晶带轴方向与入射束方向不平行,即为非对称入射。在非对称入射的条件下,零阶劳厄带为一偏心圆,高阶劳厄带为偏心的一段圆环[见图 2-46(b)]。此时,圆及圆环的中心位置为晶带轴与底片相截的菊池极,由此几何特征可估算晶带轴方向偏离入射束方向的程度。

(4) 零阶劳厄带斑点和高阶劳厄带斑点之间有时存在无衍射斑点的空白区,有时也可能互相重叠。这主要取决于薄膜样品的厚度和倒易平面的面间距。随样品厚度或倒易平面间距减小,无衍射斑点的空白区逐渐缩小,以至消失,甚至零阶劳厄带与高阶劳厄带重叠。

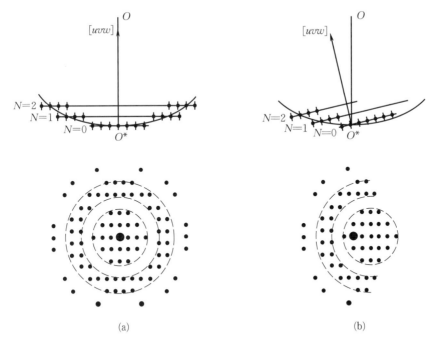

图 2 - 46　高阶劳厄带形成的示意图和衍射斑点

(a) 对称入射；(b) 非对称入射

(5) 高层倒易平面$(uvw)_N^*$上的阵点或高阶劳厄带斑点,其指数以$(hkl)$与晶带轴指数$[uvw]$及阶次$N$之间必满足

$$hu+kv+lw=N \tag{2-76}$$

式中,$N=\pm1,\pm2,\pm3,\cdots$,倒易面阶数。

式(2-76)称为广义晶带定律。当式(2-76)中的$N=0$时,即为晶带定律,满足$hu+kv+lw=0$的晶面组构成一个晶带,这些晶面同时平行晶带轴方向$[uvw]$,这些晶面的倒易矢量在同一平面$(uvw)_0^*$内。但当$N\neq0$时,满足式(2-76)的晶面组不属于同一晶带,因为它们不同时平行于某一晶向,它们的倒易矢量也不在同一平面内。

### 2.2.6.3　高阶劳厄带斑点指数的标定(垂直投影法)[64]

如图 2 - 47 所示,$G(hkl)$是第$N$层倒易平面$(uvw)_N^*$上的一个倒易阵点,$\boldsymbol{g}_{hkl}$为$G$对应的倒易矢量,$\boldsymbol{g}_{HKL}$为$\boldsymbol{g}_{hkl}$在零层倒易面上的投影,投影坐标为$(HKL)$,$\boldsymbol{g}'_{hkl}$是$\boldsymbol{g}_{hkl}$在$\boldsymbol{r}_{uvw}$方向的投影。

由图可见

$$\boldsymbol{g}_{hkl}=\boldsymbol{g}_{HKL}+\boldsymbol{g}'_{hkl} \tag{2-77}$$

$$\boldsymbol{g}'_{hkl}=Nd_{uvw}^*=\frac{N}{r_{uvw}}$$

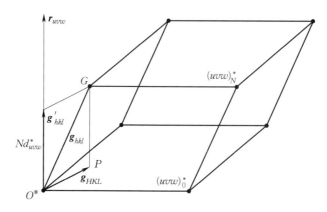

图 2-47　N 阶倒易阵点在零阶倒易面上的投影

$$\boldsymbol{g}'_{hkl} = \frac{N}{\boldsymbol{r}_{uvw}} \cdot \frac{\boldsymbol{r}_{uvw}}{\boldsymbol{r}_{uvw}} = \frac{N}{\boldsymbol{r}_{uvw}^2}\boldsymbol{r}_{uvw} \tag{2-78}$$

把式(2-78)代入式(2-77)得

$$\boldsymbol{g}_{HKL} = \boldsymbol{g}_{hkl} - \frac{N}{\boldsymbol{r}_{uvw}^2}\boldsymbol{r}_{uvw} \tag{2-79}$$

即

$$Ha_1^* + Ka_2^* + La_3^* = ha_1^* + ka_2^* + la_3^* - \frac{N}{\boldsymbol{r}_{uvw}^2}(ua_1 + va_2 + wa_3) \tag{2-80}$$

写成矩阵式

$$[HKL]\begin{bmatrix} a_1^* \\ a_2^* \\ a_3^* \end{bmatrix} = [hkl]\begin{bmatrix} a_1^* \\ a_2^* \\ a_3^* \end{bmatrix} - \frac{N}{\boldsymbol{r}_{uvw}^2}[uvw]\begin{bmatrix} a_1 \\ a_2 \\ a_3 \end{bmatrix} \tag{2-81}$$

式(2-79)和式(2-81)是垂直投影公式的矢量形式。如果已知 $\boldsymbol{r}_{uvw}$,利用此式可以求出 $\boldsymbol{g}_{hkl}$ 在零层倒易平面 $(uvw)_0^*$ 上的投影 $\boldsymbol{g}_{HKL}$。

对式(2-81)两端右乘 $[a_1 a_2 a_3]$,经整理后得

$$[HKL] = [hkl] - \frac{N}{\boldsymbol{r}_{uvw}^2}[uvw][G] \tag{2-82}$$

或

$$[hkl] = [HKL] + \frac{N}{\boldsymbol{r}_{uvw}^2}[uvw][G] \tag{2-83}$$

式中,$\boldsymbol{r}_{uvw}^2 = (ua_1 + va_2 + wa_3) \cdot (ua_1 + va_2 + wa_3) = [uvw][G]\begin{bmatrix} u \\ v \\ w \end{bmatrix}$。

式(2-82)和式(2-83)是垂直投影公式的一般形式。利用式(2-82)可求出第 N 阶劳厄带斑点 $(hkl)$ 在零阶劳厄带斑点中的位置 $(HKL)$。反之,已知高阶劳厄带

斑点在零阶劳厄带斑点中的投影位置($HKL$),利用式(2-83)可以计算高阶劳厄带斑点的指数($hkl$)。

### 2.2.6.4  高阶劳厄带斑点指数标定

如前所述,零阶与高阶斑点分布相同,各自构成完全相同的二维网格,但一般有相对平移。一般只标定一个高阶斑点指数,就可以与零阶斑点指数配合,用矢量运算方法,推出其他高阶斑点指数。高阶劳厄带斑点指数的标定步骤如下[64]:

(1) 标定零阶斑点指数,并确定晶带轴指数$[uvw]$。

(2) 选取高阶劳厄带的阶次 $N$。在选取 $N$ 值时,应考虑晶体的消光条件。规律如下:① 对面心立方晶体,$u+v+w$ 为奇数(两偶一奇)时,$N=\pm1,\pm2,\pm3,\cdots$,阶次连续;$u+v+w$ 为偶数(两奇一偶)时,$N=\pm2,\pm4,\cdots$,$N$ 取偶数,阶次不连续。② 对体心立方晶体,$u,v,w$ 为奇偶混合时,$N=\pm1,\pm2,\cdots$,阶次连续;$u,v,w$ 全奇时,$N=\pm2,\pm4,\cdots$,$N$ 取偶数,阶次不连续。③ 对六方、三斜、单斜等对称性较低的晶系,$N$ 是连续的。

(3) 根据广义晶带定律 $hu+kv+lw=N$,选择 $N$ 层倒易平面$(uvw)_N^*$上的一个指数为$(hkl)$的倒易阵点。

(4) 利用式(2-82)计算$(hkl)$倒易阵点在零层倒易平面上的投影位置($HKL$),即高阶劳厄带斑点在零阶劳厄带斑点中的位置。如果已测出高阶劳厄带斑点在零阶劳厄带斑点上的位置($HKL$),也可利用式(2-83)进行逆运算,计算该高阶劳厄带斑点的指数($hkl$)。

(5) 利用已标出的高阶劳厄带斑点和零阶斑点,进行矢量运算外推其他高阶劳厄带斑点指数。也可以用垂直投影法依次标出高阶劳厄带斑点的指数,但不如用矢量运算方便。利用矢量运算外推其他高阶劳厄带斑点指数的具体做法如图 2-48 所示。

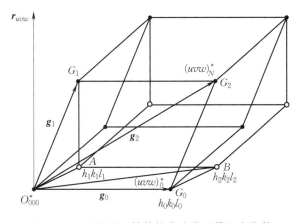

图 2-48  用矢量运算外推高阶劳厄带斑点指数

如图 2 - 48 所示,$A$ 和 $B$ 为同一阶次的高层倒易平面上的两个倒易阵点 $G_1$ 和 $G_2$ 在零层倒易面上的投影,$G_0$ 是零层倒易平面上的一个倒易阵点,则相应的三个倒易矢量 $\boldsymbol{g}_1$,$\boldsymbol{g}_2$ 和 $\boldsymbol{g}_0$ 在空间应满足

$$\boldsymbol{g}_2 = \boldsymbol{g}_0 + \boldsymbol{g}_1 \tag{2-84}$$

它们的指数之间的关系为

$$(h_2 k_2 l_2) = (h_0 k_0 l_0) + (h_1 k_1 l_1) \tag{2-85}$$

如果已经标定了 $(h_0 k_0 l_0)$ 和 $(h_1 k_1 l_1)$,则利用式(2 - 85)可计算出 $(h_2 k_2 l_2)$。对于常见的面心立方、体心立方和具有标准轴比的密排六方结构晶体,其高阶劳厄带斑点指数的标定,还可以用查表法或标准图谱对照法,本书附录 6 是高阶、零阶劳厄区电子衍射谱重叠图形。

图 2 - 49 为面心立方结构晶体零阶和高阶劳厄带斑点的重叠衍射图,标定其指数步骤如下。

(1) 标定零阶劳厄带斑点指数,结果如图 2 - 49 所示。

(2) 选取阶次 $N$,因为 $u+v+w=3$,是奇数,所以阶次 $N$ 是连续的,故选取 $N=1$。

(3) 由广义晶带定律可知,$(11\bar{1})$ 斑点属于一阶劳厄带,将 $(hkl)=(11\bar{1})$,$[uvw]=[111]$,及 $N=1$ 代入式(2 - 82)得

$$[HKL]=[11\bar{1}]-\frac{1}{r_{111}^2}[111][G]$$

对于面心立方结构晶体,有 $r_{111}^2=(\sqrt{3}a)^2=3a^2$,$[G]=a^2\begin{bmatrix}1 & 0 & 0\\ 0 & 1 & 0\\ 0 & 0 & 1\end{bmatrix}$,所以 $[HKL]=$

$$[11\bar{1}]-\frac{a^2}{3a^2}[111]=\frac{1}{3}[22\bar{4}]。$$

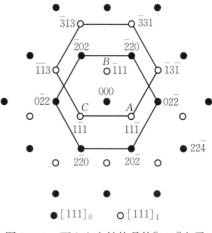

图 2 - 49 面心立方结构晶体[111]电子衍射图及其标定

由此可知,高阶劳厄带斑点 $(11\bar{1})$ 在零层倒易面上的投影位置为 $\frac{1}{3}[22\bar{4}]$,即 $A$ 斑点的指数为 $(11\bar{1})$。

(4) 用矢量运算外推其他高阶劳厄斑点的指数。根据式(2 - 85),如 $B$ 斑点的指数为 $(hkl)$,则应有 $(hkl)=(\bar{2}02)+(11\bar{1})=(\bar{1}11)$;同样 $C$ 斑点的指数为 $(0\bar{2}2)+(11\bar{1})=(1\bar{1}1)$。如此可以标出其他各斑点的指数,结果如图 2 - 49 所示。

也可以用查表法分析本例。首先,参考附录 5,可以用标准图谱对照法确定其是面心立方[111]晶带。然后,参考附录 6,找到面心立方高阶、零阶劳厄区电子衍射谱重叠图形

中的[111],发现图 2-49 的电子衍射图与其是一致的,可以参考其直接进行标定。

### 2.2.6.5　高阶劳厄带斑点的应用

如前所述,利用高阶劳厄带斑点所提供的晶体三维结构信息,可以唯一地确定晶体结构,高阶劳厄带斑点还可用于排除单晶电子衍射用的 180° 不唯一性和偶合不唯一性。此外,对称入射条件下的高阶劳厄带斑点可用于估算晶体在入射束方向上厚度和倒易平面间距,而利用非对称入射情况下的高阶劳厄带斑点可以测量晶带轴偏离入射束的角度。下面介绍其中几个方面的应用[64]。

1）厚度和点阵常数的估算

如图 2-50 所示,设 $G_0$ 是零层倒易面上与反射球面相截的最外边的一个倒易阵点,其对应的倒易矢量为 $\boldsymbol{g}_0$。

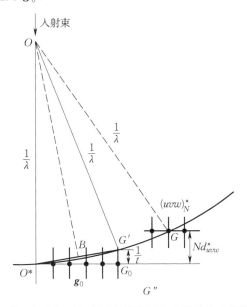

图 2-50　利用高阶劳厄带斑点测定样品厚度和晶体点阵常数的原理图

因为 $\Delta OO^*B \backsim \Delta O^*GG_0$,可得

$$\boldsymbol{g}_0^2 + \left(\frac{1}{\lambda} - \frac{1}{t}\right)^2 = \left(\frac{1}{\lambda}\right)^2$$

因 $\dfrac{1}{t}$ 与 $\dfrac{1}{\lambda}$、$\boldsymbol{g}_0$ 相比很小,可以忽略 $\left(\dfrac{1}{t}\right)^2$ 项,则有

$$t = \frac{2}{\lambda \boldsymbol{g}_0^2}$$

由电子衍射的基本公式 $Rd = L\lambda$,把零层劳厄带半径 $R_0$ 代入得

$$t = \frac{2\lambda L^2}{R_0^2} \tag{2-86}$$

因此,只要测出零阶劳厄带半径 $R_0$,利用式(2-86)就可以近似计算晶体在入射束方向上的厚度。

根据图 2-50,利用上述相同的方法,容易推出在入射束方向上的倒易平面间距计算公式。实际上,只需将式(2-86)中的 $t$ 用 $\dfrac{1}{Nd_{uvw}^{*}}$ 代换,可得

$$d_{uvw}^{*}=\frac{R^2}{2N\lambda L^2} \tag{2-87}$$

或

$$r_{uvw}=\frac{2N\lambda L^2}{R^2} \tag{2-88}$$

式中,$N$ 为高层倒易平面的阶次;$R$ 为第 $N$ 阶劳厄带的圆弧半径。

对于正交点阵,如果是[001]晶向条件下的高阶劳厄带花样,则有

$$r_{uvw}=d_{001}=c$$

代入式(2-88),得

$$c=\frac{2N\lambda L^2}{R^2} \tag{2-89}$$

由此可估算出晶体的点阵常数。

2)物相鉴别[64]

结构不同的两种晶体,在某些特殊的取向下,可能会有分布相同的零阶劳厄带斑点花样(偶合不唯一性),因此,不能根据零阶衍射图唯一确定物相。但此时,它们的高阶劳厄斑点在零阶劳厄带上的投影位置一般是不同的,故可以根据高阶劳厄斑点的投影位置来唯一确定物相。

图 2-51 是 FCC 结构 TiC[112]晶带与 HCP 结构 Mo$_2$C[1$\bar{1}$0]晶带的衍射图。它们的零阶花样是完全相同的,但高阶劳厄斑点出现的位置不同,从而可以唯一确定衍射物相。

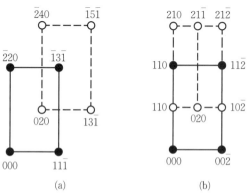

图 2-51 TiC 和 Mo$_2$C 高阶劳厄带斑点在零阶倒易平面上的投影位置的差别

(a) TiC;(b) Mo$_2$C

## 2.2.7　菊池衍射

当样品晶体比较完整,且在入射电子束方向上的厚度又比较合适时,其电子衍射图中,除了规则排列的衍射斑点外,往往在背底片上还分布着一些亮、暗成对的平行线状花样(见图 2 - 52),当样品厚度较大时,它们可以单独出现。1928 年,菊池正士(Kikuchi Seishi)首先对这种衍射现象作了定性的解释,因此,这种亮、暗成对的平行线状花样被命名为菊池线,这种衍射现象被称为菊池衍射[86-88]。1964 年,菊池线的实用价值得到了明确证明,它们的存在使不准确的电子衍射图成为有用的晶体取向工具[89]。1967 年,P. R. Okamoto 等获得了 BCC 和 HCP 晶体的菊池图,并描述了它们在确定晶体取向和柏氏矢量中的应用[90]。

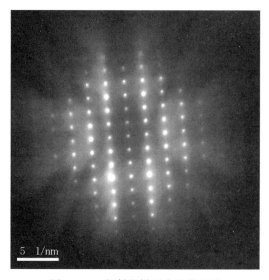

图 2 - 52　衍射花样图中的菊池线

在对称入射的情况下,即衍射晶面与入射束方向平行,此时在菊池线对之间常出现暗带或亮带,称为菊池带。同一晶带的菊池线对的中线交于一个对称中心,称为菊池极。把各种确定取向下的菊池衍射图拼接起来,可得到一张显示任一晶体取向的菊池衍射图,简称菊池图。

### 2.2.7.1　菊池线的产生

具有一定能量的电子以一定的入射方向进入物质后,运动电子在原子库仑电场的作用下发生散射。其中有些只改变电子运动方向而能量没有变化的散射称为弹性散射,而有些既改变电子运动方向又有能量损失的散射称为非弹性散射。部分电子虽然发生非弹性散射,但是非弹性散射之后,它们的能量损失也只有几十电子伏特,相对透射电镜的加速电压来说,这个能量是非常小的,因此可以认为非弹性散射以后的电子波长基本没有变化。因此当这一部分电子波在满足布拉格条件产生衍射时，可以认为其几何关系与弹性散射电子没有差别。非弹性散射的电子不与晶体相互作用产生衍射时，在背底上将不会出现明显的衬度，但当非弹性散射电子与某一晶面产生衍射时，会在某些方向产生衬度。菊池线的产生和能量损失极少的非弹性散射的电子有关，当这些电子入射到样品某一晶面，且满足布拉格条件时，再次发生弹性相干散射的结果。其散射的几率减小，非弹性散射引起的强度相应地会逐渐降低，这样就形成了衍射照片上中间亮、四周渐暗的衍射谱背景。

如图 2-53(a)所示，入射电子束进入晶体后，在 $O$ 点产生非弹性散射，非弹性散射电子向各个方向散射的几率并不相等，则 $O$ 点成为球形子波的波源，非弹性散射电子几率的角分布在入射束方向上最大，强度最高。随散射角增大，散射几率减小，强度逐渐减弱。这样，非弹性散射提供了中心区域强度高、四周强度渐弱的衍射图背底。从 $O$ 点向四周发射的非弹性散射电子中，总有一些方向与($hkl$)晶面交成布拉格角 $\theta_B$，因满足布拉格条件而产生衍射。如图 2-53(b)所示，当 $OP$ 方向的非弹性散射电子波与($hkl$)晶面交成布拉格角 $\theta_B$ 产生衍射时，其衍射波方向为 $PP'$；而在与 $PP'$ 方向平行的 $OQ$ 方向上的非弹性散射波必然也会满足衍射条件，导致($\overline{hkl}$)晶面产生衍射，衍射束方向为 $QQ'$，它也必平行于 $OP$[见图 2-53(b)]。因为 $OP$ 方向的散射角小于 $OQ$ 方向，所以 $OP$ 方向的非弹性散射电子的强度要高于 $OQ$ 方向，相应地，$PP'$ 方向衍射束的强度也高于 $QQ'$ 方向，这样将导致背底强度沿 $OQ$ 方向增强，而沿 $OP$ 方减弱。所以产生衍射后，$OP$ 方向的强度为 $OP+QQ'-PP'$，而 $OQ$ 方向的强度为 $OQ+PP'-QQ'$。最终的结果，使得 $OP$ 方向强度有所降低，形成暗线；而 $OQ$ 方向的强度有所增加，形成亮线。

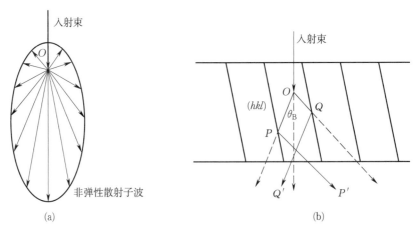

(a)                                    (b)

图 2-53  菊池线产生的原理示意图

(a) 非弹性散射电子形成的球形子波；(b) 满足布拉格条件的非弹性散射电子发生布拉格衍射

在 $O$ 点向空间所有方向散射的非弹性散射波中,与 $(hkl)$ 和 $(\overline{h}\overline{k}\overline{l})$ 晶面满足布拉格条件的非弹性散射波将分别构成以它的法线 $N_{hkl}$ 和 $N_{\overline{h}\overline{k}\overline{l}}$ 为轴,以 $O$ 为顶点、$(90°-\theta)$ 为半顶角的两个圆锥面,相应地,它们的衍射波也将构成以 $(90°-\theta)$ 为半顶角的两个衍射圆锥。两个衍射圆锥与距离晶体较远而又垂直于入射束的荧光屏相截于两支抛物线,但由于 $\theta$ 角很小,这两支抛物线非常接近直线,因此在荧光屏上得到的成对的菊池线看上去是两条直线(见图 2-54)。

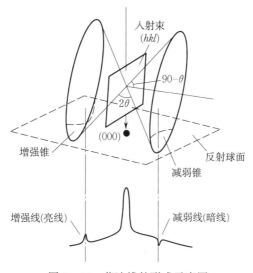

图 2-54　菊池线的形成示意图

菊池衍射的反射球构图如图 2-55 所示,倒易阵点 $G_{hkl}$ 和 $G_{\overline{h}\overline{k}\overline{l}}$ 没有落在以 $O$ 为球心的反射球面 $S$ 上,但 $G_{hkl}$ 和 $G_{\overline{h}\overline{k}\overline{l}}$ 分别落在以 $O_1$、$O_2$ 为球心的反射球面 $S_1$ 和

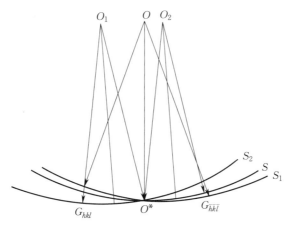

图 2-55　菊池衍射的反射球构图

$S_2$ 上，$O_1O^*$ 方向和 $O_2O^*$ 方向分别与 $(hkl)$ 和 $(\overline{h}\,\overline{k}\,\overline{l})$ 晶面构成布拉格角。面 $O_1G_{hkl}$ 和 $O_2G_{\overline{h}\,\overline{k}\,\overline{l}}$ 方向位于两个衍射圆锥面上。在一对菊池线中，使背底增强的线称为增强线，使背底减弱的线称为减弱线，通常又称它们为菊池亮线和暗线。考虑到晶体中其他的晶面也可能产生类似的线对，形成亮暗线对纵横交错的菊池射图。

菊池线的出现并不是无条件的，其出现对样品是有要求的。首先，样品晶体比较完整。其次，样品内部缺陷密度较低。此外，在入射束方向上的厚度 $t$ 比较合适，$1/2t_c < t < t_c$（$t_c$ 是临界厚度）。如图 2－56 所示，当样品很薄时，是无法得到菊池线的，只能得到衍射斑点；随着样品变厚，可以同时得到斑点和菊池线；样品再增加到一定到厚度时，只能得到菊池线，而没有斑点（有透射斑）；如果样品厚度大于临界厚度，则得不到衍射。

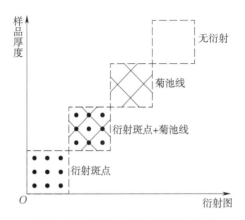

图 2－56　衍射区厚度对衍射的影响

### 2.2.7.2　菊池线的几何特征[64]

（1）$hkl$ 菊池线对与中心斑点到 $hkl$ 衍射斑点的连线垂直，而且菊池线对的间距与上述两个斑点的距离相等，线对间距 $R$ 和晶面间距 $d$ 仍然满足 $Rd = L\lambda$。所以菊池线能直观地反映晶面的取向，也可以测定晶面间距。

（2）菊池线对的中心线则相当于反射晶面与荧光屏的截线，菊池极即为晶带轴与荧光屏的截点。如菊池极在荧光屏中央，则该极对应的晶带轴与入射电子束严格平行。

（3）两菊池线对中线之间的夹角与相应两晶面之间的夹角相等（菊池极与中心斑点重合时才严格相等）。

（4）当出现多个菊池极时，实际上已经带出了晶体的三维信息，这个时候就不会有 $180°$ 不唯一性。

（5）倾动晶体时，衍射斑点基本不移动，但强度会发生变化。菊池线对取向非常敏感，倾动晶体时与晶体在一起发生明显的移动，菊池线的这一几何特征可由图 2－57 得以说明。不同取向条件下，菊池线对与衍射斑点的相对位置如下：① 在对称入射情况下,即 $(hkl)$ 晶面与入射束平行,菊池线对在中心斑点两侧对称分布,线对中线通过中心斑点[见图 2-57(a)];② 在双光束条件下,即 $hkl$ 倒易阵点落在反射球面上($S_{+g}=0$),$hkl$ 菊池线(亮线)通过 $hkl$ 强衍射斑点,而 $\overline{h}\,\overline{k}\,\overline{l}$ 菊池线(暗线)通过中心斑点[见图 2-57(b)];③ 在 $S_{+g}>0$ 的情况下,即 $hkl$ 倒易阵点位于反射球面内,菊池线对分布于中心斑点的同一侧,$hkl$ 菊池亮线位于距中心斑点较远的位置[见图 2-57(c)];④ 在 $S_{+g}<0$ 的情况下,即 $hkl$ 倒易阵点位于反射球面外,菊池线对分布于中心斑点的两侧,$hkl$ 菊池亮线也是位于中心斑点较远的位置[见图 2-57(d)]。

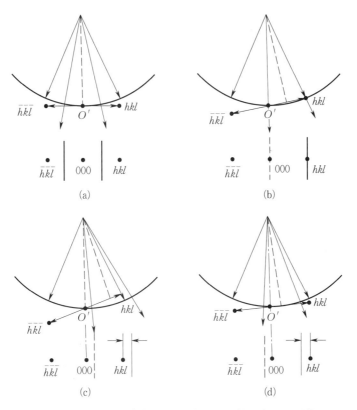

图 2-57　不同取向条件下菊池线对与衍射斑点的相对位置

(a) $S_{+g}=S_{-g}$;(b) $S_{+g}=0$;(c) $S_{+g}>0$;(d) $S_{+g}<0$

前述的菊池线的前三个几何特征是分析标定菊池线的基本依据,菊池线的后两个几何特征是精确测定晶体取向的基本理论依据,其中第 5 个几何特征可以直观地显示 $(hkl)$ 晶面当前的位置,能指导我们准确地把晶体迅速地倾转到预期的取向。

虽然衍射花样和菊池衍射花样都能用作标定晶体取向,而且两者还经常同时出现,但两者还是有一定的差异,下面通过对比单晶 Si 的[111]衍射花样和[111]菊池衍射花样来说明,如图 2-58 所示。首先,比较图 2-58(a)和图 2-58(b),可以发现衍射花样存在二次旋转对称性,而菊池花样不存在二次旋转对称性。其次,比较图 2-58(c)和图 2-58(d),衍射花样仅表达零层倒易面各倒易矢量分布,而菊池图外围三角形分布的三个菊池线对反映上层倒易面各倒易矢量的空间分布。此外,比较图 2-58(e)和图 2-58(f),衍射花样只反映了一个[111]晶带的三个晶面的情况,菊池极表达了各晶带的空间分布。

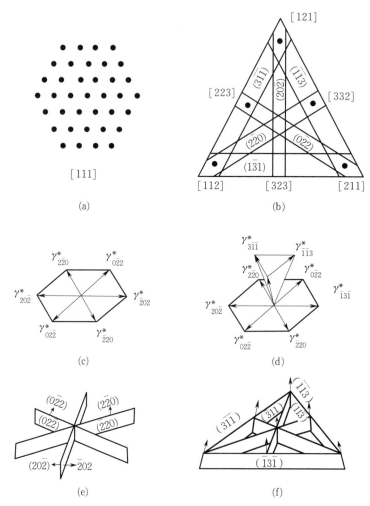

图 2-58 电子衍射花样和菊池花样表达意义的比较[91]

(a) 电子衍射花样 1;(b) 菊池花样的花样特征;(c) 电子衍射花样 2;(d) 菊池花样的倒易矢量;
(e) 电子衍射花样 3;(f) 菊池花样的对应平面

### 2.2.7.3 菊池线的标定[64]

如果已知晶体结构,且菊池衍射图中只有一个对称中心,即已知晶体的一个晶带。在这种衍射图线中标定比较容易,其标定步骤和方法与衍射斑点的标定基本相同。因为菊池线对的间距等于相应衍射斑点到中心斑点的距离,并且满足 $Rd = L\lambda$,而且菊池线对间夹角与相应两晶面间夹角相等,这些性质与斑点衍射图是一致的。若衍射图中同时存在衍射斑点和菊池线,则同一晶面的衍射斑点和菊池线的指数应该一致,而且该衍射斑点应该位于该菊池线对过中心斑点的垂线或其延长线上,菊池亮线指数的符号应与临近的斑点指数符号一致,即 $hkl$ 菊池亮线与 $hkl$ 斑点靠近。若在对称入射条件下,菊池极与中心斑点重合,菊池花样以透射斑为中心对称分布。

但是,在一般情况下,菊池衍射图往往比较复杂,一幅衍射图中可能存在多个对称中心,同时出现几个晶带的菊池线。最典型的情况是包含有三个菊池极的菊池衍射图,其中有三组菊池线两两交叉,每两组菊池线对中线的交点就是它们的晶带轴与荧光屏交截的菊池极(见图 2 - 59)。以下介绍三菊池极衍射图中菊池线的标定方法及步骤。

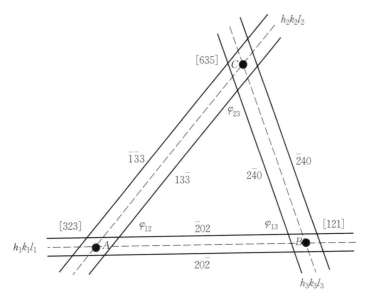

图 2 - 59　菊池衍射图的标定

(1) 测量三组菊池线对间距 $R_1$、$R_2$ 和 $R_3$,测量每两组线对中线间的夹角 $\varphi_{12}$、$\varphi_{13}$ 和 $\varphi_{23}$。

(2) 利用电子衍射基本公式 $Rd = L\lambda$,求出每组菊池线对所对应的面间距 $d_1$、$d_2$ 和 $d_3$。

(3) 如晶体结构已知,则根据 $d_i$ 值确定所属的晶面族 $\{h_i k_i l_i\}$。若晶体结构未知,则需借助其他信息查对可能物质的 PDF 卡片,确定物相和结构,以及 $d_i$ 值所对应的晶面族 $\{h_i k_i l_i\}$。

(4) 在已确定的晶面族中选择合适的指数 $h_1 k_1 l_1$、$h_2 k_2 l_2$ 和 $h_3 k_3 l_3$,使其两两之间的夹角符合相应线对中线间的夹角。

（5）求出每个菊池极所代表的晶带轴指数$[u_iv_iw_i]$。

（6）校核。菊池线的具体指数应该是唯一的，也就是说菊池线的指数标定不存在 180°不唯一性。与利用双晶带电子衍射消除 180°不唯一性的方法相同，菊池极的指数与不属于此晶带的其他菊池线对的外侧菊池线指数乘积之和应大于零。因为，这个晶带轴 $Z$ 与非此晶带的晶面外侧面的倒易矢量 $g$ 之间为锐角。所以有 $g \cdot Z > 0$，即 $hu+kv+lw > 0$。利用该式可以校核菊池线对指数的符号是否正确。如果计算结果不满足该式，则需将线对指数的符号反号。

图 2-59 为 $\gamma$-Fe 的三菊池电子衍射图，已知 $L\lambda = 25.7$ mm·Å，$\gamma$-Fe 的晶格常数 $a = 3.569\ 8$ Å。测得 $R_1 = 20.4$ mm，$R_2 = 31.4$ mm，$R_3 = 32.2$ mm，$\varphi_{12} = 49.5°$，$\varphi_{13} = 71.5°$，$\varphi_{23} = 59.0°$。

利用 $Rd = L\lambda$ 计算对应的面间距：$d_1 = 1.260$ Å，$d_2 = 0.818$ Å，$d_3 = 0.798$ Å，相对应的晶面族为$\{220\}$、$\{331\}$、$\{420\}$。

先选定$(h_1k_1l_1)$线对外侧菊池线的指数为$(20\bar{2})$，则由 $\varphi_{12} = 49.5°$ 确定$(h_2k_2l_2)$可以是$(13\bar{3})$、$(1\bar{3}\bar{3})$、$(33\bar{1})$、$(3\bar{3}\bar{1})$。再根据 $\varphi_{13} = 71.5°$ 的要求，$(h_3k_3l_3)$可以是$(240)$、$(2\bar{4}0)$、$(04\bar{2})$、$(0\bar{4}\bar{2})$。

如果取$(h_2k_2l_2)$为$(13\bar{3})$，要满足 $\varphi_{23} = 59°$，$(h_3k_3l_3)$只能为$(2\bar{4}0)$。

计算菊池极的晶带轴指数：$[uvw]_A = [323]$，$[uvw]_B = [121]$，$[uvw]_C = [635]$。

利用式 $hu+kv+lw > 0$ 容易验证，上述标定结果是正确的（见图 2-59）。如果经校核标定结果不能满足 $hu+kv+lw > 0$，则需要改变某些线对指数的符号，再重新计算各菊池极晶带轴指数。

图 2-59 的菊池衍射图可以有多种标定结果。如在$(h_1k_1l_1)$线对的外侧菊池线指数选定为$(20\bar{2})$后，可以有 4 种标定结果，再考虑到$(h_1k_1l_1)$可以是$\{220\}$晶面族的任一个晶面组，则总共有 48 种标定结果。这是立方晶体的高对称性引起的。但只要三个菊池极中的一个晶带轴指数确定后，另外两个菊池极的晶带轴指数，以及各菊池线对的指数均唯一确定，即只能有一种标定结果。菊池衍射图不存在斑点衍射图所具有的 180°不唯一性。但因菊池线纵横交错分布复杂，标定起来一般比斑点衍射图困难。

前文已指出，低指数晶带的菊池图具有明显的对称性，它可以直观而准确地显示晶体的取向。如果把各种确定取向下晶体的菊池衍射图拼凑起来，就可以得到一张显示任一晶体取向的菊池图。菊池图也可以通过计算直接绘制，附录 7 提供了通过计算绘制的几种常见晶体的标准菊池图。将待定的菊池衍射图和标准菊池图进行对比，可以较快地标定菊池极和菊池线的指数，直接确定晶体当前的取向。

#### 2.2.7.4 菊池衍射图的应用

在晶体材料分析方面，菊池花样广泛用于物相鉴定、衬度分析、电子束波长以及临界电压的测定等。正因为菊池线具有上述的一些重要几何特性，使其在精确测定晶体取向和电子显微图像的衍衬分析等方面得到广泛应用,其主要应用有精确测定晶体取向,其精度可以达到 0.01°,是精确测定晶体取向、位向关系和迹线分析的理想方法;测定两相晶格错配度[92];电子束波长的校正[93-94];偏离矢量 $s$ 的测定;利用菊池图进行可控倾转等。下面介绍几种主要的应用。

1) 精确测定晶体取向

在一些晶体学问题中,经常需要求出晶体相对于入射束的方向,即晶体取向。晶体取向是衍射分析时经常使用的一个重要参数。如选区衍射花样的晶带轴就是此时的晶体取向,比较容易获得。当入射束垂直于样品薄膜表面时,这种特殊情况下的晶体取向又称为膜面法线方向,这时的膜面法线方向往往不会刚好是某一晶带轴。膜面法线方向是衍射衍衬分析中常用的数据,晶体取向分析中经常遇到的就是测定膜面法线方向。测定晶体取向比较常用的方法是三菊池极法,尤其适用于测定晶体膜面的法线方向,其优点是分析精度较高。利用菊池线测定晶体取向时,如果菊池线清晰明锐,测量精度可达 0.01°,而且不存在斑点衍射图所固有的 180°不唯一性。

在图 2-60 所示的菊池衍射图中,三对菊线两两相交,构成 $A$、$B$、$C$ 三个菊池极,$O'$ 是衍射图的中心,即中心斑点的位置。用 $Z_1$、$Z_2$、$Z_3$ 表示 $A$、$B$、$C$ 三个菊池极的晶带轴,它们空间方向为三组晶面两两的交线 $AO$、$BO$ 和 $CO$(见图 2-60)。在图 2-60 中,△$AOB$、△$COA$ 和 △$BOC$ 分别是三对菊池线所对应的晶面 $(h_1k_1l_1)$、$(h_2k_2l_2)$ 和 $(h_3k_3l_3)$,$O'O$ 就是我们所要求出的晶体相对于入射束的方向。

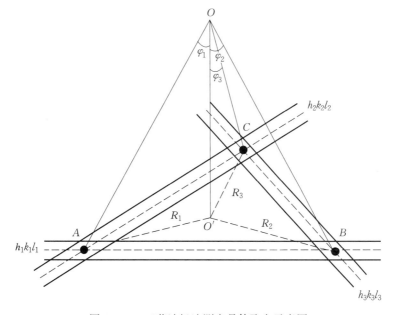

图 2-60　三菊池极法测定晶体取向示意图

为计算方便,在 $O'O$ 方向上取一个单位矢量 $\boldsymbol{B}$ 与 $Z_i$ 之间的夹角用 $\varphi_i$ 表示,则有

$$[u_i v_i w_i][G]\begin{bmatrix} u \\ v \\ w \end{bmatrix} = Z_i\cos\varphi_i\,(i=1,2,3) \qquad (2-90)$$

式(2-90)的矩阵方程组可以合并成一个矩阵式,可得

$$\begin{bmatrix} u \\ v \\ w \end{bmatrix} = [G]^{-1}\begin{bmatrix} u_1 & v_1 & w_1 \\ u_2 & v_2 & w_2 \\ u_3 & v_3 & w_3 \end{bmatrix}^{-1}\begin{bmatrix} c_1 \\ c_2 \\ c_3 \end{bmatrix} \qquad (2-91)$$

式中,$c_i = Z_i\cos\varphi_i\,(i=1,2,3)$,交换矩阵 $[G]$ 和 $[G]^{-1}$ 可由附录 1 查得,$Z_i$ 为晶带轴 $\boldsymbol{Z}_i$ 的矢量长度,$\cos\varphi_i$ 可通过测量计算,即

$$\cos\varphi_i = \frac{L}{\sqrt{L^2+R_i^2}} = \frac{1}{\sqrt{1+(R_i/L)^2}}$$

式中,$L$ 为相机长度;$R_i$ 为每个菊池极到中心斑点 $O'$ 的距离。式(2-91)适合于任意晶系。

利用三菊池极法测定晶体取向具有很高的精度,但关键是要获得清晰明锐的三菊池极衍射图。能否获得清晰的菊池衍射图,取决于样品的厚度和晶体的完整性。因此,由于样品的原因,使得这种方法在某些场合受到限制。下面再介绍一种方法,这种方法的原理与三菊池极法相同。利用双倾台进行取向调整时,可以推导出如下公式:

$$\cos\varphi_i = \cos\alpha_i \cdot \cos\beta_i \qquad (2-92)$$

式中,$\varphi_i$ 为取向调整前后两晶带轴间的夹角;$\alpha_i$ 和 $\beta_i$ 为实现这一取向调整双倾台 $X$ 轴和 $Y$ 轴转过的角度。

这样,利用双倾台把样品由零倾位置分别调整到三个低指数的晶带,如 $\langle 001\rangle$、$\langle 110\rangle$ 等,记录每次取向调整双倾台两个轴转过的角度 $(\alpha_i, \beta_i)$,然后由式(2-92)求出 $\cos\varphi_i$,代入式(2-91)即可求出膜面的法线方向。这种方法的优点是不必进行菊池线标定的繁琐工作,且式(2-91)中由晶带轴指数组成的矩阵也比较简单,因此计算比较方便。

下面以一个实例来进一步说明这一实验方法的具体应用过程,样品为面心立方晶体薄膜,在透射电镜中利用双倾台倾转样品。将其取向依次调整至 $[101]$、$[112]$ 和 $[001]$。样品调整至每一取向时,双倾台转角的读数分别为 $(18.5°, -2.0°)$、$(-3.0°, 18.6°)$、$(-25.0°, -10.5°)$。

计算得

$$\begin{bmatrix} u_1 & v_1 & w_1 \\ u_2 & v_2 & w_2 \\ u_3 & v_3 & w_3 \end{bmatrix}^{-1} = \begin{bmatrix} 1 & 0 & 1 \\ 1 & 1 & 2 \\ 0 & 0 & 1 \end{bmatrix}^{-1} = \begin{bmatrix} 1 & 0 & -1 \\ -1 & 1 & -1 \\ 0 & 0 & 1 \end{bmatrix}$$

$\cos\varphi_1 = \cos18.5° \cdot \cos(-2.0°)$, $\cos\varphi_2 = \cos(-3.0°) \cdot \cos18.6°$, $\cos\varphi_3 = \cos(-25.0°) \cdot \cos(-10.5°)$；$Z_1 = \sqrt{2}a$，$Z_2 = \sqrt{6}a$，$Z_3 = a$，代入式（2-91），经计算得

$$B = [u \ v \ w] = \frac{1}{a}[0.449\ 2 \quad 0.086\ 9 \quad 0.891\ 1]$$

取整得 $[u \ v \ w] = [5 \ 1 \ 10]$。

但是，三菊池极法在具体应用时有时存在一些困难。因为分析区域样品的厚度不合适，菊池线不够清晰甚至不出现菊池线。而且由于膜面取向的影响，有时不能获得同时存在三个菊池极的衍射图。即便可以获得清晰的三菊池极衍射图，分析时还需标定三对菊池线的指数，而且三个菊池极的晶带轴指数一般也比较高，因此分析过程烦琐且计算也比较麻烦。

2）测定偏离矢量 $s$

若晶体内某晶面 $(hkl)$ 处于精确满足布拉格条件的位向，其倒易阵点中心恰好落在反射球面上，此时偏离矢量 $s=0$，$hkl$ 菊池线通过 $hkl$ 衍射斑点。若某晶面 $(hkl)$ 的取向偏离布拉格条件，则其倒易阵点中心将落在反射面内或球面外。前一种情况下 $s>0$，$hkl$ 菊池线在 $hkl$ 衍射斑点外侧；后者 $s<0$，$hkl$ 菊池线在 $hkl$ 衍射斑点内侧。

设晶面组 $(hkl)$ 的取向偏离布拉格位置的偏转角为 $\Delta\theta$，引起菊池线的位移距离为 $X$（见图 2-61）。

由图 2-61 易得

$$\Delta\theta = \frac{s}{g} = \frac{X}{L} \qquad (2-93)$$

所以

$$s = \frac{X \cdot g}{L} = \frac{X}{Ld}$$

由电子衍射基本公式 $Rd = L\lambda$ 得 $d = \dfrac{L\lambda}{R}$，代入式（2-93），得

$$s = \frac{XR}{L^2\lambda} \qquad (2-94)$$

式（2-94）中，当 $hkl$ 菊池线在 $hkl$ 衍射斑点外侧时，$X$ 取正号；反之，当 $hkl$ 菊池线在 $hkl$ 斑点内侧时，$X$ 取负号。

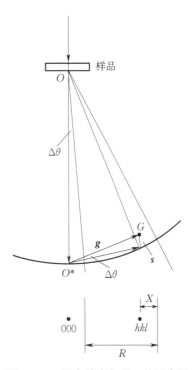

图 2-61　测定偏离矢量 $s$ 的示意图

3）可控倾转

利用标准菊池图在样品倾转过程中起导向作用，即根据当前取向下，菊池衍射图中菊池极的分布及菊池线的走向，来确定样品倾转的方向和角度，从而使样品倾转到预期的新取向。

利用透射电镜进行材料的微观组织及晶体结构的定性或定量分析时，常常需要将晶体的某个或某几个指定的方向，调整到与入射电子束方向平行的位置。这样将样品晶体的一个取向倾转到另外几个指定取向的操作，称为系列倾转。晶体的倾转过程中，通常需参考相应晶体的菊池图，决定晶体所需倾转的方向和角度。下面以面心立方晶体为例，来说明利用菊池图进行系列倾转的方法。假设晶体当前的取向为[101]，欲将晶体的[111]方向倾转到与入射束平行的位置。为实现这一取向调整，样品应以[10$\bar{1}$]方向为轴逆时针倾转 35.26°。由附录 7 所示的面心立方晶体的菊池图可见，[10$\bar{1}$]方向是[101]和[111]两晶带共有晶面(20$\bar{2}$)的法线。因此，在样品的倾转过程中，只要保持各菊池线沿着两晶带共有晶面(20$\bar{2}$)菊池线对的方向扫动，即保持中心斑点在此菊池线对内，就可以到达[111]菊池极。然后还可以沿着(2$\bar{2}$0)菊池线进行可控倾转，使样品晶体的取向由[111]到达[11$\bar{2}$]，再继续倾转可以到达[001]。可见，参考菊池图可以方便获得样品倾转的角度和方向，从而快速实现系列倾转。

4）测定小角度位向差

在分析材料变形后，有些晶体内部的晶体取向大体还是一致的，但被位错墙隔开的两边有着微小的位向差。如果分析它们的选区电子衍射花样时，会发现为相同的一套花样，只是各斑点的强度有所变化。通过倾转获得两套衍射强度分布一致的衍射花样几乎是不可能的，也很不精确。但可以发现两者的菊池极却有明显的位移。把它们的斑点对应重合起来，然后测得两菊池极的距离 $R$，则两者的位向差为

$$\Delta\theta = \frac{R}{L}$$

式中，$L$ 为相机长度。

5）角度校准[95]

图 2-62 是硅的[001]菊池图的部分。可以通过测量从[001]到沿(040)和(220)菊池对的各个极点的距离来计算距离-角度换算系数。表 2-8 显示了计算的过程。可见即使与[001]成 20°的角度也是准确的，选择 1.71 的平均值作为菊池图的换算系数，即使和[001]大角度的位置存在着可见失真，与换算系数的偏差也非常小。

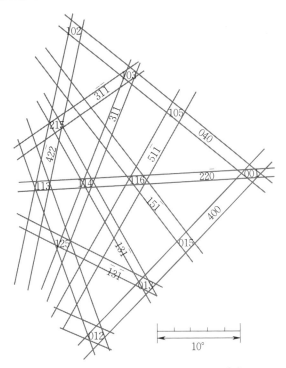

图 2 - 62 硅的[001]菊池图的部分[95]

**表 2 - 8 硅的[001]菊池图的距离-角度换算系数的计算**

| 菊池极 | 菊池极间距离/cm | 角度/(°) | 换算系数/[(°)/cm] |
|---|---|---|---|
| [103]~[102] | 4.8 | 8.13 | 1.70 |
| [001]~[114] | 11.4 | 19.5 | 1.71 |
| [001]~[103] | 11.0 | 18.43 | 1.68 |
| [114]~[113] | 3.3 | 5.77 | 1.74 |

6）取向确定[95]

图 2 - 63(a)是一个对称取向的菊池图。通过与标准菊池图的比较,找到图 2 - 63(a)菊池图在标准菊池图的位置。为了简化在标准菊池图上定位模式的过程,可通过将样品在显微镜中倾转工作区域以识别大致取向。菊池图在标准菊池图上的位置,即样品的晶带轴确定了样品相对于所有其他菊池极的方向。该区域轴的坐标是通过测量角点 A 与基线(220)形成的角度以及与[001]菊池极的距离来确定的,使用表 2 - 8 中的距离-角度换算系数[见图 2 - 63(b)]。图 2 - 63(c)是点 A 位于[001]极射赤平投影,显示了测量该点与{100}极之间的角距。所需晶带轴的坐标可以从图 2 - 63(c)中所示角度的余弦比获得,得到此晶带轴的坐标为[0.406,0.104,0.909],因此菊池极为[4 1 9]。

确定图 2 - 63(a)取向的另一种方法是利用菊池图测量未知图案的原点[$uvw$]与

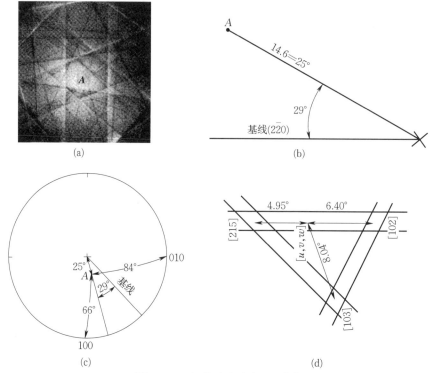

图 2-63　用菊池线确定取向[95]

(a) 硅的菊池图;(b) 在[001]极射赤平投影上定位图(a)中 A 点的测量示意图;

(c) 极射赤平投影显示 A 点相对于[010]和[100]极点的位置;(d) 显示图(a)的

点 A[$uvw$]与确定方向的三个最近的低指数极点之间的角度关系

其附近任何三个已知极点之间的角距。通过设置向量的长度[$u,v,w$]为 1,$u$、$v$ 和 $w$ 的值可以从立方晶体夹角公式计算得到,即

$$\cos\theta_i = \frac{h_iu+k_iv+l_iw}{\sqrt{(h_i^2+k_i^2+l_i^2)(u^2+v^2+w^2)}} = \frac{h_iu+k_iv+l_iw}{\sqrt{(h_i^2+k_i^2+l_i^2)}}$$

式中,$\theta_i$ 为[$u,v,w$]与任何已知极点[$h_i,k_i,l_i$]之间的角度。在图 2-63(a)所示的菊池图附近,极点[215]、[102]和[103]分别位于距原点[$uvw$]的 4.95°、6.40°和 8.04° [见图 2-63(d)]。因此通过求解夹角公式对应的三个联立方程,发现晶带轴[$uvw$] 为[0.404　0.101　0.909],即[$uvw$]=[4　1　9]。

7) 柏氏矢量确定[95]

衍衬理论告诉我们,在双光束条件下,且当 $s≈0$,位移矢量 $\boldsymbol{R}$ 满足 $\boldsymbol{g}\cdot\boldsymbol{b}=0$ 时, 缺陷衬度消失或很弱。$\boldsymbol{g}$ 为处于准确布拉格位置的操作反射。通过借助标准菊池 图,过程被大大简化了。首先,查看一张包括主要取向的该晶系的菊池图,估计好柏 氏矢量的可能值,例如对面心立方,全位错的柏氏矢量为 $\frac{1}{2}\langle110\rangle$ 型,体心立方为

$\frac{1}{2}\langle 111\rangle$型,立即可以从菊池图上找到通过$\langle 110\rangle$、$\langle 111\rangle$极图的那些菊池带反射可使位错消失。其次,这样便找到了所需要的$\boldsymbol{g}$,找出使$\boldsymbol{g}$成为强衍射所需倾动的方向和角度。例如在硅$[001]$取向下,$\boldsymbol{g}\cdot\boldsymbol{b}=0$对于$\boldsymbol{g}=[040]$成立,这表明柏氏矢量相关的晶带轴位于菊池线$(040)$的反射平面上。在金刚石立方和面心立方材料的情况下,柏氏矢量通常是$\frac{1}{2}\langle 110\rangle$。因此,对于$[040]$要使$\boldsymbol{g}\cdot\boldsymbol{b}=0$成立,柏氏矢量是$a/2[10\bar{1}]$或$a/2$$[\bar{1}01]$,这两个轴都与$[001]$极点相差$\pm 45°$。如果$[\bar{1}01]$晶带轴对应于柏氏矢量的方向,则任何穿过该晶带轴的菊池线也将满足$\boldsymbol{g}\cdot\boldsymbol{b}=0$。从图 2-62 可以看出,$(15\bar{1})$、$(13\bar{1})$或$(24\bar{2})$菊池对都满足要求,并且每个都足以区分两个可能的柏氏矢量。这些菊池对都是具有晶带轴$[\bar{1}01]$平面的反射,因此都在$[\bar{1}01]$菊池极会聚。该菊池极位于$(040)$菊池带上,与$[001]$相距$45°$。沿$(400)$菊池对倾斜到$[01\bar{5}]$对称方向,通过倾斜将方向平移$1/2\boldsymbol{g}$,以获得适当的$\boldsymbol{g}$矢量。

通过查看标准菊池图,$[01\bar{5}]$(或任何其他)极点的定位被大大简化了。这对于包含适当菊池对[如$(11\bar{6})$或中间位置]的任何其他可访问晶带轴同样适用。有时,倾斜装置将在一个方向上比另一个方向倾斜得更远,使用菊池图简化了寻找合适的$\boldsymbol{g}$以满足$\boldsymbol{g}\cdot\boldsymbol{b}=0$的过程。此外,如果是某个高指数方向,例如$[\bar{1}05]$,菊池图很明显地呈现最接近的$\boldsymbol{g}$,这将区分可能的柏氏矢量。如果在$a/2[011]$和$a/2[0\bar{1}1]$柏氏矢量之间进行选择,则会聚到$[011]$晶带的菊池对是要考虑的,除了$\langle 011\rangle$之外的其他可能的柏氏矢量可以很容易地通过类似的实验和使用适当的菊池图来识别。

8) 晶体完整性[96]

菊池线还可以用来研究晶体的完整性,厚而完整的晶体才能产生清晰的菊池衍射。因此可以用菊池线的清晰程度来判断晶体的完整程度。晶体的不完整性来自生长缺陷和变形。在形变过程中,衍射斑点尚无明显变化(拉长或分裂)之前,就可以观察到菊池线的变化。Kazuo Kimoto 观察不同变形量下铝单晶的菊池图的变化发现[97],未变形样品的菊池线非常明锐;经 4%、10% 拉伸,仍有清晰的菊池线;在 20% 拉伸后,仍能观察到菊池线,不过变得宽而模糊。在形变带内,由于有晶格扭转,无菊池线出现;而两侧的滑移区给出清晰的双线,说明晶体仍相当完整,但有 0.17° 的取向差。从菊池线消逝估计的位错密度是 $10^8/\mathrm{cm}^2$。可见,利用菊池线可以判断晶体完整性,也可以用来估计晶体的缺陷密度。

9) 精确测量电镜加速电压

通常情况下,电镜的名义加速电压与其实际加速电压存在一定差距,有些实验前需要对实际加速电压进行精确测量。通过实验获得三对两两相交的菊池线图谱后,首先标定菊池线,获得每对菊池线对的倒易矢量$\boldsymbol{g}_i$。1969 年,R.Høier 提出了测量电

子波长的方法[93]。如果三条菊池线在照相底片上的同一点相交,倒易矢量 $\boldsymbol{g}_i$ 与入射电子束单位矢量存在的关系可以引用以下方程:

$$\boldsymbol{g}_i \cdot \boldsymbol{r}_0 = \frac{1}{2}\alpha\lambda_i |\boldsymbol{g}_i|^2 \quad (i=1,2,3) \tag{2-95}$$

$$|\boldsymbol{r}_0|^2 = x_0^2 + y_0^2 + z_0^2 = 1 \tag{2-96}$$

式中,$\boldsymbol{g}_i$ 为倒易点阵向量;$\boldsymbol{r}_0$ 为电子束方向上的单位向量;$\alpha$ 为已知样品的晶格常数;$\lambda_i$ 为入射电子束的波长。

由式(2-95)可以求解得到 $x_0$、$y_0$ 和 $z_0$ 作为 $\alpha$ 和 $\lambda$ 的函数。将由此得到的表达式代入式(2-96)可以得到:

$$\frac{\alpha}{\lambda} = f(h_i, k_i, l_i) \tag{2-97}$$

图 2-64 是三条菊池线对两两相交的情况。图中△$ABC$ 的尺寸随波长 $\lambda$ 的变化而变化,并且在 $\Delta\lambda>0$ 时,三条线相交在 $D$ 处。为了实际使用更简单,假设只使产生 $H_3$ 反射的电子束的波长发生变化,其他两条线不动,即波长不变。将 $H_3$ 线移动到 $A$,即此时 $A$ 和 $D$ 重合,这时 $\lambda_3$ 所需的增量 $\Delta\lambda_3$ 由布拉格定律的推导确定如下:

$$\lambda_3 = \lambda + \Delta\lambda \cong \lambda\left(1 + \frac{\Delta R_3}{R_3}\right) \tag{2-98}$$

通过测量△$ABC$ 中的高度 $\Delta R_3$ 和线间距 $2R_3$,我们可以计算出式(2-95)中 $i=3$ 时的波长,通过解公式得出 $x_0$、$y_0$ 和 $z_0$,确定比率 $\alpha/\lambda$,从而得到波长,根据波长与加速电压的关系就可求出真实的加速电压。

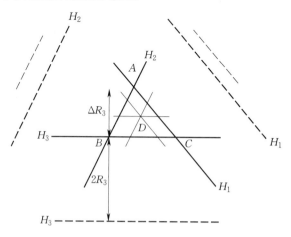

图 2-64　菊池线测量电镜加速电压的示意图[93]

注:粗线是波长为 $\lambda$ 时的位置,细线是波长为 $\lambda+\Delta\lambda$ 时的位置,$\Delta\lambda>0$。

例如,三条菊池线分别标定为 $(\bar{8}\ 8\ 4)$、$(\overline{16}\ \bar{4}\ \bar{4})$、$(16\ 0\ 0)$,由式(2-95)和式(2-98)得

$$\begin{cases} -8x_0+8y_0+4z_0=72\lambda/\alpha \\ -16x_0-4y_0-4z_0=144\lambda/\alpha \\ 16x_0=128\lambda\left(1+\dfrac{\Delta R_{16,0,0}}{R_{16,0,0}}\right)\Big/\alpha \end{cases} \tag{2-99}$$

$\Delta R_{16,0,0}$ 和 $R_{16,0,0}$ 可以直接从图中测量,$\alpha$ 是已知的,这样由式(2-96)和式(2-99)可以解出 $\lambda$,从而得出真实的加速电压。

10) 晶体对称性

菊池线对的中线是晶体平面与底板的截线,因此菊池线对的分布直观地反映晶体的对称特征。例如,六角晶系晶体的[0001]菊池衍射图显示 6 次对称性,而三角晶系晶体的[0001]菊池衍射图和立方晶系晶体的[111]菊池衍射图显示 3 次对称性。在斑点衍射图中,由于衍射图本身具有 2 次旋转对称特征,因此无法用它来区别六角晶系晶体和三角或立方晶系晶体。与衍射斑点不同,菊池图是晶体对称性的唯一代表。如图 2-65(a)、(b)所示,[0001]HCP 结构和[111]立方结构的衍射斑点在对称方向上是相同的(除了30°旋转之外),因为斑点位于六重对称性花样中。然而,从图 2-65(c)、(d)的菊池图可以看出,硅的基本菊池图具有三重对称性,而镁的基本菊池图是六重对称的。

## 2.2.8　纳米束衍射

常见的透射电镜晶体结构分析通过选区电子衍射完成,但是选区电子衍射对于细小的析出相或是纳米颗粒物相分析存在一定的困难。因为选区电子衍射主要通过物镜像平面上的选区光阑的使用,来限定参与衍射的材料区域。显然对于选区衍射分析,选区光阑的大小及物镜的放大倍数限制了能够分析的最小区域,通常能够分析的最小区域约为 100 nm。对于尺寸更小的纳米晶或者是析出相分析,选区电子衍射不能得到很好的结果。这个问题可以通过透射电镜的纳米束电子衍射分析功能解决。

在纳米束电子衍射模式,由于小聚光镜的关闭将导致很大的会聚角 $\alpha_1$,将小聚光镜弱激发,配合使用较小的第 2 聚光镜光阑,可以得到束斑和会聚角 $\alpha_2$ 较小的入射电子束,是小会聚角、微区照明模式。简而言之,利用直径为几个纳米或是零点几纳米的电子束照射到目标区域进行分析,这种方法非常适合微小区域物相分析。

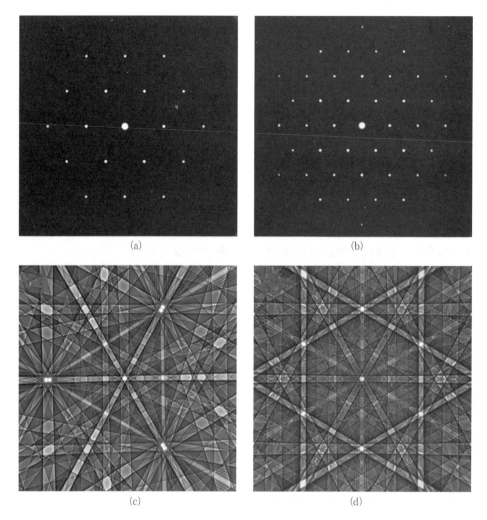

图 2-65　菊池图在分析晶体对称性中的作用
(a) 硅[111]方向的电子衍射花样；(b) 镁[0001]方向的电子衍射花样；
(c) 硅[111]方向的菊池图；(d) 镁[0001]方向的菊池图

　　图 2-66(a)为铝合金的低倍明场像，可以看到基体上有纳米尺度的第二相。如果采用选区电子衍射，即使选用最小的选区光阑，光阑的直径也在约 100 nm，可以看到选区光阑不仅选了第二相，而且也选了一定范围的基体，如图 2-66(b)所示。得到的相应区域的选区电子衍射结果如图 2-66(c)所示，除了第二相的斑点外，还有较强的基体斑点。如果第二相是几纳米的尺寸，基体斑点的强度会掩盖掉第二相的斑点。如果对第二相进行纳米束电子衍射，此时电子束束斑的直径可以小至约几纳米，得到的最小的分析区域远小于选区电子衍射，如图 2-66(d)所示。图 2-66(e)为第二相

的纳米束电子衍射花样,可见该衍射为单晶衍射斑点,基体不对目标第二相的衍射结果造成影响。不过纳米束强度很弱,在操作时往往需要关闭室内光源,并借助电镜观察窗的显微镜才能完成。得到的斑点也很弱,可以通过延长曝光时间来获得理想的图像。

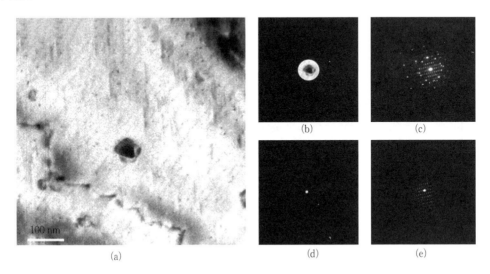

图 2 - 66　选区电子衍射和纳米束电子衍射的比较

(a) 明场像;(b) 选区电子衍射光阑选区大小;(c) 选区电子衍射花样;

(d) 纳米束电子衍射束斑尺寸大小;(e) 纳米束电子衍射花样

## 2.2.9　会聚束衍射

1938 年,在 Carolina MacGillavry 的理论研究基础上[98-99],Walther Kossel 和 Gottfried Möllenstedt 首次应用了会聚束电子衍射(convergent beam electron difracticon,CBED)[100-103]。1976 年,B. F. Buxton 等研究了从会聚束衍射图案中提取晶体学信息[104]。1977 年,P. M. Jones 等首次通过测量会聚束电子衍射的高阶劳厄带(higher order Laue zone,HOLZ)来测量应变和对称性以及确定晶体结构因子[105]。

电子衍射以近乎平行的电子束射入试样,其透射束与衍射束在物镜后焦平面处分别构成透射斑点与衍射斑点。不同于选区电子衍射斑点和菊池线花样是电子束平行入射到样品上获得的,会聚束电子衍射的电子束是以一定的会聚角入射到样品上而获得的电子衍射,衍射花样可以是晶体倒易点阵三维结构的投影,因而可以获得很多反映晶体三维结构的有用信息,其提供的信息比选区电子衍射更丰富,能得到比传统电子衍射花样多得多的信息[104,106]。会聚束电子衍射时,透射束和衍射束在物镜背焦面上形成透射盘和一个或多个衍射盘。会聚束电子衍射与选区电子衍射相比的另一大特点是分析区域小,选区电子衍射在试样上最小选区尺寸约 100 nm,而会聚束电子衍射的分析区域可小至1 nm,从而使电子衍射研究晶体结构的空间分辨率大大提高。

在会聚束电子衍射模式下,适当地激发小聚光镜,使用适当大小的聚光镜光阑,就可以得到会聚角大小合适并可调节的入射电子束,是大会聚角、微区照明模式。获得会聚束的方法是利用物镜前置场作第3聚光镜,只是会聚角更大,并利用聚光镜光阑控制会聚角。通过聚光镜光阑不同孔径的选择,可获得不同会聚半角,由此确定了衍射盘的尺寸,如图2-67所示。当会聚角较小时,会聚束衍射花样是由许多个小圆盘组成的,这时和选区电子衍射花样很像,如图2-67(a)所示。随着会聚角增加,圆盘直径变大,如图2-67(b)所示。继续增加会聚角时,所有圆盘大到都重叠在一起了,如图2-67(c)所示。圆盘不重叠时的花样被称为Kossel-Möllenstedt(K-M)花样,而完全重叠的圆盘花样被称为Kossel花样。

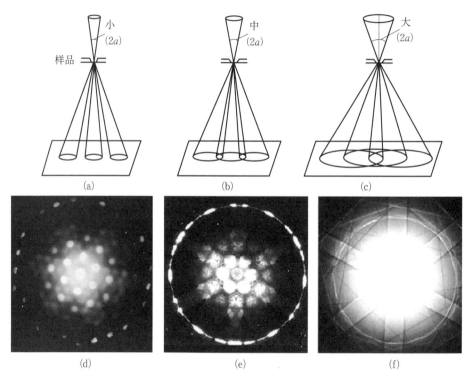

图2-67 不同会聚角的光路图及其对应的会聚束花样[107]

(a) 小会聚角;(b) 中会聚角;(c) 大会聚角;(d) 小会聚角时的会聚束花样;

(e) 中会聚角时的会聚束花样;(f) 大会聚角时的会聚束花样

相机长度也对会聚束衍射花样产生影响。图2-68显示了在不同相机长度条件下获得的三个会聚束衍射花样。当相机长度较大时,只能看到000盘,如图2-68(a)所示。随着相机长度减小,显示的零阶劳厄带(zero order Laue zone,ZOLZ)衍射盘和选区电子衍射花样相似,如图 2 - 68(b)所示。当用最小的相机长度时,在明亮的 ZOLZ 圆盘周围出现了一个 HOLZ 强度环,如图 2 - 68(c)所示。

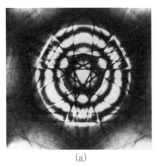
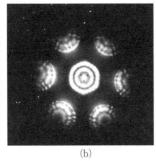
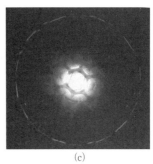

(a)　　　　　　　　　　　(b)　　　　　　　　　　　(c)

图 2 - 68　不同会相机长度对会聚束衍射花样的影响[107]

(a) 相机长度较大时;(b) 相机长度减小后;(c) 相机长度最小时

可见,会聚束电子衍射是以具有足够大会聚角的电子束射到试样上,其透射束和衍射束为发散型圆锥,在物镜后焦面构成相应的盘。如果会聚束的会聚角小,那么得到一系列未重叠和分离的盘,排成有序阵列状,并有零阶劳厄带和高阶劳厄带之分,也有菊池线。盘内还有一定的强度分布,从而比一般电子衍射图提供更多的信息。我们可以根据想要从衍射花样中获得的信息来选择会聚角、相机长度等。下面对会聚束衍射花样包含的信息进行介绍。

### 2.2.9.1　零阶劳厄带

如果把相机长度增加到一定值,仅中心圆盘及其周围几个衍射盘可见,如图 2 - 68(b)所示,它和选区衍射花样中斑点相似。由于衍射盘对应的衍射晶面 $hkl$ 满足晶带定律:$hu+kv+lw=0$($w$ 为电子束方向),故称零阶劳厄带花样。显然用选区电子衍射花样指标化的方法,可从零阶劳厄带花样中获得晶面距离、晶面夹角和晶带轴方向。

### 2.2.9.2　高阶劳厄带

会聚束电子衍射花样中的中心圆盘附近亮区是由小角度散射所致。当高角度散射时,由于原子散射振幅 $f(\theta)$ 随散射角度的增大而减小,零阶劳厄带强度下降。但这时高阶劳厄带会出现,如图 2 - 68(c)所示,围绕在 ZOLZ 花样外围的亮圈。产生 HOLZ 的原因是高角度散射导致了高阶劳厄倒易平面与爱瓦尔德球相截,如图 2 - 69 所示。正因为如此,会聚束电子衍射花样中总是出现高阶劳厄带花样,而在选区电子衍射中较少见。高阶劳厄带强度因来自较弱的高角度散射,而不是平行电子束的强散射,故其斑点或线强度较弱。高阶劳厄倒易平面与爱瓦尔德球相截,故为一圆环。第一环称为一阶劳厄带(first order Laue zone,FOLZ),因为对应的 $hkl$ 衍射满足 $hu+kv+lw=1$,依次类推二阶劳厄带(second order Laue zone,SOLZ)等,高阶劳厄带花样提供了三维晶体的信息。

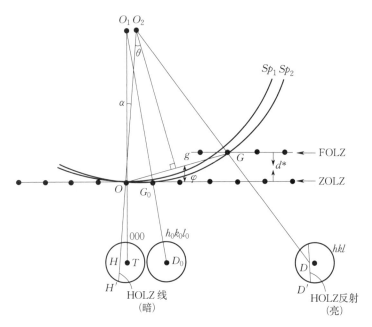

图 2-69　高阶劳厄线形成原理示意图

### 2.2.9.3　菊池线

在选区电子衍射中菊池线通常是模糊或不可见的,而在会聚束电子衍射花样中总是可以看见明锐的菊池线,这是因为会聚束电子束束斑尺寸很小,比选区电子衍射束斑小两个数量级,如此小的照射样品体积内,通常很少或没有由样品弯曲造成的弹性应变或由缺陷造成的塑性变形。在对称入射条件下获得会聚束电子衍射花样称为带轴图(zone axis pattern,ZAP),零阶劳厄带菊池线为明亮菊池带,当增加会聚半角时,菊池带的强度和清晰度增加。

会聚束衍射模式中菊池线的生成比选区电子衍射中稍微复杂一些。如前面介绍,菊池线是平行光束照射的样品中出现的,即当非弹性散射电子与某一晶面产生衍射时产生的,如图 2-70(a)所示。而在会聚束条件下,不是一个角度范围的散射电子,而是光束中的一些入射电子可能与 ZOLZ 平面处于精确的布拉格角,当这些弹性散射穿过会聚束衍射花样中的 ZOLZ 圆盘时会导致菊池线的产生。如果选择 Kossel 花样的大会聚角的条件下,会聚角 $\alpha$ 大于布拉格角 $\theta_B$ 时,光束中总会有电子满足精确的布拉格衍射,因此总是会产生菊池线,如图 2-70(b)所示。为了区分由平行光束的非弹性散射产生的菊池线,我们也把会聚束衍射花样中的菊池线称为“布拉格线”。

### 2.2.9.4　HOLZ 线

在 ZOLZ 最大值之间看到 HOLZ 菊池线组,这些 HOLZ 菊池线原则上比 ZOLZ 菊池线更有用,因为它们来自具有更大布拉格角和 $g$ 矢量的晶面,因此它们对晶格参

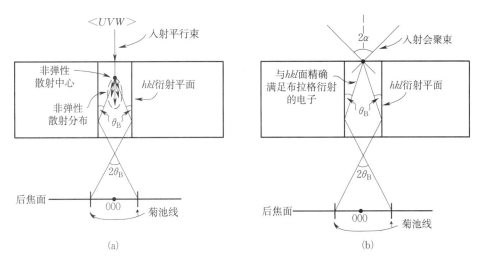

图 2-70 菊池线产生机制的比较[107]

(a) 平行光束中电子的非弹性散射;(b) 会聚角大于布拉格角时会聚束中电子的弹性散射

数的变化比 ZOLZ 线更敏感。因为 $|g| = \dfrac{1}{d}$、$|\Delta g| = -\dfrac{\Delta d}{d^2}$,所以在相同的 $\Delta d$ 条件下,晶面间距 $d$ 越小,则 $\Delta g$ 的值越大。我们利用这一特点,不是使用 HOLZ 菊池线,而是利用其中的称为 HOLZ 线的部分。HOLZ 线只是 HOLZ 菊池线的弹性部分,也就是说,它们是出现在衍射盘内的线。与菊池线的产生类似,当入射束圆锥体内的电子处于正确的布拉格角时,在 HOLZ 平面产生衍射就会出现 HOLZ 线。因此,与 ZOLZ 衍射相比,这些电子被衍射到非常高的角度。这种散射的结果是一条穿过 HOLZ 圆盘的亮线和一条穿过 000 圆盘的暗线。同样道理,高阶劳厄线给出三维的晶体学信息。如图 2-71 所示,高阶劳厄线可显示出面心立方结构〈111〉三次轴的对称性,而在零阶劳厄菊池线和零阶劳厄斑点只能显示出二维的〈111〉六次轴的对称性,可以将这一特点用于确定衍射花样和晶体对称性。

### 2.2.9.5 会聚束衍射花样的标注

会聚束衍射花样 ZOLZ 的标定和选区电子衍射花样的标定是一样的,这在前面已经介绍过。但要从中获得选区衍射花样不包含的晶体其他信息,需要对 HOLZ 点、圆盘和线等进行标定。会聚束衍射花样的标定分两部分,包括 ZOLZ、HOLZ 花样的标定和 HOLZ 线的标定。

1) ZOLZ、HOLZ 花样的标定[107]

(1) 利用公式 $hu + kv + lw = 0$ 对 ZOLZ 进行标定。

(2) 参考极射赤平投影图确定构成 FOLZ($hu + kv + lw = 1$)和 SOLZ($hu + kv + lw = 2$)等的主平面的极点。或者,可以通过求解晶带定律得到合适的 $uvw$。

(3) 检查极射赤平投影图上的极点是否构成允许的反射。

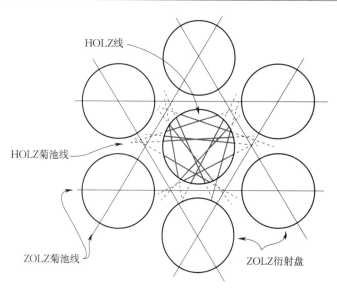

图 2-71　立方晶体〈111〉CBED 花样中菊池线和 HOLZ 线之间的关系示意图[107]

（4）标定 HOLZ 极大值。

2）HOLZ 线的标定[37,107]

当会聚束中的某一入射束使 HOLZ 中某 $h_H k_H l_H$ 晶面精确满足布拉格条件产生衍射，将在通过 $h_H k_H l_H$ 衍射盘时产生亮线，同时在 000 透射盘内留下暗线，由此形成一对平行的暗、亮线，它们垂直于两盘中心的连线。在拍摄含有暗的 HOLZ 线时，还必须拍摄具有小的相机长度 $L$ 和小的会聚角 $\alpha$ 的 HOLZ 盘（一定含有零阶劳厄带盘），据此并结合高阶劳厄衍射斑点花样的指标方法就可以标定 HOLZ 线，具体步骤如下：

（1）标定零阶劳厄带盘指数，确定晶带轴指数。

（2）标定 HOLZ（通常是一阶劳厄带 FOLZ）盘指数 $h_H k_H l_H$。

（3）在透射盘内，过盘心作 HOLZ 暗线的垂线，垂线通过某个 HOLZ 盘，该盘的指数就确定为该 HOLZ 线的指数。

首先标注 FOLZ $hkl$ 最大值，然后观察哪个最大值显示最清晰的 HOLZ 亮线。每个 HOLZ 线对将垂直于从 000 到 FOLZ 圆盘的 $g$ 矢量。在 000 圆盘中应该有一条并行的 HOLZ 暗线，并且必须为该线标为与 FOLZ 圆盘相同的指数。围绕 FOLZ 环重复这个工作，将所有 HOLZ 线标定，如图 2-72 所示。图中的下方是 000 圆盘的放大图，能够看到每条 HOLZ 线与相应的 FOLZ 极大值的关联。图中的上方的实心圆圈是标定的 FOLZ 反射，空心圆圈是不与爱瓦尔德球相交的 FOLZ 倒易晶格点的其余部分。从 000 到每个 FOLZ 盘 $hkl$ 的 $g$ 矢量垂直于对应 $hkl$ 的 HOLZ 线。

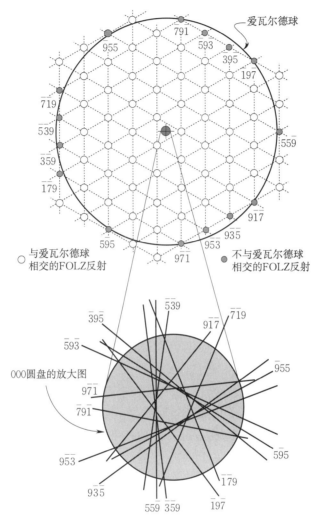

图 2-72　HOLZ 线与 HOLZ 极大值的关系[107]

在某些情况下,由于两个衍射最大值的强烈激发,可能会发现很难将 000 中的特定 HOLZ 暗线与特定 FOLZ 反射相关联。在这种情况下,两条线可能会合并形成一条双曲线。如果对电压进行微小的更改,重叠可能会分解为两条离散的线。还应该注意,000 盘中的微弱 HOLZ 线有时可能来自二阶甚至三阶劳厄带,这些非常高阶的线甚至比一阶 HOLZ 线对电压和晶格常数的变化更敏感。HOLZ 线的标定也可以借助于计算机模拟,这样的程序可以为给定的方向、晶格常数和电压生成模拟的 HOLZ 线图案。根据计算机模拟与实验模式的匹配,直接进行标定。

### 2.2.9.6　会聚束衍射的应用

由于会聚束衍射的特点,会聚束衍射花样具有很多的应用,例如鉴定微小沉淀相;测定晶体对称性、点群、空间群[108];鉴别位错滑移面和螺旋轴;测定位错柏氏矢量;测算试样厚度、消光距离;分析局部应变、成分含量等。

1）指导样品倾转

在会聚束模式下,由于附加的 Kossel 反射衬度使菊池线非常清晰,利用以会聚束得到的菊池线可以帮助判定晶体倾转方向,方便寻找低指数带轴,也方便倾转晶体从一个位向到达另一个位向。在菊池花样中寻找低指数带轴时,主要根据低指数带轴的对称性高、倒易矢量短的特点,在菊池花样中找到较窄的菊池带,并沿此菊池带进行倾转。

2）测定晶体对称性、点群、空间群[37]

这里描述用 CBED 花样确定空间群的过程,其步骤如下。

（1）拍摄 CBED 花样。

从样品的薄区拍摄四个 CBED 花样:明场花样（BP）、全图花样（WP）、暗场花样（DP）和一对（±G）暗场花样（±DP）。BP 表示在入射电子束平行于晶带轴的情况下观察到的明场花样。WP 表示 BP 和围绕 BP 的所有衍射花样的合成,或晶带轴本身。DP 表示精确满足布拉格条件的暗场花样。±DP 表示反射指数符号相反的一对 DP。拍摄低指数全图（WP）和明场（BP）（即 000 中心圆盘）时,分别用小相机长度和大相机长度记录。由小相机长度花样确定 WP 的对称性,由大相机长度花样确定 BP 的对称性。

（2）通过 CBED 花样的对称性确定衍射群。

根据 CBED 花样的对称性,查表 2-9 可确定所对应的可能的衍射群。例如,如果 BP 和 WP 对称性是 3m,则可能的衍射群是 3m 或 $6_R mm_R$。如果 BP 对称性是 3m,而 WP 对称性是 3,则衍射群只能是 $3m_R$。在 31 个衍射群中的对称元素是 1、2、3、4、6、$1_R$、$2_R$、$3_R$、$4_R$、$6_R$、m、$m_R$。这些对称元素包括三种类型操作:围绕全图中心的旋转操作,围绕一个衍射圆盘自身中心的旋转操作（下标用 R 表示）和镜面操作（用 m 表示）。图 2-73 用图解方法表示出具有 1、2、3、4、6、$1_R$、$2_R$、$3_R$、$4_R$、$6_R$、m、$m_R$ 的对称图案。在每一个对称图案中,大圆表示整个 CBED 花样,中圆表示衍射圆盘,中圆中的小圆表示衍射圆盘内的细节。在对称 1 的图案中,每个圆盘与其他圆盘均无对称关系;在对称元素 2 的图案中,每个圆盘绕整个 CBED 花样的中心可重复旋转 360°/2;在对称元素 $1_R$ 的图案中,每个圆盘可对自身进行 180°旋转操作而保持不变;在对称 $2_R$ 的图案中,将（h, k, l）圆盘绕整个 CBED 花样旋转 360°/2 就得到（h̄, k̄, l̄）圆盘,然后再绕这个圆盘本身的中心旋转 360°/2,即得衍射群中的 $2_R$ 对称操作。对称 3m 的图案可通过在对称元素 3 的图案中加入一个镜面 m 得到,虽然在 3m 图案中有 3 个镜面,但这些镜面中只有一个镜面是独立的,其他两个镜面可通过 3 次旋转操作得到。

（3）由衍射群确定点群。

当 CBED 花样仅显示 ZOLZ 时,仅呈现样品沿晶带轴投影的对称元素,得到投影衍射群。表 2-9 的最右一列给出了 10 种投影衍射群。因此,如果仅从观察到 ZOLZ

反射的 CBED 花样中识别衍射群，则会出现错误的点群推断。然而，二维的投影衍射群对称和三维的 HOLZ 反射对称的组合使用通常可以快速地确定点群。

表 2-9　CBED 花样的对称性——31 个衍射群

| 衍射群 | 明场(BP) | 全图(WP) | 暗场(DP) | | ±$G$ 暗场(±DP) | | 投影衍射群 |
|---|---|---|---|---|---|---|---|
| | | | 一般 | 特殊 | 一般 | 特殊 | |
| 1 | 1 | 1 | 1 | 无 | 1 | 无 | $1_R$ |
| $1_R$ | 2 | 1 | 2 | 无 | 1 | 无 | $1_R$ |
| 2 | 2 | 2 | 1 | 无 | 2 | 无 | $21_R$ |
| $2_R$ | 1 | 1 | 1 | 无 | $2_R$ | 无 | $21_R$ |
| $21_R$ | 2 | 2 | 2 | 无 | $21_R$ | 无 | $21_R$ |
| $m_R$ | m | 1 | 1 | m | 1 | $m_R$ | $m1_R$ |
| m | m | m | 1 | m | 1 | m | $m1_R$ |
| $m1_R$ | 2mm | m | 2 | 2mm | 1 | $m1_R$ | $m1_R$ |
| $2m_R m_R$ | 2mm | 2 | 1 | m | 2 | — | $2mm1_R$ |
| 2mm | 2mm | 2mm | 1 | m | 2 | — | $2mm1_R$ |
| $2_R mm_R$ | m | m | 1 | m | $2_R$ | — | $2mm1_R$ |
| $2mm1_R$ | 2mm | 2mm | 2 | 2mm | $21_R$ | — | $2mm1_R$ |
| 4 | 4 | 4 | 1 | 无 | 2 | 无 | $41_R$ |
| $4_R$ | 4 | 2 | 1 | 无 | 2 | 无 | $41_R$ |
| $41_R$ | 4 | 4 | 2 | 无 | $21_R$ | 无 | $41_R$ |
| $4m_R m_R$ | 4mm | 4 | 1 | m | 2 | — | $4mm1_R$ |
| 4mm | 4mm | 4mm | 1 | m | 2 | — | $4mm1_R$ |
| $4_R mm_R$ | 4mm | 2mm | 1 | m | 2 | — | $4mm1_R$ |
| $4mm1_R$ | 4mm | 4mm | 2 | 2mm | $21_R$ | — | $4mm1_R$ |
| 3 | 3 | 3 | 1 | 无 | 1 | 无 | $31_R$ |
| $31_R$ | 6 | 3 | 2 | 无 | 1 | 无 | $31_R$ |
| $3m_R$ | 3m | 3 | 1 | m | 1 | $m_R$ | $3m1_R$ |
| 3m | 3m | 3m | 1 | m | 1 | M | $3m1_R$ |
| $3m1_R$ | 6mm | 3m | 2 | 2mm | 1 | $m1_R$ | $3m1_R$ |
| 6 | 6 | 6 | 1 | 无 | 2 | 无 | $61_R$ |
| $6_R$ | 3 | 3 | 1 | 无 | $2_R$ | 无 | $61_R$ |
| $61_R$ | 6 | 6 | 2 | 无 | $21_R$ | 无 | $61_R$ |
| $6m_R m_R$ | 6mm | 6 | 1 | M | 2 | — | $6mm1_R$ |
| 6mm | 6mm | 6mm | 1 | m | 2 | — | $6mm1_R$ |
| $6_R mm_R$ | 3m | 3m | 1 | m | $2_R$ | — | $6mm1_R$ |
| $6mm1_R$ | 6mm | 6mm | 2 | 2mm | $21_R$ | — | $6mm1_R$ |

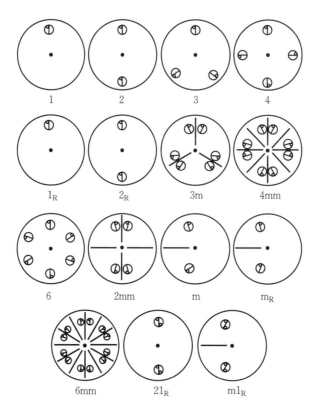

图 2-73  衍射群中的对称图案示意说明

在拍摄三个不同取向的低指数明场中,如果在 BP 圆盘中不能看见 HOLZ 线,则可以选择低对称性位向,一旦从某个位向中发现可能的衍射群,根据图 2-74 所示的衍射群与晶体学点群的关系就能确定晶体学点群。衍射群与晶体学点群的关系如图 2-74 所示,在 31 个衍射群中有 11 个衍射群在某特殊的晶带条件下与点群一一对应,因此只需一幅 CBED 花样的衍射群就能确定点群。但通常一个衍射群对应于不止一个点群。通过检查其他晶带轴上的 CBED 对称元素,得到不同的衍射群,并再次使用图 2-74 选择其对应的点群。这样,通过在不同晶带轴获得的点群中选择一个公共点群来识别一个点群。为了确定点群,必须选择高对称的晶带轴,因为低对称晶带轴在 CBED 花样中仅表现出少量晶体对称性。也可以通过表 2-10 校核所拍摄的三个不同晶带轴 CBED 所得到的衍射群和晶体学点群是否正确。如果两者的点群类型一致,说明确定的衍射群是正确的。

(4) 由 ZOLZ 及 HOLZ 斑点的位置确定晶体的点阵类型和点阵常数。

首先选择有心单胞是很重要的,因为它可把单胞和点阵的对称性联系起来。对于任何晶体结构总可获得简单单胞,但为了反映点阵的对称性,对于属于点群 23、

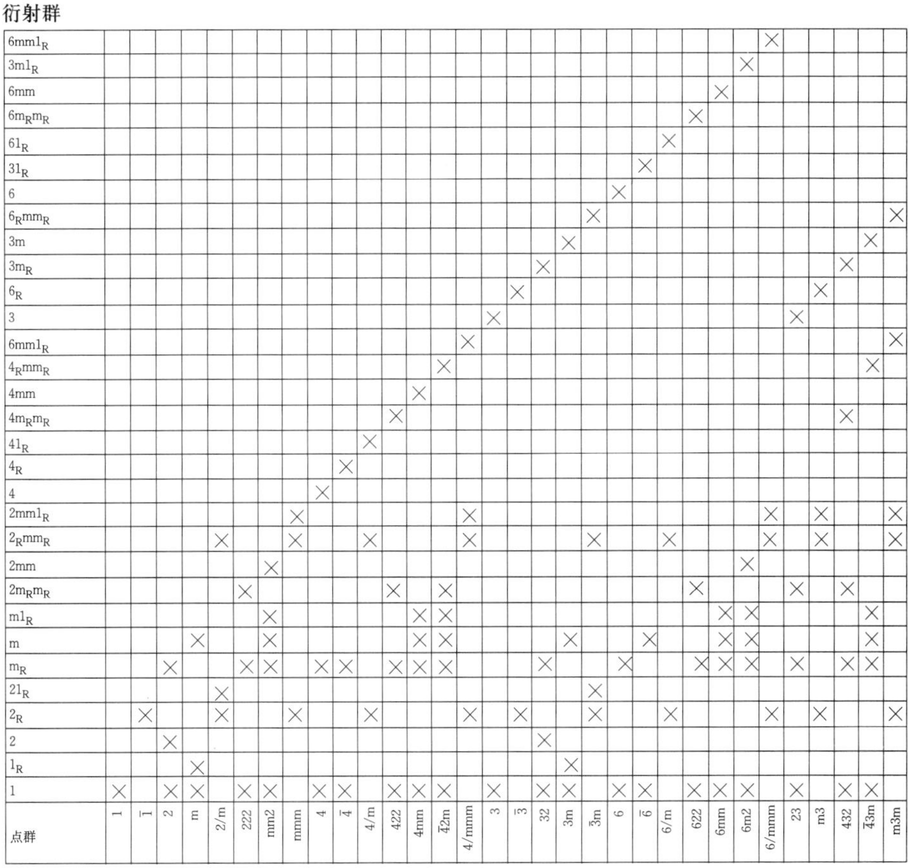

衍射群

| 衍射群 \ 点群 | 1 | $\bar{1}$ | 2 | m | 2/m | 222 | mm2 | mmm | 4 | $\bar{4}$ | 4/m | 422 | 4mm | $\bar{4}2m$ | 4/mmm | 3 | $\bar{3}$ | 32 | 3m | $\bar{3}m$ | 6 | $\bar{6}$ | 6/m | 622 | 6mm | $\bar{6}m2$ | 6/mmm | 23 | m3 | 432 | $\bar{4}3m$ | m3m |
|---|---|---|---|---|---|---|---|---|---|---|---|---|---|---|---|---|---|---|---|---|---|---|---|---|---|---|---|---|---|---|---|---|
| $6mm1_R$ |  |  |  |  |  |  |  |  |  |  |  |  |  |  |  |  |  |  |  |  |  |  |  |  |  |  | × |  |  |  |  |  |
| $3m1_R$ |  |  |  |  |  |  |  |  |  |  |  |  |  |  |  |  |  |  |  |  |  |  |  |  |  | × |  |  |  |  |  |  |
| $6mm$ |  |  |  |  |  |  |  |  |  |  |  |  |  |  |  |  |  |  |  |  |  |  |  |  | × |  |  |  |  |  |  |  |
| $6m_Rm_R$ |  |  |  |  |  |  |  |  |  |  |  |  |  |  |  |  |  |  |  |  |  |  |  | × |  |  |  |  |  |  |  |  |
| $61_R$ |  |  |  |  |  |  |  |  |  |  |  |  |  |  |  |  |  |  |  |  |  |  | × |  |  |  |  |  |  |  |  |  |
| $31_R$ |  |  |  |  |  |  |  |  |  |  |  |  |  |  |  |  |  |  |  |  |  | × |  |  |  |  |  |  |  |  |  |  |
| $6$ |  |  |  |  |  |  |  |  |  |  |  |  |  |  |  |  |  |  |  |  | × |  |  |  |  |  |  |  |  |  |  |  |
| $6_Rmm_R$ |  |  |  |  |  |  |  |  |  |  |  |  |  |  |  |  |  |  |  | × |  |  |  |  |  |  |  |  |  |  |  | × |
| $3m$ |  |  |  |  |  |  |  |  |  |  |  |  |  |  |  |  |  |  | × |  |  |  |  |  |  |  |  |  |  |  | × |  |
| $3m_R$ |  |  |  |  |  |  |  |  |  |  |  |  |  |  |  |  |  | × |  |  |  |  |  |  |  |  |  |  |  | × |  |  |
| $6_R$ |  |  |  |  |  |  |  |  |  |  |  |  |  |  |  |  | × |  |  |  |  |  |  |  |  |  |  |  | × |  |  |  |
| $3$ |  |  |  |  |  |  |  |  |  |  |  |  |  |  |  | × |  |  |  |  |  |  |  |  |  |  |  | × |  |  |  |  |
| $4mm1_R$ |  |  |  |  |  |  |  |  |  |  |  |  |  |  | × |  |  |  |  |  |  |  |  |  |  |  |  |  |  |  |  | × |
| $4_Rmm_R$ |  |  |  |  |  |  |  |  |  |  |  |  |  | × |  |  |  |  |  |  |  |  |  |  |  |  |  |  |  |  | × |  |
| $4mm$ |  |  |  |  |  |  |  |  |  |  |  |  | × |  |  |  |  |  |  |  |  |  |  |  |  |  |  |  |  |  |  |  |
| $4m_Rm_R$ |  |  |  |  |  |  |  |  |  |  |  | × |  |  |  |  |  |  |  |  |  |  |  |  |  |  |  |  |  | × |  |  |
| $41_R$ |  |  |  |  |  |  |  |  |  |  | × |  |  |  |  |  |  |  |  |  |  |  |  |  |  |  |  |  |  |  |  |  |
| $4_R$ |  |  |  |  |  |  |  |  |  | × |  |  |  |  |  |  |  |  |  |  |  |  |  |  |  |  |  |  |  |  |  |  |
| $4$ |  |  |  |  |  |  |  |  | × |  |  |  |  |  |  |  |  |  |  |  |  |  |  |  |  |  |  |  |  |  |  |  |
| $2mm1_R$ |  |  |  |  |  |  |  | × |  |  |  |  |  |  | × |  |  |  |  | × |  |  |  |  |  | × | × |  | × |  |  | × |
| $2_Rmm_R$ |  |  |  |  | × |  |  | × |  |  | × |  |  |  |  |  |  |  |  | × |  |  | × |  |  |  |  |  | × |  |  | × |
| $2mm$ |  |  |  |  |  |  | × |  |  |  |  |  |  |  |  |  |  |  |  |  |  |  |  |  |  |  |  |  |  |  |  |  |
| $2m_Rm_R$ |  |  |  |  |  | × |  |  |  |  |  | × |  | × |  |  |  |  |  |  |  |  |  | × |  |  |  | × |  | × |  |  |
| $m1_R$ |  |  |  |  |  |  | × |  |  |  |  |  | × | × |  |  |  |  |  |  |  |  |  |  | × |  |  |  |  |  | × |  |
| $m$ |  |  |  | × |  |  |  |  |  |  |  |  |  |  |  |  |  |  | × |  |  | × |  |  |  | × |  |  |  |  | × |  |
| $m_R$ |  |  | × |  |  | × |  |  | × | × |  |  |  |  |  |  |  |  |  |  | × |  |  |  |  |  |  | × |  | × | × |  |
| $21_R$ |  |  |  |  | × |  |  |  |  |  |  |  |  |  |  |  |  |  |  |  |  |  |  |  |  |  |  |  |  |  |  |  |
| $2_R$ |  | × |  |  | × |  |  | × |  |  | × |  |  |  | × |  | × |  |  | × |  |  | × |  |  |  | × |  | × |  |  | × |
| $2$ |  |  | × |  |  |  |  |  |  |  |  |  |  |  |  |  |  | × |  |  |  |  |  |  |  |  |  |  |  |  |  |  |
| $1_R$ |  |  |  | × |  |  |  |  |  |  |  |  |  |  |  |  |  |  | × |  |  |  |  |  |  |  |  |  |  |  |  |  |
| $1$ | × |  | × | × |  | × | × |  | × | × |  | × | × | × |  | × |  | × | × |  | × | × |  | × | × | × |  | × |  | × | × |  |

×—存在对应关系。

图 2-74　衍射群和点群的关系

表 2-10　不同晶带轴 CBED 衍射群与点群的对应关系

| 点群 | 〈111〉 | 〈100〉 | 〈110〉 | 〈UV0〉 | ＜UVW] | ［UVW] |
|---|---|---|---|---|---|---|
| m3m | $6_Rmm_R$ | $4mm1_R$ | $2mm1_R$ | $2_Rmm_R$ | $2_Rmm_R$ | $2_R$ |
|  | $3m$ | $4_Rmm_R$ | $m1_R$ | $m_R$ | $m$ | $1$ |
| 432 | $3m_R$ | $4m_Rm_R$ | $2m_Rm_R$ | $m_R$ | $m_R$ | $1$ |

| 点群 | 〈111〉 | 〈100〉 | 〈UV0〉 | ［UVW] | | |
|---|---|---|---|---|---|---|
| m3 | $6_R$ | $2mm1_R$ | $2_Rmm_R$ | $2_R$ | | |
| 23 | $3$ | $2m_Rm_R$ | $m_R$ | $1$ | | |

| 点群 | [0001] | | | [UV0] | [UUW] | | [UVW] |
|---|---|---|---|---|---|---|---|
| 6/mmm | $6mm1_R$ | $2mm1_R$ | $2mm1_R$ | $2_R mm_R$ | $2_R mm_R$ | $2_R mm_R$ | $2_R$ |
| | $3m1_R$ | $m1_R$ | $2mm$ | $m$ | $m_R$ | $m$ | $1$ |
| 6mm | $6mm$ | $m1_R$ | $m1_R$ | $m_R$ | $m$ | $m$ | $1$ |
| 622 | $6m_R m_R$ | $2m_R m_R$ | $2m_R m_R$ | $m_R$ | $m_R$ | $m_R$ | $1$ |
| 点群 | [0001] | [UV0] | [UVW] | | | | |
| 6/m | $61_R$ | $2_R mm_R$ | $2_R$ | | | | |
| | $31_R$ | $m$ | $1$ | | | | |
| 6 | $6$ | $m_R$ | $1$ | | | | |
| 点群 | [0001] | | | [UVW] | | | |
| | $6_R mm_R$ | $21_R$ | $2_R mm_R$ | $2_R$ | | | |
| 3m | $3m$ | $1_R$ | $m$ | $1$ | | | |
| 32 | $3m_R$ | $2$ | $m_R$ | $1$ | | | |
| 点群 | [0001] | [UVW] | | | | | |
| | $6_R$ | $2_R$ | | | | | |
| 3 | $3$ | $1$ | | | | | |
| 点群 | [001] | ⟨100⟩ | ⟨110⟩ | [U0W] | [UV0] | [UUW] | [UVW] |
| 4/mmm | $4mm1_R$ | $2mm1_R$ | $2mm1_R$ | $2_R mm_R$ | $2_R mm_R$ | $2_R mm_R$ | $2_R$ |
| | $4_R mm_R$ | $2m_R m_R$ | $m1_R$ | $m_R$ | $m_R$ | $m$ | $1$ |
| 4mm | $4mm$ | $m1_R$ | $m1_R$ | $m$ | $m_R$ | $m$ | $1$ |
| 422 | $4m_R m_R$ | $2m_R m_R$ | $2m_R m_R$ | $m_R$ | $m_R$ | $m_R$ | $1$ |
| 点群 | [001] | [UV0] | [UVW] | | | | |
| 4/m | $41_R$ | $2_R mm_R$ | $2_R$ | | | | |
| | $4_R$ | $m_R$ | $1$ | | | | |
| 4 | $4$ | $m_R$ | $1$ | | | | |
| 点群 | [001] | ⟨100⟩ | [U0W] | [UV0] | [UVW] | | |
| mmm | $2mm1_R$ | $2mm1_R$ | $2_R mm_R$ | $2_R mm_R$ | $2_R$ | | |
| mm2 | $2mm$ | $m1_R$ | $m$ | $m_R$ | $1$ | | |
| 222 | $2m_R m_R$ | $2m_R m_R$ | $m_R$ | $m_R$ | $1$ | | |

| 点群 | [010] | [U0W] | [UVW] | | | |
|------|-------|-------|-------|--|--|--|
| 2/m | $21_R$ | $2_R mm_R$ | $2_R$ | | | |
| m | $1_R$ | m | 1 | | | |
| 2 | 2 | $m_R$ | 1 | | | |
| 点群 | [UVW] | | | | | |
| | $2_R$ | | | | | |
| 1 | 1 | | | | | |

m3、432、$\overline{4}$3m 和 m3m 的全部空间群,我们将优先选择立方单胞,因此,某些空间群具有有心单胞。当有心单胞被用于标定花样时,某些倒易点阵的阵点对应于禁射,表 2-11 总结了由于单胞有心化导致的反射规律。对于有心立方单胞,在基矢方向上一阶斑点的投影和零阶斑点通常不重叠,存在相对位移,例如,面心立方点阵的[001]晶带,而对于初基立方单胞,在基矢方向上一阶斑点的投影和零阶斑点是重叠的,例如初基立方的[001]。值得注意的是,对于确认单胞是初基的,至少需要显示一阶和零阶斑点的两个晶带花样,因为对于有心单胞,一阶斑点的投影和零阶斑点也可能是重叠的,例如在 C 心(B 心、A 心)正交单胞的[001]([010]、[100])晶带。由该晶带的一阶斑点和零阶斑点的相对位置不能区分有心单胞和初基单胞,因此需要拍摄其他晶带的花样,例如[010]或[100]晶带花样,如果一阶斑点的投影和零阶斑点不重叠,则为 C 心正交单胞,否则是初基正交单胞。

表 2-11 有心单胞的反射条件

| 点阵类型 | 符号 | 可能反射的条件 |
|---------|------|---------------|
| C 面(001)的有心化 | C | $h+k=2n$ |
| A 面(100)的有心化 | A | $k+l=2n$ |
| B 面(010)的有心化 | B | $l+h=2n$ |
| 所有面的有心化 | F | $h$、$k$、$l$ 全奇或全偶 |
| 体心 | I | $h+k+l=2n$ |
| 初基 | P | 无限制 |

(5)确定空间群。

在点群中所有的对称元素不涉及平移操作,而在空间群中不仅包括点对称元素,而且包括平移对称元素，共有 230 种空间群。空间群符号是将布拉菲点阵类型和点群符号结合而成。表 2 - 12 列出点群和空间群的关系。

**表 2 - 12　点群与空间群的对应关系**

| 点群 | 空间群 |
|---|---|
| 1 | (1)P1 |
| $\bar{1}$ | (2)$P\bar{1}$ |
| 2 | (3)P2，(4)$P2_1$，(5)C2 |
| m | (6)Pm，(7)$P_C$，(8)Cm，(9)$C_C$ |
| 2/m | (10)P2/m，(11)$P2_1/m$，(12)C2/m，(13)P2/c，(14)$P2_1/c$，(15)C2/c |
| 222 | (16)P222，(17)$P222_1$，(18)$P2_12_12$，(19)$2_12_12_1$，(20)$C222_1$，(21)C222，(22)F222，(23)I222，(24)$I2_12_12_1$ |
| mm2 | (25)Pmm2，(26)$Pmc2_1$，(27)Pcc2，(28)Pma2，(29)$Pca2_1$，(30)Pnc2，(31)$Pmn2_1$，(32)Pba2，(33)$Pna2_1$，(34)Pnn2，(35)Cmm2，(36)Cmc21，(37)Ccc2，(38)Amm2，(39)Abm2，(40)Ama2，(41)Aba2，(42)Fmm2，(43)Fdd2，(44)Imm2，(45)Iba2，(46)Ima2 |
| mmm | (47)P2/m2/m2/m，(48)P2/n2/n2/n，(49)P2/c2/c2/m，(50)P2/b2/a2/n，(51)$P2_1/m2/m2/a$，(52)$P2/n2_1/n2/a$，(53)$P2/m2/n2_1/a$，(54)$P2_1/c2/c2/a$，(55)$P21/b2_1/a2/m$，(56)$P2_1/c2_1/c2/n$，(57)$P2/b2_1/c2_1/m$，(58)$P2_1/n2_1/n2/m$，(59)$P2_1/m2_1/m2/n$，(60)$P2_1/b2/c2_1/n$，(61)$P2_1/b2_1/c2_1/m$，(58)$P2_1/n2_1/n2/m$，(59)$P2_1/m2_1/m2/n$，(60)$P2_1/b2/c2_1/n$，(61)$P2_1/b2_1/c2_1/a$，(62)$P2_1/n2_1/m2_1/a$，(63)$C2/m2/c2_1/m$，(64)$C2/m2/c2_1/a$，(65)C2/m2/m2/m，(66)C2/c2/c2/m，(67)C2/m2/m2/a，(68)C2/c2/c2/a，(69)F2/m2/m2/m，(70)F2/d2/d2/d，(71)I2/m2/m2/m，(72)I2/b2/a2/m，(73)I2/b2/c2/a，(74)I2/m2/m2/a |
| 4 | (75)P4，(76)$P4_1$，(77)$P4_2$，(78)$P4_3$，(79)I4，(80)$I4_1$ |
| $\bar{4}$ | (81)$P\bar{4}$，(82)$I\bar{4}$ |
| 4/m | (83)P4/m，(84)$P4_2/m$，(85)P4/n，(86)$P4_2/n$，(87)I4/m，(88)I41/a |
| 422 | (89)P422，(90)$P42_12$，(91)$P4_122$，(92)$P4_12_12$，(93)P4222，(94)$P422_12$，(95)$P4_322$，(96)$P4_32_12$，(97)I422，(98)$I4_122$ |
| 4mm | (99)P4mm，(100)P4bm，(101)$P4_2cm$，(102)$P4_2nm$，(103)P4cc，(104)P4nc，(105)$P4_2mc$，(106)P42bc，(107)I4mm，(108)I4cm，(109)$I4_1md$，(110)$I4_1cd$ |
| $\bar{4}2m$ | (111)$P\bar{4}2m$，(112)$P\bar{4}2c$，(113)$P\bar{4}2_1m$，(114)$P\bar{4}2_1c$，(115)$P\bar{4}m2$，(116)$P\bar{4}c2$，(117)$P\bar{4}b2$，(118)$P\bar{4}n2$，(119)$I\bar{4}m2$，(120)$I\bar{4}c2$，(121)$I\bar{4}2m$，(122)$I\bar{4}2d$ |

| 点群 | 空间群 |
|---|---|
| 4/mmm | （123）P4/mmm，（124）P4/mcc，（125）P4/nbm（126）P4/nnc，（127）P4/mbm，(128)P4/mnc，(129) P4/nmm，（130）P4/ncc，（131）P4$_2$/mmc，（132）P4$_2$/mcm，(133)P4$_2$/nbc，(134)P4$_2$/nnm，(135)P4$_2$/mbc，(136)P4$_2$/mnm，(137)P4$_2$/nmc，(138)P4$_2$/ncm，(139)I4/mmm，(140)I4/mcm，(141)I4$_1$/amd，(142)I4$_1$/acd |
| 3 | （143）P3，（144）P3$_1$，（145）P3$_2$，（146）R3，（147）P$\bar{3}$，（148）R$\bar{3}$，（149）P312，(150)P321，(151)P3$_1$12，(152)P3$_1$21，(153)P3$_2$12，(154)P3$_1$21，(155)R32 |
| 3m | (156)P3m1，(157)P31m，(158)P3c1，(159)P31c，(160)R3m，(161)R3c |
| $\bar{3}$m | (162)P$\bar{3}$1m，(163)P$\bar{3}$1c，(164)P$\bar{3}$m1，(165)P$\bar{3}$c1，(166)R$\bar{3}$m，(167)R$\bar{3}$c |
| 6 | (168)P6，(169)P6$_1$，(170)P6$_5$，(171)P6$_2$，(172)P6$_4$，(173)P6$_3$ |
| $\bar{6}$ | (174)P$\bar{6}$ |
| 6/m | (175)P6/m，(176)P6$_3$/m |
| 622 | (177)P622，(178)P6$_1$22，(179)P6$_5$22，(180)P6$_2$22，(181)P6$_4$22，(182)P6$_3$22 |
| 6mm | (183)P6mm，(184)P6cc，(185)P6$_3$cm，(186)P6$_3$mc |
| $\bar{6}$m2 | (187)P$\bar{6}$m2，(188)P$\bar{6}$c2，(189)P$\bar{6}$2m，(190)P$\bar{6}$2c |
| 6/mmm | (191)P6/mmm，(192)P6/mcc，(193)P6$_3$/mcm，(194)P6$_3$/mmc |
| 23 | (195)P23，(196)F23，(197)I23，(198)P2$_1$3，(199)I2$_1$3 |
| m3 | (200)Pm3，(201)Pn3，(202)Fm3，(203)Fd3，(204)Im3，(205)Pa3，(206)Ia3 |
| 432 | (207) P432，（208）P4$_2$32，（209）F432，（210）F4$_1$32，（211）I432，（212）P4$_2$32，(213)P4$_1$32，(214)I4$_1$32 |
| $\bar{4}$3m | (215)P$\bar{4}$3m，(216)F$\bar{4}$3m，(217)I$\bar{4}$3m，(218)P$\bar{4}$3n，(219)F$\bar{4}$3c，(220)I$\bar{4}$3d |
| m3m | （221）Pm3m，（222）Pn3n，（223）Pm3n，（224）Pn3m，（225）Fm3m，（226）Fm3c，(227)Fd3m，(228)Fd3c，(229)Im3m，(230)Ia3d |

在实际应用中，当点群被鉴别后，由表 2-12 可知与之对应的只有几个有限的空间群，根据带轴花样对称性和 GM 线所对应的平移对称元素（滑移面和螺旋轴）来确定空间群，即从旋转轴区分出螺旋轴，从镜面中区分出滑移面。在 CBED 花样中由于螺旋轴或滑移面引起的禁止圆盘出现零强度线（zero intensity line），因此零强度线被命名为 GM 线，其为暗棒或暗十字线。以后对 GM 线的研究使 GM 线能用于鉴别螺旋轴和滑移面。GM 线特征是它们在每隔一个圆盘中出现，与样品厚度、加速电压无关。有两种线，一种在径向的线命名为 A 线，另一种在垂直于 A 线

方向上的线命名为 $B$ 线(应处于精确的布拉格条件)。滑移面和螺旋轴通过 ZOLZ 反射之间的相互作用在运动学禁止圆盘中产生动态消光 $A$ 线。$A$ 线沿着禁止反射的衍射矢量延伸。当运动学禁止反射被精确激发时,垂直于 $A$ 线沿精确布拉格条件的位置产生动态消光 $B$ 线。GM 线观察的条件如下:① 对于 $A$ 线的观察,样品调整到图 2 - 75(a)所示的状态;而对于 $B$ 线的观察,反射圆盘应处在布拉格条件,如图 2 - 75(b)和(c)所示。② 因螺旋轴或滑移面通过双衍射使禁止圆盘能被观察到。③ 滑移面平行于带轴方向,或螺旋轴是垂直于带轴方向的[见图 2 - 75(a)]。④ 仅 $2_1$、$4_1$、$4_3$、$6_1$、$6_3$、$6_5$ 螺旋轴产生 GM 线,而其他 $4_3$、$3_1$、$3_2$、$6_2$ 不产生 GM 线。GM 线能在一个方向上被观察到,也能在两个互相垂直的方向上被观察到,如图 2 - 75(d)所示。

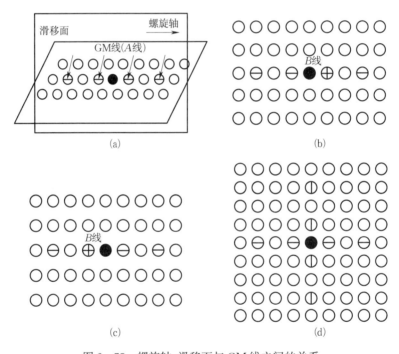

图 2 - 75  螺旋轴、滑移面与 GM 线之间的关系

(a) 平行带轴方向的滑移面,垂直于带轴方向的螺旋轴和 $A$ 线的观察;(b) $B$ 线的观察;

(c) $B$ 线的观察;(d) 两个互相垂直方向上的 $A$、$B$ 线的观察

下面给出最直接和简单的规则。① 如果在全图中,沿 GM 线的 $A$ 线方向,没有镜面对称,那么 GM 线是由平行于 $A$ 线的螺旋轴所引起的。② 如果在全图中,沿 GM 线的 $A$ 线方向上有一个镜面,下列的规律可被运用:如果有 $A$ 线的圆盘被指数化为 $(hk0)$、$(0kl)$、$(hkl)$、$(hh2hl)$ 或 $(hh0l)$ 类型,而且 $h$ 和 $k$ 是非零指数,那么 GM 线是由滑移面引起的;如果具有 $A$ 线的圆盘被指数化为 $\{h00\}$ 或 $(0001)$ 类

型,则 GM 线是由螺旋轴引起的。这个规律从螺旋轴和滑移面对应的反射条件可清楚地看出。

图 2-76(a)是在[100]方向拍摄的 $Sr_3Ru_2O_7$ 的 CBED 花样。尽管 ZOLZ 反射显示出接近 4mm 的对称性,用箭头标识的 HOLZ 反射显示出 2mm 的对称性。这些 HOLZ 反射具有 $h_ek_el_o$ 或 $h_ok_ol_e$ 的反射指数($e$:偶数,$o$:奇数)。在[011]方向拍摄的 CBED 花样[见图 2-76(b)]显示出垂直于 $a$ 轴的镜像对称。因此,该点群已唯一确定为正交晶系 mmm。由于没有观察到 $hkl(h+l=2n+1,$ 其中 $n$ 是整数)反射,晶格类型已被确定为底心晶格 C。因此,可能的空间群是 Cmcm、Cmca、Cmmm、Cccm、Cmma 和 Ccca。接下来检查了滑移面和螺旋轴的存在情况,图 2-76(c)显示了由图 2-76(a)中的矩形区域的局部放大图。由 $1\overline{9}0$ 和 190HOLZ 反射中的箭头表明了 A 型的动态消光。这说明在 $c$ 平面中存在 $a$ 滑移对称性,可能的空间群是 Cmca 和 Ccca。图 2-76(d)显示了在

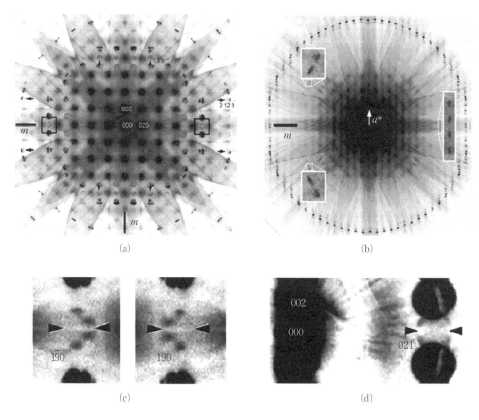

(a)　　　　　　　　　　　　　　(b)

(c)　　　　　　　　　　　　　　(d)

图 2-76　$Sr_3Ru_2O_7$ 的 CBED 花样[108]

(a)[100]入射,HOLZ 和 ZOLZ 反射分别显示 2mm 和 4mm 的对称性;(b)[110]入射,显示对称 m;

(c)图(a)中矩形区域的放大图案,显示了 A 型在 $1\overline{9}0$ 和 190HOLZ 反射中的动态消光;

(d) CBED 图案在从[012]区轴略倾斜的入射处拍摄,在 021 反射中可以看到 A2 型的动态消光

从[012]晶带轴略微倾斜方向拍摄的 CBED 花样。由箭头标注的 0$\bar{2}$1 反射表明了 A2
型的动态消光。这说明在 $a$ 平面中存在 $c$ 滑移对称性,可能的空间群是 Cccm 和
Ccca。因此,Sr$_3$Ru$_2$O$_7$ 在室温下的空间群可被确定为 Ccca。

3）鉴别晶体缺陷

会聚束电子衍射可用于位错、层错、晶界、孪晶等晶体缺陷的鉴别和表征[109],如
图 2-77 所示。

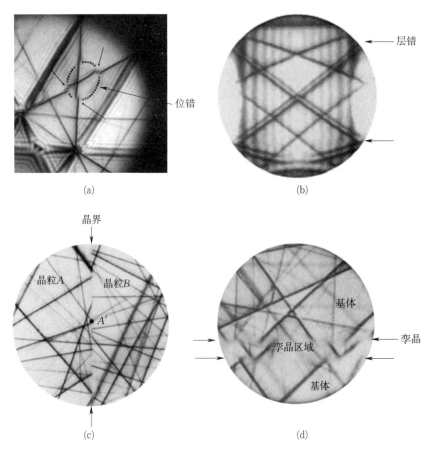

(a)

(b)

(c)

(d)

图 2-77　不同晶体缺陷的会聚束电子衍射图[109]

(a) 位错;(b) 层错;(c) 晶界;(d) 孪晶

4）测定位错柏氏矢量

在晶体中利用位错引起 HOLZ 线的分裂来测量位错的几何特征参数已成为非
常成熟的方法。R. W. Carpenter 和 J. C. H. Spence 发现[110],当 $g \cdot b \neq 0$ 时($g$ 为
HOLZ 线的倒易矢量,$b$ 为位错的柏氏矢量),位错会引起 HOLZ 线分裂。据此,可
用会聚束电子衍射测定位错柏氏矢量的方向。Cherns - Preston 法则指出[111],在离

焦会聚束电子衍射花样中,位错会使 $g \cdot b = n$ 的 HOLZ 线分裂成 $n+1$ 段,即有 $n$ 个结点。如图 2-78 所示,图中有 4 个结点,将线分成 5 段,因此 $n=4$。利用 Cherns-Preston 法则便能测位错柏氏矢量的大小。如果同时考虑位错线 $u$ 的方向和偏离参数 $s$ 的方向,则由分裂了的条纹的扭折方向可以求出 $n$ 的符号,如图 2-79 所示。如果在离焦会聚束电子衍射图中,观察至少 3 个分裂,找到 3 条都穿过位错线但不属于同一个劳厄带的衍射线,则可根据衍射线与位错线相互作用的分裂情况,建立 3 个线性无关的方程: $g_1 \cdot b = n_1$, $g_2 \cdot b = n_2$, $g_3 \cdot b = n_3$,解这个方程组即可确定位错的柏氏矢量。

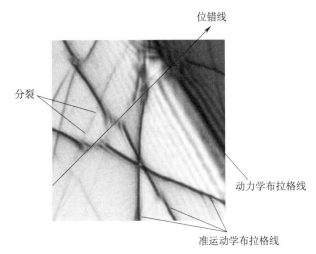

图 2-78　在位错线在与准运动学布拉格线的交叉处分裂

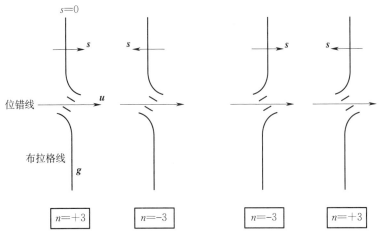

图 2-79　$n$ 的符号识别示意图

5）测算试样厚度

利用双光束近似条件下衍射盘内的 Kossel‑Möllenstedt 条纹可精确测定薄晶体试样微区的厚度[112]。倾转样品获得双光束，使 $(hkl)$ 衍射盘中线处严格满足布拉格条件。此时在 CBED 盘中含有平行的强度振荡条纹，其中衍射盘中的强度振荡是对称的，而在 000 透射盘中是不对称的，如图 2‑80 所示。根据电子衍射的动力学理论，在双束近似条件下试样 $(hkl)$ 晶面衍射盘内的强度分布 $I_{hkl}$ 为

$$I_{hkl} = \frac{1}{1+(s_g \xi_{hk})^2} \sin^2\left(\pi t \frac{\sqrt{1+(s_g \xi_{hkl})^2}}{\xi_{hkl}}\right) \qquad (2\text{-}100)$$

式中，$s_g$ 为 $(hkl)$ 衍射盘的偏离矢量值，单位为 $nm^{-1}$；$t$ 为晶体试样局域厚度，单位为 nm；$\xi_{hkl}$ 为双光束条件下 $(hkl)$ 晶面衍射束的消光距离，单位为 nm。

衍射盘内第 $i$ 条暗条纹出现的条件是 $I_{hkl}=0$，代入式（2‑100），即满足下式

$$n_i = \frac{t\sqrt{1+(s_i \xi_{hk})^2}}{\xi_{hkl}} \qquad (2\text{-}101)$$

式中，$n_i$ 为整数。

由式（2‑101）可得

$$\frac{s_i^2}{n_i^2} + \frac{1}{\xi_{hkl}^2 n_i^2} = \frac{1}{t^2} \qquad (2\text{-}102)$$

先测出偏离矢量 $s_g$ 的值。测量衍射盘中中心亮条纹与每一条暗条纹的距离，测量精度保证在 0.1 mm 左右。中心亮条纹是精确布拉格条件，即 $s_g=0$，而条纹间距对应着偏离布拉格条件的 $\Delta\theta_i$，将 $\Delta\theta_i$ 用对应的距离 $\Delta D_i$ 表示，如图 2‑80(a) 所示。在会聚束电子衍射图上测量出透射盘 000 中心与衍射盘 $hkl$ 中心的距离为 $R_{hkl}=2\theta_B$（$\theta_B$ 为布拉格角），由布拉格方程 $2d\sin\theta_B=n\lambda$ 求出，在 $hkl$ 衍射盘内测出第 $i$ 个强度极小（即第 $i$ 条暗条纹）到盘中心的距离 $\Delta\theta_i$（单位为 mm），根据式（2‑103）可以获得第 $i$ 条纹的偏离矢量 $s_i$ 的值

$$s_i = \frac{\Delta D_i}{R_{hkl}} \frac{\lambda}{d_{hkl}^2}\ (nm^{-1}) \qquad (2\text{-}103)$$

式中，$\lambda$ 为入射电子束的波长，单位为 nm；$d_{hkl}$ 为衍射对应的晶面间距，单位为 nm。

在衍射盘内获得 3 条以上的暗条纹，分别求出各个暗条纹的 $s_i$ 值，对第一条纹任取 $n_i=1$，求出 $s_1$；对第一条纹任取 $n_i=2$，求出 $s_2$，依此类推。

采用最小二乘法拟合作出 $\frac{s_i^2}{n_i^2} \sim \frac{1}{n_i^2}$ 直线，由式（2‑102）可见该直线斜率为 $-\frac{1}{\xi_{hkl}^2}$，而在纵轴上的截距为 $\frac{1}{t^2}$。如果图 2‑80(b) 呈线性关系，则说明 $n_i$ 取值是对的；如果不是直线，则再尝试对第一条纹取 $n_i=2$，不断尝试直到图呈线性关系。

由图 2-80(b)直线的截距 $\frac{1}{t^2}$ 可计算出试样沿入射电子束方向的厚度 $t$，由直线

的斜率 $-\frac{1}{\xi_{hkl}^2}$ 可计算出 $(hkl)$ 晶面的消光距离 $\xi_{hkl}$。

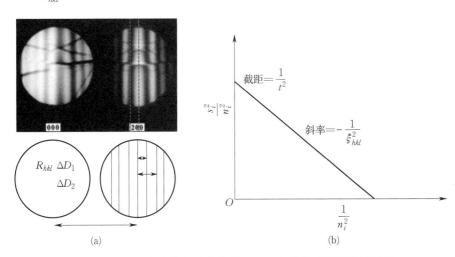

图 2-80  利用会聚束衍射花样的 K-M 条纹精确测量样品厚度
(a) 偏离矢量 $s_i$ 值的确定；(b) 厚度确定的方法

根据试样台倾转的角度可以得到试样表面法线方向与入射电子束方向的夹角 $\varphi$，因此，试样的实际厚度为

$$t_0 = t\cos\varphi$$

6）精确测量晶格常数

利用会聚束衍射花样可以测量晶格常数，这里介绍两种方法：一是用高阶劳厄环测定晶格常数；二是 HOLZ 衍射图模拟。

第一种方法。在前文"高阶劳厄带衍射"部分介绍过，在选区电子衍射时，当有高阶劳厄斑点出现时，测量劳厄带的几何半径 $R$，由式(2-89)就可得到晶格常数 $c$。选区电子衍射时，不对称入射条件下的高阶劳厄斑点虽然还可能出现，但几何中心无法确定。对称入射时的高阶劳厄斑点不易出现，即使出现，这种呈带状分布的劳厄带，其几何半径测量误差往往比较大。而在会聚束电子衍射时，倒圆锥体入射电子束使许多不同方位的爱瓦尔德球与 $N$ 阶倒易点阵产生交截几率大大增多，高阶劳厄斑点很容易出现。在对称入射条件下高阶劳厄斑点成为短线状，并且呈现为以透射斑点为中心的几何圆，其半径很容易测定，并且可得到较高的精度。

第二种方法。在电子束波长 $\lambda$ 确定时，HOLZ 线的位置只受晶格常数的影响。最简单的方法，就是通过实验获得 CBED 透射圆盘中精细的 HOLZ 线，通过比较实

验 HOLZ 线的位置与模拟线的位置,可以准确确定应变区域的晶格常数,也可以测量晶体微区的晶格应变和两相错配度。

测量晶格参数时,首先要从无应变区域获得 HOLZ 衍射图。进行 HOLZ 衍射图模拟时,要使用真实的电镜加速电压,参考样品的厚度和材质应该与待测样品的相近。图 2 - 81 是面心立方材料的晶格常数分别为 0.352 4 nm、0.353 4 nm、0.354 4 nm、0.355 4 nm、0.356 4 nm、0.357 4 nm 时的 HOLZ 衍射图[92]。从图中可以看到,HOLZ 线的交点 A、B、C 的相对位置对晶格常数的变化非常敏感。随着晶格常数增大,AB 两点之间的距离逐渐变大,AC 两点距离保持不变。通过将实验图像中的线段 AC 与 BC 的比值 AC/BC 和模拟结果对比,可以确定材料的晶格常数。

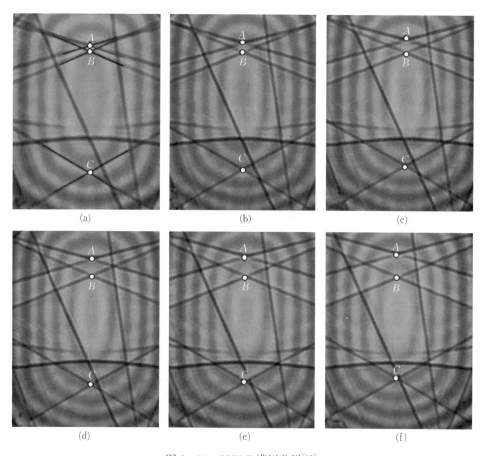

(a)　　　　　　　　(b)　　　　　　　　(c)

(d)　　　　　　　　(e)　　　　　　　　(f)

图 2 - 81　HOLZ 模拟花样[92]

(a) 晶格常数为 0.352 4 nm;(b) 晶格常数为 0.353 4 nm;(c) 晶格常数为 0.354 4 nm;

(d) 晶格常数为 0.355 4 nm;(e) 晶格常数为 0.356 4 nm;(f) 晶格常数为 0.357 4 nm

该方法还可以用于测量晶体微区的晶格应变和两相错配度。计算两相错配度时,要在远离界面处的两相中心位置拍摄 HOLZ 衍射图,这样可减少界面处应力对两相晶格常数的影响。计算应变时,要连续拍摄无应变区到应变区的 CBED 图,通过比较实验 HOLZ 线图与模拟 HOLZ 线图可以确定电子束照射的微小区域的点阵常数,从而测定微区域的点阵参数的变化量,计算应变。

## 2.2.10　复杂衍射

### 2.2.10.1　超点阵衍射斑点

当晶体是由两种或者两种以上的原子或者离子构成时,对于晶体中的任何一种原子或者离子,如果它能够随机地占据点阵中的任何一个阵点,则我们称该晶体是无序的。对单质或无序结构,当晶面满足消光条件时,其衍射斑点不存在。如果晶体中不同的原子或者离子占据特定的阵点,则该晶体是有序的。晶体从无序相向有序相转变以后,在产生有序的方向会出现平移周期的加倍,从而引起平移群的改变,构成所谓超点阵,超点阵主要形成于面心立方、体心立方或密排六方三类结构的固溶体中。在进行有序固溶体电子衍射分析时,即使满足无序固溶体中的消光条件,但其结构因子不等于零时,可以使本来消光的斑点出现,导致在衍射花样中某些方向出现与平移对称对应的额外斑点,叫作超点阵斑点。

下面以 $Cu_3Au$ 为例,说明超点阵斑点的形成与特征。$Cu_3Au$ 面心立方固溶体,当其是无序固溶体时,如图 2-82(a)所示。在一定条件下会形成有序固溶体,其中 Cu 原子处于面心,Au 原子位于顶点,如图 2-82(b)所示。

面心立方结构晶胞中有 4 个原子,坐标为 $(0,0,0)$、$(0,1/2,1/2)$、$(1/2,0,1/2)$、$(1/2,1/2,0)$。$Cu_3Au$ 在无序的情况下,其结构因子为

$$F_{hkl} = \overline{f}[1 + \cos\pi(h+k) + \cos\pi(k+l) + \cos\pi(h+l)]$$

式中,$\overline{f} = 0.75 f_{Cu} + 0.25 f_{Au}$,它是 Cu 原子和 Au 原子散射振幅的平均值。

无序固溶体的单胞中每个位置的原子具有相同的散射振幅。当晶面组的指数 $h$、$k$、$l$ 为全奇全偶时,结构振幅 $F_{hkl} = 4\overline{f}$;而当 $h$、$k$、$l$ 有奇有偶时,$F_{hkl} = 0$,相应的晶面产生消光。其 [001] 晶带的电子衍射花样如图 2-82(c)所示,衍射图中不出现 (100)、(010)、(110) 等衍射斑点。

在 $Cu_3Au$ 有序相中,晶胞中的 4 个原子的位置分别确定地由 1 个 Au 原子和 3 个 Cu 原子占据,坐标分别为 Au:$(0,0,0)$;Cu:$(0,1/2,1/2)$、$(1/2,0,1/2)$、$(1/2,1/2,0)$。从而使得不同位置的原子具有不同的散射振幅,相应的结构因子为

$$F_{hkl} = f_{Au} + f_{Cu}[\cos\pi(h+k) + \cos\pi(k+l) + \cos\pi(h+l)]$$

当晶面组的指数 $h$、$k$、$l$ 为全奇全偶时,结构因子 $F_{hkl} = f_{Au} + 3f_{Cu}$。而当 $h$、$k$、$l$ 有奇有偶时,$F_{hkl} = f_{Au} - f_{Cu} \neq 0$,相应的晶面不消光而产生衍射。

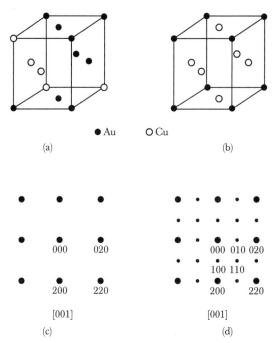

图 2 - 82   无序和有序面心立方 $Cu_3Au$ 的晶体结构模型和对应的电子衍射花样

（a）无序 $Cu_3Au$ 的晶体结构模型；（b）有序 $Cu_3Au$ 的晶体结构模型；（c）无序 $Cu_3Au$ 的电子衍射花样；
（d）有序 $Cu_3Au$ 对应的超点阵电子衍射花样

以上分析表明，在无序固溶体态时，由于结构因子 $F_{hkl}$ 为 0，产生系统消光，在有序化后其结构因子 $F_{hkl}$ 不为 0，本来系统消光的斑点出现，使衍射花样中出现相应的额外斑点，即超点阵斑点。

前面以有序面心立方结构的 $Cu_3Au$ 为例，说明了超点阵斑点产生的原因。归结起来，超点阵斑点主要具备以下特征：

（1）超点阵斑点的出现，使得其衍射花样具有相应简单点阵的衍射花样特征。例如面心立方有序固溶体的衍射花样，仅从衍射斑点的分布来看，与简单立方晶体的衍射花样是一样的。

（2）超点阵斑点出现的位置，是相应的无序固溶体结构消光的位置。

（3）超点阵斑点的强度较低，这是由结构因子所决定的。如果有序固溶体中只含有两种组分，则这两种原子的散射振幅差值越小，超点阵斑点的强度就越低。另外，当合金的有序化程度下降时，不同位置上的原子散射振幅平均值将趋于接近，超点阵斑点的强度也随之降低。

图 2 - 83 是铝锂合金中 $Al_3Li$ 相的超点阵电子衍射花样图，可见 $Al_3Li$ 相沿铝合金基体[100]方向形成 2 倍周期有序的超点阵电子衍射花样。

图 2 - 83　Al$_3$Li 相的超点阵电子衍射花样图

　　同样,在体心立方结构晶体中,其中体心位置的原子被其他原子有序替代,也会得到超点阵电子衍射花样。如图 2 - 84 所示,CuZn 体心立方固溶体,当其是无序固溶体时,如图 2 - 84(a)所示。在一定条件下会形成有序固溶体,其中 Zn 原子处于体心,Cu 原子位于顶点,如图 2 - 84(b)所示。图 2 - 84(c)和(d)是它们对应的电子衍射花样。

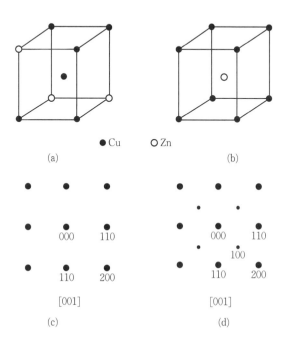

图 2 - 84　无序和有序体心立方 CuZn
的晶体结构模型和对应的电子衍射花样
(a) 无序 CuZn 的晶体结构模型;(b) 有序
CuZn 的晶体结构模型;(c) 无序 CuZn 对应
的电子衍射花样;(d) 有序 CuZn 对应的电子
衍射花样

### 2.2.10.2　二次衍射斑点[64]

由于原子对电子散射的能力很强，在晶体内产生相当高强度的衍射束，甚至与透射束的强度相当。这些强衍射束相当于新的入射束，在晶体内产生再次衍射，称为二次衍射，由二次衍射产生的附加斑点称为二次衍射斑点。当二次衍射束很强时，还可以作为新的入射束，在晶体内再次进行衍射，如此重复产生多次衍射。多次衍射可能导致在衍射图中出现额外的斑点，会使有些结构因子为零的消光位置在衍射图中出现斑点，而多次衍射的结果还会改变衍射斑点之间的强度差别。

图 2-85(a)是晶体内两个晶面之间产生二次衍射的示意图。当电子束在晶体内传播时，入射到晶面组$(h_1k_1l_1)$时刚好满足布拉格衍射条件，产生一次衍射束。当一次衍射束入射到另一组晶面组$(h_2k_2l_2)$时又因满足布拉格衍射条件而发生二次衍射，形成二次衍射束。产生二次衍射的条件：首先，晶体要足够厚，因为较厚的样品发生散射的机会大，所以二次衍射的概率也高；其次，衍射束要有足够的强度。

图 2-85(b)是二次衍射的反射球构图，$(h_1k_1l_1)$产生一次衍射的几何条件是相应的倒易阵点 $G_1$ 落在以 $O_1$ 为中心的反射球面 $S_1$ 上，得到正常的衍射斑点。而$(h_2k_2l_2)$晶面使$(h_1k_1l_1)$晶面的一次衍射束发生二次衍射，相应的倒易阵点 $G_2$ 位于以 $O_2$ 为中心的另一个反射球面 $S_2$ 上$(O_2O^* /\!/ O_1G_1)$，二次衍射束的方向平行于另一个倒易阵点 $G_3$（指数为 $h_3k_3l_3$）落在反射球面 $S_1$ 上而产生一次衍射束$(O_1G_3 /\!/ O_2G_2)$。

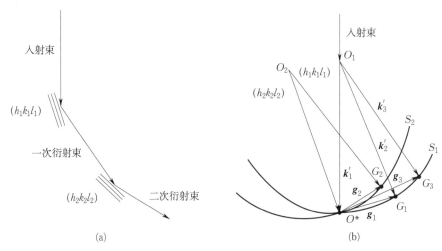

(a)　　　　　　　　　　　　　　　(b)

图 2-85　二次衍射花样原理

(a) 二次衍射花样形成示意图；(b) 二次衍射的几何关系

由图 2-85 可得

$$\bm{k}_2' - \bm{k}_1' = \bm{g}_1 \tag{2-104}$$

$$\bm{k}_3' - \bm{k}_2' = \bm{g}_2 \tag{2-105}$$

$$\bm{k}_3' - \bm{k}_1' = \bm{g}_3 \tag{2-106}$$

式(2-104)和式(2-105)两端相加得

$$\bm{k}_3' - \bm{k}_1' = \bm{g}_1 + \bm{g}_2 \tag{2-107}$$

比较式(2-106)和式(2-107)不难得出

$$\bm{g}_3 = \bm{g}_1 + \bm{g}_2 \tag{2-108}$$

相应的指数之间的关系为

$$(h_3\, k_3\, l_3) = (h_1\, k_1\, l_1) + (h_2\, k_2\, l_2) \tag{2-109}$$

如果衍射图中同时存在$(h_1 k_1 l_1)$和$(h_2 k_2 l_2)$衍射斑点,则利用式(2-107)或式(2-108)可以很容易确定这两个晶面之间产生的二次衍射斑点的位置。如果$(h_3 k_3 l_3)$晶面组的结构因子为零,则通过$(h_1 k_1 l_1)$和$(h_2 k_2 l_2)$晶面的二次衍射,在$(h_3 k_3 l_3)$的消光位置上出现二次衍射斑点。可见,产生二次衍射的结果是在衍射花样中出现额外的衍射斑点,使有些$F_{hkl}=0$的消光位置出现衍射斑点,也会导致衍射斑点强度的变化。从衍射斑点的位置来看,产生二次衍射斑点的位置是有规律的而不是随机的,当根据消光规律应该消光的点出现了,就要考虑是不是二次衍射。从衍射斑点的强度来看,二次衍射的斑点一般要比一次衍射的弱,二次衍射的点可以用平行四边形法则补上去。此外,判断是二次衍射和超点阵结构产生的额外斑点,可以尝试通过倾转样品或改变电压来区分,二次衍射的斑点会在倾转样品或改变电压后消失。

密排六方晶体和金刚石结构晶体的二次衍射使应该消光的位置出现了斑点。图 2-86 是镁合金$[11\bar{2}0]$的电子衍射图,可以看到在正常情况下消光的(0001)、(0003)等衍射斑点出现了,这就是二次衍射导致的。同时,也可以看到(0001)衍射斑点比(0002)衍射斑点的亮度要弱。密排六方晶体在正常情况下,不可能出现(0001)、(0003)等衍射斑点。但可以通过$(10\bar{1}1)$的一次衍射束使$(\bar{1}010)$晶面产生二次衍射,而在(0001)的消光位置出现二次衍射斑点。也就是说,一次衍射$(10\bar{1}1)$产生的二次衍射斑点$(\bar{1}010)$与一次衍射图中的消光位置(0001)相重,根据式(2-109),得 $10\bar{1}1 + \bar{1}010 = 0001$(见图 2-87)。同样,$10\bar{1}1 + \bar{1}01\bar{2} = 0003$,即$(10\bar{1}1)$一次衍射使$(\bar{1}01\bar{2})$晶面产生的二次衍射斑点与消光位置(0003)相重。因此也称这种二次衍射现象为间接衍射或绕道衍射。

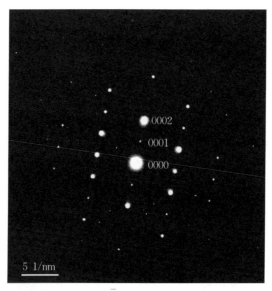

图 2-86 镁合金[1120]二次衍射的电子衍射花样图

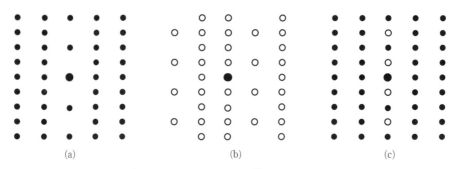

(a)            (b)            (c)

图 2-87 密排六方晶体的[1120]晶带电子衍射图

(a) 一次衍射图;(b) 二次衍射图;(c) 合成衍射图

在体心立方和面心立方晶体中,二次衍射不会导致额外斑点的产生。因为,对于体心立方晶体,$F_{hkl} \neq 0$ 的条件是 $h+k+l=$ 偶数。显然,任意两组 $F \neq 0$ 的晶面组 $(h_1 k_1 l_1)$ 和 $(h_2 k_2 l_2)$ 之间发生二次衍射,由 $(h_3 k_3 l_3)=(h_1 k_1 l_1)+(h_2 k_2 l_2)$ 可知, $(h_3 k_3 l_3)$ 仍然满足 $h_3+k_3+l_3=$ 偶数,即 $F_{h_3 k_3 l_3}$ 不为零,也就是说这个斑点本来就是应该出现的。对于面心立方结构,$F_{hkl} \neq 0$ 的条件是 $h$、$k$、$l$ 全奇或全偶。由 $(h_3 k_3 l_3)=$ $(h_1 k_1 l_1)+(h_2 k_2 l_2)$ 可知,由两个全奇或全偶的指数 $(h_1 k_1 l_1)$ 和 $(h_2 k_2 l_2)$ 决定的指数,仍然是全奇或全偶。但是,在发生二次衍射时,衍射斑点的相对强度会发生变化,有些斑点变强,而有些斑点变弱。

由上面的分析可以得出,只要 $(h_1 k_1 l_1)$ 和 $(h_2 k_2 l_2)$ 两个衍射都出现,就可能会通过二次衍射产生$(h_3k_3l_3)$衍射。这意味着，$(h_1k_1l_1)$、$(h_2k_2l_2)$ 和 $(h_3k_3l_3)$ 这三个倒易阵点都落在反射球面上。但这是一个充分的而并非必要的条件，只要倒易阵点 $G_1(h_1k_1l_1)$ 和 $G_3(h_3k_3l_3)$ 落在以入射波矢量为半径的反射球面上，并且满足 $g_1+g_2=g_3$ 的条件，就能由一次衍射 $(h_1k_1l_1)$ 使 $(h_2k_2l_2)$ 晶面产生二次衍射，二次衍射斑点出现的位置与 $(h_3k_3l_3)$ 相重。对于面心立方和体心立方晶体，当 $G_2(h_2k_2l_2)$ 与 $G_1(h_1k_1l_1)$ 不落在同一个反射球面上时，二次衍射可能会导致出现零阶劳厄带以外的额外斑点，二次衍射斑点与某一高阶劳厄带斑点相重。

二次衍射不仅可以发生在同一晶体内的两个晶面之间，而且在另外两种情况下也常发生二次衍射。一种情况是发生在两相晶体之间，另一种情况是发生在取向不同但结构相同的相邻两个晶粒之间。

当两相共存时，一相的衍射束进入第二相将产生二次衍射，特别当两相彼此具有对称取向关系时，二次衍射效应尤为显著。图 2-88 是 Al-Mg-Si 合金的电子衍射图，基体为 [001] 取向，基体中的薄片状 $Mg_2Si$ 相垂直于入射束方向，这种取向有利于基体衍射束进入第二相产生二次衍射。图 2-88(a) 是铝合金基体和 $Mg_2Si$ 相在这种取向下的一次衍射图，用大斑点和小斑点分别代表基体和 $Mg_2Si$ 的衍射。如果基体斑点 $P$ 所对应的衍射束作为 $Mg_2Si$ 相的一支入射束，则可使 $Mg_2Si$ 相中各晶面产生二次衍射，得到如图 2-88(b) 所示的衍射花样，其中用空心圆圈表示的斑点即为二次衍射斑点。这些二次衍射斑点的位置仍然由 $g_3=g_1+g_2$ 确定，相当于把 $Mg_2Si$ 相一次衍射图进行平移，即把一次衍射图的中心平移至基体斑点 $P$ 的位置，平移后各衍射斑点占据的位置就是相应晶面二次衍射斑应出现的位置。考虑到基体其他晶面的衍射束也可以使 $Mg_2Si$ 相各晶面产生二次衍射，因此可以得到如图 2-88(c) 所示的电子衍射花样，形成许多由卫星斑点构成的斑点群。二次衍射导致在衍射花样中形成卫星斑点群是比较常见的，当两个结构相同的晶体相对扭转很小角度时，也会出现类似的衍射斑点群。

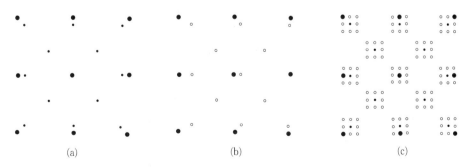

(a)　　　　　　　　　　(b)　　　　　　　　　　(c)

图 2-88　Al-Mg-Si 合金的电子衍射图及分析[64]

(a) 一次衍射图；(b) 二次衍射图；(c) 合成衍射图

前面是较小的第二相在基体里弥散分布的情况,当两相是一个较大的相界面时也会产生二次衍射。如在 MgO 衬底上通过化学气相沉积的方法长 $SrTiO_3$ 膜,当对 $MgO/SrTiO_3$ 界面进行电子衍射时,也会产生二次衍射[113]。由于电子首先在单晶 MgO 衬底上衍射,然后在外延 $SrTiO_3$ 层上进行后续衍射,从而产生二次双衍射效应,如图 2-89 所示。

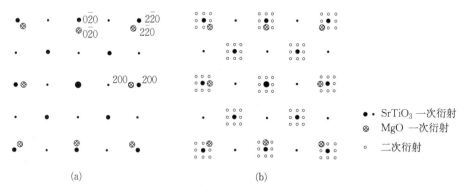

图 2-89　MgO 衬底上 $SrTiO_3$ 膜的电子衍射图及分析[113]

(a) 一次衍射图;(b) 合成衍射图

图 2-90 是二次衍射的常见类型。

### 2.2.10.3　层错衍射斑点

堆垛层错是广义的层状结构晶格中常见的一种面缺陷。它是晶体结构层正常的周期性重复堆垛顺序在某两层间出现了错误,从而导致的沿该层间平面两侧附近原子的错误排列。层错破坏了晶体的完整性和正常周期性,故使能量增加,此能量增量称为堆垛层错能。层错能是产生单位面积层错所需要的能量。形成层错时,几乎不产生点阵畸变,层错能主要是电子能。一般可用实验方法间接测得。金属中出现层错的几率与层错能有关,层错能越低,出现层错的几率越大,层错能越高,则几率越小。在密集结构如面心立方结构、密排六方结构中,这种平移不改变原子最近邻关系,只产生次近邻的错排,而且几乎不产生畸变,所以层错能较低,容易出现层错。体心立方结构中的密排面{110}上出现层错将使原子最近邻的关系产生相应的改变,因此层错能较高,一般难以产生层错或者只有很窄的层错带。

密堆结构的密排原子层堆垛,在同一平面上构成六角密排层,在 A 层原子间有等价的两种间隙 B 和 C,且不能在同类位置堆垛两次,最基本的有两种:$ABCABCABC……$ 和 $ABABAB……$。如图 2-91 所示,面心立方晶体密排面{111}的正常堆垛顺序为 $ABCABCABC……$,如果堆垛顺序出现错误,将在晶体中形成层错。面心立方晶体中的层错有两种。一种是内禀层错,又叫抽出型层错,密排面的相应堆垛顺序为 $ABCABABC……$,可以看作是抽出一个 B 层,如图 2-91(a)所示;另一种

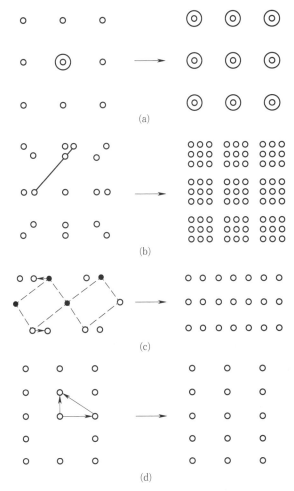

图 2-90  二次衍射的常见形成类型

（a）衍射位置移植形成；（b）差矢平移形成；（c）左右错动形成；（d）绕道衍射填补形成

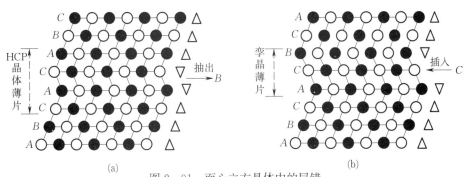

图 2-91  面心立方晶体中的层错

（a）内禀层错；（b）外禀层错

是外禀层错,又叫插入型层错,如 $ABCBABCABC$……,这可看作是插入一个 $C$ 层,如图 2-91(b)所示。在内禀层错中,$ACAC$ 四层为密排六方的堆垛顺序,相当于一个密排六方晶体薄片。在外禀层错中的 $BCACB$ 五层,$BCA$ 是孪晶堆垛顺序,相当于一个孪晶薄片。同理,密排六方结构晶体密排面{0001}的正常堆垛顺序为 $ABABAB$……,如果堆垛顺序出现错误,将在晶体中形成层错。但密排六方结构晶体只能通过插入一个 $C$ 层形成层错,插入后的变堆垛顺序为 $ABCABAB$……或 $ABACBAB$……。

面心立方晶体的这两种层错将导致倒易阵点沿密排面的法线方向⟨111⟩拉长为倒易杆,因为这两种薄片非常薄,尺寸仅为几个面间距,使得相邻的倒易阵点在该方向扩展后几乎彼此相连,它的衍射效应是拉长的衍射条纹。如果该密排面与入射电子束平行,在衍射图中可以明显地观察到沿着密排面倒易矢量方向上分布的层错衍射条纹。图 2-92 是在奥氏体相内的堆垛层错的电镜图像和相应的选区电子衍射图[114],从电镜图像中可以看到有大量层错,沿[110]晶带轴的选区电子衍射像证实了堆垛层错的存在。当层错的密度较高时,面心立方晶体在衍射图中甚至可能出现孪晶和密排六方结构的衍射斑点。

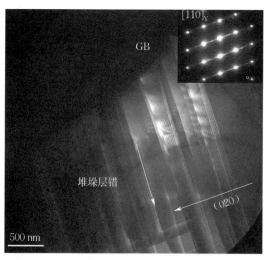

图 2-92　奥氏体相内的层错及其衍射条纹[114]

密排六方结构晶体中也会产生类似的衍射效应,在衍射图中可以观察到拉长的衍射条纹。如图 2-93 所示,$Mg_{97}Y_2Zn_1$ 合金基体中有大量的层错[见图 2-93(a)],在其衍射图中可以观察到拉长的衍射条纹[见图 2-93(b)][115]。在原子尺度HAADF 成像图 2-93(c)中,这些层错是含有两层 Y、Zn 元素富集层,两层富集层引入层错,这种层错也被认为是析出相,称为 $\gamma'$ 相。$\gamma'$ 相如果周期性有规律地堆垛就会形成长周期有序结构(long period stacking order,LPSO)的 X 相-$Mg_{12}ZnY$,其结构如图 2 - 93(d)所示。如果对粗大的 $Mg_{12}ZnY$ 相进行选区衍射,其衍射图中观察到的不是拉长的衍射条纹,而是会出现额外固定位置的衍射斑点,这在后面介绍。

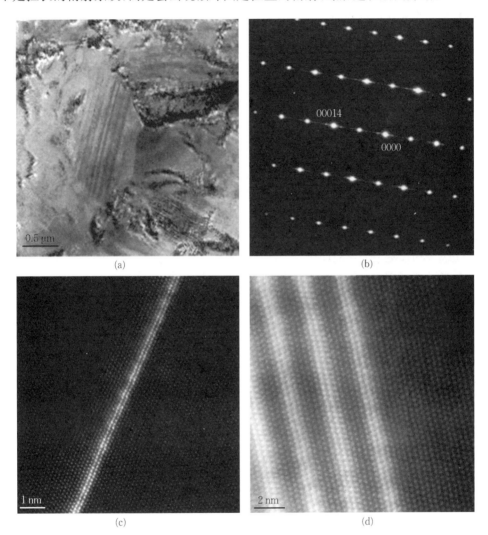

图 2 - 93　$Mg_{97}Y_2Zn_1$ 合金的层错

(a) 明场像;(b) 含薄片状相的电子衍射;(c) γ′相的 HAADF 像;(d) X 相的 HAADF 像

　　像 X 相这样在晶体点阵的周期上叠加一个新的更长的周期而形成的结构称为长周期结构。晶体结构为长周期结构的相称为长周期结构相。例如 AuCuⅡ的结构可看作在 b 方向上每隔 5 个 AuCuⅠ单胞有一个[1/2,0,1/2]位移,因此每隔 10 个 AuCuⅠ单胞就重新回到原来的位置(见图 2 - 94)。这种结构可以看作是点阵常数 b 扩大 10 倍的超点阵结构,也可看作在晶体点阵的周期上向 b 方向上叠加一个 10 倍于晶体点阵的长周期。除了这种由元素的长程有序分布引起的长周期结构外,密排层的长程有序堆垛也能产生长周期结构,甚至晶体缺陷的长程分布也可以看作是一种长周期结构。在密排层的堆垛中很容易出现层错,如果这些层错是长程有序排列,可以降低整个系统的能量,产生稳定的基体结构。

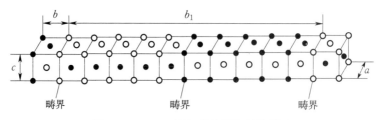

图 2-94　AuCuⅡ相的长周期结构晶胞

在多型结构的描述中,用符号"∨"和"∧"分别表示层间排列顺序的正和反。从这两种符号循环中可看出,存在两种周期。一是排列顺序正反变换的循环周期,称为亚周期,可以用字母 $L$ 来表示。在亚周期中,正排的顺序层数用 $M$ 表示,反排的顺序层用 $P$ 来表示,在一个亚周期中,$L$、$M$、$P$ 三者显然满足:$L=M+P$。另一种周期是排列位置的循环周期,称为总周期,排列位置的周期层数可用字母 $E$ 表示。图 2-95 为稀土镁合金中基体和两种 LPSO 相的结构。在图 2-95(a)所示结构中,$E=L=2$;在图 2-95(b)所示结构中,$E=3L=18$;在图 2-95(c)所示结构中,$E=L=14$。而根

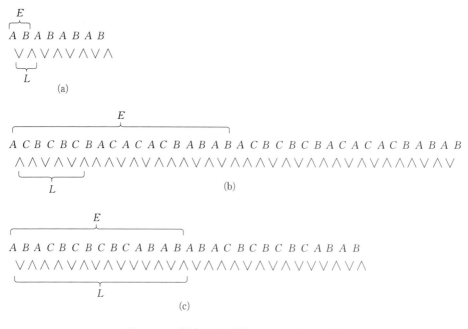

图 2-95　镁合金中基体和 LPSO 相的周期

(a) 2H 型基体;(b) 18R 型 LPSO 相;(c) 14H 型 LPSO 相

据 $E$ 与 $L$ 之间的关系可将多型结构进行分类。$E=L$ 时可用"H"表示，$E=3L$ 时可用"R"表示，因此图中三种结构分别是 2H 结构、18R 结构、14H 结构。两种结构可根据以下等式进行判断：

H 结构满足：$\Delta=M-P=3N$。

R 结构满足：$\Delta=M-P=3N\pm1$。

长周期结构的电子衍射的特征是在基体衍射斑点之外还出现一系列间隔较密、排列成行的衍射斑点。在正交晶系中，晶体点阵在一个方向的周期是 $a$，相应的倒易点阵的周期是 $1/a$，电子衍射斑点间的距离正比于 $1/a$。在点阵周期上叠加一个新的更长的周期 $La$，就会出现间距相当于 $1/(La)$ 的衍射斑点阵列，从这些长周期衍射斑点的间距与基体衍射斑点间距的比值可以简便地看出长周期结构的周期。

当进行长周期结构的衍射花样标定时，先取 $\langle101\rangle$（$\langle1\bar{2}10\rangle$）晶向族作为晶带轴进行衍射，再根据以下规律进行标定：

(1) 由于 H 结构的 [010] 晶带电子衍射花样中，$l$ 可取 $0,\pm1,\pm2,\cdots$，任意整数，所以 $10l$ 与 $\bar{1}0l$ 两列斑点是等高的，即对称分布于 $00l$ 点列两侧。

(2) 由于 R 结构的 [010] 晶带电子衍射花样中，$\bar{1}0l$ 点中 $l=3n-1$；$10l$ 点列中 $l=3n+1$，因此两列斑点本身各自相间的 $l$ 相差 2，两者斑点不对称地分布于 $00l$ 点列两侧，这不同于 H 结构的电子衍射花样。

(3) 无论是 R 结构还是 H 结构，$00l$ 中 $l=En$，所以对于 3R 结构，$00l=003$，$00\bar{3},006,00\bar{6},\cdots$；对于 9R 结构，$00l=009,\cdots$；对于 2H 和 4H 结构，$00l=002$，$004,\cdots$。

(4) 对于 R 结构，$\bar{1}0l$ 和 $10l$ 列在 000 中心斑点和 $00l(l=E)$ 衍射斑点之间的距离内存在 $E/3$ 个斑点；对于 H 结构，相应地存在 $E$ 个斑点。

几种 R 结构与 H 结构衍射花样示意图如图 2-96 所示。

图 2-97 是 $Mg_{97}Y_2Zn_1$ 合金中 LPSO 结构相的电子衍射花样。在图 2-97(a) 中，$10l$ 与 $\bar{1}0l$ 两列斑点不是对称分布于 $00l$ 列两侧的，由此判断为 R 型结构，$10l$ 与 $\bar{1}0l$ 两列在 000 和 $00l(l=E)$ 斑点的间距内存在 6 个斑点，因此判断为 18R 结构，所以 $00l$ 列 000 右边第一个大斑点为 0 0 18，用四轴坐标系表示为 0 0 0 18。在 $\bar{1}0l$ 列中 $l=3n-1$，在 $10l$ 列中 $l=3n+1$，标定结果如图 2-97(a) 所示。在图 2-97(b) 中，$10l$ 与 $\bar{1}0l$ 两列斑点对称分布于 $00l$ 列两侧，由此判断为 H 型结构，$10l$ 与 $\bar{1}0l$ 两列在 000 和 $00l(l=E)$ 斑点的间距内存在 14 个斑点，因此判断为 14H 结构，$00l$ 列 000 左上第一个大斑点为 0 0 14，用四轴坐标系表示为 0 0 0 14，$\bar{1}0l$ 列与 $10l$ 列，$l=n$，标定结果如图 2-97(b) 所示。

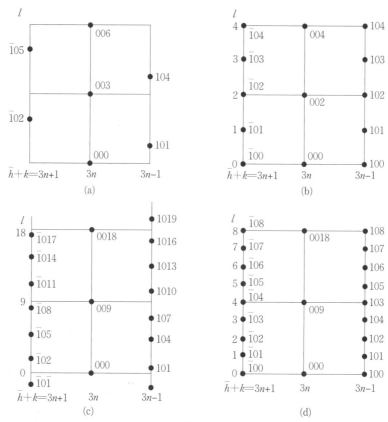

图 2-96　多型结构的[010]([1 2̄ 1̄ 0])晶带的电子衍射花样示意图

(a) 3R；(b) 2H；(c) 9R；(d) 4H

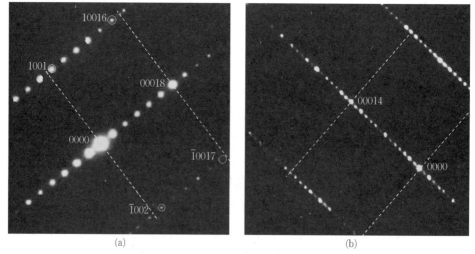

图 2-97　$Mg_{97}Y_2Zn_1$ 合金中长周期有序结构的电子衍射花样

(a) 18R 结构；(b) 14H 结构

## 2.3 取向关系分析和倾转

利用透射电镜对材料进行研究时,电子衍射有很多的应用,其中一个重要的应用就是分析两相取向关系。此外,当要进行涉及具体晶向的衍射分析、晶体结构及取向分析、两相之间的取向关系分析、晶体缺陷定性或定量分析等问题时,需要进行倾转使样品晶体的某个或某些指定的晶体学方向转到与入射电子束平行的位置,这种将晶体由一个取向倾转到相邻的一个或几个指定取向的操作,称为系列倾转。在倾转过程中,样品内的线状结构特征和面状结构特征迹线在荧光屏上的投影方向也将随之转动,研究这些结构特征迹线在投影方向的变化规律,结合对电子衍射花样的分析和结构特征(如位错、层错、沉淀相)在试样上下表面留下的迹线的分析,找出它们的空间几何关系,测定线状结构的方向指数、面状结构特征平面的指数及其在样品中的取向,称为迹线分析。

### 2.3.1 两相取向关系的分析

金属材料在多数情况下都是由两相或多相组成,各相之间往往存在着某种特定的取向关系。例如,钢中的奥氏体向马氏体转变过程中,由于这种相变具有按共格切变方式进行的特点,新相和母相之间存在着一定的取向关系,在钢中已经观察到的取向关系有 Kurdjumov - Sachs(K - S)关系 $= \{111\}_\gamma // \{110\}_M$,$\langle 1\bar{1}0 \rangle_\gamma // \langle 1\bar{1}\bar{1} \rangle_M$;Nishiyama - Wasserman(N - W)关系,也称西山关系 $= \{111\}_\gamma // \{110\}_M$,$\langle 0\bar{1}1 \rangle_\gamma // \langle 001 \rangle_M$。又如钢、铝合金、镁合金等合金中的第二相的共格沉淀析出,第二相和基体母相之间也存在某种特定的取向关系。再如,在金属和合金的氧化、半导体的外延生长、晶体表面的气相沉积、金属材料的电镀等过程中,这些表面外延层也通常沿着基体的某一晶面和方向生长,因此这些表面外延层和基体之间也存在确定的取向关系。此外,即使是单相材料,一般也均为多晶体,晶粒之间也可能存在特定的取向关系。由此可见,测定两相取向关系,对于了解晶体的相变、生长等过程的本质具有重要意义[64,116]。

用电子衍射测定取向关系,既可以利用电子衍射图,也可以利用菊池衍射图,用菊池线可以精确确定晶体取向,精度可达 0.1°。而且菊池图中往往同时存在多条菊池线,因此不存在 180°不唯一性。但由于菊池线是由发散的点源产生的衍射现象,通常有几个晶带参与衍射而使菊池线纵横交错,在存在多相的情况下尤为复杂,这给分析、测量工作带来许多困难。因此,尽管利用电子衍射花样图测定取向关系的精度不如菊池衍射图高,但一般情况下仍以电子衍射花样图为主。利用电子衍射花样图测定两相的取向关系,可分为极图分析法[66]和矩阵分析法。此外,如果两相的正空间点阵存在特定的取向关系,则相应的倒易点阵也必然存在同样的取向关系,两相的合成电子衍射图就是这两相晶体倒易点阵平面的叠加。因此,在某些特殊的取向下,利用两相合成的电子衍射花样的标定结果,可以直接确定两相间的取向关系。下面对各种方法逐一进行介绍。

### 2.3.1.1　由两相合成电子衍射图直接确定两相的取向关系

利用两相合成的电子衍射花样直接确定两相间的取向关系的具体分析方法是,在衍射花样中找出两相平行的倒易矢量,即两相的这两个衍射斑点的连线通过透射斑点,其所对应的晶面互相平行,由此可获得两相间一对晶面的平行关系;另外,由两相衍射花样的晶带轴方向互相平行,可以得到两相间一对晶向的平行关系。用于直接确定两相取向关系的合成电子衍射图应满足两个条件:一是电子束相对于两相均为对称入射,即两相的晶带轴均与入射电子束平行;二是在衍射图中存在两相互相平行的倒易矢量,即衍射图中有两相的衍射斑点与中心斑点共线[117]。

利用两相合成电子衍射图直接确定两相取向关系的步骤如下:

(1) 从合成的电子衍射图中分离出两套衍射斑点,分别标定两套衍射斑点指数,并确定晶带轴指数$[uvw]_A$和$[u'v'w']_B$。

(2) 找出互相平行的两相的矢量$\boldsymbol{R}_A$和$\boldsymbol{R}'_B$,指数分别为$(hkl)_A$和$(h'k'l')_B$。

(3) 可确定两相的取向关系为

$$\begin{cases} (hkl)_A \,/\!/\, (h'k'l')_B \\ [uvw]_A \,/\!/\, [u'v'w']_B \end{cases}$$

已知图 2-98 是某 Al-Si-Mg-Cr 合金基体和 $\alpha'\text{-}Al_{13}Cr_4Si_4$ 相的合成电子衍射图,已知基体为面心立方结构,$\alpha'\text{-}Al_{13}Cr_4Si_4$ 相也是面心立方结构。由此两相合成电子衍射图确定两相的取向关系。

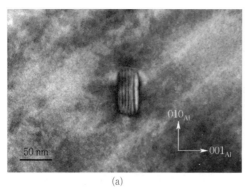
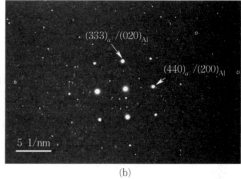

图 2-98　铝合金基体和 $\alpha'\text{-}Al_{13}Cr_4Si_4$ 相合成电子衍射图的标定

(a) 明场像;(b) 选区电子衍射图

首先分离两套衍射斑点,并标定各衍射斑点的指数,求出晶带轴,结果如图 2 - 98 所示。图中基体晶带轴是 $[001]_{Al}$,$\alpha'-Al_{13}Cr_4Si_4$ 相晶带轴是 $[112]_{\alpha'}$。从衍射斑点中发现 $(33\bar{3})_{\alpha'}$ 与 $(020)_{Al}$ 的斑点重合,$(4\bar{4}0)_{\alpha'}$ 与 $(002)_{Al}$ 的斑点重合,这说明 $\alpha'-Al_{13}Cr_4Si_4$ 相与基体存在平行的晶面。由此标定结晶可直接得出两相的取向关系[118],为

$$\begin{cases} (33\bar{3})_{\alpha'} /\!/ (020)_{Al} \\ [112]_{\alpha'} /\!/ [001]_{Al} \end{cases}$$

$$\begin{cases} (4\bar{4}0)_{\alpha'} /\!/ (200)_{Al} \\ [112]_{\alpha'} /\!/ [001]_{Al} \end{cases}$$

此外,利用两相重合的衍射斑点,可近似计算 $\alpha'-Al_{13}Cr_4Si_4$ 相的晶格常数,计算得到晶格常数 $a = 1.09$ nm。

当然,图 2 - 98 也可以标定为其他结果,即基体的衍射可以标定为 $\langle 001 \rangle$ 晶向族中的任一晶带,而 $\alpha'-Al_{13}Cr_4Si_4$ 相衍射也可标定为 $\langle 112 \rangle$ 晶向族中的任一晶带。这样,将可能得出多种取向关系,但这些取向关系应为同一类型取向关系的不同变体。

在有些情况下,两相的合成电子衍射图中,两相之间无平行的倒易矢量,更没有重合斑点,此时两套衍射斑点之间看起来毫无联系。出现这种情况的原因如下：① 两相中至少有一相的对称性较差,因此只有几个特定的倒易面才能反映两相间的取向关系,而样品没有倾转到合适的取向；② 两相间的取向关系是高指数晶面或晶向的平行,或者电子衍射图是高指数晶带。对于这类合成电子衍射图,则不能直接从衍射图中得到两相的取向关系。此时需借助两相合成的极射赤面投影图,利用极图法,来确定两相的取向关系。

### 2.3.1.2　极图分析法

极图法要将衍射谱图上的数据转移到极图上,因此首先要找到合适的标准极图(见附录 8)。图 2 - 99 是含 Nb 钢中 $\alpha$ - Fe 和第二相 $Fe_2Nb$ 的衍射花样。因为 $\alpha$ - Fe 和 $Fe_2Nb$ 分别是立方晶系和六方晶系,因此先要找到一张合适的立方晶系的标准极图和一张六方晶系标准极图,并将它们用透明纸描下来。从图 2 - 99(a)上 $\alpha$ - Fe 的衍射花样可知 $[21\bar{1}]_{\alpha}^* \perp [110]_{\alpha}^*$,而 $[21\bar{1}]_{\alpha}^* /\!/ [1\bar{1}01]_{s}^*$,可见选择 $[\bar{1}11]_{\alpha}$ 和 $[11\bar{2}0]_{s}$ 极图是合适的。将这两张极图适当旋转,使 $[21\bar{1}]_{\alpha}^*$ 与 $[\bar{1}101]_{s}^*$ 两点重合[如图 2 - 99(b)的"$p$"点],固定并重叠起来,得到图 2 - 99(b),它反映了图 2 - 99(a)中衍射花样的两相取向关系,因此两者是等价的[116]。

按照此法,如果再拍多张两相复合衍射谱,可以得到多张对应的如图 2 - 99(b)那样的复合极图,并将这些复合极图重叠起来。以图 2 - 99(b)为例,使基体 $\alpha$ - Fe 的一个基矢极点 $(100)_{\alpha}$ 移至中心,整个极图上两相各点均同步转移。同样,也将其他各衍射谱的复合极图的 $(100)_{\alpha}$ 移至中心,于是前面得到的这些复合极图变成新的以

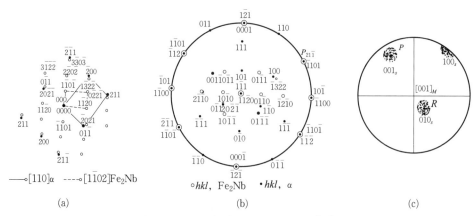

图 2 - 99　取向关系的极图法分析[116]

(a) 含 Nb 钢中 α-Fe 和第二相 $Fe_2Nb$ 的衍射花样；(b) 将图(a)转移到极图上；

(c) 最终合成两相复合极图的取向极点分布

$(100)_α$ 为中心的复合极图。最后将它们重叠起来，如果两相确实存在确定的取向关系，就会得到如图 2 - 99(c)那样的极点分布极图，即第二相的三个基矢极点或其他低指数极点将会聚集在基体的三个极点 $P(h_1 k_1 l_1)_m$、$Q(h_2 k_2 l_2)_m$ 和 $R(h_3 k_3 l_3)_m$ 周围，即三个极点往往会在一定误差角度范围 $\Delta\theta$ 内重合，从而得到取向关系如下：

$$\begin{cases} (h_1' k_1' l_1')_s // (h_1 k_1 l_1)_m \\ (h_2' k_2' l_2')_s // (h_2 k_2 l_2)_m \\ (h_3' k_3' l_3')_s // (h_3 k_3 l_3)_m \end{cases}$$

### 2.3.1.3　矩阵分析法

虽然极图法比较直观，但需要拍摄较多的电子衍射花样照片，步骤复杂，工作量较大。而矩阵可以较方便地表示两种晶体的取向关系及相应晶面和晶向指数变换，利用矩阵方法可以利用不太多的电子衍射花样照片达到测定两相取向关系的目的，这里将重点介绍[37,64]。

1）两相取向关系的描述及变换

$A$、$B$ 两相的取向关系通常用两相的一对晶面和该晶面上的一对晶向的平行来表示，即

$$\begin{cases} (hkl)_A // (h'k'l')_B \\ [uvw]_A // [u'v'w']_B \end{cases} \tag{2-110}$$

有时也用三对晶面的平行，或三对晶向的平行束描述，即

$$\begin{cases} (h_1 k_1 l_1)_A // (h_1' k_1' l_1')_B \\ (h_2 k_2 l_2)_A // (h_2' k_2' l_2')_B \\ (h_3 k_3 l_3)_A // (h_3' k_3' l_3')_B \end{cases} \tag{2-111}$$

$$或 \quad \begin{cases} [u_1 \ v_1 \ w_1]_A \ // \ [u_1' v_1' w_1']_B \\ [u_2 \ v_2 \ w_2]_A \ // \ [u_2' v_2' w_2']_B \\ [u_3 \ v_3 \ w_3]_A \ // \ [u_3' v_3' w_3']_B \end{cases} \quad (2-112)$$

两相取向关系的上述三种表达方式可以互相转换。如果两相的取向关系用式(2-110)的形式给出,即 $(h_1 \ k_1 \ l_1)_A \ // \ (h_1' k_1' l_1')_B$,$[u_2 \ v_2 \ w_2]_A \ // \ [u_2' v_2' w_2']_B$,可以将其等效地转换为三对晶面平行的形式。首先,利用式(2-12)将 $[u_2 \ v_2 \ w_2]_A$ 和 $[u_2' v_2' w_2']_B$ 转换为与它们垂直的晶面 $(h_2 \ k_2 \ l_2)_A$ 和 $(h_2' k_2' l_2')_B$。然后,利用式(2-13),将 $(h_1 \ k_1 \ l_1)_A$ 和 $(h_1' k_1' l_1')_B$ 变换成 $[u_1 \ v_1 \ w_1]_A$ 和 $[u_1' v_1' w_1']_B$。再利用式(2-31),由 $[u_1 \ v_1 \ w_1]_A \times [u_2 \ v_2 \ w_2]_A$ 求出 $(h_3 \ k_3 \ l_3)_A$,用同样的方法求出 $(h_3' k_3' l_3')_B$。这样就可以转换成三对晶面平行的形式,即式(2-111)。同样道理,也可以实现式(2-110)和式(2-112)之间的等效转换。

2) 测定两相取向关系的矩阵方法

矩阵方法就是利用变换矩阵反映两相取向关系,即通过变换矩阵把两相间的晶面指数和晶向指数联系起来。该方法适用于验证测定结果是否与已知取向关系相符,可以方便且准确地标定已知取向关系的两相合成电子衍射图。

若两晶体 $P_1 \ (uvw)_{P_1}^*$ 和 $P_2 \ (u'v'w')_{P_2}^*$,$P_1$ 晶体中的方向 $r = [uvw]$,$P_2$ 晶体中的方向 $r' = [u'v'w']$,两者具有平行的取向关系,则两相间晶向指数的变换公式为

$$\begin{bmatrix} u' \\ v' \\ w' \end{bmatrix} = \frac{d^*}{d'^*} [A] \begin{bmatrix} u \\ v \\ w \end{bmatrix} \quad (2-113)$$

式中,$[A]$ 为晶向指数变换矩阵;$d^*$ 和 $d'^*$ 分别为晶体 $P_1 \ (uvw)_{P_1}^*$ 和晶体 $P_2$ $(u'v'w')_{P_2}^*$ 倒易面的面间距。

如果已知 $P_1$ 晶体中的 $[uvw]_{P_1}$ 方向,利用式(2-113)可以求出 $P_2$ 晶体中与 $[uvw]_{P_1}$ 方向平行的晶向 $[u'v'w']_{P_2}$。通过求解可得晶向指数变换矩阵

$$[A] = \begin{bmatrix} h_1' & k_1' & l_1' \\ h_2' & k_2' & l_2' \\ h_3' & k_3' & l_3' \end{bmatrix}^{-1} \begin{bmatrix} D_1 & 0 & 0 \\ 0 & D_2 & 0 \\ 0 & 0 & D_3 \end{bmatrix} \begin{bmatrix} h_1 & k_1 & l_1 \\ h_2 & k_2 & l_2 \\ h_3 & k_3 & l_3 \end{bmatrix} \quad (2-114)$$

式中,$D_i^* = d_i / d_i' (i=1,2,3)$,$d_i$ 和 $d_i'$ 为相应晶面的面间距。

对于已知的取向关系,式(2-114)右端的三个矩阵是已知的,利用式(2-114)可以求出反映这种取向关系的变换矩阵 $[A]$。

若两晶体 $P_1 \ (uvw)_{P_1}^*$ 和 $P_2 \ (u'v'w')_{P_2}^*$ 有一对晶面互相平行,$(hkl)_{P_1} \ // \ (h'k'l')_{P_2}$,则两相间晶面指数的变换公式为

$$\begin{bmatrix} h' \\ k' \\ l' \end{bmatrix} = \frac{d}{d'}[B]\begin{bmatrix} h \\ k \\ l \end{bmatrix} = \frac{R'}{R}[B]\begin{bmatrix} h \\ k \\ l \end{bmatrix} \qquad (2-115)$$

式中,$[B]$称为晶面指数变换矩阵,$d$ 和 $d'$分别为晶体 $P_1$ $(hkl)_{P_1}$ 和晶体$P_2$ $(h'k'l')_{P_2}$ 晶面的面间距。$R$ 和 $R'$是衍射图中相应衍射斑点到中心斑点的距离。

变换矩阵$[A]$和$[B]$的关系为$[A]=[B^T]^{-1}$或$[A]^{-1}=[B]^T$。

同理,通过求解可得换晶面指数变换矩阵

$$[B] = \begin{bmatrix} u'_1 & v'_1 & w'_1 \\ u'_2 & v'_2 & w'_2 \\ u'_3 & v'_3 & w'_3 \end{bmatrix}^{-1} \begin{bmatrix} D_1^* & 0 & 0 \\ 0 & D_2^* & 0 \\ 0 & 0 & D_3^* \end{bmatrix} \begin{bmatrix} u_1 & v_1 & w_1 \\ u_2 & v_2 & w_2 \\ u_3 & v_3 & w_3 \end{bmatrix} \qquad (2-116)$$

式中,$D_i^* = d_i^*/d_i'^*$ $(i=1,2,3)$,$d_i^*$ 和 $d_i'^*$为相应倒易平面的面间距。

3)矩阵方法在两相取向关系测定中的应用[37,64]

利用变换矩阵不仅可以实现两相间晶面指数和晶向指数的变换,而且能反映两相的具体取向关系。因此,应用矩阵法能解决两相取向关系测定中的以下几个问题。

(1)已知两相间的取向关系,即变换矩阵已知,利用变换矩阵可以正确地标定两相合成电子衍射图,使标定结果符合已知的取向关系。应用这一矩阵方法的具体步骤如下:① 先标定一相的衍射斑点指数,并求出晶带轴指数;② 用已知的变换矩阵$[A]$和$[B]$,通过式(2-113)和式(2-115)计算另一相的晶带指数及衍射斑点指数。

(2)根据两相合成电子衍射图的标定结果,确定两相的取向关系,并求解变换矩阵$[B]$。然后与已知的变换矩阵$[B]$比较,验证是否属于同类型的取向关系:① 如果求解的变换矩阵与已知的变换矩阵相同,即两个矩阵中的元素一一对应,则测出的取向关系与已知的取向关系属于同一类型中的同一变体;② 如果两个矩阵中的元素的绝对值互相对应,仅仅是符号和排布的位置有所不同,则说明这两个矩阵所反映的取向关系是同一类型,但不是同一个变体;③ 如果两个矩阵中的元素不能对应,则说明测定的取向关系与已知的取向关系不同,或者是衍射图的标定结果可能存在错误。

(3)对于两相取向关系未知的情况,则需在两相共存的不同区域多拍摄几幅对称性较好的电子衍射图,并正确地进行标定。再根据每幅电子衍射图的标定结果,确定取向关系,求解一系列相应的变换矩阵,然后对这些矩阵进行比较,一般会出现以下几种情况:① 如果这些(或大多数)矩阵中的元素绝对值相同,元素的符号和排列位置可能不同,则说明两相间有确定类型的取向关系。而少数不同的矩阵可认为是一种偶然现象,不能确定为一种取向关系。② 如果这些矩阵中,有一部分矩阵的元素绝对值相同,而另一部分矩阵相一致,则说明这两相之间存在一种主要的取向关系和一种次要的取向关系。③ 如果这些矩阵极少有相同者,则说明这两相之间无确定的取向关系。

对于同一类型的取向关系,利用不同取向下的两相合成电子衍射图确定的取向关系表达式 $(h'k'l')_{p_2} // (hkl)_{p_1}$,$[u'v'w']_{r_2} // [uvw]_{r_1}$ 是不同的,但不能说明这些表达式所反映的取向关系不属于同一类型。这是因为,当将以上描述取向关系的表达式求解成相应的变换矩阵 $[B]$ 后,则会发现这些矩阵是一致的。只有当两个变换矩阵不一致时,由它们反映的取向关系才是不同的。这就是说,对于一种确定的两相取向关系,用以描述这种取向关系的平行表达式的结果可能是多种多样的,但反映这种取向关系的变换矩阵 $[B]$ 却是唯一的。取向关系表达式不相同只是表面现象,而变换矩阵不相同才能在实质上反映取向关系的差别。

下面举例说明矩阵方法在两相取向关系测定中的应用。

Inconel718 合金的基体 $\gamma$ 相是面心立方结构,$a_\gamma = 0.361\,6$ nm;$\gamma'$ 相是有序面心立方结构,$a_{\gamma'} = 0.360\,5$ nm;$\gamma''$ 相是体心四方结构,$a_{\gamma''} = 0.362\,4$ nm,$c_{\gamma''} = 0.740\,6$ nm;$\delta$ 相是正交结构 $a_\delta = 0.515\,4$ nm,$b_\delta = 0.423\,1$ nm,$c_\delta = 0.453\,4$ nm。三种析出相与基体的晶体学取向关系如下:$\{100\}_{\gamma'} // \{100\}_\gamma$,$\langle 100 \rangle_{\gamma'} // \langle 100 \rangle_\gamma$;$\{100\}_{\gamma''} // \{100\}_\gamma$,$[001]_{\gamma''} // \langle 100 \rangle_\gamma$;$(010)_\delta // \{111\}_\gamma$,$[100]_\delta // \langle 110 \rangle_\gamma$。

由于 $\delta$ 相、$\gamma''$ 相与 $\gamma'$ 相不同,它们不具有基体高对称性的面心立方结构,导致在上述取向关系下的多种变体出现。$\gamma''$ 相有 3 种变体,其定义如下:$\gamma''$ 相的 $c$ 轴平行基体相的 $a$ 轴称为 A 变体,平行 $b$ 轴为 B 变体,平行 $c$ 轴为 C 变体。$\delta$ 相由于对称性低于 $\gamma''$ 相,因而有 12 种变体[37]。

如果设 $(H_1 K_1 L_1) // (h_1 k_1 l_1)$,$(H_2 K_2 L_2) // (h_2 k_2 l_2)$,$(H_3 K_3 L_3) // (h_3 k_3 l_3)$,$(H_i K_i L_i)$ 和 $(h_i k_i l_i)(i = 1, 2, 3)$ 分别表示 $\gamma''$ 和 $\gamma$ 的三组晶面,则 $\gamma''$ 相中 $[UVW]$ 方向和 $\gamma$ 中 $[uvw]$ 方向具有平行关系的矩阵 $[B]$ 可通过式(2-116)得出:

$$[B] = \begin{bmatrix} H_1 & K_1 & L_1 \\ H_2 & K_2 & L_2 \\ H_3 & K_3 & L_3 \end{bmatrix}^{-1} \begin{bmatrix} D_1^* & 0 & 0 \\ 0 & D_2^* & 0 \\ 0 & 0 & D_3^* \end{bmatrix} \begin{bmatrix} h_1 & k_1 & l_1 \\ h_2 & k_2 & l_2 \\ h_3 & k_3 & l_3 \end{bmatrix} \qquad (2-117)$$

由于 $a(\gamma'') \approx a(\gamma)$,$c(\gamma'') \approx 2a(\gamma)$,求得 $D_1^* \approx 1$、$D_2^* \approx 1$、$D_3^* \approx 2$。将其中 A 变体的数据代入式(2-117),得

$$[B_A] = \begin{bmatrix} 1 & 0 & 0 \\ 0 & 1 & 0 \\ 0 & 0 & 1 \end{bmatrix}^{-1} \begin{bmatrix} 1 & 0 & 0 \\ 0 & 1 & 0 \\ 0 & 0 & 2 \end{bmatrix} \begin{bmatrix} 1 & 0 & 0 \\ 0 & 1 & 0 \\ 0 & 0 & 1 \end{bmatrix} = \begin{bmatrix} 1 & 0 & 0 \\ 0 & 1 & 0 \\ 0 & 0 & 2 \end{bmatrix}$$

晶面指数变化矩阵

$$[A_A] = \begin{bmatrix} 1 & 0 & 0 \\ 0 & 1 & 0 \\ 0 & 0 & \dfrac{1}{2} \end{bmatrix}$$

同理,可得到 B 变体、C 变体的变换矩阵,分别为

$$[A_B] = \begin{bmatrix} 0 & 1 & \bar{1} \\ 0 & 1 & 0 \\ \frac{1}{2} & 0 & 0 \end{bmatrix}, [B_B] = \begin{bmatrix} 0 & 0 & 2 \\ 0 & 1 & 0 \\ \bar{1} & 1 & 0 \end{bmatrix}$$

$$[A_C] = \begin{bmatrix} 1 & 0 & 0 \\ 0 & 0 & \bar{1} \\ 0 & \frac{1}{2} & 0 \end{bmatrix}, [B_C] = \begin{bmatrix} 1 & 0 & 0 \\ 0 & 0 & 2 \\ 0 & \bar{1} & 0 \end{bmatrix}$$

这些得到的变换矩阵可用于鉴定两相所确定的取向关系与两相间已知取向关系是否为同一种类型。假如新得到一种 $\gamma''$ 和 $\gamma$ 的取向关系为 $[1\bar{1}1]_{\gamma''} /\!/ [211]_\gamma$,$(110)_{\gamma''} /\!/ (0\bar{1}1)_\gamma$,$(1\bar{1}2)_{\gamma''} /\!/ (1\bar{1}\bar{1})_\gamma$。将 $[1\bar{1}1]_{\gamma''} /\!/ [211]_\gamma$ 变换成相应晶面的平行,即 $(1\bar{1}4)_{\gamma''} /\!/ (211)_\gamma$,于是有 $D_1 = D_2 = D_3 = 1$,将这些数据代入式(2-113),得

$$[A] = \begin{bmatrix} 1 & \bar{1} & 4 \\ 1 & 1 & 0 \\ \bar{1} & 1 & 2 \end{bmatrix}^{-1} \begin{bmatrix} 1 & 0 & 0 \\ 0 & 1 & 0 \\ 0 & 0 & 1 \end{bmatrix} \begin{bmatrix} 2 & 1 & 1 \\ 0 & \bar{1} & 1 \\ 1 & \bar{1} & \bar{1} \end{bmatrix} = \begin{bmatrix} 0 & 0 & 1 \\ 0 & 1 & 0 \\ \frac{1}{2} & 0 & 0 \end{bmatrix}$$

这很明显是 A 变体的变换矩阵,因此该取向关系与已知的两相取向关系属于同一类型。

此外,还可以利用变换矩阵 $[A]$ 将上述新得到的取向关系进行等效变换,即利用式(2-113)求出与基体三个晶轴平行的 $\gamma''$ 相的三个晶向,容易求得 $[001]_{\gamma''} /\!/ [100]_\gamma$,$[010]_{\gamma''} /\!/ [010]_\gamma$,$[100]_{\gamma''} /\!/ [001]_\gamma$。也同样得出,其取向关系与已知的两相取向关系属于同一类型。

利用已知取向关系的变换矩阵,可以正确地标定两相合成电子衍射图。如图 2-100(a)所示为基体 $\gamma$ 和三种取向的 $\gamma''$ 相的合成电子衍射图,已知两相间的取向关系为前面给出的三种变体,正确地标定衍射图,使之符合已知的取向关系。

首先,在衍射图中分离出四套衍射斑点。其中一套为基体的衍射,另外三套为三种不同取向的相的衍射。

然后,标定基体 $\gamma$ 的衍射斑点指数,并确定基体的晶带轴指数,标定结果如图 2-100(b)、(c)、(d)所示。利用式(2-115)标定 $\gamma''$ 相的衍射斑点指数。为计算方便,可选择 $\gamma''$ 相与基体的重合斑点进行标定,例如可选择与基体 $(200)_\gamma$ 和 $(020)_\gamma$ 重合的衍射斑点。由于基体和 $\gamma''$ 相重合的衍射斑点相应晶面的面间距相等,所以式(2-114)中的 $d/d' = R'/R = 1$。于是利用式(2-115)通过变换矩阵 $[B_A]$,可以求出相衍射斑点的指数

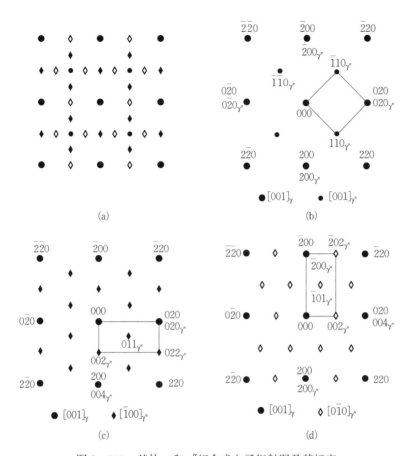

图 2 - 100　基体 γ 和 γ″相合成电子衍射图及其标定

$$
\begin{bmatrix} h'_1 \\ k'_1 \\ l'_1 \end{bmatrix} = [B_A] \begin{bmatrix} h_1 \\ k_1 \\ l_1 \end{bmatrix} = \begin{bmatrix} 2 \\ 0 \\ 0 \end{bmatrix}
$$

$$
\begin{bmatrix} h'_2 \\ k'_2 \\ l'_2 \end{bmatrix} = [B_A] \begin{bmatrix} h_2 \\ k_2 \\ l_2 \end{bmatrix} = \begin{bmatrix} 0 \\ 2 \\ 0 \end{bmatrix}
$$

即在[B]所反映的取向关系的情况下,与基体(200)$_γ$和(020)$_γ$斑点重合的 γ″相衍射斑点的指数分别为(200)$_{γ''}$和(020)$_{γ''}$。同理,可以求出在[$B_B$]和[$B_C$]所反映的取向关系情况下,那两个位置上的 γ″相衍射斑点的指数分别为(004)$_{γ'}$和(020)$_{γ'}$及(200)$_{γ'}$和(004)$_{γ'}$。

最后,γ″相其余的衍射斑点指数,可利用矢量运算方法标定,再求出晶带轴指数。为便于分析,特将三种取向的 γ″衍射斑点分离为三个图,标定结果如图 2 - 100(b)(c)(d)所示。

同样,该方法可以用于预测所有的基体和 $\gamma''$ 相的取向关系。根据变换矩阵和 $\gamma''$ 相的衍射条件: $h+k+l=2n$ ($n$ 为整数),可以计算得出基体 $\gamma$ 在 7 种低指数晶带并含有 $\gamma''$ 相的复合电子衍射花样,如图 2-101 所示。很显然,图 2-100 就是图 2-101(a) 的情况。相关计算列于表 2-13 中。

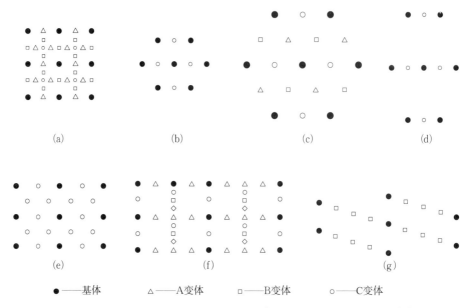

●——基体　　△——A变体　　□——B变体　　○——C变体

图 2-101　7 种基体低指数晶带并含有 $\gamma''$ 相的电子衍射花样示意图[37]

(a) $\langle100\rangle_\gamma$;(b) $\langle110\rangle_\gamma$;(c) $\langle111\rangle_\gamma$;(d) $\langle310\rangle_\gamma$;(e) $\langle112\rangle_\gamma$;(f) $\langle210\rangle_\gamma$;(g) $\langle123\rangle_\gamma$

表 2-13　在几个基体晶带中三种 $\gamma''$ 变体和 $\gamma$ 的取向关系[37]

| 晶带轴 | 变体 A | 变体 B | 变体 C |
|---|---|---|---|
| $[001]_y$ | $[010]//[001]$ | $[100]//[001]$ | $[001]//[001]$ |
|  | $(100)//(010)$ | $(010)//(100)$ | $(110)//(110)$ |
| $[110]_y$ | $[201]//[110]$ | $[021]//[110]$ | $[110]//[110]$ |
|  | $(11\bar{2})//(\bar{1}11)$ | $(11\bar{2})//(\bar{1}11)$ | $(002)//(001)$ |
| $[111]_y$ | $[221]//[111]$ | $[221]//[111]$ | $[221]//[111]$ |
|  | $(1\bar{1}0)//(01\bar{1})$ | $(110)//(\bar{1}01)$ | $(1\bar{1}0)//(1\bar{1}0)$ |
| $[310]_y$ | $[203]//[310]$ | $[061]//[310]$ | $[310]//[310]$ |
|  | $(020)//(002)$ | $(200)//(002)$ | $(002)//(001)$ |
| $[112]_y$ | $[241]//[112]$ | $[421]//[112]$ | $[111]//[112]$ |
|  | $(1\bar{1}2)//(111)$ | $(\bar{1}12)//(11\bar{1})$ | $(1\bar{1}0)//(1\bar{1}0)$ |
| $[210]_y$ | $[101]//[210]$ | $[041]//[210]$ | $[210]//[210]$ |
|  | $(020)//(002)$ | $(200)//(002)$ | $(002)//(001)$ |
| $[213]_y$ | $[131]//[213]$ | $[641]//[213]$ | $[423]//[213]$ |
|  | $(1\bar{1}2)//(111)$ | $(\bar{1}12)//(11\bar{1})$ | $(11\bar{2})//(11\bar{1})$ |

4）测定两相取向关系应注意的问题[64]

（1）不准确性。利用斑点电子衍射图测定两相取向关系的误差大约在 3°～5°。误差的主要来源是两相的晶带轴方向可能不同时平行入射束方向,两相在空间不相平行的倒易矢量在二维电子衍射图中的投影方向可能是平行的。因此,在拍摄两相合成电子衍射图时,应尽可能地使两相的晶带轴方向与入射束平行,使误差降低到最小的限度。例如让衍射斑点强度相对于中心斑点要对称分布,或菊池极和中心斑点中心重合等。

（2）对电子衍射图的要求具有特殊性。在一般情况下,用于测定两相取向关系的合成电子衍射图中,至少有一对分属于两相的倒易矢量互相平行。因此,为测定两相取向关系,往往要花费较多的时间去寻找这种两相倒易矢量具有平行方向的电子衍射图,尤其当两相间是高指数晶面的平行关系或晶体的对称性较低时就更加困难。

（3）180°不唯一性。由于斑点衍射图具有二次旋转对称,利用斑点电子衍射图测定两相取向关系具有 180°不唯一性,可以通过系列倾转技术等方法来消除。对于已知取向关系,可以改变其中一相的衍射斑点指数的正负符号进行标定,若其中一种与已知取向关系相符,则确定了两相间取向关系,也解决了衍射斑点指数标定存在的180°不唯一性问题。也可以用类似的方法处理未知的取向关系,比较求解的一系列变换矩阵 $[B]$ 能否趋于一致,从而判定两相间有无确定的取向关系,但是这种方法工作量较大。

## 2.3.2　系列倾转技术

利用透射电镜对材料进行研究时,经常涉及晶体结构及取向分析、晶体缺陷定性或定量分析、共存相间的取向关系等分析内容。例如对于未知结构衍射图的分析标定,仅从一张电子衍射图上无法得到完整的晶体结构的信息。为了得到晶体的三维倒易点阵,需要绕某一倒易点阵方向倾转晶体,得到包含该倒易点阵方向的一系列衍射图,由它们重构出整个倒易空间点阵。在进行上述有关的分析工作时,就需要利用系列倾转技术倾转样品,将样品晶体由一个取向倾转到相邻的一个或几个指定取向,使晶体的某个或某些指定的晶体学方向调整至与入射电子束平行的位置。

### 2.3.2.1　系列倾转的分析

样品晶体的系列倾转可以利用双倾样品台实现。如图 2 - 102 所示建立坐标系,在这样的直角坐标系中,样品绕 $X$ 轴、$Y$ 轴和 $Z$ 轴分别旋转 $\alpha$、$\beta$ 和 $\gamma$ 角度。双倾样品台有两个倾转轴——$X$ 轴与 $Y$ 轴,$Z$ 轴平行于入射电子束方向。

在实际情况中,样品最初的法线方向是随机的指向。因此,需将样品绕 $X$ 轴和 $Y$ 轴倾转到一定的角度 $\alpha_0$ 和 $\beta_0$,使样品到达一个低指数晶带 $[u_0 v_0 w_0]$,$\alpha_0$ 和

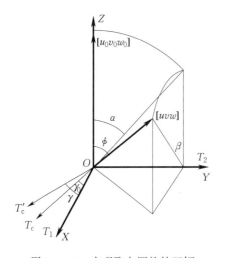

图 2－102　实现取向调整的双倾
操作示意图[64]

$\beta_0$ 是取向调整后双倾样品台 $X$ 轴和 $Y$ 轴的转角指示值。然后以此为初始取向位置，再使样品倾转，使其指定的另一低指数晶带 $[uvw]$ 的带轴方向与电子束平行。设 $[uvw]$ 与 $[u_0v_0w_0]$ 方向间的夹角为 $\phi$，上述取向调整的倾转操作也可以通过样品绕 $T_c$ 轴（倾转前后两晶带共有晶面的法线）旋转 $\phi$ 角，再绕 $Z$ 轴旋转 $(\gamma-\gamma_0)$ 角，$\gamma_0$ 是在倾转前其与 $X$ 轴之间的夹角，$\gamma$ 是在倾转后其与 $X$ 轴之间的夹角。显然，$T_c$ 轴垂直于 $[uvw]$ 和 $[u_0v_0w_0]$ 所决定的平面，而且倾转前后 $T_c$ 轴均位于 $XOY$ 平面内。为此，倾转后双倾台的 $X$ 轴和 $Y$ 轴的角度指示值 $\alpha$ 和 $\beta$ 可由下面两式确定：

$$\alpha = \sin^{-1}(\cos\alpha_0\cos\gamma_0\sin\Phi + \sin\alpha_0\cos\Phi) \tag{2-118}$$

$$\beta = \tan^{-1}\left(\frac{\sin\gamma_0\tan\Phi}{\cos\alpha_0 - \sin\alpha_0\cos\gamma_0\tan\Phi}\right) + \beta_0 \tag{2-119}$$

系列倾转的操作，可按照式(2-118)和式(2-119)计算的 $\alpha$ 和 $\beta$ 值倾转样品，使其较快地达到预期的位向。样品从一个位向到另一个位向，$X$ 轴与 $Y$ 轴实际倾转的角度值与由上述公式计算的角度值符合良好，误差在很小的范围内。

### 2.3.2.2　晶粒取向差的分析

$[u_2v_2w_2]_1$ 和 $[u_1v_1w_1]_2$ 在衍射图中的相对位置可由如下方法确定。分别拍摄晶体 A 和晶体 B 各自的 $[u_1v_1w_1]$ 晶带的电子衍射图，两者的晶带轴指数相同，衍射斑点具有相同的分布，但二者之间可能有一定的相对转动。晶体 B 绕双倾台 $X$ 轴和 $Y$ 轴进行 $(\alpha-\alpha_0)$ 和 $(\beta-\beta_0)$ 的双倾操作，合成倾转轴 $T_c$ 在倾转前后与 $X$ 轴之间的夹角 $\gamma_0$ 和 $\gamma$，在晶体 B 的 $[u_1v_1w_1]_2$ 晶带电子衍射图中由 $\gamma$ 画出 $T_c$ 在倾转后的方向，该方向即为 $[u_2v_2w_2]_2$。然后将晶体 A 和晶体 B 的两幅电子衍射图重叠，测出两个晶体中任意两个同指数矢量之间的夹角 $\Phi'$（见图 2-103），晶体 B 的衍射花样相对于晶体 A 逆时针转动时，$\Phi'_2$ 取正值，否则取负值。$[u_2v_2w_2]_1$ 和 $[u_2v_2w_2]_2$ 之间的夹角 $\Phi_2$ 为

$$\Phi_2 = |\Phi'_2 - \Delta\gamma| \tag{2-120}$$

式中，$\Delta\gamma = \gamma - \gamma_0 = \tan^{-1}\left(\frac{\sin(\beta-\beta_0)}{\sin\alpha\cos(\beta-\beta_0) - \tan\alpha_0\cos\alpha}\right)$

$$- \tan^{-1}\left(\frac{\sin(\beta-\beta_0)}{\cos\alpha_0\tan\alpha - \sin\alpha_0\cos(\beta-\beta_0)}\right)$$

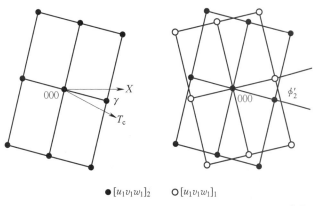

●$[u_1v_1w_1]_2$　○$[u_1v_1w_1]_1$

图 2 - 103　$[u_2v_2w_2]_1$ 和 $[u_1v_1w_1]_2$ 间夹角 $\Phi_2$ 的测定[64]

### 2.3.2.3　从晶体某一位向到其他位向

如图 2 - 104 所示,如果要将面心立方结构晶体样品从[011]倾转到相邻位向 [$\bar{1}$11],最准确的操作方法就是对照菊池图,找出倾转前后两个菊池极的共有菊池线 对,或者两者共有的操作反射 $\boldsymbol{g}$,然后使样品以 $\boldsymbol{g}$ 矢量为轴逐步倾转,即始终保持该 菊池线处于激发状态,并沿其长度方向在荧光屏上移动,直到新的、要求的菊池极出 现并到达晶带轴位置为止。样品倾转轴,即两菊池极间共有的操作反射 $\boldsymbol{g}$ 矢量的方 向指数可以借用晶带定理计算出来。此时,将两个菊池极对应的倒易面看作 $\boldsymbol{g}$ 晶带 内的两个平面,将这两个平面的面指数交叉相乘后相减,即可得到 $\boldsymbol{g}$ 的方向指数。例 如,从菊池极[011]→[$\bar{1}$11]的倾转轴的方向指数为[0$\bar{1}$1]。如图 2 - 104 所示,基于面 心立方晶体的消光规律,这两对菊池极所对应的共有 $\boldsymbol{g}$ 矢量应该是[0$\bar{2}$2]。但是,作 为晶体学方向来说,[0$\bar{1}$1]与[0$\bar{2}$2]是完全等价的。

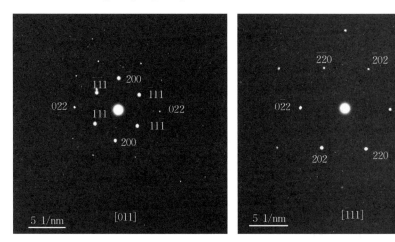

图 2 - 104　面心立方结构晶体样品倾转

同理,对于密排六方结构晶体,[0001]方向在随机出现的晶体里出现的概率要小于其他取向。如果我们对随机转正的晶带轴标定是[$1\bar{2}13$],也可以采取以上方法,[$1\bar{2}13$]和[0001]有共同的($10\bar{1}0$)和($\bar{1}010$)斑点,可以沿着垂直($10\bar{1}0$)和($\bar{1}010$)斑点连线的菊池线倾转(见图 2-105)。

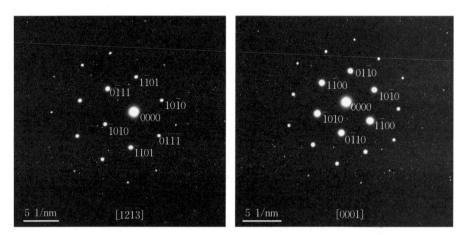

图 2-105　密排六方结构晶体样品倾转

### 2.3.2.4　三维重构法确定物相[37]

对于未知晶体,甚至于没有 PDF 卡片的新相,或者出现"偶合不唯一性",则不能从一幅或几幅不相关的不同晶带的单晶电子衍射花样把物相鉴别出来。如果利用双倾样品台,绕衍射花样中某点列(具有间距较小的密排衍射斑点)系统地倾转样品,拍摄几幅具有共同点列的不同晶带的电子衍射花样,根据它们之间的夹角构成一个三维倒易点阵,能方便地确定晶体点阵类型及其点阵常数。

一幅单晶电子衍射花样对应于一个满足衍射条件的二维零层倒易平面,而三维倒易点阵可看成由一系列零层倒易平面构成,例如面心立方晶体衍射对应的倒易点阵是体心立方,如图 2-106(a)所示,它可以看成由有 200 公共点列的若干个倒易平面[见图 2-106(b)]构成。这些倒易平面之间的夹角可以用立方晶系夹角公式计算出来。因此,就可以画出对应的倒易点阵。

绕 200 点列系列倾转就可获得上述倒易点阵中四个零层倒易平面对应的衍射花样,如图 2-107 所示。根据计算可得晶带花样之间的夹角:[001]−[013]=18°,[001]−[012]=26°,[001]−[011]=45°,[001]−[010]=90°。

显然,以公共点列 200 为倾转轴,可把与公共点列相垂的点列按不同零层倒易平面之间的夹角画出,由此得到$(100)^*_0$零层倒易平面,如图 2-108 所示,再将重构的二维倒易平面结合公共点列 200,就可用矢量相加作出一维倒易点阵图。

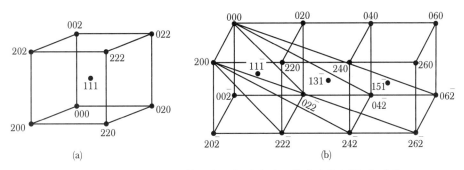

图 2-106　面心立方晶体对应的倒易点阵和构成它的倒易平面[37]

（a）面心立方倒易点阵；（b）衍射晶体的三维倒易点阵重构

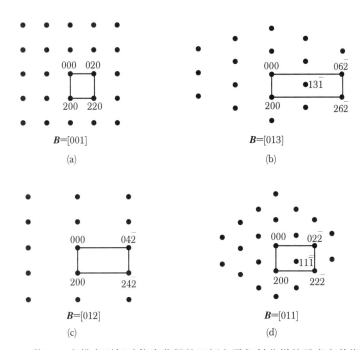

图 2-107　绕 200 密排点列倾动依次获得的四幅电子衍射花样的示意和其指数化[37]

（a）18°；（b）26°；（c）45°；（d）90°

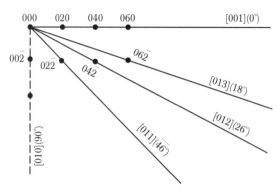

图 2 - 108　由绕 200 点列系列倾转获得的晶带花样构成的 $(100)_0$ 倒易平面[37]

### 2.3.3　迹线分析

在金属薄膜的电子衍衬显微照片上,常常可以观察到多种结构特征,如位错、位错环、孪晶、沉淀相、晶界等在试样上下表面的交线。或者这些特征虽然位于试样中间,它们与上下表面并无实际交线,但将其沿所在平面延伸以后,还是会与上下表面有交线。我们把这种在衍衬像中看到的交线,称为这些特征在试样上下表面的"迹线"。在倾转过程中,样品内的线状结构特征和面状结构特征迹线在荧光屏上的投影方向也将随之转动。迹线分析就是研究样品在倾转过程中这些结构特征迹线投影方向的变化规律。利用迹线分析,可以测定线状结构的方向指数、面状结构特征平面的指数及其在样品中的取向。迹线分析就是利用电子衍射谱,分析迹线的取向,进而确定有关特征的空间几何关系。迹线分析是利用电子衍射图提供的晶体学信息,分析衍衬像中各种结构特征迹线的取向,建立电子衍射图和衬像之间在几何上的相互关系,进而确定界面、沉淀物、层错面、位错线等结构特征的晶体学指数。

#### 2.3.3.1　线状结构特征的取向分析

以任意方向通过薄膜样品的线状特征,在衍射像上形成一条有一定衬度的线。这条线是线状结构特征迹线在垂直于入射电子束的平面(荧光屏)上的投影。根据线状特征迹线在荧光屏上的投影方向和相应衍射图的关系,很容易确定线状特征的方向指数 $[uvw]$。

设样品中有一线状特征(位错线或针状析出物)$AB$,样品在 $[u_1v_1w_1]$ 取向下,线状特征 $AB$ 位于平行于入射束的晶面 $(h_1k_1l_1)$ 内,它在荧光屏上的投影 $A'B'$ 与 $(h_1k_1l_1)$ 晶面内所有方向的投影相重合。因此,可以认为线状特征 $AB$ 在荧光屏上的投影 $A'B$ 是与 $[u_1v_1w_1]$ 方向平行的晶面 $(h_1k_1l_1)$ 在荧光屏上的交线,所以在 $(h_1k_1l_1)$ 晶带的电子衍射图中很容易确定 $(h_1k_1l_1)$ 的指数[见图 2 - 109(a)]。同样,只要倾转样品调整取向至 $[u_2v_2w_2]$,就可以确定线状结构特征 $AB$ 所在的另一个晶面$(h_2k_2l_2)$［见图 2 - 109(b)］。在确定了线状结构 $AB$ 所在的两个晶面$(h_1k_1l_1)$和$(h_2k_2l_2)$之后,$AB$ 必平行这两个晶面的交线,利用求解晶带轴指数的方法,就可以确定线状结构特征 $AB$ 的方向指数$[uvw]$。

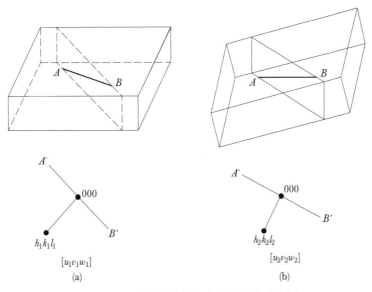

图 2 - 109　线状结构特征方向指数的确定[64]

确定线状结构特征方向指数的步骤如下:

(1) 倾转样品将取向调整为$[u_1v_1w_1]$晶带,拍摄衍射花样和衍衬像。

(2) 将线状结构特征迹线的投影画在电子衍射图中,与该直线垂直的倒易矢量的指数即为线状结构特征所在的晶面的指数$(h_1k_1l_1)$。

(3) 倾转样品调整取向至$[u_2v_2w_2]$晶带,拍摄衍衬像和衍射花样。

(4) 利用和(2)同样的方法,确定线状结构特征所在的另一个晶面的指数$(h_2k_2l_2)$。

(5) 利用两个晶面指数$(h_1k_1l_1)$、$(h_2k_2l_2)$,根据晶带定律求解得到线状结构特征的方向指数$[uvw]$。

### 2.3.3.2　结构特征平面指数的取向分析

特征平面是指片状第二相、惯习面、层错面、滑移面、孪晶面等平面。特征平面的取向分析(测定特征平面的指数)是透射电镜分析工作中经常遇到的一项工作。利用透射电镜测定特征平面的指数,其根据是选区衍射花样与选区内组织形貌的微区对应性。一种最基本、较简便的方法是垂直面投影法。该方法的基本要点为使用双倾样品台倾转样品,使特征平面平行于入射束方向。在衍衬像中的特征是,特征平面与样品上下表面的交线重合成一条线,对于片状析出相其投影宽度为最小。在此位向下获得的衍射花样中将出现该特征平面的衍射斑点。把这个位向下拍照的形貌像和相应的选区衍射花样对照,经磁转角校正后,即可确定特征平面的指数。把衍衬像中的迹线画在衍射图中(迹线应通过透射斑点),迹线的垂直方向的倒易矢量的指数,即为特征平面的指数。

其具体操作步骤如下:

(1) 利用双倾样品台倾转样品,使特征平面处于与入射束平行的方向。

(2) 拍照包含有特征平面的形貌像,以及该视场的选区电子衍射花样。

(3) 标定选区电子衍射花样,将特征平面在形貌像中的迹线画在衍射花样中。

(4) 由透射斑点作迹线的垂线,该垂线所通过的衍射斑点的指数即为特征平面的指数。

$\gamma''$相是 Mg‒Gd‒Ag 合金中的片状析出相。如果倾斜样品到某晶带轴,使片状相表面逐渐趋近平行于入射束,其在形貌像中的投影宽度将不断减小,当入射束方向与片状相表面平行时,片状相在形貌像中显示最小的宽度,如图 2‒110(a)所示。图 2‒110(b)是入射电子束与片状相表面平行时拍照的基体衍射花样。在图 2‒110(a)作 $\gamma''$相的平行线,因为现在电镜有磁转角自动校正,因此直接将该平行线画到衍射花样,通过透射斑点作该线的垂线,该垂线所通过的衍射斑点的指数为(0001),因此可以确定片状相的生长惯习面为基体的(0001)面。

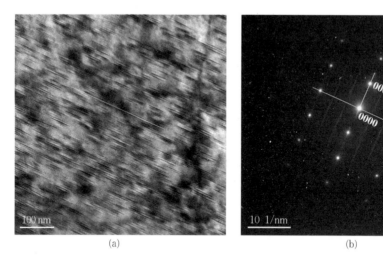

(a)               (b)

图 2‒110   Mg‒Gd‒Ag 合金 $\gamma''$相的惯习面分析
(a) 入射电子束与片状 $\gamma''$相表面平行时的形貌像;(b) 对应的电子衍射花样

铝锂合金中往往含有 $\delta'(Al_3Li)$相和 $T_1(Al_2CuLi)$相,图 2‒111(a)是铝锂合金的明场像和选区电子衍射花样。图 2‒111(b‒c)是在[001]方向衍射成的暗场像,这时 $\delta'(Al_3Li)$相是最薄的,而 $T_1(Al_2CuLi)$相有一定的宽度。$T_1(Al_2CuLi)$相在[011]方向时的形貌是最薄的,如图 2‒111(d)所示。由图不难得出 $\delta'(Al_3Li)$相的生长惯习面为基体的(100)面，$T_1$(Al$_2$CuLi)相的生长惯习面为基体的(111)面。由图 2 – 111 给出的两相合成电子衍射花样的标定结果可确定 $T_1$(Al$_2$CuLi)相和铝基体的取向关系：$(0001)_{T_1}$ // $(111)_{Al}$，$[10\bar{1}0]_{T_1}$ // $[1\bar{1}0]_{Al}$，$\delta'$(Al$_3$Li)相和铝基体的取向关系：$(100)_{\delta'}$ // $(100)_{Al}$，$[001]_{\delta'}$ // $[001]_{Al}$。

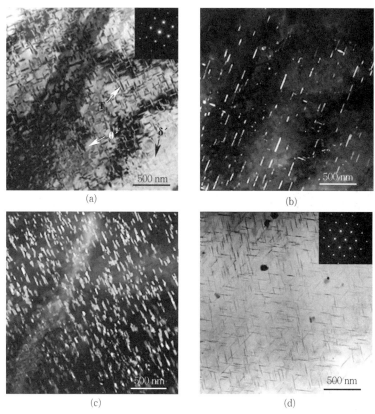

图 2 – 111　铝锂合金 $\delta'$(Al$_3$Li)相和 $T_1$(Al$_2$CuLi)相的惯习面分析

(a) [001]方向时的形貌和衍射花样；(b) [001]方向时 $\delta'$(Al$_3$Li)相的暗场像观察；

(c) [001]方向时 $T_1$(Al$_2$CuLi)相的暗场像观察；(d) [011]方向时的形貌和衍射花样

　　如果特征平面相对于薄膜表面的倾角很小，因受样品台倾角范围的限制，不能使特征平面倾转到与入射束平行的位置，或者由于某种原因难以判断特征平面是否处于竖立的位置，无法利用垂直面投影法确定特征平面的指数，可以采用倾斜面分析法。倾斜面分析法是在特征平面内找出两个方向，根据其投影方向的变化，利用前面的线状结构特征的取向分析方法，测定出这两个方向的指数，由这两个方向的指数确定特征平面的指数。

# 第 3 章　成像与衍衬

1934 年,杰弗里·英格拉姆·泰勒(Geoffrey Ingram Taylor)提出晶体中的位错概念[119],用于表述原子尺度的缺陷,解释为什么金属的实际强度与理论计算强度存在巨大差距。二次世界大战后,位错及其他晶体缺陷的理论发展迅速,到了 20 世纪 50 年代中期,刃位错、螺位错、不全位错、扩展位错等理论均已成熟,但是除了用缀饰法在离子晶体等透明晶体中显示位错位置外,还未能对位错进行更直接的观察[58]。1949 年,R.D.海登里希(R.D.Heidenreich)发表了一篇具有开创性的论文,首次将透射电镜用于研究晶体中的缺陷[120]。他使用了薛定谔方程的贝特解,解释了厚度消光条纹、弯曲消光条纹、晶粒和晶界的图像衬度。1955 年 10 月,剑桥大学卡文迪许实验室晶体学研究组的彼得·伯恩哈德·赫希(Peter Bernhard Hirsch)、迈克尔·约翰·惠兰(Michael John Whelan)等用透射电镜观察电解减薄的铝箔及经过锤打的金箔时发现亚晶界可能是由位错组成的,不过当时他们还不敢确定这个结论。1956 年 5 月 3 日下午,在移去双聚光镜的一个光阑使电子束照射面积增大导致试样升温后,迈克尔·约翰·惠兰等观察到位错线在铝箔的{111}面上的运动。此外,他们还观察到在不锈钢薄膜中的位错线的交滑移,不仅直接看到位错线,还看到它从一个{111}面上的滑移转到另一个{111}面上去,与理论分析完全一致,从而确定了位错的存在[58]。其后的 1957—1962 年间,彼得·伯恩哈德·赫希等发表系列文章,阐述了层错、位错及其他缺陷在透射电镜中衬衬图像的运动学和动力学理论[121-126],发展了电子衍衬理论,可以解释电子束穿透样品所形成的电子衍衬像,用于定量分析透射电镜图像中的样品缺陷等信息,为透射电镜在科学研究领域的实际应用奠定了基础。

## 3.1　衬度的类型及其特点

所谓衬度,是指显微图像中不同区域的明暗差别,即图像反差或对比度。电子显微图像衬度分四类:质厚衬度、衍射衬度、相位衬度和原子序数衬度。

质厚衬度,即质量厚度衬度,它和材料的质量和厚度有关,质厚衬度本质上是一种散射吸收衬度,散射物不同部位质量厚度的差异会造成对入射电子的散射吸收能力不同,由此造成的透射束强度的差异而产生的衬度即为质厚衬度,它与散射物体不同部位的密度和厚度的差异有关,非晶体样品的衬度主要来自质厚衬度。

衍射衬度是由于晶体薄膜的不同部位满足布拉格衍射条件的程度有差异而引起的衬度,常见的金属、合金、陶瓷等晶体样品的显微组织和晶体缺陷的形貌,其衬度主要由衍射衬度提供。

相位衬度是多束干涉成像,当让透射束和尽可能多的衍射束携带它们的振幅和相位信息一起通过样品时,通过与样品的相互作用,试样内部各点对入射电子作用不同,导致它们在试样出射面上相位不一,经放大让它们重新组合,使相位差转换成强度差,从而得到由于相位差而形成的能够反映样品真实结构的衬度,即高分辨像成像机制。

原子序数衬度是由于样品中不同原子序数(或化学成分)的原子对电子的散射能力的差别而形成的衬度。在原子序数衬度中同时包含相位衬度和振幅衬度的贡献。

本章以衍射衬度为主要内容,介绍晶体样品的衍射衬度原理,即运动学理论和动力学理论,并利用这一理论来解释明暗场、等厚条纹、等倾条纹等典型衍衬现象,及位错等晶体缺陷和第二相的衍衬分析。此外,本章还简要介绍质厚衬度原理,而相位衬度、原子序数衬度原理将在第 4 章介绍。

### 3.1.1　质厚衬度成像原理[37]

分析质厚衬度成像原理,首先要分析单个原子对入射电子的散射。当入射电子穿透非晶体薄膜样品时,将与样品发生相互作用,即与原子核相互作用,或与核外电子相互作用,由于电子的质量比原子核小得多,所以原子核对入射电子的散射作用,一般只引起电子改变运动方向,而无能量变化或变化很小,这种散射叫作弹性散射。散射电子运动方向与原来入射方向之间的夹角叫作散射角,用 $\alpha$ 来表示,如图 3 - 1(a)所示。散射角 $\alpha$ 的大小取决于瞄准距离 $r_n$、原子核电荷 $Z_e$ 和入射加速电压 $U$。它们的关系如下:

$$\alpha = \frac{Z_e}{U \cdot r_n} \tag{3 - 1}$$

当一个电子与一个孤立的核外电子发生散射作用时,由于两者质量相等,散射过程不仅使入射电子改变运动方向,还可能发生能量变化,这种散射叫作非弹性散射,如图 3 - 1(b)所示。散射角可由下式来定:

$$\alpha = \frac{e}{U \cdot r_e} \tag{3 - 2}$$

当入射电子作用在以原子核为中心、$r_n$ 为半径的圆内时将被散射到大于 $\alpha$ 的角度以外,故可用 $\pi r_n^2$ 来衡量一个孤立原子核把入射电子散射到 $\alpha$ 角度以外的能力,叫作原子核弹性散射截面,用 $\sigma_n$ 表示。同理,可用 $\pi r_e^2$ 来衡量一个孤立核外电子把入射电子散射到 $\alpha$ 角以外的能力,叫作核外电子的非弹性散射截面,用 $\sigma_e$ 表示。一个原子

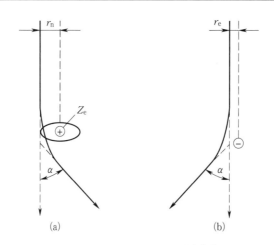

图 3-1 电子受原子的散射[37]

(a) 被原子核弹性散射;(b) 被核外电子非弹性散射

序数为 $Z$ 的原子有 $Z$ 个核外电子。因此,一个孤立原子把电子散射到 $\alpha$ 以外的散射截面,用 $\sigma_0$ 来表示,等于原子核弹性散射截面 $\sigma_n$ 和所有核外电子非弹性散射截面 $Z\sigma_e$ 之和,即 $\sigma_0 = \sigma_n + Z\sigma_e$。由式(3-1)、式(3-2)可知,$\sigma_n/Z\sigma_e = Z$,因此原子序数越大,产生弹性散射的比例就越大。弹性散射是透射电镜成像的基础,而非弹性散射引起的色差将使背景强度增高,图像衬度降低。

电子显微镜图像的衬度取决于投射到荧光屏或照相底片上不同区域的电子强度差别。对于非晶体样品来说,样品越厚或原子密度越大,入射电子透过样品时碰到的原子数目越多,样品原子核库仑电场越强,被散射到物镜光阑外的电子就越多,而通过物镜光阑参与成像的电子强度也就越低。因此,样品中相邻区域不同的厚度或密度就会导致成像电子强度的差异,这就产生了衬度。下面讨论非晶体样品的厚度、密度与成像电子强度的关系。

如果忽略原子之间的相互作用,则每立方厘米包含 $N$ 个原子的样品的总散射截面为

$$Q = N\sigma_0 = N_A \frac{\rho}{A}\sigma_0 \tag{3-3}$$

式中,$N$ 为单位体积样品包含的原子数,$\sigma_0$ 为原子散射截面,$\rho$ 为密度,$A$ 为原子量,$N_A$ 为阿伏伽德罗常量。

那么在面积为 $1\ cm^2$,厚度为 $dt$ 的样品体积内,散射截面为

$$\sigma = Q dt = N_A \frac{\rho}{A}\sigma_0 dt \tag{3-4}$$

如果入射到 $1\ cm^2$ 样品表面积的电子数为 $n$,当其穿透 $dt$ 厚度样品后有 $dn$ 个电子被散射到光阑外,即其减小率为 $dn/n$,因此有

$$-\frac{\mathrm{d}n}{n}=\sigma=Q\mathrm{d}t \tag{3-5}$$

若入射电子总数为 $n_0(t=0)$，由于受到 $t$ 厚度的样品散射作用，最后只有 $n$ 个电子通过物镜光阑参与成像。将式(3-5)积分得到：

$$n=n_0\mathrm{e}^{-Qt} \tag{3-6}$$

由于电子束强度 $I=ne$（$e$ 为电子电荷大小），因此式(3-6)可写为

$$I=I_0\mathrm{e}^{-Qt} \tag{3-7}$$

当 $Qt=1$ 时，$t=\dfrac{1}{Q}=t_c$，$t_c$ 为临界厚度，即电子在样品中受到单次散射的平均自由程。因此，可以认为，$t\le t_c$ 的样品对电子束是透明的。

当不考虑衍射衬度时，对于材料中两个不同的区域，强度分别是 $I_A=I_0\mathrm{e}^{-Q_At_A}$ 和 $I_B=I_0\mathrm{e}^{-Q_Bt_B}$，则

$$\frac{\Delta I}{I_B}=1-\mathrm{e}^{-(Q_At_A-Q_Bt_B)} \tag{3-8}$$

这说明不同区域的 $Qt$ 值差别越大，则图像衬度越高。如图3-2(a)所示，假设样品是同种非晶体材料制成的，则 $Q_A=Q_B=Q$，则式(3-8)可简化为

$$\frac{\Delta I}{I_B}=1-\mathrm{e}^{-Q(t_A-t_B)}=1-\mathrm{e}^{-Q\Delta t} \tag{3-9}$$

如图3-2(b)所示，假设样品是等厚的不同种非晶体材料制成的，则 $t_A=t_B=t$，则式(3-8)可简化为

$$\frac{\Delta I}{I_B}=1-\mathrm{e}^{-(Q_A-Q_B)t}=1-\mathrm{e}^{-\Delta Qt} \tag{3-10}$$

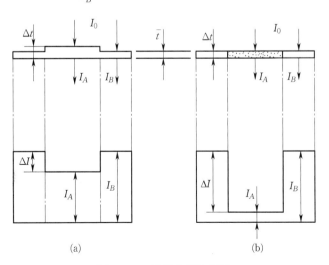

图3-2 质厚衬度原理[37]

(a) 区域厚度不同的样品；(b) 区域密度不同的样品

质厚衬度的公式为

$$C = \frac{\pi N_0 e^2}{V^2 \theta^2} \left( \frac{Z_2^2 \rho_2 t_2}{A_2} - \frac{Z_1^2 \rho_1 t_t}{A_1} \right) \tag{3-11}$$

从式(3-11)可知,衬度与原子序数 $Z$、密度 $\rho$、厚度 $t$ 等有关。用小的物镜光阑($\theta$ 小)降低电压 $V$,能提供高衬度。在研究其他衬度时,质厚衬度总是有影响的。

图 3-3 是几个典型的质厚衬度的例子。如在图 3-3(a)中可以看到,大小均匀的微球本身衬度是均匀的,但在重叠部分衬度会变深。在图 3-3(b)中可以看到,直径较大的纳米颗粒衬度较深,而直径较小的纳米颗粒衬度较浅,由于颗粒原子序数 $Z$ 和密度 $\rho$ 一样,所以衬度是受到厚度 $t$ 影响的。而图 3-3(c)中的样品中心内部的衬度较浅,而样品只有一种材质,原子序数 $Z$ 是一致的,如果是实心球,厚度 $t$ 越大衬度越深,球中心衬度应该最暗,因此可以判断为空心球。在图 3-3(d)中可以看到,大的实心球上有衬度更深的小球,说明两者原子序数 $Z$ 和密度 $\rho$ 是不一样的。

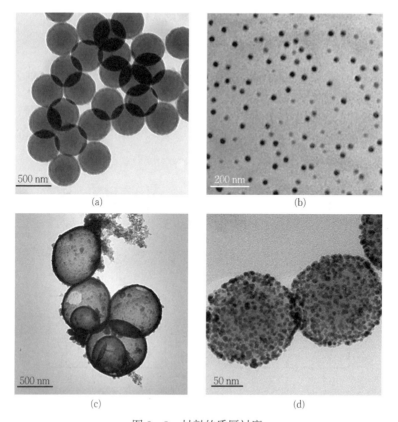

(a)

(b)

(c)

(d)

图 3-3　材料的质厚衬度

### 3.1.2　衍衬的基本概念和成像特点

　　按前面的分析,如果晶体样品厚度均匀、原子序数相同,按照质厚衬度的原理是不可能获得图像反差的,而实际上厚度均匀、原子序数相同的晶体样品成像有明显衬度差别,这都归因于衍射衬度成像。这是由于晶体样品不同区域满足布拉格条件程度的差异,因而产生不同的衍射作用,这种由衍射效应提供的衬度被称为衍射衬度。主要以衍射衬度机制形成的电子显微图像被称为衍衬像,如图 3-4 所示。图 3-4(a)是厚度均匀的多晶镁合金薄膜样品。可以看到内有若干个晶粒,它们几乎没有厚度差,但衬度差别却很大,唯一差别在于它们的晶体取向不同,满足布拉格条件的程度不同,导致各个晶粒对电子的衍射能力不同所产生的衬度变化。同样的,图 3-4(b)是尺寸大小比较均匀的纳米颗粒样品,它们的衬度差别也来自晶体取向不同导致满足布拉格条件的程度不同。

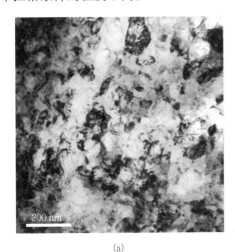 

(a)　　　　　　　　　　　　　　　　　(b)

图 3-4　多晶镁合金薄膜样品衍衬像

(a) 块体多晶材料;(b) 纳米晶体材料的衍射衬度

　　质量厚度衬度反映的基本上是样品的形貌特征,与此不同,衍衬成像反映的是晶体样品内部的组织结构特征。衍衬成像是入射电子束与样品的物质波交互作用后的结果,携带了晶体内部的结构信息,特别是缺陷引起的衬度。衍衬成像对晶体的不完整性非常敏感,而且其成像的材料结构特征的细节对取向也很敏感。

　　衍射衬度是一种振幅衬度,它是电子波在样品下表面强度(振幅)差异的反映,即由样品各处衍射束强度的差异形成的衬度,衬度来源主要有以下几种:① 两个晶粒的取向差异使它们偏离布拉格衍射的程度不同而形成的衬度;② 缺陷或应变场的存在,使晶体的局部产生畸变,从而使其布拉格条件改变而形成的衬度;③ 微区元素的富集或第二相粒子的存在,有可能使其晶面间距发生变化,导致布拉格条件的改变从而形成衬度,还包括第二相由于结构因子的变化而显示衬度;④ 完整晶体中随厚度的变化而显示出来的衬度,即等厚条纹;⑤ 完整晶体中由于弯曲程度不同而引起的衬度,即等倾条纹。

## 3.2 明场像和暗场像

晶体样品中各部分相对于入射电子的方位不同或它们彼此属于不同结构的晶体,因而满足布拉格条件的程度不同,导致它们产生的衍射强度不同,因此利用透射束或某一衍射束成像,由此产生不同的衬度。晶体样品成像操作有明场、一般暗场和中心暗场三种方式,相应的操作及成像光路示意图如图 3-5 所示。

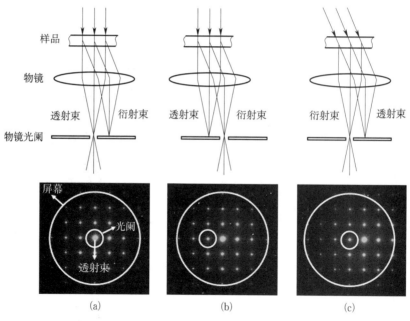

图 3-5　明场像和暗场像成像光路示意图
(a) 明场像;(b) 一般暗场像;(c) 中心暗场像

### 3.2.1 明场像

如图 3-5(a)所示,采用物镜光阑挡住所有的衍射线,只让中心透射束穿过物镜光阑形成的衍衬像称为明场像。该条件下,取向位置满足布拉格关系的晶粒的电子束强度弱,不满足布拉格关系的晶粒的电子束强度强。

### 3.2.2　一般暗场像

如图 3 - 5(b)所示,采用物镜光阑挡住透射光束和其他衍射束,只让某一衍射束通过物镜光阑形成的衍衬像称为暗场像。在这种暗场成像的方式下,衍射束倾斜于光轴,故又称离轴暗场。离轴暗场像的质量差,物镜的球差限制了像的分辨率。该条件下,取向位置满足布拉格关系的晶粒的电子束强度强,不满足布拉格关系的晶粒的电子束强度弱。

### 3.2.3　中心暗场像

如图 3 - 5(c)所示,如果借助于偏转线圈倾转入射束,使某一支衍射束调整至光轴方向,并移到透镜的中心位置,然后用物镜光阑套住位于中心的衍射斑,此时只有某一支衍射束沿着光轴通过光阑孔,而透射束和其他衍射束被光阑挡掉,该衍射束通过物镜光阑形成的衍衬像称为中心暗场像。因为减小了球差,中心暗场像比普通暗场像清晰。

在双光束条件下,将与亮衍射斑($g_{hkl}$)相对的暗衍射斑($g_{\bar{h}\bar{k}\bar{l}}$)用倾转旋扭移动到透射斑位置,然后用物镜光阑套住中心位置的斑点成像,得到的就是中心暗场像。在移动的过程中间,本来暗的衍射斑会越来越亮,而本来亮的衍射斑会越来越暗,上述的方法就是 $g/-g$ 操作。

### 3.2.4　弱束暗场像

弱束暗场像严格地讲也属于中心暗场像,所不同的是中心暗场像是在双光束条件下用 $g/-g$ 的成像条件成像,而弱束暗场像是在双光束的条件下用 $g/3g$ 的成像条件成像。其操作方法正好与中心暗场相反,它让强衍射斑点 $hkl$ 移到透射斑点(光轴位置)上,此时 $hkl$ 衍射斑点强度极大减弱,而 $3h\,3k\,3l$ 晶面正好满足布拉格条件产生强衍射,让很弱的 $hkl$ 衍射束(具有大的偏离矢量 $s$ 值)通过物镜光阑成像,获得的图像称为弱束暗场像,这就是 $g_{hkl}/3g_{hkl}$ 操作。

弱束暗场成像时,整个晶体的无畸变区偏离布拉格位置,而缺陷区附近由于晶格畸变局部满足布拉格条件获得较周围无畸变区晶体高的衍射强度,因此弱束暗场像主要用于显示缺陷像。如位错像,无论是在明场像还是暗场像下,其背底都会是亮的,也就是说位错的衬度不会太明显。但是在弱束暗场像下,位错像是亮的,而背景是暗的,这时位错的衬度会更好。另外,弱束暗场像技术获得的位错像的分辨率远高于双光束的中心暗场像。图 3 - 6 是 Al - Si 合金位错的中心暗场像和弱束暗场像[127],从图中可以看出,在弱束暗场下位错看起来更加清楚。采用弱束暗场方式获得的位错像宽度约 2 nm,而中心暗场方式获得的位错像宽度达到约 20 nm。

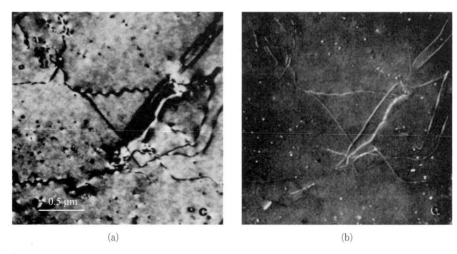

(a)　　　　　　　　　　　　　　　　(b)

图 3 - 6　Al - Si 合金位错的中心暗场像和弱束暗场像的比较[127]

(a) 中心暗场像；(b) 弱束暗场像

图 3 - 7 所示用爱瓦尔德球表示明场、中心暗场和弱束暗场满足衍射条件的不同 $g$ 以及它们对应的衍射斑点位置。图下方更清楚地比较了三种衍射方式在荧光屏上观察到的衍射斑点强度和位置特征。

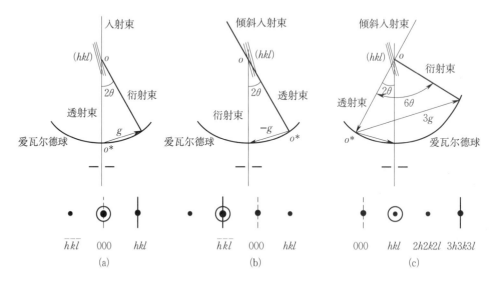

图 3 - 7　三种衍射方式的爱瓦尔德球表示及其衍射斑点相对位置比较

(a) 明场；(b) 中心暗场；(c) 弱束暗场

实用弱束衍射条件有 $1g/3g$、$1g/2g$、$1g/4g$、$2g/4g$ 等，其成像反射相对于爱瓦尔德球的构图、弱束衍射条件及相应的偏离矢量 $s$ 值如表 3 - 1 所示。

表 3-1　几种常用的弱束衍射斑点布局及 $s$ 值

| 弱束衍射斑点布局(最左面的大黑点是透射斑,虚线是反射晶面的位置) | 弱束衍射条件 | 偏离矢量 $s$ 值 |
|---|---|---|
| ● ⊙ ┆ ● ● | $1g/3g$ | $g^2\lambda$ |
| ● ● ⊙ ● ● | $2g/5g$ | $3g^2\lambda$ |
| ● ⊙ ● | $1g/2g$ | $0.5g^2\lambda$ |
| ● ● ⊙ ● ● | $2g/4g$ | $2g^2\lambda$ |
| ● ⊙ ● ● ● | $1g/4g$ | $1.5g^2\lambda$ |
| ⊙ ● ┆ ● | $-1g/1g$ | $-g^2\lambda$ |

## 3.2.5　双光束条件

当电子束穿过样品后,除了透射束以外,只存在一束较强的衍射束精确地符合布拉格条件,即晶体中只有一个晶面满足布拉格条件,而其他的衍射束都足够偏离布拉格条件。得到的衍射花样中除了透射斑点以外,只有一个强度较大的衍射斑点,其他的衍射斑强度基本上可以忽略,这种情况就是所谓的双光束衍射条件,简称双光束条件。

图 3-8 是双光束衍射几何示意图。在衍射几何条件中,在晶体的倒易点阵中,只有一个倒易阵点与反射球相交,其他的阵点都与反射球相去甚远。由衍射的尺寸效应可知,双光束条件应该在试

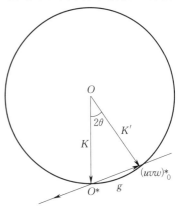

图 3-8　双光束衍射几何示意图

197

样较厚的地方比较容易实现。这是因为样品越厚,倒易杆越短,和反射球相交的机会越少。

在用双光束成像时,参与成像的衍射斑除了透射斑以外,只有衍射斑 $hkl$,因此无论是在明场成像还是暗场成像时,如果该衍射斑参与了成像,则图像上的衬度在理论上来讲与该衍射斑有非常密切的关系,所以我们经常将该衍射斑称为操作反射,记为 $g_{hkl}$。操作上要先踩正晶带轴,稍微倾转试样,使所需要这个衍射斑 $hkl$ 的强度较大,而其他的衍射斑强度基本上可以忽略。

如图 3 - 9 所示,在铝合金的 $[\overline{1}11]$ 方向附近可获得 $g_{\overline{2}0\overline{2}}$、$g_{0\overline{2}\overline{2}}$、$g_{220}$ 等不同操作反射的双光束条件。一般来说,特别是在薄样品条件下,很难实现真正的双光束条件,总会有其他可见的衍射点。这是因为样品越薄,倒易杆越长,和反射球相交的机会越多。如果其他衍射斑相对于双光束中的衍射斑很弱时,可以视作双光束条件,但不能出现两者亮度接近的情况。

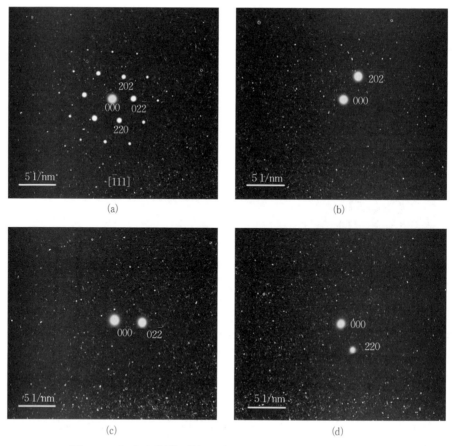

图 3 - 9　铝合金的 $[\overline{1}11]$ 方向附近不同操作反射的双光束条件
(a) 选取电子衍射;(b) $g_{\overline{2}0\overline{2}}$;(c) $g_{0\overline{2}\overline{2}}$;(d) $g_{220}$

### 3.2.6　明、暗场衬度的互补性

假设入射电子束总的强度为 $I_0$，双光束下成像时，如果透射束的强度和衍射束的强度分别用 $I_T$ 和 $I_D$ 来表示的话，而其他的衍射束强度为零，则有

$$I_0 = I_D + I_T \qquad\qquad (3-12)$$

由式(3-12)可以看出，在理想的双光束条件下，明暗场强度是互补的。也就是材料区域在明场下亮的衬度，在暗场下应该是暗的，反之亦然。但由于实际的电镜样品很薄，倒易阵点将扩展成倒易杆，因此只能获得接近于理想的双光束条件。在接近理想的双光束条件下，除了透射束和一支强衍射束外，其他的衍射束强度只能近似为零，此时式(3-12)应为近似相等，明、暗场像的衬度只能近似互补。在明场下呈现亮像的区域，在暗场下则为暗像。但是，在非双光束条件下，如存在多个衍射斑点的情况，即有 2 支或 2 支以上强度较高的衍射束，此时用其中某一支衍射束所成的暗场像与明场像的衬度不满足近似互补。

如图 3-10 所示的镁合金样品，有两个相邻的晶粒 A 和 B，它们没有厚度差，同时又足够的薄，两者的平均原子序数相同，唯一差别在于它们的晶体位向不同。在强度为 $I_0$ 的入射电子束照射下，假设在 A 晶粒中任何晶面均不满足衍射条件，因此 A 晶粒只有一束透射束，其强度等于入射束强度 $I_0$。假设 B 晶粒中仅有一个 $(hkl)$ 晶面组精确满足衍射条件，即 B 晶粒处于"双光束条件"，故得到一个强度为 $I_{hkl}$ 的 $hkl$ 衍射斑点和一个强度为 $(I_0 - I_{hkl})$ 的 000 透射斑点。

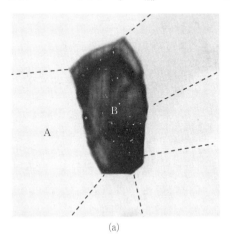
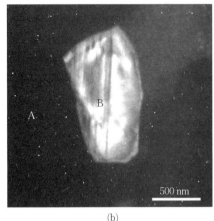

(a)　　　　　　　　　　　　　(b)

图 3-10　镁合金晶粒形貌衍衬像

(a) 明场像；(b) 暗场像

若把 B 晶粒的 $hkl$ 衍射束挡掉，只让透射束通过光阑孔成像，在物镜的像平面上获得样品形貌的明场像。此时，两颗晶粒的像亮度不同，因为 $I_A \approx I_0$，$I_B \approx I_0 - I_{hkl}$，

这就产生了衬度。通过中间镜、投影镜进一步放大的最终像,其相对强度分布依然不变。因此,我们在荧光屏上将会看到,B 晶粒较暗而 A 晶粒较亮。如果以未发生衍射的 A 晶粒像亮度 $I_A$ 作为背景强度,则 B 晶粒的像衬度为

$$\left(\frac{\Delta I}{I}\right)_B = \frac{I_A - I_B}{I_A} = \frac{I_0 - (I_0 - I_{hkl})}{I_0} = \frac{I_{hkl}}{I_0} \tag{3-13}$$

当暗场成像时,如果是在双光束条件下,让 $hkl$ 衍射束通过物镜光阑,挡住透射束,这时 A 晶粒的强度为 0,而 B 晶粒的强度为 $I_{hkl}$,以亮的晶粒 B 为背景时,A 晶粒的衬度为

$$\left(\frac{\Delta I}{I}\right)_A = \frac{I_B - I_A}{I_B} = \frac{I_T - 0}{I_T} = 1 \tag{3-14}$$

由式(3-13)、式(3-14)可知,暗场成像时的衬度要比明场成像时好得多。

## 3.3  衍衬成像的运动学理论

已知透射电镜的衍射衬度是由样品下表面不同部位出射的衍射束强度的差异造成的,因此要正确分析和解释透射电镜的衍射衬度像的衬度,最理想的方法就是直接算出样品下表面处的电子波分布函数,但这种计算是很复杂的,所以人们对此进行简化,以晶体内入射束与衍射束、衍射束与衍射束之间的相互作用为依据,提出了解释衍射衬度的两种理论:运动学理论和动力学理论,其中运动学理论是动力学理论的简化,不考虑电子衍射的动力学效应。

### 3.3.1  运动学理论的基本假设[37]

衍射衬度的运动学理论是在运动学近似、双束近似、柱体近似等条件基础上提出来的。

1)运动学近似

运动学近似又称为单散射近似,也是运动学理论重要的假设,认为衍射波的振幅远小于入射波的振幅,在试样内各处入射电子波振幅和强度都保持不变,只需计算衍射波的振幅和强度变化,不考虑透射束与衍射束的相互作用,即试样中透射束和衍射束之间、衍射束和衍射束之间不存在能量交换,每个电子在试样中被散射一次,透射束的强度就等于入射束强度,在传播过程中不衰减。偏离矢量越大,厚度越小,这假设就越成立。

2)双束近似

一般选择透射束和一支主衍射束的成像条件,该衍射束不精确满足布拉格条件,即存在偏离矢量。此时,用于成像的衍射束强度与透射束相比小很多,两者的交互作

用可被忽略,其余衍射束强度对透射束可忽略不计。

　　3) 柱体近似

　　假设样品由截面略大于单胞尺寸、贯穿样品上下表面的柱体组成,样品下表面某点衍射束的强度近似认为是以该点为中心的小柱体内衍射束的强度。电子波在小柱体内传播时,不受周围晶柱的影响,即入射到小晶柱内的电子波不会被散射到相邻的晶柱上去,相邻晶柱内的电子波也不会散射到所考虑的晶柱上来,柱体出射面处衍射强度只与所考虑的柱体内的结构内容和衍射强度有关,即柱体之间的衍射束相互独立、互不干扰。

　　如图 3-11 所示,电子束由试样上表面 $A$ 入射,在样品下表面出射,由 $2d\sin\theta=\theta$ 知,$\theta$ 很小,约 $10^{-2}\,\mathrm{rad}$ 量级。样品的厚度 $t$ 很小,假设为 $100\,\mathrm{nm}$。因此,透射束和衍射束相应距离为 $t\cdot 2\theta=100\times 2\times 10^{-2}\,\mathrm{nm}\approx 2\,\mathrm{nm}$。

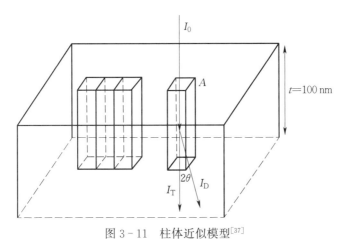

图 3-11　柱体近似模型[37]

　　为了满足上述运动学理论的基本假设,对实验条件有两个要求。一是样品要足够薄,入射电子受到多重散射的机会减少到可以忽略的程度。同时由于参与衍射的原子不多,衍射束的强度也较弱。二是使衍射晶面处于远离布拉格条件的位向,即存在一定的偏离矢量,此时衍射束的强度较弱。

　　运动学理论就是在以上几点基本假设条件下,计算电子束穿过薄晶体后的衍射束和透射束的强度。下面分别对完整晶体和非完整晶体两种情况进行讨论。

## 3.3.2　完整晶体的运动学方程[37]

　　完整晶体是指不存在点、线、面缺陷(如位错、层错、晶界和第二相等微观晶体缺陷)的理想晶体。如图 3-12(a)所示,根据运动学理论的基本假设,柱体内 $r$ 处厚度元 $\mathrm{d}z$ 产生的衍射方向 $k'$ 上的散射振幅为

$$\mathrm{d}\varPhi_\mathrm{g} = \frac{in\lambda F_\mathrm{g}}{\cos\theta}\mathrm{e}^{-2\pi i \mathbf{K}' \cdot \mathbf{r}}\mathrm{d}z \tag{3-15}$$

式中，$i$ 为有 $\pi/2$ 的相位改变，$n$ 为晶胞数，$F_\mathrm{g}$ 为结构振幅，$\theta$ 是布拉格角，$\lambda$ 是电子波长，$\mathbf{K}' = \mathbf{k}' - \mathbf{k}$，而 $-2\pi i \mathbf{K}' \cdot \mathbf{r}$ 是 $r$ 处原子面散射波相对于晶体上表面位置散射波的相位差。

柱体内 $r$ 处的散射合成振幅等于表面原子层的散射合成振幅乘上一个相位因子 $\mathrm{e}^{-2\pi i \mathbf{K}' \cdot \mathbf{r}}$。如图 3-12(b) 所示，考虑到在偏离布拉格条件时，$\mathbf{K}' = \mathbf{k}' - \mathbf{k} = \mathbf{g} + \mathbf{s}$，$\mathbf{g}$ 是倒易点阵矢量，$\mathbf{s}$ 是偏离矢量。则式 (3-15) 中的相位因子为

$$\mathrm{e}^{-2\pi i \mathbf{K}' \cdot \mathbf{r}} = \mathrm{e}^{-2\pi i (\mathbf{g} + \mathbf{s}) \cdot \mathbf{r}} = \mathrm{e}^{-2\pi i s z}$$

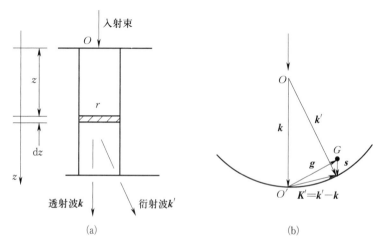

图 3-12　柱体近似模型[37]

(a) 柱体的散射示意图；(b) 柱体的衍射强度

因为 $\mathbf{g}$ 是倒易点阵矢量，$\mathbf{r}$ 是整空间矢量，所以 $\mathbf{g} \cdot \mathbf{r} = $ 整数，$\mathbf{s} /\!/ \mathbf{r} /\!/ \mathbf{z}$，且 $r = z$。如果该原子面的间距为 $d$，则在厚度元 $\mathrm{d}z$ 范围内，即 $\mathrm{d}z/d$ 层数内原子面的散射振幅为

$$\mathrm{d}\varPhi_\mathrm{g} = \frac{in\lambda F_\mathrm{g}}{\cos\theta}\mathrm{e}^{-2\pi i s z}\frac{\mathrm{d}z}{d} \tag{3-16}$$

引入消光距离参数 $\xi_\mathrm{g}$，其定义为

$$\xi_\mathrm{g} = \frac{\pi V_\mathrm{c} \cos\theta}{\lambda F_\mathrm{g}} \tag{3-17}$$

式中，$V_\mathrm{c}$ 是单胞体积，$F_\mathrm{g}$ 是晶胞散射振幅（结构因子），$\theta$ 是布拉格角，$\lambda$ 是电子波长。

则由式 (3-16)、式 (3-17) 得到衍射运动学理论的基本方程

$$\mathrm{d}\varPhi_\mathrm{g} = \frac{i\pi}{\xi_\mathrm{g}}\mathrm{e}^{-2\pi i s z}\mathrm{d}z \tag{3-18}$$

柱体内所有厚度元的散射振幅按它们的位相关系叠加,于是得到试样下表面处衍射束的合成振幅:

$$\varPhi_g = \frac{i\pi}{\xi_g} \int_0^t e^{-2\pi isz} \mathrm{d}z = \frac{i\pi}{\xi_g} \frac{\sin(\pi st)}{\pi s} e^{-\pi ist} \qquad (3-19)$$

而衍射强度为

$$I_g = \varPhi_g \cdot \varPhi_g^* = \frac{\pi^2}{\xi_g^2} \cdot \frac{\sin^2(\pi st)}{(\pi s)^2} \qquad (3-20)$$

### 3.3.2.1 衍射强度 $I_g$ 随厚度 $t$ 的变化[37]

如果试样保持一个固定的晶体位向,则衍射晶面的偏离矢量 $s$ 保持恒定,此时式(3-20)可以改为

$$I_g = \frac{1}{(s\xi_g)^2} \cdot \sin^2(\pi ts) \qquad (3-21)$$

当偏离矢量 $s$ 不变, $I_g$ 随 $t$ 发生周期性的振荡,振荡的深度周期为 $t_g = 1/s$。当 $t = n/s$($n$ 为整数)时,衍射强度最小,$I_g = 0$;而当 $t = \left(n + \frac{1}{2}\right)\Big/s$ 时,衍射强度最大,$I_{g,\max} = \frac{1}{(s\xi_g)^2}$。将衍射强度 $I_g$ 随厚度 $t$ 的变化画成曲线,如图 3-13 所示。因为一个条纹上各处的厚度是一样的,所以这样形成的条纹称为等厚条纹。

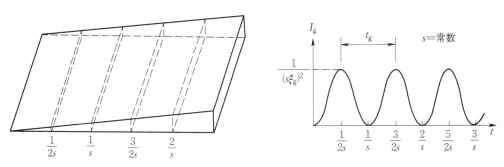

图 3-13 衍射强度 $I_g$ 随厚度 $t$ 的变化[37]

图 3-14 是等厚消光条纹衬度形成原理示意图。可见,明场像和暗场像中条纹的衬度正好相反,明场像中的孔边缘最外侧为亮条纹,而暗场像中的孔边缘最外侧为暗条纹。这是因为楔形边缘的厚度 $t$ 连续变化,在样品下表面处 $I_g$ 随 $t$ 周期变化,在孔边缘处 $t = 0$,所以 $I_g = 0$,暗场像对应位置为暗条纹,明场像为亮条纹; $t = \left(n + \frac{1}{2}\right)\Big/s$ 处的样品处衍射强度 $I_g$ 为最大值,暗场像中对应位置为亮条纹,明场像则为暗条纹。

由以上分析可知,用衍射强度 $I_g$ 随厚度 $t$ 周期性振荡这一运动学结果,可以解释两种常见的衍衬现象。一种现象是样品边缘处出现的厚度消光条纹,样品孔洞边缘是楔形的,其厚度由边缘向中心逐渐增厚。这种厚度的变化使衍射强度随之周期性振荡,产生明、暗相间的条纹,称为等厚消光,也称厚度消光条纹。同样,在样品中的锥形孔也会产生相同的衍衬现象,如图 3-15(a)所示。其他与前者是小孔和大孔的关系,所以是同一种情况。另一种现象是特殊的情况,在倾斜于样品表面的晶界、孪晶界以及相界面等处出现厚消光条纹。这是因为界面一侧的晶体处于有利的取向而发生强衍射,而另一侧

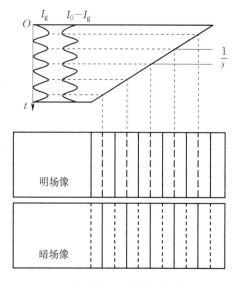

图 3-14 等厚消光条纹衬度形成原理示意图

远离布拉格条件的晶体的衍射强度可视为零,这部分晶体对衍射的效果和晶体不存在时是一样的,则对于发生强衍射的晶体,界面就成为其楔形表面,从而产生等厚消光条纹,如图 3-15(b)所示。图 3-16 是等厚消光条纹这两种现象的实例。

由于相邻条纹的间距与衍射强度在厚度方向上的变化周期 $1/s$ 成正比,因此出现的条纹数目与偏离矢量 $s$ 有关,条纹的数目将随 $s$ 增大而增多,所以利用等厚条纹的数目 $n$ 可估算样品的厚度 $t$,即 $t=n/s$。即利用等厚消光条纹的根数以及所选用的反射对应的消光距离 $\xi_g$,可近似计算样品的厚度,$t=n\xi_g$。例如铝样品,当使用操作

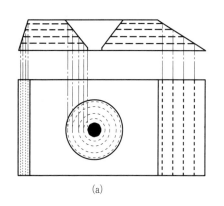

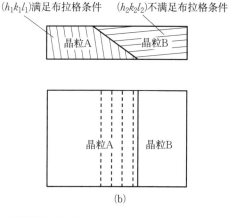

(a)

(b)

图 3-15 等厚消光条纹形成示意图

(a) 边缘和锥形孔;(b) 晶界

 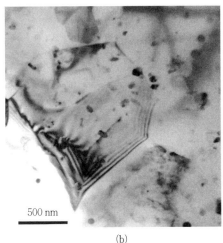

(a) (b)

图 3-16 等厚消光条纹实例

(a) 边缘;(b) 晶界

反射 200 进行衍射衬度成像时,得到的等厚消光条纹有 3 根,估测样品厚度 $\dot{g}=200$ 对应的消光距离为 $\xi_{200}=68$ nm,所以厚度 $t=n\xi_g=3\times68=204$ nm。

### 3.3.2.2 衍射强度 $I_g$ 随有效偏离矢量 $s$ 的变化[37]

把式(3-20)改写为

$$I_g=\frac{\pi^2 t^2}{\xi_g^2}\cdot\frac{\sin^2(\pi st)}{(\pi ts)^2} \tag{3-22}$$

这时电子衍射衬度的表达式是偏离矢量的函数,随着偏离矢量的改变,衬度改变,这是等倾条纹产生的原因,如图 3-17 所示。当厚度 $t$ 为常数时,衍射强度 $I_g$ 随偏离矢量 $s$ 变化的曲线如图 3-18 所示。可见,衍射强度 $I_g$ 随 $s$ 绝对值的增大也发生周期性振荡,振荡周期为 $1/t$。当 $s=0$ 时,$I_g$ 为最大值 $I_{g,max}=\frac{\pi^2 t^2}{\xi_g^2}$;当 $s=\pm\frac{n}{t}$($n$ 为非零整数)时,$I_g=0$;当 $s=\pm\frac{n+\frac{1}{2}}{t}$($n$ 为非零整数)时,$I_g$ 有极大值,且随 $s$ 的增大迅速衰减。因为当 $s=\pm\frac{3}{2t}$ 时,$I_g$ 很小,所以考虑衍射程度主极大值的衰减周期(从 $-1/t$ 到 $+1/t$)时,$\pm1/t$ 的范围作为偏离布拉格条件后产生衍射强度的界限,倒易阵点的扩展范围(倒易杆的长度)为 $s_0=\frac{2}{t}$,这就是通常认为晶面发生衍射所能容许的最大偏离范围$\left(|s|<\frac{1}{t}\right)$。

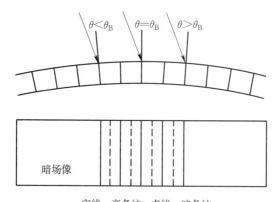

实线：亮条纹　虚线：暗条纹

图 3-17　等厚消光条纹衬度形成原理示意图

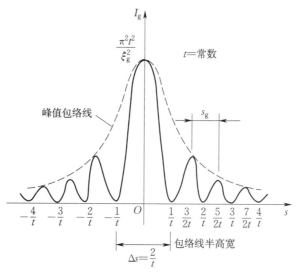

图 3-18　$I_g$ 随 $s$ 的变化[37]

在图 3-18 中，由于样品弹性弯曲使衍射晶面向两侧偏转。如果样品上 $O$ 点处衍射晶面的取向精确满足布拉格条件，$\theta = \theta_B$($s=0$)，由于样品弹性变形，在 $O$ 点两侧该晶面向相反方向转动，$s$ 的符号相反，且 $|s|$ 随距 $O$ 点的距离增大而增大。由运动学理论关于 $I_g$ 随 $s$ 的变化规律可知，当 $s=0$ 时，$I_g$ 取最大值，因此在衍衬像中对应于 $s=0$ 处将出现亮条纹（暗场）或暗条纹（明场），在其两侧相应于 $I_g=0$ 及 $I_g$ 有极值处还有暗、亮相间的条纹出现（暗场），但由于衍射峰值强度迅速衰减，如最亮条纹（$s=0$）与次亮条纹（$s=\dfrac{3}{2t}$）的强度之比约为 22：1，所以条纹的数目一般不会很多。同一条纹相对应的样品位置，衍射晶面具有相同的取向（$s$ 相同），所以这种条纹称作

等倾条纹,也称弯曲消光条纹,因为其往往是由于样品的弹性弯曲变形引起的。

等倾条纹是一种常见的衬度特征。如果倾转样品,则样品的取向将发生变化,即样品上相应于 $s=0$ 的位置将发生变化,因此可以观察到等倾条纹在荧光屏上出现扫动,这是鉴别等倾条纹的有效方法。如果样品因弹性变形使多组不同方位的晶面产生相对偏转,且这些晶面组同时发生较强的衍射时,则可出现互相交叉的等倾条纹(见图 3-19)。而且交叉的等倾条纹和样品的取向有关,可以用来帮助判断样品的晶体取向。而等厚条纹是不会发生相互交叉的,因此这也是区分等倾条纹和等厚条纹的方法。

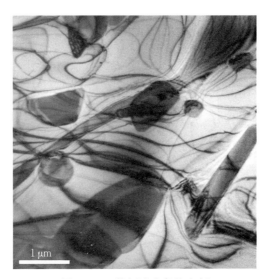

图 3-19 等倾消光条纹实例

### 3.3.3 缺陷晶体的运动学方程[37]

前面分析了完整晶体的运动学方程,但实际上往往遇到的是缺陷晶体,即不完整晶体。与完整晶体相比,位错、层错、第二相和晶粒边界等缺陷的存在,都会引起附近某个区域内点阵发生畸变,则相应的柱体也发生某种畸变,这种畸变的大小和方向可用位移矢量 $R$ 表示。当分析电子波穿过缺陷晶体时的衍射情形,与理想晶体相似,但需要考虑缺陷位移对衍射束相位角的影响。假如柱体内深度 $z$ 处厚度元 $dz$ 因受缺陷的影响发生位移 $R$,如图 3-20 所示,其坐标矢量由理想位置的 $r$ 变为 $r'$:

$$r' = r + R \tag{3-23}$$

晶体发生畸变后,位于 $r'$ 处的厚度元 $dz$ 的散射振幅为

$$d\Phi_g = \frac{i\pi}{\xi_g} e^{-2\pi i K' \cdot r'} dz \tag{3-24}$$

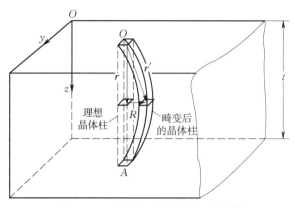

图 3 - 20　缺陷附近晶体柱的畸变[37]

其中相位因子 $e^{-2\pi i\boldsymbol{K}'\cdot\boldsymbol{r}'}=e^{-2\pi i(\boldsymbol{k}'-\boldsymbol{k})\cdot\boldsymbol{r}'}=e^{-2\pi i(\boldsymbol{g}\cdot\boldsymbol{r}+\boldsymbol{s}\cdot\boldsymbol{r}+\boldsymbol{g}\cdot\boldsymbol{R}+\boldsymbol{s}\cdot\boldsymbol{R})}$。因为 $\boldsymbol{g}\cdot\boldsymbol{r}=$ 常数,$\boldsymbol{s}\cdot\boldsymbol{R}$ 很小,可以忽略,$\boldsymbol{s}\cdot\boldsymbol{r}=sz$,则得 $e^{-2\pi i\boldsymbol{K}'\cdot\boldsymbol{r}'}=e^{-2\pi isz}\,e^{-2\pi i\boldsymbol{g}\cdot\boldsymbol{R}}$。代入式(3-24)得

$$\mathrm{d}\Phi_\mathrm{g}=\frac{i\pi}{\xi_\mathrm{g}}e^{-2\pi isz}\,e^{-2\pi i\boldsymbol{g}\cdot\boldsymbol{R}}\mathrm{d}z$$

对于厚度为 $t$ 的试样,畸变晶体柱下表面的衍射束振幅为

$$\Phi_\mathrm{g}=\frac{i\pi}{\xi_\mathrm{g}}\int_0^t e^{-2\pi isz}\,e^{-2\pi i\boldsymbol{g}\cdot\boldsymbol{R}}\mathrm{d}z \tag{3-25}$$

令
$$\alpha=2\pi\boldsymbol{g}\cdot\boldsymbol{R} \tag{3-26}$$

则
$$\Phi_\mathrm{g}=\frac{i\pi}{\xi_\mathrm{g}}\int_0^t e^{-2\pi isz}\,e^{-i\alpha}\mathrm{d}z \tag{3-27}$$

与完整晶体的式(3-19)相比,可发现由于晶体中的缺陷存在,导致衍射振幅的表达式中出现了一个附加的位相因子 $e^{-i\alpha}$,其中附加的相位角 $\alpha=2\pi\boldsymbol{g}\cdot\boldsymbol{R}$。附加位相因子将使缺陷附近点阵发生畸变的区域内的衍射强度有别于无缺陷的区域,从而在衍衬图像中获得相应的衬度。对于不同的晶体缺陷,有不同的位移矢量,对于同一类型的位移矢量也会因操作反射不同而出现不同的缺陷衬度。$\boldsymbol{g}$ 是用以获得衍衬图像的某一发生强衍射的晶面的倒易矢量,即操作反射。对于给定的缺陷,$\boldsymbol{R}$ 是确定的,通过样品台的倾转获得不同 $\boldsymbol{g}$ 成像,同一缺陷出现不同的衬度特征,尤其是当选择的操作反射满足

$$\boldsymbol{g}\cdot\boldsymbol{R}=n(整数) \tag{3-28}$$

操作反射满足式(3-28)时,则 $e^{-i\alpha}=1$,此时式(3-27)与式(3-19)相同,因此缺陷衬度将消失,即在图像中缺陷不可见。也就是说,当缺陷畸变引起的位移只发生在反射晶面内,此时畸变不导致附加的衬度。式(3-28)所表达的"不可见判据"是缺陷的晶体学定量分析的重要依据。

运动学理论相较于动力学理论存在一些不足之处,它主要表现在以下几个方面。

首先,由于运动学理论是在有假设前提下建立起来的一种理论,因此用它解释某些衍衬现象不是十分完美。例如,等厚消光条纹的间距应正比于周期距离 $1/s$,因此当 $s \to 0$ 时的条纹间距将趋近于无穷大。而实际情况并非如此,即使当 $s=0$ 时,条纹间距仍然为确定的有限值。

其次,运动学理论的假设条件要求须使用极薄的样品,并且要求衍射晶面处于远离布拉格条件的位向。例如在完整晶体情况下,若入射波振幅 $\varphi_0 = 1$,而衍射束的强度为 $|\Phi_g|^2 = \dfrac{\pi^2}{\xi_g^2} \cdot \dfrac{\sin^2 \pi t s}{(\pi s)^2}$。当 $s = 0$ 时,$I_{g,\max} = \dfrac{\pi^2 \, t^2}{\xi_g^2}$。如果样品比较厚 $t > \xi_g / \pi$,则 $I_{g,\max} > 1 = I_0$,即衍射强度将超过入射强度,这显然是不成立的。所以运动学理论要求衍射束的强度要远小于透射束的强度,即 $I_{g,\max} \ll 1$,即样品的厚度应当满足 $t \ll \xi_g / \pi$,如果假设 $I_{g,\max} \approx 0.1$ 满足对运动学理论要求的话,则应有 $t \approx \xi_g / (3\pi)$。为了满足运动学理论的基本假设,样品厚度至少在 10 纳米以下,显然制备这么薄的样品是很难的,因为大部分电镜样品都是几十纳米。

最后,根据运动学理论给出的衍射强度公式,当 $t = \left(n + \dfrac{1}{2}\right) \Big/ s$ 时,衍射束强度最大 $I_{g,\max} = \dfrac{1}{(s\xi_g)^2}$。假设 $I_{g,\max} \approx 0.1$ 能满足对运动学理论的基本假设,则有 $|s| \approx \dfrac{\pi}{\xi_g}$。由于 $s \approx \Delta\theta \cdot g = \Delta\theta \cdot \dfrac{1}{d}$,于是有 $|\Delta\theta| \approx \dfrac{\pi d}{\xi_g}$。由布拉格定律 $2d \sin\theta = \lambda$ 可得 $\theta \approx \dfrac{\lambda}{2d}$,所以 $\dfrac{|\Delta\theta|}{\theta} \approx \dfrac{2\pi d^2}{\lambda \xi_g}$。由此可见,$\Delta\theta$ 和 $\theta$ 在数值上具有相同的数量级,$\Delta\theta$ 甚至比 $\theta$ 还要大。这种情况下要满足运动学理论的基本假设,必须使衍射晶面相对于布拉格位置有非常大的偏离。事实上,由于原子对电子的散射能力很强,即使在偏离布拉格条件的情况下,衍射束的强度也不会很弱。假使衍射束的强度很弱,但由于薄样品的倒易阵点扩展成倒易杆,其他的倒易阵点可能会与反射球接触,产生不弱的衍射束强度。因此,几乎不可能实现运动学理论要求的双光束近似条件。

总之,在实际的衍衬分析中,运动学理论的基本假设几乎不可能完全满足,因此也不可能对各种衍衬现象做出完美的解释。运动学理论的简明性是其一个重要的优点,利用它可以定性地解释许多衍衬现象,但与动力学理论相比,其适用范围具有一定的局限性。

## 3.4　衍衬成像的动力学理论

由于衍衬运动学理论忽略了多重散射以及透射束和衍射束的交互作用,因此对某些衍衬现象尚无法解释。由于电子的散射强度很大,一般情况下应考虑透射束和衍射束之间的交互作用。衍衬动力学理论除了仍采用双光束和柱体近似处理方法外,还考虑了因非弹性散射引起的吸收效应,并考虑了透射束与衍射束及衍射束之间的交互作用。运动学理论实质上是动力学理论在一定条件下的近似,在运动学理论适用的范围内,可由动力学理论推导出运动学的结果。

图 3-21 描述了在 $(hkl)$ 晶面为精确布拉格位向时,电子波在晶体内深度方向上的传播。可以看到在简单双光束条件下,入射束只被激发成为透射束和衍射束的情况下,两支波之间的相互作用。当波矢量为 $k$ 的入射波到达样品表面时,受到晶体内原子的相干散射,产生波矢量 $k'$ 的衍射束。但由于参与散射的原子数量有限,衍射强度很小。随着电子波在晶体内深度方向上的传播,透射束强度不断减弱,若不考虑非弹性散射的吸收效应,则相应的能量(强度)转移到衍射束方向,使衍射束的强度不断增大,如图 3-21(a) 所示。当电子波在晶体内传播到一定深度 $A$ 位置时,由于足够多的原子参与散射,将使透射束的振幅 $\Phi_0$ 下降为零,全部能量转移到衍射束方向使之振幅上升为最大值[见图 3-21(b)],它们的强度 $I_0 = \Phi_0^2$ 和 $I_g = \Phi_g^2$ 也相应发生变化[见图 3-21(b)(c)]。

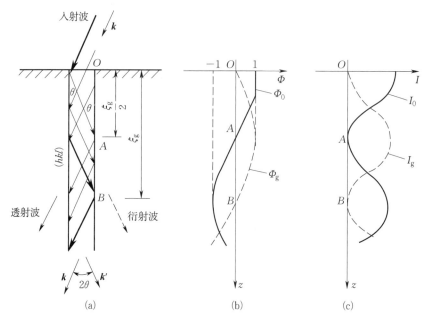

图 3-21 在 $(hkl)$ 晶面为精确布拉格位向时电子波在晶体内深度方向上的传播[37]
(a) 布拉格位向下的衍射(箭头粗细表示振幅绝对值或强度的大小);(b) 振幅变化;(c) 强度变化

由于入射波与 $(hkl)$ 晶面交成精确的布拉格角 $\theta$,入射波激发产生的衍射束也与该晶面交成同样的布拉格角,于是在晶体内逐渐增强的衍射束可作为新的入射波激发同一晶面的二次衍射,其方向与透射束的传播方向相同。随着电子波在晶体内深度方向上的进一步传播,$OA$ 阶段的能量转移过程将以相反的方式在 $AB$ 阶段中被重复,衍射束的强度逐渐下降至零而透射束的强度逐渐增大至极值。透射束和衍射束相互作用的结果,导致 $I_0$ 和 $I_g$ 在晶体的深度方向上发生周期性的振荡,如图 3-21(c)所示。振荡的深度周期称为消光距离。显然,原子散射振幅越小,振荡的深度周期越大。这里"消光"的意义是指尽管满足衍射条件,但由于动力学相互作用而在晶体一定深度处衍射束和透射束的实际强度为 0。

消光距离 $\xi_g$ 是衍衬动力学理论中的一个重要参数。对于确定的入射电子波长,消光距离是样品晶体的一种物理属性。由式(3-17)可见,消光距离与入射电子波长、晶体的单胞体积和结构因子有关。而单胞体积和结构因子取决于晶体结构、单胞中的原子组成及排列方式。对于同一晶体,选用不同晶面的操作反射 $g$ 时,也会因布拉格角 $\theta_B$ 或结构因子 $F_g$ 不同,而有不同的 $\xi_g$ 值。常见金属的低指数反射的消光距离典型值是为几百 Å 的数量级。表 3-2 给出了一些常见晶体的消光距离。

表 3-2　常见晶体在加速电压为 100 kV 时的消光距离值 $\xi_g$(Å)($\lambda = 0.037$ Å)

| 反射 | Al | Cu | Ni | Ag | Pt | Au | Pb | LiF | MgO | 反射 | Fe | Nb |
|---|---|---|---|---|---|---|---|---|---|---|---|---|
| 111 | 556 | 242 | 236 | 224 | 147 | 159 | 240 | 1 717 | 2 726 | 110 | 270 | 261 |
| 200 | 673 | 281 | 275 | 255 | 166 | 179 | 266 | 645 | 461 | 200 | 395 | 367 |
| 220 | 1 057 | 416 | 409 | 363 | 232 | 248 | 359 | 942 | 662 | 211 | 503 | 457 |
| 311 | 1 300 | 505 | 499 | 433 | 274 | 292 | 418 | 2 199 | 11 797 | 220 | 606 | 539 |
| 222 | 1 377 | 535 | 529 | 455 | 288 | 307 | 436 | 1 210 | 852 | 310 | 712 | 619 |
| 400 | 1 672 | 654 | 652 | 544 | 343 | 363 | 505 | 1 463 | 1 033 | 222 | 820 | 699 |
| 331 | 1 877 | 745 | 745 | 611 | 385 | 406 | 555 | 3 352 | 10 756 | 321 | 927 | 781 |
| 420 | 1 943 | 776 | 776 | 634 | 398 | 420 | 572 | 1 710 | 1 201 | 400 | 1 032 | 863 |
| 422 | 2 190 | 897 | 896 | 724 | 453 | 477 | 638 | | | 411 | 1 134 | 944 |
| 511 | 2 363 | 985 | 983 | 792 | 494 | 519 | 688 | | | 420 | 1 231 | 1 024 |
| 333 | 2 363 | 985 | 983 | 792 | 494 | 519 | 688 | | | 332 | 1 324 | 1 102 |
| 440 | 2 637 | 1 126 | 1 120 | 901 | 558 | 587 | 772 | | | 422 | 1 414 | 1 178 |
| 531 | 2 798 | 1 206 | 1 196 | 964 | 594 | 626 | 822 | | | 510 | 1 500 | 1 251 |
| 600 | 2 851 | 1 232 | 1 221 | 984 | 606 | 638 | 838 | | | 431 | 1 500 | 1 251 |
| 442 | 2 851 | 1 232 | 1 221 | 984 | 606 | 638 | 838 | | | 521 | 1 663 | 1 390 |

| 反射 | Mg | Co | Zn | Zr | Cd | 反射 | 金刚石 | Si | Ge |
|---|---|---|---|---|---|---|---|---|---|
| $\bar{1}100$ | 1 509 | 467 | 553 | 594 | 519 | 111 | 476 | 602 | 430 |
| $11\bar{2}0$ | 1 405 | 429 | 497 | 493 | 438 | 220 | 665 | 757 | 452 |
| $\bar{2}200$ | 3 348 | 1 027 | 1 180 | 1 151 | 1 023 | 311 | 1 245 | 1 319 | 757 |
| $\bar{1}101$ | 1 001 | 306 | 351 | 379 | 324 | 400 | 1 215 | 1 268 | 659 |
| $\bar{2}201$ | 2 018 | 620 | 704 | 691 | 608 | 331 | 1 972 | 2 046 | 1 028 |
| 0002 | 811 | 248 | 260 | 317 | 244 | 511 | 2 613 | 2 645 | 1 273 |
| 1102 | 2 310 | 702 | 762 | 837 | 683 | 333 | 2 613 | 2 645 | 1 273 |
| $11\bar{2}2$ | 1 710 | 524 | 578 | 590 | 501 | 440 | 2 151 | 3 093 | 1 008 |
| $\bar{2}202$ | 3 917 | 1 215 | 1 339 | 1 333 | 1 140 | | | | |

值得注意的是,用式(3-17)计算的 $\xi_g$ 值仅适用于 $s=0$ 的情况,$\xi_g$ 值随 $s$ 增大而减少,即晶体处于偏离布拉格条件下的有效消光距离要小于严格满足布拉格位向时的消光距离。此外,消光距离 $\xi_g$ 还随反射 $g$ 指数的增大而减小(见表3-2)。此外,消光距离 $\xi_g$ 还随加速电压的增大而增大(见表3-3)。

表3-3 消光距离随加速电压的变化 单位:nm

| 晶体 | $hkl$ | 50 kV | 100 kV | 200 kV | 1 000 kV |
|---|---|---|---|---|---|
| Al | 111 | 41 | 56 | 70 | 95 |
| Fe | 110 | 20 | 28 | 41 | 46 |
| Zr | $10\bar{1}0$ | 45 | 60 | 90 | 102 |

### 3.4.1 完整晶体的动力学方程[37]

假设晶体中透射束和衍射束的振幅分别为 $\Phi_0$ 和 $\Phi_g$,那么在双光束近似条件下,电子波在晶体中的传播可用如下波函数描述,其中透射束和衍射束由两个平面波组成:

$$\psi(\boldsymbol{r})=\Phi_0(z)e^{2\pi i\boldsymbol{\chi}\cdot\boldsymbol{r}}+\Phi_g(z)e^{2\pi i\boldsymbol{\chi}'\cdot\boldsymbol{r}} \qquad (3-29)$$

式中,$\boldsymbol{\chi}$ 和 $\boldsymbol{\chi}'$ 是电子波在真空中的波矢量,且

$$\chi=\chi'=\frac{1}{\lambda}=\sqrt{\frac{2meE}{h}} \qquad (3-30)$$

当与精确的布拉格条件存在偏差时($s\neq0$),就像运动学理论一样,两者满足下列关系:

$$\boldsymbol{\chi}'=\boldsymbol{\chi}+\boldsymbol{g}+\boldsymbol{s} \qquad (3-31)$$

运动学理论中认为透射束振幅 $\Phi_0$ 是常数,而动力学理论中考虑多次重复散射,$\Phi_0$ 和 $\Phi_g$ 都不是常数,而是随距离 $z$ 周期性变化的,如图 3-22 所示。在晶体柱体内离上表面深度 $z$ 处,透射束和衍射束的振幅分别为 $\Phi_0(z)$ 和 $\Phi_g(z)$。考虑到双光束下经过 $\mathrm{d}z$ 厚度元的薄层内原子的散射(在大多数方向这些散射波将互相抵消),只有两个方向($\boldsymbol{\chi}$ 和 $\boldsymbol{\chi}'$)是相互增加的。这两个方向其中之一是波本身向前的散射($\boldsymbol{\chi}\rightarrow\boldsymbol{\chi}$ 或 $\boldsymbol{\chi}'\rightarrow\boldsymbol{\chi}'$,散射角为零),即散射波处于同一相位,$\Delta\chi=0$;另一方向是通过布拉格角的散射($\boldsymbol{\chi}\rightarrow\boldsymbol{\chi}'$ 或 $\boldsymbol{\chi}'\rightarrow\boldsymbol{\chi}$,散射角为 $2\theta$)。

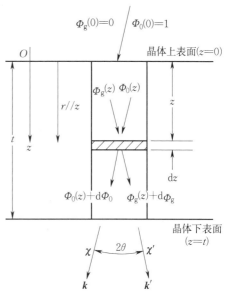

图 3-22 双光束条件下的柱体近似(动力学情况)[37]

由于 $\mathrm{d}z$ 很小,对这一薄层内的散射过程而言,仍然可以引用运动学近似。于是,由 $\mathrm{d}z$ 薄层引起向透射束方向散射的振幅增量 $\mathrm{d}\Phi_0$ 为

$$\mathrm{d}\Phi_0 = \frac{i\pi}{\xi_0}\Phi_0 \mathrm{e}^{-2\pi i(\boldsymbol{\chi}-\boldsymbol{\chi})\cdot r}\mathrm{d}z + \frac{i\pi}{\xi_g}\Phi_g \mathrm{e}^{-2\pi i(\boldsymbol{\chi}-\boldsymbol{\chi}')\cdot r}\mathrm{d}z$$

$$= \frac{i\pi}{\xi_0}\Phi_0 \mathrm{d}z + \frac{i\pi}{\xi_g}\Phi_g \mathrm{e}^{2\pi i(\boldsymbol{\chi}'-\boldsymbol{\chi})\cdot r}\mathrm{d}z \tag{3-32}$$

式中,$\xi_0$ 是类似于消光距离参数 $\xi_g$ 的一个参量,$\xi_0 = \dfrac{\pi V_c \cos\theta}{\lambda F_0}$,$F_0$ 为单位晶胞对电子波沿原传播方向散射时的结构振幅,$V_c$ 为单胞体积,$\theta$ 为布拉格角,$\lambda$ 为电子波长。

$\xi_0$ 和式(3-17)的消光距离参数 $\xi_g$ 相比可以看出,$F_0$ 是单位晶胞对电子波沿原传播方向散射($\theta=0$)时的结构振幅,而 $F_g$ 是晶胞对衍射束 $\boldsymbol{g}$ 散射时的结构振幅,即 $\xi_0$ 正比于原子散射因子 $f(0)$,而 $\xi_g$ 正比于 $f(\theta)$。

考虑到 $\boldsymbol{\chi}'-\boldsymbol{\chi}=\boldsymbol{g}+\boldsymbol{s}$,且 $\boldsymbol{g}\cdot\boldsymbol{r}=$整数,$\boldsymbol{s}//\boldsymbol{r}$,$|\boldsymbol{r}|=z$,于是得到

$$\mathrm{d}\Phi_0 = \frac{i\pi}{\xi_0}\Phi_0 \mathrm{d}z + \frac{i\pi}{\xi_g}\Phi_g \mathrm{e}^{2\pi isz}\mathrm{d}z \tag{3-33}$$

同理,由 $\mathrm{d}z$ 薄层引起散射到衍射束方向的振幅增量 $\mathrm{d}\Phi_g$ 为

$$\mathrm{d}\Phi_g = \frac{i\pi}{\xi_0}\Phi_g \mathrm{e}^{-2\pi i(\boldsymbol{\chi}'-\boldsymbol{\chi}')\cdot r}\mathrm{d}z + \frac{i\pi}{\xi_g}\Phi_0 \mathrm{e}^{-2\pi i(\boldsymbol{\chi}'-\boldsymbol{\chi})\cdot r}\mathrm{d}z$$

$$= \frac{i\pi}{\xi_0}\Phi_g \mathrm{d}z + \frac{i\pi}{\xi_g}\Phi_0 \mathrm{e}^{-2\pi isz}\mathrm{d}z \tag{3-34}$$

将式(3-33)和式(3-34)联立,就是不考虑吸收时的完整晶体动力学基本方程

$$\begin{cases} \dfrac{\mathrm{d}\Phi_0}{\mathrm{d}z} = \dfrac{i\pi}{\xi_0}\Phi_0 + \dfrac{i\pi}{\xi_g}\Phi_g\, \mathrm{e}^{2\pi isz} \\[3mm] \dfrac{\mathrm{d}\Phi_g}{\mathrm{d}z} = \dfrac{i\pi}{\xi_0}\Phi_g + \dfrac{i\pi}{\xi_g}\Phi_0\, \mathrm{e}^{-2\pi isz} \end{cases} \qquad (3-35)$$

利用边界条件,可得

$$\begin{cases} \Phi_0(f) = \cos\!\left(\dfrac{\pi t}{\xi_g}\sqrt{1+\omega^2}\right) - \dfrac{i\omega}{\sqrt{1+\omega^2}}\sin\!\left(\dfrac{\pi t}{\xi_g}\sqrt{1+\omega^2}\right) \\[4mm] \Phi_g(f) = \dfrac{i\sin\!\left(\dfrac{\pi t}{\xi_g}\sqrt{1+\omega^2}\right)}{\sqrt{1+\omega^2}} \end{cases} \qquad (3-36)$$

式中,$\omega = \xi_g \cdot s$ 为无量纲数,表示在动力学条件下,晶体偏离布拉格条件的程度。

衍射束和透射束的强度为衍射波和透射波振幅的平方,即 $I_g = |\Phi_g|^2$ 和 $I_0 = |\Phi_0|^2$。

明场像的强度 $I_0(t) = 1 - I_g(t)$,即明、暗场像的强度是互补的。

若我们把 $\Delta K$ 定义为有效偏离矢量 $s_{\mathrm{eff}}$,即

$$s_{\mathrm{eff}} \equiv \Delta K = \frac{\sqrt{1+\omega^2}}{\xi_g} = \sqrt{s^2 + \xi_g^{-2}} \qquad (3-37)$$

那么衍射束的强度为

$$I_g = |\Phi_g|^2 = \frac{\sin^2\!\left(\dfrac{\pi t}{\xi_g}\sqrt{1+\omega^2}\right)}{1+\omega^2} = \frac{\pi^2}{\xi_g^2} \cdot \frac{\sin^2(\pi t s_{\mathrm{eff}})}{(\pi s_{\mathrm{eff}})^2} \qquad (3-38)$$

和运动学理论相似,我们可以利用式(3-38)讨论动力学条件下完整晶体的弯曲消光条纹和厚度消光条纹。完整晶体的衍射强度随晶体厚度 $t$ 的变化发生周期性振荡,其变化的实际周期为 $\dfrac{1}{s_{\mathrm{eff}}}$。当 $s=0$ 时,$\xi_g^\omega = \dfrac{1}{s_{\mathrm{eff}}} = \xi_g$。$\xi_g$ 是 $s=0$ 时的消光距离实测值。由此可见,当 $s=0$ 时,等厚消光条纹间距最大,正比于 $\xi_g$,此时图像中厚度条纹的数目可以用来估计样品厚度。动力学理论的这一结果与运动学理论的结果类似,但避免了运动学理论当 $s=0$ 时等厚消光条纹间距将趋于无穷大的错误结论。衍射束强度 $I_g = \sin^2\!\left(\dfrac{\pi t}{\xi_g}\right) \leqslant 1$,不能得到 $I_g > 1$ 的错误结果。当 $s \gg \dfrac{1}{s_{\mathrm{eff}}}$ 时,$\xi_g^{-2}$ 项可忽略,有 $\xi_g^\omega = \dfrac{1}{s_{\mathrm{eff}}} \approx \dfrac{1}{s}$,式(3-36)可变为 $I_g = \dfrac{\pi^2}{\xi_g^2} \cdot \dfrac{\sin^2(\pi st)}{(\pi s)^2}$。这正是运动学理论给出的结果,即在运动学条件下,衍射束强度在样品深度方向上的变化周期接近于 $\dfrac{1}{s}$,变化周期随 $s$ 的绝对值增大而减少,等厚条纹的数目将随之增多。可见,运动学理论是动力

学理论的特例。

### 3.4.1.1 衍射强度 $I_g$ 随厚度 $t$ 的变化[37]

当 $s_{eff}$ 恒定，$t$ 变化，得到厚度消光条纹，此时式(3-38)可以改为

$$I_g(t) = \frac{1}{(\xi_g s_{eff})^2} \sin^2(\pi t s_{eff}) \qquad (3-39)$$

对比图 3-23(a)(b)两图可知，随 $s_{eff}$ 的增大，$I_g$ 迅速下降，但此时，明、暗场像的强度仍是互补的。图 3-24 为薄膜样品穿孔处的楔形边缘的等厚消光条纹。如果楔形边缘不仅厚度逐渐变化，而且弯曲，如图 3-25(a)所示，这使等厚消光条纹在 $s=0$ 处的间距显著增加，达到最大值，此时条纹间距等于 $\xi_g$。图 3-25(b)是 Ti 薄膜类似图 3-25(a)情况下的等厚条纹暗场像(用 $g_{0002}$ 成像)，图 3-25(c)是双束动力学模拟暗场像。

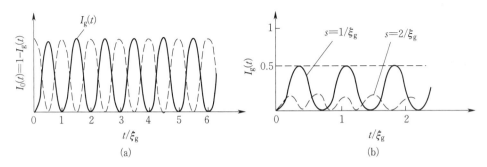

图 3-23 $\omega=0$ 和 $\omega\neq0$ 时的厚度条纹强度分布曲线[37]

(a) $\omega=0$，不考虑吸收；(b) $\omega\neq0$，不考虑吸收

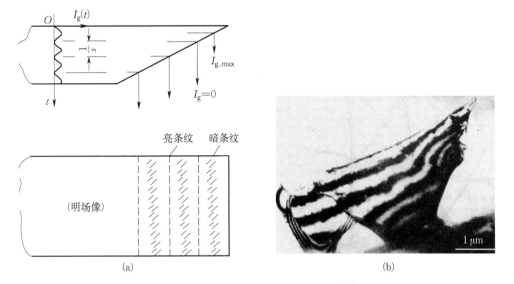

图 3-24 楔形边缘的等厚消光条纹[37]

(a) 等厚消光条纹衬度显示示意图；(b) 明场像

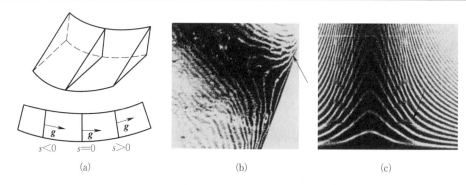

图 3 - 25　弯曲楔形边缘的等厚消光条纹[37]

（a）弯曲楔形示意图；（b）Ti 薄膜用(0002)操作反射呈中心暗场像；（c）计算机模拟图

### 3.4.1.2　衍射强度 $I_g$ 随有效偏离矢量 $s_{eff}$ 的变化[37]

当厚度 $t$ 恒定，$s_{eff}$ 变化，得到弯曲消光条纹。图 3 - 26 显示出 $t=4\xi_g$（100～200 nm）时弯曲消光条纹的强度分布曲线。动力学理论避免了 $s=0$ 时对样品厚度的限制。如果 $t$ 很小，$I_g(t)$ 的峰值强度显著下降，另一方面，对应于 $\omega=0$ 的极小值与近旁两个极大值的差也将减小，曲线形状也向运动学结果（图 3 - 18）靠近，这也说明运动学理论是动力学理论在薄样品条件下的近似。

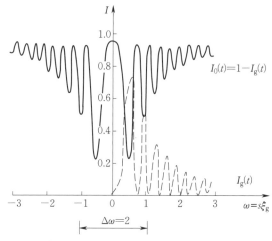

图 3 - 26　等倾消光条纹强度分布曲线[37]

### 3.4.2　缺陷晶体的动力学方程[37]

与运动学理论中采用的方法一样，我们把缺陷对晶体的影响归结为柱体内原子由理想位置发生位移 $\boldsymbol{R}(z)$，在方程中引入了一个位相因子（即位移矢量 $\boldsymbol{R}$），以 $\boldsymbol{r}+\boldsymbol{R}$ 代替 $\boldsymbol{r}$ 代入式（3 - 35），得到非完整晶体的动力学方程

$$\begin{cases} \dfrac{\mathrm{d}\Phi_0}{\mathrm{d}z} = \dfrac{i\pi}{\xi_0}\Phi_0 + \dfrac{i\pi}{\xi_g}\Phi_g \mathrm{e}^{2\pi i s z + 2\pi i \boldsymbol{g} \cdot \boldsymbol{R}} \\ \dfrac{\mathrm{d}\Phi_g}{\mathrm{d}z} = \dfrac{i\pi}{\xi_0}\Phi_g + \dfrac{i\pi}{\xi_g}\Phi_0 \mathrm{e}^{-2\pi i s z - 2\pi i \boldsymbol{g} \cdot \boldsymbol{R}} \end{cases} \qquad (3-40)$$

## 3.5　晶体缺陷和第二相的衍衬分析

对于完整晶体,各处具有相同的衍射强度,在衬度上没有差异。而实际晶体大多是有缺陷、不完整的,包括存在晶体缺陷和第二相粒子。如由取向关系改变引起的晶界、孪晶界、沉淀物与基体界面,晶体点、线、面、体缺陷引起的弹性位移,以及相变引起的不完整性,包括成分改变而组织不变的调幅分解、组织改变而成分不变的马氏体相变、第二相粒子的相界面(共格、半共格、非共格)等。由于这些晶体缺陷和第二相粒子的存在,使其附近的原子偏离了原来位置而产生晶格畸变,从而使该区域和周围无畸变区域的衍射强度存在差异,即有缺陷区域和无缺陷区域满足布拉格条件的程度不一样,从而产生了衬度。根据这种衬度效应,可以判断晶体内存在的缺陷种类和相变类型,包括晶体缺陷的种类、分布和密度,以及第二相粒子的空间形态、晶体结构、尺寸、分布、数量及在基体中的存在形式等。

### 3.5.1　衍衬分析基本概念

所谓衍衬分析,就是观察、分析晶体缺陷和第二相粒子等在各种衍射条件下所呈现的不同衬度特征,从而进行定性或定量分析。进行衍衬分析必须要把衍衬像和相应的衍射条件结合起来,只考虑衍衬像而不考虑衍射条件,是无法正确进行衍衬分析的。

#### 3.5.1.1　衍衬分析所要求的基本信息[64]

1) 晶体相对于入射束的取向

在分析测定第二相粒子的空间形态及生长惯习面等情况时,晶体的取向是一个必不可少的分析条件。即在不同的取向下,观察第二相粒子的形态及其变化,由此确定第二相粒子的空间形态和生长惯习面。在进行某些结构特征的迹线分析时,有时还需要知道晶体薄膜的法线方向。

2) 双光束衍射矢量 $\boldsymbol{g}$

衍衬分析一般均在双光束衍射条件下进行,这个衍射晶面所对应的倒易矢量 $\boldsymbol{g}$ 称为操作矢量,相应的衍射称为操作反射。晶体缺陷是否能显示出异于周围正常晶体区域的衬度,取决于缺陷引起的附加位向角 $\alpha = 2\pi\boldsymbol{g} \cdot \boldsymbol{R}$。对于给定的晶体缺陷(即 $R$ 一定),缺陷的衬度与操作矢量有关。因此,在对晶体缺陷进行定性分析时,必须唯一确定操作矢量才能根据缺陷衬度的特征来唯一判定缺陷的性质。

3）偏离矢量 s 的大小及符号

偏离矢量 s 是衍衬分析中的一个非常有用的信息,它的大小影响衍射束的强度及其样品深度方向上的变化周期,它的符号在某些衍衬分析工作中也是很重要的,例如可确定层错面在样品中的倾斜方向。

4）磁转角

进行衍衬分析时,总是要把衍衬像和衍射图相对应,在衍衬像中标出所需要的方向或晶面的取向。因此,必须要校正衍衬像相对于衍射图的磁转角。对于带磁转角的自动校正的电镜,不需要考虑磁转角。

5）薄膜厚度

在测定位错密度和第二相的体积百分数时,需要利用薄膜厚度数据。测量薄膜厚度的方法有很多,如前面曾介绍了利用零阶劳厄带半径和等厚消光条纹的数目可以近似计算薄膜厚度;可以利用迹线分析方法根据贯穿于样品上下表面的结构特征(如层错面、孪晶面、片状析出物等)的投影来测定薄膜厚度;可以根据会聚束衍射图中的 K-M 条纹间距测定薄膜厚度;可以倾转样品记下倾转角度并观察表面特征(例如污染物斑点)的横向偏移估算样品,同理也可以将微纳颗粒球置于观测区的上、下表面,倾转角度并拍照后进行计算求出薄膜厚度[128];也可以根据 EELS 的等离子峰的强度来测定样品的厚度。

### 3.5.1.2  衍衬实验条件的选择[64]

（1）选择低指数的晶体取向。无论是对电子衍射图的标定,还是对衍衬像的晶体学分析,在低指数取向下都比在高指数取向下容易。此外,在低指数取向下,易获得低指数的操作反射。

（2）尽可能获得双光束衍射条件。特别是在对晶体缺陷进行定性分析时,满足双光束衍射条件尤为重要。

（3）选择合适的偏离矢量 s 以获得最佳的衍衬效果。一些经验证明,明场像取 $\omega = \xi_g s \approx 0.2 \sim 1.0$,暗场像取 $\omega = \pm 1$,可以得到较好的衬度。

（4）避免在过薄的区域进行观察、拍照。过薄区域内的缺陷分布状态可能会有所变化,例如当测定位错等缺陷的密度时,靠近样品表面的位置位错密度会下降,因此过薄区域不能代表大块材料中的真实状态。

（5）选择合适的操作反射。一般优先选择低指数操作反射,这是因为低指数反射不仅可以提供较好的衬度效果,而且可以方便地确定样品的倾转方向,使样品获得预期的新取向。

### 3.5.1.3  晶体缺陷的不可见性及其判据[64]

前面已经介绍过,与完整晶体相比,缺陷晶体的衍射振幅表达式中引入了一个附

加位相因子 $e^{-i\alpha}$,其中附加的相位角 $\alpha=2\pi \boldsymbol{g} \cdot \boldsymbol{R}$,即 $e^{-2\pi i \boldsymbol{g} \cdot \boldsymbol{R}}$。因此,导致缺陷附近区域内的衍射强度有别于周围无缺陷的区域,在衍衬像中获得相应的衬度,取决于附加位相因子对衍射强度的贡献,或者说是由附加相位角决定的。对于某个晶体缺陷,其位移矢量 $\boldsymbol{R}$ 是确定的,如果选用不同的操作反射 $\boldsymbol{g}$ 成像,则 $n=\boldsymbol{g} \cdot \boldsymbol{R}$ 的值不同,导致缺陷将显示不同的衬度。同样,利用同一操作反射 $\boldsymbol{g}$ 成像,不同的晶体缺陷则因 $\boldsymbol{R}$ 不同,也会显示不同的衬度,或者可见或者不可见。

由式(3-26)、式(3-28)可知,对于 $\boldsymbol{g}$ 和 $\boldsymbol{R}$,如果 $n=\boldsymbol{g} \cdot \boldsymbol{R}$ 是整数,则附加相位角为 $2\pi$ 的整数倍,附加位相因子 $e^{-2\pi i \boldsymbol{g} \cdot \boldsymbol{R}}=1$,此时缺陷晶体的运动学方程、动力学方程等同于完整晶体的运动学方程、动力学方程,说明对衍射束强度的贡献为零,即缺陷不显示衬度,称为不可见。因此,式(3-28)称为晶体缺陷的不可见性判据,它是缺陷的晶体学分析的重要依据。当 $n$ 不是整数时,缺陷引起的附加相位角对衍射强度产生附加效应,此时缺陷将显示衬度,缺陷由不可见变为可见。

缺陷引起的附加衍射衬度,是由于缺陷的点阵位移使反射晶面的面间距和(或)取向局部发生变化引起的。当操作反射 $\boldsymbol{g}$ 与 $\boldsymbol{R}$ 垂直,即 $\boldsymbol{g} \cdot \boldsymbol{R}=0$ 时,这时晶体缺陷的点阵位移矢量在操作反射对应的晶面内,该反射晶面的面间距和取向(偏离矢量)没有改变,因此不会产生衬度。相反,如果操作反射 $\boldsymbol{g}$ 与 $\boldsymbol{R}$ 平行,点阵位移 $\boldsymbol{R}$ 对该操作反射 $\boldsymbol{g}$ 引起的局部变化最大,能获得最大的缺陷衬度。因此,在进行晶体缺陷衍衬分析时,根据需要倾转样品以取得不同的 $\boldsymbol{g} \cdot \boldsymbol{R}$ 值。例如为了获得具有高衬度和高清晰度的缺陷衍衬像,需要足够大的 $\boldsymbol{g} \cdot \boldsymbol{R}$ 值。而在对缺陷进行定性分析时,选择 $\boldsymbol{g} \cdot \boldsymbol{R}=0$ 的操作反射成像使缺陷不显示衬度。

### 3.5.2  位错的衍衬分析

#### 3.5.2.1  位错线衬度产生及其特征

位错是一种线缺陷,表征位错晶体学特性的基本物理量是它的柏氏(Burgers)矢量 $\boldsymbol{b}$。根据柏氏矢量与位错线的关系,位错可分为螺型(柏氏矢量平行于位错线)、刃型(柏氏矢量垂直于位错线)和混合型(柏氏矢量既不平行也不垂直于位错线)。

位错的存在使其附近的某个范围内点阵发生畸变,其应力和应变场的性质均与柏氏矢量直接有关。不管何种类型的位错,都会引起它附近的某些晶面发生一定程度的局部转动,位错线两边的晶面的转动方向相反,而且离位错线越远转动量越小,远离位错线的地方是完整晶体,由此采用这些畸变晶面作为操作反射,则畸变区和完整区将产生不同的衍射衬度,从而产生衬度。

#### 3.5.2.2  位错可见性的判据

1)螺位错

如图 3-27 所示,螺位错 $AB$ 平行样品表面,它使近旁的理想柱体 $PQ$ 畸变为 $P'Q'$,

相应的位移矢量为

$$R=b\frac{\varphi}{2\pi}=\frac{b}{2\pi}\arctan\frac{z-y}{x} \tag{3-41}$$

式中，$b$ 为柏氏矢量；$x$ 为位错到小晶柱的距离；$y$ 为位错距样品表面的距离；$z$ 为小晶柱中薄层所在的位置。

坐标方向在图 3-27 中画出，由于螺位错的存在而引起的相位差角的变化可以表示为

$$\alpha=2\pi\boldsymbol{g}\cdot\boldsymbol{R}=\boldsymbol{g}\cdot\boldsymbol{b}\cdot\arctan\frac{z-y}{x}=n\arctan\frac{z-y}{x} \tag{3-42}$$

由上面的表达式可以看出来，要使由于螺位错的存在而引入的附加项的值为 1，则 $n$ 必须等于 0，即 $\boldsymbol{g}\cdot\boldsymbol{b}=0$ 时，才不会出现衬度，因此 $\boldsymbol{g}\cdot\boldsymbol{b}=0$ 是螺位错不可见的判据。

因为是螺位错，则柏氏矢量 $\boldsymbol{b}$ 与位错线方向平行，因此 $\boldsymbol{g}\cdot\boldsymbol{b}=n$（$n$ 为整数：正、负整数或零），位错像不可见，此时意味着位错躺在反射平面上，位错产生的位移在反射平面上。因此，平行于反射平面的位移不产生衬

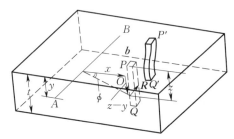

图 3-27 平行于样品表面的螺位错 $AB$ 使晶体柱由 $PQ$ 畸变为 $P'Q'$

度。由此可用于决定位错的柏氏矢量。将式（3-42）代入式（3-27）得

$$\Phi'_g=\frac{i\pi}{\xi_g}\int_0^t\exp(-2\pi isz)\exp\left(-i\cdot n\cdot\arctan\frac{z-y}{x}\right)dz \tag{3-43}$$

**2）刃位错**

把刃位错引起的点阵位移矢量分解成平行滑移面的分量 $\boldsymbol{R}_1$ 和垂直于滑移面的分量 $\boldsymbol{R}_2$，即 $\boldsymbol{R}=\boldsymbol{R}_1+\boldsymbol{R}_2$（见图 3-28），由位错理论可得两个位移分量为 $\boldsymbol{R}_1=\dfrac{\boldsymbol{b}}{2\pi}\Big[\varphi$ $+\dfrac{\sin 2\varphi}{4(1-v)}\Big]$ 和 $\boldsymbol{R}_2=\dfrac{\boldsymbol{b}\times\boldsymbol{u}}{2\pi}\Big[\dfrac{1-2v}{2(1-v)}\ln|r|+\dfrac{\cos 2\varphi}{4(1-v)}\Big]$。因此，刃型位错的位移矢量 $\boldsymbol{R}$ 的表达式为

$$\boldsymbol{R}=\frac{\boldsymbol{b}}{2\pi}\Big[\varphi+\frac{\sin 2\varphi}{4(1-v)}\Big]+\frac{\boldsymbol{b}\times\boldsymbol{u}}{2\pi}\Big[\frac{1-2v}{2(1-v)}\ln|r|+\frac{\cos 2\varphi}{4(1-v)}\Big]$$

式中，$(r,\varphi)$ 为垂直于位错的平面上的一点以位错芯为极点、柏氏矢量 $\boldsymbol{b}$ 为极轴的极坐标；$\boldsymbol{R}$ 为极坐标为 $(r,\varphi)$ 一点处的位移矢量；$\boldsymbol{u}$ 为沿位错线正方向的单位矢量；$v$ 为泊松比。

可见，只有当 $\boldsymbol{g}\cdot\boldsymbol{b}$ 和 $\boldsymbol{g}\cdot\boldsymbol{b}\times\boldsymbol{u}$ 两者同时为零时，刃型位错的衬度才消失。先从两个特例来说明刃型位错的不可见性。当入射束垂直于位错所在的滑移面时，因 $\boldsymbol{g}\cdot\boldsymbol{b}\times\boldsymbol{u}=0$，只要 $\boldsymbol{g}\cdot\boldsymbol{b}=0$，位错就不显示衬度。当入射束与滑移面平行时，$\boldsymbol{g}\cdot\boldsymbol{R}_1=0$，但

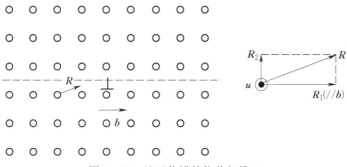

图 3 - 28 纯刃位错的位移矢量 $R$

$g \cdot R_2 \neq 0$,位错仍然可能显示衬度,即 $g \cdot b = 0$ 不能作为刃型位错的不可见性判据,对于这种特殊情况下的位错衬度消失的条件是 $g \cdot b \times u = 0$。因此,对于刃型位错,在理论上,只有当满足 $g \cdot b = 0$ 和 $g \cdot b \times u = 0$ 时,位错的衬度才会完全消失。实际上,这个条件很难达到。

3)混合位错

在多数情况下,晶体中的位错是混合位错,即柏氏矢量既不平行于位错线,也不垂直于位错线。混合位错的位移矢量由其螺分量和刃分量相加可得

$$R = \frac{1}{2\pi} \left\{ b\varphi_e + b_e \frac{\sin 2\varphi}{4(1-v)} + b \times u \left( \frac{1-2v}{2(1-v)} \ln |r| + \frac{\cos 2\varphi}{4(1-v)} \right) \right\} \quad (3-44)$$

式中,$(r, \varphi)$ 为垂直于位错的平面上的一点以位错芯为极点、柏氏矢量 $b$ 为极轴的极坐标;$R$ 为极坐标为 $(r, \varphi)$ 一点处的位移矢量;$b_e$ 是位错的刃型分量;$u$ 是沿位错线正方向的单位矢量;$v$ 是泊松比。

由式(3-44)可知,$g \cdot R = n$ 不可能是非零整数,只能是零或分数。因此,它同时取决于 $g \cdot b$、$g \cdot b_e$ 和 $g \cdot b \times u$,即三者同时为零时,位错的衬度才能消失。否则,位错将显示衬度。因此,对大多数情况,并非 $g \cdot b = 0$ 就一定看不见位错。混合型位错的不可见性判据应为

$$g \cdot b = 0 、 g \cdot b_e = 0 \text{ 和 } g \cdot b \times u = 0 \quad (3-45)$$

如果位错所在的滑移面与入射束垂直,则 $b \times u$ 的方向与入射束平行,此时,$g \cdot b \times u = 0$,式中只有前两项对衍射强度有附加效应。在这种情况下,位错能否显示衬度取决于 $g \cdot b$ 和 $g \cdot b_e$ 是否同时为零,两者同时为零时,位错衬度消失。

特别地,当柏氏矢量 $b$ 与入射束方向平行时,$g \cdot b = 0$,位错衬度消失的条件是 $g \cdot b_e = 0$ 且 $g \cdot b \times u = 0$。这种情况下,位错所在滑移面与入射电子束方向平行,衍射像中位错线的走向平行于滑移面与样品表面的交线,即位错线的投影为滑移面的迹线。应该指出,在这种情况下,位错像的衬度可能会很弱。如某位错所在的滑移面与入射束方向平行,但 $b$ 不平行于入射束方向,此时位错线的衬度较好,因为除了该

滑移面所对应的反射外,对于其他操作反射 $g$ 均有 $g \cdot b \neq 0$。

将以上分析结果填入表 3-4,这里给出的螺位错、刃位错和混合位错不可见判据是理论上的判据,又称理论不可见的条件。可见,$g \cdot b = 0$ 不是刃型位错和混合型位错衬度消失的唯一条件,这是理论上的要求,是比较严格的。然而,对于大多数位错,要满足理论上的不可见性判据所规定的条件,是非常困难的,甚至是不可能的。如前所述,对于刃型位错,要求 $g$ 既垂直于 $b$,又垂直于 $b \times u$,同时满足这两个条件的 $g$ 只能在与 $u$ 平行的方向上,这种限制条件非常苛刻,试验中找到满足这种条件的操作反射是非常困难的。对于混合型位错,几乎不可能找到同时满足 $g \cdot b = 0$、$g \cdot b_e = 0$ 和 $g \cdot b \times u = 0$ 的操作反射 $g$。

表 3-4 弹性各向同性晶体中位错的不可见性判据

| 位错类型 | 位错所在滑移面的取向 | 不可见性判据 |
| --- | --- | --- |
| 螺型 | 任意取向 | $g \cdot b = 0$ |
| 刃型 | 任意取向 | $\begin{cases} g \cdot b = 0 \\ g \cdot b \times u = 0 \end{cases}$ |
| | 入射束垂直于滑移面 | $g \cdot b = 0$ |
| | 入射束平行于 $b$ | $g \cdot b \times u = 0$ |
| 混合型 | 任意取向 | $\begin{cases} g \cdot b = 0 \\ g \cdot b_e = 0 \\ g \cdot b \times u = 0 \end{cases}$ |
| | 入射束垂直于滑移面 | $\begin{cases} g \cdot b = 0 \\ g \cdot b_e = 0 \end{cases}$ |
| | 入射束平行于 $b$ | $\begin{cases} g \cdot b_e = 0 \\ g \cdot b \times u = 0 \end{cases}$ |

事实上,只要 $g \cdot b = 0$,即使 $g \cdot b_e$ 和 $g \cdot b \times u$ 两者不为 0,这时也只有微弱的残余衬度,仍然可视为不可见。因此,在具体实践应用时,仍可以把 $g \cdot b = 0$ 作为位错不可见性的实际判据,这样问题大大地简化了。应该指出的是,不可见的前提必须是双光束或接近双光束条件,因为 $s$ 增大也能导致不可见。

### 3.5.2.3 位错柏氏矢量测定

1) 测定原理

测定位错柏氏矢量的基本依据是位错的不可见性判据。当位错的衬度消失或只有微弱衬度时,应满足位错衬度消失的条件 $g \cdot b = 0$。此时,操作矢量 $g$ 与柏氏矢量

$\boldsymbol{b}$ 垂直,即柏氏矢量 $\boldsymbol{b}$ 位于操作反射 $\boldsymbol{g}$ 所对应的晶面内。如果能找到两个操作反射 $\boldsymbol{g}_1$ 和 $\boldsymbol{g}_2$,用其成像时位错均不可见,则必有 $\boldsymbol{g}_1 \cdot \boldsymbol{b} = 0$,$\boldsymbol{g}_2 \cdot \boldsymbol{b} = 0$。所以,$\boldsymbol{b}$ 应该在 $\boldsymbol{g}_1$ 和 $\boldsymbol{g}_2$ 所对应的晶面 $(h_1 k_1 l_1)$ 和 $(h_2 k_2 l_2)$ 内,即 $\boldsymbol{b}$ 应该平行于这两个晶面的交线,$\boldsymbol{b} = \boldsymbol{g}_1 \times \boldsymbol{g}_2$。因此,可以用类似于求解晶带轴指数的方法求出 $\boldsymbol{b}$ 的指数,$\boldsymbol{b}$ 的大小通常可取这个方向上的最小点阵矢量。

由上面分析可知,利用 $\boldsymbol{g} \cdot \boldsymbol{b} = 0$ 测定柏氏矢量,其关键问题在于寻找合适的操作反射。一般说来,晶体在一个取向下,最多能找到一个满足 $\boldsymbol{g} \cdot \boldsymbol{b} = 0$ 的操作反射 $\boldsymbol{g}$。因此,在某一取向下找到一个合适的操作反射 $\boldsymbol{g}_1$($\boldsymbol{g}_1 \cdot \boldsymbol{b} = 0$)后,要倾转样品寻找另一个满足 $\boldsymbol{g}_2 \cdot \boldsymbol{b} = 0$ 的操作反射 $\boldsymbol{g}_2$。

2) 测定步骤

利用 $\boldsymbol{g} \cdot \boldsymbol{b} = 0$ 测定位错柏氏矢量的步骤如下:

(1) 选择区域,在随机的取向下,在多数位错显示衬度的情况下拍照,以便整体了解位错的组态与分布。

(2) 分析材料位错的全部类型及不可见判据中的操作 $\boldsymbol{g}$,得出要倾转的晶带轴。

(3) 倾转到某一晶带轴,转正并拍摄这一取向下的电子衍射图,并正确标定。

(4) 略微倾转样品,使满足双光束条件,这样实现了第一个操作反射 $\boldsymbol{g}_1$,观察位错或一部分位错的衬度消失,并拍摄双光束条件下的衍射花样和相应的衍射衬度像。

(5) 倾转样品至另一新取向,再适当倾转样品,寻找另一个使位错衬度消失的双光束衍射条件,并拍摄双光束条件下的衍射花样和相应的衍射衬度像。

(6) 利用消光的两个操作反射的指数,确定柏氏矢量 $\boldsymbol{b}$。

为了方便,把体心立方、面心立方晶体中位错的 $\boldsymbol{g} \cdot \boldsymbol{b}$ 值制成表,如附录 9 所示。如果选择不同的操作反射下位错衬度的可见性,使它们处于在双光束条件或近似双光束条件并满足 $\boldsymbol{g} \cdot \boldsymbol{R} = n$,通过查表确定位错的柏氏矢量,就可以确定缺陷的性质。利用表中在不同操作反射下的 $\boldsymbol{g} \cdot \boldsymbol{b}$ 值,不仅可以测定位错柏氏矢量 $\boldsymbol{b}$,而且在衍衬实验时可以方便地确定合适的操作反射 $\boldsymbol{g}$。

例如测定某面心立方晶体中全位错的柏氏矢量,可以从附录 9 中找出面心立方全位错的全部类型及不可见判据中的操作反射 $\boldsymbol{g}$。分析可知,如果得到含 $\boldsymbol{g}$ 为 020、200、$\overline{2}$20、11$\overline{1}$ 的晶带,就能区分位错的类型。因此,寻找含有上述 $\boldsymbol{g}$ 的晶带,如 [001] 含有 020、200、$\overline{2}$20,[011] 和 [1$\overline{1}$2] 含有 11$\overline{1}$。倾转获得如图 3 - 29 左侧所示的 [001] 晶带花样,分别绕轴倾转获得 020、200、$\overline{2}$20 双光束,拍摄明场、中心暗场像以及双光束花样。面向 $\overline{2}$20 绕点列 $\overline{2}$20 顺时针转 25.26° 到 [011] 晶带(见图 3 - 29),或绕 200 点列转 45° 到 [1$\overline{1}$2] 晶带(见图 3 - 30),并根据极图(见附录 8)标定,这样可消除 180° 不唯一性,使指数化自恰。在 [011] 晶带或 [1$\overline{1}$2] 晶带下绕轴倾转获得 11$\overline{1}$ 双光束,拍摄明场、中心暗场像以及双光束花样。

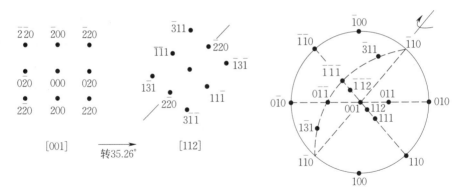

图 3 - 29　利用极图自恰标定[001]和[112]衍射花样[37]

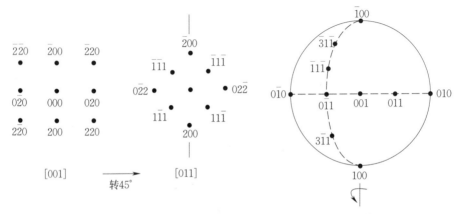

图 3 - 30　利用极图自恰标定[001]和[011]衍射花样[37]

　　在这个面心立方晶体中,在各个双光束条件下全位错的可见和不可见的衍射像如图 3 - 31 所示,图中右下角插入衍射成像所用的操作反射 $\boldsymbol{g}$。由图可知,用 $\boldsymbol{g}_{200}$ 成像,出现 $A$、$B$、$C$ 位错像,用 $\boldsymbol{g}_{020}$ 成像,则 $C$ 位错消失,但出现了 $D$、$E$ 位错;再用 $\boldsymbol{g}_{11\bar{1}}$ 成像,$E$ 位错消失,出现了 $C$ 位错成像。各位错在不同操作反射条件下的可见性如表 3 - 5 所示。根据上述不同操作的反射 $\boldsymbol{g}$ 的衍射像,结合面心立方位错的类型,

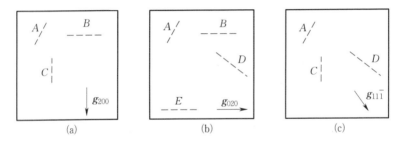

图 3 - 31　不同操作反射 $\boldsymbol{g}$ 下的位错像

根据附录 9 进行判断，可方便确定出衍射像中位错的柏氏矢量：$A$ 为$\frac{1}{2}[110]$，$B$ 为$\frac{1}{2}[1\bar{1}0]$，$C$ 为$\frac{1}{2}[0\bar{1}1]$，$D$ 为$\frac{1}{2}[10\bar{1}]$和 $E$ 为$\frac{1}{2}[101]$。

**表 3-5　各位错在不同操作反射条件下的可见性**

| 位错 | $\boldsymbol{g}_{020}$ | $\boldsymbol{g}_{200}$ | $\boldsymbol{g}_{11\bar{1}}$ | $\boldsymbol{b}$ |
|---|---|---|---|---|
| $A$ | 可见 | 可见 | 可见 | $\frac{1}{2}[110]$ |
| $B$ | 可见 | 可见 | 不可见 | $\frac{1}{2}[1\bar{1}0]$ |
| $C$ | 可见 | 不可见 | 可见 | $\frac{1}{2}[01\bar{1}]$ |
| $D$ | 不可见 | 可见 | 可见 | $\frac{1}{2}[10\bar{1}]$ |
| $E$ | 不可见 | 可见 | 不可见 | $\frac{1}{2}[101]$ |

当需要确定位错的类型和柏氏矢量时，需要在不同的双光束条件下结合消光条件进行判断。如果只想获得位错密度，则在适当低指数晶带轴的多光束条件下进行观察，可以获得全部或者大部分的位错，例如面心立方晶体结构在〈100〉方向的多光束条件下可使其 6 种柏氏矢量的位错全部可见。

3) 测定位错柏氏矢量的有关注意事项[64]

前文已指出，测定位错柏氏矢量 $\boldsymbol{b}$ 的关键在于选择合适的操作反射 $\boldsymbol{g}$，以及操作反射 $\boldsymbol{g}$ 的指数的唯一确定，在分析时应注意以下问题。

(1) 必须在双光束衍射条件下，观察位错衬度的可见性。假如衍射条件不是双光束，有两个反射 $\boldsymbol{g}_1$ 和 $\boldsymbol{g}_2$，满足 $\boldsymbol{g}_1\cdot\boldsymbol{b}=0$ 而不可见的位错，可能会因 $\boldsymbol{g}_2\cdot\boldsymbol{b}\neq0$ 而显示衬度，由此可能误认为这样的位错在 $\boldsymbol{g}_1$ 反射下能显示衬度，从而得出 $\boldsymbol{g}_1\cdot\boldsymbol{b}\neq0$ 的错误结论。

(2) 唯一确定操作反射 $\boldsymbol{g}$。唯一确定操作反射的前提是唯一确定晶体取向，因此需使用双倾台或旋转台倾转样品，确定晶体的取向。

(3) 偏离矢量 $\boldsymbol{s}$ 不能过大。一般认为应满足 $|\omega|=|\xi_g\cdot\boldsymbol{s}|<1$，因为 $\boldsymbol{s}$ 增大将导致位错的衬度减弱，有时甚至可能会减弱到不可见的程度。

(4) 当 $\boldsymbol{g}\cdot\boldsymbol{b}=2$ 时，位错可能产生双像。当三束成像时也会出现类似的情况。这种情况，实际上是一根位错显示两个像，应该注意与位错偶和超点阵位错加以区别。

（5）一般至少要拍射在不同衍射条件下的三张衍衬像。

（6）要选择合适的操作反射，这是一个技巧性的问题。如体心立方晶体中的位错，在用$(10\bar{1})$反射成像时，位错衬度消失，因此可初步确定该位错的柏氏矢量 $\boldsymbol{b}$ 可能是 $\pm\dfrac{a}{2}[111]$ 或 $\pm\dfrac{a}{2}[1\bar{1}1]$。这时需倾转样品寻找另一个合适的操作反射，如选择 $(110)$ 反射成像，若位错显示衬度，则柏氏矢量 $\boldsymbol{b}=\pm\dfrac{a}{2}[111]$；若位错不可见，则 $\boldsymbol{b}=\pm\dfrac{a}{2}[1\bar{1}1]$。相反，如果用 $(002)$ 反射成像，柏氏矢量为以上两种的位错均会显示衬度。因此，用这样的操作反射，无法最后确定该位错的柏氏矢量。所以，在初步确定柏氏矢量有两种可能的情况下，下一个要选择的操作反射 $\boldsymbol{g}$，应该与这两种可能的柏氏矢量两者之一垂直。在选择操作反射时，除了应考虑上述问题外，另外一个问题是衍衬图像的衬度效果。一般应优先选择低指数操作反射，低指数操作反射往往可以提供较好的衬度效果。

### 3.5.2.4　衍衬像中位错线真实的位置[37,64]

在双光束衍射条件下，当 $\boldsymbol{g}\cdot\boldsymbol{b}\neq0$ 时，位错的明场像一般是一条黑线，而且位错像往往偏离位错芯的真实位置，即位错像出现在它的实际位置的一侧或另一侧。在偏离位错线实际位置产生位错线的像，暗场像中为亮线，明场像中为暗线。位错像相对于样品中实际位错线的位置偏离的大小和方向，主要取决于偏离矢量 $\boldsymbol{s}$ 的符号（或操作矢量 $\boldsymbol{g}$ 的指向）及位错本身的性质。这里位错的性质是指正刃型位错或负刃型位错，左旋螺型位错或右旋螺型位错。下面以刃型位错为例说明以上因素对位错像位置的影响。

如图 3 - 32 所示的刃型位错的半原子面在滑移面上方（正刃型位错）。如果 $(hkl)$ 是由于位错线 D 而引起的局部畸变的一组晶面，并以它作为操作反射用于成像。若该晶面与布拉格条件的偏离矢量为 $\boldsymbol{s}_0$，并假定 $\boldsymbol{s}_0>0$，则在远离位错 D 的区域 A 和 C 位置（相当于理想晶体）衍射束强度为 $I$（即暗场像中的背景强度）。位错引起它附近晶面的局部转动，意味着在此应变场范围内，$(hkl)$ 晶面存在着额外的附加偏差 $s'$ 离位错愈远，$|s'|$ 愈小。在位错线的右侧 $s'>0$，在其左侧 $s'<0$。于是在右侧区域内（例如 $B$ 位置），晶面的总偏差 $\boldsymbol{s}_0+s'>\boldsymbol{s}_0$，使衍射强度 $I_B<I_A$，而在左侧，由于 $s'$ 与 $\boldsymbol{s}_0$ 符号相反，总偏差 $\boldsymbol{s}_0+s'<\boldsymbol{s}_0$，而且在某位置（例如 $D'$），恰使 $\boldsymbol{s}_0+s'=0$，衍射强度 $I_0{}'=I_{\max}>I_A$。这样，在偏差离位错线实际位置的左侧，将产生位错线的像。

如果刃型位错的半原子面在滑移面下方（负刃型位错），位错线的实际位置与正刃型位错相反。当某一位错穿过弯曲消光条纹时，由于弯曲消光条纹两侧的 $\boldsymbol{s}_0$ 符号相反，使位错线像处于实际位置的两侧而使它产生转折，以致相互错开某距离。

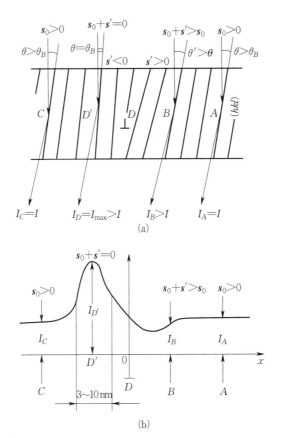

图 3 - 32　位错衬度的产生及位错像的位置偏离[37]

（a）位错引起局部晶面的转动（$s$ 的变化）；（b）位错引起局部衍射强度的变化

　　为了获得较好的图像衬度，获得缺陷最佳对比度，不应在完全处于布拉格条件（$s=0$）下，如图 3 - 33(a)所示。一般的明场像是在 $s$ 略大于零的衍射条件下拍照的，这样获得最佳的图像对比度，如图 3 - 33(b)所示。此时衍射条件使基体偏离布拉格条件时，刃型位错中多余半原子面的位向应该与基体相同，因而它并不满足布拉格条件。而在距位错芯一定距离的位错应变场中，因为畸变较小且变化缓慢，有一个相当宽范围内的晶面接近满足布拉格条件，接近产生衍射带，这个宽衍射带实际上就是我们看到的暗的位错线。因此，这样得到的位错线往往观察起来是很粗的，最粗可达 $\dfrac{\xi_g}{3}$，通常有 8～12 nm，而位错像偏离实际位错位置的距离与像宽在同一个数量级范围内。如果继续稍微倾斜试样，使 $s$ 进一步增加，位错图像虽然会变窄，但衬度也会降低，如图 3 - 33(c)所示。

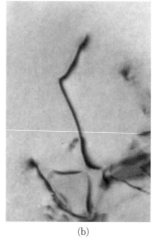
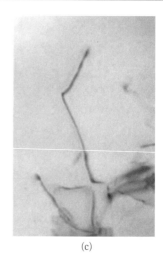

(a)               (b)               (c)

图 3-33    当 $s$ 变化时对位错像的影响[107]

(a) $s=0$；(b) $s$ 略大于 0；(c) 继续增大 $s$

    用弱束暗场的方法可以使位错的分辨率提高，而且可以使其像与真实位置更加接近。这是因为弱束暗场是在大的偏离矢量下成像，在大的偏离矢量下，只有畸变量大的晶面才能接近满足布拉格条件，我们知道只有在靠近位错的地方，才存在大的畸变区，因此在弱束暗场下，只有在靠近位错线很近的部分才能显示衬度，而且这个宽度也会比较小。在弱束暗场下位错线的分辨率可以达到约 1.5 nm，位错像距位错的真实位置的距离大约为 2 nm。根据动力学原理，位错线的宽度约为有效消光距离 $\xi_g^{\text{eff}}$ 的 1/5～1/2，而有效消光距离可以表示成 $\xi_g^{\text{eff}} = \dfrac{\xi_g}{\sqrt{1+s^2\xi^2}}$。

### 3.5.2.5   位错双像和双位错像的鉴别[37]

    在材料的微观结构研究中，衍衬像上经常看见一些位错线成对出现，这有三种情况加以区别。

    (1) 位错双像：实际情况只有一根位错，只是由于某种特殊的成像条件，一根位错两个像。

    (2) 位错偶：分别位于相邻两个平行滑移面上的符号相反的位错，彼此相互吸引，靠得很近，它们在衍衬像上成对出现，称为位错偶，亦称为位错偶极子。

    (3) 超点阵位错：位于同一滑移面上且柏氏矢量 $b$ 相同的两根位错，在许多短程或长程有序合金中常看到这种情况，称为超点阵位错。

    只需改变成像条件，就可以对这三种位错线成对出现的情况进行识别。位错双像容易识别，因为位错偶和超点阵位错是真实存在的两根位错，而位错双像实际只有一根位错。位错双像是当成像所用的操作反射 $g$ 在位错柏氏矢量方向上的投影为

$g \cdot b = n$($n$=整数),无论刃型还是螺型位错其强度总是偏向位错芯一侧的,对于刃型位错 $n=3$、螺型位错 $n=2$ 时,可以看到明显的双像,$n$ 值越大,偏离实际位错芯越远。只要改变这一成像条件,双像就会消失。而对位错偶和超点阵位错进行识别,只需改变 $s$ 符号或只改变 $g$ 的符号。当改变 $s$ 符号或只改变 $g$ 的符号($-g$),观察两位错线间距是否发生变化,间距发生变化的为位错偶,否则不是(见图 3-34)。当位错偶很近时,位错偶像间距缩小时可能使它们的像变成一根位错线的像。同样,当改变 $g$ 或 $s$ 的符号,位错像的间距不变,为超点阵位错,如图 3-35 所示。

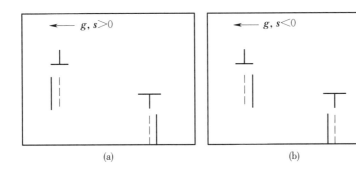

图 3-34　位错偶像间距随 $s$ 符号的变化
(a) 位错偶像间距增大;(b) 位错偶像间距缩小

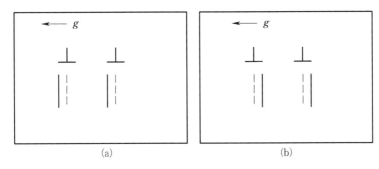

图 3-35　成对超点阵位错像间距不随 $s$ 符号改变
(a) $s>0$;(b) $s<0$

### 3.5.3　层错的衍衬分析

#### 3.5.3.1　层错衬度产生及其特征

如第 2 章介绍过,在面心立方和密排六方晶体中,可经常观察到堆垛层错。堆垛层错是最简单的平面型缺陷。层错仅仅是完整晶体局部区域的密排面发生了错排,它发生在确定的晶面上,层错面两侧的晶体仍然是完整的,具有相同的取向,并且层错面两侧分别是位相相同的两块理想晶体,但一侧晶体相当于另一个晶体存在一个

恒定的位移 $\boldsymbol{R}$。对于面心立方晶体中的 $\{111\}$ 层错,位移矢量 $\boldsymbol{R}=\pm\dfrac{a}{3}\langle111\rangle$ 或 $\pm\dfrac{a}{6}$ $\langle112\rangle$。层错的衬度是电子束穿过层错区时,衍射波(或透射波)的位相发生突变而引起的,位相的变化为 $\alpha=2\pi\boldsymbol{g}\cdot\boldsymbol{R}$,显然,当 $\boldsymbol{g}\cdot\boldsymbol{R}=n$($n$ 为整数)时,附加相位角 $\alpha$ 是 $2\pi$ 的整数倍,层错不显示衬度,当 $n$ 不是整数时,层错将显示强度呈周期变化的条纹衬度。一般认为,只要 $\boldsymbol{g}\cdot\boldsymbol{R}\geqslant0.02$,就可以观察到层错的衬度。

对于层错而言,层错面两侧晶体具有完全相同的位向,它们之间仅仅是在层错面上相差一个滑移矢,在有层错的区域任选一个小晶柱,设该小晶柱中,层错在深度 $t_1$ 处,则整个小晶柱对下表面散射波振幅的总的贡献为

$$\mathrm{d}\Phi_g=\frac{i\lambda F_g}{V_c\cos\theta}\Phi_0\,\mathrm{e}^{-2\pi i(\boldsymbol{K}_g-\boldsymbol{K}_0)\cdot r}\,\mathrm{d}z$$

积分之后得

$$\Phi_g=\frac{i}{s\xi_g}\mathrm{e}^{-\pi i\boldsymbol{g}\cdot\boldsymbol{R}}\mathrm{e}^{-\pi ist}\Big[\sin(\pi st+\pi\boldsymbol{g}\cdot\boldsymbol{R})-\sin(\pi\boldsymbol{g}\cdot\boldsymbol{R})\mathrm{e}^{2\pi is\left(\frac{t}{2}-t_1\right)}\Big]$$

与之对应的强度表达式为

$$I_g=\frac{1}{(s\xi_g)^2}\Big\{\sin^2(\pi st+\pi\boldsymbol{g}\cdot\boldsymbol{R})+\sin(\pi\boldsymbol{g}\cdot\boldsymbol{R})-2\sin(\pi\boldsymbol{g}\cdot\boldsymbol{R})\sin(\pi st$$

$$+\pi\boldsymbol{g}\cdot\boldsymbol{R})\cos\Big[2\pi s\Big(t_1-\frac{t}{2}\Big)\Big]\Big\}$$

由上式可以看出,当偏离矢量为常数时,如果层错可见($\boldsymbol{g}\cdot\boldsymbol{R}$ 不为整数),则小晶柱下表面的电子衍射束强度只取决于层错所在位置样品的厚度,也就是说层错的衬度是样品厚度的函数。因此,层错的衬度应该具有如下的特点:

(1) 对于确定的层错,当操作反射确定时,则 $\boldsymbol{g}\cdot\boldsymbol{R}$ 确定,在样品厚度 $t$ 和偏离矢量 $s$ 都确定的前提下,$I_g$ 将随层错所在位置的深度 $t_1$ 周期变化,周期为 $1/s$,与层错的类型无关,其周期函数与等厚条纹一样,都是余弦函数。

(2) 当层错在样品中的深度相同时,会具有相同的强度,故层错的衍衬像表现为一组平行于样品表面和层错交线的明暗相间的条纹。

(3) 当衍射矢量偏离布拉格位置的程度增加时,$s$ 增大,层错条纹间的间距变小(条纹变密),层错的衍衬强度锐减。

(4) 由层错强度的周期函数特点,$\cos[2\pi s(t_1-t/2)]$,可知层错条纹的强度总是中心对称的,这一点是层错条纹区别于等厚条纹的特点。由周期函数特点可知,当层错面平行样品表面时将不显示衬度。

对于面心立方晶体的 $\{111\}$ 层错,其位移矢量 $\boldsymbol{R}=\pm\dfrac{a}{3}\langle111\rangle$ 或 $\pm\dfrac{a}{6}\langle112\rangle$,层错可以通过以下几种途径形成,以 $\{111\}$ 中的 $(111)$ 面为例说明如下。

如图 2 - 91(a)所示,内禀层错是从正常的堆垛顺序中抽出一层(111)原子面,抽出后原子堆垛顺序发生变化,被抽出处形成一个层错,当抽出一层(111)面原子层后,在正排顺序中,必夹有一个反排,这时位移矢量变化为 $\boldsymbol{R}=-\dfrac{a}{3}[111]$。也可以看作是插入两层,其位移矢量 $\boldsymbol{R}=\dfrac{2a}{3}[111]$ 与 $-\dfrac{a}{3}[111]$ 是等效的,因为 $\dfrac{2a}{3}[111]-\left(-\dfrac{a}{3}[111]\right)=a[111]$。如果下方晶体(111)面原子相对于上方晶体作 $\dfrac{a}{6}[11\bar{2}]$、$\dfrac{a}{6}[1\bar{2}1]$ 或 $\dfrac{a}{6}[\bar{2}11]$ 滑移,相应的位移矢量分别为 $\boldsymbol{R}=\dfrac{a}{6}[11\bar{2}]$、$\boldsymbol{R}=\dfrac{a}{6}[1\bar{2}1]$ 或 $\boldsymbol{R}=\dfrac{a}{6}[\bar{2}11]$,也会形成相同的层错效果,这种层错的形成实际上可以看作是二次滑移的结果。如图 2 - 91(b)所示,外禀层错是从正常的堆垛顺序中插入一层(111)面原子层后,在排列顺序中必出现两个反排,此时位移矢量 $\boldsymbol{R}=+\dfrac{a}{3}[111]$。

内禀层错和外禀层错两种不同类型引起的相位角变化是不同的,但在同一种内禀层错类型中,不同位移矢量引起的相位角的变化是相同的。例如对于 $(hkl)$ 操作反射,位移 $\boldsymbol{R}=-\dfrac{a}{3}[111]$ 和 $\boldsymbol{R}=\dfrac{a}{6}[11\bar{2}]$ 的层错衬度效果是一样的。对 $\boldsymbol{R}=-\dfrac{a}{3}[111]$,

$$\alpha_1=2\pi\boldsymbol{g}\cdot\boldsymbol{R}=2\pi(ha^*+kb^*+lc^*)\times\left[-\frac{1}{3}(a+b+c)\right]=-\frac{2\pi}{3}(h+k+l);\text{对}\ \boldsymbol{R}=$$

$\dfrac{a}{6}[11\bar{2}]$,$\alpha_2=2\pi\cdot\dfrac{1}{6}[h+k-2l]=\dfrac{\pi}{3}(h+k-2l)$。两者位相差为 $\alpha_2-\alpha_1=\pi(h+k)=2n\pi$,因为面心立方晶体产生衍射的条件为 $h$、$k$、$l$ 为全奇或全偶,所以两者位相差是 $\pi$ 的偶数倍对层错衬度无影响,即对于给定的操作反射 $\boldsymbol{g}$,两者引起的附加相位角 $\alpha$ 在主值范围内是相同的,因而显示的层错条纹衬度是相同的。因此,根据层错有无衬度无法区分 $\boldsymbol{R}=-\dfrac{a}{3}\langle111\rangle$ 和 $\boldsymbol{R}=\dfrac{a}{6}\langle112\rangle$ 引起的内禀层错。因为面心立方晶体产生衍射的条件为 $h$、$k$、$l$ 为全奇或全偶,所以附加相位角 $\alpha$ 只能是 $0(2\pi)$ 或 $\pm\dfrac{2}{3}\pi$,若 $\boldsymbol{g}=[11\bar{1}]$ 或 $[311]$ 等,层错将不显示衬度;若 $\boldsymbol{g}=[200]$ 或 $[220]$ 等,层错将显示衬度。

1) 平行于薄膜表面的层错

设在厚度为 $t$ 的薄膜内存在平行于表面的层错 $CD$,它与上、下表面的距离分别为 $t_1$ 和 $t_2$,如图 3 - 36 所示。

对于无层错区域($OQ$),衍射振幅为

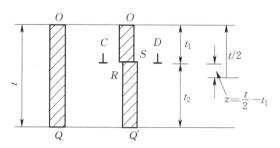

图 3 - 36  柱体中平行于薄膜表面的层错[38]

$$\Phi_g \propto A(t) = \int_0^t e^{-2\pi isz} dz = \frac{\sin(\pi ts)}{\pi s}$$

而在存在层错区域($OQ'$),衍射振幅则为

$$\Phi_g' \propto A'(t) = \int_0^{t_1} e^{-2\pi isz} dz + \int_{t_1}^{t_2} e^{-2\pi isz} \cdot e^{-ia} dz \tag{3-46}$$

显然,在一般情况下 $\Phi_g' \neq \Phi_g$,衍射图像存在层错的区域将与无层错区域出现不同的亮度,即构成了衬度,因为此时层错面上的各点在样品厚度方向上的位置是相同的,层错区显示为均匀的亮区或暗区。

2) 倾斜于薄膜表面的层错

如图 3 - 37 所示,薄膜内存在倾斜于表面的层错,它与上、下表面的交线分别为 $T$ 和 $B$,此时层错区域内的衍射振幅仍由式(3 - 46)表示。但在该区域内的不同位置,晶体柱上、下两部分的厚度 $t_1$ 和 $t_2 = t - t_1$ 是逐点变化的,不难想象,$I_g$ 将随 $t_1$ 厚度的变化产生周期性的振荡,同时,层错面在试样中同一深度 $z$ 处,$I_g$ 相同。因此,层错衍衬像表现为平行于层错面迹线的明暗相间的条纹,形成类似于等厚条纹的衬度。但层错条纹和等厚条纹衬度存在一定差别,层错的外侧条纹衬度较大,中间衬度较小,而等厚条纹衬度无此特点。另外,倾斜层错与倾斜孪晶界或笔直晶界的等厚条纹很相似,深度周期均为 $1/s$,但层错衬度是由附加相位角提供,选择适当的操作反射,使 $\alpha = 2\pi g \cdot R = 0$,层错条纹可消失,而倾斜晶界、孪晶的等厚条纹不可能通过改变 $g$ 使之消失。层错一般存在于晶粒内部,而等厚条纹出现在倾斜的晶粒边界或孔的楔形边缘。

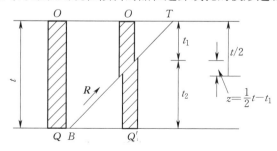

图 3 - 37  柱体中倾斜于薄膜表面的层错[38]

3）层错的明场像和暗场像

明场像中外侧条纹相对于中心对称[见图 3-38(a)]。当 $\alpha = \frac{2}{3}\pi$ 时，外侧条纹为亮衬度；当 $\alpha = -\frac{2}{3}\pi$ 时，外侧条纹为暗衬度。暗场像中层错条纹衬度不对称[见图 3-38(b)]，外侧条纹一亮一暗。层错的明、暗场像外侧条纹的衬度，一侧相似（同亮或同暗），另一侧衬度亮暗趋于互补。H.Hashimoto 等报道了层错条纹明暗场像的衬度特征[125-126]，可以参见图 3-39 中根据衍射动力学理论计算的层错明暗场强度分布结果。

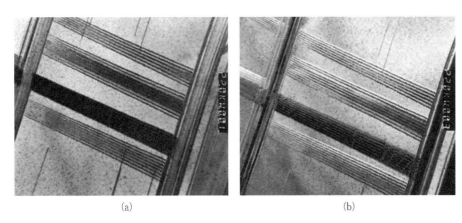

(a) (b)

图 3-38　Cu 基合金中层错的明暗场像

(a) 明场；(b) 暗场

4）重叠层错

重叠层错的衬度取决于重叠层错的相位角之和。当两个 $\alpha = \frac{2}{3}\pi$ 的层错重叠，其相位角之和为 $\frac{4}{3}\pi$，而 $\frac{4}{3}\pi = 2\pi - \frac{2}{3}\pi$，因此将显示 $-\frac{2}{3}\pi$ 的层错衬度。当三个 $\alpha = \frac{2}{3}\pi$ 的层错重叠时，其相位角和为 $2\pi$，则不显示层错衬度。同理，两个符号相反的层错重叠时，例如 $\alpha = \frac{2}{3}\pi$ 的层错和 $\alpha = -\frac{2}{3}\pi$ 的层错，因相位角之和为零，也不显示层错衬度。

### 3.5.3.2　层错性质的鉴别[37]

1）内禀层错和外禀层错的鉴别

面心立方晶体中的内禀层错和外禀层错位移矢量符号相反，因为 $\alpha = 2\pi \boldsymbol{g} \cdot \boldsymbol{R}$，故

同一 $\boldsymbol{g}$ 下，$\alpha$ 的正负符号不同，层错像的外侧条纹衬度（亮或暗）与 $\alpha$ 的符号有关。根据衍射动力学理论计算的结果（见图 3-39）归纳如表 3-6 所示。

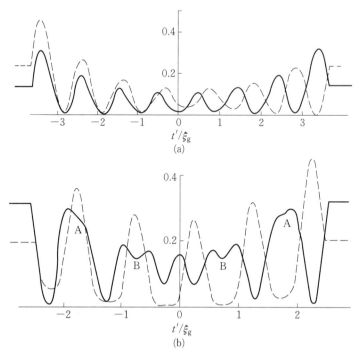

图 3-39　层错的明暗场像的强度分布（实线为明场像，虚线为暗场像）[125-126]

(a) $\alpha=\dfrac{2}{3}\pi$；(b) $\alpha=-\dfrac{2}{3}\pi$

表 3-6　$R=\dfrac{a}{3}\langle 111\rangle$ 和 $R=-\dfrac{a}{3}\langle 111\rangle$ 的鉴别

| $\alpha=2\pi\boldsymbol{g}\cdot\boldsymbol{b}$ | 明场像 | | 暗场像 | |
|---|---|---|---|---|
| | 首条纹 | 尾条纹 | 首条纹 | 尾条纹 |
| $\alpha=2\pi/3$ | 亮 | 亮 | 亮 | 暗 |
| $\alpha=-2\pi/3$ | 暗 | 暗 | 暗 | 亮 |

若双束条件下的 $\boldsymbol{g}$ 使 $\alpha=\dfrac{2}{3}\pi$，在明场像中首（顶）和尾（底）层错条纹均为亮条纹，但不能确定哪一条纹为首和尾，再用该 $\boldsymbol{g}$ 成普通暗场像，则呈现一亮和一暗的条纹，则亮的条纹对应首（顶）条纹。若双光束条件下的 $\boldsymbol{g}$ 使 $\alpha=-\dfrac{2}{3}\pi$，在明场像中首和尾层错条纹均为暗条纹，再用该 $\boldsymbol{g}$ 成暗场像，则呈现一亮和一暗的条纹，此时暗的

条纹对应首(顶)条纹,如图 3-40 所示的 $\alpha=-\dfrac{2}{3}\pi$ 的层错明场像和暗场像。若用中心暗场($-\boldsymbol{g}$)成像,规律正好相反,即明暗场像外侧条纹衬度相同的为尾条纹,衬度相反的为首条纹。

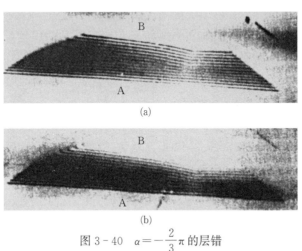

图 3-40　$\alpha=-\dfrac{2}{3}\pi$ 的层错

(a) 明场像;(b) 暗场像

采用不同的操作反射,内禀层错和外禀层错两类层错均可得到 $\alpha=\pm\dfrac{2}{3}\pi$,因此,不可能从首尾条纹的衬度来确定两类层错。R.Gevers 等在首尾条纹衬度的基础上,进一步将各种情况归纳于图 3-41 中[129]。利用该图所示的方法就可区分两类层错。在图中,B 和 D 分别表示亮条纹和暗条纹;A 型和 B 型分别表示操作反射类型,其中 A 型:{200}、{222}、{440},B 型:{111}、{220}、{400}。

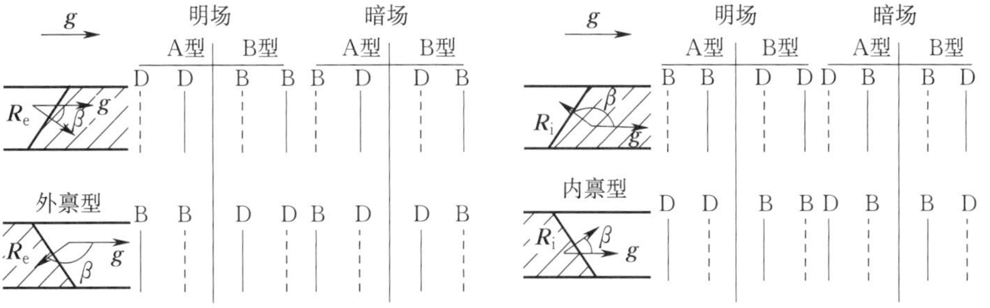

图 3-41　内禀层错和外禀层错的鉴别方法[129]

2) 内禀层错中 $\dfrac{a}{6}\langle112\rangle$ 和 $-\dfrac{a}{3}\langle111\rangle$ 型层错的鉴别[37]

前面已经说明根据层错条纹衬度是否出现或消失,无法鉴别内禀层错中不同位移性质的层错。但层错产生的途径不同,层错周围围绕的不全位错(偏位错)也不相同,可以通过层错边界的不全位错的柏氏矢量来进行鉴别。

晶体的部分区域发生层错时,堆垛层错与完整晶体的边界就是位错。此时,位错的柏氏矢量不等于点阵矢量,所以是不全位错。不全位错是柏氏矢量不等于单位点阵矢量整数倍的位错,其滑移后原子排列规律发生变化,这与柏氏矢量为单位点阵矢量或其倍数的全位错滑移后晶体原子排列不变是不同的。根据层错的形成方式不同,面心立方晶体中有两种不全位错:弗兰克(Frank)不全位错和肖克莱(Shockley)不全位错。如抽出、插入型层错,其周边为弗兰克不全位错,而切变滑移型层错的周边是柏氏矢量不同的肖克莱不全位错。

肖克莱不全位错是晶体中滑移面上的某一原子层滑移到另一原子层的位置而形成的堆垛层错与完整晶体的边界,如图3-42(a)所示,右侧是正常排列顺序 ABCABCABC,左侧排列顺序是 ABCBCABC,有层错存在。肖克莱不全位错是借不均匀滑移形成的层错与完整晶体的边界,柏氏矢量为 $b = \dfrac{a}{6}[\bar{2}11]$,方向平行于层错面,与位错线互相垂直,是刃型不全位错。它可以在{111}面上滑移,其滑移相当于层错面扩大或缩小。它不能攀移离开层错面。

弗兰克不全位错是在完整晶体中插入半层或抽去半层密排面{111}产生的层错与完整晶体之间的边界,如图3-42(b)所示,左侧抽去半层 B 原子,产生堆垛层错,层错区与完整晶体的边界垂直于纸面。弗兰克不全位错的柏氏矢量为 $-\dfrac{a}{3}[111]$,方向与层错面{111}垂直,也与位错线垂直,虽然是纯刃型位错,但柏氏矢量不在层错面(滑移面)上,不能滑移,是一种不动位错。但可通过点缺陷的凝集(进来)或扩散(出去),沿层错面进行攀移,攀移的结果可使层错面扩大或缩小。

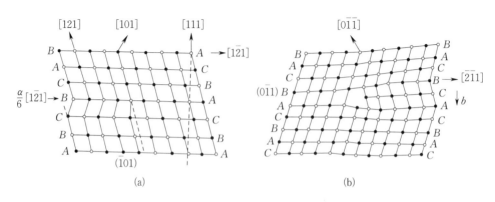

(a)                                    (b)

图3-42　面心立方晶体中的两种不全位错

(a) 肖克莱不全位错;(b) 弗兰克不全位错

在弹性各向同性的面心立方晶体中,不全位错的实际不可见条件为 $\boldsymbol{g} \cdot \boldsymbol{b} = 0$ 和 $\boldsymbol{g} \cdot \boldsymbol{b} = \pm 1/3$。而 $\boldsymbol{g} \cdot \boldsymbol{b} = \pm 2/3, \pm 4/3$ 时,不全位错可见。因此对于 $\dfrac{a}{6} \langle 112 \rangle$ 和 $-\dfrac{a}{3} \langle 111 \rangle$ 类型层错,可选择两个或以上合适的 $\boldsymbol{g}$ 成像,有其中的一个 $\boldsymbol{g}$ 使它们层错边界的不全位错不同时出现或消失即可判别。例如,采用 $\boldsymbol{g} = 200$ 成像,$\dfrac{a}{6} \langle 112 \rangle$ 中 $\dfrac{a}{6}[\bar{2}11]$ 和 $-\dfrac{1}{3}[111]$ 不全位错均出现,再用 $\boldsymbol{g} = \bar{2}20$ 成像,若不全位错仍可见,必为 $\dfrac{a}{6}[\bar{2}11]$;若不全位错不可见,则为 $-\dfrac{1}{3}[111]$。

在面心立方晶体中 $\langle 111 \rangle$ 层错面,可任取一个层错面,如 $(111)$ 面,表 3 - 7 列出该面上所有肖克莱 $\dfrac{a}{6} \langle 112 \rangle$ 不全位错和弗兰克 $-\dfrac{a}{3} \langle 111 \rangle$ 不全位错在各种衍射条件的 $\boldsymbol{g} \cdot \boldsymbol{b}$ 值,由此判断不全位错是否可见。$\dfrac{a}{6} \langle 112 \rangle$ 类型必有两个不全位错,$-\dfrac{a}{3} \langle 111 \rangle$ 类型只有一个位错环。

表 3 - 7 FCC(111)面上不全位错 $\dfrac{a}{6} \langle 112 \rangle$ 和 $-\dfrac{a}{3} \langle 111 \rangle$ 的 $\boldsymbol{g} \cdot \boldsymbol{b}$ 值[37]

| $\boldsymbol{g}$ | $\boldsymbol{b}$ | | | |
| :---: | :---: | :---: | :---: | :---: |
| | $\dfrac{a}{6}[11\bar{2}]$ | $\dfrac{a}{6}[1\bar{2}1]$ | $\dfrac{a}{6}[\bar{2}11]$ | $\dfrac{a}{3}[111]$ |
| $1\bar{1}1$ | $-\dfrac{1}{3}$ | $+\dfrac{2}{3}$ | $-\dfrac{1}{3}$ | $-\dfrac{1}{3}$ |
| $\bar{1}11$ | $-\dfrac{1}{3}$ | $-\dfrac{1}{3}$ | $+\dfrac{2}{3}$ | $-\dfrac{1}{3}$ |
| $11\bar{1}$ | $+\dfrac{2}{3}$ | $-\dfrac{1}{3}$ | $-\dfrac{1}{3}$ | $-\dfrac{1}{3}$ |
| $2\bar{2}0$ | $0$ | $+1$ | $-1$ | $0$ |
| $0\bar{2}2$ | $-1$ | $+1$ | $0$ | $0$ |
| $20\bar{2}$ | $+1$ | $0$ | $-1$ | $0$ |
| $200$ | $+\dfrac{1}{3}$ | $+\dfrac{1}{3}$ | $-\dfrac{2}{3}$ | $-\dfrac{2}{3}$ |
| $020$ | $+\dfrac{1}{3}$ | $-\dfrac{2}{3}$ | $+\dfrac{1}{3}$ | $-\dfrac{2}{3}$ |

3）(111)面上$\frac{a}{6}\langle 112\rangle$不全位错的鉴别[37]

表 3－8 列出了面心立方晶体(111)面上$\frac{a}{6}\langle 110\rangle$全位错分解为两不全位错的可能反应和鉴别不全位错类型的方法。例如，采用 $\boldsymbol{g}=200$ 和 $\boldsymbol{g}=2\bar{2}0$ 鉴别$\frac{a}{6}\langle 112\rangle$不全位错的方法。若采用 $\boldsymbol{g}=200$ 成像，如果层错条纹和右侧的不全位错出现，则可能的位错为$\frac{a}{2}[1\bar{1}0]=\frac{a}{6}[1\bar{2}1]+\frac{a}{6}[2\bar{1}\bar{1}]$或$\frac{a}{2}[\bar{1}01]=\frac{a}{6}[\bar{1}\bar{1}2]+\frac{a}{6}[\bar{2}11]$；再用 $2\bar{2}0$ 成像，若层错两侧不全位错均出现，则为$\frac{a}{2}[1\bar{1}0]=\frac{a}{6}[1\bar{2}1]+\frac{a}{6}[2\bar{1}\bar{1}]$，若仅右侧出现不全位错，则为$\frac{a}{2}[\bar{1}01]=\frac{a}{6}[\bar{1}\bar{1}2]+\frac{a}{6}[\bar{2}11]$。

**表 3－8　(111)面上$\frac{a}{6}\langle 112\rangle$不全位错的鉴别[37]**

| 位错反应 | $\frac{a}{2}[1\bar{1}0]=\frac{a}{6}[1\bar{2}1]+\frac{a}{6}[2\bar{1}\bar{1}]$ | $\frac{a}{2}[1\bar{1}0]=\frac{a}{6}[1\bar{2}1]+\frac{a}{6}[2\bar{1}\bar{1}]$ | $\frac{a}{2}[01\bar{1}]=\frac{a}{6}[\bar{1}2\bar{1}]+\frac{a}{6}[11\bar{2}]$ | $\frac{a}{2}[01\bar{1}]=\frac{a}{6}[\bar{1}2\bar{1}]+\frac{a}{6}[11\bar{2}]$ | $\frac{a}{2}[\bar{1}01]=\frac{a}{6}[\bar{1}\bar{1}2]+\frac{a}{6}[\bar{2}11]$ | $\frac{a}{2}[\bar{1}01]=\frac{a}{6}[\bar{1}\bar{1}2]+\frac{a}{6}[\bar{2}11]$ |
|---|---|---|---|---|---|---|
| $\boldsymbol{g}$ | 200 | $2\bar{2}0$ | 200 | $2\bar{2}0$ | 200 | $2\bar{2}0$ |
| $\boldsymbol{g}\cdot\boldsymbol{b}$(左不全位错) | +1/3 | 11 | −1/3 | −1 | −1/3 | 0 |
| $\boldsymbol{g}\cdot\boldsymbol{b}$(右不全位错) | +2/3 | 1 | +1/3 | 0 | −4/3 | −1 |
| $\alpha=2\pi\boldsymbol{g}\cdot\boldsymbol{b}$ 层错 | $\frac{2\pi}{3}$ | 0 | $-\frac{2\pi}{3}$ | 0 | $-\frac{2\pi}{3}$ | 0 |
| 衬度示意图 | 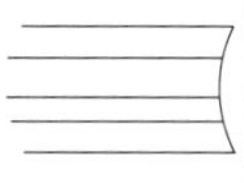 | 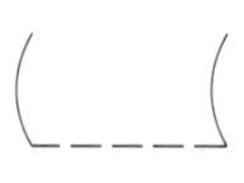 | 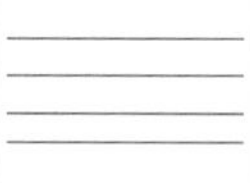 |  | 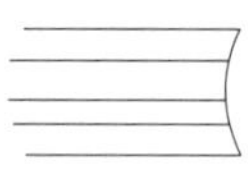 | 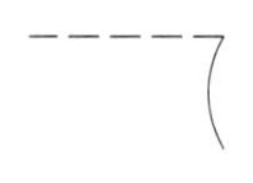 |
| 衬度说明 | 层错可见；仅一侧不全位错可见 | 层错不可见；左右位错均可见 | 层错可见；不全位错均不可见 | 仅左侧不全位错可见 | 层错可见；一侧位错可见 | 层错不可见；一侧位错可见 |

## 3.5.4　第二相粒子的衍衬分析

第二相粒子产生的衬度比较复杂，其衬度特征将受到粒子的晶体结构、取向、化学成分以及粒子的空间形态和在基体中存在的形式等多方面因素的影响。第二相粒子可以通过两种方式产生衬度。第一,由于第二相粒子的存在,使其周围基体局部产生晶格畸变,当电子束穿过畸变区时,振幅和位相发生变化,从而显示有别于无畸变区的衬度。这被称为基体衬度,或应变衬度,它主要与第二相粒子在基体中存在的形式有关。第二,由于第二相本身成分、晶体结构、取向与基体不同,以及其他因素,当电子束穿过第二相时,振幅和位相发生变化,从而显示第二相本身的某种衬度特征,包括第二相与基体由于位向差引起的衬度、结构因子差别而形成的衬度、特定情况下形成的波纹图、第二相和基体存在的相界面引起的衬度等。这些被统称为第二相衬度,或沉淀物衬度。无论第二相粒子在基体中存在的形式如何,沉淀物衬度总是存在的。此外,如果第二相粒子和基体的平均原子序数存在较大差别,则不能忽视由此产生的质量厚度衬度效应。可见,第二相粒子的衬度可能是上述诸多因素的综合效应。因此,对于不同的第二相粒子,可能会显示不同的衬度特征。

### 3.5.4.1　基体衬度(应变衬度)

第二相在基体中的存在形式有 6 种:① 完全共格,无错配度;② 完全共格,有错配度;③ 完全共格,局部有错配度;④ 部分共格,有错配度;⑤ 部分共格,局部有错配度;⑥ 完全不共格。当第二相和基体的界面点阵共格或部分共格,但有一定的错配度,这就势必在界面附近的基体中造成应变场,即点阵畸变。电子束经过此狭窄畸变区时,波的相位发生改变,从而显示出不同于远离界面处的完整晶体的基体衬度,产生了应变衬度。

第二相使周围基体产生晶格畸变,既可用位移矢量 $\boldsymbol{R}$ 来描述,也可以用不完整晶体衍衬理论中的附加位相因子来描述。第二相引起周围基体产生畸变的位移矢量与第二相的空间形态及在基体中的存在形式有关,第二相的空间形态及在基体中的存在形式不同,会产生不同的应变场参量 $\boldsymbol{R}$。

为了简化问题,基础的衬度分析是对球形对称的应变场的研究。对于球形第二相粒子引起的位移矢量,在球的外部,可以表示为 $\boldsymbol{R} = \dfrac{\varepsilon r_0^3}{r^3} r$。在球的内部,可以表示为 $\boldsymbol{R} = -\varepsilon r$。畸变晶体柱下表面的衍射束振幅为式(3 - 25)表达,即 $\varPhi_g = \dfrac{i\pi}{\xi_g} \displaystyle\int_0^t \exp(-2\pi i s z)\exp(-2\pi i \boldsymbol{g}\cdot\boldsymbol{R})\mathrm{d}z$。

如图 3 - 43(a)所示,球状第二相粒子引起应变场位移矢量 $\boldsymbol{R}$ 沿球的径向对称分布。由于球形第二相粒子的应变场位移矢量的特点,其衍射衬度具有自身的特点。第二相粒子衬度消失的判据严格地讲也是 $\boldsymbol{g}\cdot\boldsymbol{R} =$ 整数,但由于球形粒子中任意方向都存在应变矢量,所以这个判据只能判断一些点的消光。实际上我们能够看到的衬度是当某个面上的应变场矢量都垂直于 $\boldsymbol{g}$ 时,这个面上的所有衬度都不可见,这时 $\boldsymbol{g}\cdot\boldsymbol{R} = 0$,因此我们认为第二相粒子的衬度消失的判据为 $\boldsymbol{g}\cdot\boldsymbol{R} = 0$。因此,对于任一

特定的反射 $g$,总能有 $R$ 满足 $g \cdot R = 0$。在满足上述条件 $R$ 的方向上,将不产生畸变引起的衬度,此处的衬度与周围基体无畸变区相同,这条线称为无衬度线(零衬度线),无衬度线的方向与操作反射垂直。在球状第二相粒子其他位置,不满足上述条件 $R$ 的方向上,将产生畸变引起的衬度,对球状第二相粒子引起的应变场是蝶形对称分布的。与应变场对应的,球状第二相粒子引起的衬度也是蝶形对称分布的,如图 3-43(b)所示。这种衬度特征可以在电镜实验结果中得到证实,如图 3-44 所示。另外,由于应变场是球形对称分布的,所以对于任意操作反射,与之平行的平面上的任意位移矢都能使 $g \cdot R = 0$,因此,当改变操作反射时,第二相质点衍衬像上的无衬度线也将随之改变,但该线将始终与操作反射矢量 $g$ 垂直,如图 3-45 所示。

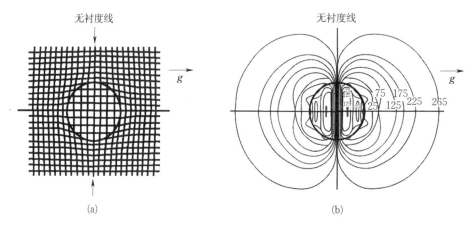

(a)                                      (b)

图 3-43　球形共格第二相粒子对称应变场引起的衬度分布

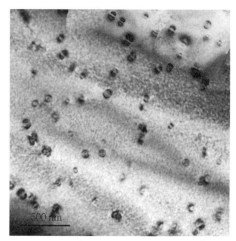

图 3-44　Al-Li 合金中球形共格第二相 $\delta'(Al_3Li)$ 相
衬度的蝶形对称分布

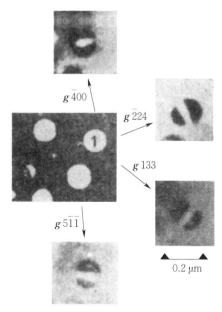

图 3 - 45　$\delta'(Al_3Li)$ 相衍衬像上的无衬度线与操作反射的关系[38]

类似 H. Hashimoto 等用于层错条纹明暗场像的衬度特征，M. F. Ashby 等也计算了第二相粒子应变场明暗场衬度轮廓[图 3 - 43(b)所示衬度蝶形对称的垂直截面强度]随其在样品中深度的变化[130]，图 3 - 46 是明场像和暗场像的形状和对称性取决于第二相粒子离样品上表面的深度变化的计算结果，图中的中间一列数表示所在处深度为消光距离 $\xi_g$ 的多少倍，计算时设试样厚度为 $5\xi_g$，质点半径为 $0.25\xi_g$。如图 3 -46 所示，样品上表面附近的第二相粒子的明场像和暗场像几乎相同，样品下表面附近的第二相粒子明场像和暗场像几乎互补。明场像在样品上下表面附近衬度相反，暗场像在上下表面附近衬度相同。明暗场像衬度轮廓在上表面附近相似，而在下表面附近相反。只有当第二相粒子位于样品的中心时，明场像才是对称的，但暗场像不太对称。除上下表面附近外，第二相粒子在样品中的其他位置的像宽度大致相同。据此可以定性估计第二相粒子在样品中的粗略深度。当图像上第二相粒子像很多时，可根据蝶形衬度两翼是否对称，定性判断第二相粒子在样品中的分布情况。

除了球形共格第二相粒子引起的对称应变场之外，不同形状的共格相粒子应变场衬度应该有所不同。图 3 - 47(a)(b)分别是片状第二相和不规则形状第二相的应变场衬度。

### 3.5.4.2　第二相衬度(沉淀物衬度)

1) 结构因子衬度

结构因子来源于第二相与基体结构因子差异，当第二相与基体两者之间结构因子存在差别时，二者有不同的消光距离，从而显示第二相的衬度。

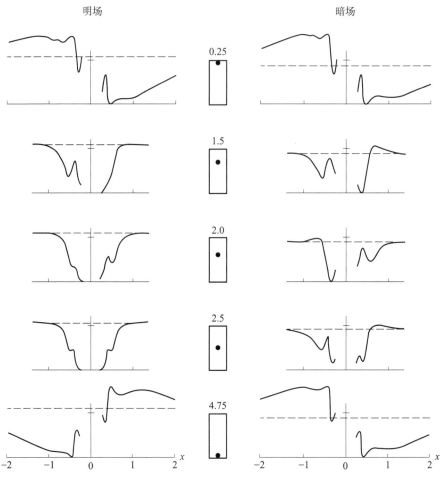

图 3-46 第二相粒子应变场衬度轮廓随其在样品中深度的变化[130]

由衍衬成像的动力学理论可知,当偏离矢量 $s$ 一定时,衍射束强度在样品深度方向上的变化周期 $1/s_{eff}$ 由消光距离 $\xi_g$ 决定。对于厚度为 $t$ 的样品,在有第二相粒子(设其厚度为 $D$)和无第二相粒子处,因衍射强度变化周期不同,相当于有效厚度产生一个厚度变化 $\Delta t$ 为

$$\Delta t = \frac{D}{s_{eff}}(s_{eff}^p - s_{eff}) \tag{3-47}$$

式中,$s_{eff} = \sqrt{s^2 + \xi_g^{-2}}$;$s_{eff}^p = \sqrt{s^2 + (\xi_g^p)^{-2}}$;$\xi_g$ 和 $\xi_g^p$ 分别是基体和第二相的消光距离。

消光距离不同将导致衍射强度变化,衍射强度的变化为

$$\Delta I = \left[\frac{1}{(\xi_g^p)^2} - \frac{1}{\xi_g^2}\right]\frac{\sin^2(\pi t s)}{s^2} \tag{3-48}$$

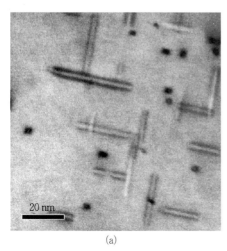 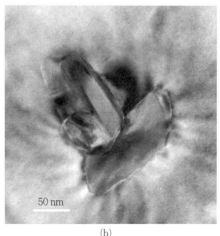

(a)                                        (b)

图 3-47   第二相的应变场衬度

(a) 片状第二相;(b) 不规则形状第二相

当 $t=\dfrac{n}{s}$($n$ 为整数)时,$\Delta I=0$,第二相不显示衬度;当 $t=\dfrac{2n+1}{2s}$($n$ 为整数)时,$\Delta I$ 最大,即第二相粒子与基体的衬度差别最大。由式(3-48)可见,当 $\xi_{g}>\xi_{g}^{p}$ 时,$\Delta I>0$,在明场像中第二相显示暗的衬度;反之,第二相在明场像中显示亮衬度。此外,$\Delta I$ 与 $s^{2}$ 成反比,故当 $|s|$ 增大时,第二相的衬度将减弱。

在 $s=0$ 的情况下,式(3-47)的厚度变化 $\Delta t$ 可表示为

$$\Delta t=\xi_{g}D\left(\frac{1}{\xi_{g}^{p}}-\frac{1}{\xi_{g}}\right) \tag{3-49}$$

当 $D\ll\xi_{g}$ 时,由此产生的强度变化为

$$\Delta I=\pi D\left(\frac{1}{\xi_{g}^{p}}-\frac{1}{\xi_{g}}\right)\sin\frac{2\pi t}{\xi_{g}} \tag{3-50}$$

因此,第二相粒子显示均匀衬度的条件是 $t/\xi_{g}\neq\dfrac{n}{2}$($n$ 为整数)时,粒子将显示最大的衬度。如果 $\xi_{g}>\xi_{g}^{p}$ 时,则 $t/\xi_{g}=\dfrac{1}{4},\dfrac{5}{4},\cdots$时,在明场像中粒子为暗衬度;$t/\xi_{g}=\dfrac{3}{4},\dfrac{7}{4},\cdots$时,粒子在明场像中显示亮衬度。由式(3-50)可见,衍射强度变化 $\Delta I$ 将随第二相粒子的厚度 $D$ 减小而减小,第二相的衬度随之减弱,以至消失。

综上分析,第二相粒子结构因子衬度的大小,主要与第二相和基体的消光距离、样品厚度、偏离矢量以及第二相粒子的尺寸等因素有关。因此,结构因子衬度从根本上讲是由于电子束经过的路程上遇到了第二相,使薄膜的有效厚度发生了变化,从而

改变了出射电子束的强度。显示结构因子衬度的典型情况是固溶体中形成的溶质富集 *GP* 区域或细小的有序畴。

2）取向衬度

取向衬度是由于第二相和基体的衍射晶面偏离布拉格位置程度的差别引起的。当样品的取向使得第二相和基体两者之一处于布拉格位向时，将产生取向衬度。取向衬度的特点是均匀的亮或暗。一般当基体和第二相的晶体结构有明显差异时，即第二相以部分共格或不共格，或者是共格超点阵存在于基体时，才能产生这种衬度。大尺寸的第二相最容易显示取向衬度。利用第二相强衍射束成暗场像，可以清晰地显示第二相的形貌，在暗的基体的背景上，第二相显示很强的亮衬度。在明场像中，也可以利用取向衬度显示第二相。如果第二相在基体中存在几种不同的取向时，可以分别用不同取向的第二相的衍射束成暗场像，分别显示不同取向的第二相衬度，这是第二相衍衬分析中经常使用的一种方法。

当第二相尺寸很大，且其原子序数比基体大很多时，吸收效应对取向衬度有较大影响。这时，第二相粒子多呈暗的衬度，这主要是由吸收引起的。

倾斜于样品表面的第二相与基体的界面，当其与入射束不平行时，在显示取向衬度的同时，在相界面处还可观察到条纹衬度。这种条纹类似于在晶界处出现的等厚条纹，其衬度特征与等厚条纹相同，如图 3-48 中白色箭头所示。

3）位移条纹衬度

当基体中存在大尺寸的沉淀物薄片时，它使沉淀物片两侧附近的基体向相反方向位移。当位移的晶面相对于试样表面倾斜一个角度时，电子束通过它们，由于位相突变，会产生类似等厚条纹的条纹衬度。位移条纹总是平行于测定沉淀物片与样品表面的交线。

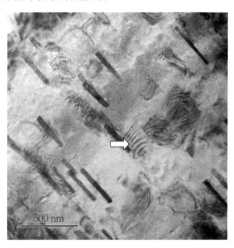

图 3-48　Mg-Gd-Y-Ni 合金中
第二相的取向衬度

在典型部分共格沉淀物片的情况下，位移垂直于沉淀物片的表面，其大小为

$$|\boldsymbol{R}_n| = \Delta t \cdot \delta - n |\boldsymbol{b}_n|$$

式中，$\Delta t$ 是沉淀物片的厚度，$n$ 是沉淀物片四周的结构位错数，$\delta$ 是与基体的错配度，$\boldsymbol{b}_n$ 是这些位错垂直于沉淀物片表面的柏氏矢量的分量。

如果 $|\boldsymbol{R}_n|$ 不等于零或不等于基体在这个方向上的点阵矢量的整数倍，则沉淀物薄片两侧的基体晶面相对于正常位置发生位移，当沉淀物薄片倾斜于样品表面时，就会产生位移条纹衬度（见图 3-49）。

将位移 $\boldsymbol{R}_n$ 代入动力学理论的方程中,当 $s=0$ 时,透射波的强度为

$$I = \cos^2 \frac{1}{2} a \cdot \cos^2 \left( \frac{\pi t}{\xi_g} \right) + \sin^2 \frac{1}{2} a \cdot \cos^2 \left( \frac{2\pi z}{\xi_g} \right) \tag{3-51}$$

式中,$a = 2\pi \boldsymbol{g} \cdot \boldsymbol{R}_n$ 是由位移及 $\boldsymbol{R}_n$ 引起的附加相位角。

由式(3-51)容易看出,强度在样品深度方向上的变化周期为 $\xi_g/2$,面完全与 $|\boldsymbol{R}_n|$ 无关。这种条纹衬度与层错条纹衬度十分相似,事实上,面心立方晶体中的层错条纹是 $\boldsymbol{R}_n = \frac{a}{3} \langle 111 \rangle$ 的位移条纹的特例。尽管薄片状沉淀物上的位移条纹的许多性质与层错条纹是相同的,如位移条纹衬度也是强度呈周期变化的条纹;位移条纹也平行于沉淀物与样品表面的交线,但是两者毕竟还存在许多区别。首先,沉淀物中或沉淀物与基体的界面上不存在层错;其次,如果沉淀物表面是不平的,条纹将不再是直线;最后,层错仅在 $a = \pm \frac{2}{3} \pi$ 才显示衬度,面位移条纹衬度可见时 $a$ 的取值一般不会与层错相同。

位移条纹可用于测定由沉淀物引起的位移矢量的方向和大小。当沉淀物片很薄,以至于无法得到其衍射花样时,可以利用位移条纹衬度检测是否有第二相析出。

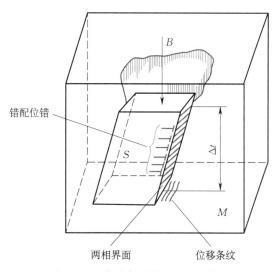

图 3-49  位移条纹衬度形成示意图

4) 波纹图衬度

波纹图衬度是一种特殊类型的相位相干衬度,是分辨晶体点阵的一种间距方法。当晶格参数不同或取向不同的两个晶体(如基体和析出相)重叠时,此时电子束照射到晶体时,物镜背焦面上的物镜光阑同时套住倒易矢量,长度相等或接近的分属于基体和析出相的两个衍射斑点成暗场像,两种晶体中相互平行的晶面产生的衍射波会

发生干涉,干涉的结果放大了原来的条纹间距,这种明暗相间的条纹衬度称为波纹图,该条纹也就是莫尔(Moiré)条纹。如果重叠的两个晶体之间发生二次衍射时,利用二次衍射束和透射束成像,明场像中也会出现波纹图衬度。莫尔条纹的成像原理和图像特征与高分辨电镜中的一维晶格像非常相似,但条纹间距比较大,条纹也没晶格像直。波纹图衬度的形成机理不同于层错条纹和位移条纹。前面讨论的各种衍射像都是用单束(透射束或一支衍射束)形成的,而波纹图则是利用双光束(透射束和一支二次衍射束或两支衍射束)形成的。

假如两个晶体的晶面间距为 $d_1$ 和 $d_2$,晶面间夹角为 $\varphi$,则波纹图中的莫尔条纹间距可由下式求出:

$$d = \frac{d_1 d_2}{\sqrt{d_1^2 + d_2^2 - 2d_1 d_2 \cos \varphi}} \tag{3-52}$$

波纹图中的条纹相对于间距为 $d_1$ 的晶面之间的夹角 $\theta$ 可由下式求出:

$$\sin \theta = \frac{d_1 \sin \varphi}{\sqrt{d_1^2 + d_2^2 - 2d_1 d_2 \cos \varphi}} \tag{3-53}$$

当 $\varphi = 0$ 时,$\theta = 0$,波纹图中的条纹与反射晶面平行,称为平行波纹图,如图 3-50(a)所示,由式(3-52)知其条纹间距为

$$d_p = \frac{d_1 d_2}{|d_1 - d_2|} \tag{3-54}$$

当 $\varphi$ 很小时,$\theta \approx \pi/2$,波纹图中的条纹与反射晶面垂直,称为旋转波纹图,如图 3-50(b)所示。当 $d_1 = d_2 = d$ 时,旋转波纹图的间距为

$$d_R = \frac{d}{2\sin \varphi/2} \approx \frac{d}{\varphi} \tag{3-55}$$

当 $d_1 \neq d_2$ 时,旋转波纹图的间距由式(3-52)计算。

由式(3-54)得

$$d_p = \frac{d_1 d_2}{|d_1 - d_2|} = \frac{1}{|1/d_1 - 1/d_2|} = \frac{1}{|g_1 - g_2|} = \frac{1}{|\Delta g|} \tag{3-56}$$

可见,当晶面间距稍有不同的两组晶面互相平行,则莫尔条纹的间距 $d_p$ 与两个晶面的倒易矢量 $g$ 的差值的绝对值成反比。莫尔条纹这一特点能够间接地反映出两种晶体之间存在特殊的位向关系,用于确定析出相和基体的某些晶面平行等。图 3-51(a)为 $\langle 100 \rangle_{Al}$ 方向下的 $\alpha' - Al_{13}Cr_4Si_4$ 相的高倍电镜照片[118]。从图中可观察到弥散相颗粒在 $\langle 100 \rangle_{Al}$ 方向下呈现强烈的周期性明暗条纹。经过测量得到条纹间距约为 4.16 nm,并不是颗粒的晶格条纹。图 3-51(b)为条纹相的衍射斑点,经过标定发现析出相的 $(\bar{4}40)_{a'}$ 与基体的 $(002)_{Al}$ 平行。正是由于该平行晶面产生了莫尔条纹。已知 $g_{\bar{4}40a} = 5.18$ nm$^{-1}$,$g_{020Al} = 4.94$ nm$^{-1}$,根据式(3-56)计算可得其产生的莫尔条纹间距为

4.16 nm，与实际值近乎相等。所以莫尔条纹也间接地证明析出相与基体之间具有特定的位向关系。

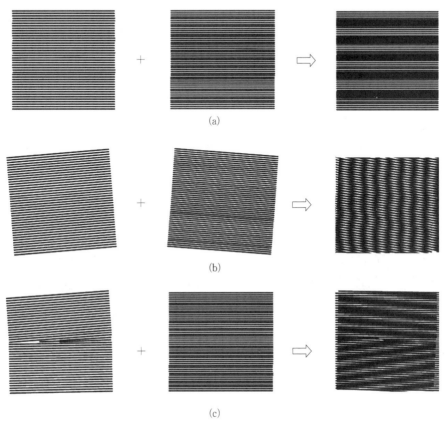

图 3-50　波纹图莫尔干涉条纹的形成示意图
（a）平行波纹图；（b）旋转波纹图；（c）含位错晶体的旋转波纹图

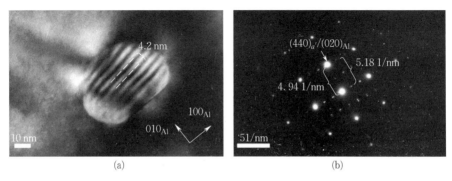

图 3-51　$\alpha'$-$Al_{13}Cr_4Si_4$ 相的高倍电镜照片[118]
（a）高倍照片；（b）衍射斑点

从上面分析可知,波纹图衬度可用于分析测量测定晶格点阵间距。例如第二相与基体点阵常数十分接近,判断波纹图是平行波纹图,由式(3-54)可知,如果知道基体的晶格点阵间距 $d_1$,从图像中可以直接测得 $D$,就可以计算第二相的晶格点阵间距。此外,波纹图衬度还可以检测晶体缺陷,检测错配度。如图3-50(c)所示,当两个晶体的一个有位错,则在波纹图上可以看到变化。图3-52是铝合金中的第二相明场像,可以看到由于第二相晶体和基体晶体重叠,产生了波纹图。从图3-52(a)看出是含位错的波纹图,而图3-52(b)中的波纹图条纹发生了扭曲,说明第二相有晶体缺陷,结合第二相形态判断该晶体缺陷可能是晶界。

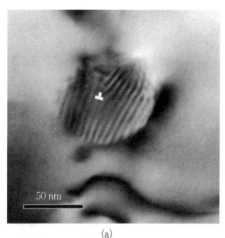 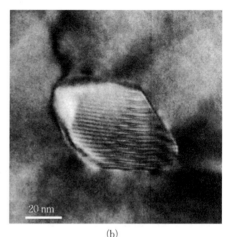

(a)                           (b)

图3-52　波纹图实例
(a) 含位错的波纹图;(b) 含晶界的波纹图

### 3.5.5　衍衬分析的应用

衍衬分析是在透射电镜分析中最常遇到的问题,本节以一些实际应用案例来说明衍衬分析的作用。

1. 晶体结构复杂组织的鉴别

钢中马氏体和残留奥氏体之间可能存在两种确定的取向关系:Nishiyama-Wassermann(N-W)关系和 Kurdjumov-Sachs(K-S)关系。因此,如能获得反映上述某种取向关系的电子衍射花样,并利用其中的奥氏体衍射斑点获得暗场图像,就可确认残留奥氏体的存在,并显示其形貌。

图3-53是某钢的明暗场像照片。首先将某个板条状晶粒转正,得到图3-53(a)的明场像,图3-53(b)是衍射花样。选择强斑点和弱斑点分别进行中心暗场像操作,得到图3-53(c)和(d)。从图3-53(c)可以看到,除了转正的板条状晶粒呈现高亮外,

与其平行的几个晶粒也高亮,说明这些晶粒的晶体取向是一致的,这些晶粒满足典型的马氏体板条特征。从图 3 - 53(d)可以看到,其衬度和图 3 - 53(c)几乎互补,它清楚地显示了残留奥氏体的形貌特征,它以薄膜状分布于马氏体条间,根据其尺寸和位置就可初步判断其为残余奥氏体。此外,结合衍射花样,可以确定为残余奥氏体,它与其周围的马氏体具有结晶取向关系:$(011)_M$//$(1\bar{1}\bar{1})_\gamma$,$[100]_M$//$[110]_\gamma$,两者满足 N - W 关系。

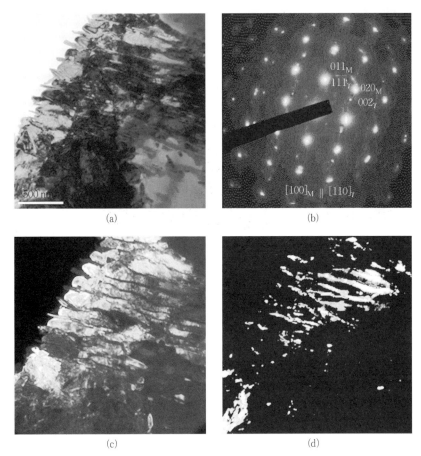

图 3 - 53　某钢残余奥氏体的观察与鉴别
(a) 明场像;(b) 选区电子衍射花样;(c) 强衍射斑点对应暗场像;(d) 弱衍射斑点对应暗场像

同理,也可以通过衍射花样和暗场像确定 K - S 关系。例如,低碳中锰合金钢中可以观察到块状和板条状残余奥氏体,如图 3 - 54 所示[131]。对选区衍射花样进行指数化结果表明,这两种残余奥氏体和铁素体基体都满足,K - S 关系为$(\bar{1}\bar{1}1)_\gamma$//$(0\bar{1}1)_\alpha$、$[011]_\gamma$//$[\bar{1}11]_\alpha$。此外,18Cr2Ni4WA 钢中位错型马氏体和条间的薄膜状残留奥氏体之间的取向也符合 K - S 关系[37,132]:$(1\bar{1}1)_\gamma$//$(\bar{1}\bar{1}1)_M$、$[110]_\gamma$//$[111]_M$。

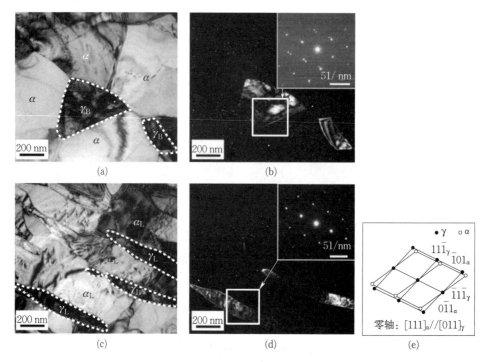

图 3-54　低碳中锰合金钢残余奥氏体的观察与鉴别[131]
（a）明场像；（b）块状残余奥氏体暗场像；（c）明场像；
（d）板条状残余奥氏体暗场像；（e）晶带轴 K-S 关系的选区电子衍射图

**2. 确定晶粒尺寸**

图 3-55 是铝合金表面经过抛丸后得到超细晶组织的明暗场像照片。首先进行选区衍射得到到多晶环的衍射花样，选择环上的某些衍射斑点做暗场成像，满足衍射条件的晶粒都发亮，它们的晶体取向是一致的。因为经过大变形，很多晶粒晶内衬度不均匀，晶界不清楚，不像再结晶晶粒那么好判断晶粒尺寸等。采用暗场像表征，表明铝合金表面经过抛丸后确实得到超细晶组织。

**3. 析出相观察**

图 3-56 是 2198 铝合金在 $[001]_{Al}$ 方向的明暗场像照片。图 3-56（a）是明场像电子衍射花样，图 3-56（b）（c）是两种取向 $T_1$ 相的暗场像，图 3-56（d）是 $\theta'(Al_2Cu)$ 相和 $\delta'(Al_3Li)$ 相的暗场像。因为 2198 铝合金含有高密度的析出相，如果仅从明场来看，基体布满了各个方向的析出相，无法区分各析出相。其实 $T_1$ 相从 $[011]_{Al}$ 方向观察更合适，但 $\theta'(Al_2Cu)$ 相和 $\delta'(Al_3Li)$ 相的量更少，为了更好地观察它们，这里选择从 $[001]_{Al}$ 方向观察。

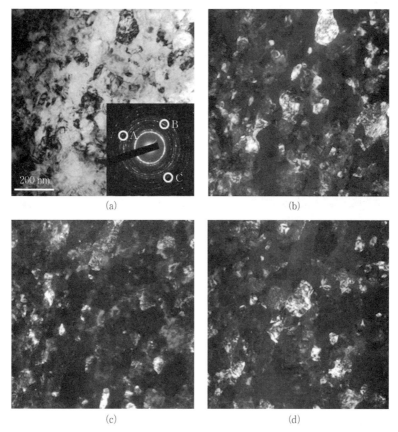

图 3 - 55　抛丸后铝合金表面的明暗场像照片

(a) 明场像;(b) 选区电子衍射 A 区域对应暗场像;(c) 选区电子衍射 B 区域对应暗场像;

(d) 选区电子衍射 C 区域对应暗场像

4. 晶界析出相与一侧基体共格关系

在相变过程中,析出相与基体除了保持一定的晶体学取向关系外,经常还保持着部分共格或完全共格的关系。由于碳化物在大角度晶界上析出,因此它只能与一侧的基体具有上述的取向关系和共格关系。如何确定析出相与哪侧基体具有共格关系有两种方法。一种方法让选区光阑只套住析出相与一侧基体,如果只出现一套花样,说明析出相与该侧基体花样相重叠,则两者具有共格关系;如果出现两套花样,说明两者无共格关系。这种方法的缺点是不能把两者的共格性直接在衍衬图像中显示出来。另一方法就是在上述方法的基础上进一步选用基体和碳化物重叠斑点成暗场像,就能清楚地显示出碳化物与哪一侧的基体共格。

图 3 - 57(a)是 100Mn13 高锰钢中晶界附近析出相与基体的明场像照片[133]。图中有两颗晶粒,分别标记为 A 和 B。碳化物颗粒沿奥氏体晶界不连续析出,根据衍衬

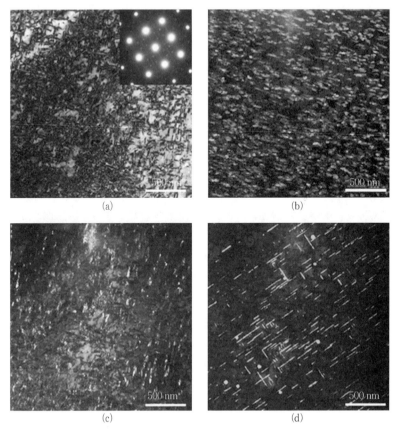

图 3 - 56　2198 合金的明暗场像照片

(a) 明场像；(b) $T_1$ 相对应暗场像；(c) $T_1$ 相对应暗场像；(d) $\theta'$ 相与 $\delta'$ 相对应暗场像

衬度区别，将碳化物分为 a 区域和 b 区域。

　　为研究晶界奥氏体基体与碳化物的取向关系，分别倾转到晶粒 A 和晶粒 B 的某晶带轴，得到选区衍射图如图 3 - 57(b)(c)所示。图 3 - 57(b)是晶粒 A 和晶界碳化物的选区电子衍射花样，由花样指数化知，强斑点是基体 γ 的[001]晶带衍射花样，弱斑点是碳化物的[001]晶带衍射花样。碳化物类型为 $M_{23}C_6$，具有和 γ 基体相同的面心立方点阵结构，$M_{23}C_6$ 和 γ 的晶格参数比为 3∶1。两套花样某些斑点的完全重叠意味着它们具有共格界面。γ 与 $M_{23}C_6$ 的位向关系为 $[211]_\gamma$ ∥ $[211]_{M_{23}C_6}$、$(11\bar{1})_\gamma$ ∥ $(11\bar{1})_{M_{23}C_6}$、$(02\bar{2})_\gamma$ ∥ $(02\bar{2})_{M_{23}C_6}$。由图 3 - 57(b)中的弱斑点和强斑点分别做中心暗场像，得到图 3 - 57(d)(e)。由于强斑点是碳化物和基体的重叠斑点，得到中心暗场像中碳化物与其共格的基体均呈亮的衬度，由此可以确定区域 a 碳化物和晶粒 A 具有共格关系。结果表明区域 a 的碳化物在晶粒 A 处析出并向晶粒 B 生长。

同理,分析图 3-57(c)选区衍射花样结果表明,$\gamma$ 与 $M_{23}C_6$ 的位向关系为 $[110]_\gamma$ // $[110]_{M_{23}C_6}$、$(\bar{1}1\bar{1})_\gamma$ // $(\bar{1}1\bar{1})_{M_{23}C_6}$、$(\bar{1}11)_\gamma$ // $(\bar{1}11)_{M_{23}C_6}$。由图 3-57(c)中的弱斑点和强斑点分别做中心暗场像,得到图 3-57(f)(g)。由于碳化物和基体的重叠斑点得到中心暗场像,碳化物与其共格的基体均呈亮的衬度,由此可以确定区域 b 碳化物和晶粒 B 具有共格关系。结果表明,区域 b 的碳化物在晶粒 B 处析出并向晶粒 A 生长。

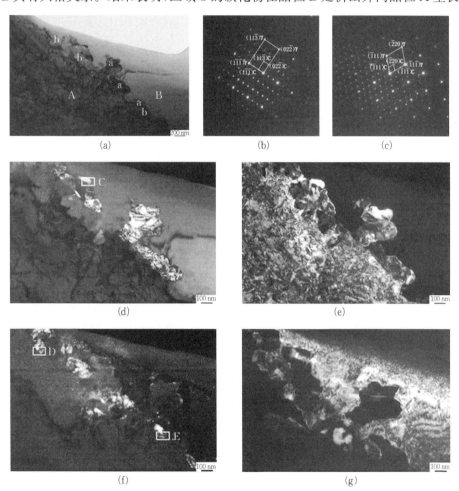

图 3-57　晶界 $M_{23}C_6$ 碳化物分别与两侧基体的共格关系[133]

(a) 明场像;(b) 晶粒 A 和区域 a 碳化物的选区衍射花样;(c) 晶粒 B 和区域 b 碳化物选区衍射花样;

(d) 衍射花样(b)中弱斑点对应的中心暗场像;(e) 衍射花样(b)中强斑点对应的中心暗场像;

(f) 衍射花样(c)中弱斑点对应的中心暗场像;(g) 衍射花样(c)中强斑点对应的中心暗场像

综上所述,100Mn13 钢在经过固溶处理和时效处理后,$M_{23}C_6$ 碳化物在奥氏体晶界处析出,每个 $M_{23}C_6$ 碳化物颗粒从具有共格界面的一侧基体析出,并向非共格的奥氏体晶粒一侧生长。

5. 亚晶的鉴别[37]

亚晶是由小角度晶界构成的晶粒,不同于大角度晶界构成的普通晶粒,亚晶经常可在形变结晶或晶粒形变细化过程中观察到。亚晶的电子衍射花样特点是,几个亚晶的衍射构成某一晶带的单晶电子衍射花样,用该晶带中的不同衍射斑点成暗场像,对应不同亚晶亮的衬度。换言之,每个亚晶几乎或完全贡献一个强衍射斑点,而这些斑点构成一个晶带花样。而由大角度晶界构成的不同位向的几个晶粒给出相应几个晶带的单晶电子衍射花样。

对 Fe-30(wt%)Ni 合金进行表面机械研磨处理 3 分钟,纳米晶的形成经历了位错缠结→位错胞的形成→亚晶的形成→大角度晶粒的形成,在这过程中奥氏体和马氏体均经历了亚晶的形成,证明如下。图 3-58(a)显示出表面机械研磨后马氏体($\alpha$)的几个晶粒的明场像,用 A、B、C 分别标出。选区电子衍射表明如图 3-58(b)所示,它们构成一套 $[\bar{1}13]_a$ 晶带的电子衍射花样,分别用该晶带中的 $g=110_a$,$g=\bar{1}21_a$ 和 $g=\bar{2}11_a$ 成中心暗场像,显示出 A、B、C 三个晶粒的形貌[见图 3-58(c)(d)(e)],由此证明 A、B、C 三个晶粒是亚晶。用同样的方法可以证明机械研磨过程中母相奥氏体的亚晶形成。

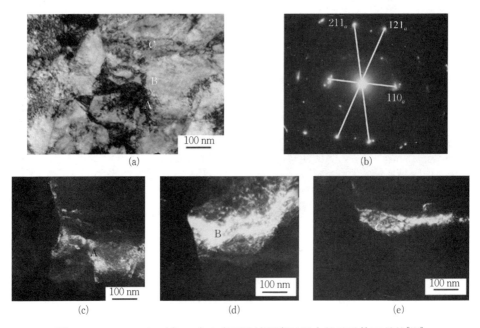

图 3-58  Fe-30(wt%)Ni 合金表面机械研磨过程中的马氏体亚晶粒[134]
(a) 明场像;(b) 选区电子衍射图;(c) A 晶粒对应暗场像;
(d) B 晶粒对应暗场像;(e) C 晶粒对应暗场像

**6. 层错能测定**

层错能的测定方法有很多种,其中透射电镜测定层错能有两种常用的方法:扩展位错平衡间距测量法和结点测量法。前者适用于出现长而直且宽度均匀的扩展位错的合金层错能的测定,后者适用于位错扩展不均匀、出现位错网络的情况。

1) 扩展位错平衡间距测量法

在面心立方结构金属中,两个不全位错间的扩展宽度依赖于内禀层错能,因此可以通过电镜观察中测得的位错扩展宽度计算层错能。图 3 - 59 描述了不锈钢中堆垛层错能量测量[135]。图中说明了与样品表面倾斜的{111}平面上的位错结点及在{111}滑移平面中的位错分解。

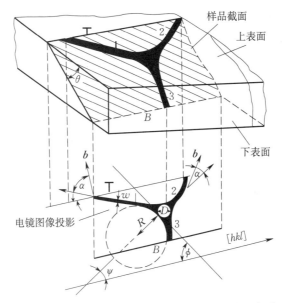

图 3 - 59　不锈钢中堆垛层错能量测量的示意图[135]

层错能可以根据式(3 - 57)计算[136]:

$$\gamma_{SF} = \frac{Gb^2}{48\pi w_0} \left[ \frac{2-v}{1-v} \left( 1 - \frac{2v\cos 2\alpha}{2-v} \right) \right] \tag{3-57}$$

式中,$G$ 为剪切模量;$b$ 为不全位错的柏氏矢量大小;$\alpha$ 是柏氏矢量和位错线间的夹角;$w_0$ 为不全位错间的实际扩展宽度;$v$ 为泊松比。

实际扩展宽度 $w_0$ 可由位错实际扩展宽度投影 $w$ 根据下式计算:

$$w_0 = w\cos[\tan^{-1}(\cos\phi\cos\theta)]$$

为了研究铝对 TWIP 钢层错能及相关变形机制的影响,Kim 等[137]利用弱束暗场像测定了 Fe - 18Mn - 0.6C 和 Fe - 18Mn - 0.6C - 1.5Al 两种 TWIP 钢的层错能。图 3 - 60 是 Fe - 18Mn - 0.6C TWIP 钢和 Fe - 18Mn - 0.6C - 1.5Al TWIP 钢在

滑移面上位错分解的弱束暗场像[137]。可以看出,Fe-18Mn-0.6C-1.5Al TWIP钢的位错实际扩展宽度比 Fe-18Mn-0.6C TWIP 钢小得多。根据式(3-57)进行计算比较,得出 Fe-18Mn-0.6C TWIP 钢的层错能为 $13\pm3$ mJ/m$^2$,而 Fe-18Mn-0.6C-1.5Al TWIP 钢的层错能为 $30\pm10$ mJ/m$^2$。可见,Al元素的添加提高了层错能,抑制了 $\gamma\rightarrow\varepsilon$ 的转变,有利于孪晶的形成,有利于产生 TWIP 效应,进而提高其塑性。

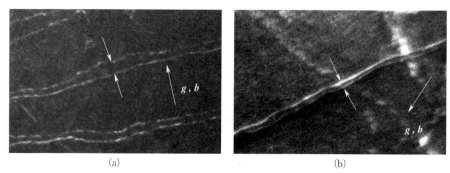

(a)　　　　　　　　　　　(b)

图 3-60　Fe-18Mn-0.6C TWIP 钢和

Fe-18Mn-0.6C-1.5Al TWIP 钢位错分解的弱束暗场像[137]

(a) Fe-18Mn-0.6C TWIP 钢;(b) Fe-18Mn-0.6C-1.5Al TWIP 钢

2)结点测量法

如图 3-61 所示,如果样品中出现的是位错网络,适合采用结点测定法测定层错能,层错能可以根据式(3-58)计算[138,139]:

$$\gamma=\frac{0.3Gb^2}{W} \tag{3-58}$$

式中,$G$ 为剪切模量;$b$ 为不全位错的柏氏矢量大小;$W$ 为结点内切圆的半径,在图 3-59 中,$W=D/2$。

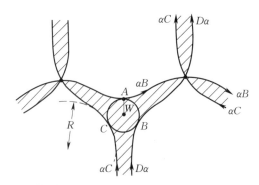

图 3-61　利用结点宽度测量法测量堆垛层错能量的示意图[141]

层错能除了用结点内切圆的半径计算之外,还可以用结点的曲率半径进行计算。层错能可以根据式(3-59)估算[140]:

$$\gamma = \frac{Gb^2}{2R} \tag{3-59}$$

式中,$G$ 为剪切模量;$b$ 为不全位错的柏氏矢量大小;$R$ 为结点的曲率半径。

式(3-59)经过改进,得到更精确的公式[141]:

$$\gamma = \frac{Gb^2 \ln R/b}{4\pi K} \tag{3-60}$$

式中,$G$ 为剪切模量;$b$ 为不全位错的柏氏矢量大小;$R$ 为结点的曲率半径;对于纯螺旋位错,$K$ 值为 1,对于纯刃型位错,$K$ 值为 $1-v$,$v$ 为泊松比。

本方法也要考虑投影因素,将测量值经过换算得到真实值进行计算。

7. 位错密度的测定

位错密度的电子显微镜测量方法的基础由来已久。1953 年,Cyril Stanley Smith 和 Lester Guttman 提出的线性截距法[142],用于研究多晶、多孔或颗粒物质的微观结构。1960 年,J. E. Bailey 和 P. B. Hirsch 提出[143],如果位错总投影线长度为 $R_p$,则位错密度可由式(3-61)给出:

$$\rho = \frac{4}{\pi} \frac{R_p}{At} \tag{3-61}$$

式中,$A$ 为面积;$t$ 为厚度。

根据线性截距法[142],$R_p$ 可由式(3-62)得到:

$$R_p = \pi NA/2L \tag{3-62}$$

式中,$A$ 为面积;$L$ 为叠加在底片上一组随机的线或圆的总长度;$N$ 为长度为 $L$ 的这些线与位错交点的数量。

1961 年,R. K. Ham 将线性截距法用于估算在面积 $A$、厚度 $t$ 的薄膜体积中的总位错线长度[144]。将式(3-62)代入式(3-61)得[144]

$$\rho = 2N/Lt \tag{3-63}$$

为了使结果具有统计性,可以多画几条然后作平均。A. S. Keh 基于相同思想也提出修改建议,使用两组相互垂直的平行测试线,可用式(3-64)计算位错密度[145]:

$$\rho = \left(\frac{N_1}{L_1} + \frac{N_2}{L_2}\right)\frac{Z}{t} \tag{3-64}$$

式中,$L_1$ 和 $L_2$ 为两组相互垂直的网格直线的长度;$N_1$ 和 $N_2$ 为位错线与总长度为 $L_1$ 和 $L_2$ 的两组网格线的交点数的平均值;$Z$ 为显微照片的总放大倍数;$t$ 为样品薄膜厚度。假设位错在样品中随机均匀分布。

同理,还可用式(3-65)计算位错密度[146,147]:

$$\rho = \left(\frac{\sum N_v}{\sum L_v} + \frac{\sum N_h}{\sum L_h}\right)\frac{1}{t} \tag{3-65}$$

式中，$\sum N_v$ 和 $\sum N_h$ 分别为位错线与水平线、垂直线相交的交点数量；$\sum L_h$ 和 $\sum L_v$ 为水平线、垂直线的总长度；$t$ 为试样薄区厚度。

在图 3 - 62 铝合金明场像中，是倾转到观察位错的目标取向，在照片上画了一个由 4 条水平线和 4 条垂直线组成的网格，每根线长 750 nm。交点数量一共约 27 个，总长度 6 000 nm，样品厚约 100 nm。由式（3 - 65）可得位错密度约为

$$\rho = \frac{27}{6\ 000\ \text{nm}} \times \frac{1}{100\ \text{nm}} = 4.5 \times 10^{13} / \text{m}^2$$

500 nm

图 3 - 62　用于确定位错密度的截线法示意图

为了使结果具有统计性，可以多取几处分析然后作平均。此外，影响测定位错密度准确性的因素还有很多。由于位错的不可见性，一部分位错可能不显示衬度。位错密度分布具有不均匀性，而观察视野太小。薄膜样品的应力释放可能使位错逸出或重新排列。制样过程中塑性变形或温度升高引起位错密度变化。因此，透射电镜测定位错密度是半定量的，一般只有相对比较的意义。

8. 位错类型分析

在 HCP 晶体中存在三类位错，即〈a〉位错、〈c〉位错和〈c+a〉位错，其 Burgers 矢量分别为 $1/3\langle11\bar{2}0\rangle$、$\langle0001\rangle$、$1/3\langle11\bar{2}3\rangle$。根据 $\boldsymbol{g} \cdot \boldsymbol{b}$ 准则，当 $\boldsymbol{g} = \langle01\bar{1}0\rangle$ 时，〈a〉位错可见；当 $\boldsymbol{g} = \langle0002\rangle$ 时，〈c〉位错可见；〈c+a〉位错在两种情况下都可见。以纯镁为例[148]，首先倾转到 $[11\bar{2}0]$ 晶带轴，然后利用不同双光束条件下得到的明场像衬度分析位错类型。图 3 - 63（a）是在操作矢量 $\boldsymbol{g} = \langle0002\rangle$ 条件下，可见的位错是〈c+a〉和〈c〉类型。但是，仅从这个操作矢量难以区分位错是〈c〉型还是〈c+a〉型。在样品同一区域在操作矢量 $\boldsymbol{g} = \langle10\bar{1}0\rangle$ 条件下进行，如图 3 - 63（b）所示，这时〈c〉类型的位错将

不可见,对于该衍射矢量可见的位错是⟨a⟩型和一些⟨c+a⟩型(6 个矢量中的 4 个)位错,从而区分了图 3 - 63(a)中的⟨c⟩型还是⟨c+a⟩型位错。因此,在 $g=$⟨0002⟩和 $g=$⟨10$\bar{1}$0⟩向量中观察到的位错可以被认为是⟨c+a⟩类型。如图 3 - 63(c)(d)所示,在操作矢量 $g=$⟨10$\bar{1}$1⟩和 $g=$⟨$\bar{1}$011⟩下,⟨a⟩、⟨c⟩和⟨c+a⟩类型位错都可见,可用于计算位错密度。本例也可以在弱束暗场像下进行观察,位错衬度会更明显。

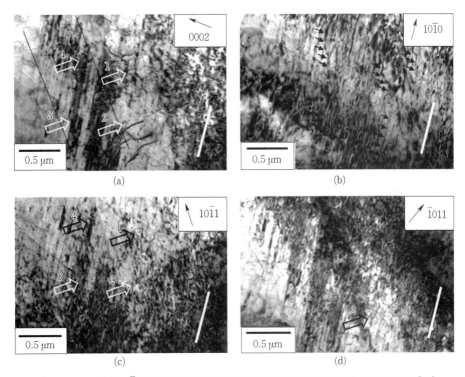

图 3 - 63　利用[11$\bar{2}$0]晶带轴在不同双光束条件下得到的明场像的衬度对比[148]

(a) $g=$⟨0002⟩;(b) $g=$⟨10$\bar{1}$0⟩;(c) $g=$⟨10$\bar{1}$1⟩;(d) $g=$⟨$\bar{1}$011⟩

9. 位错分解的确定[37]

L1$_2$ 有序结构 Al$_3$Ti 金属间化合物由于低密度和高的抗氧化性,同时也呈现一定的压缩延性,因此受到关注。为了理解该类合金在不同温度下的力学行为,必须对其不同温度下的结构进行分析。L1$_2$ 结构 Al$_3$Ti{111}面上存在三种面缺陷,即反相畴界(APB),超点阵内禀层错(SISF)和复杂层错(CSF),它们具有的位移矢量分别为 $a/2$⟨110⟩(简写为 1/2⟨110⟩)、1/3⟨112⟩和 1/6⟨112⟩。在 L1$_2$ 结构中一个 $a$[$\bar{1}$01]超位错在(111)面上可能分解为下列三种方式的一种:

(1) [$\bar{1}$01]→1/6[$\bar{1}$12]+CSF+1/6[$\bar{2}$11]+APB+1/6[$\bar{1}$$\bar{1}$2]+CSF+1/6[$\bar{2}$11];

(2) [$\bar{1}$01]→1/2[$\bar{1}$01]+APB+1/2[$\bar{1}$01];

(3) $[\bar{1}01]\rightarrow 1/3[\bar{2}11]+\mathrm{SISF}+1/3[\bar{1}1\bar{2}]$。

图 3-64(a)显示出 $\mathrm{L1_2}$ 结构 $\mathrm{Al_{66}Mn_5Ti_{25}}$ 在室温形变下的位错形态[149]。选择图中标为 A 和 B 的位错进行位错分解的研究。通过位错的迹线分析(通过不同电子束方向观察位错像)确定位错 A 和 B 均在 $(\bar{1}11)$ 面上,运用不同操作反射对位错进行衍衬分析。表 3-9 列出了不同反射下的 $\boldsymbol{g} \cdot \boldsymbol{b}$ 值,在它们中典型的衍衬像示于图 3-64(b)(c)。

**表 3-9 室温形变形成的位错的 $\boldsymbol{g} \cdot \boldsymbol{b}$ 值[37]**

| $\boldsymbol{g}$ | A 1($\boldsymbol{b}=1/3[\bar{2}11]$) 观察值 | $\boldsymbol{g} \cdot \boldsymbol{b}$ | A 2($\boldsymbol{b}=1/3[12\bar{1}]$) 观察值 | $\boldsymbol{g} \cdot \boldsymbol{b}$ | B 1($\boldsymbol{b}=1/3[\bar{1}2\bar{1}]$) 观察值 | $\boldsymbol{g} \cdot \boldsymbol{b}$ | B 2($\boldsymbol{b}=1/3[1\bar{1}2]$) 观察值 | $\boldsymbol{g} \cdot \boldsymbol{b}$ | 图 3-64 |
|---|---|---|---|---|---|---|---|---|---|
| $2\bar{2}0$ | 可见 | 2 | 可见 | 2 | 可见 | -2 | 不可见 | 0 | (a) |
| $0\bar{2}\bar{2}$ | 不可见 | 0 | 可见 | 2 | 可见 | -2 | 可见 | -2 | (b) |
| $31\bar{1}$ | 可见 | 2 | 可见 | 2 | 可见 | -2 | 不可见 | 0 | |
| $3\bar{1}1$ | 可见 | 2 | 不可见 | 0 | 不可见 | 0 | 可见 | 2 | |
| $1\bar{3}1$ | 不可见 | 0 | 可见 | -2 | 可见 | 2 | 可见 | 2 | |
| $\bar{1}1\bar{1}$ | 残余衬度 | -2/3 | 可见 | -4/3 | 残余衬度 | 4/3 | 可见 | 2/3 | (c) |

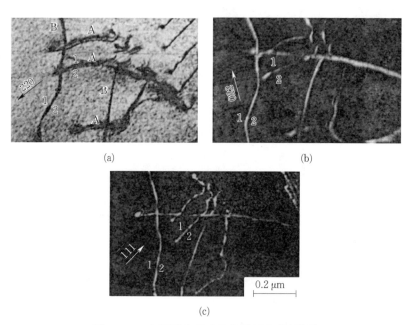

(a)

(b)

(c)

**图 3-64 室温形变形成的位错衬度分析[149]**
(a) 明场像,电子束方向 $[\bar{1}11]$;(b) 中心暗场像,电子束方向 $[011]$;(c) 中心暗场像,电子束方向 $[112]$

在 873K 温度形变下的位错分解与上述不同。衬度分析表明在所有的操作反射下，不全位错或同时出现，或同时消失。这就提出位错分解是 $a/2\langle110\rangle$ 类型。表 3-10 列出了 $\boldsymbol{g}\cdot\boldsymbol{b}$ 值，相应分析的明暗像分别如图 3-65 中所示。图中的超位错通过"不可见"判据确定为 $[\bar{1}01]$，分解方式为 $a[\bar{1}01]\rightarrow a/2[\bar{1}01]+APB+a/2[\bar{1}01]$。通过倾转样品，分解的最宽间距约 17 nm。通过不同位向的观察，APB 分解面为 (111)，而不是 $\{100\}$。

**表 3-10　在 873K 形变下形成的位错衬度分析[37]**

| $\boldsymbol{g}$ | $\boldsymbol{b}=\boldsymbol{b}_1=\boldsymbol{b}_2=1/2[\bar{1}01]$ | | 图 3-65 |
| --- | --- | --- | --- |
| | 观察值 | $\boldsymbol{g}\cdot\boldsymbol{\mu}$ | |
| 020 | 不可见 | 0 | |
| $\bar{1}31$ | 不可见 | 0 | (a) |
| $11\bar{1}$ | 可见 | $-1$ | |
| $\bar{2}20$ | 可见 | 1 | |
| $\bar{2}02$ | 可见 | 2 | (b) |
| $\bar{3}11$ | 可见 | 2 | (c) |

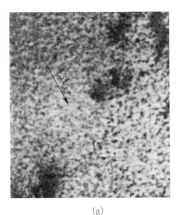

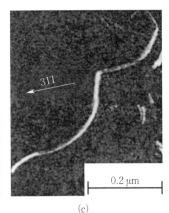

0.2 μm

(a)　　　　　　　　　(b)　　　　　　　　　(c)

图 3-65　873K 形变下形成的位错衬度分析[149]

(a) 明场像，电子束方向 [112]；(b) 弱束暗场像，电子束方向 [111]；(c) 弱束暗场像，电子束方向 [112]

# 第 4 章　透射电镜相关技术

## 4.1　高分辨成像技术

在 1946—1948 年,汉斯·伯尔施(Hans Boersch)研究了通过弹性和非弹性散射在电子显微镜中成像单个原子可能性的理论工作[150-153],提出电子与原子间的交互作用会改变电子波的相位,利用相位衬度有可能实现观察固体材料中单个原子和原子排列情况,为高分辨电子显微学的发展奠定了理论基础。1949 年,奥托·谢尔策(Otto Scherzer)通过研究电子波在磁透镜中产生的相位变化后,提出谢尔策欠焦理论[154],即通过欠焦来补偿由磁透镜球差引起的像差,显著提升了电子显微像的分辨率,这一研究成果奠定了高分辨电子显微技术的实验基础。1956 年,詹姆斯·伍德姆·门特(James Woodham Menter)用当时分辨率不高的透射电镜,凭借透射束与衍射束相干成像,观察到酞菁铂和酞化氰铜的(20$\bar{1}$)面的晶格条纹像,其面间距约为 12 Å[155]。1957 年,约翰·考利(John Cowley)和亚力克斯·穆迪(Alex F.Moodie)提出了动力学衍射理论,为高分辨电子显微像的模拟计算提供了理论基础[156,157]。他们发展出"多层法",运用光学衍射理论来处理电子与固体物质间的交互作用,计算相位衬度随样品厚度、离焦量的变化,从而计算出电子波穿透样品后的相位衬度,定量地解释所观察到的相位衬度像,即所谓高分辨像,建立和完善了高分辨电子显微学的物理基础。1968—1969 年,约翰·G.奥佩斯(John G.Allpress)等对复杂氧化物结构进行了一系列的晶格图像观察,分辨率为 6 Å[158-160]。1971 年,饭岛澄男(Sumio Iijima)首次获得了可直接解释的氧化物晶体的高分辨电镜像,证实了他们所看到的高分辨像与 X 射线衍射推导的晶体结构之间具有对应关系,分辨率已达到 3 Å[161]。考利、饭岛等的工作开创了一个应用高分辨电子显微学的新时代,实现了固体物质中原子尺度的微观结构观察,在材料、生物、化学及固体物理等领域得到了广泛的应用。

### 4.1.1　高分辨电镜的成像原理

选取透射束和一束或多束衍射束参加成像时,如果各电子束之间存在特定的相位差,有相同的传播方向,就会发生电子束干涉叠加,电子束干涉叠加会在像平面得到规律的干涉图像,这个干涉图像与样品的原子排列有关。当电镜的分辨能力很高,足以分辨出干涉条纹的明暗分布时,就得到了高分辨图像,也就是晶格条纹像或者晶体结构像,前者是晶体中原子面的投影,而后者是晶体中原子或原子团的二维投影。可见,高分辨透射电镜的成像是透射束与多束衍射束之间由于相位不同,相互干涉后形成点阵条纹像的过程。因此,高分辨成像理论(相位衬度理论)是一个多束成像理论。

当样品的厚度很薄时,透射束振幅几乎与入射波相同,衍射束振幅甚小,衍射束与透射束的相位差为 $\pi/2$。如果物镜没有像差,且处于正焦状态,光阑又足够大,合成波与入射波相位位置稍有不同,但振幅没变,没有衬度,如图 4-1(a)所示。如果引入附加相位,使所产生的衍射束与透射束处于相等的或相反的相位位置,透射束与衍射束相干就会导致振幅增加或减少[见图 4-1(b)(c)],从而使像强度发生变化,相位衬度得到了显示。因为高分辨像的衬度来自透射束和衍射束的相位差,因此称为相位衬度。

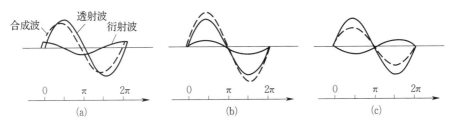

图 4-1　衍射束与透射束的相位
(a) 相差 $\pi/2$;(b) 相差 0;(c) 相差 $\pi$

用于成像的衍射束越多,得到的晶体结构细节越丰富。高分辨成像和衍衬成像中参与电子束的差别如图 4-2 所示。如果使透射波和透镜系统的光轴合轴时,它作为其他衍射波的中心一起进入光阑成像的情况称为轴向照明法。透射波偏离光轴观察的情况,称为非轴向照明法。现在一般都使用轴向照明法。

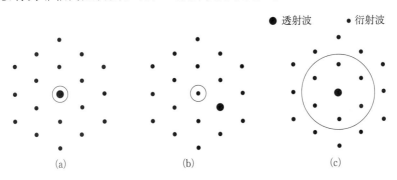

图 4-2　衍衬成像和高分辨成像中参与电子束的示意图
(a) 明场成像;(b) 中心暗场成像;(c) 高分辨成像(轴向照明法)

衍射衬度像的分辨率不能优于 1.5 nm(弱束暗场像的极限分辨率),而相位衬度像能提供小于 1.5 nm 的细节,所以,这种相位衬度像被称为高分辨像。假设在穿过样品后,电子束的强度基本不发生变化,仅仅是电子的相位受到周期晶体势场的调制而改变,从而使得出射电子束携带了晶体结构的细节信息。因此,用相位衬度方法成像,不仅能提供样品研究对象的形态,更重要的是提供了样品原子尺度的晶体结构信息。

### 4.1.2 电子散射和傅里叶变换[162]

电子枪发射的电子在真空中行走时,可视为是波矢 $k(2\pi/\lambda,\lambda$ 为波长)的平面波 $e^{ik \cdot r}$,当其入射到试样上将发生散射,试样对平面波的作用以 $q(x,y)$ 函数表示,如图 4-3 所示。

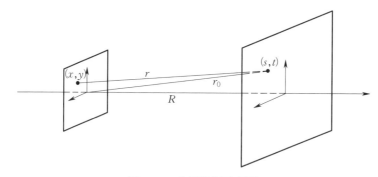

图 4-3 电子散射示意图

从试样上的 $(x,y)$ 点到距离 $r$ 的 $(s,t)$ 点的散射振幅可表示为

$$\Psi(s,t) = c \iint q(x,y) \frac{e^{ik \cdot r}}{r} dx dy \qquad (4-1)$$

式中,$c$ 为常数。

入射的是平面波,在试样 $q(x,y)$ 的作用下,其振幅和相位都发生变化,式(4-1)表明它是作为一个球面波扩展的。与试样大小比较而言,观察的地方距离很远,即夫琅禾费衍射情况,此时 $R \gg x, y$,因此可做如下近似处理:

$$r = [R^2 + (s-x)^2 + (t-y)^2]^{1/2} \approx r_0 - sx/r_0 - ty/r_0 \qquad (4-2)$$

这样,散射振幅可近似写成

$$\Psi(u,v) \approx c' \iint q(x,y) e^{-2\pi i(ux+vy)} dx dy \qquad (4-3)$$

式中,$c' = c\exp(ikr_0)/r_0, u = s/\lambda r_0, v = t/\lambda r_0$。

式(4-3)右侧与傅里叶变换形式是一样的,这说明散射振幅 $\Psi(u,v)$ 能够用 $q(x,y)$ 的傅里叶变换来得到。

### 4.1.3　高分辨电子显微像的形成[162]

高分辨电子显微像的形成,大致可以分为三个过程:① 入射电子在物质内的散射;② 通过物镜后,在后焦面上形成衍射波;③ 在像平面上形成电子显微像。下面分析三个过程中入射电子受到的作用。

#### 4.1.3.1　入射电子在物质内的散射

当样品很薄时,电子的吸收可以忽略,此时,只引起入射电子的相位变化(相位体近似),这个变化正比于样品厚度,可以用透射函数来表示试样的作用,透射函数为

$$q(x,y)=e^{i\sigma\varphi(x,y)\Delta z} \tag{4-4}$$

式中,$\Delta z$ 为样品厚度;$\sigma$ 为交互作用常数(与加速电压和样品原子序数有一定关系,200 kV 电压下的取值是 $0.007\ 29\ \text{V}^{-1}\text{nm}^{-1}$);$\varphi(x,y)$ 为样品的晶体势场沿电子束入射方向的分布。

式(4-4)表明,由于试样的存在,相较真空中传播的电子,入射电子只发生了相位变化 $\sigma\varphi(x,y)\Delta z$。其中的相互作用常数 $\sigma$ 是由电子显微镜加速电压决定的量,可以用加速电压 $V$ 和对应的电子波长 $\lambda$ 来表示:

$$\sigma=\frac{2\pi}{V\lambda(1+\sqrt{1-\beta^2})} \tag{4-5}$$

式中,$\beta=v/c$($v$ 为电子的速度,$c$ 为光速)。

式(4-4)中的 $\varphi(x,y)\Delta z$ 表示在入射电子方向($z$ 轴方向)、厚度仅为 $\Delta z$ 的二维投影势。波长 $\lambda$ 可以由式(1-4)来计算,即

$$\lambda=\frac{h}{\sqrt{2m_{e}eV\left(1+\dfrac{eV}{2m_{e}c^2}\right)}}$$

式中,$h$ 为普朗克常量;$m_{e}$ 为电子质量;$e$ 为电子电荷大小。

当样品厚度仅为几个纳米时,对波的相位改变很小,满足弱相位体条件,展开式(4-4),指数项要比 1 小得多,略去高次项,可得

$$q(x,y)\approx1+i\sigma\varphi(x,y)\Delta z \tag{4-6}$$

#### 4.1.3.2　通过物镜后,在后焦面上形成衍射波

后焦面上电子散射振幅 $\psi(u,v)$ 可以用透射函数式(4-6)的傅里叶变换来表示:

$$\Psi(u,v)=Q(u,v)e^{i\chi(u,v)}=\mathscr{F}[q(x,y)]e^{i\chi(u,v)}\approx\delta(u,v)+i\mathscr{F}[\sigma\varphi(x,y)\Delta z]e^{i\chi(u,v)}$$

$$\tag{4-7}$$

式中,右边的第一项和第二项分别对应于透射波和衍射波,$\mathscr{F}$表示傅里叶变换,$e^{i\chi(u,v)}$称为衬度传递函数(contrast transfer function),或者叫相位衬度传递函数,表示物镜引起的电子相位的变化。$\chi(u,v)$可以表示为

$$\chi(u,v) = \pi\{\Delta f\lambda(u^2+v^2) - 0.5C_s\lambda^3(u^2+v^2)^2\} \tag{4-8}$$

式中,$\Delta f$为物镜的离焦量;$C_s$为物镜的球差系数。

### 4.1.3.3 在像平面上形成电子显微像

像平面上的电子散射振幅可以由后焦面上散射振幅的傅里叶变换给出:

$$\psi(u,v) = \mathscr{F}[C(u,v)\Psi(u,v)] \tag{4-9}$$

式中,$C(u,v)$表示物镜光阑的作用,

$$\begin{cases} C(u,v)=1, \sqrt{u^2+v^2} \leqslant r \\ C(u,v)=0, \sqrt{u^2+v^2} > r \end{cases} \tag{4-10}$$

式中,$r$为物镜光阑的半径。

如果不考虑像的放大倍数,像平面上观察到的像的强度为像平面上电子散射振幅的平方,即

$$I(x,y) = \psi(x,y)\cdot\psi^*(x,y) = \{1+i\mathscr{F}\{C(u,v)\mathscr{F}[\sigma\varphi(x,y)\Delta z]e^{i\chi(u,v)}\}^2 \tag{4-11}$$

为了理解式(4-11)所示的像的强度,为简单起见不考虑物镜光阑的作用,近似地假设$(u,v)=1$,再假定理想的物镜条件:

$$e^{i\chi(u,v)} = \pm i, u,v \neq 0 \text{ 时} \tag{4-12}$$

这样,像的强度变为

$$I(x,y) = |1 \pm \sigma\varphi(-x,-y)\Delta z|^2 \approx 1 \pm 2\sigma\varphi(-x,-y)\Delta z \tag{4-13}$$

式中,$\varphi(-x,-y) = \mathscr{F}\{\mathscr{F}[\varphi(x,y)]\}$。

从式(4-13)可以看出,晶体的势在像的强度中直接反映出来了。值得注意的是,式(4-13)中势$\varphi(x,y)$的$x$、$y$坐标出现了负号。一般来说,对$\varphi(x,y)$进行傅里叶变换,再进行傅里叶逆变换的话,应当回到$\varphi(x,y)$,但是,在电子的进行方向($z$),被试样散射的波在后焦面上形成衍射花样,然后在像平面上形成像的过程,对应着连续进行两次傅里叶变换,因此,出现了负的符号。这种情况在采用光学透镜成像时就能很好理解,它对应于在像平面上形成倒立的像。

## 4.1.4 衬度传递函数

高分辨成像过程要用电子的波动性质来描述,即在穿透过程中样品对入射电子波进行调制(改变波的振幅、位相),导致样品出射波函数中携带了样品原子排列信息。样品出射波经过物镜系统传递到像平面上,得到高分辨像。采用"传递"来描述

成像过程的处理是为了数学上的方便,成像过程可以表达成"传递函数"求解,因而样品出射波函数经过传递函数处理后就得到像函数。

理想的成像过程中物体被成比例放大,没有畸变,因此理想透镜的传递函数就是线性函数。但是,现实中使用的透镜系统都存在很多使图像失真的因素,例如电镜成像中都有的像差问题,只是在普通成像过程这个问题不突出,而当要研究高分辨图像时,像差所带来的影响已经严重影响了成像效果和图像解读。因此,衬度传递函数就是包含了各种造成图像失真因素的函数,它是一个与物镜的球差、色差、电子束的发散度、电子束波长和成像位置(离焦量)有关的函数,它随着空间频率在 $+1$ 与 $-1$ 之间来回震荡。衬度传递函数 $H(u_x, u_y)$ 主要由三部分组成[107]:

$$H(u) = A(u)E(u)B(u) \tag{4-14}$$

式中,$A(u)$ 为光阑函数,与光阑有关,其值为 1 或者 0,即光阑内为 1,光阑外为 0;$E(u)$ 为包络函数,由于波的衰减,$E(u)$ 和电镜电磁系统的稳定性相关:

$$E(u) = E_c(u)E_s(u)E_d(u)E_v(u)E_D(u)$$

式中,$E_c(u)$ 为色差项;$E_s(u)$ 与电子枪角度发散有关;$E_d(u)$ 和 $E_v(u)$ 分别为样品的漂移和振动;$E_D(u)$ 与相机的调制有关;$B(u)$ 为像差函数,和磁透镜的像差有关,

$$B(u) = e^{i\chi(u)}, \chi(u) = \pi\Delta f\lambda u^2 + \frac{1}{2}\pi C_s\lambda^3 u^4。$$

在弱相位近似下,$B(u) = e^{i\chi(u)}$ 近似为 $B(u) = 2\sin\chi(u)$。因此,衬度传递函数可简化为

$$T(u) = 2A(u)E2\sin\chi(u) \tag{4-15}$$

图 4-4 中的曲线是在加速电压为 200 kV、物镜球差系数为 1 mm、离焦量为 58 nm 时计算得到的 $\sin\chi$ 与 $u$ 的关系图。$\sin\chi$ 值从 0 开始逐渐减小,随着 $u$ 值的增大,$\sin\chi$ 值首次穿过 $u$ 轴,此时 $u$ 值为 $u_1$。然后 $\sin\chi$ 值随着 $u$ 的增加而反复穿过 $u$ 轴。从图中可见,较小的球差系数 $C_s$ 值对应着较大的 $u_1$ 值,意味着能够达到更高的空间分辨率。

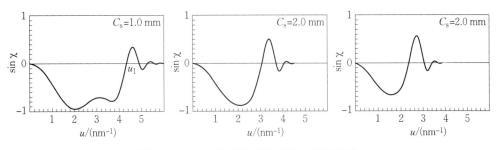

图 4-4　$\sin\chi$ 在不同球差系数 $C_s$ 值的变化

### 4.1.5 谢尔策聚焦

图 4-5 中的曲线是在加速电压为 100 kV 和物镜球差系数为 1.6 mm 的情况下计算得到的。可以看出,衬度传递函数随成像时的

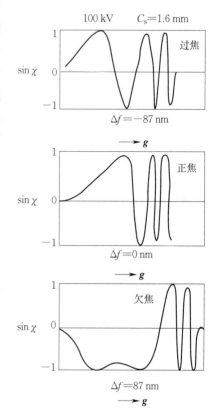

图 4-5　sin χ 在不同离焦量下随 **g** 的变化
（图中定义欠焦为"正",过焦为"负"）

离焦条件不同发生急剧变化。值得注意的是,在 $\Delta f = 87$ mm 的欠焦条件下,sin χ≈−1 处有一个较宽的"平台"(称为"通带"),说明像在此范围内受到衬度传递函数干扰最小,它与试样的投影势成正比,因而能够得到清晰不失真的像。这种聚焦条件下的 sin χ≈−1 的平台是电子显微镜操作时所追求的目标,这种最佳聚焦条件称为谢尔策聚焦,因该聚焦处在欠焦状态,故也称为谢尔策欠焦。

图 4-6 对比了常用的 200 kV 电子显微镜(球差系数 $C = 0.8$ mm)和 400 kV 电子显微镜(球差系数 $C = 1.0$ mm)在最佳聚焦条件下的物镜的衬度传递函数的虚部 sin χ 随 **g** 的变化[162]。从图 4-6 中可以看出,当 sin χ≈1 时,200 kV 下,**g** 在 1.7～4.3 mm$^{-1}$ 范围,在 400 kV 下,**g** 的范围更宽,为 2.1～5.7 mm$^{-1}$。可见,提高电子显微镜的加速电压,可扩大 sin χ≈1"平台"的范围,并使"平台"左端向更大的 **g** 方向移动,即可分辨更小的晶面间距,显著提高不失真图像的分辨率。谢尔策欠焦量可近似描述为

$$\Delta f \approx (4C_s\lambda/3)^{1/2} \qquad (4-16)$$

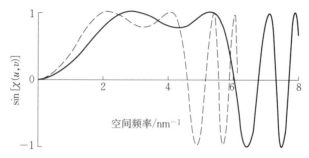

图 4-6　加速电压 200 kV(虚线)和 400 kV(实线)电子显微镜在谢尔策聚焦条件下物镜的衬度(图中定义"欠焦"为负)[162]

### 4.1.6 弱相位体[162]

前面介绍了,当样品厚度仅为几个纳米时,对波的相位改变很小,透射函数可以用线性化处理。不仅数学计算方便,晶格像与样品原子排列之间也会有更直接的对应关系。因此很薄的样品被称为弱相位体。低原子系数组成的样品和高于 200 kV 的电压将有利于保持弱相位物体近似成立。对于厚样品,由于多重散射和散射电子束之间的交互作用,以上关系不再成立。为了从高分辨像直接得到晶体结构的信息,要求试样非常薄,通常厚度小于 5 nm,以满足弱相位体近似的条件。试样的厚度为 5 nm 以上时,弱相位体将近似失效,此时必须充分考虑试样内多次散射引起的相位变化。

弱相位体由不同原子构成,那么在电子束方向上重原子列具有较大的势,轻原子列具有较小的势。如图 4-7(a)所示,重原子列的位置有较大的势,像强度弱,会比较暗。轻原子列的位置有较小的势,像强度刚好相反。对比图 4-7(a)和(b),图像强度变化范围比对应投影势分布稍宽,这是出于球差、色差和会聚角对分辨率的影响。

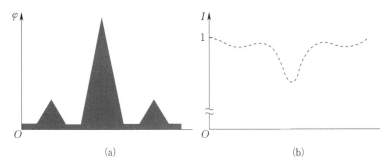

图 4-7　晶体的势与高分辨电子显微像的衬度之间对应的示意图[162]
(a) 晶体的势;(b) 高分辨电子显微像的衬度

若试样中同时存在非晶体和晶体,由于它们的投影势不同,也将导致高分辨像不同的衬度特征。图 4-8 分别示出了薄试样的非晶投影势和晶体投影势。在非晶试样中,原子的自由重叠导致投影势的分布与其平均势较小的偏离。而在晶体中,原子规则排列,投影势由明锐和高的峰主导,其分布与平均势有显著的不同。由此不难想象,非晶势的分布将导致一个弱的衬度,而晶体势的分布将导致一个强的衬度。

当试样满足弱相位体时,在谢尔策欠焦条件下拍摄的高分辨显微电子像能对结构直接进行解释。图 4-9 是 400 kV 拍摄的超导氧化物 $TlBa_2Ca_3Cu_4O_{11}$ 的高分辨电子显微像。对比插入的原子分布图与高分辨像可知,重原子 Tl 和 Ba 的位置出现大黑点,而这些金属原子周围相对来说是明亮的,特别是在没有氧原子存在的空隙,即势最低的区域最明亮。

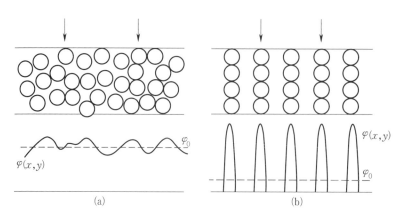

图 4-8　原子分布及其对应势分布

（a）非晶体；（b）晶体

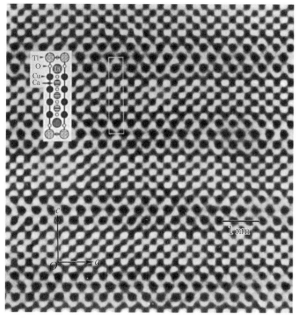

图 4-9　Tl 系超导氧化物的高分辨电子显微像[162]

### 4.1.7　高分辨成像的分类

只有在特定条件下（薄样品、欠焦量），高分辨成像与晶体结构才存在一一对应的关系，此时才能称为高分辨结构像。由于衍射条件和试样厚度不同，可以把具有不同结构信息的高分辨电子显微像划分成晶格条纹像、一维结构像、二维晶格像、二维结构像等[162]，下面逐一介绍。

#### 4.1.7.1　晶格条纹像

如果用物镜光阑选择物镜背焦面上的两束波来成像(一个透射束,一个衍射束),由于两束波干涉,可得到一维方向上强度呈周期变化的条纹花样,这称为晶格条纹像,这种晶格条纹像与下述的一维和二维的结构像不同,它不要求入射电子束严格地平行于晶格平面或晶带轴。并且,它可以在各种试样厚度和聚焦条件下观察到。因此,对于这种试样,在拍摄高分辨像时不特别设定衍射条件,拍摄容易。对于各种取向的微晶和纳米晶,很难使电子束准确平行某晶粒的晶格平面。此时,只要微晶和纳米晶具有大于分辨率的晶面间距,这些晶面产生衍射时,由透射束和衍射束的干涉就能出现晶格条纹像。由于它们的取向、厚度等成像条件不确定,要将拍摄的像与计算像对照得到结构信息是困难的。但是,这种像还是很有用的,可以用它来研究非晶的晶化过程,判断微晶和纳米晶材料的晶粒大小、形状、晶化程度、结晶状态等。例如,锰的氧化物既有晶态,也有非晶态,为了判断图 4-10(a)中锰的氧化物是什么状态,不进行倾转等操作,直接对局部进行放大[见图 4-10(b)],能够观察到有晶格条纹,因此可以判断该锰的氧化物是晶态的。

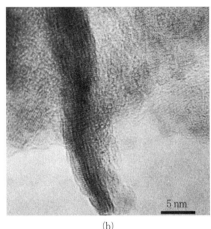

(a)　　　　　　　　　　　　　　　　(b)

图 4-10　锰的氧化物的晶格条纹像
(a) 放大前;(b) 放大后

#### 4.1.7.2　一维结构像

由于晶格条纹成像时的衍射条件不确定,因此不能用晶格条纹像得到原子位置的信息。如果倾转晶体,使电子束仅平行于某($hkl$)晶面组入射,此时可获得对称点列分布的衍射花样,在最佳聚焦条件下拍摄的晶格条纹像,由于它能确定条纹所对应的原子的排列,故称为一维结构像。虽然它也是一维像,但是它却含有晶体单胞内的一维结构信息。将这种观察像与计算模拟像对照,就能知道像的衬度与原子排列的对应关系。图 4-11 是一维结构像，可以很容易获得晶格条纹的间距是 0.49 nm，在其傅里叶变换图中，在垂直一维结构像条纹的方向有斑点。

图 4-11　一维结构像

### 4.1.7.3　二维晶格像

如果使入射电子束平行于试样中某个晶带轴入射，就能得到二维的电子衍射花样，这样的电子衍射花样强度分布是对称的。如果入射电子束稍稍偏离某个晶带轴，也能得到二维电子衍射花样，但这样的电子衍射花样强度是不对称的。利用这两种衍射花样来成像，都能得到二维晶格像。但是，采用倾斜入射的电子衍射花样得到的二维晶格像的像强度也是不对称的。所以，通常都在平行某晶带轴入射的条件下拍摄二维晶格像。拍摄二维晶格像时，往往仅利用透射束附近的衍射束来成像，这种像能给出单胞尺度的信息，但是，它不含有单胞内原子排列的信息，所以称为二维晶格像。虽然，随着试样厚度的变化，高分辨像会出现黑白衬度的反转，但是，由于晶格像是利用透射束附近的有限的衍射束来成像的，所以即使偏离谢尔策聚焦条件也能获得可以解释的晶格像，在比较厚（几十纳米）的区域一般也能得到同样的晶格像。图 4-12 是纳米金颗粒的二位晶格像，在其傅里叶变换图中，在两个以上的方向有斑点。

### 4.1.7.4　二维结构像

如果使入射电子束严格平行于试样中某个晶带轴入射，在仪器分辨率允许的范围内让尽可能多的衍射束参与成像，就能得到含有单胞内原子排列的正确信息的像，参与成像的衍射束越多，像中包含的信息越多。但是，如果用比仪器分辨极限更高波数的衍射束，它就不可能参与正确结构的成像，而只能成为结构像的背底。所以，参与成像的衍射束也不是越多越好。

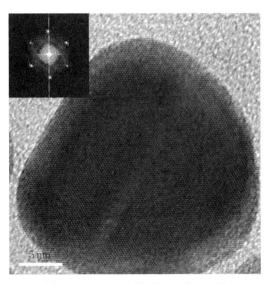

图 4-12　纳米金颗粒的二维晶格像

　　根据衍射物理的原理,照明电子束进入试样后,衍射束强度随试样厚度呈波动(振动)变化。不同衍射束变化的规律(振幅和周期)是不一样的。只有在试样的薄区,衍射束的激发与试样厚度的关系才是成比例的。这个厚度一般小于 10 nm,结构像只有在小于这个厚度才能获得。对于由轻原子组成的低密度物质,其结构像的可观察厚度比较大。而对于具有较大单胞结构的物质,它产生许多低角反射,其结构像的可观察厚度也较大。由于参与结构像成像的衍射束很多,只有在谢尔策聚焦附近,才能获得正确的结构像。可以看出,获得结构像的条件是比较苛刻的。而且,实验时的欠焦量和样品厚度对图像有很大的影响,只有知道厚度和欠焦量的条件下得到的结构像才能正确解释材料结构。图 4-13 是尖晶石($MgAl_2O_4$)的〈001〉晶面在不同厚度和欠焦量的条件下得到的高分辨像模拟图,可见要正确解释结构像是比较复杂的。

　　通过上述分析可知,根据不同的实验条件,得到的高分辨像是有差别的。对于具体的材料研究,还要考虑使特定的晶体学方向平行于入射电子束。如果要观察位错的核心结构或者位错的扩展,电子束的入射方向必须平行于位错线。如果要观察位错的扭折,电子束的入射方向必须垂直于位错线和位错所在的滑移面。如果要观察位错攀移形成的割阶,电子束的入射方向必须垂直于位错线,但是要平行于滑移面。如果要观察反向畴界,电子束的入射方向必须平行于畴壁。

## 4.1.8　快速傅里叶变换和逆快速傅里叶变换

　　如前面介绍,入射电子束穿过很薄的晶体试样,被散射的电子在物镜的背焦面处形成携带晶体结构的衍射花样,随后衍射花样中的透射束和衍射束的干涉在物镜的

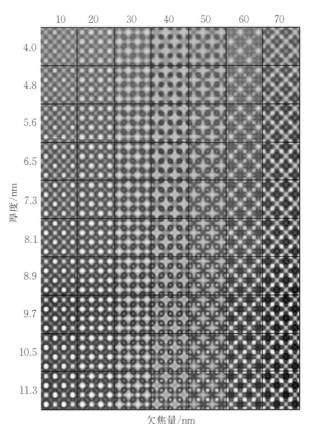

图 4 - 13　尖晶石（$MgAl_2O_4$）的〈001〉晶面在不同厚度和
欠焦量的条件下得到的高分辨像模拟图

像平面处重建晶体点阵的像。这样两个过程对应着数学上的傅里叶变换和逆变换。实践上，快速傅里叶变换（FFT）和逆快速傅里叶变换（IFFT）是高分辨图像分析时常用的方法。样品出射波经过物镜成像后，在物镜背焦面上得到一组衍射斑点。样品对入射波的作用过程在数学上可以用傅里叶变换来描述，这是将正空间的波函数变换为倒易空间的操作，透镜作用是将一组组平行衍射电子束会聚在透镜后焦面上。快速傅里叶变换可以用于将晶格像转换得到相应的一组衍射斑点，对其晶体结构进行分析。

　　图 4 - 14（a）为 Al - Mg - Si 铝合金中析出相的高分辨晶格像。通过快速傅里叶变换获取铝合金基体和析出相对应的衍射斑点，如图 4 - 14（b）（c）所示。经过标定发现基体是〈001〉$_{Al}$ 方向分布，析出相为 $\beta'' - Mg_5Si_6$。析出相与基体的位向关系为 $[010]_{\beta'} /\!/ [001]_{Al}$，$(601)_{\beta'} /\!/ (200)_{Al}$，$(40\bar{3})_{\beta'} /\!/ (020)_{Al}$。像图中这种尺寸只有几纳米的析出相，用选区电子衍射进行分析，往往获得的是一定区域内多个析出相的电子衍

射斑点,很难获取单个析出相的选区电子衍射图像,而高分辨像的快速傅里叶变换却可以进行分析。

图 4-14 铝合金析出相的高分辨及快速傅里叶变换[163]

(a) 铝合金析出相的高分辨像;(b) 基体的快速傅里叶变换;(c) 析出相的快速傅里叶变换

不仅高分辨晶格像可以通过傅里叶变化分析晶体结构,原子尺度高角度的环形暗场(high angle annular dark field,HAADF)像也可以分析晶体结构。例如图 4-15(a)是 Al-Mg-Si 合金中析出相的明场像照片,图 4-15(b)是该区域的选区电子衍射图,图 4-15(c)是该铝合金基体和析出相界面处的原子尺度 HAADF 像照片,图 4-15(d)是图 4-15(c)的快速傅里叶变换图。图 4-15(b)的主要斑点是正方形的,这无疑是基体的[001]晶带轴,在某个方向的两个主斑点的三分之一距离处有额外较弱的斑点,这明显是析出相的斑点,说明析出相在某个方向的排列周期是基体的三倍。图 4-15(c)的 HAADF 像照片也显示了基体和析出相的差异,图 4-15(d)的快速傅里叶变换图呈现了和选区电子衍射图相似的特征,可见两者效果是相似的。

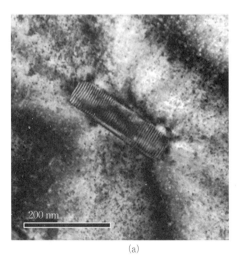

(a)  (b)

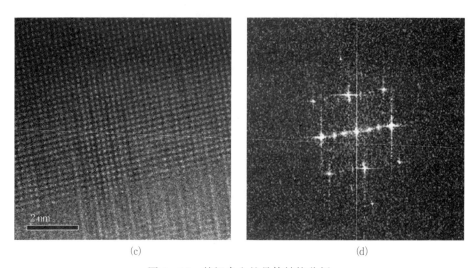

(c)                                      (d)

图 4-15　某铝合金的晶体结构分析

（a）析出相的明场像照片；（b）（a）的选区衍射图；

（c）该铝合金和基体的原子尺度 HAADF 像照片；（d）（c）的快速傅里叶变换图

　　衍射斑点干涉叠加得到图像的过程刚好和傅里叶变换反过来，是一个逆傅里叶变换，又转换为图像的正空间。现在许多成像控制软件和图像分析软件中都有快速傅里叶变换和逆快速傅里叶变换功能，借助它们可以在衍射斑和图像之间轻松进行转换。快速傅里叶变换和逆快速傅里叶变换可用于高分辨像和原子尺度 HAADF 像的其他结构分析。图 4-16(a)是 7 系铝合金中常见的 $\eta$ 析出相的原子尺度 HAADF像，图 4-16(b)是对图 4-16(a)进行快速傅里叶变换后得到的斑点，对其利用掩模进行

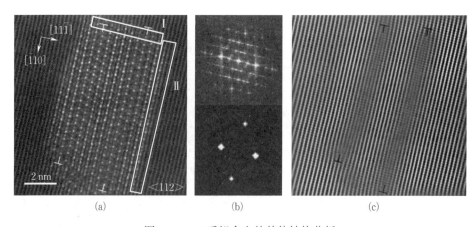

(a)                        (b)                        (c)

图 4-16　7 系铝合金的其他结构分析

（a）$\eta$ 析出相的原子尺度 HAADF - STEM 像；（b）（a）的 FFT 图像及后续 IFFT 变换选取的斑点；

（c）基于（b）所选斑点的 IFFT 图像

过滤，然后进行逆快速傅里叶变换，得到如图 4-16(c)所示的图像。从图 4-16(c)中可见该相的 $I$ 处界面是半共格的，有一系列刃型位错沿着界面分布。因此，$\eta$ 析出相的 $I$ 处相界面是不共格的，存在着刃型位错，这比直接分析图 4-16(a)更明显。

## 4.2　扫描透射电镜技术

扫描透射电子显微镜(scanning transmission electron microscope, STEM)是指利用电子束对样品进行扫描成像的透射电子显微镜，它是综合了扫描电镜和普通透射电镜原理和特点的一种分析方式，能够获得普通透射电镜所不能获得的一些关于样品的特殊信息。目前，先进的 STEM 成像技术可以得到原子分辨率的结构，并结合 EELS 和 EDS 进行原子尺度的元素成分和电子结构的面分布分析，这是常规透射电镜技术无法实现的。

1937 年，曼弗雷德·冯·阿登(Manfred von Ardenne)(见图 4-17)发明了扫描电镜，同时他心中有个关于透射成像的扫描电镜的设计概念[164]。1937—1938 年，他设计制造了第一台扫描透射电镜(见图 4-18)，并用于对 ZnO 进行成像[165,166]，在扫描方向实现 40 nm 的分辨率，并在不久后提升至 10 nm。阿尔伯特·维克多·克鲁(Albert Victor Crewe)(见图 4-19)被认为是现代扫描透射电镜的发明者，他于 1965 年在剑桥的一次会议和 1966 年在京都的第六届国际电子显微镜会议上简短介绍了扫描透射电镜。1966 年起，他尝试将场发射电子枪引入到扫描透射电镜中，实现 5 nm 的分辨率[167-169]。1968 年，他展现了一台成功的原型机，分辨率被提高到 3 nm[170]。这是场发射枪在电子显微镜中的第一次主要应用，该电子枪由詹姆斯·巴特勒(James Butler)设计，这也是电子光学中计算机辅助设计的早期案例[171]。1970 年，克鲁团队开发了新型高分辨扫描透射电镜，分辨率达到 5 Å，成功地拍摄了单个钍原子的图像[172]。这种衬度机制被称为"Z 衬度"，因为散射截面的比率大致与原子序数 $Z$ 成正比。1973 年，C.J.汉弗莱斯(C.J. Humphreys)等首次提出高角度的环形暗场(high angle annular dark field, HAADF)探测器的概念[173]，并指出当环形暗场探测器内角增加到更高角度后，图像的衬度将不再与原子序数 $Z$ 成正比，而是大约与 $Z^2$ 成正比。1974 年，Vacuum Generators 公司制造了第一台商用 STEM 设备 HB5[174,175]。1975

图 4-17　曼弗雷德·冯·阿登

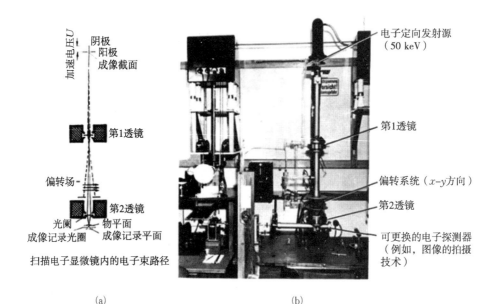

(a)　　　　　　　　　　　　　　(b)

图 4-18　曼弗雷德·冯·阿登设计的第一台 STEM

(a) 示意图；(b) 实物照片

年，克鲁等提出使用同心环形探测器[176]，指出外部探测器将记录从靠近原子核位置散射的电子，因此图像的衬度将与 $Z^2$ 而不是 $Z^{3/2}$ 成正比。1979 年，M. M. J. Treacy 等提出了 STEM 中一种新的 $Z$ 衬度类型，并逐渐演变成高角环形暗场（HAADF）像技术[177-180]。第一次 HAADF 成像的实验研究也由 M. M. J. Treacy 等进行，并报道了第一批图像[181]。1988 年，S. J. Pennycook 等首次观测到 $YBa_2Cu_3O_{7-x}$ 和 $ErBa_2Cu_3O_{7-x}$ 低指数晶带轴的高分辨 HAADF 像，从而实现 STEM 成像达到真正意义上的原子分辨率水平[182]。

图 4-19　阿尔伯特·维克多·克鲁

### 4.2.1　STEM 工作原理

STEM 成像不同于一般的平行电子束 TEM 成像，它是利用会聚的电子束在样品上扫描成像来完成的。在电镜的扫描模式下，电子源发射出电子，通过在样品前磁透镜以及光阑把电子束会聚成原子尺度的束斑。电子束斑聚焦在试样上，通过线圈控制逐点扫描样品的一个区域。在每扫描一点的同时,样品下面的探测器同步接收透射电子束流或弹性散射电子束流,探测器接收到的信号转换成电流强度,处理后显示在计算机显示器上,获得 STEM 的明场像和暗场像,样品上的每点与所产生的像点一一对应。

在入射电子束与样品发生相互作用时,会使电子产生弹性散射和非弹性散射,导致入射电子的方向和能量发生改变,因而在样品下方的不同位置将会接收到不同的信号。如图 4-20 所示,当探测器电子接收信号主要为透射电子和部分未散射电子,如在 $\theta_3$ 范围内,得到的图像为明场像(bright field,BF);当接收信号主要为布拉格散射的电子,如在 $\theta_2$ 范围内,得到的图像为环形暗场像(annular dark field,ADF);若环形探测器接收角度进一步加大,如在 $\theta_1$ 范围内,此时接收信号主要为高角度非相干散射电子,得到的图像为高角环形暗场像(high angle annular dark field,HAADF),即 $Z$ 衬度像。成像时,像的衬度反映样品上对应探测器的电子散射强度。以 HAADF 成像为例,当电子束照射原子柱上时,很多高散射的电子被环形探测器接收,经过信号处理,在图像上显示成亮点。当扫到原子间隙时,很少电子被接收,成暗点。这样逐一照射每个原子柱,将样品的照射位置和在环形探测器上产生强度一一对应,得到原子分辨水平的图像。几个接收角度的不同探测器可以同时收集信号,得到对应的图像,这些图像往往包含材料的不同信息,对材料分析起到互相补充的作用。

图 4-21 是 STEM 成像探测器的安装位置示意图。探测器、光阑等在使用时才伸进光路,不用时退出,以免遮挡光路。

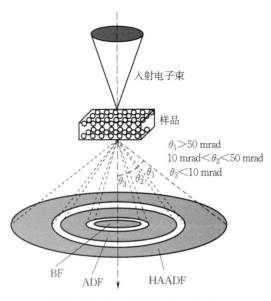

图 4-20 STEM 成像原理示意图

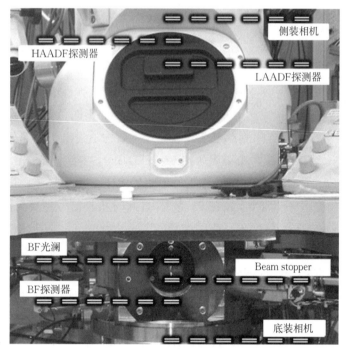

图 4 - 21　STEM探头安装位置示意图

## 4.2.2　STEM 成像技术

图 4 - 22(a)显示了环形探测器和圆形探测器成像的示意图。图 4 - 22(b)显示了使用环形探测器 STEM 成像时,探测器与束斑之间的位置关系。在 DF - STEM 成像中,相机长度按 ABF、ADF、HAADF 的顺序缩短。ABF - STEM 像显示中,轻原子柱和重原子柱中的原子都是暗点。HAADF - STEM 像将重原子柱视为亮点,用于使用 $Z$ 衬度技术观察高原子序数元素。图 4 - 22(c)显示了使用圆形探测器 STEM 成像时,探测器与束斑之间的位置关系。在 BF - STEM 图像中,相机长度按低角度亮场(LABF)像、中角度亮场(MABF)像和高角度亮场(HABF)像的顺序缩短。这里的 LABF 像、MABF 像、HABF 像的角度是从圆形探测器的低探测器收集角度来定义的。由于进入圆形探测器的透射束盘和衍射束盘的交互作用,LABF 像中的原子柱强度与传统的高分辨率像类似,会出现衬度反转。对于 HABF 像中的暗点,与 HAADF - STEM 像衬度互补。MABF 的探测器位置位于 HABF 和 LABF 之间,轻元素和重元素原子将分别出现亮点和暗点。由于环形探测器和圆形探测器的布置是分离的,因此可以同时采集 MABF 和 HAADF - STEM 图像,以识别单个轻元素和重元素原子结构。

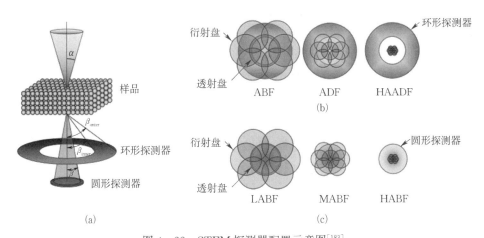

图 4 - 22  STEM 探测器配置示意图[183]

(a) 环形探测器和圆形探测器成像示意图;(b) ABF、ADF 和 HAADF 条件下的

电子束和环形探测器的关系;(c) LABF、MABF 和 HABF 条件下的电子束和圆形探测器的关系

图 4-23 是从[001]方向观察的 SrTiO$_3$ 的原子分辨率 STEM 像。图中 STEM 像分别是 HABF 像、HAADF 像、MABF 像、HAADF 像、LABF 像和 ADF 像,它们分别是以 0~16 mrad、70~185 mrad、0~9.5 mrad、40~160 mrad、0~5 mrad 和 20~35 mrad 的探测器角度获得的。

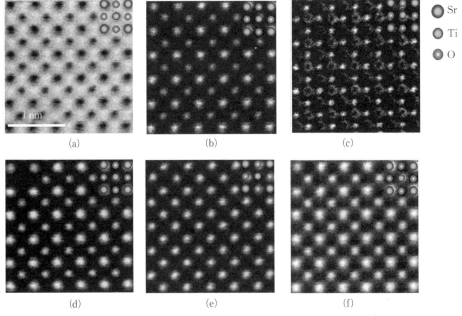

图 4 - 23  从[001]方向观察的 SrTiO$_3$ 的原子分辨率 STEM 像[183]

(a) HABF 像;(b) HAADF 像;(c) MABF 像;(d) HAADF 像;(e) LABF 像;(f) ADF 像

实际上比较常用的成像方式是 HAADF 像、ADF 像、BF 像，下面分别进行详细说明。

### 4.2.2.1 高角环形暗场像

高角环形暗场像是扫描透射电子显微镜最常用的成像技术。入射电子与试样中的原子之间发生多种相互作用，其中弹性散射电子分布在比较大的散射角范围内，而非弹性散射电子分布在较小的散射角范围内。因此，如果只探测高角度散射电子则意味着主要探测的是弹性散射电子。这种方式并没有利用中心部分的透射电子，所以也被称为暗场像。如图 4-20 所示，HAADF 探测器通过内孔滤掉大部分布拉格散射和未散射电子，主要收集高角散射电子。HAADF 像几乎是 LABF 像的衬度反转（质厚衬度）。S.J.Pennycook 等的研究发现[184]，弹性散射电子进到内散射角 $\theta_1$ 和外散射角 $\theta_2$ 组成的环形探测器的总横截面 $\sigma$ 为

$$\sigma = \left(\frac{m}{m_0}\right)\frac{Z^2\lambda^4}{4\pi^3 a_0^2}\left(\frac{1}{\theta_1^2+\theta_0^2}-\frac{1}{\theta_2^2+\theta_0^2}\right)$$

式中，$m$ 为高速电子的质量，$m_0$ 为电子的静止质量，$Z$ 为原子序数，$\lambda$ 为电子的波长，$a_0$ 为玻尔半径，$\theta_0$ 为博恩特征散射角。

因此，在厚度为 $t$ 的样品中，单位体积的原子数为 $N$ 时，散射强度 $I_S = \sigma N t I$，其中的 $I$ 为束流大小。

由此可知，HAADF 探测器得到的像点强度正比于原子序数的平方，因此也被称为 $Z$ 衬度像，由此可以凭借像点的强度来在一定程度上区分不同元素原子，得到原子分辨率的化学成分信息，也适合于材料中的缺陷及界面的研究。

图 4-24 是 Mg-Nd-Y-Zr 系合金典型的 HRTEM 和 STEM 照片对比。从图中可见，$\beta'$ 相的原子尺度 HAADF 像质量较高，不仅可以观察到析出相的精细结构，而且稀土原子的占位及亮度对比也更清楚[185]。

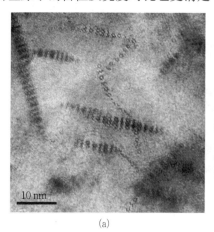 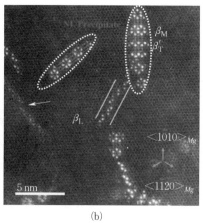

(a)　　　　　　　　　　　　　(b)

图 4-24　Mg-Nd-Y-Zr 系合金 HRTEM 和 STEM 照片对比

(a) HRTEM；(b) STEM

图 4 - 25 是 $Mg_{97}Y_2Zn_1$ 合金挤压态的 TEM 像和 HAADF 像对比。从图 4 - 25(a) 中可以看到,在挤压态镁合金的再结晶晶粒内部,有大量的层错存在。通过图 4 - 25(b) HAADF 像观察,层错有两层稀土原子富集,实际是因为形成了 $\gamma'$ 相。

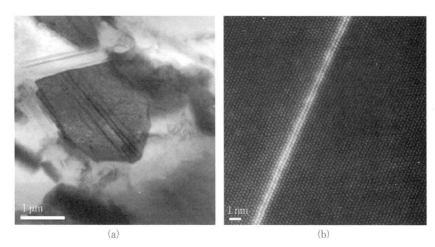

(a)　　　　　　　　　　　　　　　　(b)

图 4 - 25　$Mg_{97}Y_2Zn_1$ 合金挤压态的 TEM 像和 HAADF 像对比
(a) TEM 像;(b) HAADF 像

由于 STEM 成像是利用会聚的电子束在样品上扫描成像的,因此可以用来聚焦在一定厚度内不同的原子层,例如图 4 - 26 是发现有类似 $\beta''$ 相的结构,通过调整聚焦,可以发现其是由不同厚度上 $\beta'$ 相的图像叠加导致的假象。

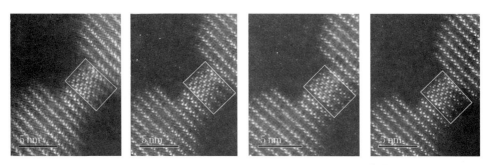

图 4 - 26　不同离焦量下的稀土镁合金的 Z 衬度成像[186]

图 4 - 27 是 7075 铝合金经过热暴露后第二相的 HAADF 像[187]。衬度较强的相为 $Mg(Cu,Zn)_2$ 相,衬度较弱的相为 $Al_{18}Mg_3Cr_2$ 相。经过加热,$Mg(Cu,Zn)_2$ 相在 $Al_{18}Mg_3Cr_2$ 相特定晶面上析出,两相之间的取向关系为 $[110]_{Al_{18}Mg_3Cr_2}$ // $[100]_{Mg(Cu,Zn)_2}$、$(1\bar{1}\bar{1})_{Al_{18}Mg_3Cr_2}$ // $(120)_{Mg(Cu,Zn)_2}$。两相的取向关系也可以通过选区电子衍射和高分辨

像获得,但 $Mg(Cu,Zn)_2$ 和 $Al_{18}Mg_3Cr_2$ 两相的边界并不平直,利用原子尺度 HADDF 像可以获得界面处原子的占位,这是其他两种分析方法无法得到的。

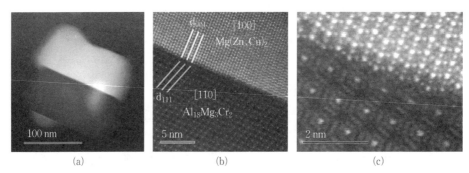

(a)            (b)            (c)

图 4 - 27   热暴露后 7075 铝合金中 $Mg(Cu,Zn)_2$ 相和 $Al_{18}Mg_3Cr_2$ 相界面
(a) 低倍;(b) 较高倍;(c) 高倍

#### 4.2.2.2 环形暗场像

环形暗场像(ADF)是用一个环形探测器收集大多数大角度散射的弹性和非弹性电子产生的,也被称为低角环形暗场(LAADF)像。入射到 ADF 探测器上的高角弹性散射对原子序数高度敏感,这种对原子序数的敏感性导致图像中的成分变化在图像对比度中比高分辨率相衬成像更明显。

在 ADF 像中,能观察到衍射衬度效应,因为探测器能收集部分衍射束,能观察到界面处的晶格应力产生的衬度等。另外,ADF 像与 BF 像为互补的关系,对于暗场像,小角形成的像衍射衬度好。ADF 像和 HAADF 像实际上用到同一探测器,有时为了实现 LAADF 像 HAADF 像同时采集,需要装两个环形探测器,如图 4 - 21 中所示。

#### 4.2.2.3 明场像

明场像(BF)根据接收角度的不同分为好几种,普通 BF 成像的接收角度是零到几个 mrad,LABF 成像的接收角度是 $0\sim22$ mrad,ABF 成像的接收角度是 $11\sim22$ mrad。图 4 - 28 是插入几种探测器后在屏幕上的投影比较。

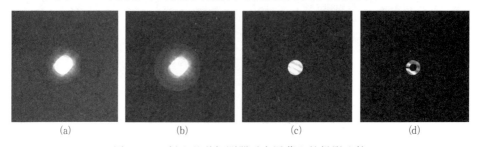

(a)          (b)          (c)          (d)

图 4 - 28   插入几种探测器后在屏幕上的投影比较
(a) 无探测器;(b) HAADF 模式;(c) BF 模式;(d) ABF 模式

从探测器中间孔洞通过的电子可以利用明场探测器形成一般高分辨的明场像。BF 像的探测器安装在电镜样品的正下方,当入射电子束穿过样品后,BF 像是散射角度较小的电子经过光阑孔选择后进入明场探测器形成透射明场像。BF 像几乎与 TEM 明场像相同,可以形成 TEM 中各种衬度的像,如弱束像、相位衬度相、晶格像等。不同之处在于 STEM 明场探测器收集角度内的电子信号,TEM 中明场像的电子信号取决于入射半角。在 BF 像中出现的相位衬度和衍射衬度在大角度明场像中几乎消失了,主要由吸收效应、弱衍射衬度和电子通道效应等产生。

ABF 像是 BF 像的一种,ABF 探测器主要是收集透射电子束和明场区域部分低角度散射电子成像,其图像衬度差异主要来源于样品的吸收效应。与 HAADF 像中衬度与 $Z^2$ 成正比不同,ABF 像衬度与原子序数 $Z^{1/3}$ 成正比,虽然无法像 HAADF 像那样准确确定元素成分信息,但其对化学元素的变化更加敏感,尤其是轻元素,能观察 BF 像和 ADF 像很难观察到的轻元素,实现轻重原子的同时成像,准确确定原子位置。目前,采用该方法已经实现了对锂、硼、碳、氮、氧甚至氢的直接成像,并在锂离子电池电极材料显微结构的表征中得到了广泛应用。图 4 - 29 是钛酸锶样品,其 HAADF 像只能观察到钛原子和锶原子,而利用 ABF 像还可以观察到氧原子。

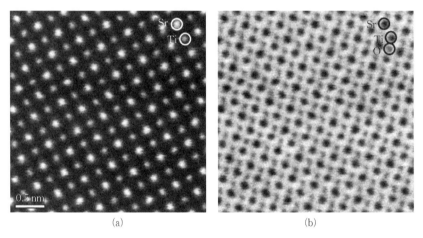

(a)　　　　　　　　　　　　　　　(b)

图 4 - 29　钛酸锶的 HAADF 像和 ABF 像
(a) HAADF 像(90~170 mrad);(b) ABF 像(11~22 mrad)

图 4 - 30 是 $B_4C$ 的高分辨像和 ABF 像的比较。在 $B_4C$ 的高分辨像中只能看到一个个的亮点,而利用 $B_4C$ 的 ABF 像观察,可以看到 B 原子和 C 原子的占位。

## 4.2.3　STEM 的成像特点

高分辨 Z 衬度像是利用高角度散射电子成像得到的,像点的强度分布是物函数 $O(R)$ 与电子束斑强度函数 $P(R)$ 的卷积,即 $I(R) = O(R) \times P^2(R)$,如图 4 - 31 所

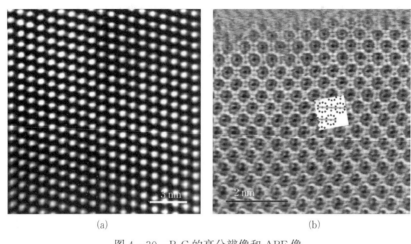

(a)               (b)

图 4 - 30   $B_4C$ 的高分辨像和 ABF 像

(a) 高分辨像；(b) ABF 像

示。它大体上与原子柱的平均原子序数的平方$(Z^2)$成正比。物函数 $O(R)$ 可以看作是样品原子结构的二维投影，是原子列位置上的 $\delta$ 函数，它的强度与原子对电子的散射强度成正比。奥托·谢尔策(Otto Scherzer)首先提出，当使用光阑半张角 $\alpha = (4\lambda/C_s)^{1/4}$ 及透镜欠焦量 $\Delta f = -(C_s\lambda)^{1/2}$ 时，可以得到最小电子束斑尺寸，相应的非相干像的分辨率为 $d = 0.43C_s^{1/4}\lambda^{3/4}$ (光阑的半张角 $\alpha$ 是光阑周边与在样品上束斑位置的连线光轴的夹角，$C_s$ 是物镜球差系数，$\lambda$ 是电子波长)。这就是非相干像的分辨率，它不同于相干相位衬度成像(其分辨率为 $d = 0.66C_s^{1/4}\lambda^{3/4}$)。由此可见，对于相同的物镜球差和电子波长，$Z$ 衬度像的分辨率是相干相位衬度像的 1.5 倍。

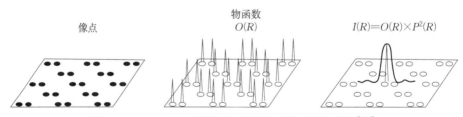

图 4 - 31   STEM 中薄样品的非相干成像理论示意图[188]

前面介绍过，高分辨像是相位衬度像，是相干成像，选择不同的物镜光阑，或在不同的欠焦量状态下，或样品厚度变化时，都会使像衬度发生变化甚至不显示衬度。而 HAADF 像是非相干成像，去除了相位的影响，在结构测定中避免了相差的问题，可以排除由于相差引起的像解析的复杂性，当然 HAADF 像中也包括了高阶衍射。如图 4 - 32 所示，两者的相位传递函数完全不同，HRTEM 在超过谢尔策欠焦后衬度会反转，而 HAADF 的相位传递函数总是正值，所以 HAADF 像中的一个亮点总是对应样品中的一个原子柱,改变欠焦量和厚度,其衬度都不会反转,即原子柱在像中总是一个亮点。

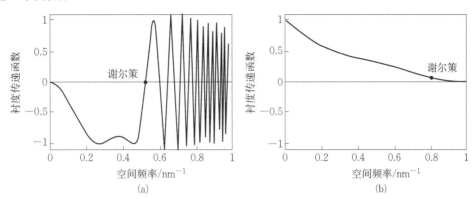

图 4-32 电子显微镜在相干和非相干成像条件下的不同衬度传递函数(工作电压 300 kV)
(a) 相干;(b) 非相干

HAADF 像的这一特点,使其在相分析中发挥了很大的作用,尤其是在分析有重原子或原子序数差别较大的物相中,比高分辨像和电子衍射等分析方法更直接。图 4-33分别是 EV31(Mg-3Nd-1.5Gd-0.3Zn-0.5Zr)镁合金中 $\beta'$ 相[189] 和 6005 铝合金中的 $\beta$-$Al_{4.5}$FeSi 相[190],虽然两者的基体镁原子和铝原子由于衬度原因观察不到,但通过相对重原子的高衬度占位,和已知相的晶体模型对比,就基本可以确定是什么相。其中图 4-33(a)是在非球差校正电镜下获得的,因为稀土原子距离大于电镜分辨率,能明显呈现相的精细结构。图 4-33(b)中,$\beta$-$Al_{4.5}$FeSi 相模型中的 Fe 位置和 HAADF 像最亮点吻合,Al 和 Si 的位置虽然没有实现点分辨,但和 HAADF 像的次亮点也相符。

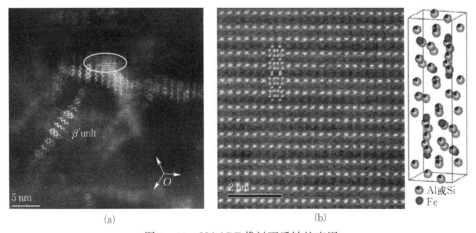

图 4-33 HAADF 像衬不反转的应用
(a) EV31 镁合金中 $\beta'$ 相;(b) 6005 铝合金中的 $\beta$-$Al_{4.5}$FeSi 相

HAADF‐STEM 成像的注意点包括以下几方面。

（1）HAADF‐STEM 的成像质量一般取决于电子光源性质。使用场发射电子枪和安装聚光镜球差校正器的扫描透射电镜可获得更小的电子束斑尺寸和更高的束斑电流强度。$LaB_6$ 灯丝电镜虽然也可以用于 STEM 的成像，但电子束流强度不够，难以获得原子尺度的 HAADF 像。

（2）样品在存放过程中表面容易吸附空气中的水、有机物和其他气体，进而发生化学反应，造成样品表面一定程度的氧化、新物质产生和污染物附着，产生"积碳"现象。样品每次固定到样品杆后都需要在等离子体清洗机上进行清洗以除去样品表面污染物，特别是有效除去表面附着的有机物，进而能够减少样品在电子束轰击下有机物碳化积聚而形成的黑点，提高成像质量。对于负载在碳膜上的粉末材料，等离子体清洗可导致碳膜破裂，因此可采取在一定温度下进行烘烤或真空干燥的措施，可有效改善样品的积碳现象。如果样品已经在电镜观察中发现污染现象，可以采取 beam shower，其原理就是将污染物均匀地固定在较大区域内，而不会在某区域集中积聚。

（3）HAADF 像也应该尽量在薄区获取，因为随着厚度增加，虽然像点的亮度会增加且衬度不反转，但同时背底噪声也快速增加，直到某个厚度，像点和背底的强度一样。HAADF 像也有个类似临界厚度，超过此临界厚度后，电子束沿原子柱传播时会展宽到临近的原子柱，从而有可能在最终的 HAADF 像中引入假像。当研究原子柱中包含掺杂原子的时候，HAADF 像也应尽量在薄区获得，否则像的强度分析变得复杂，应通过模拟计算最终确定掺杂密度。

### 4.2.4 Ronchigram 像

当电子束通过样品前的几个磁透镜会聚在样品表面时，如果不引入光阑，电子会聚角会很大，它们通过样品后形成的强度分布就是 Ronchigram 像，可在荧光屏或 CCD 显示器上观察到，如图 4-34 所示。Ronchigram 像对磁透镜的像散和聚焦非常敏感，很小的像散就引起它的畸变，可以利用 Ronchigram 像来精确调节透镜的像散。合轴时，一般优先选择非晶样品或晶体样品边缘的非晶区域来调节 Ronchigram 像，可以避免晶格等对像散的干扰。

当接近高斯聚焦时，阴影像上不同点的放大倍

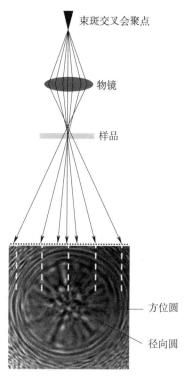

束斑交叉会聚点

物镜

样品

方位圆

径向圆

图 4-34　Ronchigram 像成像示意图

数由于不同的像差而变化。当电子束正好会聚在样品表面时(高斯聚焦),Ronchigram 像变成圆形小盘,圆盘中心就是无慧差(coma‐free)的光轴点,对其调圆可用于磁透镜的消像散及合轴,并作为确定光阑和探测器位置的参考中心。没有经过球差校正的 Ronchigram 像里无像差部分比较小如图 4‐35(a)所示,而球差校正之后,会聚角会极大增加,这种情况下的中央透射盘和无像差部分都会变得很大,如图 4‐35(b)所示。

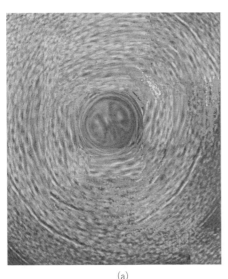 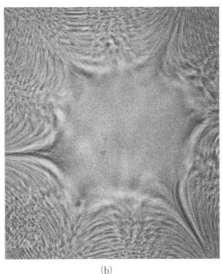

(a) (b)

图 4‐35　Ronchigram 像

(a) 未经球差校正;(b) 经球差校正

当偏离高斯聚焦,即有一定程度的欠焦和过焦,电子束会聚焦在与样品一定距离处,可以得到样品的影像,且随着欠焦量和过焦量的变大,看到的影像区域也越大,过焦和欠焦得到的影像是相反的,如图 4‐36 所示。可利用这一特点在 STEM 模式下寻找样品的区域,结束后要回到标准聚焦。

图 4‐37 是非晶态碳在不同聚焦条件下的 Ronchigram 像。在较大的欠焦和过焦条件下,电子束会聚焦在与样品一定距离处,可以得到样品的影像,且随着欠焦量和过焦量的变大,看到的影像区域也越大,过焦和欠焦得到的影像是相反的。

图 4‐38 是硅晶体⟨110⟩方向上获得的 Ronchigram 像。和图 4‐37 的非晶状态样品不同,晶体材料的 Ronchigram 像总是受晶格条纹的影响,有时会对 Ronchigram 像的调整造成干扰,虽然晶格条纹会随着欠焦量变化发生变化,但是相对非晶 Ronchigram 像还是比较规律的。图 4‐39 是镁晶体⟨0001⟩方向上获得的 Ronchigram 像,因为是在球差校正透射电镜下获得的,因此中心的图像呈现六边形轮廓,而图 4‐38 是在非球差校正透射电镜下获得的 Ronchigram 像,中心是圆形。

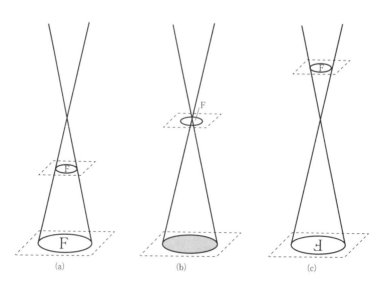

图 4-36  不同聚焦条件下的 Ronchigram 图
(a) 大欠焦量；(b) 高斯聚焦；(d) 大过焦量

调节像散和慧差是获得高质量 STEM 像的关键。由位于主轴外的某一轴外物点，向光学系统发出的斜射单色圆锥形光束，经该光学系列折射后，不能结成一个清晰像点，而只能结成一弥散光斑，则此光学系统的成像误差称为像散。由位于主轴外的某一轴外物点，向光学系统发出的斜射单色圆锥形光束，经该光学系统折射后，若在理想平面处不能结成清晰点，而是结成拖着明亮尾巴的彗星形光斑，则此光学系统的成像误差称为彗差。彗差属轴外点的单色像差。调节像散和慧差时主要用 Ronchigram 像作为参考，如图 4-40 所示。

### 4.2.5  几何相位分析法

几何相位分析法（geometrical phase analysis，GPA）是 M.J.Hÿtch 等首先提出的[191,192]，目前已广泛应用于位错、相界等应变场分析[193,194]。

任何周期性函数 $f(x)$ 都可以写成傅里叶级数的形式 $f(x) = \sum_G f_G e^{iG \cdot x}$。同理，一个完整晶格的图像也是一个周期性图像，可以表示成如下傅里叶级数的形式：

$$I(r) = \sum_g H_g e^{2\pi ig \cdot r} \qquad (4-17)$$

式中，$I(r)$ 为位置 $r$ 处的图像强度；$g$ 为布拉格衍射对应的周期性；$H_g$ 为傅里叶系数，可以解释为图像中傅里叶分量 $H_g$ 的局部值，可表示为

$$H_g = A_g e^{iP_g} \qquad (4-18)$$

式中，$A_g$ 为正弦晶格条纹 $g$ 的振幅；$P_g$ 为原始图像中晶格条纹 $g$ 的横向位置。

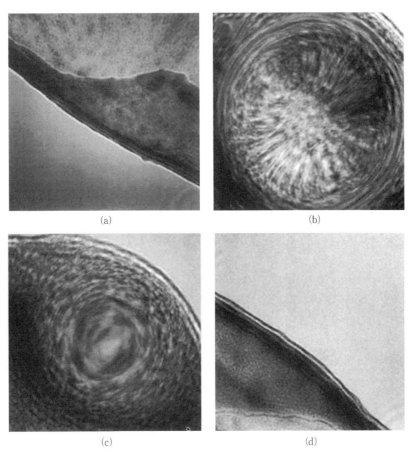

图 4 - 37  无定形碳膜上获得的 Ronchigram 像

（a）大欠焦量；（b）小欠焦量；（c）高斯聚焦；（d）大过焦量

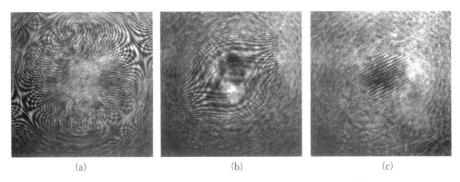

图 4 - 38  硅晶体⟨110⟩方向上获得的 Ronchigram 像

（a）小欠焦量；（b）近谢尔策欠焦；（c）小过焦量

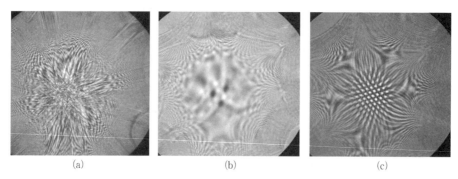

(a)            (b)            (c)

图 4 - 39 镁晶体⟨0001⟩方向上获得的 Ronchigram 像

(a) 小欠焦量；(b) 近谢尔策欠焦；(c) 小过焦量

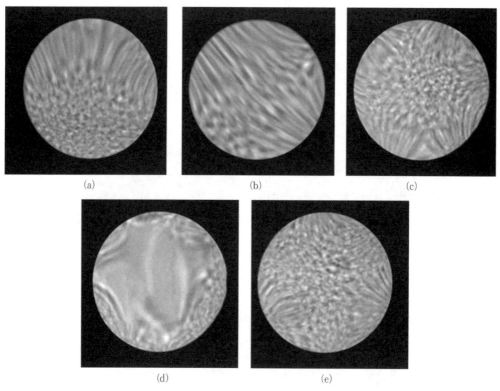

图 4 - 40 不同状态下的球差校正之后的 Ronchigram 像

(a) 有慧差；(b) 有像散；(c) 欠焦；(d) 正焦；(e) 过焦

对于实像，傅里叶分量之间存在共轭对称关系（$g$ 和$-g$），可得

$$I(r) = \sum_g A_g \, \mathrm{e}^{iP_g} \, \mathrm{e}^{2\pi ig \cdot r} + \sum_{-g} A_{-g} \, \mathrm{e}^{iP_{-g}} \, \mathrm{e}^{2\pi i(-g) \cdot r}$$

$$= A_0 + 2\sum_{g>0} A_g \cos(2\pi ig \cdot r + P_g) \qquad (4-19)$$

可见，这是一个实函数傅里叶变换的另一种方法。因此，对于一组特定的晶格条

纹 $B_g(r)$ 的图像由式(4-20)给出

$$B_g(r) = 2A_g e^{2\pi g \cdot r + P_g} \tag{4-20}$$

式中，$B_g(r)$ 为实像，是通过原始图像的布拉格滤波(在傅里叶变换中围绕 $\pm g$ 的位置放置掩膜)产生的图像。

这相当于选择式(4-17)中的一个项进行傅里叶逆变换，得到的复数像为

$$H'_g(r) = H_g(r) e^{2\pi i g \cdot r} \tag{4-21}$$

在图像条纹存在变化的情况下，$H_{-g}(r) = H_g^*(r)$ 共轭对称性保持不变，$B_g(r)$ 也可以写成 $H'_g(r)$ 和 $H'_{-g}(r)$ 两个复数像的加和，即

$$B_g(r) = H'_g(r) + H'_{-g}(r) = H_g(r) e^{2\pi i g \cdot r} + H_{-g}(r) e^{2\pi i (-g) \cdot r} \tag{4-22}$$

如图 4-41(a) 的倒空间中，布拉格衍射点 $\pm g_1$ 两个点对应的正空间条纹相如图 4-41(a) 所示。结合另一个方向的布拉格条纹[见图 4-41(c)]，可得到简单的周期性图像，如图 4-41(d) 所示。

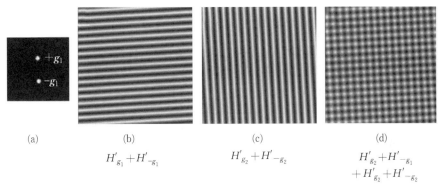

(a)　　　　　(b)　　　　　(c)　　　　　(d)

$$H'_{g_1} + H'_{-g_1} \qquad H'_{g_2} + H'_{-g_2} \qquad \begin{array}{c} H'_{g_2} + H'_{-g_1} \\ + H'_{g_2} + H'_{-g_2} \end{array}$$

图 4-41　周期性图像[192]

(a) 倒空间矢量 $+\boldsymbol{g}_1$ 和 $-\boldsymbol{g}_1$；(b) 倒空间矢量为 $\boldsymbol{g}_1$ 对应的周期性条纹；

(c) 倒空间矢量为 $\boldsymbol{g}_2$ 对应的周期性条纹；(d) 图(b)和(c)组成的周期性图像

然后研究非完整晶格的情况。当晶格发生位移 $u$，$r \rightarrow r - u$，因此畸变的布拉格条纹像为

$$B_g(r) = 2A_g e^{2\pi g \cdot r - 2\pi g \cdot u + P_g} \tag{4-23}$$

对比式(4-23)和式(4-20)可知，畸变造成的相位变化为

$$P_g(r) = -2\pi g \cdot u = -2\pi g \cdot u(r) \tag{4-24}$$

GPA 方法就是通过获得图像相对于完整晶格 $g$ 的相位变化 $P_g(r)$ 来获得位移场 $u(r)$，获得应变等信息。

GPA 方法计算步骤如下：

(1) 对图像做傅里叶变换，利用其中的布拉格衍射点 $g$(注意只有 $g$，没有 $-g$)，可得到相应的复数像 $H'_g(r)$，如图 4-42 中第 1 步所示，结合式(4-18)、式(4-22)、

式(4-23)，忽略常数项 $P_g$，可写成

$$H'_g(r) = A_g e^{2\pi g \cdot r + iP_g(r)} \tag{4-25}$$

(2) 已知 $H'_g(r)$，可按如下方式计算得到由位移造成的相位变化 $P_g(r)$（见图 4-42 中第 2 步），phase 表示取相位部分：

$$P_g(r) = \text{Phase}[H'_g(r)] - 2\pi g \cdot r \tag{4-26}$$

(3) 对于两个不同方向的布拉格衍射点 $g_1$ 和 $g_2$，可得其对应的相位变化和位移场的关系：

$$P_{g1}(r) = -2\pi g_1 \cdot u(r) = -2\pi[g_{1x}u_x(r) + g_{1y}u_y(r)] \tag{4-27}$$

$$P_{g2}(r) = -2\pi g_2 \cdot u(r) = -2\pi[g_{2x}u_x(r) + g_{2y}u_y(r)] \tag{4-28}$$

因此，如图 4-42 中第 3 步所示，位移场可按如下公式得到：

$$\begin{pmatrix} u_x \\ u_y \end{pmatrix} = -\frac{1}{2\pi} \begin{pmatrix} g_{1x} & g_{1y} \\ g_{2x} & g_{2y} \end{pmatrix}^{-1} \begin{pmatrix} P_{g1} \\ P_{g2} \end{pmatrix} \tag{4-29}$$

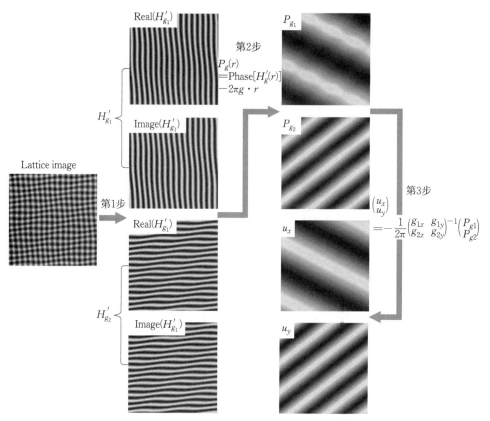

图 4-42　GPA 计算步骤[192]

（4）获得位移场之后，就可以计算一系列的应变数据

$$e=\begin{pmatrix}\varepsilon_{xx} & \varepsilon_{xy}\\ \varepsilon_{yx} & \varepsilon_{yy}\end{pmatrix}=\begin{pmatrix}\dfrac{\partial u_x}{\partial x} & \dfrac{\partial u_x}{\partial y}\\[2mm] \dfrac{\partial u_y}{\partial x} & \dfrac{\partial u_y}{\partial y}\end{pmatrix} \tag{4-30}$$

这个矩阵可以分成两个项：对称项 $\varepsilon$ 和非对称项 $\omega$，按如下定义

$$\varepsilon=\begin{pmatrix}\varepsilon_{xx} & \varepsilon_{xy}\\ \varepsilon_{yx} & \varepsilon_{yy}\end{pmatrix}=\frac{1}{2}(e+e^{\mathrm{T}})=\frac{1}{2}\begin{pmatrix}\dfrac{\partial u_x}{\partial x}+\dfrac{\partial u_x}{\partial x} & \dfrac{\partial u_x}{\partial y}+\dfrac{\partial u_y}{\partial x}\\[2mm] \dfrac{\partial u_y}{\partial x}+\dfrac{\partial u_x}{\partial y} & \dfrac{\partial u_y}{\partial y}+\dfrac{\partial u_y}{\partial y}\end{pmatrix} \tag{4-31}$$

$$\omega=\begin{pmatrix}0 & \omega_{xy}\\ \omega_{yx} & 0\end{pmatrix}=\frac{1}{2}(e-e^{\mathrm{T}})=\frac{1}{2}\begin{pmatrix}0 & \dfrac{\partial u_x}{\partial y}-\dfrac{\partial u_y}{\partial x}\\[2mm] \dfrac{\partial u_y}{\partial x}-\dfrac{\partial u_x}{\partial y} & 0\end{pmatrix} \tag{4-32}$$

在前面已经介绍了高分辨像是利用透射束与多束衍射束参加成像，由于各束电子束之间存在特定的相位差，相互干涉后形成点阵条纹像，这个干涉图像与样品的原子排列有关。由于高分辨像是由原子尺度晶格组成的，因此原则上几何相位分析方法能实现原子尺度的应变分析，能检测的位移精度达到 $0.03\text{Å}$[195]。其原理就是将某带轴上所形成的高分辨透射电子显微图像看成是一系列的对应于试样晶格原子面的干涉条纹，在高分辨像的傅里叶变换中用掩膜套住倒格矢 $\pm g$ 后滤波，再做反傅里叶变换，便可得到某一个特定空间频率的晶格条纹，即正空间的一个二维高分辨像。当与参考晶格的倒格矢有相差量 $\Delta g$ 时，相位像就发生了变化。求出了相位像，就可以计算得到晶格条纹的偏移距离及应变，得到高精度的应变场。图 4-43 是硅中刃位错的几何相位分析[195]。

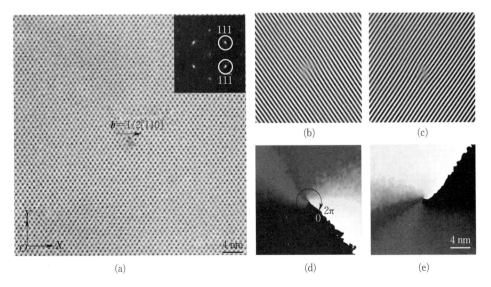

（a）　　　　　　　　　　　（b）　　　（c）　　　（d）　　　（e）

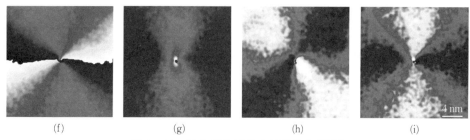

(f)　　　　　　　　(g)　　　　　　　　(h)　　　　　　　　(i)

图 4-43　硅中刃位错的几何相位分析[195]

(a) [1̄10]方向的高分辨率像,柏氏矢量 $b$=1/2[110],图中插入的是傅里叶变换图;(b) 通过滤波获得的 (111)晶格条纹;(c) (11̄1)晶格条纹;(d) (111)晶格条纹的相位像;(e) (11̄1)晶格条纹的相位像;(f) 由相位像计算的实验位移场 $u_x$;(g) 由相位像计算的实验位移场 $u_y$;(h) 位移场 $u_x$ 正弦分量;(i) 位移场 $u_y$ 正弦分量

　　虽然高分辨率像在原则上可以通过测量图像中晶格条纹的位移来直接确定应变和局部变形,但其图像中晶格条纹的位移与原子晶格的位移不完全对应,而对原子尺度分辨率的 HAADF 像进行几何相位分析可以避免该问题。图 4-44 是 Al-Si-Mg-Cu

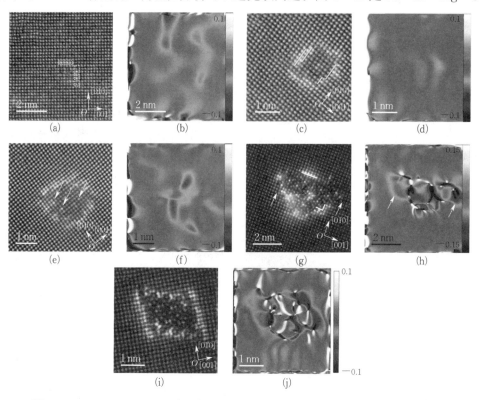

(a)　　　　　　(b)　　　　　　(c)　　　　　　(d)

(e)　　　　　　(f)　　　　　　(g)　　　　　　(h)

(i)　　　　　　(j)

图 4-44　Al-Si-Mg-Cu 合金析出相原子 HAADF 像及其 GPA 应变场分析[194]

(a) Cu 原子团簇的 HAADF 像;(b) (a)的应变场分析;(c) GP 区的 HAADF 像;(d) (c)的应变场分析;
(e) 部分 Cu 原子进入 GP 区内部的 HAADF 像;(f) (e)的应变场分析;(g) 相内部有 $Q'$ 相结构的
HAADF 像;(h) (g)的应变场分析;(i) 相内部形成 $\beta'$ 相结构的 HAADF 像;(j) (i)的应变场分析

合金析出相原子尺度分辨率的 HAADF 像[194]。可以看到,随着析出相的形核长大,相界面的应变逐渐变大。值得注意的是,由于 HAADF 成像的特点,采集图像时要防止图像漂移。

## 4.3　X 射线能量色散谱分析方法

1895 年,德国科学家威廉·康拉德·伦琴(Wilhelm Conrad Röntgen)(见图 4-45)最先发现 X 射线[196],1901 年他因为发现 X 射线及其应用获得诺贝尔物理学奖。1907—1908 年,查尔斯·格洛弗·巴克拉(Charles Glover Barkla)(见图 4-46)和他的学生沙德勒(C.A.Sadler)发现物质在受到适当的 X 射线束照射时,会发射出和物质元素相关特征的均匀次级 X 射线[197,198]。1909—1911 年,巴克拉进一步注意到吸收边缘的证据,发现从经过样品中辐射出来的 X 射线与样品原子量之间的联系[199],在研究荧光

图 4-45　威廉·康拉德·伦琴

图 4-46　查尔斯·格洛弗·巴克拉

光谱时发现了特征 X 射线,指定了 K、L 线系并预测了 M、N 等线系[200-202],巴克拉因此获得了 1917 年诺贝尔奖。人们认为这些特征 X 射线只能由初级 X 射线产生,直到R.T.比蒂(R.T.Beatty)于 1912 年证明电子也直接产生两种辐射:韧致辐射和特征辐射[203]。1913 年,H.G.J.莫塞莱(H.G.J.Moseley)发现了黄铜的 X 射线谱中铜线比锌线强,并研究了从铝到金的 38 种元素的 X 射线特征光谱 K、L 线,同时利用布拉格衍射定律去测得 X 射线的波长,发现了 X 射线光谱波长和用于 X 射线管靶的金属元素原子数目之间的关系[204,205],这被称作莫塞莱定律(Moseley's Law)。莫塞莱认识到这些 X 射线的特征波长与元素周期表中的次序是一致的,他将这种次序称为原子序数,这一发现导致了门捷列夫元素周期表的重大改进。他的工作奠定了 X 射线光谱化学分析定性和定量的基础。1913—1923 年,M.西格班(M.Siegbahn)做了一项经典

的工作,测量各化学元素的 X 射线光谱的波长。1923 年,D.科斯特(Dirk Coster)和 G.冯·赫维西(Georg von Hevesy)发现了铪[206],这是通过 X 射线光谱确定的第一个元素。同年,赫维西提出可以通过 X 射线光谱的二次激发进行定量分析的想法。1925 年,D.科斯特和 Y.西娜(Y.Nishina)根据 G.冯·赫维西的想法,应用了 X 射线二次发射(荧光)光谱学。1928 年,H.盖革(H.Geiger)等首次提出用充气计数管代替照相干板法来进行 X 射线的测量[207]。1938 年,希尔格和瓦茨有限公司(Hilger and Watts,Ltd.)推出了由 T.H.拉比(T.H.Laby)设计的第一台商用 X 射线光谱仪。1948 年,H.弗里德曼(H.Friedman)和 L.S.伯克斯(L.S.Birks)制造了第一台具有密封 X 射线管的商业 X 射线二次发射光谱仪原型[208]。虽然詹姆斯·希尔(James Hillier)在 1947 年的专利中提出利用电子束产生可供分析的 X 射线的想法[209],但他没能搭建出原型。他建议的设计是使用布拉格衍射从平面晶体选择特定的 X 射线波长,并利用感光板作为探测器。1949—1951 年,雷蒙德·卡斯塔(Raymond Castaing)在安德烈·吉尼尔(André Guinier)的指导下搭建了能产生直径 $1\sim3~\mu m$、电子束电流为 10 nA 的第一台电子探针 X 射线原发射光谱仪(电子探针微分析仪),并使用盖革计数器检测样品产生的 X 射线[210]。1953 年,在雷蒙德·卡斯塔关于电子探针 X 射线微分析仪的博士论文的基础上,卡文迪许实验室的弗农·科斯利特(Vernon Cosslett)团队开始对 X 射线微量分析开展了开拓性工作,他对该领域的兴趣来源于分析肺里尘埃颗粒的目的。1956 年,弗农·科斯利特和彼得·邓坎(Peter Duncumb)将扫描线圈加到微分析仪上[211]。1957 年第一台电子探针问世,用光学显微镜在大块样品表面选择微分析区域。不久后,英国公司在透射电镜上安装一台波谱 X 射线谱仪(electron microscopic microanalyzer,EMMA),优点是可以在放大几万倍的情况下选择微小区域如晶界进行分析。虽然 EMMA 在商业上不成功,在电镜上的安装很少,但它为下一代基于 EDS 的分析型电子显微镜铺平了道路。1968 年,雷·菲茨杰拉德(Ray Fitzgerald)等在 *Science* 杂志上发表了一篇开创性论文[212],描述了用于电子探针微分析(electron probe microanalyzer,EPMA)的改进型锂漂移硅固态探测器,分辨率为 600 eV,这让 EDS 成为实用技术。

对于试样产生的特征 X 射线,有两种展成谱的方法:X 射线能量色散谱(energy dispersive X - ray spectroscopy,EDS)方法和 X 射线波长色散谱(wavelength dispersive X - ray spectroscopy,WDS)方法。前者使用的仪器简称能谱仪,后者使用的仪器简称波谱仪。波谱是采用单晶将一定能量(波长)的 X 射线沿特定晶面反射到同圆周上的计数器位置,单晶处于不同位置对应不同波长,采集方式是步进扫描式串联模式。波谱仪的优点是波长分辨率很高,但由于结构的特点,波谱仪要想有足够的色散率,聚焦圆的半径就要足够大,这时弯晶离 X 射线光源的距离就会变大,它对 X 射线光源所张的立体角就会很小,因此对 X 射线光源发射的 X 射线光量子的收集率也就会很低,致使 X 射线信号的利用率极低。此外,由于经过晶体衍射后强度损失很大,所以,波谱仪难以在低束流和低激发强度下使用。因此,波谱仪的探测效率要远低于能谱仪,普及率也远不及能谱仪。X 射线能量色散谱(EDS)方法是目前电子显微技术最基本的成分分析方法,在透射电镜中也一般采用探测率高的能谱仪。

### 4.3.1　EDS 原理

EDS 的形成原理是与入射电子的非弹性散射密不可分的。高能电子入射到样品时,样品中元素的原子内壳层(如 K、L 壳层)电子将被激发到较高能量的外壳层(如 L、M 层)或直接将内壳层电子激发到原子外,使该原子系统的能量升高(激发态),原子较外层电子将迅速跃迁到有空位的内壳层,以填补空位降低原子系统的总能量,并以特征 X 射线或俄歇电子的方式释放出多余能量,如图 4-47 所示。这种二次跃迁产生的多余能量如以 X 射线发射出来,所发射的 X 射线的能量和波长对应于该原子深浅两个壳层的能量差。由于每种原子都有其特定的壳层能级,因此对应于该原子能级差值的特征 X 射线就有一组或多组特定能量和波长,它们会在能谱中表现为对应于该元素的一组或多组特征峰谱线。

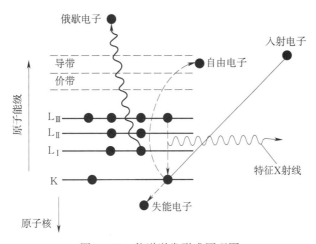

图 4-47　能谱激发形成原理图

如图 4-48 所示,得到的能谱图里包括连续 X 射线和特征 X 射线两部分。当入射束能量 $E_0$ 的电子在样品原子的库仑场中减速,其减少的能量以 X 射线的形式发射出来,因为这类 X 射线的能量从零延伸至入射电子束的能量 $E_0$,故称为连续 X 射线或韧致辐射,是非特征 X 射线谱。得到的非特征 X 射线谱,其在能谱上形成背底,一般不利于能谱分析,但背底中隐含样品平均原子序数的信息。如前面所述,特征 X 射线的产生是入射电子使样品内层电子激发而发生的,和原子的种类有关,因此用于成分分析。

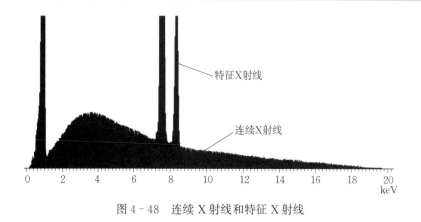

图 4-48　连续 X 射线和特征 X 射线

　　能谱谱线的标号均由英文大写和希腊文小写字母甚至还包括数字组成复合编号,如图 4-49 所示。这些不同标号对应于不同种类的原子能级。英文大写字母代表二次跃迁的深能级壳层,其罗马数字的下标代表不同的亚壳层,希腊文小写字母代表

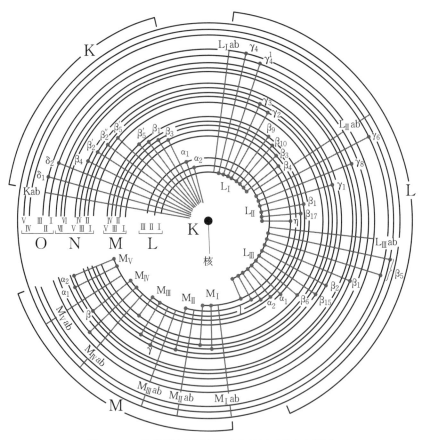

图 4-49　能谱特征峰标号对应的原子能级图[213]

跃迁涉及的深浅能级相差的壳层数,而数字下标代表的是浅能级的亚壳层。这样的标号系统是为了标明高能级和低能级的差异,从而完整地包括所有可能的 X 射线特征峰。假设原子的 K 层电子被逐出,产生空位,而被电离。如果 L 层电子向 K 层跃迁填补空位,所发射的 X 射线为 $K_\alpha$。如果 M 层电子向 K 层跃迁填补空位,所发射的 X 射线为 $K_\beta$。$K_\alpha$、$K_\beta$ 统称为 K 系。高能级的电子落入空位时,要遵从所谓的选择规则,只允许满足轨道量子数 $l$ 的变化 $\Delta l = \pm 1$ 的特定跃迁。特征 X 射线具有元素固有的能量,所以将它们展开成能谱后,根据它的能量值就可以确定元素的种类,而且根据谱的强度分析就可以确定其含量。一般来说,随着原子序数增加,产生 X 射线的几率增大,产生俄歇电子的几率却减小。因此,EDS 在分析样品中的微量杂质元素时,对重元素的分析特别有效。

## 4.3.2 EDS 能谱仪

能谱仪中使用的 X 射线探测器是能谱系统最关键的部件。按晶体结构分为锂漂移硅、高纯锗、硅漂移等。按制冷方式分为液氮制冷、电制冷、压缩机制冷、半导体制冷等。

目前,硅漂移探测器(silicon drift detector,SDD)已逐渐取代锂漂移硅探测器,这是 EDS 发展的重要里程碑,它采用高纯单晶硅中掺杂有微量锂的半导体固体探测器。1995 年 SDD 开始出现,但因为其稳定性和轻元素的探测能力比较差,直到 2005 年才推广应用,2007 年 SDD 才开始逐渐取代了锂漂移硅探测器。半导体固体探测器是一种固体电离室,当 X 射线入射时,室中就产生与这个 X 射线能量成比例的电荷。当试样中不同元素发出的不同能量 $E$(不同频率 $\nu$)的特征 X 射线光子进入锂漂移硅探测器后,在 Si(Li) 晶体内将产生电子-空穴对,在低温条件下(液氮温度 $-196\ ℃$,Si(Li) 晶体温度约为 $-180 \sim -170\ ℃$)产生一个电子-空穴对平均消耗的能量 $\varepsilon$ 为 3.8 eV。能量为 $E$ 的 X 射线光子进入 Si(Li) 晶体激发的电子-空穴对:$N = E/\varepsilon$。例如:Mn $K_\alpha$ 能量为 5.895 keV,约形成 1 550 个电子-空穴对;Ca $K_\alpha$ 能量为 3.7 keV,约产生 1 000 个电子-空穴对。因此,探测器输出的电压脉冲高度,由电子-空穴对的数目 $N$ 决定,前置放大器放大的信号,进入多道脉冲高度分析器,把不同能量的 X 射线光子分开来,并在输出设备上显示出脉冲数(强度、含量)。将电子-空穴对的数目 $N$,即 X 射线光子的能量作为横坐标,将脉冲数即 X 射线光子的强度作为纵坐标,就可以获得 EDS 的谱图。

为了使硅中的锂稳定和降低场效应管的热噪声,测量时都必须用液氮或珀尔贴(Peltier)制冷来冷却 EDS 探测器。锂漂移硅探测器能谱仪液氮温度 $-196\ ℃$,如临时降温需等候时间较长,因此平时需要长期维持有液氮。另外,如液氮消耗完,还会导致电镜破真空。而 SDD 工作温度为 $-60 \sim -25\ ℃$,采用珀尔贴制冷,约 30 秒制冷后即可正常工作,所以不用时可以不用冷却。

由于 SDD 结构特点,能在高计数率下获得最好的能量分辨率和分析性能。峰背比 $P/B$ 提高,输出计数率可达到几百 kcps。能用大束流获得稳定的高计数率(counts per second,CPS),比锂漂移硅探测器高 5~10 倍,提高了分析效率。此外,一台电镜可以配多个 SDD 探测器,如果每台能谱仪晶体面积为 100 mm²,两台能谱仪的活区面积可达 200 mm²。

探测器是能谱系统最脆弱的部件。目前国内探头使用的窗口基本上都是超薄窗,即使用 0.34 $\mu$m 厚度高分子膜材料的窗口。因此其承受气压变化的能力低于金属铍窗口。对于液氮制冷的探测器,建议长期保有液氮,利于延长探测器的使用寿命。更换样品杆时,要确认探测器退出时避免触碰受损。在电镜样品室需要破真空时,也确保探测器已退出,并控制进气压力,防止瞬间的气压差,造成气压冲击,使得探测器窗口损坏。另外,在用电镜观察有腐蚀性或挥发性样品时,也要将探测器退出,以免对探测器造成损伤。

### 4.3.3 EDS 基本概念

能量分辨率是能谱仪最重要的指标,能量分辨率是通过能谱仪测得的谱峰半高宽(full width at half maximum,FWHM)来确定的。谱峰半高宽是谱峰扣除背底后强度最高值一半处的峰宽度,如图 4-50 所示。能量分辨率应用 Mn $K_\alpha$ 峰的半高宽来表示,说明测量分辨率的计数率。对于可以检测低于 1 keV 能量 X 射线的超薄窗能谱仪,还应该测定 C-K 和 F-K 线的峰半高宽。能谱仪在低能端的灵敏度相对于高能量区而言,明显依赖于探测晶体和 X 射线入射窗口材料。现在的能谱仪分辨率已经有很大的提高,Mn $K_\alpha$ 分辨率已从 1970 年代初的 500 eV 左右,提高到 121 eV(SDD)左右,理论分辨率约为 100 eV。有机膜超薄窗对低能量(1 keV)X 射线也有较

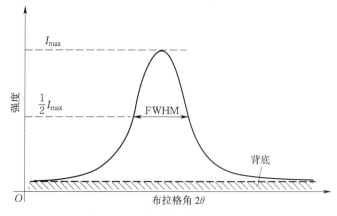

图 4-50 能谱仪的谱峰半高宽

高的透过率,所以可分析轻元素。以前 Be 窗口元素分析范围为 $_{11}Na\sim_{92}U$,现在有机膜超薄窗口可分析 $_{4}Be\sim_{92}U$ 元素。

输入计数率(input rate)是指从样品产生的 X 射线进入探头的速度,采集计数率[acquisition(output)rate]是指 X 射线离开脉冲处理器进入谱图的速率。输入计数率和采集速率有一定的关系,采集速率随输入计数率增加而增加,如果继续增加输入计数,采集计数率反而会有降低。

处理时间(process time)是指脉冲处理器用于鉴别和去除噪声脉冲的时间。一般软件会有几个处理时间可供选择,处理时间越长,去掉的噪声脉冲越多。因此,选择长的处理时间可以提高分辨率,有助于获得准确的谱峰标定,有峰重叠时能获得准确的定量结果,如图 4 - 51 所示。但长的处理时间使采集速率低,要较长的分析时间。短的处理时间得到的分辨率差,但分析速度快。分析时根据自己的需要选择处理时间,如需要定量分析,或者要对重叠峰严重的低含量元素做分析时,选择长的处理时间。而对成分已知、元素容易区分的样品做面扫描分析,选择短的处理时间。

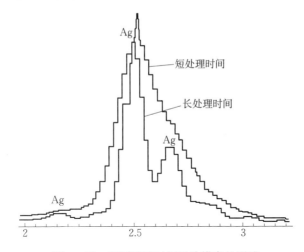

图 4 - 51　不同处理时间对分辨率的影响

活时间(live time)是指脉冲测量电路能检测 X 射线光子的时间。死时间(dead time)是指计数测量系统处理一个脉冲信号后,恢复到能处理下一个脉冲信号所需的时间。活时间等于实际分析时间减去死时间。死时间占总时间的百分数表示脉冲处理器繁忙程度,即脉冲处理器不能处理新信号的时间百分比。当用较强电子束照射试样时,产生大量的 X 射线时,系统的漏计数的百分比被称为死时间,死时间可以用输入侧的计数率 $R_{IN}$ 和输出侧的计数率 $R_{OUT}$ 来表示:$T_{dead}=(1-R_{OUT}/R_{IN})\times100\%$。电制冷探测器死时间在 $40\%\sim50\%$,液氮制冷探测器死时间在 $20\%\sim30\%$。

为了使定性分析/定量计算有足够的统计计数,应保证谱图有足够的计数总量。

通常推荐使计数总量达到 25 万(counts/cts)。计数总量由活时间和采集速率决定，假如采集速率为 2 500 cps，则活时间＝250 000 cts/2 500 cps＝100 s，即约需要 100 秒活时间。检测低含量元素时，为了使微量元素小峰得到有意义的统计结果，必须提高活时间和计数率以获得有统计意义的计数。但对于导电性不良试样、容易污染试样、不稳定试样(聚合物等)要减小活时间。

计数率在仪器工作正常时，与电镜加速电压、束斑尺寸等有关，同时还与样品状态有关(样品的倾斜、遮挡等)，电压低、束斑尺寸小、样品角度偏离等都会造成计数率减小。

如果计数率过低，会影响采集时间，可以尝试采取以下方式提高计数率：

(1) 调整样品位置。可以通过样品台倾转，使被测部位朝向探头方向。

(2) 加速电压。应选择合适的加速电压，加速电压越低，获得的 X 射线的信号也就越少。透射电镜的加速电压一般是固定的，很少改变电压，因此该方式在透射电镜上基本不考虑。

(3) 调整束流大小。如 spot size 越小，信号量越少。

(4) 聚光镜光阑的选择。大孔径光阑可以获得更多信号。

(5) 电子枪调整的情况。电子枪的对中、灯丝调整都会对信号产生影响。

(6) 能谱仪探头的位置。能谱仪带有手柄可以退出或伸入，探头退后时，离样品越远，接收到的信号也就越少。

(7) 检查样品室内是否有其他物体在探头前遮挡了信号。操作时要特别注意信号强度，以免造成探头损伤，特别是没有自保护的设备。

峰背比(peak‐to‐background ratio，P/B)是在确定的波长或能量范围内特征 X 射线强度与连续 X 射线强度之比，如图 4‐52 所示。EDS 的峰背比参数，应由 $^{55}$Fe 谱线中得出。峰强度是指扣除背底后的特征 X 射线谱峰面积的 X 射线总计数，是在特定背底上以峰高测量的谱峰信号强度。背底是指由 X 射线连续谱造成的 X 射线谱的非特征成分。在进行高精度分析时，希望峰背比高。高加速电压下，产生的特征 X 射线强度稍有下降，但是来自试样的背底 X 射线却大大减小，结果峰背比 P/B 提高了。

荧光产额 $\omega_k$ 是原子内壳层电离过程中产生特征 X 射线的几率，$\omega_k = Z^4/(\alpha + Z^4)$，其中 $\alpha \sim 1 \times 10^6$，$Z$ 是元素的原子序数。特征 X 射线的荧光产额 $\omega_k$ 与俄歇电子产额 $\alpha_k$ 关系为：$\omega_k + \alpha_k = 1$，例如，$C(Z=6)$：$\omega_k \approx 0.1\%$，$\alpha_k \approx 99.9\%$；$Al(Z=13)$：$\omega_k \approx 4\%$，$\alpha_k \approx 96\%$；

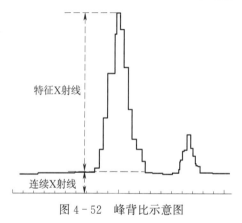

特征X射线

连续X射线

图 4‐52　峰背比示意图

$Fe(Z=26):\omega_k\approx33\%,\alpha_k\approx67\%$。可见,C 的荧光产额约 0.1%,意味着激发 1 000 个 C 原子才能产生一个特征 X 光信号。所以,尽管谱图中谱峰强度与试样中元素的含量有关,但谱图中不同元素的谱峰相对强度不能表示元素的相对浓度,因为不同元素的荧光产额不同。

### 4.3.4 EDS 分析方式

根据 EDS 信号采集时电子束的位置移动方式,EDS 可分为点分析、线分析和面分析三种。

1) 点分析

点分析是指电子束在试样的一个固定点上进行的定性或定量分析。所谓的点,实际是试样的一个很小区域,其大小和电子束尺寸有关。点分析方法定量准确度高,用于显微结构的成分分析,例如,对材料晶界、夹杂、析出相、沉淀物、奇异相及非化学计量材料的组成等分析。对低含量元素定量的试样,应该用点分析。

2) 线分析

线分析是指电子束沿着试样的一条线方向逐点进行的分析。电子束扫描样品时,能获得元素含量变化的线分布曲线。线分析的各分析点等距并具有相同的电子束驻留时间。如果和试样形貌像对照分析,能直观地获得元素在不同相或区域内的分布。

3) 面分析

面分析是指电子束沿试样一个面逐点进行的分析。电子束在试样上做二维扫描,测量特征 X 射线的强度,使特征 X 射线变化与位置对应,就得到特征 X 射线强度的二维分布的像。因此,元素面分布与形貌像可以对照分析。用像素点的亮度或彩色来表示元素的含量,亮度越亮说明元素含量越高,或用不同彩色代表不同浓度。面分析是用元素面分布像观察元素在分析区域内的分布。研究材料中杂质、相的分布和元素偏析常用此方式。

点、线、面分析的用途不同,检测灵敏度也不同。点分析灵敏度最高,速度快;面扫描分析观察元素分布最直观,但灵敏度最低、耗时长。要根据试样特点及分析目的合理选择分析方式。在透射电镜内实现线扫描和面扫描,要求设备装有 STEM 附件才可以实现。

### 4.3.5 定性和定量

#### 4.3.5.1 定性分析

谱图中的谱峰代表的是样品中存在的元素。定性分析是分析未知样品的第一步,即鉴别所含的元素。如果不能正确地鉴别样品的元素组成,最后定量分析的精度就毫无意义。通常能够可靠地鉴别出一个样品的主要成分,但对于确定次要或微量元素,只有认真地处理谱线干扰、失真和每个元素的谱线系等问题,才能做到准确无误。为保证定性分析的可靠性,采谱时必须注意两条:第一,采谱前要对能谱仪的能量刻度进行校正,使仪器的零点和增益值落在正确值范围内;第二,选择合适的工作条件,以获得一个能量分辨率,被分析元素的谱峰有足够计数,无杂峰和杂散辐射干扰或干扰最小。

定性分析分为自动定性分析和手动定性分析。自动定性分析是仪器根据能量位置来确定峰位,直接实现自动定性分析,谱中每个峰的位置显示出相应的元素符号。自动定性分析优点是识别速度快,但当能谱谱峰重叠干扰严重,自动识别有时会出错,如把某元素的 L 系误识别为另一元素的 K 系,这是它的缺点。为了避免自动定性中的识别错误,在仪器自动定性分析过程结束后,有时还需要进行检查,必须对识别错了的元素用手动定性分析进行修正。

在分析时,谱峰里面往往出现一些样品里没有的元素,有时候这是因为材料制备时引入的杂质,但也可能是电镜制样和观察时的假象。碳和氧经常出现,而且有时含量还很高。粉体材料使用铜载网碳支撑膜,因此往往有铜和碳元素的干扰。所以,这些在分析时要注意,找出产生的原因。

#### 4.3.5.2 定量分析

定量分析是通过 X 射线强度来获取组成样品材料的各种元素的浓度。定量分析方法分为无标样定量分析法和有标样定量分析法。在有标样定量分析法中,根据实际情况,测量未知样品和标样的强度比,再把强度比经过定量修正换算成浓度比,最广泛使用的一种定量修正技术是 ZAF 修正。由于软件、硬件的发展,能谱仪的定量准确度有很大提高,中等原子序数的无重叠峰元素,有标样定量准确度已接近于波谱仪,主元素的相对误差为 2%~3%。

透射电镜的放大倍率要高于扫描电镜,可能会观察到更小的细节,STEM 模式下的 EDS Mapping 可以获得纳米量级空间分辨率的成分像。对于透射电镜的束斑小,最小可达埃尺度,使用的试样厚度薄,入射电子几乎都透过薄膜试样,X 射线几乎没有横向扩展。在透射电镜的分析中,电子束在试样中的扩展对空间分辨率是有影响的,加速电压、入射电子束直径、试样厚度、试样的密度等都是决定空间分辨率的因素,但不如对扫描电镜影响大。因此,透射电镜的空间分辨率比扫描电镜高,但不代表透射电镜的成分定量分析也比扫描电镜精准。相反,同一厂家的同一时期的能谱仪产品,透射电镜上的能谱仪的成分定量分析精度比扫描电镜要低,这是因为扫描电镜的样品厚度大,电子束深入样品的深度达几个微米,方便软件计算。此外,定量分析时可以放相应样品的标样来做校正,对于比较重元素的分析结果可以认为是定量的。与扫描电镜不同,透射电镜的样品是薄样品,但定量分析的时候需要考虑样品厚度,因为很难准确得出微区上的样品厚度,而且即使有标样也无法做出相应厚度的样品去对应比较,因此,透射电镜的 EDS 分析最多是半定量的,对于轻元素则只能定性。但是对于样品某一区域内不同位置的浓度高低进行比较还是可供参考的。

随着球差矫正器的应用和能谱的改进,能谱分析的空间分辨率大幅度提高了,现在可以得到一些材料的原子尺度的 EDS 面扫描分析,如图 4-53 所示。但是,并非所有材料都能得到原子尺度的 EDS 面扫描分析。首先,要实现原子尺度的观察,要求样品薄、束斑小,从而导致计数率低;其次,采集的时间长,样品容易漂移,需要实时纠正样品漂移;最后,由于高能会聚束长时间扫描,造成样品辐照损伤或积碳,形貌、成分发生变化。

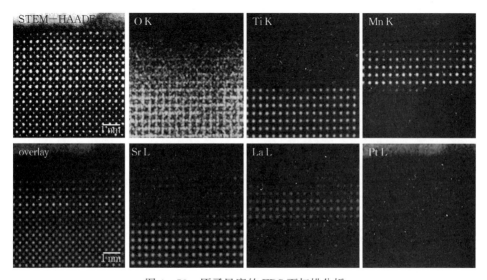

图 4-53　原子尺度的 EDS 面扫描分析

## 4.3.6　重叠峰及假峰

在能谱分析过程中,会有脉冲重合(或者脉冲和)和探测器的辐射损失(如 Si 逃逸峰)等过程而产生的峰。由于峰重叠、峰干扰、假峰等,定性分析时会出现元素错判,定量分析时会产生较大误差,因此在分析能谱谱峰时要掌握重叠峰及假峰等的识别。

### 4.3.6.1　重叠峰

定性和定量分析过程中,重元素的 L 线系、M 线系互相重叠、轻元素的 K 线系与重元素的 L 线系、M 线系重叠。谱峰互相重叠、干扰产生干扰峰:由一个以上的特征 X 射线峰合成的谱峰。两个谱峰能量差小于 30 eV 时,会产生明显峰重叠。30 eV 的原则下,出现的峰干扰如表 4-1 所示[214],表中不包括稀土元素之间的干扰,也不包括主要线和另外元素次要线(如 $K_\beta$、$L_\beta$、$L_\gamma$ 等)之间的干扰。

表 4-1 常见元素 $K_\alpha$ 线系和某些元素 $L_\alpha$、$M_\alpha$ 线系的重叠峰[214]

| 低端元素 | 线系 | 能量/keV | 高端元素 | 线系 | 能量/keV |
|---|---|---|---|---|---|
| N | $K_\alpha$ | 0.39 | Ti | $L_\alpha$ | 0.45 |
| O | $K_\alpha$ | 0.52 | V | $L_\alpha$ | 0.51 |
| F | $K_\alpha$ | 0.68 | Cr | $L_\alpha$ | 0.64 |
| | | | Fe | $L_\alpha$ | 0.70 |
| Na | $K_\alpha$ | 1.04 | Zn | $L_\alpha$ | 1.01 |
| | | | Sm | $M_\alpha$ | 1.08 |
| Mg | $K_\alpha$ | 1.25 | As | $L_\alpha$ | 1.28 |
| | | | Tb | $M_\alpha$ | 1.24 |
| Al | $K_\alpha$ | 1.49 | Br | $L_\alpha$ | 1.48 |
| Si | $K_\alpha$ | 1.74 | Ta | $M_\alpha$ | 1.71 |
| | | | W | $M_\alpha$ | 1.78 |
| P | $K_\alpha$ | 2.01 | Zr | $L_\alpha$ | 2.04 |
| | | | Pt | $M_\alpha$ | 2.05 |
| S | $K_\alpha$ | 2.31 | Mo | $L_\alpha$ | 2.29 |
| | | | Tl | $M_\alpha$ | 2.27 |
| | | | Pb | $M_\alpha$ | 2.35 |
| Cl | $K_\alpha$ | 2.62 | Rh | $L_\alpha$ | 2.69 |
| K | $K_\alpha$ | 3.31 | In | $L_\alpha$ | 3.29 |
| Ca | $K_\alpha$ | 3.69 | Sb | $L_\alpha$ | 3.61 |
| Sc | $K_\alpha$ | 4.09 | I | $L_\alpha$ | 3.94 |
| | | | Xe | $L_\alpha$ | 4.11 |
| Ti | $K_\alpha$ | 4.51 | Ba | $L_\alpha$ | 4.47 |
| V | $K_\alpha$ | 4.95 | Pr | $L_\alpha$ | 5.03 |
| Cr | $K_\alpha$ | 5.41 | Pm | $L_\alpha$ | 5.43 |
| Mn | $K_\alpha$ | 5.89 | Eu | $L_\alpha$ | 5.85 |

| 低端元素 | 线系 | 能量/keV | 高端元素 | 线系 | 能量/keV |
|---|---|---|---|---|---|
| Fe | $K_\alpha$ | 6.40 | Dy | $L_\alpha$ | 6.49 |
| Co | $K_\alpha$ | 6.93 | Er | $L_\alpha$ | 6.95 |
| Cu | $K_\alpha$ | 8.04 | Ta | $L_\alpha$ | 8.14 |
| Zn | $K_\alpha$ | 8.64 | Re | $K_\alpha$ | 8.65 |

此外,EDS 分析中常见的峰干扰还有 C-K 和 Ca-L、N-K 和 Sc-L、O-K 和 Cr-L、F-K 和 Fe-L、Rb-L 和 Ta-M、Y-L 和 Os-M、Au-M 和 Nb-L、Nb-L 和 Hg-M、Mo-L 和 Tl-M、Tc-L 和 Bi-M、Ar-K 和 Ag-L、Ag-L 和 Th-M、As-K 和 Pb-L 等。

例如,在大部分不锈钢材中,通常含有 1.0%~2.5% 的锰,但由于锰的含量少,而且锰的 $K_\alpha$(5.89 keV)与铬的 $K_\beta$(5.95 keV)重叠,也容易被遗漏。在常用的 304 和 316 的不锈钢材中分别含有 0.1%~0.3% 和 2.0%~3.0% 的钼,容易被误判为硫。硫在 304 和 316 的不锈钢材中的含量很少。重叠峰的识别还和能谱的分辨率有关,例如,W $M_\alpha$ 和 Si $K_\alpha$ 峰能量差为 135 eV,分辨率低于 130 eV 的 EDS 很难分辨,但分辨率 121 eV 的 EDS 可分辨。

#### 4.3.6.2　逃逸峰

逃逸峰是由于探测器材料(如锂漂移硅探测器中 Si)的荧光效应,造成入射光子能量损失引起的假峰。逃逸峰的能量为入射特征峰能量减去探测器材料发射的 X 射线能量(Si 为 1.74 keV)。逃逸峰产生的原因是当能量为 $E_0$ 的 X 射线光子入射到硅探测器后,会产生 Si K 电离,并产生 Si $K_\alpha$ 线,Si $K_\alpha$ 线能量为 1.74 keV,如果该峰不被吸收,直接逸出硅探测器,则入射能量 $E_0$ 减少 1.74 keV,在图谱中会出现一个能量为 $E_0$ - 1.74 keV 的伪峰,称逃逸峰。因此,当入射 X 射线光子能量大于硅的 K 吸收边(1.84 keV)时,才会产生逃逸峰。逃逸峰与母峰相对幅度与元素有关,例如 P 元素逃逸峰的强度大约是母峰强度的 1.8%,而 Zn K 线逃逸峰的强度大约是母峰强度的 0.01%。入射 X 射线能量低于探测器材料的临界激发能时不产生逃逸峰,因此,在锂漂移硅探测器中能量低于

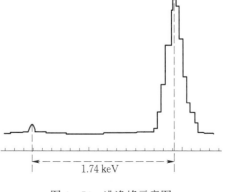

图 4-54　逃逸峰示意图

Si 的临界激发能(1.84 keV)不能产生 Si K 逃逸峰。如图 4-54 所示,当比主峰能量小 1.74 keV 处出现无名峰时,或这个小峰对应的元素是已知材料里没有的,要考虑逃逸峰的可能性。表 4-2 是一些误判为其他元素的逃逸峰[214]。

表 4-2　误判为其他元素的逃逸峰[214]

| 主元素 | 线系 | 能量/keV | 逃逸峰能量/keV | 误判元素 | 线系 | 能量/keV |
|---|---|---|---|---|---|---|
| Zn | $K_\alpha$ | 8.63 | 6.89 | Co | $K_\alpha$ | 6.93 |
| Cu | $K_\alpha$ | 8.04 | 6.30 | Tb | $L_\alpha$ | 6.28 |
| Co | $K_\alpha$ | 6.93 | 5.19 | Nd | $L_\alpha$ | 5.23 |
| Fe | $K_\alpha$ | 6.40 | 4.66 | La | $L_\alpha$ | 4.65 |
| Mn | $K_\alpha$ | 5.89 | 4.15 | Xe | $L_\alpha$ | 4.11 |
| | | | | Sc | $K_\alpha$ | 4.09 |
| Cr | $K_\alpha$ | 5.41 | 3.67 | Ca | $K_\alpha$ | 3.69 |
| | | | | Sb | $L_\alpha$ | 3.61 |
| V | $K_\alpha$ | 4.95 | 3.21 | In | $L_\alpha$ | 3.29 |
| Ti | $K_\alpha$ | 4.51 | 2.77 | Fr | $M_\alpha$ | 2.75 |
| Sc | $K_\alpha$ | 4.09 | 2.35 | Pb | $M_\alpha$ | 2.35 |
| Ca | $K_\alpha$ | 3.69 | 1.95 | Os | $M_\alpha$ | 1.91 |
| | | | | Ir | $M_\alpha$ | 1.98 |

#### 4.3.6.3　和峰

和峰是由于两个特征 X 射线光子同时进入探测器无法分辨,而产生两个特征 X 射线光子能量之和的假峰,如图 4-55 所示。和峰的能量对应于同时到达探测器的光子能量之和。大电流时容易产生和峰。如果铝合金中出现不存在的 Ag 元素,可以考虑是和峰,因为铝的 $K_\alpha$ 为 1.487 keV, Ag $L_\alpha$=2.984 keV,两个 Al K 光子能量: $2×1.487$ keV=2.974 keV。这时如减小电子束流重新采谱,可疑峰消失,说明该峰是和峰。同样,当 C 的计数率在几个 kcps 时,C 的和峰可能被误判为氧。因为 C K 线的能量:0.277 keV,O K 线的能量:

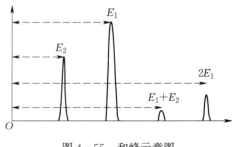

图 4-55　和峰示意图

0.525 keV,两个 C K 光子能量:0.277 keV×2＝0.554 keV,C K 和峰与 O K 峰只相差 29 eV,很难分辨。表 4 - 3 是误判为其他元素的和峰[214]。

表 4 - 3　误判为其他元素的和峰[214]

| 主元素 | 线系 | 能量/keV | 和峰能量/keV | 误判元素 | 线系 | 能量/keV |
|---|---|---|---|---|---|---|
| C | $K_\alpha$ | 0.28 | 0.56 | O | $K_\alpha$ | 0.52 |
| N | $K_\alpha$ | 0.39 | 0.78 | Co | $L_\alpha$ | 0.78 |
| O | $K_\alpha$ | 0.52 | 1.04 | Na | $K_\alpha$ | 1.04 |
| | | | | Zn | $L_\alpha$ | 1.01 |
| F | $K_\alpha$ | 0.68 | 1.36 | Se | $L_\alpha$ | 1.38 |
| Al | $K_\alpha$ | 1.49 | 2.98 | Ar | $K_\alpha$ | 2.96 |
| | | | | Ag | $L_\alpha$ | 2.98 |
| Si | $K_\alpha$ | 1.74 | 3.48 | Sn | $L_\alpha$ | 3.44 |
| P | $K_\alpha$ | 2.01 | 4.02 | I | $L_\alpha$ | 3.94 |
| S | $K_\alpha$ | 2.31 | 4.62 | La | $L_\alpha$ | 4.65 |
| Cl | $K_\alpha$ | 2.64 | 5.28 | Nd | $L_\alpha$ | 5.23 |
| Ca | $K_\alpha$ | 3.69 | 7.38 | Yb | $L_\alpha$ | 7.41 |
| V | $K_\alpha$ | 4.95 | 9.90 | Ge | $K_\alpha$ | 9.89 |
| | | | | Hg | $L_\alpha$ | 9.99 |
| Cr | $K_\alpha$ | 5.41 | 10.82 | Bi | $K_\alpha$ | 10.84 |
| Ni | $K_\alpha$ | 7.47 | 14.94 | Y | $K_\alpha$ | 14.96 |

#### 4.3.6.4　内荧光峰

内荧光峰是由探测器内的荧光效应而不是由试样被激发产生的谱峰。在半导体 EDS 中,在电极表面下的死层中吸收一个光子后,能发射探测器材料(如 Si)的特征光子,对于测量谱图的贡献相当于试样产生的低强度源。

如果 EDS 是 Si - Li 探测器,入射 X 射线穿过 Si - Li 晶体的 0.1 μm 硅死层时,可能会激发出 Si $K_\alpha$ 线,这些 Si $K_\alpha$ 线进入检测器活性区时,会产生 Si 元素的谱峰,但该谱峰并非是试样中的硅,所以称硅内荧光峰。在定量分析时硅内荧光峰产生的硅含量很低,一般小于 0.2%。

#### 4.3.6.5 系统峰

在 EDS 谱中,由于入射电子束中的非聚焦成分或由试样的散射电子而激发样品台、准直器、试样室及透镜极靴等造成的假峰,例如 Fe、Cr、Pt、Cu 等小峰。因此,根据实际情况可以采取相关措施,如块体样品可以选用铍样品台,粉体样品选择载网与分析对的元素不同的材料。

### 4.3.7 结果影响因素

#### 4.3.7.1 线系的选择

轻元素只有 K 线系,中等原子序数的元素有 K 线系和 L 线系,重元素有 K 线系、L 线系和 M 线系等。同一元素选择不同线的定量结果不完全相同。要根据元素的原子序数、加速电压和峰重叠影响选择线系,要选择 X 射线强度高、P/B 高及无重叠峰的线。如图 4-56 所示,根据线系自动选择原则时,$Z=11\sim30$ 时,选择 K 线;$Z=29\sim71$ 时,选 L 线;$Z=72\sim92$ 时,选 M 线。特征 X 射线发射能量:$K>L>M$。

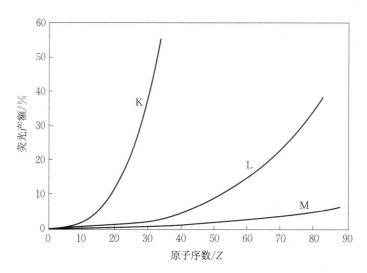

图 4-56 不同元素 X 射线线系中原子序数和荧光产额的关系

#### 4.3.7.2 厚度的影响

轻元素的特征 X 射线具有波长长、能量低、易被试样基体吸收等特点,如在同样的基体中,轻元素 Be 的质量吸收系数是 Fe 元素的几百甚至上千倍,这意味着样品中被激发出的轻元素特征 X 射线在从试样内部出射的过程中更容易被基体吸收、衰减程度更大。对于同一种元素,在样品较薄区域比样品较厚区域被基体吸收导致信号衰减得较少,如图 4-57 所示。

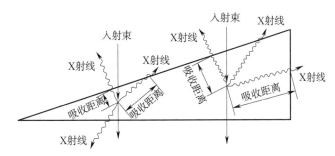

图 4 - 57  X 射线在样品较薄区域和较厚区域被吸收的比较

图 4 - 58 是对不同厚度区域的氧化铝进行成分定量分析。随着样品变厚,氧元素的谱峰高度逐渐变矮。在样品较薄区域时,Al:O=57.78:42.22;在较厚区域时,

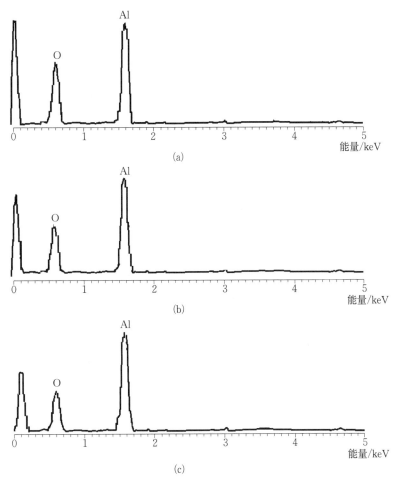

图 4 - 58  不同厚度氧化铝的能谱分析

(a) 薄样品;(b) 中等厚度样品;(c) 厚样品

Al：O＝62.83：37.17；当在样品最厚区域时，Al：O＝64.96：35.04。可见，虽然在同一样品上，但在不同区域得到的元素比例是不一样的。

同理，在图 4-59 中，虚线是较厚样品的谱线，实线是较薄样品的谱线。可以看到，和很薄的样品相比，较厚的样品导致轻元素信号明显衰减，而右侧重元素却不明显。因此，在对样品进行元素分析时，如果含 C、N、O 等轻元素时，往往定量分析是不准确的。

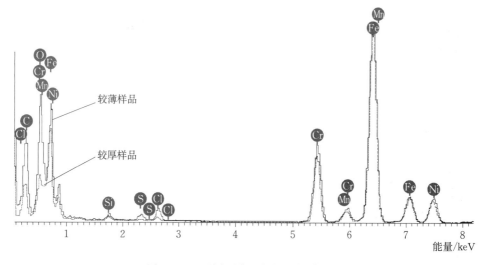

图 4-59　不同厚度不锈钢的能谱分析

### 4.3.7.3　负载方式及样品角度的影响

当用碳膜负载粉末样品进行能谱分析时，样品在碳膜上的负载方式可对 EDS 信号产生很大的影响，一般将粉末样品负载在碳膜侧。如果是铜网侧，在对铜网附近的样品进行 EDS 分析时，可能得不到信号，或者得到较强的铜信号，这时可对样品角度进行倾转，有可能使信号改善，如图 4-60 所示。此外，应尽量选择铜网格中碳膜中央区域，可减少铜网的干扰。

无论是块体样品还是粉末样品，如将样品面向 EDS 探测器一侧，都可使信号提高。如图 4-61 所示，在样品杆不倾转时（0°），镍基合金中出现了 Fe 的峰，如图中圆圈

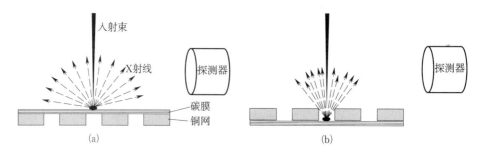

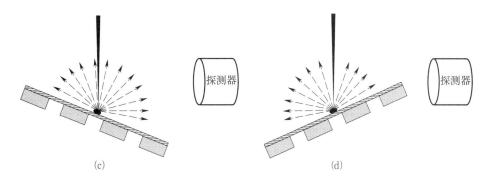

图 4-60 粉末样品在碳膜上负载方式及样品角度对 EDS 信号的影响

(a) 样品在碳膜侧;(b) 样品在铜网侧;(c) 样品面向探头;(d) 样品背向探头

内所示。如果将样品杆倾转 7.5°,Fe 峰变矮。继续倾转至 15°,Fe 峰不出现了。很明显,Fe 峰可能是来自样品杆等电镜内部的假信号,即前面介绍的系统峰。

图 4-62 是羟基磷灰石样品在进行倾转前后的 EDS 分析。可见,在倾转前,羟基磷灰石中含有的 Ca、P、O 元素都没有测出来,而出现了 Fe、Co、Cu 等元素,这里除了

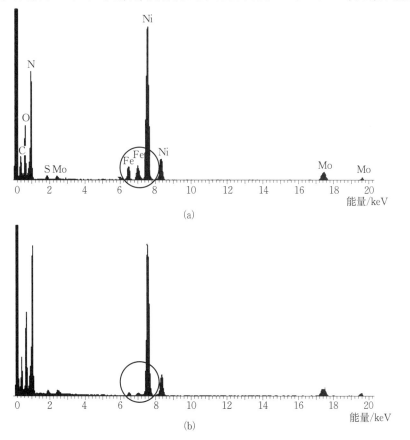

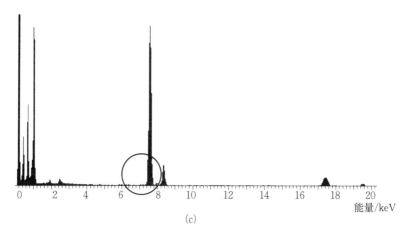

(c)

图 4-61　样品杆的倾角对 EDS 信号的影响

（a）样品杆倾转 0°；（b）样品杆倾转 7.5°；（c）样品杆倾转 15°

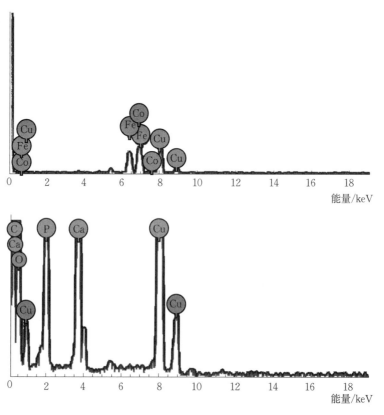

图 4-62　羟基磷灰石样品倾转前后谱图的比较

（a）样品杆倾转 0°；（b）样品杆倾转 15°

Cu 元素是常见的干扰元素外,Fe 等元素可能来自样品杆,样品很明显被挡住了。将样品进行倾转后,得到了正常的元素分析,从谱线图看到,Ca、P 等元素的峰都较强。表 4 - 4 是羟基磷灰石样品倾转前后元素含量比较。

表 4 - 4　羟基磷灰石样品倾转前后元素含量比较

| 样品杆倾转 0° | | | 样品杆倾转 15° | | |
| --- | --- | --- | --- | --- | --- |
| 元素 | 质量% | 原子量% | 元素 | 质量% | 原子量% |
| Fe | 27.48 | 29.34 | C K | 12.97 | 29.12 |
| Co | 35.51 | 35.93 | O K | 20.33 | 34.25 |
| Cu | 37.00 | 34.72 | P K | 8.17 | 7.11 |
| | | | Ca K | 18.86 | 12.69 |
| | | | Cu K | 39.67 | 16.83 |

　　图 4 - 63 是某纳米多孔结构材料的能谱面分析,当样品杆倾转角度是 0°时,只能得到 Cu 等峰,材料所含的元素都没有。将样品杆倾转到 10°时,不仅得到了含各元素的谱图,还获得了材料所含的元素的面分布信息。

　　对于一个较大的颗粒样品,如果不能进行倾转时,可以通过选择合适的成分分析位置来获得较好的 EDS 信号。如图 4 - 64 所示,选择样品面向 EDS 探测器一侧的位置,获得的信号较另一侧要高。

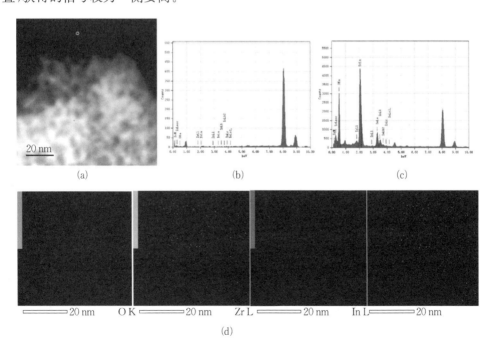

(a)　　　　　　　　　　(b)　　　　　　　　　　(c)

O K　　　　Zr L　　　　In L

(d)

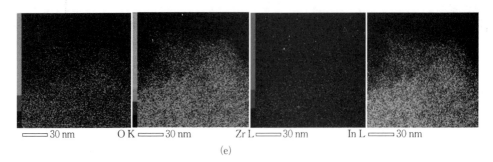

$\Longrightarrow$30 nm    O K $\Longrightarrow$30 nm    Zr L $\Longrightarrow$30 nm    In L $\Longrightarrow$30 nm

(e)

图 4 - 63　纳米多孔结构材料样品倾转前后能谱面分析比较

（a）样品 HAADF 像;（b) 0°时能谱谱图;（c) 10°时能谱谱图;（d) 0°时能谱面扫描;（e) 10°时能谱面扫描

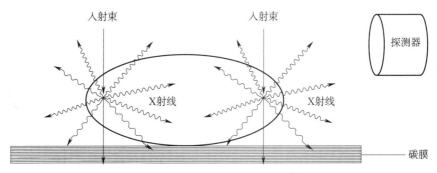

图 4 - 64　样品的成分分析位置对 EDS 信号的影响

　　此外,还可以采用 EDS 专用样品杆,该样品杆的样品压片为铍金属,可尽量减少不必要的杂散 X 射线信号。样品杆头部的几何形状与 TEM 极靴配置相符,以减少 EDS 信号的遮挡,在许多情况下,可以减少或者避免倾斜样品。为了便于 X 射线定量分析,非旋转的样品杆配有一个小法拉第杯,位于样品杆尖头处。

## 4.4　电子能量损失谱分析方法

　　早在 TEM 发明之前,G.E.Leithäuser 在 1904 年第一次尝试测量穿过薄片物质的快电子的能量损失[215]。1929 年,E.Rudberg 在其博士论文中使用电子反射光谱仪来测量铜和银表面反射电子的能量损失[216],并指出了损失谱与入射电子的能量和角度无关,仅取决于样品的化学成分。1941 年,G.Ruthemann 首次测量了电子在透射条件下的能量损失[217],其在电子能量损失方面的工作为电子能量损失谱(electron energy loss spectroscopy,EELS)的发明打下了基础[217-219]。1941 年,他将入射电子的能量提高到几千电子伏,首次得到透射电子的等离子谱。1942 年,他研究了火棉胶中 C、N 和 O 的内壳层损失谱[218]。1943 年,James Hillier 描述了电子能量损失谱的可能性[220]。1944 年,他和 R.F.Baker 建造了第一台能够进行电子能量损失谱分析的电子微探针(见图 4-65),将电子显微镜与能量损失谱仪结合起来,从火棉胶薄膜上获得了 C、N 和 O 的辐射光谱[221]。1949 年,Möllenstedt 设计出静电能量分析器,随后被安装到卡文迪许实验室等几个著名实验室的透射电镜的底部。20 世纪 60 年代开

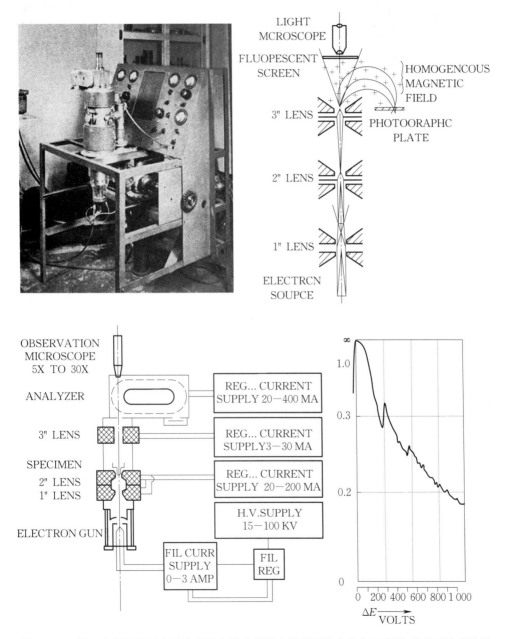

图 4-65　第一台能够进行电子能量损失谱分析的电子微探针实物和示意图,及得到的损失谱

始,由于在分析仪、过滤器与电镜镜筒耦合方面取得的进展,先后设计出安装在显微镜镜筒内部的内置型、Castaing - Henry 型和欧米伽(Ω)型等能量过滤器。因此,电子能量损失谱仪开始与透射电镜相结合,成为其一个重要的分析附件,开始被实际使用。1962 年,Hans Boersch 发明第一个用于透射电子 EELS 分析的 Wien 过滤器。1969 年,镜筒后部 EELS 出现了[222]。自 20 世纪 90 年代起,EELS 技术开始广泛应用于高能量分辨率的先进电镜系统中。

### 4.4.1 电子能量损失谱原理

在入射电子束与样品的相互作用过程中,一部分入射电子只发生弹性散射,并没有能量损失,另一部分电子透过样品时则会与样品中的原子发生非弹性碰撞而损失能量。入射电子束在与薄样品相互作用的过程中会由于非弹性散射而损失一部分能量 $\Delta E = E_0 - E_{in}$(见图 4 - 66)。$E_0$ 为入射电子束与样品交互作用前的入射电子能量,它由加速电压所决定。$E_{in}$ 为入射电子束与薄样品产生非弹性散射后的透射电子能量,它由交互作用的类型所决定,其中一部分电子所损失的部分能量值是样品中某个元素的特征值,采集透射电子信号强度,并按其损失能量大小展示出来,这就是电子能量损失谱(EELS),其中具有特征能量损失的透射电子的信号是电子能量损失谱进行微区分析的基础。EELS 是通过测量透射电子的能量变化进行分析,因此它研究的是电子激发的初次过程,这与 EDS 的二次过程不同,因而同样的实验条件下,EELS 的

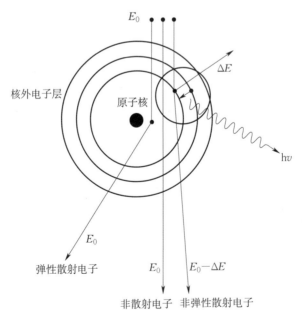

图 4 - 66 入射电子与样品原子交互作用示意图

信号强度远高于 EDS,故测低含量元素能力比 EDS 强。而且,由于这些电子的交互作用范围很宽,而 EDS 只涉及内壳层的电子激发,所以 EELS 能比 EDS 提供更多的信息。对于加速电压为 200 kV 的 EELS,能量分辨率为 $1 \sim 2$ ev,远高于 EDS,使用场发射电子枪,EELS 的能量分辨率可达 $0.8 \sim 1$ eV。

### 4.4.2  电子能量损失谱仪

电子能量损失谱仪有两种商业产品,一类是底置磁棱镜谱仪,另一类是内置 Ω 过滤器。前者安装在透射电子显微镜照相系统下面,故可以选择电镜安装好后再进行后续安装,而后者是安装在镜筒内,其安装影响镜筒。下面介绍在分析电子显微镜中应用最常见也最方便的底置磁棱镜谱仪。图 4 - 67 是磁棱镜谱仪的示意图。磁棱镜实质是一个扇形铁磁块,它对电子的作用和玻璃棱镜对白色光的色散作用相似,故称磁棱镜,透过试样的电子在磁棱镜内沿半径为 $R$ 的弧形轨迹前进,从而在磁场的作用下发生至少 90° 的方向偏转,相同能量的电子偏转相同的角度,能量较小的电子,即能量损失较大的电子,其运动轨迹的曲率半径 $R$ 较小,而能量较大的电子,其轨迹的曲率半径 $R$ 也比较大,相同能量的电子则聚焦在接收狭缝平面处同一位置,具有能量损失 $\Delta E$ 的电子在聚集平面上和没有能量损失的电子(称为零损失电子)有位移 $\Delta x$,$\Delta x$ 的大小由下式确定:

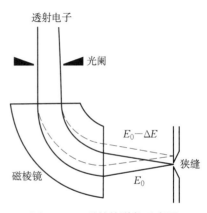

图 4 - 67　磁棱镜谱仪示意图

$$\Delta x = \Delta E \frac{4R}{E_0} \frac{1 + E_0/m_0 c^2}{2 + E_0/m_0 c^2}$$

式中,$m_0$ 为电子的静止质量,$c$ 为光速,$m_0 c^2$ 等于 511 keV。

通过不同 $\Delta x$ 的平面处可以选择不同能量的电子进行检测和计算。$\Delta x/\Delta E$ 称为色散度。

### 4.4.3  电子能量损失谱的介绍和功能

通过将具有相同能量损失但传播方向不一致的电子重新聚焦在像平面上一点,便可以得到以电子能量损失为横坐标、以电子强度分布为纵坐标的电子能量损失谱,如图 4 - 68 所示。EELS 测量的能量范围从 0 eV 到数千 eV,常用的范围为 1 000 eV 以下。如图 4 - 68 所示,通常把 EELS 谱分为三个部分:一是零损失峰,它包括未经过散射和经过完全弹性散射的透射电子以及部分能量小于 1 eV 的准弹性散射透射电子的贡献;二是低能损失区,主要包括激发等离子震荡和激发晶体内电子的带间跃迁的透射电子;三是高能损失区,其中电离损失峰主要来自激发原子内壳层电子对透射电子的贡献。

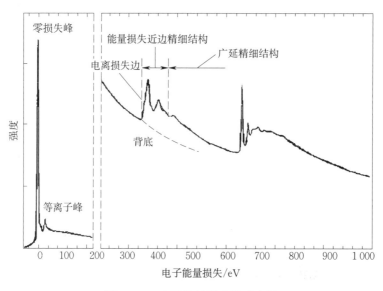

图 4-68　电子能量损失谱示意图

### 4.4.3.1　零损失峰

零损失峰表示了无能量损失或能量损失太小以致谱仪不能分辨的电子信号强度。具体来说,这些是未发生交互作用的电子或受到原子核弹性散射的电子,或这些电子引起样品中原子振动而导致声子激发的非弹性散射电子。由于声子激发的能量损失很小,小于 0.1 eV,仪器不能分辨声子激发损失的能量,而且该能量损失不能带来任何有用的信息,故把它归属于零损失峰内。在实际应用中,零损失峰主要用于谱仪的能量标定、定量分析和仪器调整,以其半高宽定义为谱仪的能量分辨率,以有对称的高斯分布为谱仪良好状态的标志。在进行样品厚度测量时,也需要采集零损失峰。但零损失峰是强度最大的峰,不包含样品信息,通常在电子能量损失谱中是无用的特征,故不在特殊情况下,是不会收集它的,因为它的强度太大以致易损坏闪烁器或饱和光电二极管列阵。因此,在成分分析或成像过程中记录一个电子能量损失谱时,一般不记录零损失峰信号,只收集包含元素特征的能量范围的电子信号。此外,因为它的强度太大,如果将其和高能损失区在同一张图显示时,高能损失区的细节是无法显示的,因此在处理图谱时不记录零损失峰信号,或者将高能损失区放大几十倍再和零损失区、低能损失区一起显示出来。

### 4.4.3.2　低能损失区

在 0～50 eV 的低能损失谱范围内,能量损失谱主要反映了电子从价带到导带的跃迁,由等离子体峰和若干个带间跃迁小峰组成,最显著的特征就是等离子峰,它主要对应于价电子的集体振荡。等离子峰主要是等离子激发所产生的,是入射电子与固体之间的一种长程相互作用,即入射电子穿过晶体时引起的电子云相对于晶格结点上的正离子位置发生集体振荡现象。等离子激发峰随着试样厚度的增大而增多,因此可以反映材料的厚度信息。而且由于只含有非弹性散射信息,因此可以反映材料中的元素信息。等离子峰对应的能量与价电子的态密度相关,而其宽度反映了单电子跃迁(产生电子-空穴对)的衰减效应,因此可用于鉴定物相,由等离子体能量可以估算合金的组成。

引起等离子激发的入射电子能量损失为

$$\Delta E_p = h\omega_p$$

式中,h 为普朗克常量,$\omega_p$ 为等离子振荡频率。

有时候做实验时需要把由 EELS 或 EDS 微分析技术得到的面密度转化为体积中某元素的浓度,或者是需要从电镜照片像来计算析出相或者位错等晶体缺陷的密度,需要知道样品在该局域的厚度。第 3 章 3.5 节罗列了多种可测量样品厚度的方法,但这些方法大多比较复杂,对样品也有要求,如根据会聚束衍射图中的 K-M 条纹间距也可以测定薄膜厚度,有时精确度可以达到 5%,但是这一技术很耗时,并且仅适用于晶体样品。利用 EELS 技术也可以测量样品厚度,等离子振荡引起第一个强度 $P(1)$ 与零损失峰强度 $P(0)$ 之比与样品的厚度 $t$ 有关:

$$\frac{P(1)}{P(0)} = \frac{t}{\lambda_p}$$

式中,$\lambda_p$ 为等离子振荡的平均自由程,它与入射电子能量和样品成分有关。

因此可以根据等离子峰的强度来测定样品的厚度 $t$。目前的 EELS 软件配有测厚功能,相比其他测厚方法使用更方便,但需要在样品观察时现场测量,而其他测量样品厚度方法可以在拍摄照片后再分析。

除了等离子峰外,低能损失谱还包含诸如成分、价键、介电常数、能带宽度、自由电子密度以及光学特性等有用信息。当高能入射电子转移足够能量到价带中的电子上,价电子将跃迁到导带中的未占据态,这就是价电子的带内或带间跃迁,通过特征峰的强度变化和位置改变等特征,即可确定特有的相;如果带间跃迁无法发生,则此时能量损失谱的电子强度接近探测器噪声水平,能量范围显示了禁带跃迁区,对应材料的能带宽度。

### 4.4.3.3  高能损失区

能量损失约在 50 eV 以上的高能区域称为高能损失区,高能损失区由迅速下降的光滑背底、电离吸收边(absorption edges)、能量损失近边精细结构(energy - loss near edge structure,ELNES)和广延能量损失精细结构(extended energy - loss fine structure,EXELFS)等组成,它是由入射电子使试样中的 K、L、M 等内层电子被激发而产生的,是样品中所含元素的一种特征,用于元素的定性和定量分析。对能量损失近边精细结构和广延精细结构进行分析研究,还可获得样品电子结构方面的信息,如样品区域内元素的价键状态、配位状态、电子结构、电荷分布等。由于内层电子被激发的概率要比等离子激发概率小 2～3 个数量级,所以其强度很小。

在电子能量损失谱中,电离吸收边的始端能量是内壳层电子能量和费米能之差,即内壳层电子电离所需的最低能量。不同元素及不同轨道电子电离所需最低能量具有唯一性,使吸收边成为元素鉴别的唯一特征能量,所以可以通过吸收边确定元素的类别。在电子能量损失谱中,正是利用这种电离损失峰,可以分析轻元素范围的化学成分,弥补了 X 射线能量谱分析在轻元素定量分析中的不足。对于重元素分析时,若利用 K 系,即在高能损失部分,由于背景及其他因素影响,信噪比比较差;若利用 L、M 系,即在低能损失部分,则易被轻元素强烈的 K 系电离损失峰混淆,故电子能量损失谱对重元素的定量分析不如轻元素。而在 X 射线能量谱中,情况正好相反,由于特征 X 射线的荧光产额随光子能量的增大而增加,故对于重元素检测效率高,但在轻元素范围内产生的光子能量较低,特征 X 射线的荧光产额也低,检测效率不高。所以利用这两种技术进行元素分析时,在一定程度上互为补偿。

C.Colliex 将能量范围为 30～2 500 eV 的纯元素的所有电离损失边形状分为 5 种主要的边形状系列[223],包括锯齿形峰、延缓峰、尖锐形峰、类"等离子体"峰、混合型峰,如图 4-69 所示。元素的损失边形状与它在元素周期表中位置相关,即与它的电子结构相关。如图 4-69(a)所示,K 壳层电离边基本都是锯齿形峰。而图 4-69(b)是延缓峰,根据对第三周期元素(Na-Cl)$L_{2,3}$ 电离边的计算表明,它们的峰具有较圆缓的形状,在电离阈值拖后 10～20 ev 才出现最大值,同样的还有第四周期元素(Zn-Br)$L_{2,3}$ 边、第五周期元素的 $M_{4,5}$ 边等。这是由于对较大的量子数的最终状态重要的有效离心势垒,相对较大的振子强度向更高能量转移的结果。图 4-69(c)是尖锐形峰,也被称成为"白线"结构,之所以叫"白线"是因为它首次在 X 射线吸收谱中被发现,这种在电离阈值处的高吸收峰使照相底片上几乎没有黑色。这类峰形包括过渡族和稀土元素,它通常表现出初始能级的自旋轨道分裂。图 4-69(d)是类"等离子体"峰,如第四周期(K-Ti)开始附近的元素的 $M_{4,5}$ 边位于 40 eV 以下,叠加于迅速下降的价电子背底上,使其像等离子体峰。这是与低能量损失范围内的强振子强度相关的边。图 4-69(e)是混合型峰,结合了在阈值处向束缚态的离散跃迁的窄峰和远高于阈值的能量处对连续态的延缓峰。

电子能量损失谱中电离吸收边阈值附近(比值能量损失小一些的能量损失部分),电子能量损失谱的形状是样品中原子空位束缚态电子密度的函数。原子被电离后产生的激发态电子可以进入束缚态,在大于电离阈值 $E_0$(约 50 eV)的范围内,即在

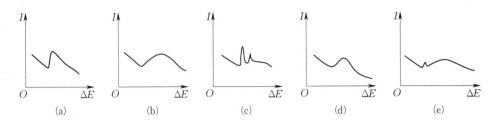

图 4-69  电离损失边 5 种主要的边形状

(a) 锯齿形峰;(b) 延缓峰;(c) 尖锐形峰;(d) 类"等离子体"峰;(e) 混合型峰

吸收边后 50 eV 左右,电子能量损失谱存在明显的精细振荡结构,成为谱形的能量损失近边精细结构。当样品中的内壳层电子从入射电子获得足够能量时,壳层电子将从基态跃迁到激发态,而在内壳层留下一个空穴。如果获得的能量不足以使其完全摆脱原子核的束缚成为自由电子,那么内壳层电子只能跃迁到费米能级以上导带中某一空的能级。此时从入射电子获得的能量等于所激发壳层电子跃迁前后所处能级能量之差。由于导带中能级是分立的,且每一能级所能容纳电子的能力不同,电子跃迁而从入射电子获得的能量正好和能损谱中入射电子的损失能量相对应,因此可以通过能量损失谱中能损电子的强度分布得到样品中导带能级分布和态密度等电子结构信息。通过谱形分析,可以提供样品的能带结构和元素的化学价态等重要信息。

如图 4-70 所示,对于无定形态、碳烯(又称卡宾,carbyne)、石墨态、金刚石中的碳,虽然同是碳,由于它们的电子能级精细结构不同,谱中的能量损失近边精细结构也就不同,可以以此进行鉴别。碳原子的 1 s 电子电离能为 285 eV,因此如果探测到 285 eV 的峰,则说明碳元素的存在。碳具有 $sp^3$、$sp^2$ 和 sp 三种杂化态,通过不同杂化态可以形成多种碳的同素异形体,可以形成多种晶态、非晶态结构,如通过 $sp^3$ 杂化

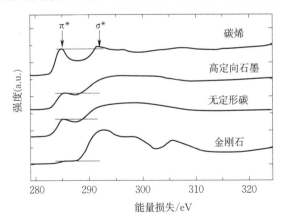

图 4-70  同素异构碳的能量损失近边精细结构比较

可以形成金刚石,通过 $sp^3$ 与 $sp^2$ 杂化则可以形成碳纳米管、富勒烯和石墨烯等,通过 sp 杂化可以形成线型同素异形体——碳烯,而非晶碳是一种复杂的碳的无序结构,可以看成 $sp^2$ 杂化的碳原子和 $sp^3$ 杂化的碳原子的混合物。非晶碳高能损失区包括两个特征峰:285 eV 的峰是由于 $sp^2$ 到 $\pi^*$ 的激发;290 eV 的峰是由于 $sp^2$ 态和 $sp^3$ 到 $\sigma^*$ 态的激发。根据这两个峰的积分强度可计算碳膜中 $sp^2$ 含量,则 $sp^3$ 的碳含量也可以由此推算。此法通常是测定非晶碳膜中 $sp^2$ 和 $sp^3$ 的碳含量比例定量分析的标准方法。

电离损失峰还会发生化学位移,如图 4-71 所示[224]。这是因为当原子形成离子晶体时,正(负)离子由于失去(得到)电子,使它们的内壳层电子处于更深(更外)的轨道能级上,电离所需能量更大(小)一些,因此产生电离损失峰的位移。

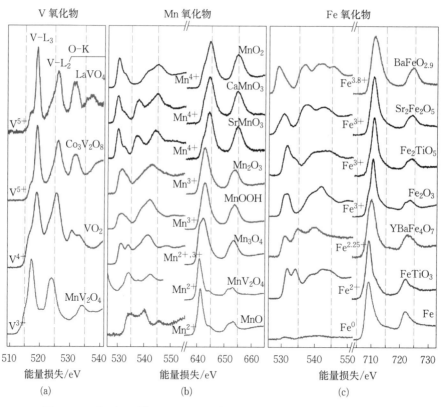

图 4-71 钒、锰和铁 $L_{2,3}$ 边以及它们氧化物的 O-K 边的 ELNES[224]
(a) 钒;(b) 锰;(c) 铁

图 4-72 是对不同 B/C 值碳化硅的 EELS 分析[225]。从图中可见,$B_{4.2}C$、$B_{5.6}C$ 和 $B_{7.6}C$ 表现出相似的近边缘精细结构,说明富 B 型碳化硼样品中硼和碳的化学键或价态没有显著变化。所有碳化硼样品中硼 K 边缘的明显特征包括~190 eV 的 $\pi$ 键和 193~205 eV 的 $\sigma$ 键,$B_4C$ 中硼的前峰归因于 CBC 链中硼大量的 $\pi$ 键,在

α 硼($B_{12}$)和次氧化硼($B_{12}O_2$)的 EELS 实验没有这样的峰。因此,硼的前峰变化反映了碳化硼链结构的改性。$B_{5.6}C$ 与 $B_{4.2}C$ 的前峰相似,表明大多数 CBC 链被保留,并且额外的硼优先取代二十面体中的碳原子,将 $B_{11}C$ 变成 $B_{12}$。硼的增加会导致 $B_{7.6}C$ 中的前峰明显地变宽。$B_{7.6}C$ 中的前峰看起来更钝、更宽,表明在~190.5 eV 处形成的硼 π 键的变化,并与 190 eV 时的现有前峰合到一起。新的 π 键可能是由于硼原子改变了链,将 CBC 变成 CBB 或 BB。$B_{4.2}C$ π/σ 值和 $B_{5.6}C$ 比较仅略微上升,然后在 $B_{7.6}C$ 时急剧上升。这表明虽然 $B_{5.6}C$ 样品中的大多数额外硼优先取代了 $B_{11}C$ 二十面体中的碳,但有些可能已经修改了链,而在 $B_{7.6}C$ 样品中更明显了。

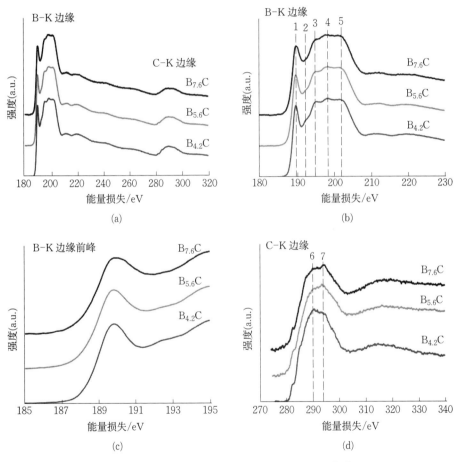

图 4-72　不同 B/C 值碳化硅的 EELS 分析[225]
(a) B-K、C-K 边整体图;(b) B-K 边局部图;(c) B-K 边前峰局部图;(d) C-K 边局部图

随着能量增加,近边精细结构的振幅逐渐减小,若在随后几百 eV 范围内没有其他电离边,还可以观测到微弱的强度振荡,称为广延能量损失精细结构(EXELFS),

这主要是由电离原子的近邻原子对从电离原子中激发出的自由电子的散射引起的。通过 EXELFS 振荡,可以研究非弹性散射截面的动量传递依赖性,可以得到电离原子位置以及近邻原子的信息,对非晶态和短程有序材料的研究是非常有用的。图 4-73 显示了石墨的 K 边 EXELFS 的分析结果[226]。在两个垂直方向上探测了石墨中的近邻原子环境,使用的条件是动量传递 $q$ 平行和垂直于石墨 $c$ 轴。图 4-73(a)是扣除背底的石墨 K 边的谱图,图 4-73(b)是从石墨谱图中分离出来的广延能量损失精细结构 $\chi(k)$,图 4-73(c)是扣除非振动成分,强调振动成分的谱,对这个谱进行傅里叶变换得到的径向分布函数(radial distribution function,RDF)。最大值出现在 $q/\!/c$ 的

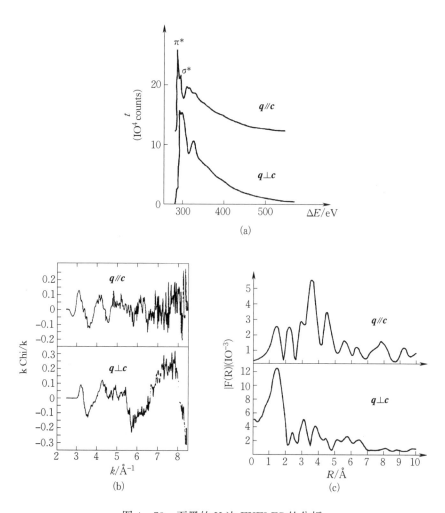

图 4-73　石墨的 K 边 EXELFS 的分析

(a) 去除背景的石墨 K 边的谱图;(b) 从石墨谱图中分离出来的广延能量损失精细结构 $\chi(k)$;

(c) 图(b)中 $\chi(k)$ 数据的傅里叶变换

0.36 nm 附近和 $q \perp c$ 的 0.14 nm 附近,对应了石墨的碳原子间距。结果与石墨的既定原子坐标显示出极好的一致性,证明 EXELFS 可以分析特定类型原子在特定晶体学方向上的近邻环境。

### 4.4.4　电子能量损失谱分析方式[227]

和 EDS 类似,EELS 分析时也有点分析、线分析和面分析,如图 4-74 所示。但不同的是,EELS 还有能量选择成像功能。

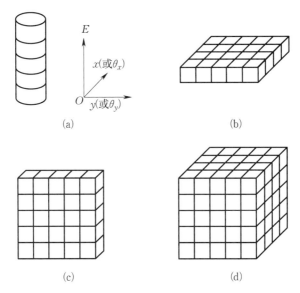

图 4-74　EELS 的分析方式[227]
(a) 点分析;(b) 能量选择成像;(c) 线分析;(d) 面分析

1) 点分析

能量损失谱的点分析是采集来自样品的一个特定的点或(更确切地说)自由入射电子束或选区光阑界定的圆形区域的积分,覆盖该点所有的电子能量损失范围,如图 4-74(a)所示。该方式得到的是一张 EELS 谱,因此也称 EELS 谱模式。

2) 能量选择像

能量选择像方式是利用能量选择狭缝选择一个限定的能量损失范围进行成像,得到的是一定面积范围内特定能量损失范围的像,如图 4-74(b)所示。图 4-75 是碳膜上的氧化锰的能量选择像。如果未经能量选择,所有的能量损失范围都参与成像,得到如图 4-75(a)所示的像。而采取能量选择成像时,选择某一元素的能量损失范围进行成像,在该元素的能量损失范围的区域显示衬度,而其他区域不显示衬度,如图 4-75(b)~(d)分别是 C、Mn、O 的能量选择像,体现了材料中元素的面分布。

 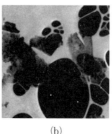  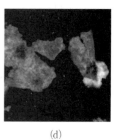

(a)　　　　　　　　(b)　　　　　　　　(c)　　　　　　　　(d)

图 4 - 75　氧化锰的能量选择像

（a）未经能量选择；（b）C 能量选择像；（c）Mn 能量选择像；（d）O 能量选择像

3）线分析

EELS 线分析是利用 STEM 沿试样设定的一条线逐点进行能量损失谱的采集，如图 4 - 74(c)所示，经分析能获得元素含量变化的线分布曲线。

4）面分析

EELS 面分析是利用 STEM 在样品一个区域内逐点扫描采集能量损失谱获得的，如图 4 - 74(d)所示，经分析能获得元素含量的面分布信息。

### 4.4.5　电子过滤成像

仅利用弹性散射电子透射束（即零损失电子）成像是一类能量过滤操作方式。通过能量过滤去掉了非弹性散射电子参与成像，有效地排除或降低了色差的影响，提高了像的分辨率，也增强了图像的衬度。进行电子衍射或会聚束衍射时，用能量过滤零损失电子所得到衍射花样的衬度明显得到改善，一些弱的斑点或菊池线在未经能量过滤衍射时不出现或很模糊，但在经能量过滤的透射束（一般用 5～10 eV 过滤宽度）衍射中则清晰可见，从而获得更多的晶体学信息。

### 4.4.6　背底扣除

电子能量损失谱具有极高的背底，能量损失谱中的每个电离边都是叠加在斜率向下的背底之上，背底来源于其他能量损失过程。为了测量 EELS 中信号强度，谱中的背底必须被扣除，提取峰信号。背底扣除有多种方法，如指数定律拟合、双窗口法、微分谱等。对于一个特定的能量损失过程，它的损失强度在高能区的拖尾可以近似地用指数定律来描述，即在 EELS 中的背底与能量的关系如下：

$$I = AE^{-r}$$

式中，$I$ 为在损失能量 $E$ 处的背底强度；$A$ 和 $r$ 为由实验确定的常数。$A$ 值在不同损失能量处变化范围较大，而 $r$ 通常在 2～6。

　　尽管各种背底扣除方法在发展,但背底对实验结果的分析影响很大,图 4－76 说明了背底窗口位置对背底扣除的影响。EELS 谱中的高背底致使其信噪比差,使其成分的定量分析精度受影响。

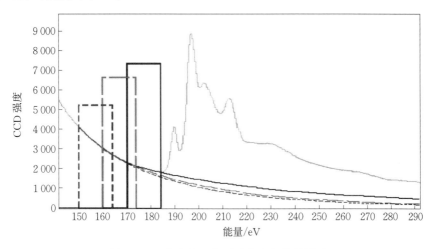

图 4－76　背底窗口位置对背底扣除的影响

## 4.4.7　EELS 和 EDS 的比较

　　表 4－5 是 EDS 和 EELS 的特点比较。X 射线信号向空间中呈放射状发散,散射 X 射线会激发杂散信号,信号来源定位误差,产生假象 X 射线信号。同时,EDS 的信号搜集效率低下,轻元素探测效率低,低能和高能范围的信号搜集效率低下。EDS 的束扩展效应影响较大,使其空间分辨率不如 EELS。而 EELS 的信号在空间中低角度散射,信号搜集方式简单,没有 EDS 结果中的探测假象,信号搜集高效,400 eV 时 EELS 的信号采集效率为 EDS 的 100 倍。在 EELS 成分分析中,EELS 的高信噪比特征可显著节省测试时间。由于测试时间短,期间的样品漂移率低,可降低样品损坏。

表 4－5　EDS 和 EELS 的特点比较

| 项目 | EDS | EELS |
| --- | --- | --- |
| 接收效率 | 1% | 20%～50% |
| 能量分辨率 | 120～150 eV | 12 eV |
| 空间分辨率 | 束扩展效应影响较大 | 束扩展效应影响较小 |
| 处理轻元素 | 不低于硼 | 所有元素 |
| 键和结构信息 | 无 | 有 |
| 谱处理 | 简单 | 复杂 |
| 样品厚度要求 | 无 | 薄 |
| 价格 | 较低 | 较高 |

EDS 能分析元素周期表上原子量不低于硼元素的重元素，而 EELS 理论上可以分析所有元素。EDS 适合做重元素分析，因为其峰背比高，元素容易辨认。相比之下，EELS 在重元素分析时常常受限于 EELS 峰型，峰背比和信噪比的影响致元素难以辨识，但 EELS 做轻元素分析更灵敏且统计性较好。总体来说，EDS 在高能端的优势较为明显，而 EELS 在低能端有优势。EELS 除了反映元素种类，还提供额外的元素化学成键态信息，对样品的物理、电学、光学等复杂特性进行表征。

EDS 原理简单，操作简便，而 EELS 较为复杂，在谱处理方面对操作技巧和理论基础的要求较高。两种方式对于样品的厚度要求不同，EELS 要求样品要薄。最后，EDS 价格较 EELS 要便宜，因此电镜安装的数量要远多于 EELS。

## 4.5　球差校正器技术

对于几何像差中的像散，早在 1947—1949 年，弗朗索瓦·贝尔坦（François Bertein）、詹姆斯·希利尔（James Hillier）、奥托·朗（Otto Rang）都发现了像散矫正器的原理[228-230]。然而对于球差，电磁透镜只有凸透镜而没有凹透镜，不能像光学镜组中凸透镜和凹透镜的组合能有效减少球差，因此球差成为影响透射电镜分辨率最主要和最难校正的因素。对于一定加速电压的透射电镜而言，分辨率主要受物镜球差和电子波相干性的限制。在最佳欠焦条件下，点分辨率由球差决定。要提高分辨率，就要降低电子束波长和减小物镜球差。目前的电镜制造技术下，提高加速电压可以降低电子束波长，从而提高分辨率。但是正如第 1 章介绍的，高压电镜有其缺点，人们还是希望在 200～300 kV 中压电镜下得到高的分辨率，因此需要探索新的方法减小球差，发展球差校正技术。

1936 年，奥托·谢尔策（Otto Scherzer）（见图 4-77）首次指出电镜中不可避免地存在球差和色差，球差始终为负，色差始终为正，指出电子显微镜的分辨率受球差系数的影响[231]。1947 年，他列出了 4 种矫正电子透镜球差的方法[154,232]，提出放弃旋转对称性，而在光路中引入多极场单元。具体方案是用静电矫正器，包括两个柱形透镜，一个旋转对称的单电位透镜和 3 个八极透镜，结构相当复杂。1949—1954 年，谢尔策的学生 R.Seeliger 按照谢尔策的方案建造和测试这个系统[233]，但他没有实现所有部件的充分机械校准。G.Möllenstedt 在此基础上进行了改造，分辨率提高了约 7 倍，图像对比度也大大提高[234]。1959 年，W.Tretner 的论文验证了谢尔策在 1936 年的观点，即通过巧妙的设计也

图 4-77　奥托·谢尔策

无法将色差和球差从圆形透镜中消除,他以物理约束函数的形式建立了球差、色差系数的极限[235]。J.H.M.Deltrap 于 1964 年的博士论文中提出了利用电磁 4 个四极透镜和 3 个八极透镜的球差校正器[236],该系统确实可以矫正球差,但该装备对于电镜来说体积太大。Albert Victor Crewe 等读了 Deltrap 的博士论文,深受启发,决定将其与 STEM 结合来研究球差校正器,因为 STEM 无需考虑离轴像差[237-238]。Harald H.Rose 于 1971 年提出了同时矫正球差和色差的电磁矫正器[239]。Harald H.Rose 于 1990 年又提出,除物镜外由两个六极透镜和 4 个弱的旋转对称传递透镜组成的方案[240]。他联合 Knut W.Urban、Maximilian Haider 等(见图 4 - 78)进行研发,于 1997 年首次开发出可用于 TEM 的由两个六极电磁透镜和两个传递双透镜组构成的新型球差校正器,并于 1998 年发表了研究成果[241],该技术后来还被用于 STEM 上。

图 4 - 78　Harald H.Rose、Maximilian Haider、Knut W.Urban 于
2011 年因实现球差校正技术获得沃尔夫奖

### 4.5.1　球差校正器的原理

几何像差引起了电子波的残余相位移,导致电子轨迹偏离了无畸变的理想光束形状。相位移与成像系统的 Eikonal 函数相关,当考虑所有的几何像差,电镜光学系统中的 Eikonal 函数可表示为[242]

$$\chi(\omega)=\mathrm{Re}\Big\{\frac{1}{2}\omega\overline{\omega}C_1+\frac{1}{2}\overline{\omega}^2CA_1+\frac{1}{3}\overline{\omega}3A_2+\omega^2\overline{\omega}CB_2+\frac{1}{4}(\omega\overline{\omega})^2C_3+\frac{1}{4}\overline{\omega}^4A_3+\omega^3\overline{\omega}S_3$$

$$+\frac{1}{5}\overline{\omega}^5 A_4+\omega^3\overline{\omega}^2 B_4+\omega^4\overline{\omega}D_4+\frac{1}{6}(\omega\overline{\omega})^3 C_5+\frac{1}{6}\overline{\omega}^6 A_5+\omega^5\overline{\omega}R_5+\omega^4\overline{\omega}^2 S_5+\frac{1}{7}\overline{\omega}^7 A_6$$

$$+\omega^4\overline{\omega}^3 B_6+\omega^5\overline{\omega}^2 D_6+\omega^6\overline{\omega}F_6+\frac{1}{8}(\omega\overline{\omega})^4 C_7+\frac{1}{8}\overline{\omega}^8 A_7+\omega^7\overline{\omega}G_7+\omega^6\overline{\omega}^2 R_7+\omega^5\overline{\omega}^3 S_7\Big\}$$

式中,$\omega$ 为散射角,和倒空间波矢的关系为 $\omega=\lambda u$,$\overline{\omega}$ 为 $\omega$ 的共轭;$A_1$、$C_1$ 等为各级像差系数,$A$ 为像散,$B$ 为彗差,$C$ 为球型像差,$S$ 为星型像差,$D$ 为三叶型像差,$R$ 为玫瑰型像差,其中 $C_1$ 为离焦量。像散的下标 $n$ 表示具有 $n+1$ 重对称性,如 $A_3$ 表示 4 重像散;其他像差的下标 $n$ 表示 $n$ 阶,如 $C_3$ 表示 3 阶球差。它们造成相位移如图 4-79所示。

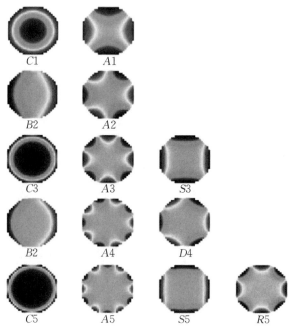

图 4-79 不同类型的几何像差

如图 4-80 所示,Rose 提出的六极物镜球差校正系统由六级透镜和传递透镜组组成。在物镜后面的是第一传递透镜组,它由两个圆透镜组成。后面接着有两个六极透镜,两个六极透镜之间的是第二传递透镜组,也由两个圆透镜组成,它们共同组成了校正功能部分。物镜球差的校正是靠六极场单元完成的。由第一组六级透镜所产生的非旋转对称的二级像差可被第二组六级透镜补偿。由于这六级透镜具有的非线性衍射本领,它们也会产生附属的旋转对称三级球差,但这个三级球差系数的符号与物镜球差系数的符号相反,只要施加合适的激励电流就可以完全补偿物镜的球差。

由图 4-80 的原理图可知,这种结构安排产生了"8$f$ 系统"[243],即球差校正系统

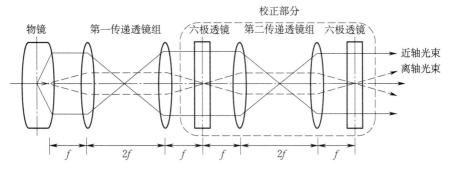

图 4-80 六极物镜球差校正系统示意图

的长度是单个传递透镜焦距 $f$ 的 8 倍。考虑到整个电镜镜体的长度，$f$ 不能太大。但 $f$ 也不能太小，这是担心传递透镜会带进色差，使最终的色差系数比校正前的色差系数更大。根据理论计算，传递透镜产生的色差系数近似为

$$C_{CC} \approx 4 f_0^2 / f$$

式中，$f_0$ 为物镜焦距；$f$ 为单个传递透镜的焦距。

$f$ 的选择是镜体长度和色差系数之间的协调。设 $f=30$ mm，则装入球差系统后，电镜的镜体将增长 $8 \times 30$ mm $=24$ cm[244]。设 $f_0=1.7$ mm，则 $C_{CC}=0.39$ mm，设物镜色差系数 $C_{C0}=1.3$ mm，总的色差系数 $C_C = C_{C0} + C_{CC} = 1.69$ mm，可见消球差后色差系数没有太大增加。

六极校正器的 3 级球差系数为

$$C_{3C} = 4 \frac{f_0^4}{f^4} C_{3t} - 3 \frac{e \psi_3^2}{m \Phi^*} l^3 f_0^4$$

式中，$C_{3C}$ 的下标 3 表示 3 级球差，下标 C 表示校正器；$C_{3t}$ 中的下标 t 表示传递透镜，$C_{3t}$ 为每个传递透镜的 3 级球差系数；$l$ 为六极透镜的等效长度；$\psi_3$ 为六极透镜的强度，可表示为

$$\psi_3 = \frac{\mu_0 n I}{a^3}$$

式中，$\mu_0$ 为真空的导磁系数；$nI$ 为每个磁极上的安匝数；$a$ 为六极透镜的孔径。

$$C_{3t} \approx \frac{f^3}{S^2}$$

式中，$S$ 为传递透镜的磁间隙。

在电镜中装入校正器后，总的 3 级球差系数为

$$C_3 = C_{30} + C_{3C}$$

由于 $C_{3C}$ 中第二项是负的，只要适当选择 6 极场的激励，总可以用它来补偿物镜的球差 $C_{30}$：

$$3\,\frac{e\psi_3^2}{m\Phi^*}l^3 f_0^4 = C_{30} + 4\,\frac{f_0^4}{f^4}C_{3t}$$

在实际应用中,6极场并不是由6极场单元产生的,而是由12极场单元产生的,由后者产生6极场,同时可以迭加12极场,而12极场可以补偿由6极场产生的5级球差的非旋转对称分量。

图4-81是双球差校正器和无球差校正器透射电镜的比较,可见电镜因安装球差校正器导致镜体增加的长度还是可接受的。

(a)                              (b)

图4-81  球差校正器对电镜镜体长度的影响
(a) 没装球差校正器;(b) 装有聚光镜球差校正器和物镜球差校正器

### 4.5.2  球差校正器的分类

球差校正器分为聚光镜球差校正器和物镜球差校正器,前者用于STEM模式,后者用于TEM模式。使用STEM模式时,聚光镜会聚电子束扫描样品成像,此时聚光镜球差是影响分辨率的主要原因。因此,以做STEM模式为主的透射电镜,球差校正装置会安装在聚光镜位置。而当我们使用TEM模式时,影响成像分辨率的主要是物镜的球差,此种校正器安装在物镜位置。如果一台透射电镜上安装两种校正器,就是所谓的双球差校正透射电镜。但两种球差校正器分别在电镜两种模式下工作,不能同时工作。

两种球差校正器没有优劣之分,而是根据需要选择。例如单原子催化剂,可以利用带有聚光镜球差校正器的电镜,利用 $Z$ 衬度来观察。而带有物镜球差校正器的电镜,更适合原位反应的观察,毕竟得到一张 TEM 照片比 STEM 照片用的时间要短得多,方便实时观察。

图 4－82(a)(b)分别是未经物镜球差校正和经物镜球差校正的 Si(111)Σ3 晶界高分辨图像。可以看到,经物镜球差校正的高分辨图像质量好,尤其是晶界处的阴影消失了。

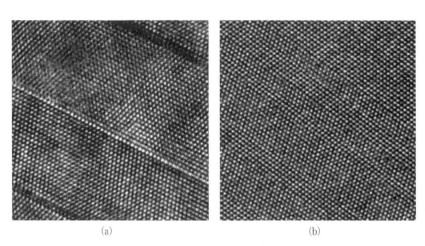

(a)                                    (b)

图 4－82　Si(111)Σ3 晶界的高分辨图像
(a) 未经物镜球差校正;(b) 经物镜球差校正

图 4－83(a)(b)分别是未经聚光镜球差校正和经聚光镜球差校正的 Si[110]方向原子尺度 HAADF 图像。可以看到,经聚光镜球差校正的原子图像要明显清晰,能区分开两个相邻的硅原子。

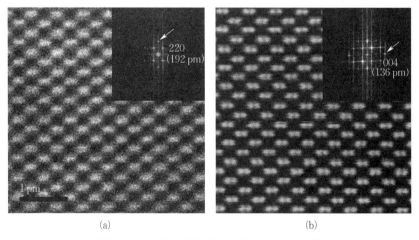

(a)                                    (b)

图 4－83　Si[110]的原子尺度 HAADF 图像
(a) 未经聚光镜球差校正;(b) 经聚光镜球差校正

## 4.6 单色器技术

如第 1 章所述,色差是由于电磁透镜对不同能量的电子束聚焦能力不同,具有能量分散的电子束在高斯像面上不能点对点成像,而形成聚焦扩散斑。电子的能量扩展和多方面因素有关。如果一个温度为 $T_s$ 的热电子源产生的电子,其离开阴极的电子能量将服从麦克斯韦分布,其半高宽(FWHM)为 $E_s = 2.45k\ T_s$ [245]。钨灯丝的 $\Delta E_s \approx 0.6$ eV,六硼化镧灯丝的 $\Delta E_s \approx 0.3$ eV。根据 Boersch 效应[246],电镜中测量的能量扩展 $\Delta E_0$ 依赖于电镜的阴极温度、Wehnelt 几何、Wehnelt 偏压、加速电压、真空状态、磁透镜和静电透镜配置等物理参数,往往要大于 $\Delta E_s$。$\Delta E_0$ 的最终数值取决于电子的路径长度和电流密度[247]。如果电子经过的路径长,有足够的时间充分互相接近,它们之间发生库仑力的相互作用将增加所测量的能量扩展。会聚在一起的电子通过横向速度分量的相互作用发生"碰撞宽化"而导致能量宽化,这和会聚点处的电流密度和发散角有关。由于电子枪处的束流最强,因而在电子枪的会聚交叉点处将发生可观的能量宽化。电子能量的扩展会导致电镜的能量分辨率下降。

20 世纪 90 年代,中等电压(200~300 kV)透射电镜物镜的球差校正研究取得了重大的实质性进展,球差系数为零时会聚角对空间相干性的影响大大减小甚至被消除了,球差对分辨率的影响被校正到小于色差,要进一步提高分辨率只有校正色差。因此,色差就成了限制电镜信息分辨极限的最主要因素。从 1998 年开始,多种单色器(也称能量过滤器)被开发出来[248—252],根据其工作原理和结构主要分为减速 Wien型、边缘场型、$\Omega$ 型和 Mandoline 型四种单色器。

单色器的基本原理都是用能量分散单元使具有不同能量的电子实现空间上的分离,再用能量选择单元选取一定能量谱宽的电子束。如图 4 - 84 所示,$\Omega$ 型单色器由四个电子束散射部分组成,每部分设计成一个环状,产生均匀的离心电场,电子通过时受到向心力,电子做匀速圆周运动,由于能量不同,电子运动的半径不同,因此不同能量的电子在空间方向上分离。主光轴呈 $\Omega$ 型,电子束在对称平面上散射达到最大,能量选择狭缝安装在对称平面上。$\Omega$ 单色器关于对称平面完全对称,可以很好地消除二级几何像差,以保证被散射的电子束在经过能量选择后出射时仍保持入射时的会聚角,实现很高的亮度。而且,由于系统的对称性,过滤后的电子束出射时已消除了能量散射,避免了横向的电子库仑力作用,保留了电子源的最初性质。

加单色器的束流只有不加单色器时的十分之一左右。因此利用单色器的同时,也要同时考虑单色器的束流的减少问题。因此,厂家把聚光镜球差校正器 STEM 的分辨率提高到小于 0.1 nm 的同时,聚光镜球差校正器把束流提高了至少 10 倍,非常有利于提高空间分辨率。在球差校正的同时,色差大约增大了 30%。

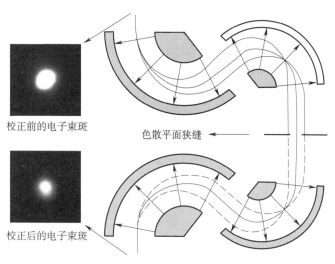

校正前的电子束斑

色散平面狭缝

校正后的电子束斑

图 4-84　单色器原理示意图

图 4-85 显示了碳膜上的纳米金颗粒高分辨率图像的傅里叶变换，采用曝光期间图像漂移产生的杨氏条纹来测量分辨率。如果不用单色器，杨氏条纹的边缘为 70 pm，通过使用单色器减少色差影响后，可以看到杨氏条纹的边缘达到了 50 pm，证明分辨率达到 50 pm。

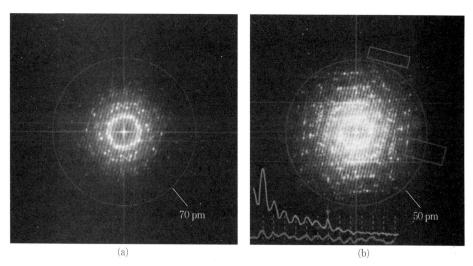

70 pm

50 pm

(a)　　　　　　　　　　　(b)

图 4-85　碳膜上的纳米金颗粒的杨氏条纹边缘实验[253]

（a）关闭单色器；（b）开启单色器

通常把电子能量损失谱的零损失峰的半高宽定义为电子能量损失谱的能量分辨率。利用单色器后的能量分辨率将大幅度提高，如图 4-86 所示的虚线显示可小于 0.1 eV。

图 4-87 比较了使用单色器前后 CoO 的 $L_{2,3}$ 边的 ELNES[254]。可以看到,使用单色器之前的能量分辨率是 0.65 eV,使用单色器之后的能量分辨率提高到 0.2 eV。和没用单色器的结果相比,使用单色器后可以得到更详细的近边缘精细结构,原来一个峰的 $L_3$ 白线处分裂成 4 个峰。

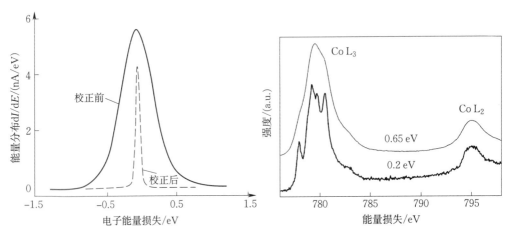

图 4-86　使用单色器对零损失峰宽度的影响　　图 4-87　使用单色器对 Co $L_{2,3}$ 边的影响[254]

## 4.7　电子断层三维重构技术

电子断层三维重构技术起源于 1968 年,David De Rosier(见图 4-88)和 R. Aaron Klug(见图 4-89)在 *Nature* 上发表了一篇关于利用电子显微镜照片重构 T4 噬菌体尾部三维结构的著名论文[255],提出并建立电子显微三维重构(3D reconstruction)的一般概念和方法。不久之后,安东尼·克劳瑟(R. Anthony Crowther)为这种技术建立了坚实的理论基础[256]。电镜三维重构思想的数学基础是傅里叶变换的投影与中央截面定理。中央截面定理的含义是一个函数沿某方向投影函数的傅里叶变换等于此函数的傅里叶变换通过原点且垂直于此投影方向的截面函数。因此电镜三维重构的理论基础是当三维物体沿电子束方向投影的傅里叶变换是该物体所对应的傅里叶空间中通过中心且垂直于投影方向的一个截面,每一幅电子显微像是物体的二维投影像,那么倾斜试样沿不同投影方向拍摄一系列电子显微像,经傅里叶变换会得到一系列不同取向的截面,当截面足够多时,会得到傅里叶空间的三维信息,再经逆傅里叶变换便能得到物体的三维结构。

目前实现透射电镜三维重构的方法主要有单颗粒分析法、电子晶体学法和电子断层扫描法三种。单颗粒分析法目前主要是和冷冻透射电子显微镜配合,用于分析生

图 4-88　David De Rosier

图 4-89　R.Aaron Klug

物样品,如蛋白质、病毒等。由于很多生物分子的功能实际上是取决于自身的空间结构,所以得到高分辨率的三维结构信息可以在很大程度上帮助我们了解其作用机理。电子晶体学法主要针对具有二维结晶结构的生物样品,如膜蛋白分子等,通过结合电子衍射和明场照片得到三维结构。电子断层扫描法是通过倾转样品,得到一系列不同角度的二维照片,进而得到其三维结构。前两种方法对样品有特殊的要求,第三种方法的适用性更广一些,尤其是在材料研究领域。

　　透射电镜三维重构的过程包括数据采集和数据重构两步,其中数据采集对重构效果有关键作用。理想的情况下,为了获得好的三维重构效果,应该获得样品全旋转-90°~+90°的全套电镜图像。然而,这在实际操作时是极难获得的,因为为了保护极靴,电镜的倾转角度往往是受限制的。此外,样品台或碳膜铜网的遮挡也影响倾转角度。这种倾斜范围受限的问题被称为失楔问题,进行三维重构时,傅里叶空间中的点不能被完全填充,因而产生了信息缺失。在重建图像中,如果失楔角度较大,将意味着大量信息的缺失,被称为缺失楔(missing wedge),导致重建图像中出现拉伸、鬼尾等假象,得不到精确结果,甚至得到错误的结果。因此,三维重构效果和样品倾转角度以及倾转步长有较大关系,如图 4-90 所示。倾转角度越大,倾转步长越小,三维重构效果越好。

　　由于缺失楔的存在使部分信息缺失,容易导致三维重构得不到完全精确的模型。一种解决方案是减小缺失楔的体积,也就是要在样品杆可倾转的范围内增加样品的倾转角度。在实际测试中,样品杆倾转的最大正负角度绝对值之和至少是 120°,保证所得数据包含尽可能多的信息,否则容易得到不能反映真实构造的模型,因此寻找合适的样品及它所处的合适的空间位置而增加样品的倾转角是减少缺失楔的一个重要解决方案。另一种解决方案是收集双轴旋转的数据。如采用单倾转轴、最大倾转角

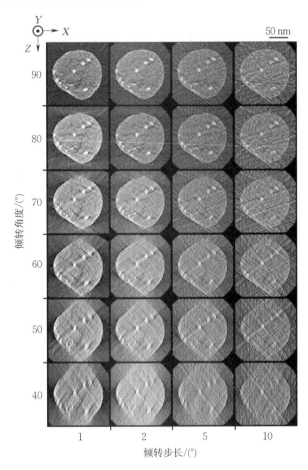

图 4-90　样品倾转角度和倾转步长对三维重构效果的影响

度 70°采集数据,最终傅里叶空间中的缺失楔部分达 22%,而同样的缺失楔比例,采用双倾转轴,最大倾转角度只需 50°即可,因此在同等的最大倾转角度下采用双轴旋转收集数据更有效减弱缺失楔造成的模型误构问题。以上两种方案可以在一定程度上弥补缺失楔的缺陷,保证三维重构的精度,但不能完全消除。在实践上,样品一般旋转的角度为 -70°～+70°。当进行样品杆校准时,样品杆的倾转轨迹有两种方式:① 从正方向的高角度开始经过 0°再到负方向的高角度(+70°～0°～-70°),或从负方向的高角度开始经过 0°再到正方向的高角度(-70°～0°～+70°);② 从 0°开始逐渐转向负方向的高角度,然后再退回 0°转向正方向的高角度(0°～-70°～0°～+70°),由于只能收集到样品旋转 -70°～+70°的原始二维数据,进行三维重构时也产生了缺失楔,但得到结果是可以接受的。

　　为了获得大的倾转角度,一般采用特殊的样品杆,其样品台部位较常规样品杆窄很多,如图 4-91 所示。

(a)　　　　　　　　　　　　(b)

图 4 - 91　普通电镜样品杆和三维重构样品杆的比较

(a) 普通电镜样品杆；(b) 三维重构样品杆

　　表征不规则多孔材料时，互相交错的内部孔道结构在二维图像中会掩盖孔道结构信息，造成误判，三维重构技术在这方面显示了极大的优越性。图 4 - 92 是基于 HAADF 像的纳米多孔铜三维重构，如果仅从 HAADF 像来看，只能判断是多孔结构，无法得到孔的结构及其互通性等信息。图 4 - 92 是纳米多孔铜在 STEM 模式下，倾转角度从 -60°到 60°，每 2°记录一张，并经过软件计算后合成三维重构的结构图像。从单张 STEM 照片无法得到纳米多孔铜立体空间信息，而从可旋转的三维模型中可以看出，内部金属韧带虽取向随机、形状各异，但结构上具有一定的准周期性，韧带与孔道相间，连通结构相似。

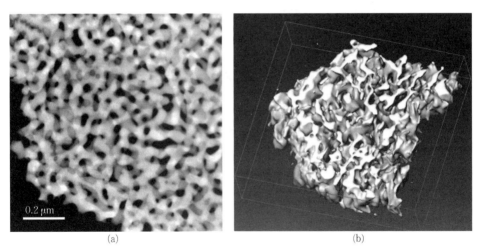

(a)　　　　　　　　　　　　(b)

图 4 - 92　纳米多孔铜 HAADF 像和三维重构效果图

(a) HAADF 像；(b) 三维重构图

## 4.8　低电压技术

　　随着对图像分辨率的追求，样品变得越来越薄，新的样品种类不断出现，观察与分析过程中的辐照损伤问题也变得突出，损伤的原因有很多种，包括不导电、受热等。

正如前面提到的,由于电镜分辨率取决于电子波长,而电子波长取决于加速电压,提升加速电压,可以减少电子波长λ,增大分辨率。对于大多数电镜样品而言,目前常用的加速电压在200~300 kV,在这种电压下很多样品在电子束照射下是不稳定的。早在1934年,奥托·谢尔策(Otto Scherzer)在其教材中指出,如果加速电压过高,材料中的原子可能会被成像电子取代,对于某些轻元素来说60 kV是极限。后来,他指出由于非弹性散射电子导致化学键断裂,辐射损伤对生物材料来说影响更大[257]。

图4-93是羟基磷灰石、硫化钽、铁基非晶在电子束照射前后的比较。可以看到,羟基磷灰石[见图4-93(a)]、硫化钽[见图4-93(b)]样品在电子束辐照下,其晶体结构受到破坏。而铁基非晶[见图4-93(c)]样品在电子束辐照下,部分非晶组织被晶化了。

图4-93　电子辐照对各种材料的损伤
(a) 羟基磷灰石;(b) 硫化钽;(c) Fe基非晶;(d) 羟基磷灰石;(e) 硫化钽;(f) Fe基非晶
注:1. (a)(b)(c)为电子辐照前。2. (d)(e)(f)为电子辐照后。

对于对电子束辐照敏感的样品,根据受损的原因,可以采取不同的拍摄方法。例如在一个较大的晶粒内,可以在边缘部分将倾转、调焦等步骤做好,然后移动到观察区域快速拍摄。也可以在找样品时采取加聚光镜光阑或光斑散开的方式,降低辐照量。这些方法可以降低电子辐照量,但电子的能量不会降低,对一些样品例如二维材料收效甚微,只有低电压模式才能从根本解决部分样品的观察问题。

在较低的加速电压下,可以有效减少样品的辐照损伤,增加样品稳定性。并且能够增加电子的散射角度和散射截面,因而在牺牲图像强度的同时会提高对比度,获得更好的分析效果。只要图像不漂移,可以通过增加曝光时间来补足图像强度。同时,较低的加速电压具有提高 EELS 和 EDS 的灵敏度的额外好处,因为降低加速电压会增加电离截面。然而,较低的加速电压会降低分辨率,因为低的加速电压使电子束的波长较长,会增加衍射极限和色差,这在一定程度上影响或限制了这种模式在材料研究中的应用。

由色差 $d_c$ 引起的光束扩散可表示为会聚半角 $\alpha$ 的函数:

$$d_c = C_c^* \frac{dE}{E} \alpha$$

式中,$dE$ 为电子束的能量扩散;$E$ 为加速电压;$C_c^*$ 为非相对论色差系数。

根据上式,$C_c^*$ 和 $dE$ 都应该足够低,以抑制低加速电压下的光束扩散。在 200 kV 时,当 $\alpha = 18$ mrad、$dE = 0.8$ eV、$C_c^* = 1.4$ mm 时,$d_c$ 可以获得 0.1 nm。而在 60 kV 时,当 $\alpha$ 值取与 200 kV 时的相当,$\alpha = 19$ mrad 时,要想使 $d_c$ 达到 0.1 nm,则需要 $dE = 0.4$ eV 和 $C_c^* = 0.8$ mm。如果使用冷场发射电子枪,则可以实现小至 0.4 eV 的 $dE$。当施加较低的加速电压时,超高分辨率物镜的 $C_c^*$ 值往往会更小,因为通过降低磁透镜磁极的饱和度获得更窄的磁场分布。因此,在 60 kV 时可实现低至 0.8 mm 的 $C_c^*$。

由于衍射极限,艾里斑 $d_d$ 的半径可由下式给出:

$$d_d = 0.61 \frac{\lambda}{\alpha}$$

式中,$\lambda$ 为电子束的波长。

由于波长 $\lambda$ 在较低的加速电压下会增加,因此应该增加 $\alpha$ 以实现与在较高加速电压下获得的 $d_d$ 等效。例如,$\alpha$ 为 16 mrad 时可以在 200 kV 下实现 0.1 nm 的 $d_d$,而在 60 kV 下需要 30 mrad 的 $\alpha$。由于衍射极限,降低加速电压需要增加用于形成探针的会聚半角以保持艾里斑的恒定半径。因此,当使用较低的加速电压时,有必要补偿由更高会聚半角引起的几何像差。三阶球差是限制电子显微镜分辨率的主要几何像差之一,先后发明的六极型球差校正器和非对称十二极型球差校正器能够校正三阶球差以及四阶残余像差。

可见,冷场电子枪和球差校正器的出现,弥补了低加速电压会降低分辨率的这一缺点,使得低电压模式有了更广阔的应用空间。目前最常见的是将 200~300 kV 降到 80 kV 或 60 kV,甚至更低。

图 4 - 94(a)(b)分别是在加速电压为 30 kV 和 60 kV 下获得 Er 掺杂 $C_{82}$ 富勒烯

单壁碳纳米管样品的 HAADF 像[258]。对于 30 kV 和 60 kV，HAADF 探头的内外角分别为 60 mrad 和 140 mrad。当加速电压为 30 kV 时，图 4-94(a)是在 $\alpha=$ 23 mrad、束流约为 15 pA、扫描速度为 233 $\mu s$/像素的条件下获得的 HAADF 像，Er 单原子作为亮点清晰可见，它们可以在 $C_{82}$ 富勒烯笼中识别，但富勒烯结构相对有点模糊。当加速电压为 60 kV 时，图 4-94(b)是在 $\alpha=29$ mrad、束流约为 30 pA、扫描速度为 77 $\mu s$/像素的条件下获得的 HAADF 像。除了富勒烯笼中的 Er 单原子之外，单壁碳纳米管管壁中石墨{1010}平面的晶格间隔 0.21 nm 也清晰可见。可见，低电压下，即使是对电子束较敏感的碳基材料也能实现观察。

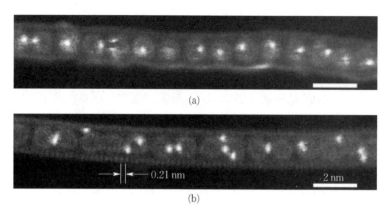

(a)

(b)

图 4-94　Er 掺杂 $C_{82}$ 富勒烯单壁碳纳米管样品的 HAADF 像[258]

(a) 30 kV；(b) 60 kV

## 4.9　环境稳定性技术

目前的电镜技术发展已经使亚埃尺度的观察变得非常容易，更多关注于电镜的机械、电气、环境方面的稳定性，为了实现更高的稳定性，人们做了不少改进，可分为电镜本身及其环境两部分。电镜方面包括镜筒加粗、采用隔磁/隔热材料，底座加宽来提高稳定性，测角台加密封罩子，电镜整体加屏蔽罩，提高样品杆刚度，采用压电陶瓷控制样品移动，加大液氮冷阱容量等。室内环境方面包括控温控湿、人机分离、主动减震、主动消磁等，或把电镜放在独立的房间里，和操作人员分开。磁场消除一般通过主动消磁或被动磁屏蔽墙体处理来实现，震动减缓通过设置独立地基或加装减震台实现，声音隔绝通过在墙体中使用隔音材料来实现。采用除湿机来保证电镜安装房间有较低的湿度，采用风管机空调、辐射板、布袋进风系统设计可以在控制室内温度的同时减弱室内风速波动太大对电镜成像时图像漂移的影响。下面介绍压电陶瓷微位移机构、主动减震和主动消磁。

### 4.9.1 压电陶瓷微位移机构

压电陶瓷微位移机构已经成为高档电镜的标配。压电陶瓷是一种能够将机械能和电能互相转换的信息功能陶瓷材料,它最大的特性是具有压电效应,包括正压电性和逆压电性。正压电性是指某些电介质在机械外力作用下,介质内部正负电荷中心发生相对位移而引起极化,从而导致电介质两端表面内出现符号相反的束缚电荷。在外力不太大的情况下,其电荷密度与外力成正比。反之,当给具有压电性的电介质加上外电场时,电介质内部正负电荷中心发生相对位移而被极化,由此位移导致电介质发生形变,这种效应被称为逆压电性。而压电陶瓷在电场作用下,由于感应极化作用引起应变,应变与电场方向无关,应变的大小与电场的平方成正比,这个现象被称为电致伸缩效应。压电陶瓷在电场作用下产生的形变量很小,最多不超过本身尺寸的千万分之一。

### 4.9.2 主动减震

震动对电镜的干扰影响很大,尤其是 20 Hz 以下的低频震动。传统上采取被动隔震的方法,即通过机械装置限制震动,例如采取安装混凝土、橡胶、弹簧等方法。而主动隔震包括传感器和执行器,通过传感器感知震动,再由执行器迅速提供大小相等、方向相反的力,抵消震动对目标的影响。图 4-95 展现了主动减震对震动的影响,减震前震动比较大,采取主动减震措施后,震动的幅度明显变小。

### 4.9.3 主动消磁

相比震动,环境磁场种类更多、来源更加复杂,环境磁场包括直流磁场和交流磁场。环境磁场的来源包括地铁、汽车等通过时而产生的磁场,电气设备、机器的运作、停止等引发的磁场等。磁场的紊乱会对精密仪器的性能带来不良影响,直流磁场导致图像偏移不清、图像紊乱、图像消失不见,交流磁场使图像有类似线条等干扰出现。主动消磁原理和主动减震类似,通过使用传感器和控制器,磁场传感器感应检测扰动磁场的信号,控制器迅速指令线圈产生电流,产生的补偿磁场可抵消扰动磁场,达到消磁的目的。如图 4-96 所示,将同轴心的亥母霍兹线圈串联并平行配置,可以抵消掉外部电流和线圈轴方向磁场发生的改变。

图 4-97 展现了主动消磁对直流磁场、交流磁场的影响,消磁前磁场干扰比较大,采取主动消磁措施后,磁场干扰的幅度明显变小。

图 4-98 是电镜拍摄的硅晶体[110]方向主动消磁前后的原子图像。图 4-98(a)是主动消磁前的图像,在没有进行主动消磁时,可以看到样品在 STEM 的扫描过程中受到外界扰动磁场影响,得到的图像在一些区域有明显的变形,在平行扫描方向产生扭曲,在垂直扫描方向发生间距变化,导致原子变形或原子排列间隔变化。图 4-98(b)是主动消磁后的图像,没有出现变形和扭曲。

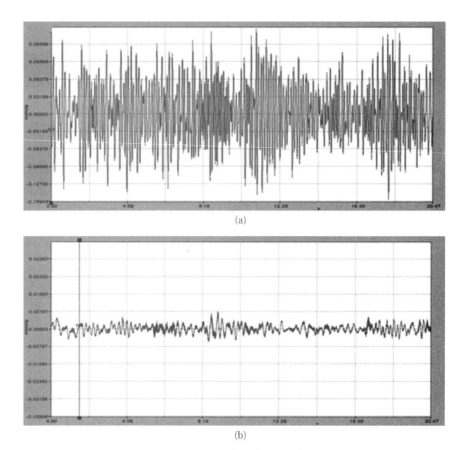

(a)

(b)

图 4-95　主动减震前后的比较图

（a）减震前；（b）减震后

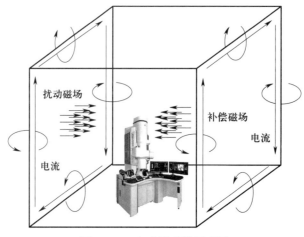

图 4-96　主动消磁器原理图

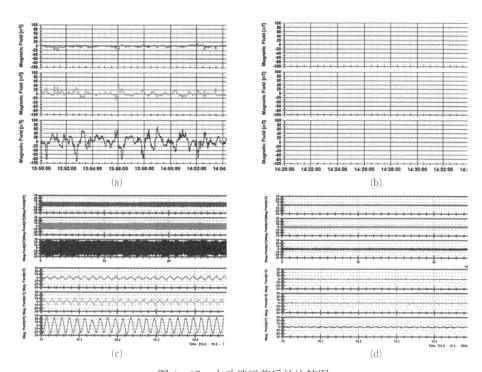

图 4 - 97　主动消磁前后的比较图

（a）直流磁场消磁前；（b）直流磁场消磁后；（c）交流磁场消磁前；（d）交流磁场消磁后

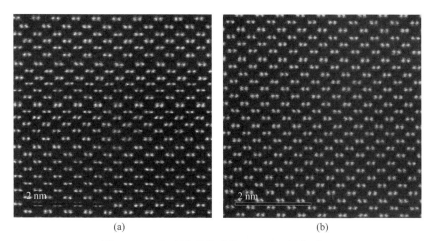

图 4 - 98　主动消磁前后的 HAADF 图像对比

（a）消磁前；（b）消磁后

## 4.10　原位透射电镜技术

随着材料学科的发展,特别是纳米材料的兴起,人们已经不满足于静态的电镜观察,而是在液、气环境下及施加力、电、磁、热等外场作用下观察样品的微观结构演变和测试性能的变化过程。这需要将外加场与透射电镜相结合,将图像、条件、性能相结合,通过在微观尺度上直接观察并实时地记录应力场、热场等作用下材料微观结构的演变等,直观地揭示材料的结构与性能的相关性。因此,原位电镜技术越来越受到重视,但这对透射电镜技术提出了新的挑战,需要开发一些特殊需要的样品杆。此外,在操作上也有一定的难度和需要一定的经验。

在原位透射电镜技术发明之前,实验人员常对相关处理前后的两个样品进行观察比较,或将一个样品在电镜之外进行相关工艺处理后再放回电镜内进行结构变化的"事后"观察,期间过程发生的变化只能靠推测。这种方法虽然也引入了外加场的因素,但却不能实现电镜的即时观察,所以只能解决一部分的材料研究问题。例如在利用常规透射电镜技术进行材料形变机理研究时,目前通常是对形变前和形变后的样品分别进行微观结构的观察研究,通过对比在变形前后材料中微观结构的变化,间接地获得对形变过程的认识,从而推测其形变机制。然而,即使来自同一材料的不同部位,形变是不一样的,例如将一个部位的一个晶粒在变形前的现象和另一部位另一个晶粒在变形后的现象进行比较,是建立在普遍性的前提下,却忽略了其特殊性。而且对应力卸载后的样品进行形变结构的观察研究,只能获得材料形变过程中的部分塑性形变信息,在应力卸载后材料的弹性形变完全回复,这种离位研究形变后样品的方式将无法研究材料在弹性形变过程中的行为。将形变后的材料制备成透射电镜样品时,可能会因释放掉部分内应力而使一些变形组织消失或改变。如图4-99所示是TiNi形状记忆合金的原位应力电镜观察。可以看到随着应力的增强,在晶界处诱发出马氏体,如图4-99(b)所示。增加拉应力,马氏体长度会延长,直至在三叉晶界处形成微裂纹,如图4-99(c)所示。如果这时卸载拉应力,部分马氏体消失,部分马氏体长度会缩短,裂纹宽度也变窄,如图4-99(d)所示。可见,如果不是原位透射电镜技术,我们无法观察样品一个区域在应力下的组织演变,即使在电镜外施加应变,在电镜里观察时也是释放应力后的状态。所以,原位透射电镜技术是研究材料相关机制的一种直观而有效的手段。

相较于扫描电镜等其他微观组织原位表征技术,透射电镜有真空度高、样品室小、放大倍率高、对稳定性要求高等特点。因此,对透射电镜的原位技术要求非常高。原位透射电镜经过几十年的发展已逐渐趋于成熟,随着精密加工技术以及微机电技术的发展,尤其是随着微机电系统(micro-electro mechanical system,MEMS)芯片技术的发展,近年不断推出基于MEMS芯片的集成多种环境激励手段于一体的新型复合原位样品

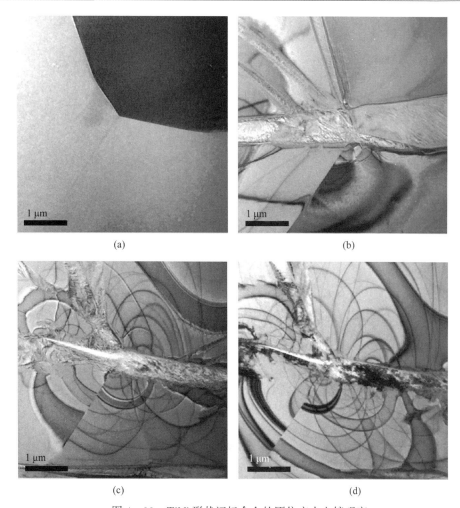

图 4-99 TiNi 形状记忆合金的原位应力电镜观察

(a) 样品变形前;(b) 施加拉应力后,出现马氏体相变;(c) 继续增加拉应力,马氏体长度会延长,
在三叉晶界处形成微裂纹;(d) 卸载拉应力,部分马氏体消失,部分马氏体长度会缩短,裂纹宽度也变窄

杆。通过设计和制造不同功能的芯片,更多的原位部件可被集成到单个芯片上,在一个样品杆上能同时实现多种复杂激励或环境手段的原位实验,如液体、光、电和热协同复合的光催化电化学实验等,对材料在激励环境下的性能改变进行原位测量。相比改造一整台单功能原位电镜,通过给一台电镜配备不同功能的原位样品杆来实现以往好几台不同原位电镜的功能集合,实现了原位实验的模块化,大幅降低了加工成本。将原位实验对电镜成像的影响局限于样品杆附近,最大限度减少了原位实验对电镜成像系统的干扰。

虽然在一个样品杆上能同时实现多种复杂激励或环境手段的原位实验,但为了说明各种原位技术,下面将对各种原位技术逐一进行介绍,常见的透射电镜原位技术包括原位力学、原位加热、原位液体、原位气体、原位光学、原位电学等。

### 4.10.1 准原位技术

在没有原位实验条件的情况，人们不得不采用准原位的方法，所谓准原位是指外场作用前后的观察区域是在同一个位置，但是外场施加过程却在电镜外面。准原位技术不是真正意义上的原位技术，因为无法观察外场作用下的材料变化过程，但施加外场前后观察的位置是"原位"的。准原位技术操作复杂，因为材料变化前的第一次电镜观察位置难以在施加外场作用后的第二次观察中找到，而且样品在电镜外的处理过程中也很容易被污染或损坏。

图4-100是采取准原位技术记录镁合金析出相在热处理前后的变化。为了记住观察位置，要拍摄一系列不同放大倍率下的照片，并做好记号，如图4-100(a)～(c)所示。然后在该区域中选择感兴趣的区域进行拍照，如图4-100(d)所示。将样品从电镜中取出，放入玻璃管中抽真空密封，然后再进行热处理，热处理后再放进电镜中观察，得到如图4-100(e)所示的形貌。如果热处理后样品有氧化，还需用离子减薄仪在低束流、短时间下清洗表面，在这过程中还要确保之前观察的区域不被破坏。

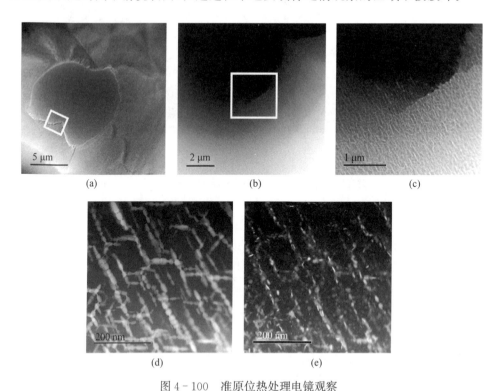

图4-100 准原位热处理电镜观察

(a)～(c)为观察区域定位而拍摄不同放大倍率下的照片；(d)热处理前的形貌；(e)热处理后的形貌

### 4.10.2 原位力学

最早的原位力学样品杆出现在 20 世纪 50 年代[259-260]，到了 70 年代早期，负载传感器集成发展之后，带有定量载荷测量功能的样品杆才出现[261-262]，并逐渐开始商业化。原位力学样品杆将微型力学测试单元集成到电镜样品杆中，通过驱动装置精确地对样品特定部位施加不同方向(如拉、压、划等作用方向)和不同强度的作用力，按形式分经典式和纳米压痕式(MEMS 式)，此外还有双金属片式等。

图 4-101 是电动马达驱动的经典式原位力学样品杆示意图，它的结构很显然和材料的力学性能拉伸类似，马达提供的动力通过蜗轮蜗杆、齿轮的减速和传递，给样品提供拉伸的力。样品两端有两个孔，其中一个孔连接固定侧，另一个孔连接位移侧，由位于样品杆外侧单元中的电机缓慢驱动，在 10 nm/s～10 μm/s 的速度范围内传输应变。这种方法具有高通用性，因为理论上只要更换夹具，任何形状的薄样品都可以进行原位应变观察，该设计还易于添加加热或冷却功能。此外，基于该拉伸方式进行改进设计，还可以进行纯剪切[263]、弯曲[264]等实验。该方法样品较大，可以采用常规的双喷电解方法制样，因此制样相对较方便。另外，由于样品薄区也较大，适合进行位错运动等晶体缺陷的观察。但该方法只能配置位移传感器，不能配置力学传感器，无法检测对样品作用力的大小。由于采用马达驱动，拉伸过程中震动较大。此外，虽然经过减速，但位移速度还是较快，观察过程中样品观察区域很容易从视野中移开，因此一般采取交替拉伸和暂停的方法，这样也使材料变形过程不能均匀进行。

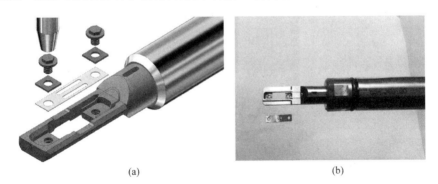

(a)                         (b)

图 4-101 经典式电动马达驱动原位应变样品杆、样品

(a) 示意图；(b) 实物

图 4-102 是利用经典式原位应变样品杆观察 DP590 双相钢在应力加载条件下裂纹尖端扩展[265]。从电镜观察可以看到，在施加荷载后，裂纹扩展并非仅在裂纹尖端处持续进行。虽然裂纹尖端处逐渐变薄，然后裂纹逐渐扩展。但在裂纹尖端的前方几微米处，也逐渐变薄，形成微孔，微孔逐渐长大，然后和主裂纹连接到一起。该过程重复，从而实现裂纹的扩展。

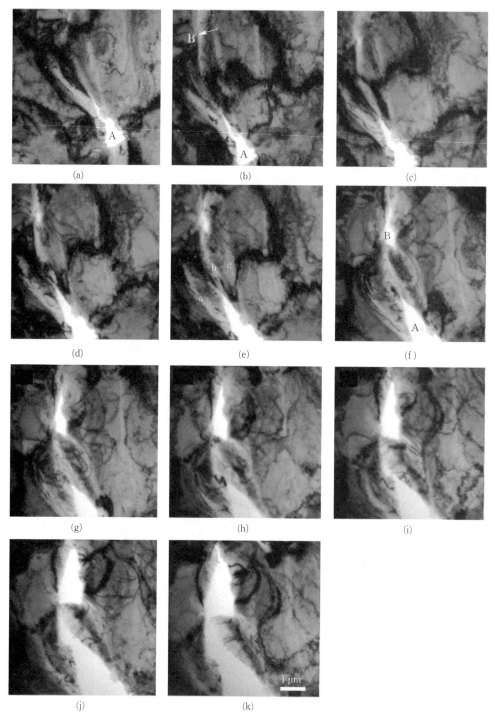

图 4-102　DP590 双相钢应力加载条件下裂纹尖端扩展的原位电镜观察[265]

　　纳米压痕式原位应变样品杆一般采取压电技术驱动样品杆中的纳米探针实现对样品的接触与操纵,包括拉伸[266]、压缩[267]、弯曲[268]、划痕[269]等,再通过力学传感器测量样品对作用力的力学反应,材料的力学数据(载荷位移曲线)与相应原位变形过程实现同步。纳米压痕式样品杆源于压痕技术,该技术包括测量硬尖端压入平面的力和位移,用于测量硬度、弹性模量、屈服应力等,力和位移通常通过参考附和在尖端的可移动静电板之间的电容变化来测量。图 4-103(a)是目前常见的原位应变杆的样品部位及其力学传感结构示意图。Push-to-pull(PTP)装置是一种 MEMS 制造的柔性器件耗材,可安装纳米管或薄膜试样。制备后,样品将转移到样品杆上,并被施加定量拉伸载荷。力学数据用于计算拉伸性能,同时电子显微镜成像可提供微观结构行为的实时视频。PTP 装置由固定部分和活动部分组成,两者由 4 点连接,如图 4-103(b)所示。当探针对样品施加作用力时,同时受样品的反作用力,并由悬臂梁传导到不同方向的传感器上,获得横向与纵向的受力信息数据,得到样品材料微观区域的强度、塑性和摩擦系数等性能数据,并用于探究在应力作用下材料的原子结构的变化过程。其样品必须具有特定的几何形状,标准样品目前的形状为纳米柱、楔形物、H 形条块等,其中用平压头尖端去压具有恒定截面的圆柱形纳米柱是测量应力载荷值最简单的方法。然而,由于压电陶瓷驱动的最大输出位移一般在几个微米到几十个微米之间,因此在实验前需要使样品与探针的距离调整到微米量级,所以必须和另一种驱动方式结合起来调整距离,例如先在 SEM、STM 或 AFM 中将样品组装好,再放置到透射电镜中。此外,由于该方法的样品比较小,往往需要通过聚焦离子束(focused ion beam,FIB)技术进行加工,加工复杂且成本较高。

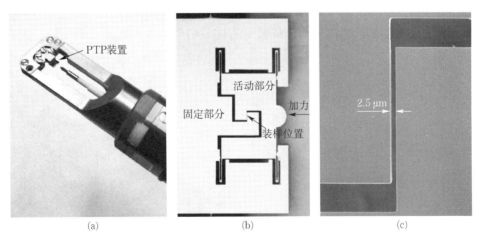

(a)　　　　　　　　　　(b)　　　　　　　　　　(c)

图 4-103　基于 MEM 纳米压痕式原位应变样品杆

(a) 原位应变杆的样品部位及其力学传感结构示意图;(b) PTP 装置放大图;

(c) PTP 装置装样位置放大图

双金属驱动是将样品连接到双金属片上,再置于加热的环境,双金属片受热后产生变形,从而带动样品进行变形[270]。由于加热温度可以连续调整,因此该方法可以进行连续的均匀变形。由于该方法需要加热环境,因此往往需要原位加热样品杆,通过增加双金属片附件实现。

### 4.10.3 原位加热

原位样品加热杆主要有坩埚式与 MEMS 芯片式两种方式。

如图 4-104(a)所示,坩埚式加热运用坩埚加热台对样品进行加热。坩埚式加热方式可放入常规尺寸的样品,较为方便。块体样品直接放入,粉体材料在较低温(<200℃)的加热实验中可直接使用普通碳载网,而在高温实验中常使用碳化硅载网。为了尽量减少热漂移,加热器与样品台之间的机械连杆由一种膨胀系数几乎为零的材料制成。使用水冷式样品杆,有效控制样品杆头部的温度,使其接近样品台的温度。使用专用陶瓷炉支座尽量减少从加热炉到样品杆头部的热量损失。但是,该加热方式需对坩埚整体加热,因此功耗大且加热速率慢,加热精度低,通常还需要水冷。

如图 4-104(b)所示,MEMS 芯片加热方式是将加热电路精细铺设到芯片上,并均匀围绕在观察窗口周围,由于加热区域只需围绕在微米级的窗口周边,因此功耗低且加热速率快(200℃/ms),加热精度高(<5%),且加热时样品也较为稳定(温度稳定性<0.01℃),是一种理想的加热方式。同时,在 MEMS 芯片上可以方便地集成其他原位功能,如加电和气体液体环境等,从而实现复合原位实验。但由于此加热方式必须使用芯片作为样品载体,要求样品的尺寸小,常需使用聚焦离子束(FIB)技术制备样品,并用 FIB 的纳米操纵机械手将样品精确安放到芯片观测窗口,制样工艺比较复杂。

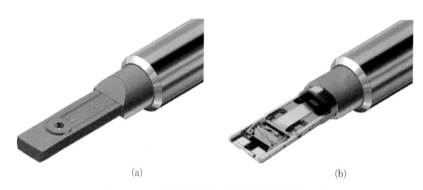

(a)          (b)

图 4-104　两种原位加热样品杆结构示意图
(a) 坩埚式加热;(b) MEMS 芯片加热

### 4.10.4　原位液体

由于电镜需要真空环境,因此在电镜内部实现液体环境是非常困难的。目前,有两大类原位液体环境电镜技术:一种是开放式液体环境,另一种是封闭式液体环境。前者通过环境透射电镜(environmental transmission electron microscope,ETEM)的差分泵系统使样品区域有足够高的压力而使溶液凝结,或者采用低饱和蒸气压的离子液体进行实验。后者将溶液封闭在电子束透明的窗口中以规避电镜的高真空环境。

#### 4.10.4.1　开放式液体环境

如图 4-105 所示,在环境透射电镜的差分泵系统中,环境腔(environmental cell,ECELL)完全集成在电镜内,在样品位置的上下方都是很小的光阑,光阑安装在物镜极靴的孔内。该区域与分子泵连接,这样使样品区域内维持较高的气压,相对电镜其余部分的真空度较低。在进行液相、液-固相反应实验时,液体通过样品杆的不锈钢管传输到样品处,使样品暴露在液体环境中。但本方法需要在专用或者经过改装的环境透射电镜里进行,因此通用性差,成本高。

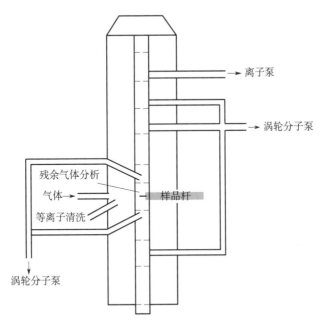

图 4-105　环境电镜差分泵系统示意图

采用低饱和蒸气压的离子液体可以获得另一种开放式液体环境,该方式起源于2010 年 J.Y.Huang 等构建的一个纳米微电池[271],该纳米微电池由阳极 $SnO_2$ 纳米线、阴极 $LiCoO_2$、离子液体电解质组成,如图 4-106 所示,其中离子液体电解质是一种蒸汽压极低的熔融有机盐,可以在透射电镜内部的高真空环境(～$10^{-5}$ Pa)中使用,同时还能有效地溶解和输送 $Li^+$。这种设计虽然实现起来比较方便简单,但要求必须是在真空环境中难以汽化的饱和蒸气压很小的离子液体,因此可供选择的液体有限。

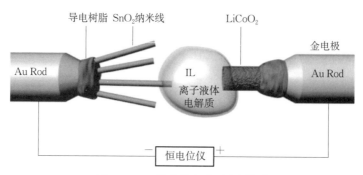

图 4 - 106　纳米微电池示意图[271]

### 4.10.4.2　封闭式液体环境

对于常规的透射电镜,内部是高真空环境,而液体、气体无法在透射电镜的高真空环境中存在,因此在研究液体环境中纳米材料的行为时,需要构建液体存放单元,将液体与电镜中高真空环境隔离开来,这就需要利用液体腔(liquid cell)。液体腔实际上就是通过微纳加工制作液体反应器,然后将它固定在普通样品杆或者专用液体样品杆头部,放入电镜进行观察。这种液体反应器通过两层窗口薄膜将液体限制在反应器中,液体腔窗口薄膜材料需要具备足够大的机械强度,电子穿透性好、衍射衬度低,不能渗透水或者其他溶剂。

常用的窗口材料有氮化硅、石墨烯等材料。氮化硅材料具有电子束高穿透性、坚固耐用的优点,加工流程兼容现有芯片加工工艺及设备,在微纳制造过程中易于加工,成本较低,且容易引进多物理场,已经成为近些年来封闭式液体腔的主流。氮化硅窗口液体腔的密封方式有两种,一种是采用环氧树脂,另一种是采用聚合物 O 型密封圈。采用 O 型圈密封液体腔,由于其操作简单,成功率较高,且不会对样品带来污染,是目前商业化应用较多的一种技术。

液体腔主要有两种:一类是静态的,因为封闭液体腔里的液体是静止不流动的;另一类是动态的,液体腔由流通管道和外界连接,液体通过一侧管道进入液体腔,又从另一侧流出。

M.J.Williamson 等在 2003 年设计制作了原位电化学液体腔[272],其结构如图 4 - 107所示,液体腔芯片包括上下两层硅晶片,下硅晶片沉积一层多晶金电极作为工作电极,与上硅晶片之间通过 $SiO_2$ 垫片胶合形成电化学反应器,上硅晶片有两个容器,通过上层含孔玻璃垫片引入对电极和参比电极用来施加电压。使用时将液体注入,通过毛细作用流入观察窗口,然后将液体腔密封,放入电镜中观察。由于成像电子束需要透过 80 nm 氮化硅薄膜窗口,以及接近 1 μm 液体层,空间分辨率仅为 5 nm。这种在两层硅片之间形成液体腔室,采用非晶氮化硅薄膜做观测窗口的芯片,是近代液体腔制备的里程碑,是后续很多改进液体腔的发展原型。

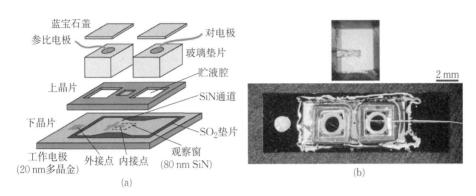

图 4 - 107　二电极液体腔的结构

(a) 结构示意图;(b) 实物照片[272]

除了采用氮化硅薄膜之外,Yuk 等利用石墨烯薄膜制备液体腔[273],如图 4 - 108 所示。石墨烯有超强的机械特性、良好的导电导热性,且厚度薄,是理想的窗口材料。利用石墨烯液体腔进行观察,可有效减少甚至忽略电子散射对实验的影响,进而实现原子级超高分辨成像。石墨烯薄片之间的范德华力相互作用相对较强,液体层被紧紧包裹,其厚度可以达到几纳米到几百纳米。将微纳加工技术与石墨烯液体腔的优势相结合提出了一种新型的液体腔,在氮化硅上通过微纳加工技术刻蚀出多个直径为 500 nm 的小孔,然后用石墨烯密封氮化硅两侧的空腔,整个样品的厚度即由氮化硅膜厚度决定,形成了以氮化硅或硅为骨架,石墨烯为观察窗口的新型液体腔。石墨烯液体腔虽然可以达到超高的分辨率,但仍存在一定的缺点,如液体腔的形状、体积、位置等是随机的。石墨烯包裹只能封存有限的少量液体,远小于基于微纳加工方法制

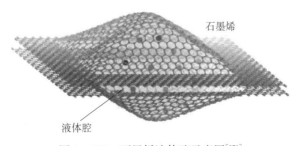

图 4 - 108　石墨烯液体腔示意图[273]

备的液体腔的容积。此外,由于石墨烯薄膜很薄,可控性不强,难以实现对电、热、力等物理场的集成,极大地限制了它的应用范围。

在研究一些化学反应时,需要在特定的时间里引入某种液体反应物,而且需要对液体进行精准的控制,这就需要流动式液体腔。Niels de Jonge 等报道了一种微流控液体腔[274](见图 4 - 109)。不断向液体腔注入一种或多种不同新鲜反应液,可以保证反应物的浓度,同时减小电子束和溶液的相互作用对反应过程带来的影响,这些都是其相较于密闭液体腔的重要优势。通过微流控注射泵控制进出口压力来控制液体流速及压力,液体流速可以控制在零至几百纳升每分钟,因此可以实现静态模式和流动模式。但在注入液体过程中容易引入扰动,降低成像分辨率。此外,有时候压力没有控制好,可能会导致薄膜窗口破碎,引起电镜污染。

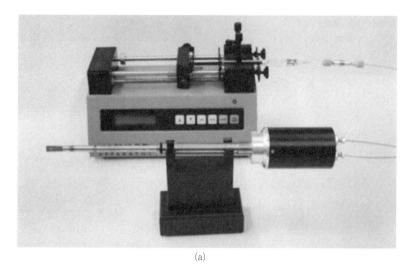

(a)

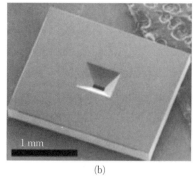

1 mm

(b)

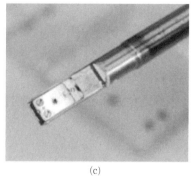

(c)

图 4 - 109　流动式液体腔样品杆及其组件[274]

(a)液流样品杆和微流控注射泵;(b)氮化硅窗口的微芯片;

(c)微芯片组件通过螺钉固定板封装在液流样品杆的尖端内

## 4.10.5　原位气体

原位气体电镜试验环境和原位液体电镜很类似,也分为两大类原位气体环境电镜技术:一种是开放式气体环境,另一种是封闭式气体环境。第一种技术是通过环境透射电镜的差分泵系统使开放式气体环境在差分泵系统中,环境气体通过管路到达样品周围,形成气体环境,这些气体被样品上下的光阑组限制,每一个光阑附近都配备了额外的抽气泵,通过层层抽气,确保环境气体不会扩散到电子枪及透镜系统中影响成像。这种系统的优势是无窗口材料影响成像和 EDS 测试,同时它可以适配各类型的样品杆,从而进行更复杂的原位实验。但是,受真空泵能力限制,该系统能达到的环境气压一般最高只有 2 kPa,并不能模拟真实的环境压力。

原位气体样品杆是将一个气体反应器安装在电镜样品杆上送入电镜中进行成像的器件。气体反应器有一个双层薄膜窗口,两薄膜之间是样品和气体,可防止气体逸出,同时保障电子束能有效穿透并进行成像。原位气体样品杆有两种工作模式:一为静态模式,即将定量气体输入气体反应器中,气体在实验期间始终在反应器中保持静态;另一种为流动模式,气体通过进气口和出气口在气体反应器中流动,排出的气体被送入质谱仪或气体分析仪进行分析。基于 MEMS 芯片的气体环境芯片也可以引入激励电路,对气体环境中的样品进行加热或加电激励,以进行复合环境原位实验。

## 4.10.6　原位光学

原位光学样品杆是在样品杆中集成光学部件,可对样品进行光照激励。光既可由集成的发光二极管(light emitting diode,LED)发出后直接照射到样品,也可由光纤将电镜外的激光光源发出的激光引入电镜内,再经过透镜调节精确照射到样品上。光学探测头也可以安装到样品杆上,并经由压电驱动移动平台,布置到理想位置。光照的同时利用电镜原位观察样品由光照引发的形变或相变,而由光照引发的阴极发光或拉曼散射光等光信号可由所集成的光谱仪进行分析。光学样品杆也可接入其他原位手段,如加入电学测量单元进行原位光电效应实验,或加入力学单元进行压电光电子学实验等。

最简单的原位透射电镜技术应该是基于电子束辐照诱导的材料原位生长、辐照损伤、化学反应等动态表征,因为这对设备没有额外的要求。在电子显微镜中,高能电子束照射到样品材料上会发生弹性或非弹性散射,并产生多种效应,包括撞击、辐解和加热。电子束辐照会产生多种形式的晶体点缺陷和点阵扰动,如图 4-93 所示,且这些缺陷将根据一定条件扩散、聚集,或者转换成其他形式的缺陷,结果使材料的性质发生了改变。

图 4-110 显示了 $ZnS_{0.04}Se_{0.96}/GaAs(001)$ 异质结在(400)弱束条件下拍摄的相

同区域的显微图像[275]。可以观察到样品中的层错在电子束照射期间发生了变化。
与图 4-110(a)相比,图 4-110(b)中的右侧的一个层错的面积减小了,如图中标"1"
的位置,说明层错两侧的两个偏位错发生了移动。这一变化可部分归因于外延层中
应变状态的变化以及由电子束对样品的局部加热引起的位错迁移率的增加。

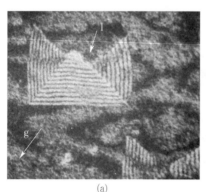 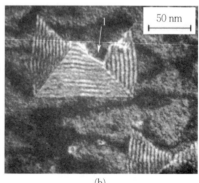

(a)  (b)

图 4-110  $ZnS_{0.04}Se_{0.96}/GaAs(001)$异质结在电子束辐照前后的层错变化[275]
(a) 电子束辐照前;(b) 电子束辐照后

### 4.10.7  原位电学

原位电学样品杆通过集成电学部件,可对样品进行电学激励及测量。原位电学
样品杆主要有探针式与 MEMS 芯片式两种加电方式。探针式原位电学样品杆原理
如图 4-111(a)所示,在样品杆中安装一个压电驱动的电学探针,通过操纵电学探针
接触感兴趣的样品区域来对该区域样品施加电学激励,并可同时成像及采集能谱信
息。这种方法可以对样品不同地方施加电学激励和测量,较为灵活,同时样品制备也
较为方便,可以选择直接沉积或利用聚焦离子束进行制样。但是,由于电学探针过
长,样品稳定性相对不高,对样品的高分辨图像采集带来一定挑战,同时该方法只能
使用两电极测量法,电学测量精度受到限制。MEMS 芯片式原位电学样品杆[见
图 4-111(b)]利用 MEMS 芯片电路设计灵活的优势,可铺设 4 个或以上数量的电
极,实现多电极测量,还可利用多出的电极实现其他功能(如加热)。但在这种方式
下,样品需利用 FIB 进行精确放置及固定,对制样的要求较高。由于样品是被静态固
定到了芯片的电极上,因此该方式下的样品在原位实验中较稳定,较易实现原子级的
图像拍摄。

以上介绍了在液、气环境下及施加力、热、电等外场作用下的各种原位透射电镜
技术。实际上,近年来使用微纳加工技术根据不同实验需求,集成加热、电化学等元
件,设计出集成多种环境激励手段于一体的新型复合原位样品杆。MEMS 芯片样品

(a)　　　　　　　　　　　(b)

图 4 - 111　原位电学样品杆结构示意图

(a) 探针式；(b) MEMS 芯片式

杆通过设计和制造不同功能的芯片,更多的原位部件可被集成到单个芯片上。集成多种环境激励手段于一体的新型复合原位样品杆,在一个样品杆上能同时实现多种复杂激励或环境手段的原位实验,如液体、光、电和热协同复合的光催化电化学实验等,对材料在激励环境下的性能改变进行原位测量。以原位液体为例,通过添加单一物理场,如添加热丝设计的加热液体腔,添加电极设计的电化学液体腔,添加复合物理场可以形成电热耦合液体腔等。这为探索不同条件下的材料反应变化过程中的结构和化学转变信息提供了契机,极大地拓宽了透射电镜的研究范围。

# 第 5 章　透射电镜样品制备技术

透射电镜样品的制备对于获得透射电镜结果起着至关重要的作用。透射电镜应用的深度和广度在一定程度上取决于其样品的制备技术。顾名思义,所谓"透射电镜"是以电子束为照明光源并透过样品来成像的显微镜。由于电子束的穿透能力比较弱,因此要使电子束能透过透射电镜样品,用于透射电镜观察的样品厚度要非常薄。根据样品的原子序数大小不同,一般在 5~500 nm,通常样品观察区域的厚度最好控制在约 200 nm 以内,如果是铁的原子序数附近金属元素,适宜的样品厚度约 100 nm 以内。显然,在过去要制备这样薄的金属样品不是一件轻而易举的事情。因此,当透射电子显微镜诞生后,遇到的困难就是样品制备问题,这也是透射电镜被发明后一段时间内主要被用于生物样品观察而非用于金属等材料样品观察的原因[276-278]。在 1949 年之前,透射电镜还往往无法实现直接观察样品的功能,因为很难制备出能让电子束穿透的薄膜试样,只能采用复型制样法来实现样品的间接观察。复型的制样方法虽然使透射电镜应用于显示金属等材料的显微组织,但却只能观察被复制下来的样品表面形貌,而无法直接观察样品本身内部结构。随着电解减薄方法和离子减薄方法的发明,透射电镜被广泛用于直接观察材料内部的显微组织结构。

制样技术在逐渐发展,电子显微技术的发展对样品制备的要求也在逐渐提高,例如用于原子尺度 HRTEM 像或 HAADF 像观察的样品要求更薄的厚度。此外,新的透射电镜技术也不断出现,例如原位技术等,对样品也提出了越来越高的要求。因此,要制备适合透射电镜观察的薄样品必须使用一些特殊的制备方法。新材料的发展日新月异,材料的种类和尺寸千变万化,例如有块状、片状、薄膜、多层以及粉末等,要根据原始样品的不同形态,选择不同的方式制备透射电镜样品。选择合适的制备方法不仅省时省力省钱,而且有利于制备出较好的样品,获得理想的实验结果。目前,常规的制备方法很多,例如:化学减薄、电解双喷、解理、超薄切片、粉碎研磨、机械减薄、离子减薄、聚焦离子束等。

# 5.1　块体材料

块体材料多采用薄区法,也叫薄膜法,通过对样品局部减薄制成对电子束透明的薄区。薄区法制备样品的薄区必须保持和被取样的大块样品相同的组织结构,在制备过程中尽量不引起材料组织的变化,所制得的样品薄区还必须具有代表性,以真实反映被分析材料的某些特征,样品制备时不可影响这些特征。制样过程应无污染、无氧化等,不引入人为的结构特征,最终减薄时要消除切割或研磨时留下的机械应变层和热应变层。而夹持试样时也必须小心,不要引入变形和缺陷等。如制样时已产生影响,则必须知道影响的方式和程度。样品薄区一般要尽量薄,避免薄区内不同层次图像的重叠,干扰分析。同时,尽可能获得大而不变形的薄区,因为变形甚至严重的弯曲会使成像条件改变,从而影响成像质量,而尽量大的薄区面积使可供观察的区域比较大。此外,薄区要具有一定的强度,在薄区较大的时候必须考虑薄区能够支撑自身,特别是有些磁性材料在电子束照射下,薄区会脱落,甚至吸到极靴上,造成电镜分辨率下降。

薄区法样品制备步骤如下:① 预处理,从样品本体上切取薄块(<0.5 mm);② 预减薄,用机械研磨、凹坑、化学抛光等方式将样品减薄成薄片(0.1 mm);③ 终减薄,用双喷电解抛光、离子轰击减薄等方法将样品观察区域制成薄膜(<100 nm)。采取何种方式应视材料而定,拿终减薄阶段来说,对于塑性较好而又导电的材料,一般采用双喷电解抛光等方法,而对于陶瓷等脆性较大、不导电的材料,一般可用离子减薄等方法。

## 5.1.1　样品预处理

和金相显微镜、扫描电镜样品相比,透射电镜的样品尺寸较小,目前较常见的是直径为 3 mm 的薄圆片,因此块体材料需要预处理加工到接近目标尺寸,以便后续制备。

以直径为 3 mm 薄圆片样品为例,一般可以用两种方式制备薄圆片,如图 5-1 所示,一种是先做一个薄片,然后利用冲片机在上面冲出圆片[见图 5-1(a)];另一种是先做直径 3 mm 的圆柱子,然后切成多个薄片[见图 5-1(b)]。大多数材料都采用第一种方式,但是对于一些比较脆的材料,不容易磨成薄片,而且冲片时容易开裂,这时可以采用第二种方式。下面以最常见的第一种方式说明。

对于薄片的获得,目前一般采用线切割或低速圆锯的方法。

### 5.1.1.1　线切割

电火花线切割是最常见的线切割方法,如图 5-2 所示,它是利用数控线切割机床进行切割,加工时电极丝(钼丝)和样品之间加有直流脉冲电压,电极丝与样品之间

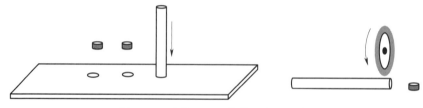

图 5-1  直径 3 mm 的薄圆盘的制备

图 5-2  电火花线切割

（a）示意图；（b）实物图

的脉冲放电。当电极丝和样品之间的距离足够近时（约 0.01 mm），电压击穿冷却切削液介质，在电极丝和样品靠近的部位上均匀放电，高能量密度电火花放电瞬间温度可以达到 7 000 ℃或更高，高温使被切削金属瞬间汽化，生成金属氧化物，熔融于切削液中，被带出加工区域。电极丝相对于样品沿程序设定的方向作走丝运动，使之达到要求的尺寸大小及形状精度。线切割的精度高、效率较高，但样品需要具有导电性，而且高温可能会对样品表面组织产生影响。

当加工的材料不导电时，电火花线切割机将无法工作，这时可采取金刚石线切割机。金刚石线切割机采用金刚石线单向循环或往复循环运动的方式，使金刚石线与被切割物件间形成相对的磨削运动，从而实现切割的目的。

### 5.1.1.2  低速圆锯

低速圆锯（见图 5-3）可以配用金刚石、刚玉、碳化硅等多种材质的锯片，以满足不同材料的切割需求。锯片下方设有润滑冷却水盒，利用锯片的旋转把盒中的润滑冷却液带到样品上，起到润滑的作用，同时把切割过程中所产生的热量及时带走，从而避免样品发热使其组织发生改变。低速圆锯操作简单，适用于各种固体材料，适合学生自己操作。

切割操作具体步骤如下：

（1）圆锯片选择。根据要切割材料的材质，选择合适的圆锯片。

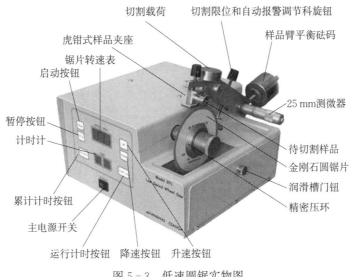

切割载荷　切割限位和自动报警调节科旋钮

虎钳式样品夹座

锯片转速表

启动按钮

样品臂平衡砝码

暂停按钮

计时计

25 mm测微器

累计计时按钮

待切割样品

金刚石圆锯片

润滑槽门钮

精密压环

主电源开关

运行计时按钮　降速按钮　升速按钮

图 5-3　低速圆锯实物图

（2）圆锯片安装。换装圆锯片和拧压紧螺丝时，不能让圆锯片受力，否则会导致锯片变形。

（3）样品固定。根据样品形状及要求，将样品安放在样品夹座上，并使样品基准面与圆锯片接触点切线方向平行。样品必须牢固地固定在样品夹座上，如果在切割过程中样品发生松动，不仅会影响切割尺寸和表面光洁度，严重的话还会引起锯片变形、损坏。

（4）样品移动。通过旋转螺旋测微头来移动样品。样品移动范围 0～25 mm，最小刻度 0.01 mm。

（5）切割载荷。加适中的载荷，才能保持合理、稳定的切割速度。过载不仅会引起样品薄片变形，还会缩短金刚石圆锯片的使用寿命，甚至变形损坏。

（6）自动报警和关机螺栓调节。根据样品尺寸来调节样品臂上螺栓露出的长度。当切割到样品底部时，螺栓端部圆盘与基座中部露出的控制极相接触，电路会自动关机，同时发出报警声响。

（7）切割液槽和切割液。为了润滑、冷却样品和锯片，切割过程必须使用切割液。如果切割过程不使用切割液，会发生卡锯片现象，引起锯片变形，甚至破裂。可以采用普通磨床用的水溶性切割液原液，按 1∶20 兑水来配制切割液。通常要保持切割液面浸没圆锯片外缘 1～2 mm 深度。或者在切割液槽里放一小块海绵并使之与圆锯片相接触，将海绵吸附的切割液涂抹到旋转的圆锯片上起到润滑和冷却作用，而且还可以减少锯片旋转时切割液飞溅。如果采用在槽里放海绵的方法，只需加少量切割液（如 50 ml）。

（8）接通电源。按下开关按钮，开关指示灯亮，表明圆锯已接通电源，但处于待机状态。

（9）开始切割。通过位于转速表下方的转速调节旋钮设定需要的转速，用手稍许抬起样品臂，使样品与金刚石圆锯片脱离接触，然后按下开关，圆锯片开始转动后缓慢放下样品臂进行样品切割操作。通过转速调节旋钮设定需要的转速，转速表指针显示当前的转速。转速高低因样品而异，应根据具体情况，通过试验确定。

（10）切割结束。如果自动报警和关机调节螺栓露出长度调整合适，样品切割完毕后会立即发出报警响声并自动关机。如果切割过程中途需要停机，请先缓慢抬起样品臂，然后按下开关按钮。

### 5.1.1.3　手工研磨

手工研磨可以将已用线切割或圆盘锯切割下来的样品贴在手工磨样器（见图 5-4）或者平整的试块表面，在砂纸上进行进一步研磨，其中使用手工磨样器可以了解研磨过程中的样品厚度变化。还有一种手工磨样器是专门用于研磨直径 3 mm的圆片，如图 5-5 所示。

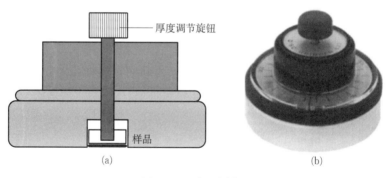

图 5-4　手工磨样器
（a）示意图；（b）实物图

图 5-5　3 mm 金属圆片精密研磨器

手工研磨具体步骤如下：

（1）装样品台。将没装样品的样品台装入手工磨样器，逆时针旋转黑色旋钮使样品台进入磨样器，然后将手工磨样器放置在平整的玻璃台面上，顺时针旋转黑色旋钮使得样品台接近玻璃。当旋转变得非常困难时，说明样品台表面接触到了玻璃底面，这时的样品台表面和研磨仪表面在一个平面上。

（2）调零。旋转手工磨样器上刻度盘 0 μm 标记与黑色旋钮标线对齐。设置 0 位时，不要旋转黑色旋钮。

（3）粘样品。从手工磨样器中取出样品台，使用低熔点的腊或者瞬间固化黏合剂，将样品黏在样品台上，按下样品使腊或胶尽可能得薄，也可以在样品上加一点力使其做一个小的圆周运动，使黏合剂分散均匀。

（4）设置样品厚度。待黏合剂牢固后，重新将载有样品的样品台装入手工磨样器，逆时针旋转高度旋钮，使得载有样品的样品台缩进磨样器中。然后将手工磨样器放在玻璃台面上，按住磨样器并且顺时针旋转高度旋钮。一旦旋钮拧不动，说明样品表面已经与玻璃台接触，此时黑色旋钮标线指示在刻度盘上的数值就是样品厚度的近似值。顺时针旋转黑色旋钮，设置希望磨去样品的厚度。

（5）研磨。将磨样器放在金相试样抛光机上，并且加上研磨料。由于磨样器有足够的重量，所以在工作期间不需要增加额外的压力。如果不用金相试样抛光机，也可以用砂纸人工研磨。根据样品厚度选择 600、1 000 或 2 000 支砂纸，放置在平整的玻璃上研磨。

样品磨下去后，继续顺时针旋转高度旋钮使得样品伸出磨样器底平面。重复以上步骤直至样品研磨至理想的厚度。

（6）取样品。当研磨工作结束，把样品台和样品放置在加热器上或者用丙酮浸泡，将样品取出。

如果没有手工磨样器，也可以将样品用低熔点的腊或者瞬间固化黏合剂粘在有一面平整光面的金属等块体上，然后按照前面手工磨样器的步骤进行研磨，但要特别掌握均匀用力，避免样品研磨不均匀。

### 5.1.1.4　冲片

用直径 3 mm 圆片冲片器（见图 5 - 6）将金属薄片冲成若干个直径 3 mm 的小圆片。对于一般的冲片机，应该先将金属薄片手工研磨成厚度≤0.1 mm 的金属薄片，对于一些精密的冲片机，有时候要求将金属薄片手工研磨成厚度≤0.05 mm 的金属薄片。不要用金属圆片冲片器切割太厚的金属圆薄片，因为较厚的金属片会造成冲头损伤，使冲头刀刃变钝而不能正常使用，尤其是处理像钢这类较硬的材料时。冲头损伤处无法切割样品，会造成样品局部黏连、飞边，或者可能会造成卡片的情况。较厚的金属片冲进圆孔后,由于样品厚,和圆孔壁摩擦力较大,甚至大于下顶头弹簧或者橡胶的弹力,因此圆片无法被顶出,卡在冲片机的圆孔里。

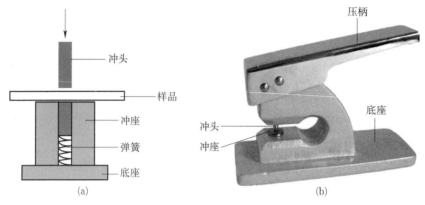

图 5-6　3 mm 圆片冲片器

(a) 示意图;(b) 实物图

　　由于冲片器冲头与冲座之间有适量的间隙或者冲头刀刃变钝,冲切出的圆片的外缘或多或少带有一些毛刺。它取决于薄片材料的硬度和厚度。一般来说,薄片材料越软,或者厚度越薄,出现毛刺的情况越明显。如果金属圆片周边有毛刺,需要将毛刺磨掉,以免给后续工作带来不方便甚至损伤仪器。例如,如果不把毛刺磨掉,会影响金属圆片与铂电极的接触,还会损伤铂电极表面,降低样品夹的使用寿命,此外毛刺也影响样品在双喷仪样品台、电镜样品台上的装载。

　　磨毛刺前,可用小剪刀将较长的毛刺剪掉。然后用专用的直径 3 mm 圆片研磨器研磨(见图 5-5)。具体操作方法是在研磨器中央直径 3 mm 圆柱端面上抹一点普通胶水,把金属圆片无毛刺的一面粘贴在圆柱端面上,沿逆时针方向旋转分度齿轮直至金属圆片缩到圆柱孔中,然后再沿顺时针方向逐格旋转分度齿轮(每旋转 1 格进给 0.01 mm,发出一声滴答响),每进一格,在细砂纸上研磨一会儿,直至把毛刺磨掉或把圆片磨到需要的厚度。如果没有金属圆片研磨器来研磨圆片,可用手指或橡皮按着金属圆片在砂纸上研磨,研磨时应注意用力均匀,以免将圆片磨成厚度不均,在电解减薄时往往优先在薄的区域穿孔,导致穿孔不在圆片中心区域。

　　获得周边没有毛刺、厚度均匀而且小于 0.05 mm 的金属圆片后,可以把它装到双喷射电解减薄器的样品夹中进行电解抛光减薄操作。

### 5.1.1.5　超声波切割

　　由于陶瓷、半导体、矿物质材料以及一些脆性合金的材质较脆,如果采用冲片的方式制备直径为 3 mm 的圆片,会导致样品开裂、损伤,因此对于这类材料,一般可采用超声波切割方式获得直径为 3 mm 的圆片(见图 5-7)。此外,对于比较硬或者比较厚的样品,在无法用冲片方式时,也可以采用该方式。超声波切割仪是利用在超声波能量转换过程中,电压加载到锆钛酸铅晶体上造成切割头轴向运动,实现超声波机械振动快速切割样品至圆片状。目前使用的切割头振幅在几十个微米,保证了最小的样品损伤和合理的切割速率。由于超声波切割过程中会发出频率很高的声音,所以不要在它的附近放置需要安静环境的精密仪器。

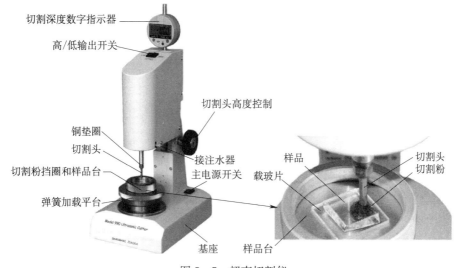

切割深度数字指示器

高/低输出开关

切割头高度控制

铜垫圈

切割头

切割粉挡圈和样品台

弹簧加载平台

接注水器
主电源开关

基座

样品
载玻片

样品台

切割头
切割粉

图 5-7　超声切割仪

超声波切割具体操作步骤如下:

(1) 安装切割头。切割头的内部设计有螺纹,可以将它旋转固定到超声波能量转换器上。由于超声波切割处理的特性,切割头也会磨损。如图 5-8 所示为切割头磨损前后的比较。如果切割头表面不平整,可以使用抛光轮对切割头进行磨平处理,但是一定要避免毛刺。切割头可以重复使用直到它的长度小于 9 mm。

(2) 样品安装。为了达到提示和保护作用,超声波切割仪上安装了一个控制设备连续切割的传感器,仪器有电接触终止功能,当样品切割完成后,一旦样品板与切割头接触,传感器获得正极电压,就自动终止切割处理过程。为了实现电接触终止功能和保护仪器,必须将样品粘贴在一片金属导电样品板上,一般用铝样品板。使用低熔点的腊或者瞬间固化黏合剂将样品粘在铝样品板上,再将铝样品板固定在样品台上。对于导电的样品,可以用不导电的黏合剂层,也可以用玻璃片替代铝样品板来绝缘。

因为在后续加工中要在样品的中心位置获得透明的薄区,所以安装样品板时应选择样品感兴趣的部位进行超声波切割。因此,超声波切割仪会使用带磁性样品台,方便移动样品选择感兴趣的位置。从大块均质样品中切割获得 3 mm 大小的圆形样品是简单的,但对于非均质材料,需要将分析研究的感兴趣部分放在切割样品的中心。例如复合材料,要将需要分析的界面置于样品中心位置。

（3）加切割介质。在样品的待切割位置撒上适量的切割介质,切割介质一般使用硅或硼的碳化物粉末。将注射器装满水,并且把它安装在设备正面的喷嘴上。在超声波切割过程中,水起到润滑和冷却

图 5-8　切割头磨损前后的比较

作用。通过注射器加适量水到研磨粉上使其湿润,过多的水会冲走切割粉末,而水不够则不能润湿切割粉末,也会导致切割时产生震动而浪费切割粉。

（4）超声波切割。打开电源开关,慢慢地降低切割组件,直到切割头接触到样品表面。此时继续降低切割组件,样品台将会压缩。样品台能够被压下大约 5 mm。为了达到最佳性能,一般只要压下超过样品厚度的距离即可。

超声波切割仪上一般安装了一个千分尺指示器,用于指示超声波切割的深度。千分尺指示器下部指示接触部件连接在样品台上。一旦切割头接触到样品表面,那么千分尺指示器和样品台被压缩的距离基本相同。切割时观察千分尺指示器,确保样品正在切割。如果切割样品速度变慢,要进一步注射水。如果注射水也不能进一步切割,此时样品上需要添加研磨粉。

（5）超声波切割终止。超声波切割过程直到切割头穿过样品才结束。当切割头与铝制样品板接触时,电接触传感器检测到信号,切割处理被自动终止,并且超声波切割组件上的发光二极管发光。

（6）取下样品。关闭电源开关,提升超声波切割组件。从设备上拿出样品切割容器,使用纸/布轻轻地擦去研磨浆。此时需要极其小心,防止圆形样品的丢失。样品有时候会进入切割头里面。这时可以在样品台上放置一块吸水材料,开启设备电源并且使超声波能量转换器工作,同时通过注射器注射水,样品就会从里面出来了。

将样品板拿出样品切割容器,并且彻底地清洁它们。将样品板放到加热器上,取下样品使其冷却。将样品放入适当的溶剂中(水或丙酮),洗净所用黏合剂。同样清洗干净样品板。

（7）清洗。超声波切割仪使用之后需要彻底清洁所有部件表面。清洁工具可以是棉布,可使用比较温和的清洁剂。

## 5.1.2 凹坑研磨

凹坑研磨基于研磨切割和研磨抛光同样的原理,可以将材料减薄至对电子束接近透明,但样品往往需要进一步接受离子减薄等处理后才能用于电镜观察。凹坑研磨适用于一些不能双喷制备的样品,或者因样品较厚而直接用离子减薄方法制备需要耗时较长的样品。采取凹坑研磨法将样品中间减薄,有时可减薄直至即将穿透的厚度。凹坑研磨时尽量不要将样品穿孔,因为凹坑研磨时不穿透,而在离子减薄时出现孔,可以确定是离子轰击造成的孔,其周围是有薄区的,而离子减薄前样品已经有孔将使之无法判断。

在凹坑研磨过程中,可以根据要研磨材料的材质,通过选择研磨轮材质、研磨压力、研磨剂类型、研磨轮转速等达到不同的研磨目的。将样品用黏结剂安装在压盘上,然后研磨工具(典型的是黄铜)与样品垂直接触,工具的压力可设置,研磨工具与样品的界面之间涂上少量的研磨剂。如图 5-9 所示,样品按轴心旋转,研磨轮围绕另一根轴心旋转,两轴垂直,这样研磨轮与样品在样品中心位置接触。研磨工具和压盘相对旋转,通过研磨轮带动研磨剂和样品接触旋转,由此在样品上磨出一个凹坑,从而获得样品中心区域几个微米的厚度。凹坑研磨的优点就是在样品中心产生一个力学稳定的最薄区,同时凹坑研磨避免了电解抛光中可能产生的化学变化和优先侵蚀。

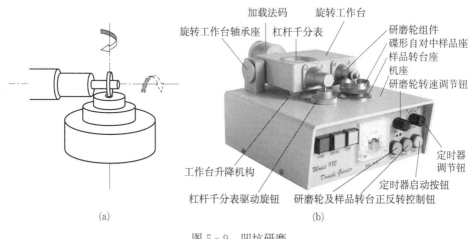

图 5-9 凹坑研磨

(a) 示意图;(b) 实物图

凹坑研磨还可以根据样品需求选择单面凹坑或者双面凹坑,如图 5-10 所示。例如做样品表面观察,选择单面凹坑,研磨掉非表面一侧。

由于生产厂家不同,凹坑研磨仪的操作差异较大,下面以操作复杂的精密凹坑研

磨仪为例,说明具体操作步骤如下:

(1) 准备工作。将凹坑研磨仪放置在坚硬稳固的台面上,台面上不要放其他有震动的仪器。因为凹坑研磨仪非常敏感,仪器的微小震动,尤其在定零位操作期间和研磨期间的震动,都可能导致该步骤提前结束,从而造成研磨后的样品厚度厚于预期效果。

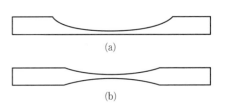

图 5-10 凹坑研磨样品的截面图
(a) 单面凹坑;(b) 双面凹坑

(2) 样品安装。样品被固定在样品台组件上。样品台组件包括旋转样品台基座、磁性样品台固定部件和样品台。样品被粘贴在特殊设计的样品台的顶部并安装在磁性样品台固定部件上。选择合适的样品台,如果在研磨处理过程中需要通过底灯观察样品,可以将样品粘贴在玻璃样品台上。

放置样品台到加热台上,设置适当的加热温度。将少量低熔点的热塑性聚合物作为黏合剂放置在样品台的表面并且让它熔化。放置样品在热塑性聚合物上并且轻压样品使其达到最小厚度,调整样品位置使其和样品台上的中心圆环对准。从加热台上拿走样品台并且使其冷却。

将样品台放置到磁性样品台固定部件上,并且拧紧螺丝,确保紧固螺丝对准样品台凹槽。

(3) 样品的定位。磁性样品台固定部件通过磁力作用能够在旋转样品台基座上移动,确保感兴趣的样品位置移到旋转样品台中心得到减薄。移动时可以使用配套的显微镜,放置显微镜在样品台基座上,并在样品表面聚焦。滑动磁性样品托固定部件直到所要求研磨的特殊区域在观察区域的中心。调整好位置后拿走显微镜组件。如果没有显微镜组件的,可以进行微量研磨,根据研磨痕迹调整样品位置。

(4) 定零位。定零位对于凹坑研磨仪能精确地设置和控制最终样品的厚度(研磨深度)至关重要。对于最终样品厚度的定零位操作和设置,可以通过两种方法完成:样品台表面定零位和样品表面定零位。采用样品台表面定零位时,研磨轮自动慢慢地下降直到它刚好接触到样品台表面,此时设备将样品台表面作为零位。此"0"位置被储存在内存中。样品最终预留的厚度必须大于 0 数值。按下启动键,研磨工作继续直到预留的样品厚度。这种方法适合不知道样品厚度时使用,但是必须考虑黏合剂的厚度。采用样品表面定零位时,研磨轮下降到和样品台上的样品表面接触,此时激活自动零位处理,确认样品表面为零位。当进入设置样品研磨厚度界面时,需要磨去的样品厚度用负数表示。这种模式要求知道样品的精确厚度以及需要研磨的厚度。

精密凹坑研磨仪的定零位过程往往是自动的。研磨轮以很小的增量缓慢地朝着样品表面或样品台表面下降,当研磨轮控制台和研磨速率传感器电接触断开时,研磨轮停止向下移动,仪器认为此时研磨轮接触到样品表面或样品台表面。所以,在定零位时的向下移动过程中,研磨轮的任何偏心率或凸出点,以及外界造成的震动都将造成电接触的断开,获得较高的零位。

(5) 调节研磨轮压力。凹坑研磨仪提供了精确并可重复的研磨压力。即使是研磨轮速率传感器管脚支撑和下降研磨轮控制台时,压力也尽可能地施加在样品上。根据不同的样品以及样品的厚度,前后调节平衡锤的位置。旋转平衡锤,调节研磨压力。平衡锤旋转一圈大约可增加 5 g 压力。

对于厚样品或表面凹凸不平的样品,可以设置较大的研磨压力,以便提高研磨速度。对于研磨到最后阶段和抛光阶段或研磨非常脆的样品时,应设置较小研磨压力。

(6) 加研磨膏或者研磨剂。选择合适的研磨膏,将研磨膏放置在样品的表面。研磨颗粒不要太大,需要按照样品厚度选择合适颗粒大小的研磨膏。如果需要研磨厚样品,可以选择 $6 \sim 9 \ \mu m$ 颗粒的研磨膏。一般研磨膏对样品产生的划痕是研磨膏颗粒大小的 3 倍。所以比较薄的样品可以使用 $3 \sim 6 \ \mu m$ 颗粒的细研磨膏,一直磨到 $20 \sim 40 \ \mu m$ 范围,在此厚度推荐更换 0.5 或 1 $\mu m$ 的研磨膏进行抛光。当更换研磨膏时,一定要彻底清洁研磨轮和样品。

(7) 研磨。压下研磨轮控制台。可以采用深度模式也可以采用时间模式。输入希望研磨的深度或时间,并按开始键进行研磨。当研磨轮下降到预设深度后,仪器会自动停止。

如果研磨前希望对样品表面进行平整处理,在凹坑研磨仪上用扁平研磨轮代替普通研磨轮进行研磨,就可以除去样品表面的大量多余材料。由于扁平研磨轮的宽度往往大于圆片样品直径,所以使用扁平研磨轮可以整平样品表面。如果需要也可以将样品的另外一面平整。在平整处理之后,更换研磨轮进行样品表面研磨。

(8) 抛光。通过抛光可以除去研磨后样品表面的划痕,抛光要使用到抛光轮和抛光膏,抛光轮可以选胶木轮,抛光膏选择最小颗粒。此时样品最终厚度已经达到,抛光操作只是除去少量的样品表面材料,所以样品厚度不受影响。

(9) 取样品。将样品从凹坑研磨仪上取下必须非常小心,避免损伤样品。用手抬起研磨轮控制台至垂直位置。松开固定螺丝,拿出样品台。加热或者使用适当的溶剂浸透样品台,等黏合剂溶化后,将样品轻轻地从样品台表面取下。如果需要,可以反转样品,对样品的另外一面进行研磨处理。

凹坑研磨的注意事项如下:

(1) 如果在样品制备期间观察样品,可以暂停运行,抬起研磨轮控制台,使其在垂直位置。研磨轮控制台放置在垂直位置使得弹簧制动装置啮合,从而固定研磨轮控制台。

(2) 将显微镜组件放置到旋转样品台基座上,调整聚焦观察凹坑的形状和大小。如果使用透光样品台安装样品,可以打开底灯观察是否透光,对于硅等透光材料,可以通过观察样品透光情况来判断样品的厚度。

（3）研磨时要控制研磨轮转速，防止研磨轮转速过快造成震动，导致提前结束研磨，或损伤材料。

（4）整个研磨过程都不允许研磨轮控制台强烈地碰撞样品或研磨速率传感器的接触脚。强烈的冲击会造成样品损坏或影响研磨速率传感器电接触的精度以及精确的研磨停止，造成设备无法精确地测定样品的厚度。

（5）每次设备使用完毕，请拆下研磨轮或抛光轮并且清洁研磨抛光轮和研磨轮安装轴，使用干净的棉布或餐巾纸擦干它们。

### 5.1.3 电解抛光减薄

1949 年，Robert D. Heidenreich 介绍了一种制备用于透射电镜观察和电子衍射的金属电解减薄方法，并在冷加工铝和铝铜合金中得到应用[120]。受 A. Uhlir Jr.[279] 利用电解蚀刻加工技术在锗、钼、铁、铜、银和碳化钨上钻出微孔的启发，R. P. Riesz 和 C. G. Bjorling 于 1961 年用虚拟电极电解蚀刻方法制备了 50 nm 厚的锗样品[280]，该方法用玻璃管将电解液喷到样品上，在蚀刻过程中可见光透过样品被作为减薄完成的标识，并自动停止蚀刻过程。1965 年，V. A. Phillips 和 J. A. Hugo 在他们自己的"single-jet"技术研究基础上[281-282]，开发出了"twin-jet"技术[283]，在大约 35 s 内将 0.127 mm 厚的铜箔中心制备 50 nm 厚的薄区。1966 年，R. D. Schoone 和 E. A. Fischione 对此技术进行了改进，加入了带有自动切断功能的设计[284]，通过在最佳时间停止抛光电流，大大改善了制样效果。这时的电解抛光减薄技术已经和现在差不多了。

#### 5.1.3.1 电解抛光减薄法介绍

电解抛光减薄法是能进行样品最终减薄的方法，在孔洞边缘获得厚度小于100 nm的薄区。简单的电解抛光装置由直流电源、电压表、电流表、电解液、电解液容器、阳极（样品）和阴极（通常用铂或不锈钢）组成，其装置如图 5-11 所示。但这种简单的电解抛光装置无法确定在样品产生薄区的位置。能在样品固定区域产生薄区的电解抛光减薄法可分为窗口法、博尔曼法和双喷法三种[285]，其中双喷电解抛光法是目前使用最广、效率最高、操作最简便的方法。

窗口法电解抛光装置和抛光过程的典型阶段如图 5-12 所示。首先，取长约2 cm、宽约1 cm、厚约0.1 mm 的样品，并在边缘涂上宽度为1～2 mm 的保护漆（漆膜）进行保护。样品作为阳极连接到电路并浸入电解质中。选择适当的电压后，打开直流电源几分钟后，由于涂漆区域边缘的优先抛光，样品中的穿孔在电解液上部附近可见。从电解液中取出样品，将样品倒置后再次开始电解抛光。这次样品的溶解从上边缘和下边缘同时进行。最终，当试样两侧形成窄桥时，从电解液中取出样品并关闭电路。在乙醇中多次清洗样品后,用锋利的刀切割含有电子透明区域的中心桥部分,并将其夹在两个铜网间,便可以进行透射电镜观察。

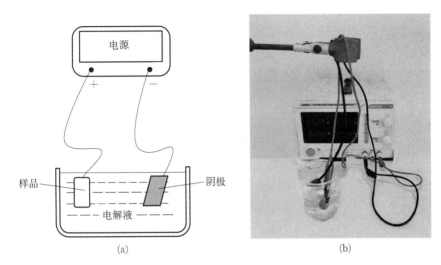

图 5-11　电解抛光装置
(a) 示意图;(b) 实物图

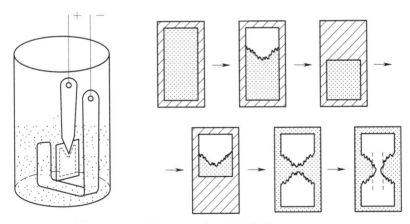

图 5-12　窗口法示意图

在博尔曼法中,在样品的两侧放置两个尖端指向样品的尖阴极(见图 5-13)。最初,在靠近阴极尖端的样品中形成一个小孔。然后将试样稍微移动以在试样中形成另一个孔。通过这种方式,在样品中形成几个间隙非常小的穿孔。最后,与窗口法一样,孔之间的桥梁部分被切割和清洗。

双喷电解抛光法与早期常用的窗口法和博尔曼法相比,不仅有减薄速度快的优点,而且减薄后的试样不需要切割成观察的尺寸,也不需要用铜网支撑,这样既避免了切割时可能发生的一些机械损失,又避免了使用铜网支撑时对观察面积的遮蔽。双喷电解抛光法对电化学条件不是很苛刻,采用高氯酸乙醇电解液能适用大部分的金属和合金,而且难制备的材料也容易抛光。大部分金属与合金可用双喷电解减薄,但有些情况不宜使用此法,例如易于腐蚀的裂纹端试样、具有孔隙的粉末冶金试样、组织中各相电解性能相差过大的材料、易于脆断的材料、不能清洗的试样等。

常用的双喷电解抛光仪主要由电源、电解抛光减薄、冷却与循环、监控等几部分组成。图 5 - 14 为双喷电解抛光仪示意图和实物图。样品放在聚四氟乙烯制作的夹具上(见图 5 - 15),样品通过直径为 0.5 mm 的铂电极与不锈钢阴极之间保持电接触,电解液由泵压出

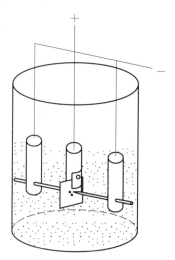

图 5 - 13　博尔曼法示意图

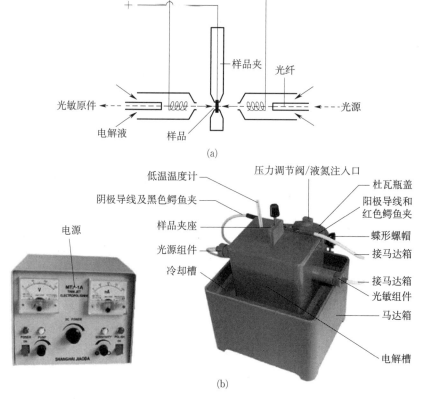

(a)

(b)

图 5 - 14　双喷电解抛光仪

(a) 示意图;(b) 实物图

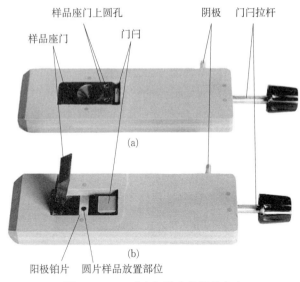

图 5 - 15　双喷电解抛光仪样品夹座
(a) 关样品座门；(b) 开样品座门

后通过相对的两个铂阴极喷嘴喷到样品表面,喷嘴口径为 1 mm。冷却与循环部分是为了使样品不因过热而氧化,同时又可得到平滑而光亮的薄膜。电解抛光时一根光导纤维管把外部光源传送到样品的一个侧面,当样品刚一穿孔时,透过样品的光通过在样品另一侧的光导纤维管传送到外面的光电管,切断电解抛光射流,并发出报警声响。

影响电解抛光质量的因素很多,包括电解液成分、浓度、温度、抛光电压和样品成分。对于某种材料来说,当电解抛光液成分选定后,抛光电压、抛光电流和温度三个因素中只有两个独立变量。如果把抛光电压和温度设置在某个值,则抛光电流一般就设定了,但抛光电流会随着抛光的进行而有一些变化。

### 5.1.3.2　抛光电压的选择

电解双喷时,要调好电流和电压的值,只有电流和电压的值处于电解抛光的平台时,才能制备出好的样品。

抛光电压一般根据预先测定的电压-电流曲线来确定,如图 5 - 16 所示。一般选择在曲线中间的平台区域,即抛光区。先进的电解抛光减薄仪配有显示屏,可以提供电压-电流曲线观察,甚至提供推荐参数,方便用户选择合适的电压。对于没有显示屏的电解抛光减薄仪,一般都有电压表和电流表,在实验过程中,通过调节电压,观察电流的变化情况,当发现随着电压增大,电流基本稳定时,这时的参数可用于抛光。

但是对某些材料(如不活泼材料作阳极)曲线没有平台区域,这就给选择电流密度增添了困难,根据图 5 - 16 中所示的原理,最佳的抛光电压、电流可借助光学显微镜检查抛光表面的情况来决定,如表面浸蚀明显,应提高电压。如果仍然浸蚀,应考虑适当

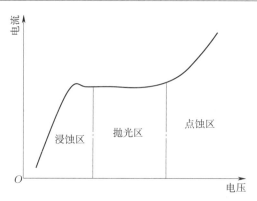

图 5-16　电解抛光时的电压-电流曲线

降低电解液浓度。这样不需要作电压-电流曲线，也能较快地找到合适的抛光电压。

### 5.1.3.3　电解抛光液成分的选择

电解抛光液实质是一种含有氧化剂和氧化产物的溶液，在抛光过程中，氧化剂对样品表面进行腐蚀，由于样品"毛面"上突出点的溶解速度大于低凹处的缘故，这种腐蚀使样品表面越变越平，几乎所有的氧化剂都能起到样品（阳极）平整的作用，但只有不多的氧化剂能够起到阳极抛光作用，而且即使这样，氧化剂也只有在一定的电位和电流密度条件下，才能使样品表面光亮。这些氧化剂通常是强酸（盐酸、硝酸、硫酸、高氯酸和氢氟酸等）、中强酸（正磷酸）和弱酸（醋酸和铬酸）。根据样品中原子的活泼性来选择不同的酸和配比浓度。例如，对碳钢和低合金钢，既可用高浓度的弱酸，如135 ml 醋酸＋7 ml 水＋25 g 铬酸，也可用低浓度的强酸，如 5% 的高氯酸乙醇溶液。但对于 Pd-Si 合金，由于样品原子活泼性极差，因此必须使用高浓度强酸，如 30% 高氯酸加上 15% 氢氟酸的乙醇溶液。当然这样的思路没有考虑合金相与纯金属的差异，因此也有其不足之处，对于一种特定的材料，决定一种电解液的最适当的成分条件还不十分清楚，但根据上述的基本原理，可以参考书或手册中若干种基本电解液，如果在文献中找到相同合金的电解液和工艺是最方便的。

电解液中除氧化剂外，有时还需要添加剂，它们包括：① 盐类，用以改进电导率，从而提高电解抛光速度，例如在醋酸为基的电解液中加镍的氯化物；② 黏滞流体，如甘油、纤维素等成分，它们增加电解液的黏滞性。当材料含有电化学性质不同的较大第二相粒子时，这种添加剂特别有用。

### 5.1.3.4　电解抛光液温度的选择

电解抛光液的温度也是需要考虑的重要因素。双喷电解时，一般要进行冷却，常用加液氮的方法来冷却，不过有的材料也可以不用冷却。它不仅受电解液成分控制，还和电解抛光方法有关。双喷电解抛光法减薄速率很快，因为其用更高的电压和相当高的电流密度，这是通过喷射过程中电解液快速流动以保持较薄的粘滞层来实现的。在这种方法中,电解液冷却到 0 ℃以下是有益的,通常为 $-30\sim-15$ ℃,降温除可防止氧化外,还可增加黏滞性,改善电解抛光效果。电解液冷却温度太低会变稠,导致电解液的喷射困难。虽然黏滞性的增加会减慢抛光速度,但抛光速度不是双喷电解抛光法的主要问题。窗口法和博尔曼法采用较低的抛光电压和电流密度,抛光速率就是一个主要问题,为了提高抛光速度,窗口法和博尔曼法必须采用较高的温度,使电解液的电导率和化学活泼性增加,同时降低电解液的黏滞性,这两种方法通常使用的温度范围是 $0\sim20$ ℃,甚至更高的温度。有的材料双喷电解时也可以不用冷却,例如有些钢在冷却下抛光效果不理想,但在室温下反而获得较好的抛光效果。

在大量液氮加入电解槽时,这时插入温度计测温,会造成温度计红液断柱,损坏温度计。所以加液氮时要逐渐添加,并同时搅拌电解液使温度均匀,然后再把低温温度计插到电解液中测定温度。

许多不同成分试样的电解抛光工艺参数可以从有关书籍和手册中查到,表 5-1 给出了部分金属材料的常用电解抛光减薄参数。因此,每当制备一种新的金属材料透射电镜试样时,必须通过试验来确定最佳的电解液浓度、工作温度和抛光电压及电流值。最佳的电解液浓度和抛光电压、电流值可借助放大镜检查抛光表面来确认。如果表面腐蚀发灰、甚至发黑,应适当提高抛光电压,也可降低电解液浓度(或温度),降低抛光电流密度;如果抛光面是镜面,说明电解液浓度、温度和所选用的电解抛光电压、电流值是合适的。除了看抛光面是否是镜面之外,还要看穿孔的边缘,如图 5-17 所示。如果孔边缘的衬度是逐渐过渡到孔的,一般有薄区;而如果孔边缘是非常明锐的界面,一般是没有薄区的。

表 5-1　金属材料的常用电解抛光减薄参数(仅供参考)

| 材料 | 方法 | 电解抛光液成分(体积分数) | 技术条件 |
|---|---|---|---|
| 铝和铝合金 | 窗口法或博尔曼法 | $62\%H_3PO_4+24\%H_2O+14\%H_2SO_4$ $+160g/LCrO_3$ | $9\sim12$ V,70 ℃ |
| | 双喷电解抛光法 | $10\%HClO_4+90\%CH_3OH$ | 20 V,$<20$ ℃ |
| | | $8\%HClO_4+11\%(C_4H_9O)CH_2CH_2OH$ $+79\%C_2H_5OH+2\%H_2O$ | $-10\sim-30$ ℃ |
| | | $40\%CH_3COOH+30\%H_3PO_4$ $+20\%HNO_3+10\%H_2O$ | $-10$ ℃ |
| | | $25\%\sim30\%$硝酸+$70\%\sim75\%$甲醇 | $75\sim100$ V,$\leqslant-20\sim30$ ℃ |
| | | $\sim5\%$高氯酸+冰醋酸 | $75\sim100$ V,$\leqslant-20$ ℃ |

| 材料 | 方法 | 电解抛光液成分（体积分数） | 技术条件 |
|---|---|---|---|
| 铜和铜合金 | 窗口法 | $33\%HNO_3+67\%CH_3OH$ | $4\sim8$ V，$<30$ ℃ |
| | 博尔曼法 | 同上 | $4\sim7$ V，$30\sim40$ ℃ |
| | 双喷电解抛光法 | $5\%HClO_4+95\%$乙醇 | $50\sim75$ V，$<-30$ ℃ |
| | | $33\%HNO_3+67\%CH_3OH$ | 10 ℃ |
| | | $25\%H_3PO_4+25\%C_2H_5OH+50\%H_2O$ | 10 ℃ |
| | | $5\%\sim10\%$硝酸+甲醇 | $75\sim90$ V，$\leqslant-20\sim30$ ℃ |
| | | $\sim5\%$高氯酸+甲醇 | $70\sim100$ V，$\leqslant-20\sim30$ ℃ |
| 碳钢和低合金钢 | 窗口法 | $135$ ml$CH_3COOH+7$ ml$H_2O+25$ g$CrO_3$ | $25\sim30$ V，$<30$ ℃，不锈钢阴极，依次在醋酸和甲醇中漂洗 |
| | 双喷电解抛光法 | $5\%HClO_4+95\%$乙醇 | $75\sim100$ V，$-(20\sim30)$ ℃ |
| | | $2\%\sim10\%HClO_4+$余量 $C_2H_5OH$ | $-20$ ℃ |
| | | $96\%CH_3COOH+4\%H_2O+200$ g/L$CrO_3$ | $-20$ ℃ |
| | | $5\%$高氯酸+冰醋酸 | $50\sim100$ V$50\sim75$ mA，$\leqslant-20$ ℃ |
| 不锈钢 | 双喷电解抛光法 | $5\%HClO_4+95\%$乙醇 | $75\sim100$ V，$-(20\sim30)$ ℃ |
| 钛合金 | 双喷电解抛光法 | $30$ ml 高氯酸（$30\%$浓度）+$175$ ml 丁醇+$300$ ml 甲醇 | $11\sim20$ V，$<-25$ ℃，不锈钢阴极 |
| 镍合金钢 | 双喷电解抛光法 | $5\%HClO_4+95\%$乙醇 | $75\sim100$ V，$-(15\sim30)$ ℃ |
| | | $5$ ml$HClO_4+95$ ml$CH_3COOH+2$ g$CrO_3+1$ g$NiCl_2$ | $50\sim80$ V，10 ℃ |
| | | $5$ ml$HClO_4+95$ ml$CH_3COOH$ | $\leqslant-20$ ℃ |
| | | $6\%HClO_4+14\%H_2O+80\%C_2H_5OH$ | |
| TiNi 形状记忆合金 | 双喷电解抛光法 | $20\%$硫酸+$80\%$甲醇 | $25\sim30$ V，室温 |

| 材料 | 方法 | 电解抛光液成分(体积分数) | 技术条件 |
|------|------|------|------|
| 镍-锆 | 双喷电解抛光法 | $20\%HClO_4+80\%$乙醇 | $75\sim100$ V,$-20$ ℃ |
| 铜-锆 | 双喷电解抛光法 | $1\%H_2SO_4+99\%$甲醇 | $20$ V,$-20$ ℃ |
| 钯-硅 | 双喷电解抛光法 | $15\%HF+30\%HClO_4+55\%$乙醇 | $20$ V,室温 |
| 铌 | 窗口法 | $15\%HF+85\%HNO_3$ | $8$ V,$50$ ℃,铂或碳合金 |
|  | 双喷电解抛光法 | $20\%H_2SO_4+80\%CH_3OH$ |  |

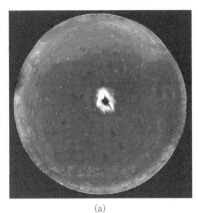 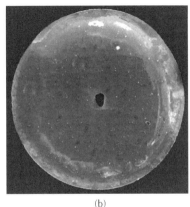

(a)　　　　　　　　　　　　　　(b)

图 5-17　电解抛光样品的比较

(a) 有薄区;(b) 无薄区

#### 5.1.3.5　电解抛光减薄操作步骤

电解抛光减薄操作步骤如下。

(1) 实验开始前先确认双喷嘴、电解液柱、光敏元件等是否工作正常,检查样品是否干净,将样品装到样品夹上,样品与铂电极要接触良好。

(2) 往电解槽里加入电解液,然后使用带过滤网的漏斗向电解槽里分批注入液氮,这样可以把混在电解液里的纤维杂物过滤掉,否则杂物附着在喷嘴通道上,影响电解液流动,会导致两侧喷嘴喷射不对称。

(3) 当电解液温度降低到要求的温度后,把灵敏度调到最低,合上总电源开关,调节喷射泵旋钮,使双喷嘴射出的相向电解液柱相接触,在两个喷嘴之间形成一个直径数毫米的小圆盘。

(4) 把样品夹插到电解槽中,电解抛光电源的阳极夹子接到样品夹侧面的不锈钢接线柱上。试样与阳极相连,喷嘴中的液柱与阴极相连。

(5) 把灵敏度旋钮调节到最高,合上电解抛光电源开关,顺时针方向旋转抛光电压旋钮,把电解抛光电压调到所需要的数值。

(6) 电解液通过两侧对称的喷嘴向圆片中心喷射进行抛光,同时通过磁力驱动转子来搅拌电解液。

(7) 一旦金属圆片抛光减薄出现穿孔,由样品一侧的光源发出的光线通过孔洞被光敏电阻接收,系统会发出报警声,此时迅速关闭主电源,迅速取出样品夹座,放到无水乙醇中浸洗。漂洗时要注意运动方向,上下缓慢移动,切勿左右摆动。迅速打开试样夹并用镊子夹住样品边缘,在干净的乙醇中再漂洗4~5次,洗掉样品表面残留的抛光液,以免残留电解液腐蚀金属薄膜表面。最后,将样品平放到滤纸上把无水乙醇吸干。样品制成后应尽快观察,暂时不观察的样品要妥善保存,可根据薄膜抗氧能力选择保存方法。抗氧化能力强的样品只要保存在干燥器内即可,易氧化的样品放在真空装置中保存。

(8) 电解槽、样品夹使用完毕要立即用清水冲洗,再用乙醇浸洗,然后倒净槽内乙醇,将槽口朝下自然风干。防止电解槽、样品夹和液氮导管长时间浸泡在电解液里受腐蚀而损坏。如果电解槽、样品夹是由聚氯乙烯等塑料制成的,严禁用丙酮溶剂清洗、不得把沾有丙酮的金属样品圆片装到样品夹里,更不得将样品夹浸泡在丙酮溶剂中。

(9) 使用完毕,用纱布蘸些无水乙醇擦洗光源组件、光敏元件及马达箱电缆,以防止因电解液渗漏而损坏光控元件和马达箱内的接插件而导致电路失效。

### 5.1.3.6 使用注意事项

(1) 含高氯酸电解液(如高氯酸+乙醇,高氯酸+冰醋酸等)的配置必须十分谨慎小心。由于电解液含无水乙醇、甲醇等易燃溶剂和高氯酸等强酸,酸浓度越高,或酸加入速度过快,越易引起爆炸、火灾,国内外有过这种混合液在配置过程中发生爆炸的事故。因此配置和应用这类电解液时,绝不可掉以轻心,要注意安全。

(2) 配制电解液时要穿戴护目镜、实验服、手套等保护物。如果必须使用含甲醇的电解液,在电解液配制和使用过程要注意工作场所通风,特别要注意保护眼睛。

(3) 使用玻璃光导管的双喷电解减薄仪,不得使用含氟氢酸的电解液,以免腐蚀光导管,降低光导管的透光能力,影响穿孔时光导报警灵敏度。

(4) 双喷电解减薄仪操作、使用过程要远离火源、热源和电火花,防止爆炸和火灾。

(5) 使用过程注意电解液的冷却情况,防止电解槽和样品夹受热变形。

(6) 从双喷穿孔到取出浸泡的整个过程应尽快完成,如果耽搁太久,电解液会继续腐蚀薄区,导致样品表面生成氧化膜,从而干扰透射成像,尤其是高分辨像的观察。

### 5.1.3.7 电解抛光法造成的假象

电解抛光减薄制样方法不仅会在样品薄区边缘形成非晶层,而且会形成溶质原子富集层,溶质原子不以固溶或非晶的形式存在,而是以析出相的形式存在,而且这些析出相和基体有位相关系[286]。在普通透射电镜下，这种情况很容易造成假象，因为我们往往在样品薄区进行观察。在 STEM 模式下可以较容易观察到溶质原子的富集，例如图 5-18 是离子减薄制备的 2A70 铝合金样品 STEM 照片[287]。薄区边缘最外层是非晶层，次外层是溶质原子富集层，在该层形成 $\theta'-Al_2Cu$ 相。

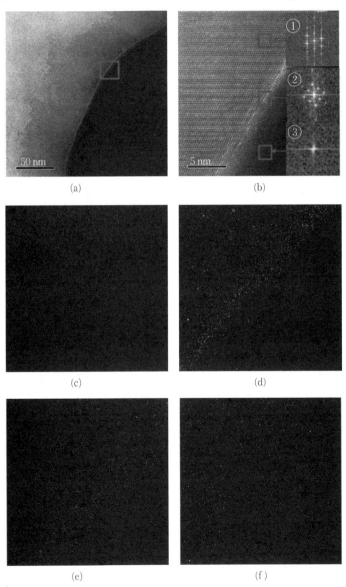

图 5-18　离子减薄制备的 2A70 铝合金样品 STEM 照片

(a) 2A70 铝合金电解抛光后样品薄区边缘的 HAADF-STEM 图像；(b) (a)中方框区域
的放大图像，图中插图①~③分别是基体、富溶质层、非晶氧化层的 FFT 图

(c)(d)(e)(f)分别是铝、铜、氧、镁元素的 EDS mapping 结果

Sun 等[288]研究了双喷电解抛光减薄工艺制备 $Cu_{64.5}Zr_{35.5}$ 金属玻璃样品透射电镜样品的影响,在电压、电流、温度分别是 50 V、30 mA、−45 ℃和 60 V、34 mA、−45 ℃时,样品观察时的衬度是不均匀的,而能谱成分分布分析发现衬度差异区域的元素组成是相同的,这说明衬度是电解抛光过程导致样品厚度不均匀而产生的,如点蚀等,而非一些文献报道的相分离现象[289-290],这和之前 Nagahama 等关于 $Ti_{36}Zr_{24}Be_{40}$ 金属玻璃的报道[291]是相符的。可见,双喷电解抛光方法会引入一些人为的假象,而这一假象却被认为是相分离现象,并作为非晶晶化的前期特征而大量报道。

### 5.1.4 化学抛光减薄

化学抛光减薄是无应力的快速减薄过程,它和电解抛光的基本电化学机制是类似的。将切好的试样放入配制好的化学试剂中,使其表面腐蚀而减薄,但不使用外加电压来促进试样的溶解,化学抛光溶液需要比电解抛光溶液反应剧烈些,一般是在较高的温度下进行的(见图 5-19)。这些特点使得化学抛光制膜法在表面平整方面不如电解抛光容易控制,因此它在大块金属试样制成薄膜中不作为最终减薄,可用于减薄不导电的陶瓷和金属陶瓷材料,具有表面无机械硬化层、速度快、厚度可控制在 20～50 μm 等优点,有利于最终减薄。

表 5-2 列出了若干种金属、陶瓷材料预减薄用的化学抛光减薄液配方,供参考。

图 5-19　化学抛光减薄示意图

**表 5-2　若干种金属、陶瓷材料的常用化学预抛光减薄液配方表**

| 材料 | 溶液配方(体积分数) | 备注 |
| --- | --- | --- |
| 铝和铝合金 | (1) 40%HCl＋60%$H_2O$＋5 g/LNiCl$_2$ | 70 ℃ |
| | (2) 200 g/LNaOH 水溶液 | 70 ℃ |
| | (3) 40 mlHF＋60 ml$H_2O$＋0.5 gNiCl$_2$ | 30 ℃ |
| | (4) 50%HCl＋50%$H_2O$＋数滴 $H_2O_2$ | 80～90 ℃ |

| 材料 | 溶液配方(体积分数) | 备注 |
|---|---|---|
| 铜 | (1) 80%$HNO_3$+20%$H_2O$<br>(2) 50%$HNO_3$+25%$CH_3COOH$+25%$H_3PO_4$ | 20 ℃<br>20 ℃ |
| 铜合金 | 40%$HNO_3$+10%HCl+50%$H_3PO_4$ | |
| 镁和镁合金 | (1) 稀 HCl 乙醇溶液<br>(2) 6%$HNO_3$+94%$H_2O$<br>(3) 75%$HNO_3$+25%$H_2O$ | 体积浓度 2%～15%<br>反应开始时很激烈,继之停止,表面即抛光 |
| Ni 钢和不锈钢 | 50 ml60%$H_2O_2$+50 ml$H_2O$+7 mlHF | 将样品放在 $H_2O_2$ 溶液中,然后加 HF 直到开始反应。制取 100 nm 厚度的薄膜,而后用标准的铬酸-醋酸溶液电解抛光方法 |
| 铁和钢 | (1) 30%$HNO_3$+15%HCl+10%HF+45%$H_2O$<br>(2) 35%$HNO_3$+65%$H_2O$<br>(3) 50%HCL+10%$HNO_3$+5%$H_3PO_4$+35%$H_2O$<br>(4) 33%$HNO_3$+33%$CH_3COOH$+34%$H_2O$<br>(5) 40%$HNO_3$+10%HF+50%$H_2O$<br>(6) 34%$HNO_3$+32%$H_2O_2$+17%$CH_3COOH$+17%$H_2O$<br>(7) 60%$H_3PO_4$+40%$H_2O_2$ | 热溶液<br><br>热溶液<br>60 ℃<br><br>$H_2O_2$ 用时加入<br><br>$H_2O_2$ 用时加入 |
| 钛 | 10%HF+60%$H_2O_2$+30%$H_2O$ | |
| $Al_2O_3$ | 85%$H_3PO_4$+15%$H_2O$ | 500 ℃ |
| $TiO_2$ | NaOH | 550 ℃ |
| MgO | 95%$H_3PO_4$+5%$H_2SO_4$ | 100 ℃ |
| $SiO_2$ | 50%$HNO_3$+50%HF | 200 ℃ |
| 金刚石 | 25%$HNO_3$+75%HCl | |

### 5.1.5 离子减薄

1953 年,Raymond Castaing 和 P.Laborie 开发了一种新的样品制备技术[292],这是因为他们在尝试通过电解抛光制备含有 4%铜的铝合金样品时遇到了困难,即样品形成氧化层并发生一些铜的再沉积,Al‑Cu 析出相比基体腐蚀要慢并产生浮凸结构,而且一旦出现孔,其边缘迅速溶解,留下很少的薄区域。他们的新方法采用两阶段工艺,先用机械抛光,然后用 3 000 eV 平行离子束依次来蚀刻试样的两个面。这样得到的试样清晰,无任何氧化膜或沉积物,Al‑Cu 析出相与基体同时均匀变薄,孔边缘薄区也未被快速侵蚀,侵蚀速率可以得到控制。但这种单束的设备容易导致背对离子束的一侧样品产生轻微的污染,雷蒙德·卡斯塔又于 1955 年开发出双离子束设备,对样品两面同时进行蚀刻。在这之后,B. Hietel 和 K. Meyerhoff[293],N. Tighe[294],David J.Barber[295],A. Heuer[296],J.Franks[297]等也先后对离子减薄设备进行了改进。

双喷电解抛光减薄可以适用于大部分金属和合金样品,但还是有一些不宜双喷电解的金属与合金样品,例如,在化学试剂中不能均匀减薄的材料,对于有些已经穿孔的材料也不适用,对于不导电的样品等也无法使用,包括陶瓷材料、玻璃、高分子材料、矿物、多层结构材料等。对于这些情况,选用离子减薄法可以进行样品的最终减薄。此外,还可以用离子减薄法对双喷电解抛光减薄后薄区不好的样品进行修整,也可以用于双喷电解抛光减薄后样品表面氧化层、损伤层的去除。

离子减薄仪由样品室、真空系统、电系统三部分组成。样品室由离子枪、样品台、显微镜等组成。样品台位于样品室中间,可以进行旋转,使样品表面均匀减薄。样品台两侧各有一把离子枪,两把离子枪可以倾斜范围为±10°,发射出来的离子束都聚集到样品台中心位置。在样品室顶部安装有显微镜和光源,可以观察样品减薄进展情况。在样品下方也装有光源,可以观察样品穿孔情况。真空系统包括机械泵、分子泵、阀门、密封圈等,给样品室提供高真空;电系统包括电源、控制电路、显示装置等。

离子减薄技术是非反应离子直接作用于试样,采用动量传递方式实现切割及抛光。离子减薄速率取决于所使用的离子相对质量、样品晶体结构、离子束入射角、离子束能量、试样温度。目前常用的是氩离子源,在高真空中利用氩气在高压电场作用下辉光放电产生氩离子,氩离子穿过盘状阴极中心孔时受到加速与聚焦,高速运动的离子射向装有样品的阴极并轰击样品,当轰击能量大于样品材料表层原子的结合能时,样品表层原子受到氩离子激发而溅出。双离子束在样品的两侧以一定的倾角轰击样品,样品自身以一定的速度旋转,因此可使样品中心部分均匀减薄,其工作原理如图 5‑20 所示。

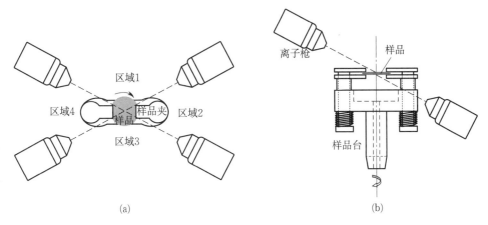

图 5 - 20　离子减薄法示意图

　　离子减薄的优点是制得的样品厚度较为均匀,薄区面积较大,样品表面清洁,并几乎适用于所有固体材料的样品制备。其缺点是因为离子束对样品的减薄速度较慢,如果是厚度为几十微米的样品,制备一个样品往往要几小时甚至更长时间,制作成本较高。为了减少离子减薄的时间,通常需要用凹坑研磨仪预减薄样品。此外,离子减薄会使样品受辐射损伤、温度升高,有时候使用时要配合降温处理,特别是在制备非晶材料等样品的时候。

　　为提高减薄效率,一般情况减薄初期采用高电压、大束流、大角度,以获得大陡坡的薄化,这个阶段约占整个制样的主要时间。然后减少高压束流与角度(一般采用2°～3°)使大陡坡的薄化逐渐削为小陡坡。最后再以适宜的角度、电压、电流继续减薄,以获得平整而大面积的薄区。还有一种方式就是减薄过程以较小角度一直保持不变,初期用大束流,开孔后用小束流。建议用后一种方式,但要求样品初始厚度较薄。

　　图 5 - 21 是离子减薄入射角度的影响。从图 5 - 21(a)可以看出,太大的入射角度容易使样品减薄不均匀。由于入射方向前方是样品,所以被溅射走的样品原子也比较少,减薄效率低。如果入射角度很小,如图 5 - 21(b)所示,因为入射角度和样品表面几乎平行,减薄效率也很低,但样品的表面比较平。从图 5 - 21(c)可以看出,太大或者太小的入射角度,减薄效率都是比较低的。对大部分的材料来说,15°～20°的倾角是比较高效的,同时考虑使样品均匀减薄,所以目前离子减薄仪的角度极限一般都设在±10°。

　　根据样品的固定方式,样品台可分为 DuoPost 和 Post 两种,其中 DuoPost 又分为 Clamp type 和 Glue type 两种,如图 5 - 22 所示。DuoPost 方式可以对样品两侧同时进行离子减薄,而 Post 方式只能对样品一侧进行减薄。Clamp type 可以直接夹住样品,而

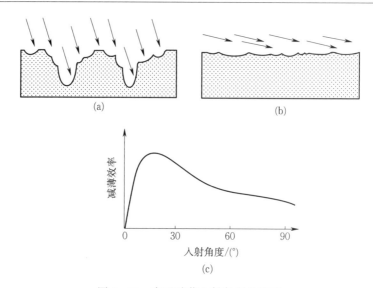

图 5-21  离子减薄入射角度的影响

(a) 大入射角度示意图;(b)小入射角度示意图;(c)入射角度和减薄效率的关系图

图 5-22  离子减薄仪样品台

(a) DuoPost 样品台(Clamp type);(b) DuoPost 样品台(Glue type);(c) Post 样品台

Glue type 需要用热熔胶等将样品粘到样品台上。Post 型也都是采取粘样品的方式。样品台中心有个小孔,可以让减薄时底灯的光照射上来,以便检测样品是否穿孔。

离子减薄仪工作时并不持续发射离子束,根据工作模式可以分为 Double、Single、Off 三种,根据不同样品夹和样品进行选择。如前所述,为了让样品均匀减薄,样品自身以一定的速度旋转,而样品枪是固定的。如图 5-20 所示,根据样品夹的边缘,可以把样品分成 4 个区域,假如离子减薄仪工作时持续发射离子束,因为入射角度很小,而样品夹有一定厚度,当区域 2 和区域 4 进入离子照射范围时无疑是会伤害样品夹的。因此,当选择 Double 模式时,仅在区域 1 和区域 3 转到正对离子枪时发射离子束,而在区域 2 和区域 4 时不发射离子束。当选择 Single 模式时,仅在区域 1 发射离子束。只有当 Off 模式时,离子枪是全时间工作的,这时无疑要选择 Post 型样品台。

离子减薄操作流程如下。

(1) 按下电源开关按钮,接通电源;等待 30～60 分钟,使样品室真空抽好;观察样品室真空表针指示在 $5×10^{-4}$ MPa 左右即可。打开左/右两把离子枪的气流开关,清洗枪 30 分钟。(判断 Purging Gun 程度:将离子枪两气流开关关闭,VAC 抽样品交换室真空,样品台降到样品室,Rotation 旋钮设定为 3 r/m,加高压 5 keV,观察左/右两把离子枪电流的读数,6 uA 以下为正常,否则需要再清洗。)

(2) 选择合适的样品台,将样品紧固在样品台上。

(3) 打开样品交换室的盖子,用镊子夹住样品台放到样品室中,盖上盖子,按住 VAC 键,等待指示灯亮后松开。

(4) 按下气锁开关至 LOWER,使样品台下降,调节左/右两离子枪的入射角度为所需的角度(80 um 厚的样品,最小角度为 4°),开启左/右两把离子枪的气阀开关。

(5) 将 Rotation 旋钮设定为 3 r/m,离子枪高压设定为 5 keV,选择 Ion - beam modulator 为所需的形式(Single、Off、Double)。

(6) 调节计时器,设定所需的时间。按计时器开关按键,开启高压。等待时间倒计时;当时间减为零时,打开底灯,观察样品的穿孔程度,判断是否需要再进行减薄。(若需要再减薄,重新设定时间,开启高压。)

(7) 按气锁开关上部,使样品台升起,等待样品台完全升上来后,按 VENT 键,破样品室真空。

(8) 取下样品交换室盖子,用镊子夹出样品台,盖上盖子即可。

(9) 两离子枪气流开关不必关闭,只需关闭高压开关即可,电源一般不必关闭。

离子减薄操作注意事项包括如下几方面。

(1) 样品台摆放正确,防止被离子打坏。

(2) 如果前面工序用热熔胶等,必须使用丙酮将样品表面的残留物清洗干净才能进入离子减薄仪进行减薄。

(3) 判断气管是否漏气,打开主阀,立即关闭;等待 5 分钟,观察气压表指针是否有变动,无变动则为不漏气。

(4) 枪的清洗:当样品室被破过真空或关机时间比较长时,需要进行枪的清洗,开机后,待 MDP 灯亮,室真空表指到 $10^{-3}$ Pa 区间时,打开左枪气阀,旋转气流控制旋钮,加大气流,使室真空度降一个数量级,大约 $10^{-2}$ Pa 和 $10^{-3}$ Pa 交界处,关闭左枪气阀,同样方法调右枪气流,两把离子枪的气阀同时打开,用干燥的氩气清枪(调节气流大小的过程中,注意双枪气阀同时开后,室真空度不要低于 $5×10^{-2}$ Pa,否则可能会损坏分子泵)。若样品室被破过真空,大约需清洗 30~60 分钟;若样品室未破真空,大约需清洗 15~30 分钟。

(5) 对于截面样品,在夹样品时,两夹子要夹住黏接缝,两夹子的连线和黏接缝重合。

(6) 在放入 DuoPost 样品台时,两夹子的连线要和设备面边缘平行。

(7) 在更换样品时,要注意手不要碰到真空部分,避免对真空系统造成影响。

（8）当出现样品台无法下降到样品室的情况时，检查气压是否为 25PSI，Rotation 旋钮不能在 Off 处。

（9）当视窗玻璃脏，无法清晰观察时，可将视窗玻璃拆下，用抛光膏清洁。

（10）当挡板进出不畅时，应用长纤维纸和乙醇清洁挡板的活塞杆，并涂真空油脂。

（11）当开启设备后，室真空表指针在最右端，则应清洁后面的冷阴极规。

（12）当样品减薄完成后，按下样品升降按钮，在样品升起的过程中，不可按 Vent 按钮，否则整个真空系统破坏，对分子泵会有较大的破坏。要等待样品完全升上来后，再破交换室真空。

图 5-23 是样品减薄前后的比较图。在低倍下，样品从没有空洞到出现空洞，并且空洞逐渐变大。在高倍下，样品表面的氧化层被打掉，在显微镜下露出金属光泽，并且有沿着一个方向的减薄痕迹，该形貌也可用于判断该区域是否被离子束扫到。

对于表面利用喷丸等方法制备的超细晶的观察，因为表层纳米晶厚度很薄，如果采用双喷的方法，表面纳米晶就会被电解腐蚀掉。图 5-24 是表面经过喷丸处理的铝合金超细晶的电镜观察。在制样过程中，通过离子枪对样品未经喷丸处理的一侧

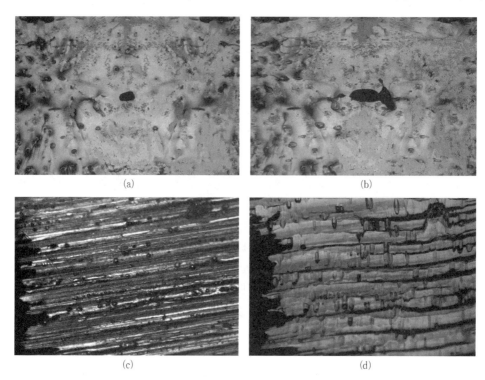

(a)

(b)

(c)

(d)

图 5-23　样品经过离子减薄前后的比较图

(a)减薄前样品的低倍照片；(b)减薄后样品的低倍照片；(c)减薄前样品的高倍照片；
(d)减薄后样品的高倍照片

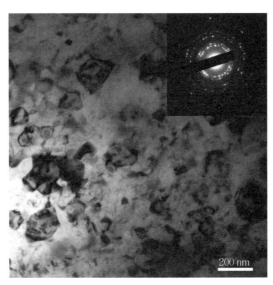

图 5-24　表面喷丸处理铝合金超细晶的电镜观察

进行轰击,直至穿孔,为了防止样品表面原有的污染和离子减薄过程的再沉积污染,在最后阶段将两把离子枪分别对两个面进行小束流的清洗。

离子溅射减薄过程中,离子束轰击的温升和辐照效应,会使样品的表面损伤,表层中原子间的结合键被破坏,也破坏了样品表层的晶体结构,得到非晶态结构的表面损伤层。表面损伤层的厚度与离子束入射角度、离子能量成正比,离子能量越大,角度越大,损伤层越厚。在普通形貌观察时,表面损伤层对成像的影响可以忽略。但如果表面损伤层很厚,样品又在非常薄的区域,特别是进行高分辨观察时,会对观察产生一定影响。此外,离子束轰击导致样品温度升高,也会造成一些热敏感材料的结构破坏。因此,可通过降低离子能量和降低样品温度进一步降低结构损伤。Sun 等的研究[288]发现,尽管 $Cu_{64.5}Zr_{35.5}$ 金属玻璃的玻璃化转变温度和晶化温度分别高达757 K 和 765 K,但在离子束能量为 4.4 keV、离子束倾斜角度为 $10°\sim15°$ 的离子减薄过程中就发生了晶化现象,此时样品的温升估计是 373 K,很显然单纯的温升不是导致晶化的原因。离子束倾斜角度减到小于 4°时,虽然还是发生了晶化现象,但程度减轻了。将离子束能量进一步减少到 3.5 keV,晶化现象得到了抑制。可见,离子束能量有个阈值,低于这个阈值进行减薄对样品来说是稳定的。这个阈值根据材料体系不同而有差异,例如 $Zr_{57}Ti_5Cu_{20}Ni_8Al_{10}$ 金属玻璃在 6 keV 的离子束能量下也未发生晶化现象[298]。对于低能微束定点离子减薄系统,电压低至 50 eV,离子束可以对选定区域进行精细处理,配备液氮冷台去除热损伤。

离子减薄制样方法不仅会在样品薄区边缘形成非晶层,而且会形成溶质原子富集层,溶质原子不以固溶或非晶的形式存在,而是以析出相的形式存在,这和前面电解拋光减薄方法造成的现象很类似。图 5 - 25 是离子减薄制备的 Mg - Gd - Ni 和 Mg - Gd - Ag 样品 STEM 照片[287]。薄区边缘最外层是非晶层,次外层是溶质原子富集层,溶质原子并非以固溶的形式存在,而是形成析出相,Mg - Gd - Ni 和 Mg - Gd - Ag 两合金分别在该层形成 Mg₂GdNi₉ 相和 MgGdAg₂ 相。

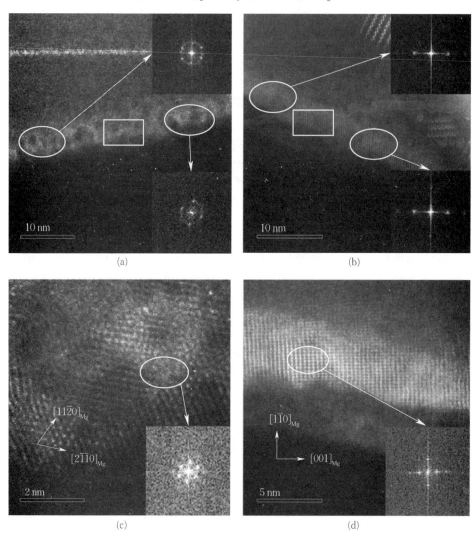

图 5 - 25　离子减薄制备的 Mg - Gd - Ni 和 Mg - Gd - Ag 样品的 STEM 照片

(a) Mg - Gd - Ni 合金样品薄区边缘的 HAADF - STEM 图;(b) Mg - Gd - Ag 合金样品薄区边缘的

HAADF - STEM 图;(c)(d)分别为(a)(b)的局部放大图

离子减薄效果还和样品方向、减薄时间有关。图 5 - 26(a)是样品正对着离子束方向,导致薄区非常不平整。而图 5 - 26(b)是离子减薄时间太长,将本来的薄区(虚线部分)都打掉了。

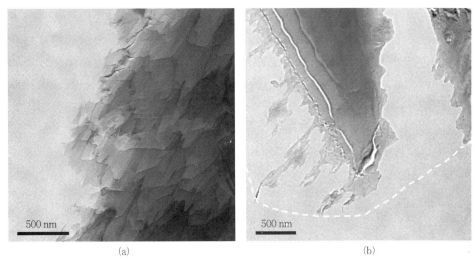

(a)　　　　　　　　　　　　　　(b)

图 5 - 26　离子减薄破坏薄区

(a) 样品正对离子束方向；(b) 离子减薄时间太长

图 5 - 27 是在铸态 Mg - Ni - Y 合金里发现纳米晶,经过高分辨照片和暗场像确认。铸态组织应该是粗大的,因此这些纳米晶是离子减薄时再沉积导致的,即被离子束轰击而脱离样品表面的物质,在样品的其他区域重新沉积形成新的晶体。

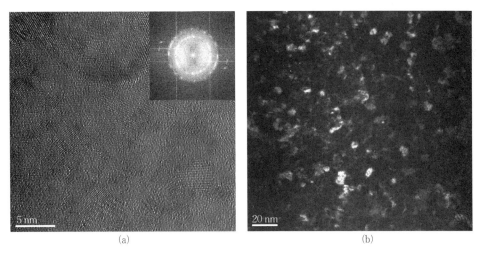

(a)　　　　　　　　　　　　　　(b)

图 5 - 27　铸态 Mg - Ni - Y 合金离子减薄时的再沉积

(a) 高分辨像；(b) 暗场像

## 5.1.6　横截面样品的制备

我们常常要用透射电镜研究材料的界面问题,这时就需要制备横截面样品。图 5 - 28 是薄样品的横截面样品制备示意图。如图所示,首先将多块具有薄膜的材料对粘在一起,然后用特殊的装置将其压紧,经过长时间固化后,再用线切割或者其他方法切出一个略小于 3 mm 的小圆柱,确保小圆柱的纵向接近轴线的地方存在横截面,将小圆柱塞到金属管(一般是铜管)里。接下来用金刚石锯片将小圆柱切成小的薄片,接下来的工作与非金属材料的制备相同。不过需要注意的是,横截面样品的制备要难得多,因此制备的过程中一定要小心仔细,最好在形成凹坑以后再用抛光轮抛光一次,否则在离子减薄时,薄膜很容易被减掉。

如果具有薄膜的样品较厚,可以采取图 5 – 29 的方法制备。

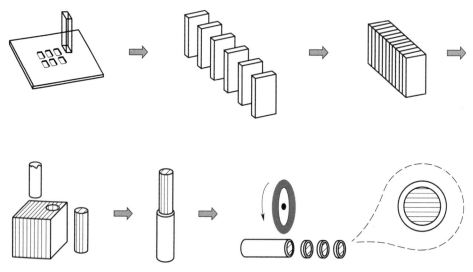

图 5 – 28　薄样品的横截面样品制备示意图

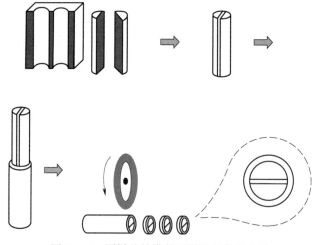

图 5 – 29　厚样品的横截面样品制备示意图

样品的制备工艺流程说明如下。

(1) 选样品。低倍立体显微镜下选样品,表面平坦,没有损伤,不要选样品的边缘。将所测样品切成两个长方形(长度要大于所用铜环的直径),样品的对角线不超过 3 mm。

(2) 清洁处理。用无水乙醇、丙酮进行两次超声清洗,每次 2~3 分钟。

(3) 对粘样品。清洗后的样品从丙酮里捞出来,自然干燥后,在样品的表面涂上少量胶,将两块样品的生长面,面对面粘在一起,快速放入夹具中加压夹紧。

(4) 等胶水固化后将样品取出,将其加工成圆柱,将圆柱塞进铜管,缝隙用胶水填充。

(5) 将圆柱切割成圆薄片,在砂纸上磨薄。

(6) 将铜环用 AB 胶粘在磨好的样品上。将样品连同铜环取下,放入丙酮中浸泡 20 分钟,去除样品上残留的松香。

(7) 将粘有铜环的样品放置于离子减薄仪的样品夹上,进行离子减薄。

样品制备的注意事项如下。

(1) 在金刚砂纸上磨制样品的时候应尽量将样品磨薄,这样可以减少离子减薄的时间。将样品磨至其边角变钝为宜,磨好的样品用手指触摸应几乎感觉不到样品的存在。磨得很薄时要注意随时查看样品情况,不然很容易将样品磨碎。

(2) 截面样品制备过程中,两片样品对粘时,胶要涂匀并尽可能得薄。将样品放在夹具上夹的力度要适中,在不将样品夹碎的情况下尽量使用较大力度,这样可以把多余的胶水从样品的缝隙中挤出。磨好的样品,用肉眼应几乎看不到样品中间的缝隙,这样在离子减薄的过程中更好地保护样品表面,才能看到完整的截面信息。

对于界面样品,界面两侧的样品在离子轰击下减薄速度往往是不一样的。如图 5 - 30 所示,界面左侧样品较硬,其减薄速度较慢。而右侧样品较软,其减薄速度较快。在离子减薄时要将减薄速度慢的一侧,即较硬的一侧朝向离子枪,如图 5 - 30(b)所示。这样较硬的一侧样品会挡住较软的一侧样品,从而使减薄速度同步。否则,容易造成样品减速不均匀,如图 5 - 30(c)所示。

除了块体材料的截面之外,有时候还会需要对粉末或者纤维材料的样品进行断面或者截面的观察。如图 5 - 31 所示,首先要将树脂或者胶水加入纤维材料中,搅拌均匀,然后将其塞入铜管中,并加入树脂或者胶水填满,进行固化,后续步骤和块体材料横截面样品的制备是一样的。

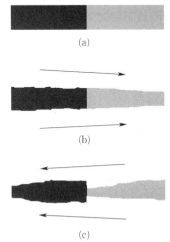

(a)

(b)

(c)

图 5 - 30　多相界面离子减薄制样示意图

(a) 离子减薄前样品;(b) 较硬的一侧样品朝向离子枪;(c) 较软的一侧样品朝向离子枪

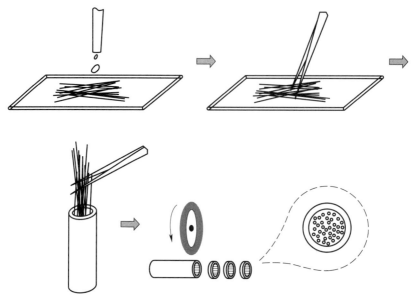

图 5 - 31　粉末(纤维)样品的断面制样示意图

### 5.1.7　解理法

　　解理法是古老的制样技术之一,被用于制作石墨、云母或其他沿一个平面弱结合的层状结构材料的制样。经典的做法是将胶带贴在样品的两面,然后将两条胶带拉开,样品随之在解理面被撕裂开,反复重复此解理过程使样品足够薄。样品的厚度可由它的干涉颜色粗略估计,随着样品变得薄,石墨在透射的可见光中变成更浅的灰色阴影,辉钼矿($MoS_2$)变为浅绿色。当样品薄到可以用透射电镜观察时,将带有薄片材料的胶带放入溶剂中以溶解胶水,这些样品可直接放到电子显微镜下观察。

　　作为解理法的一种,J.P.McCaffrey 开发的小角度解理技术(small‐angle cleavage technique,SACT)是一种简单且低成本的透射电镜制样技术[299-300],该技术最初用于半导体和光电材料,后已被扩展到其他晶态的脆性材料,制备优质的横截面样品。该方法效率较高,可以在短时间内提供较多样品。其主要限制是基板材料必须具有一定的解理性。与其他横截面样品制备技术相比,小角度解理技术的主要优势是不需要离子减薄,因此不会发生因离子减薄造成的离子损伤、离子注入、加热效应、非晶化、表面粗糙等问题。此外,使用小角度解理技术所需的装备和用品少、容易获得且价格低廉,包括两对镊子、锋利的金刚石划片、加热板、低温蜡、手动研磨工具、体视显微镜、聚四氟乙烯板和银胶等。

小角度解理技术制样步骤说明如下。

（1）将样品通过解理开裂或切割的方式制成大约 4 mm×8 mm 的矩形，如图 5-32(a)所示。

（2）用低温蜡或强力胶将样品连接到手动研磨工具，正面朝下。

（3）将样品的背面减薄至约 150 $\mu$m。

（4）使用研磨工具将样品减薄至最终厚度（约 100 $\mu$m），使抛光划痕与样品的解理或切割边缘成约 18.5°。最终厚度取决于样品，蓝宝石、玻璃或碳化硅等较硬的材料应为 70～80 $\mu$m 左右，GaAs 等易裂材料应为 100～120 $\mu$m，硅在 85～100 $\mu$m 处工作良好。

（5）样品应在体视显微镜下刻划一系列平行线，与样品边缘成 18.5°，约 0.5 mm 宽，如图 5-32(b)所示。

（6）将样品从手动研磨工具上剥离，并沿着刻划的线对齐物体的直边（如玻璃显微镜载玻片的直边）切断样品。

（7）将样品翻转过来，在体视显微镜下沿正常解理方向轻轻切割样品。切割面以大约 18.5°角与样品边缘相交，如图 5-32(c)所示。

（8）在体视显微镜的高倍率下检查样品条，选择样品的顶点应该是尖锐的，而不是钝的。

（9）将样品用银胶安装到金属载网上，也可以用带折叠扣的专用金属载网。为了保证电镜观察效果，可以在金属载网上多安装几个样品。

（10）等银胶固化后，清理突出到金属载网外的部分，就可以把样品装到电镜样品杆进行观察了。安装时，样品方向沿着样品杆的轴方向放置，因为这样方便倾转到目标晶体取向，快速找到感兴趣的区域。

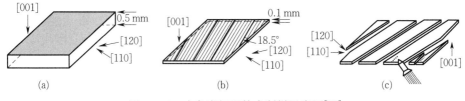

图 5-32　小角度解理技术制样示意图[301]

(a) 样品块；(b) 划线；(c) 切割

小角度解理技术已经被用于制备沉积在半导体和非半导体衬底（包括 Si、GaAs、SiC、$Al_2O_3$、石英和玻璃）上的单层、多层涂层和薄膜的电镜样品[302]，图 5-33 是几个制样的实例。

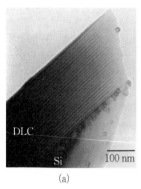
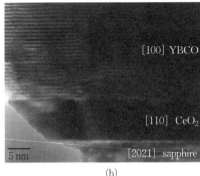
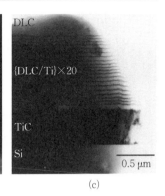

图 5-33　小角度解理技术制样实例[302]
(a) Si 衬底上的脉冲激光沉积的 DLC 膜；(b) YBCO/CeO$_2$/Al$_2$O$_3$ 多层膜；
(c) Si 衬底上的 DLC/Ti/TiC 多层膜

### 5.1.8　超薄切片法

　　超薄切片技术就是使用超薄切片机将聚合物等材料切割成适合透射电镜观察的薄片的技术。超薄切片一般指厚度小于 100 nm 的切片。早期的用于生产极薄切片的方法没有取得令人满意的结果[303-305]。1948 年，D.C.Pease 和 R.F.Baker 使用火棉胶-石蜡包埋方法，利用将推进单位减少到校准值大约十分之一的改进型 Spencer 旋转切片机加工了 0.2 $\mu$m 甚至 0.1 $\mu$m 的切片[306]，获得适合在电镜下观察的相当均匀的组织切片。此后，相当多的研究注意力集中到对组织制备方法的改进以及商业切片机的进一步改进方法上[307-310]，从此超薄切片技术迅速发展。1953 年，金刚石刀被发明并用于骨头和一些金属的切片[311]。超薄切片技术引入金刚石刀产生的惊人差异激起了材料研究者的兴趣，20 世纪 50 至 60 年代，他们已经对大多数纯金属和一些合金进行了切片用于透射电镜观察，Ludwig Reimer 尝试了铝、镍、铁、铜、银、金、钯和铂制样的可行性[312]，其他研究者也将超薄切片技术用于 Al-Pb 细丝[313]、合成石墨[314]、CsI 单晶[315]、阳极氧化铝阻挡层[316]等透射电镜样品的制备。然而，超薄切片技术引起的严重机械损伤，以及金刚石刀易损的性质和相对昂贵的成本，致使人们普遍认为这种技术在材料领域的应用会受到严重限制，也阻碍了材料研究者对超薄切片的更广泛接受。目前，超薄切片技术仍然是透射电镜样品制备的重要方法之一，除了制备动植物组织等生物类样品外，在材料领域用于高分子、粉末、薄膜、纤维和涂层复合材料等材料的特定切面或角度的精准超薄切片。

　　样品切片的制备是通过安装在切片机上的玻璃刀或钻石刀对在重力或机械驱动下运动的样品切割完成的，超薄切片机的原理是装在枢轴上的样品向切刀逐渐推进，装置示意图如图 5-34 所示。超薄切片刀有两种，一种是钻石刀，另一种是玻璃刀。钻石刀能切硬材料，刀刃耐用，但价格昂贵。而玻璃刀制作方便，价格低廉，但刀刃较脆,不耐用,不能切硬材料。制备切片刀是超薄切片重要准备工作之一,切片刀的制备有手工制刀和制刀机制刀两种方式。一般是用专用制刀机制刀,不同类型的制刀机专门配备有不同规格的玻璃,不能相混使用。根据切片机的自动进刀推进原理不同,可将超薄切片机分为机械推进式和热膨胀式两大类,机械推进式是用微动螺旋和微动杠杆来提供微小推进的切片机,热膨胀式是利用金属杆热胀冷缩时产生的微小长度变化来提供推进的切片机。新开发的超声波振动钻石刀具有减少切力、提高加工精度、提高表面光洁度和表面质量、延长刀具寿命等优点,可以大幅降低常温切片时刀对样品的挤压问题,有利于得到高质量的样品切片。

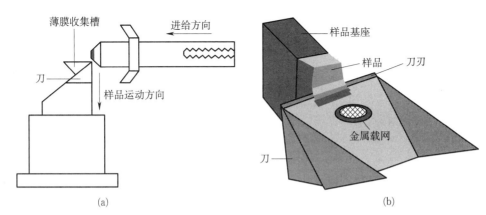

图 5-34　超薄切片机制样示意图

(a) 超薄切片机结构简图;(b) 切片示意图

　　待切样品自身的均一性、切片刀的种类和刀锋质量、切片速度、切片温度、切面的面积和切片的厚度等都会影响切片的质量。理想的切片应厚度均匀、切面完整,压缩小,没有污染、皱褶、空洞、刀痕和颤痕等。用超薄切片机切割生物样品或高分子样品,往往将切好的薄片从刀刃上取下时会发生变形或弯曲。为克服这一困难,可以将样品在液氮中冷冻,或利用包埋剂将粉末材料等包裹起来以提供性能支撑或化学保护,包埋后再切片就不会引起薄片样品的变形。

　　另外,微纳材料的发展,给超薄切片技术一个新的发展机遇。例如透射电镜对纳米线、纳米管等材料进行截面形貌观察时,需要制作超薄切片,而纳米线、纳米管等材料本身比较柔软,可以通过包埋使得成束的纤维被包裹在树脂中,再通过常温超薄切片机获得优质的横截面切片。图 5-35 分别是超薄切片法制备的碳纳米管截面[317]、CVD 生长的六方氮化硼薄膜转移到聚醚酰亚胺薄膜上[318]、锂离子电池正极材料 NMC811 颗粒[319]。

　　超薄切片技术制样步骤包括如下几方面。

　　1) 包埋

　　纤维束的包埋的具体操作步骤是取一只干净的烧杯,向其中依次加入包埋试剂

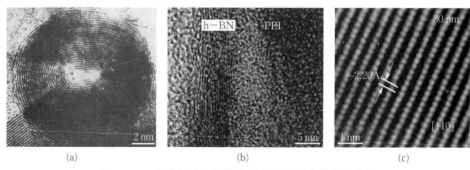

图 5 - 35　超薄切片法制备微纳材料透射电镜样品实例

（a）碳纳米管；（b）薄膜转移；（c）NMC811 颗粒

Epon812、十二烷基琥珀酸酐（DDSA）、甲基内次甲基二甲酸酐（MNA）、2,4,6 - 三（二甲氨基甲基）苯酚（DMP - 3）。当每一种试剂加入其中时,都需要使用玻璃棒搅拌均匀,而且搅拌时动作要小心,防止产生气泡。然后将上述配制好的包埋剂倒入包埋板,用镊子将纤维束轻轻夹持,置于包埋剂内,静置较长时间,最后放入 60 ℃烘箱聚合 8～12 小时。

经过上述的包埋过程,此时纤维已经与包埋剂凝固黏结为一体。纤维在包埋剂中的形状最好是无数根纤维加捻成一根线或者纤维束的形状,让成束的纤维尽可能集中于一点,这样有利于后续修块得到足够小的样品头,并且在样品头的横截面得到多根纤维的横截面,这样制作的超薄切片,每一片都有多根纤维。

2）修块

修块就是保留要进行电镜观察的部分。先用单面刀片将包埋块表面修去,一般手工对包埋块进行修整。将包埋块夹在特制的夹持器上,放在显微镜下,用锋利的刀片先削去表面的包埋剂,再将材料周围多余的包埋块修掉,暴露含材料部分,然后将四周以和水平面成 45°的角度削去包埋剂,修成锥体形,经过修整后可以得到合适大小的样品头。

3）定位

将粗修后的包埋块放置在切片机上切出 0.5～2 μm 的半薄片,在光镜下观察、定位。根据半薄片上的定位在包埋块端面上进行相对应的定位。半薄切片定位以后,然后以定位为中心,要对包埋块进一步修整,将包埋块修成便于切片的一定大小的形状,通常将包埋块顶端修成金字塔形,顶面修成梯形或长方形。

4）制刀

首先将把玻璃条（2.5 cm 宽）裁成 2.5 cm×2.5 cm 的小方块,然后在方块上稍偏离对角线处刻痕,再加压力断裂成两个三角形玻璃刀,这样做出来的真实刀角比划痕角大 10°左右。利用专用制刀机进行制刀。制好玻璃刀后,要围绕刀口制作一只水槽,以便使超薄切片漂浮在液体表面上。水槽有预制水槽和胶布水槽两种。预制水槽由金属片或树胶预先制作好,有固定的形状,可反复使用。胶布水槽是临时用胶布或专用塑料条制作的。装好水槽后,用熔化的石蜡封固接口,防止漏水。

将刀装在切片机的刀台上,打开聚光灯,移动灯的位置,此时背景是暗的,而刀刃上出现一条亮线,在高倍镜下检查刀刃情况,最佳部分的刀刃是一条平直的亮线,而有缺陷部分的刀刃则有闪烁的反光,并能看到许多"锯齿",凡有锯齿部分的刀口不可用来切片。

5) 装刀

首先把包埋块和刀分别安装好,要注意夹紧,包埋块面的梯形上下底需与刀刃平行。把装有水槽的刀插入刀夹,刀前沿紧贴刀夹前沿,刀刃应与刀台标示等高。

根据组织块软硬程度不同,调整刀的前角(间隙角),设定切片速度。一般软硬适中的包埋块可选用 45°刀角、3°～5°的前角、2～5 mm/s 的切速,偏硬的包埋块可用较小角度的刀和较小前角及较慢的切速,偏软的包埋块用大角度的刀、较大的前角及较快切速。

6) 对刀

对刀操作时,必须十分小心,对刀的原则是使刀刃尽量贴近标本面,但不能摩擦到,否则会损伤标本面和刀口。

7) 加水

理想的水槽液必须具有较高的表面张力,以利于切片漂浮和展开,具有极低的黏度,容许切片在其表面自由移动,一般蒸馏水是比较理想的水槽液。加入 10%～20%的乙醇,可降低溶液表面张力,有利于展平切片上的皱折。

8) 切片和捞片

可打开自动切片开关。开始时如果未切出片,为了节省时间,可增大切片速度,直到切出第一片,即将速度恢复到适合位置。切片过程中可根据切片情况,随时调节切片速度和厚度,直到切出满意的切片。切片的厚薄一般是从干涉色来判断的。切片完成后,捞取切片并转移到载网上,就可进行透射电镜观察。

### 5.1.9　聚焦离子束

聚焦离子束(focused ion beam,FIB)系统是利用电磁透镜将离子束聚焦成非常小尺寸的显微切割仪器。早在 1960 年,就有人在扫描电镜中加入了氩离子束蚀刻[320]。1973 年,R.L.Seliger 和 W.P.Fleming 最早将聚焦离子束技术用于微加工领域[321]。1975 年,V.E.Krohn 和 G.R.Ringo 最早报道了使用镓作为液态金属离子源的开发[322]。1979 年,R.L.Seliger 等报道了首次尝试将液态金属镓离子源用于聚焦离子束[323],并测试了性能。目前商用聚焦离子束系统最常用的离子源为液相金属镓离子源,因为镓元素具有低熔点、低蒸气压、抗氧化力强、液态镓极难挥发、原子核重、与钨针的附着能力好等特点。

如图 5-36 所示,聚焦离子束系统工作方式从本质上与电子束系统类似,正如电子束系统中的核心是电子光学系统,离子聚焦成细束的核心部件是离子光学系统。典型的聚焦离子束系统包括液相金属离子源、电透镜、扫描电极、二次粒子侦测器、5-6轴向移动的试片基座、真空系统、抗振动和磁场的装置、电子控制面板和计算机等硬件设备。

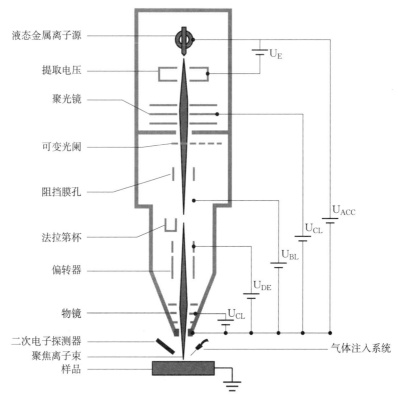

图 5-36　FIB 设备结构示意图

大多数聚焦离子束系统装备液态金属离子源,加热的同时伴随一定的拔出电压,获得镓离子束,镓离子束以电磁透镜聚焦,在离子束光轴上设置光阑以降低像差,使用八级线圈作为消像散器,以偏转线圈精确控制离子束对样品表面进行移除、局部沉积,也可以进行材料表面成像。刻蚀和沉积是聚焦离子束的基本功能,是实现所有应用的基础。刻蚀的原理是聚焦离子束的偏转系统控制高能量离子束入射到固体样品上,与固体原子碰撞散射过程中将能量传递给固体原子,当这些原子获得足够的能量时逸出固体表面,这个过程形成了离子束溅射,控制偏转系统可以让离子束对样品特定微区进行精确的有方向性、区域性、图案化的刻蚀,刻蚀深度由聚焦离子束的束流大小和刻蚀时间等参数决定,施加大电流可快速切割试片而挖出所需的洞或剖面,以及通过一些辅助软件生成一些更复杂的图案。利用通入特定的气体,在电子束或离子束诱导下在特定区域发生化学气相沉积反应可形成沉积,通过调整离子束束斑尺寸、束流大小、扫描路径和时间等参数,即可在材料表面沉积出期望的图案或功能元器件,可实现微电路搭建或修复、图案排列、样品表面定点保护等功能。

聚焦离子束上述这些实现对试样特定微区进行加工的能力最初用于半导体器件的线路修复,现在透射电镜制样上的应用引起广泛的兴趣。与传统透射电镜制样方法相比,聚焦离子束技术制样速度快,并且能够精确选取试样中所需的区域,因此用于复杂样品或者特定位置样品的制备。

聚焦离子束系统最早在 20 世纪 80 年代末[324-326]被用于制备透射电镜样品,用于制备半导体器件的横截面样品。目前,聚焦离子束被用于快速制备较复杂的透射电镜样品,主要有两种方法。第一方法是传统的刻槽法(trench method),具体过程如图 5 - 37(a)所示。第二种方法是取出法(lift - out method),如图 5 - 37(b)所示,在材料表面取出透射电镜样品后,放在有碳膜的铜网上,或者焊在专用的聚焦离子束载网上。

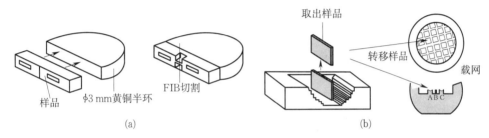

图 5 - 37　FIB 法制备透射电镜样品

(a) 刻槽法;(b) 取出法

聚焦离子束制样包括如下步骤。

(1) 安装样品。将样品粘贴到样品台上,固定在样品座上,装好 FIB 专用载网。抽真空。

(2) 定位-电子束沉积。如图 5 - 38(a)所示,利用电子束下沉积铂,做一个定位的标记。

(3) 离子束沉积。如图 5 - 38(b)所示,在电子束沉积的铂层上面利用离子束再沉积一个铂层,用于保护样品区域。

(4) 周围加工。如图 5 - 38(c)所示,用离子束挖去碳层旁边区域。

(5) 粗减薄。如图 5 - 38(d)所示,对样品区域进行粗减薄,刻出一块几微米厚的样品片。

(6) 底部侧边切断。如图 5 - 38(e)所示,进行 U 切使底部切断,并使样品一侧切断,使样品区域只留一个微桥和基体连接。

(7) 转移至纳米针。如图 5 - 38(f)所示,让纳米针伸进来,用离子束削尖针。使纳米针靠近样品,用针下压样品,使试样向下微小变形,在针尖和样品连接处镀铂进行焊接,用离子束切断样品连接基体的微桥。

（8）固定至载网。如图 5 - 38(g)所示,移动纳米针使样品靠近载网,通过镀铂使样品焊接到载网上,用离子束切断样品连接针尖的部分。

（9）减薄样品。如图 5 - 38(h)所示,利用离子束减薄样品,开始可用较大束流,依次递减束流大小,使样品表面光滑,减到 100 nm 以内。

（10）清除非晶层。如图 5 - 38(i)所示,利用离子束在 2 kV/5 kV 较小电压下吹扫,清除非晶层。

（11）制样完成取样。破真空,将制备好的样品取出。

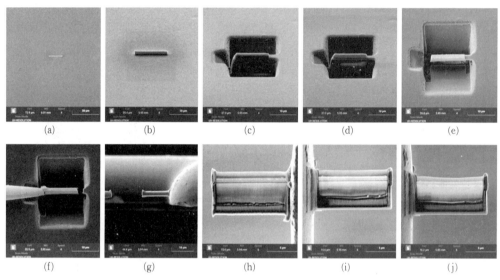

图 5 - 38 FIB 制样流程示意图

(a) 定位-电子束沉积;(b) 离子束沉积;(c) 周围加工;(d) 粗减薄;(e) 底部侧边切断;
(f) 转移至纳米针;(g) 转移至载网;(h) 减薄样品;(i) 清除非晶层;(j) 制样完成取样

在聚焦离子束制样过程中,离子束轰击样品表面时,容易留下损伤层。高能离子束与样品表面发生作用,容易使表面发生非晶化。同时镓离子部分沉积在试样表面,会干扰 EDS 试样成分的测量。此外,材料不同相溅出的原子互相沉积,会干扰不同相成分和结构的观察。图 5 - 39 是经过聚焦离子束切割的硅晶体截面透射电镜照片。可见,聚焦离子束引起的非晶层厚度可达十几纳米,除了沟槽底部的非晶损伤层,还多了一层镓的注入层。而透射电镜样品通常只有100～200 nm厚,因此非晶层的存在将对晶体成像特别是高分辨像以及成分分析造成干扰。损伤层厚度与离子束能量有关,离子束能量越高,损伤层厚度越大。要减小损伤层的厚度,可以降低离子束的能量。因此制样后期精修阶段可以采取低的离子束能量。离子束电流对损伤层厚度没有显著影响。

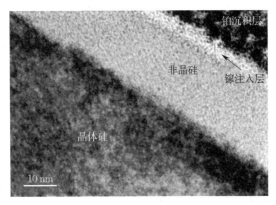

图 5 - 39　FIB 切割的硅晶体截面透射电镜照片

## 5.2　非块体样品的制备

非块体样品主要包括粉末样品和薄膜样品,这里说的薄膜样品指面积在毫米尺度的样品,像石墨烯等这类纳米尺度的样品,这里作为粉末样品处理。

### 5.2.1　薄膜材料样品的制备

直接制成可用于透射电镜观察的薄膜样品有多种方法,如真空蒸发、磁控溅射、溶液凝固等。

薄膜样品的制备要用到载网(见图 5 - 40),载网的种类很多,按网眼形状可以分为六边形孔、圆形孔、方孔等;按网眼大小分为从 50 目到 2 000 目不等;按材质可以分为铜网、镍网、金网、钼网等。此外,还有一些特型载网,如双联载网[见图 5 - 40(b)]等。双联载网使用时将样品架在双联网间,可起到很好的固定作用。

图 5 - 41 是薄膜的透射电镜明场像。它是通过磁控溅射仪把 Al - Cu 靶上原子溅射到 KCl 基片上,然后将溅射后的 KCl 基片放入含有一点丙酮的去离子水(或蒸馏水)中,加入丙酮的目的是减小表面张力,不致使膜破碎,待 KCl 溶解后,薄膜漂浮在水面上,然后用铜网捞起待水分蒸发后,即可放入透射电镜中观察。

### 5.2.2　粉末样品的制备

粉末样品包括两类,一类本身就是粉末状的,电子束可以直接穿透;另一类本身材料是块体状的,将其通过研磨等方式制成粉末(见图 5 - 42)。粉末样品的制样要具有代表性,真实反映所分析材料的某些特征,如粒径不均的粉末材料的样品需包含各种粒径的颗粒和比例,而不是在制样过程中丢失了某些大粒径或者小粒径的样品。而且粉末要均匀分布,不团聚,不重叠。

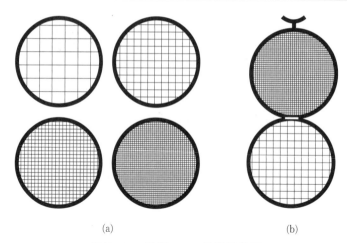

(a)                                            (b)

图 5-40   外径 3 mm 的样品载网

（a）普通载网；（b）双联载网

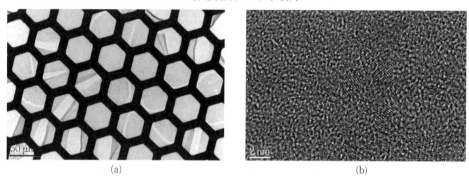

(a)                                            (b)

图 5-41   铜网上薄膜样品的透射电镜照片

（a）低倍；（b）高分辨

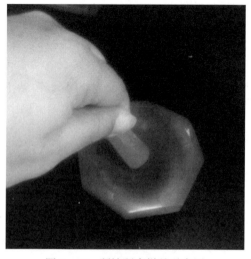

图 5-42   研钵研磨样品示意图

对于一般的粉末或颗粒,粉末颗粒粒径都远小于载网的孔径,不能直接用样品载网来承载,需在载网上预先粘附一层连续而且对电子束透明的支持膜,细小的粉末样品放置于支持膜上而不致从铜网孔漏掉,或者和胶水混合制成膜,才可放到电子显微镜中观察。因此,制备粉末样品可以选择支持膜法或胶粉混合法。

胶粉混合法就是将粉末和胶混在一起,做成大面积的且被电子束透过的样品,这样能够放在载网上进行观察。其制备步骤如图 5 - 43 所示。

(1) 在干净玻璃片上滴火棉胶溶液,然后在玻璃片胶液上放少许粉末并搅匀。

(2) 再将另一玻璃片压上,两玻璃片压紧对研,使混合物充分铺开。

(3) 突然抽开两玻璃片,使混合物均匀附在玻璃片表面。

(4) 等混合物干燥,形成膜,用刀片划成小方格。

(5) 将玻璃片斜插入水中,并在水面上下轻微运动,利用水的表面张力和浮力使膜片逐渐脱落,并浮在水面上。

(6) 利用铜网将方形膜捞出,并干燥。

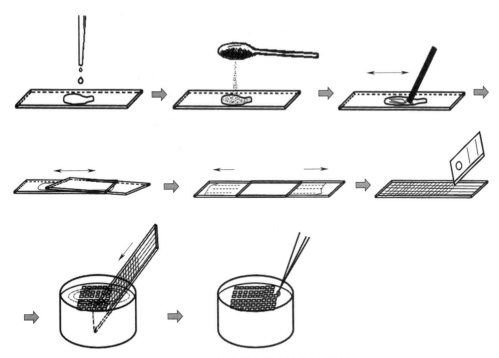

图 5 - 43　火棉胶粉末混合法的制备过程

胶粉混合法制备流程较复杂,一般可用于磁性粉末等样品,可以防止磁性粉末在观察时吸到极靴上。一般情况下,粉末材料用支持膜法比较方便。

支持膜法一般是将支持膜做在载网上,再把粉末均匀分散在膜上制成待观察的样品,粉末会很牢固地吸附在支持膜上。支持膜的作用是支撑粉末试样,载网的作用是支撑和加强支持膜。支持膜一般应该对电子束的吸收不大、透明度高,能承受电子束的照射,具有一定的机械强度而不变形、破裂,颗粒度小、无可见结构以提高样品分辨率,在电子束下不与承载的样品发生化学反应、保持结构稳定,具备良好的导热性、导电性。支持膜的厚度一般很薄,通常为十几纳米。常用的被覆的支持膜可以是有机膜、碳膜、金属膜等,具体的支持膜材料有火棉胶、碳、氧化铝、氧化硅、氮化硅、聚乙酸甲基乙烯酯等,较多使用的是火棉胶-碳复合支持膜。在火棉胶等塑料支持膜上镀一层碳,提高强度和耐热性,称为加强膜。如果不镀一层碳,当样品放在电镜中观察时,塑料支持膜在电子束照射下,会产生电荷积累,引起样品放电,从而发生样品飘逸、跳动、支持膜破裂等情况。所以,在支持膜上喷碳也起到提高支持膜的导电性、达到良好的观察效果的作用。载网通常有为铜、镍、金、钼等,从制作成本和使用效果看,铜载网最经济实用,所以被普遍采用,最常用的是 200～400 目的铜载网。因此,人们经常提到的"铜网支持膜""碳支持膜""碳膜""方华(formvar)膜"等,甚至被误称的"铜网",大多是指这种具有铜网负载的喷碳支持膜,通常称碳支持膜。所以我们常说用于粉体材料制样的"铜网"和"碳膜"实际上是铜网、碳膜、有机膜的结合,和单纯的铜网、碳膜是不一样的。

在选择载网或镀膜的材料方面,还要与实验实际情况相结合,例如要做化学成分分析,如果元素本来含量就不高时,主要是根据被检测样品的成分分析要求而选择。通常选择与被测样品不同的材质做载体,如被测样品有铜元素,最好不用铜网,可选镍网等。如果被测样品有碳元素,可以不用碳膜,用其他镀层。

粉末样品的制备包括支持膜的制备、粉末均匀分布于支持膜上两个步骤。

支持膜的制备方法有水面张开法制备有机膜和解理面喷碳制备碳膜。

水面张开法制备有机膜的方法有两种,第一种如图 5-44 所示,其步骤如下。

(1) 首先配置有机膜溶剂,如质量分数约为 3% 火棉胶的醋酸戊酯溶液。方华(聚乙烯醇缩甲醛)膜的溶剂可以选二氯乙烯、氯仿、二氯乙烷等,火棉胶(硝化纤维素)膜的溶剂可以选乙酸异戊酯、丙酮、乙酸正戊酯等。

图 5-44　水面张开法制备有机膜方法一

（2）选择一个直径大于 100 nm 的玻璃培养皿，然后注入蒸馏水，在培养皿的水面用滴管滴一滴火棉胶溶液，火棉胶溶液瞬时在水面上展开，将浮在水面上的第一次膜除去，再制备第二次干净的膜。

（3）溶剂在水面张开后，在其上轻轻摆放载网，载网的粗糙面朝下。

（4）用滤纸覆盖在其上，快速垂直提拉并翻转，将载网一起捞起。

（5）等干燥后将载网取下，其上就覆有了有机膜，如需要复合碳膜，将附着载网和火棉胶的滤纸放在真空镀膜仪中，喷一层很薄的碳。用针尖划开载网周围的膜和滤纸，即制成火棉胶-碳复合支持膜。

水面张开法制备有机膜的第二种方法和第一种类似，制备步骤如图 5 - 45 所示。不同的是该方法先在玻璃培养皿底部放一张滤纸，然后注入蒸馏水，再将载网适距放在培养皿底部的滤纸上，载网的粗糙面朝上。用滴管滴一滴火棉胶溶液到蒸馏水上，等火棉胶溶液在水面上展开后，用吸管沿培养皿边缘伸入水中，将蒸馏水慢慢吸干，火棉胶薄膜随之下沉，最终吸附在含有铜网的滤纸上。

图 5 - 45　水面张开法制备有机膜方法二

解理面喷碳制备碳膜的步骤如下。

（1）选择用云母或 NaCl 单晶新劈开的解理面，放在真空镀膜仪中，喷一层很薄的碳。

（2）用刀片将碳膜划成小方格。

（3）将镀有碳膜的云母或 NaCl 单晶在水中提拉或溶解，让碳膜上漂。

（4）用镊子夹着载网将碳膜捞出，干燥。

现在的支持膜制备技术已经非常成熟，且商业化，直接购买比自制更加方便，且质量可靠。所以，选择合适的支持膜以及让样品较好分散在支持膜上才是成功进行透射电镜观察的关键。

粉末样品制备的关键是如何将超细粉的颗粒在支持膜上高度分散开来，各自独立而不团聚。支持膜分散粉末常用的方法有悬浮法和散布法，可根据不同情况选用。

悬浮法：取少量待观察的粉末颗粒，放入洁净的小烧杯或试管中，加入少量无水乙醇或其他与其不相溶的稳定液体，放入超声清洗机中振荡几分钟，使其成为悬浊液，滴几滴到微栅或支持膜上,也可以用带支持膜的铜网在溶液中轻轻地捞一下,待支持膜液体干燥后即可进行观察。对于易团聚的纳米超细粉末,应加入分散剂均匀分散后,再加入无水乙醇等稀释。对于颗粒较大的粉末,需经研磨粉碎后,再按上述方法制备粉末样品,如陶瓷等脆性材料。

散布法:直接将粉末撒在支持膜表面,然后叩击夹住支持膜的手,这样较大的粉末颗粒就会掉落,而较小的粉末颗粒就分散吸附在支持膜上。最后用洗耳球对样品进行吹气,将吸附不牢固的粉末吹掉。

值得注意的是,制样时只需要放入极少量的粉末样品,如果看到制样后的支持膜光泽变化,甚至有一层样品,那在电镜下样品的重叠或者团聚严重,如图 5-46 所示。

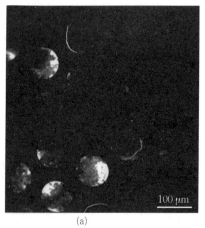
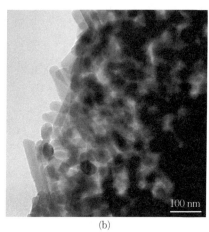

(a)                   (b)

图 5-46　粉末材料制样不分散
(a) 低倍下;(b) 高倍下

如前所述,所谓支持膜是在载网上附上一层有机膜或碳膜或有机-碳复合膜,用于承载粉末颗粒。实际上支持膜的种类很多,要根据不同的样品选择不同的支持膜。常用支持膜如表 5-3 所示。

表 5-3　常用支持膜

| 分类 | 名称 | 介绍 | 用途 | 尺寸 |
|---|---|---|---|---|
| 无孔碳支持膜 | 碳支持膜 | 在方华膜上再覆盖一层碳,是最常见的支持膜。由于碳层具有抗热性和导电性,增强了方华膜的牢固和稳定性,弥补了无碳方华膜的缺陷。喷镀的碳颗粒很细,通常小于 1 nm | 适合 200 kV 电镜下观察常规纳米材料 | 膜厚 10~20 nm |

| 分类 | 名称 | 介绍 | 用途 | 尺寸 |
|------|------|------|------|------|
| 无孔碳支持膜 | 纯碳支持膜 | 在载网的反面有一层可移除的有机层膜,载网正面覆盖较厚的碳层。当观察有机溶剂分散过的样品时,溶剂会将载网反面的有机层溶去,只留下纯碳膜。与其他膜相比,碳的密度较高,散射能力较强,机械性能及化学稳定性好,进而可减少样品的热漂移,增强样品稳定性 | 用于在有机溶剂或高温下处理的样品。比碳支持膜的碳层厚,背底影响较大,适合观察 10 nm 以上的样品 | 膜厚 20~40 nm |
| | 薄纯碳支持膜 | 没有附带任何有机层的薄型纯碳膜,由于膜层薄,观察样品时背底影响小 | 适合分散性较好、带有机包覆层的核壳结构之类的纳米材料样品 | 膜厚 3~10 nm |
| | 超薄碳支持膜 | 在具有微孔支持膜(微栅)上再覆盖一层薄的碳层,是没有方华膜背底的纯碳膜。这层超薄碳膜的目的,是用薄碳膜把微孔挡住。用户可通过覆盖着超薄碳支持膜的微孔观察样品 | 针对观察 10 nm 以下、分散性较好的纳米材料。特别适用于低衬度的高分辨电镜、能量过滤检测 | 膜厚 3~5 nm |
| 有孔碳支持膜 | 微栅支持膜 | 微栅支持膜具有微小孔洞,可以让样品能搭载在孔洞处或孔边缘观察样品,颗粒一般会附着在微栅孔的边缘,一维纳米材料可搭载在微孔两端,因此没有基底物质的干扰,实现样品的"无膜"观察 | 适合观察管状、棒状、纳米团聚物等,特别是观察分辨率要求较高或背底影响形貌的样品。更便于微束分析,获得单颗粒电子衍射像 | 常见孔径 2~8 $\mu$m 膜厚 15~30 nm |
| | 纯碳微栅支持膜 | 在载网的一面有一层可去除的有机膜,当放入溶剂中有机膜被溶去,载网另一面的纯碳微栅膜不会受影响而保留下来。它既拥有纯碳支持膜耐有机溶剂腐蚀和耐高温等特点,又具备微栅支持膜在高倍电镜下观察样品高分辨像的优势 | 适合于微束分析或获得单颗粒电子衍射像 | 膜厚 15~30 nm |

续表

| 分类 | 名称 | 介绍 | 用途 | 尺寸 |
|---|---|---|---|---|
| 有孔碳支持膜 | FIB 微栅支持膜 | 微栅中的微孔直径通常为8~15 μm。由于它所承载的样品大多为微电子器件,所以要求膜面必须具有良好的样品黏附性。采用专用的定向标识载网 | 专用于 FIB(聚焦离子束)分析技术领域 | 膜厚 15~30 nm |
| | 多孔碳支持膜 | 支持膜上分布大小不均的微孔(2~15 μm)。微孔数量少于微栅,膜面积占较大部分 | 使用时可在低倍下观察样品的形貌像,高倍下观察微孔上的样品的高分辨像 | 膜厚 15~20 nm |
| | Quantifoil 规则多孔支持膜 | 是精密排列有各种尺寸、形状微孔的支持膜。与普通多孔碳膜相比,其固定的几何外形便于在透射电镜上进行自动化操作。孔表面积大,可降低支持膜干扰造成的样品失真 | 适合于低温透射电镜样品,因为圆形孔眼更有助于形成均匀厚度的冰层。此种膜还可应用于物质纳米特征研究 | 膜孔径为 1~7 μm;膜厚 18~20 nm |
| | C-flat 纯碳多孔支持膜 | 应用于 Cryo-TEM 的首选支持膜。较其他种类的多孔支持膜平整度高,较 Quantifoil 多孔支持膜纯净,没有任何残留有机层。由于其超高的平整度可使冰层平整,颗粒分布均匀 | 适合对样品进行单颗粒分析,低温三维重构和自动透射电镜分析 | |
| 非碳材料支持膜 | 无碳方华膜 | 膜弹性好,强度高,透过率好。导电性能不好,在电子束照射下会因高温或电荷积累引起局部受热碳化,产生黑斑。引起样品漂移,甚至使膜破碎 | 适用于承载超薄切片材料,通常在 100 kV 电镜上使用较多 | 膜厚 10~15 nm |
| | 镀金支持膜 | 由于金的化学性质非常稳定,主要用于不能以碳为衬底的电子显微表征 | 用来校正电子显微镜的放大倍数和电子衍射相机长度 | 膜厚 10~20 nm |

续表

| 分类 | 名称 | 介绍 | 用途 | 尺寸 |
|---|---|---|---|---|
| 非碳材料支持膜 | 镀锗支持膜 | 具有化学性质稳定、衬度好等优点。由于锗的原子序数低于金，产生的背底噪声优于金膜，所以可以改善像的衬度 | 校正电子显微镜的放大倍数和电子衍射相机长度 | |
| | 氮化硅薄膜 | 完全无定形的高强度氮化硅支持膜，可承受 1 000 ℃的高温 | 在高温条件下研究或制备纳米材料。进行 EDS 分析时无碳峰干扰 | |
| | 氧化硅薄膜 | 窗格弹性较好，在电子束轰击下比较稳定，衬度及亲水性较碳膜稍差 | 适用于各种样品制备技术 | |

　　常用的碳支持膜包括普通碳支持膜、纯碳支持膜、微栅支持膜、超薄碳支持膜等，它们的组成如图 5 - 47 所示。其中碳支持膜最常见，用于普通纳米材料样品，它们由碳膜和方华膜，或者碳膜直接附在金属载网上。如图 5 - 48 所示，超薄碳支持膜和微栅支持膜在较低倍率下很像。微栅支持膜由有孔的碳膜和方华膜附在金属载网上，两者的孔洞是一致的，所以有大量的孔洞，棒状、线状、薄膜状样品可以直接架在有孔的碳膜和方华膜骨架上，对孔洞处的样品进行观察时没有背底的影响，尤其适合观察石墨烯等二维材料。超薄碳支持膜和微栅支持膜的差别在于超薄碳支持膜多一层 3～10 nm 的超薄碳膜，因为超薄碳膜太薄，无法直接在金属载网上支撑自己，需要通过有孔的碳膜和方华膜来支撑。它可用于支持尺寸较小的纳米材料，可以减小背底的影响，适合量子点等材料的观察。

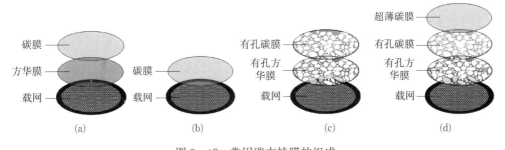

图 5 - 47　常用碳支持膜的组成
（a）普通碳支持膜；（b）纯碳支持膜；（c）微栅支持膜；（d）超薄碳支持膜

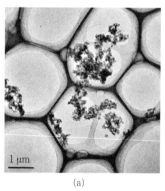 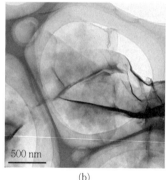 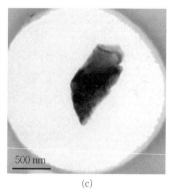

(a)　　　　　　　　　　　　(b)　　　　　　　　　　　　(c)

图 5-48　微栅支持膜和超薄碳支持膜的比较
(a) 较低倍率下的超薄碳支持膜；(b) 微栅支持膜；(c) 超薄碳支持膜

## 5.3　复型技术

　　复型的制样方法是 1940 年由 Hans Mahl 发明的[327]，用一层薄薄的胶覆盖待观察的表面，等硬化后取下来，再用一层金属薄层遮蔽以增加对比度，这样获得可以在透射电镜下观察的薄膜复型(简称"复型")。但是，用这种方法，原样品会在取复型的时候被损毁。1942 年，Vincent J.Schaefer 和 David Harker 发明了用方华膜做塑料复型的材料[328]，该方法通常可以保留原样品。经验表明，碳是制作电子显微镜支持膜和复制品的理想材料，用它制成的薄膜是无定形的、化学惰性的，并且对电子高度透明。但碳膜相关制备技术很难，限制了其应用，例如 H.König 等通过辉光放电法生产碳支持膜[329]，但由于许多样品会受到离子轰击的影响，因此该技术无法广泛应用。D.E.Bradley 开发的蒸发方法是生产碳膜和碳复型的最简单方法[330]，当强电流通过在真空中轻轻压在一起的两个碳棒的点，在这些点发生强烈的局部加热，导致碳蒸发。该方法不仅可以直接在样品表面制备一个与表面轮廓完全一致的碳外壳复型[331]，也可以用于塑料-碳二级复型[332]。1956 年，E.Smith 等发现了萃取技术[333]，用于从多相合金中萃取相进行电子衍射分析。

　　复型技术就是把金相试样表面经浸蚀后产生的显微组织浮凸复制到薄膜上，然后把薄膜复型放到透射电镜中去观察分析。通过复型制备出来的样品是真实样品表面形貌组织结构细节的薄膜复制品，是可间接反映原样品表面形貌组织结构细节特征的间接样品，而无法直接观察样品本身内部结构。目前，随着其他制样技术的发展，复型技术用得较少，在一些特殊样品制备中还发挥着作用，例如在电镜中易起变化的样品和难以制成薄膜的试样可采用此方法。

　　用于复型制备的材料本身必须是"无结构"或非晶态的。要求复型材料即使在高倍成像时,也不显示其本身的任何结构细节。常用的复型材料是真空蒸发沉积碳膜、各种塑料薄膜和氧化物薄膜,它们都是非晶体。复型材料要有足够的强度和刚度,良好导电、导热和耐电子束轰击性能。复型材料的分子尺寸应尽量小,以利于提高复型的分辨率,更深入地揭示表面形貌的细节特征。

根据复型所用的材料和制备方法,常见的复型有以下三种:一级复型法、二级复型法、萃取复型法。其中一级复型法又可分为塑料一级复型、碳一级复型以及氧化膜复型。在应用复型技术研究材料表面形貌和显微组织时,为了得到好的复制效果,首先要注意制备好金相试样。金相试样表面必须仔细抛光,避免引起表层组织的变化。其次,要注意各种复型方法对样品表面浮凸的复制能力,碳一级复型分辨率最高,可达 2 nm;塑料有机分子尺寸比碳粒子大得多,约 10 nm,所以只能复制大于这一尺寸的显微组织细节。塑料-碳二级复型的分辨率主要取决于第一级塑料复型,它的分辨率与塑料一级复型相当。

### 5.3.1　塑料一级复型

塑料一级复型(见图 5 - 49),相对于试样表面来讲,是一种负复型,即其复型浮凸与金相试样表面正好相反,是对样品表面形貌的简单的复制,其表面的形貌与样品的形貌刚好互补。而碳膜一级复型是一种正复型,即其复型浮凸与金相试样表面正好一致。

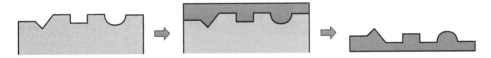

图 5 - 49　塑料一级复型原理示意图

塑料一级复型的具体制备方法如图 5 - 50 所示,步骤如下。

(1) 用液滴管在金相试样表面上滴塑料溶液(如浓度为 1% 的火棉胶醋酸戊酯溶液或醋酸纤维素丙酮溶液,常用的塑料一级复型材料如表 5 - 4 所示),用清洁玻璃棒轻轻地将其刮平,多余的用滤纸吸掉,静置干燥让溶剂蒸发后在样品表面留下一层厚度约 100 nm 的塑料薄膜。

(2) 在透明胶纸上放几块略小于样品铜网($\phi = 3$ mm)的纸片,再在其上放置样品铜网,这样仅使其边缘粘贴在胶纸上。

(3) 把贴有样品铜网的胶纸平整地压贴在已干燥的塑料表面,利用胶纸的黏性把塑料一级复型从金相试样表面干剥下来。单级复型的制备方法也可以将醋酸纤维素薄膜压在断裂或抛光和蚀刻的表面上,用丙酮或氯仿润湿并使薄膜干燥,然后将薄膜从表面剥离。

(4) 用针尖或小刀在铜网边缘划一圈,将塑料薄膜划开,再用镊子把样品铜网连同贴附在它上面的塑料一级复型取下,即可放到透射电镜中去观察。

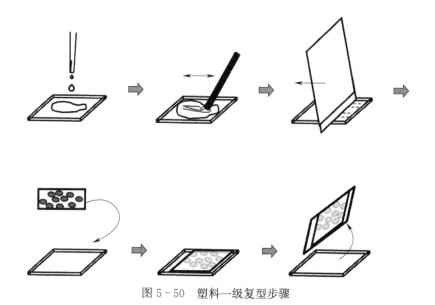

图 5-50   塑料一级复型步骤

**表 5-4   常用的塑料一级复型材料及其浓度**

| 商品名称 | 化学名称 | 溶剂 | 浓度/(%) |
|---|---|---|---|
| 火棉胶<br>(collodion) | 低氮硝酸纤维素 | 醋酸戊酯 | 0.5～4 |
| 方华<br>(formvar) | 聚醋酸甲基乙烯酯 | 二氧六环(二恶烷)或氯仿 | 1～2 |
| farlodion | 低氮硝酸纤维素 | 醋酸戊酯 | 0.5～4 |

为了防止有机膜的破裂,必要时采用背膜增强。如在方华复型膜干燥后,再在其上浇铸一层较厚的火棉胶膜。当复合膜从金相试样表面剥离下来后,剪成略小于样品铜网的小方块,放在醋酸戊酯中把火棉胶背膜溶解掉,最后用样品铜网把方华一级复型捞起,将其放在滤纸上,把水吸干即可。

在一级复型的基础上,可以用 Cr、Au、Pd、Pt、Ta、W 等重金属沿浅角度蒸镀到碳膜上,以增加复型的衬度。为了获得高的分辨率,蒸镀的重金属投影要获得较细的颗粒尺寸,必须考虑几个因素[334]:① 低总金属沉积量将产生更细的晶粒,因为形核过程将最小化。因此,应仅蒸发产生可满足所需图像质量的最小金属量。② 如果电流迅速增加,一次可以从灯丝中释放出更多的金属原子团。但是,如果电流增加过快,要蒸发的金属将从电极灯丝上脱落,而不会真正蒸发。因此,通过缓慢地将电流提高到刚好高于蒸发开始点,可以实现更为渐近的沉积,从而获得更细的颗粒尺寸。③ 较低的样品温度将导致蒸发金属更快凝结。因此,通过给放置样品的工作台表面用水冷却,以增加冷凝速率。④ 以垂直于样品表面的角度蒸镀金属将获得更细的颗粒,但是垂直于样品表面会得到小的衬度,此外,较大的倾斜角度将导致更大的成核率。⑤ 同时蒸镀两种金属(或一种金属和碳)可以减小金属聚集的尺寸,因为通过原子移动以便在晶格中找到一个位置的距离将增加。

图 5-51 是 Ni-Mn 单晶(110)晶面火棉胶塑料一级复型的透射电镜像,为了提高衬度,利用了金属钯投影。

图 5-51　Ni-Mn 单晶(110)晶面经钯投影的塑料一级复型透射电镜像[335]

## 5.3.2　碳一级复型

碳一级复型是对已制备好的金相试样表面直接蒸发沉积碳膜制成的,蒸发碳膜的物质是纯碳,其原理如图 5-52 所示。

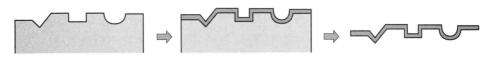

图 5-52　碳一级复型原理示意图

碳一级复型的具体制备方法如图 5-53 所示,步骤如下。

(1) 在真空镀膜装置中,从垂直样品表面的方向在已浸蚀好的金相试样表面上蒸镀一层厚度数 10 nm 的碳膜(简称喷碳)。

（2）用针尖或小刀把喷过碳的金相试样表面划成略小于样品铜网的小方格,然后浸入适当的化学试剂中作电解或化学分离,使碳膜与金相试样表面分离。

（3）对样品进行清洗,并用样品铜网将碳复型捞起烘干,即可放到透射电镜中观察。

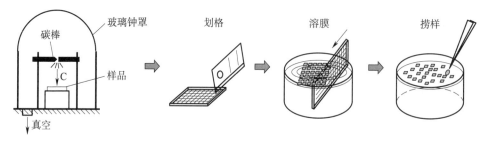

图 5 - 53　碳一级复型步骤

图 5 - 54 是 MgO 的碳一级复型的电镜照片,MgO 晶体凹凸起伏的表面结构细节特点可以被很清晰地呈现。

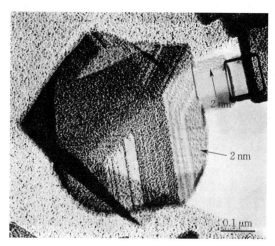

图 5 - 54　MgO 的溅射沉积碳一级复型透射电镜像[336]

碳一级复型与塑料一级复型的区别是碳一级复型的厚度基本上相同,而塑料复型的厚度随试样位置而异。塑料复型不破坏样品,而碳一级复型要破坏样品,因为分离膜与样品时要电解或化学腐蚀样品。塑料一级复型因塑料分子较大,分辨率低（10～20 nm）;碳离子直径小,碳一级复型分辨率高（2～5 nm）。塑料一级复型在电子束照射下易分解和破裂,碳一级复型在电子束照射下不易分解和破裂。

### 5.3.3　塑料-碳二级复型

塑料-碳二级复型结合两种一级复型的优点,先制作样品的塑料一级复型,在塑料一级复型上再制作碳复型。分辨率和塑料一级复型相当。

图 5-55 是二级复型的制作原理示意图。首先在样品上制作一级塑料复型,然后在一级复型的基础上,垂直镀上一层碳膜,然后用 Cr、Au、Pd、Pt 等重金属沿浅角度蒸镀到碳膜上以增加复型的衬度,最后用丙酮将塑料溶解掉即可得到二级复型样品。

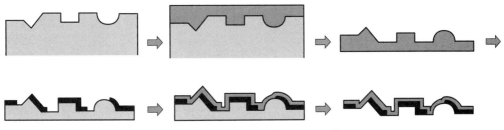

图 5-55　塑料-碳二级复型原理示意图

塑料-碳二级复型的具体制备方法如图 5-56 所示,步骤如下:

(1) 在经过浸蚀的金相试样(或不需浸蚀的断口试样)表面上放一两滴丙酮(或醋酸甲酯),然后贴上一小块醋酸纤维薄膜(简称 A·C 纸,厚度 30~80 μm)。

(2) 揭下已经干燥的塑料复型(第一级复型),剪去周围多余的部分,然后将复制面朝上平整地贴在衬有纸片的胶纸上。

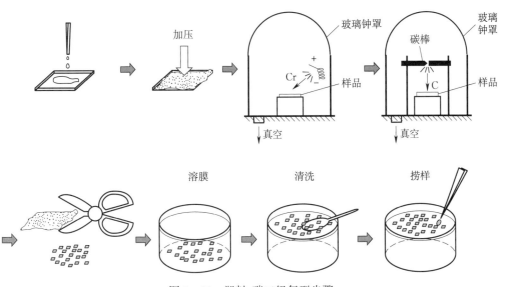

图 5-56　塑料-碳二级复型步骤

（3）将固定好的塑料复型放在真空镀膜装置中，为了增加衬度，先在倾斜15°～45°的方向上蒸镀一层 Cr、Au 等重金属，再以垂直方向喷碳（第二级复型）。

（4）把复合复型剪成略小于样品铜网的小方块，将生物切片石蜡（注意石蜡熔点在 42 ℃左右为宜）溶化后滴在小玻璃片上，然后将小方块喷碳一面贴在烘热的小玻璃片上的石蜡上。待玻璃片冷却和石蜡凝固后，放到盛有丙酮、氯仿或醋酸甲酯的有盖容器中，将第一级复型慢慢溶解。

（5）用铜网布制成的小勺把第二级复型转移到清洁的丙酮中洗涤（也可适当加热，保温 15 分钟）；最后转移到蒸馏水中，依靠水的表面张力使第二级复型平展并漂浮在水面上，再用镊子夹住样品铜网把第二级复型捞起来，放到滤纸上，干燥后即可供观察。

塑料-碳二级复型的最大优点在于制备过程中不破坏金相试样原始表面，必要时可重复制备。由于第一级复型用较厚的塑料有机膜来制备，即使对粗糙的断口样品，剥离也比较容易，膜也不易损坏。重金属投影厚，图像衬度好，且具立体感。供观察的第二级复型是碳膜，稳定性和导电导热性都很好，电子束照射下不易分解和破裂。

在材料研究领域内，二级复型主要应用于金相组织和断口形貌的观察，尤其对断口样品，它比一级复型有更多的应用。

图 5 - 57 是奥贝球铁等温转变后组织的二级复型透射电镜像。可见，经过等温转变后，利用塑料（火棉胶）-碳二次复型制样，可以观察稳定奥氏体的数量，以及奥氏体/贝氏体、铁素体界面上的碳化物。

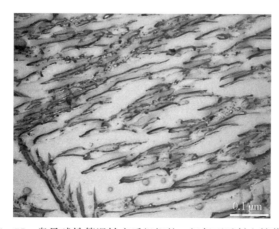

0.1 μm

图 5 - 57　奥贝球铁等温转变后组织的二级复型透射电镜像[337]

## 5.3.4　萃取复型

萃取复型是对一级复型步骤稍加改进的方法，用碳膜把经过深度侵蚀（溶去部分基体）试样表面的第二相或夹杂物粘附下来，不仅能用复型显示样品表面浮凸，而且可用膜萃取出某些细小的组成相,例如第二相粒子,并能保持它们在样品中原有的分布。它的最大优点是既复制表面形貌,又保持第二相分布状态,这除了能在透射电镜下观察第二相的大小、形貌、分布之外,还能通过电子衍射的方法确定其物相,兼顾了复型膜和薄膜的优点。萃取复型可以用碳蒸膜,也可以用塑料有机膜,目前常用碳蒸膜。由于是直接观察实物,因此萃取复型分辨率有很大提高;同时由于实物部分和复型部分之间电子散射能力相差很大,所以极大地提高了像的衬度。因此萃取复型技术在物相研究中得到了广泛应用。

图 5 - 58 是萃取复型的制作原理示意图。首先用浸蚀剂浸蚀样品的表面,让第二相颗粒露出来,然后在上面镀上一层碳膜,最后再次用浸蚀剂浸蚀材料,让材料彻底溶解,只留下碳膜及其上面的第二相颗粒。

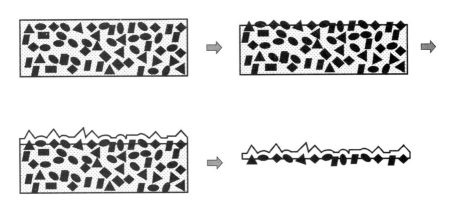

图 5 - 58　萃取复型原理示意图

萃取复型的具体制备方法如图 5 - 59 所示,步骤如下。

(1) 按一般金相样品的制备方法磨光、抛光样品,制备原型试样表面。选择合适的浸蚀剂,使其溶解样品的基体材料(如钢中的铁素体基体)比第二相颗粒要快,以致第二相裸露出来,突出样品表面。

(2) 在深浸蚀过的金相试样表面上蒸发沉积一层较厚的碳膜($20\ \mu m$ 以上),喷碳时转动试样以使碳复型致密地包住夹杂物或析出物。若喷碳后试验表面呈现出钢在 $300\ ℃$ 左右所呈现的回火蓝色,则说明喷厚度符合要求。

(3) 为保证萃取下来的碳复型不碎,可把 2% 的火棉胶醋酸戊脂溶液滴到喷碳面上,甩掉多余的胶液,干后用针尖划成小格,就可以进行电解萃取;也可以用 5% 左右的醋酸纤维素丙酮溶液保护碳复型,做法同上。

(4) 有时为增加衬度,在喷碳前先对试样投影铬(Cr)、金(Au)等重金属元素。如需要作内标时可先在金相试样或断口上喷金或其他内标物质。

(5) 用针尖或小刀把碳膜划成小于样品铜网的小方块。

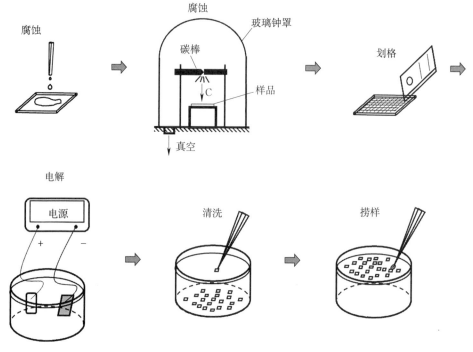

图 5-59 萃取复型步骤

（6）将喷碳、划过格的试样放到盛有浸蚀剂的器皿中进行第二次浸蚀（或进行电解抛光），使基体材料进一步溶解，这样使碳膜连同凸出试样表面的第二相粒子与基体分离。

（7）将分离后的碳膜转移到腐蚀组织时所用的腐蚀剂中洗涤，溶去残留的基体，最后移到乙醇中去洗涤，用样品铜网捞起，干燥后即可供观察。

按合金的种类不同选择适合的浸蚀剂进行深腐蚀。常用的腐蚀方法有两种：化学腐蚀与电解腐蚀。对于碳素钢、合金钢可根据具体情况选一般常用的金相腐蚀剂，如硝酸乙醇、苦味酸乙醇、王水、维列尔试剂等。对于稳定夹杂物（包括 $Al_2O_3$、$FeO \cdot Al_2O_3$、$Cr_2O_3$、$FeO \cdot Al_2O_3 \cdot NiO$、硅酸盐、$AlN$、$NbS$ 等）用 $H_2S_3O_4 : H_2PO_4 : H_2O = 1 : 3 : 1$ 的试剂，对于不稳定性夹杂物如 $(Fe \cdot Mn)O$、$(Fe \cdot Mn)S$ 等，可选用中性电解液。电解腐蚀法常使晶界腐蚀过深，对之后操作不利，使用时必须严加注意，在观察晶界析出物时尽量不采用此法。

电解脱膜时试样做阳极，不锈钢片做阴极，把试样放置在电解液的下部与液面平行，试样浸入深度要适合。电解脱膜时要根据金属材料和所要萃取的第二相来选择电解液，通常用与腐蚀金相组织相同的溶液电解，但浸蚀第二相的溶液不能使用。电解脱膜时电流密度要适当，电流过大形成大量气泡，会使碳膜碎裂。一般取电解抛光电流密度的下限值。这个电流密度可以通过实验确定,将试样未喷碳一端放到电解液中并通电,如果试样表面变黑,表明样品表面被腐蚀;增加电流密度直到试样表面生成一种黄绿色的黏膜为止,把试样取出洗去黏膜,试样表面变亮,说明试样表面被抛光了。电解脱膜时就采用这个抛光条件的下限电流强度。

在任何一种合金钢中都或多或少地存在着一些非金属夹杂物。在外力作用下由于它们和基体之间性能上的差异,一般常在它们和基体的界面处产生很大应变,随之形成微裂纹,材料断裂后,它们一般还保留在断口表面上,用光学显微镜无法查出小尺寸夹杂物。应用萃取复型技术可观察夹杂物或第二相粒子的大小、形态、分布以及通过衍射研究它们的点阵类型和晶体结构。如用萃取复型方法萃取到断口复型上,在观察形貌的同时就可以利用电子衍射技术对它们进行物相鉴定,即定出它们的晶体结构。这样就会很容易地把造成断裂的夹杂物大小、分布和结构查出来。如果在透射电镜上再配能谱仪,还可查出夹杂物的成分。

进行晶体取向关系分析时,选区光阑内除基体之外往往有几个沉淀相同时存在,给衍射花样分析工作带来一定困难。此外,钢基体的磁性也对电子束造成影响。通过材料、工艺、热处理制度分析后可以确定存在相的类型。用萃取复型技术分别萃取不同的沉淀相,分析沉淀相的大小、形态、分布及结构,为晶体取向关系分析工作提供信息。图 5-60 是取向硅钢萃取复型样品的电镜图像,晶界清晰可见,基体上的黑点是碳化物。由于没有基体对电子束的影响,可以方便地对碳化物进行分析。

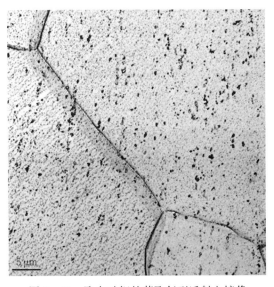

图 5-60　取向硅钢的萃取复型透射电镜像

和萃取复型方法类似,酸溶法[338]和电解法[339-340]也被用于研究金属中的物相,如将第二相和夹杂物从钢中提取出来,前者用酸溶解钢的基体,保留住较稳定的第二相和夹杂物;后者利用钢的基体和夹杂物在电解液中的溶解电位差别,通过选取合适的电解条件,使钢的基体发生溶解,而第二相和夹杂物被保留。但酸溶和电解过程中,部分细小或不稳定的第二相和夹杂物常常会被溶解或损伤,因此使用受到一定的条件限制。此外,酸溶法和电解法只适合分析第二相和夹杂物,无法像萃取复型方法把材料基体的一些结构信息复型下来,例如晶粒尺寸、晶界、相分布等。

### 5.3.5 特定区域复型

复型虽然能排除样品基体的干扰,对第二相和夹杂物等进行分析,但同时也丢失了一些信息,如析出相和基体的位相关系、基体的衍衬衬度掩盖了细小的第二相颗粒等。为了弥补这一缺点,特定区域复型(region - specific replication)被发明出来[341]。该技术是对双喷电解抛光减薄制备的样品薄区进行复型。

在对薄区进行复型前先对薄区进行成像,可以表征相和基体的位相关系等。然后对样品薄区进行复型,可以对细小的析出相进行结构分析等。这样复型前后观察的是完全相同的位置,如图 5 - 61 分别是 P91 钢的双喷电解抛光薄区及同一区域特定区域复型的透射电镜像。可见,图 5 - 61 中的两图具有易于识别的相同轮廓,两个图中粗大的碳化物的位置相同,双喷电解抛光样品中细小的第二相颗粒在很大程度上被衍射衬度掩盖了,但在复型中却很明显。此外,双喷电解抛光样品中的孔也保留在复型中。值得注意的是,特定区域复型会破坏原来样品特定区域的晶体结构,因此如要研究基体的晶体结构相关的内容,如衍射花样、位错等,要先完成相关操作,再进行特定区域复型。

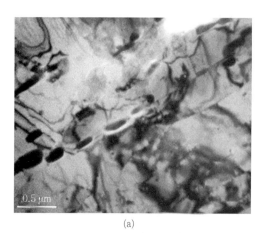
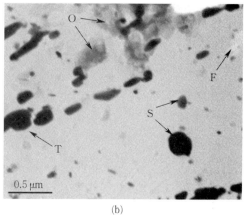

(a)  (b)

图 5 - 61　P91 钢双喷电解抛光薄区及同一区域特定区域复型的透射电镜像[341]

(a) 双喷电解抛光薄区;(b) 同一区域特定区域复型

特定区域复型的制备步骤包括如下几方面:

(1) 在 Vilella 试剂中刻蚀 10 秒钟;

(2) 双喷电解抛光薄区的两面镀上约 20 nm 的碳膜;

(3) 样品在 1‰溴-乙醇溶液中溶解约 5 分钟,然后在 Vilella 试剂中清洗 30 秒。

经过上述处理,双喷电解抛光样品中距离穿孔几十微米的薄区范围都溶解了,留下的是嵌有相颗粒的复型碳膜。因此,特定区域复型的样品还是由双喷电解抛光样品的金属组成,不过穿孔周围的薄区已被转换为碳复型。如果缩短在 1‰溴-乙醇溶液中的溶解时间,可以得到薄区和复型的复合结构,既降低了基体的影响,又方便了第二相的各种分析。

## 5.4　样品的污染及其防治

在透射电镜观察的过程中,样品污染一直是一个影响样品成像质量的重要原因之一,尤其在 STEM 模式下或能谱面扫描的时候,电子束聚在很小的区域内,污染速度要更快。人们很早就发现,如果真空条件不够好,受到电子轰击的金属电极会变色。1934 年,R. Lariviere Stewart 通过研究认为其表面形成的这层是含碳化合物[342]。1953 年,A.E.Ennos 的研究说明了电镜中样品污染的来源[343],指出样品污染是由于电子与吸附在样品表面的有机分子相互作用形成的,碳是分子分解的最终产物,有机分子从残存的气相中得到补充,他还指出可通过加热样品表面或围绕样品周围的冷阱来防止污染。1954 年,A.E.Ennos 进一步研究指出污染能力按下降顺序排列为扩散泵油、真空润滑脂、各类橡胶垫片材料、硅酮泵油和真空蜡,未清洁的金属表面也是相当大的污染源,并讨论了清洁方法[344]。因此,试样的污染主要来自吸附在样品表面的有机物以及镜筒内残留的碳氢化合物等,在电子束照射某一区域时向该区域聚集所致,俗称"积碳"。图 5 - 62 是观察后样品积碳的 TEM 照片。其中图 5 - 62(a)中箭头所示位置是在 TEM 模式下观察后的积碳形貌,因为 TEM 模式下电子束照射的区域是圆形的,因此污染的区域也是圆形。图 5 - 62(b)是在 STEM 模式下观察后的积碳形貌,因为电子束扫描的区域是长方形的,因此污染的区域也是长方形。图 5 - 62(c)～(e)是图 5 - 62(b)区域在 STEM 模式下观察前后的对比,可以看到随着观察时间的延长,被观察区域逐渐被污染,最终污染将样品的轮廓都覆盖了。很显然,污染是会严重影响电镜观察的,有些污染严重的样品往往在短时间预览的时候观察区域就污染了被观察区域,还来不及进行拍摄。

导致观察时样品污染的原因是多方面的,主要分为设备和样品本身的原因。

在设备方面有如下注意事项。

(1) 保持样品室的真空,使用时让电镜充分抽真空,平时使用 ACD 抗污染装置,当真空一直较差时,必要的时候可烘烤镜筒。

图 5-62 样品在电镜内被污染

（2）不要用手去接触放入真空中样品杆的 O 型密封圈之前的部分。

（3）样品杆不用时放在样品杆真空存储仪，有时可以使用真空存储仪的烘烤功能。

（4）样品杆插入电镜前要进行等离子清洗。

在样品方面有如下注意事项。

（1）将样品存放在真空环境中。

（2）金属样品可以装在样品杆一起进行等离子清洗，微纳颗粒材料可以通过烘箱、红外灯照射来使有机物和水分挥发掉。

（3）含有机污染物的样品可以用丙酮或乙醇浸泡几分钟后，并进行烘烤。

（4）对于已经开始观察的样品，如果发现有污染，也可以使用 Beam shower 来降低观察区域的污染（具体见第 6 章内容）。Beam shower 正是利用了污染的原理，就是通过用电子束照射样品非观察区域，将作为污染源的有机物固定在这些区域，从而减少了观察区域的污染。

此外，可以利用热酸洗对样品自带的污染物进行清洗。图 5-63 是合成 PdNi 合金纳米球的 TEM 图，图 5-63(a)是没有经过处理的样品，而图 5-63(b)中的白色曲线表明纳米球表面有较厚的有机物包覆层。对样品进行热酸洗处理，将碳载 PdNi 合金纳米球与一定量的纯乙酸超声混合均匀,然后在惰性气氛中搅拌加热到 60 ℃,并保持 1 小时。冷却后,离心获得产物,再用乙醇离心清洗 3 次,离心获得产物后在 80 ℃真空环境干燥 2 小时。对处理后的样品再进行观察,如图 5 - 63(c)所示,箭头所指处已没有明显的有机物包覆层,表明经过乙酸热酸洗后,纳米球表面过多的有机物已被去除。

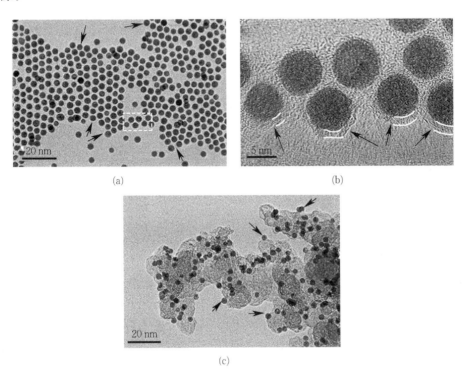

(a)　　　　　　　　　　　　　　(b)

(c)

图 5 - 63　合成 PdNi 合金纳米球的明场像[345]

(a) 热酸洗处理前的 PdNi 合金纳米球;(b) 图(a)中虚线框部分的放大;

(c) 热酸洗处理后的碳载 PdNi 合金纳米球

# 第 6 章　透射电镜基本操作

为了方便说明,本章主要以 JEOL JEM‑2100、ARM200F 透射电镜为例进行基本操作的说明,对其他型号电镜也有参考意义。下面的各操作之间并无完全的顺序关系。

## 6.1　辅助操作

### 6.1.1　开机和关机

我们常说的电镜"开机""关机"有两种概念,关机包括一种是遇到停电或维修时设备彻底断电关机,另一种是指上一个工作日操作结束后进行了关闭高压等步骤,这并非将机器完全断电关闭,而是让其进入待机状态,设备还是通电的,以维持真空系统等的工作。同样的,开机包括一种是遇到停电或维修后设备彻底关机后的开机,另一种是指一个工作日的开始,升高压等步骤,当天让机器重新进入工作状态。实际上日常"开机""关机"更多指的是后一种情况。前一种情况很少遇到,一般是在遇到设备检修或紧急情况下,由设备管理人员、工程师操作,为了区分,我们称之为"总开机""总关机"。

### 6.1.2　总开机

总开机包括如下步骤:

(1) 检查水箱温度在正常值范围(19 ℃以下)。

(2) 打开冷却水开关。

(3) 打开电源配电箱开关。

(4) 按下电源开关开启电镜(按住超过 1 秒钟)。

(5) 开启计算机。

(6) 双击桌面快捷方式 TEMServer。

(7) 双击桌面快捷方式 TEMCon,打开控制程序。

### 6.1.3　开机(升高压)

开机(升高压)包括如下步骤：

(1) 确保高压箱绝缘气体压力大于 0.01 MPa,镜筒真空优于 $2.0 \times 10^{-3}$ Pa。

(2) 在高压控制窗口,如图 6-1 所示,检测高压状态是否显示"Ready"。

(3) 在高压控制窗口中设置目标电压 120 kV,这时暗电流值"Beam current"是 0 $\mu$A。

(4) 点击"HT-ON",等待"Beam current"逐渐增大,待其稳定后(约 5 分钟)方可进行下一步操作。在打开灯丝前,"Beam current"值为暗电流值,是加上高压但未打开灯丝加热电流时的电流,一定程度反映出高压的稳定度,暗电流值一般为电压值的一半多一点。

(5) 将目标电压设在 180 kV,步长设为 0.1 kV/2 sec,时间设为 20 分钟,到达目标电压后同样观察"Beam current"值是否稳定。

(6) 最后将目标电压设在 200 kV,步长设为 0.1 kV/2 sec,时间设为 10 分钟。

具体升压设置不一定按照如上步骤进行,但一般电镜升压过程都分成几个阶段,每阶段的升压策略不相同,总体原则是低压时升压较快,越接近高压升压速度越慢。有些电镜已经将升压过程在软件中设置好了,只需点击按键可以一步升压到位。

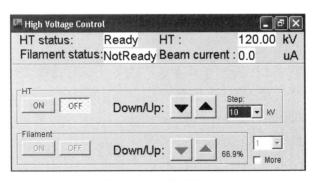

图 6-1　高压控制窗口

### 6.1.4　总关机

总关机包括如下步骤：

(1) 关灯丝,降高压及关高压,关"LENS"。

(2) 取出样品杆。

(3) 退出所有光阑。

(4) 退出"TEMCon"。

（5）退出"TEMServer"。

（6）关闭计算机。

（7）关闭电源开关（按住超过 1 秒钟）。

（8）等待 5～10 分钟后,冷却水和空压机自动关闭。

### 6.1.5 日常关机(降高压)

日常关机(降高压)包括如下步骤:

（1）将电镜设置为"MAG"模式,放大倍率约×40 K,"SPOT SIZE"为 1～3。

（2）"用 SHIFT X""SHIFT Y"将合适大小的光斑放在荧光屏中心。

（3）正常取出样品杆。

（4）在高压控制窗口,如图 6-1 所示,人工或利用程序逐步将高压降至 120 kV,降高压原则和升高压一致,越在较高电压时降压速度越慢,低压时降压较快。当高压降至 120 kV,然后按下"HT OFF",点击 OK 确认,关掉高压。

（5）将操作台左手边的 Lens 按钮关闭。

### 6.1.6 开灯丝

因场发射型电子枪一直处于发射状态,其打开灯丝其实就是将挡住电子束的挡板撤掉,这里主要介绍的是 $LaB_6$ 电子枪的电镜。发射电流为打开灯丝加热电流,并从灯丝处发射出电子形成的电流,通过调整偏压来获得发射量。

开灯丝包括如下步骤:

（1）检查镜筒的真空,等真空小于 $2.0×10^{-5}$ Pa 且真空平稳后,确认"FILA-MENT READY"灯亮方可加灯丝电流。

（2）检查电镜的暗电流是否正常或者稳定,尤其是刚升好高压,如暗电流不稳定,待稳定后再打开灯丝。

（3）按下软件上的"Filament ON"按钮或控制面板上"BEAM"按钮,打开灯丝。

### 6.1.7 ACD 冷阱加液氮

ACD 冷阱加液氮包括如下步骤:

（1）确保镜筒真空值正常,接地指示灯在按下开关后亮度无变化(为黄灯)。

（2）将电镜的观察窗用盖子盖上,并用毛巾将操作面板、观察窗等盖住。

（3）将冷阱上的塞子取下,放入漏斗。

（4）如图 6-2 所示,向冷阱里加入液氮,加的过程不要让液氮从漏斗溢出;加了部分后,暂停加注,这时冷阱口会出现大量气体喷出,等气体喷射现象停止后,再继续加液氮直至加满。

（5）取下漏斗，盖上冷阱的塞子。

（6）JEM‐2100 系列 4 小时左右需补加液氮一次，对冷阱较大的设备可延长补液氮时间。

加液氮注意事项如下：

（1）做好防护措施（手套、面具等），防止冻伤。

（2）不要使用塑料外壳的水壶装液氮，防止塑料受冷后变脆开裂。

（3）加液氮时，容器口不要对着人。

（4）加液氮过程不要急，液流平稳，不要外溢。

（5）液氮在容器里需要一定的稳定时间，因为液氮不稳定会造成在高倍观察时振动。

图 6‐2　向 ACD 冷阱中加液氮

（6）如果冷阱中液氮挥发完，会导致电镜真空出现异常，所以要杜绝此情况，及时补加液氮。

### 6.1.8　ACD 冷阱液氮烘烤

ACD 冷阱液氮烘烤包括如下步骤：

（1）确认灯丝电流已经关掉、高压已降、样品杆已经拔出、光阑已经退出。

（2）取下冷阱塞子，插入冷阱加热棒，接上电源插销。

（3）在菜单"Maintenance"，选择"ACD/BAKE Out"，选择"ACD"，点击"On"，如图 6‐3 所示。

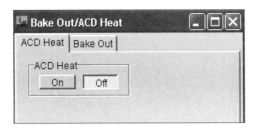

图 6‐3　ACD 液氮加热窗口

ACD 冷阱液氮烘烤注意事项如下：

（1）实验结束后，必须把液氮加热烘干，否则等液氮蒸发完后，将导致镜筒内冷指吸附的气体分子脱离，使离子泵负载过重而破真空。

433

（2）开始"ACD"后，离子泵会停止，真空计不显示，不要以为真空有问题，此时是扩散泵对镜筒抽气，将从冷指脱附的气体分子抽走。

（3）2小时后"ACD"键熄灭，离子泵自动启动。

### 6.1.9 装取样品

单倾杆装样包括如下步骤：

（1）如果样品座（specimen cartridge）在样品杆上，需要先将其取下，放到样品座固定装置上。取样品座时，一手用专门工具将样品座固定夹扳起，另一手用镊子夹住样品座取出，然后松开样品座固定夹。如果是一体式的单倾杆，则无本连接步骤。

（2）旋松样品固定压片（specimen retainer）螺丝，不要拧下来，只要拧松即可，移开样品固定压片，将样品放入装样位置，如图 6-4(a)所示。

（3）将样品固定压片压到样品上，并确认固定压片并落入凹槽位置，再旋紧固定螺丝，注意拧紧时不能用力。

（4）一手用专门工具将样品座固定夹扳起，另一手用镊子夹住样品座，将样品座的孔对准样品杆的销钉，然后松开样品座固定夹，将样品座夹住，如图 6-4(b)～(d)所示。

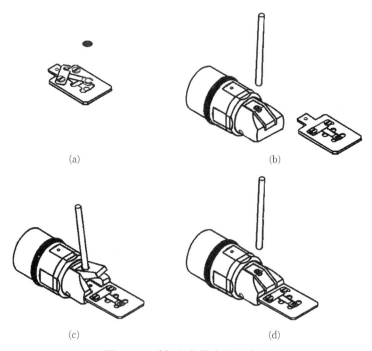

(a)                    (b)

(c)                    (d)

图 6-4　单倾杆装样步骤示意图

单倾杆取样包括如下步骤：

（1）将样品杆放在样品杆架上。

（2）一手用专门工具将样品座固定夹扳起，另一手用镊子夹住样品座取出，然后松开样品座固定夹，取下的样品座放到样品座固定装置上。

（3）用专用螺丝刀轻轻拧松样品固定压片的螺丝，轻轻移开样品固定压片。

（4）用镊子轻轻夹取样品，放回样品盒。

（5）将样品杆各组成部分复位，装好。

双倾杆装样包括如下步骤：

（1）装好样品杆固定支架。

（2）将样品杆小心放到样品杆固定装置上，拧紧样品杆固定支架的固定螺丝，旋松样品固定压片螺丝，不要拧下来，只要拧松即可，移开样品固定压片，如图 6-5（a）所示。

（3）如图 6-5（b）所示，将样品放入装样位置中，将样品固定器旋回原来位置，确认固定压片并落入凹槽位置，再旋紧固定螺丝，注意拧紧时不能用力。

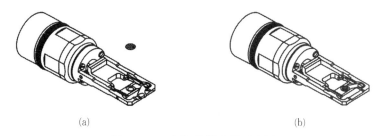

（a）　　　　　　　　　　　　　　（b）

图 6-5　双倾杆装样步骤示意图

双倾杆取样步骤参考单倾杆装取样品步骤和双倾杆装样步骤，这里不赘述了。

双倾杆装取样品注意事项如下：

（1）一定要确保压片也进入凹槽，否则会有缝隙，容易导致样品掉进镜筒里。

（2）装样品时一定要小心，以免损坏样品、样品台，虽然双倾样品杆没有样品座和样品杆的连接步骤，但它极易受损，装样品时一定要特别小心。

（3）整个装样过程，双手不能接触样品杆的 O 型密封圈的前端，避免污染和影响真空度。

（4）为了保护样品台的螺孔，螺丝选用较软的材质——铜，所谓"拧紧"螺丝时只需拧到位即可，不能用力，否则将导致螺丝头槽缝的变形或螺丝螺纹的损坏，无法压紧样品，会使样品掉进电镜里。

### 6.1.10 插入样品杆

样品杆插入包括如下步骤：

（1）在操作软件的样品属性窗口中选择单倾样品杆名称，如图 6 - 6 上部所示。

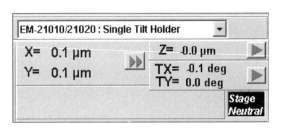

图 6 - 6　样品杆及样品坐标窗口

（2）在将样品杆插入测角台前，先在其握手部位用手掌敲击数次，检查样品固定压片是否松动或试样是否松动掉落。检查样品杆杆身，尤其是两个 O 型密封圈上是否有异物附着，因为 O 型密封圈上有密封脂易导致纤维等异物附着，如有异物用洗耳球吹掉或用镊子等工具夹掉。

（3）在软件上观察样品杆位置数值，检查样品杆位置是否在零位，较小的数字例如"0.1"可以忽略，视同零位，如图 6 - 6 下部所示。如果不在零位，点击图 6 - 6 右下角的"Stage Neutral"归零。

（4）插入样品杆前，检查电镜真空等状态是否正常。

（5）将样品杆垂直对准测角台的进样口，小心慢慢往里面插入，插入时尽量避免样品杆和洞口、洞内壁的摩擦。插入样品杆时，要使样品杆上的引导圆柱状铜销钉对齐测角台插孔的凹槽处。插入样品杆至不能插入后，听到电磁阀门开启声音后，同时也能感觉样品杆似乎被固定或者吸住，这时将"PUMP/AIR"开关拨至"PUMP"一侧启动抽真空状态，拨之前要将"PUMP/AIR"开关轻轻拨起才能拨动。

（6）等测角台上指示灯绿灯亮，表明真空已抽好，这时将样品杆沿着顺时针轻转一定角度，待转不动后样品杆会被吸入一段，继续转一定角度至转不动，这时样品杆会被继续吸入直至完整地插入，流程如图 6 - 7(a)所示。

（7）如果是双倾样品杆或原位样品杆，将样品杆上的数据线插头插入测角台上的插座。

插拔样品杆注意事项如下：

（1）在整个插入样品杆的过程中，手不要接触样品杆 O 型密封圈到样品杆顶端之间的位置。

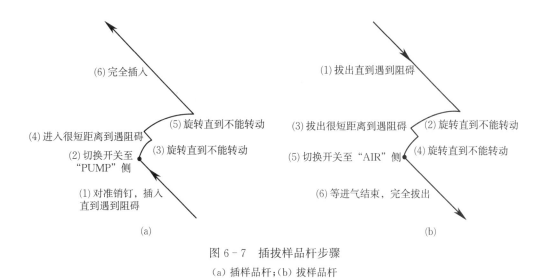

图 6-7　插拔样品杆步骤

（a）插样品杆；（b）拔样品杆

（2）由于镜筒的真空，虽然说是插入样品杆，但实际上这时手不能向内用力，而是控制住样品杆被镜筒真空往里的吸力，防止样品杆和机器的撞击。

（3）刚插入完毕时，真空会有一些下降，这时可以稍等一会儿让真空值恢复。

## 6.1.11　取出样品杆

样品杆取出包括如下步骤：

（1）双击图 6-6 归零图标（Stage Neutral），让样品位置归零。检查样品杆位置参数（X、Y、Z、TX、TY）是否都归零，确认样品杆位置已经在零位（如果忘记样品杆位置归零，有可能会对样品杆造成严重损坏。）

（2）按下"BEAM"按钮或是"Filament OFF"，点击"OK"，关闭灯丝（本步骤也可以在样品归零前进行）。

（3）轻轻将样品杆往外拔，这时由于真空，拔的过程会有一点阻力，拔到拔不动，将样品杆沿着逆时针方向轻轻转动一小角度，转到转不动后继续再往外拔，很短的距离后又会拔不动，此时再继续逆时针转动一小角度直到转不动，流程如图 6-7(b)所示。

（4）将测角台的"PUMP/AIR"打到"AIR"一侧，这时候会听到阀门的声音，软件中"Valve Status"窗口指示此时 V21 与 V16 打开，真空规示数上升，表示真空值迅速下降。

（5）等真空值达到一定值或再听到阀门声响，这时 V16 与 V21 关闭，就可以从测角台中将样品杆拔出。

### 6.1.12 移动、寻找样品

电镜可以通过硬件和软件里的方向按键或轨迹球移动样品来寻找感兴趣点,方向按键主要用于样品的微小移动,大多数情况下用轨迹球找样品比较方便。另外,压电陶瓷驱动的装置可以用于非常微小的移动。

对于粉体样品,因为样品分布比较均匀,而且碳膜透光,找光和找样品比较容易。如果打开灯丝后没有光,一般是因为在金属载网的位置,稍微移动样品位置就能找到碳膜位置。也可以切换到低倍模式,寻找碳膜完整的区域,然后将碳膜中心移到屏幕中心,再切换回"MAG"模式。

对于块体样品,首先要寻找样品穿孔位置,但是由于制样穿孔并非总在样品中心附近,所以需要快速寻找穿孔位置以节约时间。为了快速找到穿孔位置,可以在进样前,先观察穿孔在样品上的位置。如图6-8(a)所示,从俯视图看,穿孔在样品中心偏右下方。进样后,当打开电子束后,借助软件的样品位置导航窗口或样品坐标窗口[见图6-8(b)],把穿孔位置往电子束方向移动,同时寻找光斑。此外,还可以借助低倍"LOW MAG"模式,同时将光斑散开,找到透光处后,移动样品穿孔到屏幕中心,这时切换回"MAG"模式。

 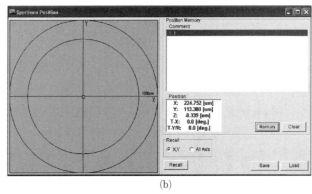

(a)             (b)

图6-8 样品穿孔粗定位示意图
(a) 在样品座上的样品台;(b) 样品位置窗口

## 6.2 光路合轴操作

光路合轴包括照明系统合轴和成像系统合轴,照明系统合轴又包括调灯丝亮度、调电流密度、1-5合轴、聚光镜消像散、"TILT"联动比调整等,成像系统合轴又包括聚焦、电压中心、中间镜消像散、"SHIFT"联动比、物镜消像散等,下面逐一介绍相关步骤。

### 6.2.1　调整样品高度

和光学玻璃的焦点是固定的不一样,磁透镜可以改变励磁电流来改变电磁透镜的焦距和放大倍数,但实际上电镜有个标准聚焦(standard focus)的最佳物镜电流,在这个电流下物镜分辨率最好。而调节聚焦会使这个电流发生变化,因此我们要优先调整样品高度,在调整好样品高度后再进行调焦,减少物镜电流值的变化。调整样品高度首先要判断样品离焦的距离,下面介绍最常用的三种方法。

1) 方法一

(1) 按"STD FOCUS"按钮,使物镜电流处于标准聚焦物镜电流。

(2) 在"MAG"模式下,选择合适的放大倍数。

(3) 先调节 $Z$ 值的步长,控制调整高度时的变化速率。

(4) 按下"IMAGE WOBB X"或"IMAGE WOBB Y",先使图像晃动起来,再调整向上和向下的两个键,使中心部分图像晃动最小,调好后关闭"IMAGE WOBB X"或"IMAGE WOBB Y"。

2) 方法二

该方法前面的三个步骤和方法一是一样的。如果样品不在正焦上,仔细观察可以看到样品像附近位置上出现了对应的衬度,这是离域效应造成的,我们暂且称之为虚像。虚像的轮廓和样品本身轮廓是一样的(见图 6-9)。调整高度时,如果虚像朝样品像本身靠近,则 $Z$ 轴方向正确,当虚像的轮廓和样品本身轮廓重合,则是正焦。

3) 方法三

该方法前面的三个步骤和方法一是一样的。把光斑在样品上聚成一点或调到尽量小,可以发现光斑周围有一圈光晕或者很多像衍射斑点的点,如图 6-10(a)所示。调整高度,如果光晕和斑点向中心聚,则 $Z$ 轴方向正确,如图 6-10(b)所示。如果光晕和斑点向外扩散,则方向错误,应朝相反方向调高度,直至光晕和斑点尽量消失。最后可以利用"IMAGE WOBB"确认一下高度。

调整样品高度注意事项如下:

(1) 要记得按"STD FOCUS"。

(2) 移动样品位置后,尤其在拍照前,要重新确认高度和调整高度。

(3) 对于在一个拍照视野内有高度差的样品,以感兴趣区域为调整高度目标。

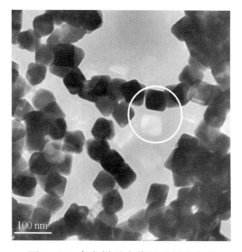

100 nm

图 6-9　参考样品虚像调整样品高度

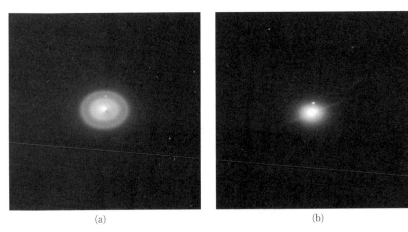

图 6-10　参考光斑调整样品高度

（a）调整高度前；（b）调整高度后

## 6.2.2　>100K 调焦

　　进行调焦前，首先要调整样品高度，具体步骤在前面已经介绍了。调焦的方法其实和介绍过的调整样品高度的方法一是一样的，不过不是通过调整高度（见图 1-50 的按键⑩），而是调整聚焦按钮（见图 1-50 的按键⑮）。

　　图 6-11 是样品在欠焦、正焦、过焦时候的照片。可以看到，样品在欠焦时会有白色边缘，样品在过焦时会有黑色边缘。一般在欠焦的时候进行拍摄，获得比较清楚的图像。过焦产生的黑边有时会变成样品边缘的假象。图 6-12 是微米颗粒过焦和欠焦时候的照片。可见过焦时，样品表面出现一圈黑边，容易造成假象。而适当欠焦时样品就没这问题，而且样品细节也较清楚。但是从样品边缘判断聚焦只是作为一个参考，因为样品往往并不都是平面样品，主要还是观察者从自身实验出发得到需要的拍摄效果。

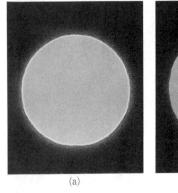

图 6-11　调焦

（a）欠焦；（b）正焦；（c）过焦

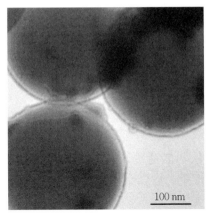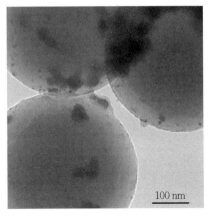

图 6-12 微米颗粒在过焦和微欠焦的形貌

(a) 过焦;(b) 微欠焦

调焦注意事项如下:

(1) 在调整高度的基础上再进行调焦,否则图像效果会不好。

(2) 样品边缘的白边或黑边只能作为参考,尤其是有高度差的样品,以观察目标的清晰为准。

(3) 对于一些特殊的材料(如一些聚合物),正焦反而不清楚,需要偏离正焦较大才能拍出轮廓。

### 6.2.3 插入聚光镜光阑

电镜的聚光镜光阑、物镜光阑、选区光阑的旋钮如图 6-13 所示。图中旋钮①为光阑选择旋钮。当光阑是退出状态时,红点对应黑点。四个白色点分别对应四级光阑大小,白点越大表示光阑的直径也越大,白点对准黑点时表示相应的光阑插入。旋钮②和③是移动光阑 $X$、$Y$ 轴方向的,用于光阑对中。

聚光镜光阑插入包括如下步骤:

(1) 将电镜置于"MAG"模式,置于适当倍率。

(2) 使用光阑选择旋钮①插入聚光镜光阑。

(3) 调节"BRIGHTNESS"旋钮使电子束缩小到尽可能小,调节"SHIFT"旋钮使电子束位于中心。

(4) 将电子束散开,和屏幕差不多

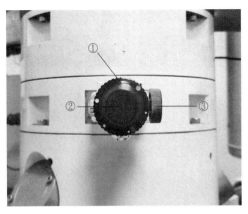

图 6-13 光阑的旋钮

大,通过光阑旋钮②和③调节电子束位于中心,即光斑和屏幕是同心圆。

（5）调节"BRIGHTNESS"旋钮,顺时针转动,如与荧光屏同心收缩,可进行下一步的操作;若不一致,再次反复调节步骤（3）和（4）,直至调节"BRIGHTNESS"旋钮时电子束与荧光屏同心收缩。

聚光镜光阑插入注意事项如下：

（1）光阑插入后要调整光阑位置,一般参考荧光屏中心的黑点位置,让黑点居于以光阑边缘为圆的圆心位置,如图 6 - 14 所示。

（2）如果插入光阑后发现没有光,这时候不能通过旋转光阑位置移动旋钮来找光阑,因为这样有时会导致光阑偏离越来越严重。应缩小放大倍率,调节亮度旋钮将光斑散开,看是否能找到偏离光阑的边缘。大的光阑不容易跑丢,一般是旋进小光阑时容易找不到,这时应旋退到大光阑,将大光阑调至居中,再旋进小光阑。

（3）物镜光阑、选区光阑的插入与调整和聚光镜光阑有差别,不需要步骤（3）和（4）,插入后直接按照图 6 - 14(a)进行调整。

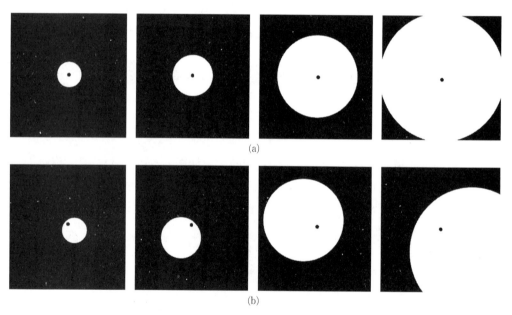

图 6 - 14　光阑的插入和调整
(a) 光阑插入正确位置；(b) 光阑插入不正确位置

### 6.2.4　调灯丝像

调灯丝像包括如下步骤：

（1）放大倍率调至 40K,将光斑缩小,增大偏压（bias）,降低灯丝饱和度（filament down）至 55% 左右,调出梅花状灯丝像（若旧灯丝不能出现完整的梅花状灯丝像）。

（2）按下面板上的"DEFLECTIOR GUN"，或者在软件里按"Maintenance"→"Alignment"→"DEF Select"→"GUN"，调整"DEF/STIG X"或"DEF/STIG Y"旋钮至四个花瓣均匀。调完后再取消掉"GUN"。

（3）升高灯丝饱和度以及降低偏压至饱和点，即灯丝像消失之位置。

调灯丝像注意事项如下：

（1）饱和度与灯丝高度有关，日本电子公司的产品一般用的是 60 度锥形灯丝。

（2）最佳饱和度小于 60%，饱和度高于 60% 的时候灯丝寿命更短。

### 6.2.5　调电流密度

调电流密度包括如下步骤：

（1）把光斑散开到屏幕大小。

（2）按下面板上的"DEFLECTIOR GUN"，或者按"Maintenance"→"Alignment"→"DEF Select"→"GUN"后，调整"DEF/STIG X"旋钮，使电流密度"Cur. Dens."值至最大。

（3）再调整"DEF/STIG Y"旋钮，使"Cur.Dens."值最大。

（4）调完后再取消掉"GUN"。

### 6.2.6　光斑 1–5 合轴

光斑 1–5 合轴包括如下步骤：

（1）放大倍数为 40K，调节"Brightness"旋钮使电子束缩到尽可能小。

（2）旋转"SPOT SIZE"设为 1，"alpha"设为 3。

（3）按下面板上的"DEFLECTIOR GUN"，或者按"Maintenance"→"Alignment"→"DEF Select"→"GUN"后，调整"SHIFT X"或"SHIFT Y"将电子束移动到荧光屏中心，即电子枪平移。同时进行聚光镜消像散。

（4）按下"BRIGHT TILT"按钮，将"SPOT SIZE"设为 5，调整面板上的"SHIFT X"或"SHIFT Y"，将电子束移到中心。同时进行聚光镜消像散。

（5）反复调整，即重复步骤（2）～（4），使"SPOT SIZE"设为 1 和 5 时的电子束都在荧光屏中心。

注意：在 1–5 合轴很难进行的情况下，切换到"maintain"模式下，找工程师调"spot"合轴。

"maintain"模式合轴包括如下具体步骤：

（1）"MAG"模式下，倍率约 40K，旋转"SPOT SIZE"设为 1，"alpha"设为 1。

（2）按下"F3"或者按下合轴菜单上的"spot"，用"DEF"把电子束移到中心。

（3）然后将"SPOT SIZE"设为 2、3、4、5 重复上面的步骤。

（4）让"alpha"角在 1 的情况下，"SPOT1"到"SPOT5"都在中心。

（5）调到"alpha"角 2，用"bright shift"把电子束移到中心。

（6）调"alpha"角 3，用"bright shift"把电子束移到中心。

（7）所有的"alpha"和"SPOT SIZE"下的电子束都应该在中心。

（8）切回"normal"模式。

### 6.2.7　聚光镜消像散

聚光镜消像散包括如下操作步骤：

（1）按"COND STIG"键调整"DEF/STIG X"或"DEF/STIG Y"旋钮使顺时针和逆时针旋转"BRIGHTNESS"钮时，光斑同心放大和收缩。

（2）光束为椭圆时，或在电子束会聚最小时，左右拧"BRIGHTNESS"旋钮，电子束有明显正交现象时说明有像散，按下"COND STIG"，调整"DEF/STIG X"或"DEF/STIG Y"使光束变圆。

### 6.2.8　TILT 联动比调整

TILT 联动比调整是为了使聚光镜线圈平移时倾斜不变。包括如下步骤：

（1）将光斑聚到最小，依次按"Maintenance"→"Alignment"→"Compensator"→"Tilt"，再选中"Wobbler"→"Tilt X"，只调"DEF/STIG X"，使光斑不动或动得最小，然后取消"Tilt X"。再选中"Tilt Y"，重复相同的步骤。调整完毕后，取消"Tilt Y"和"Tilt"。

（2）若光斑不在荧光屏中心可随时按"BRIGHT TILT"调整"SHIFT X"或"SHIFT Y"旋钮使其回到荧光屏中心。

### 6.2.9　电压中心

电压中心是获取高分辨电镜照片的关键之一，其操作步骤如下：

（1）"MAG"模式下，将放大倍数放在 100K。

（2）将光斑聚成几厘米大小后移到荧光屏的中心。

（3）按下"HT WOB"按键，此时将在原有高压基础上又施加了一个波动电压，这时电子束光斑由于高压的变化会发生扩大和收缩的变化。观察光斑是否同心收放，如果它是同心收放的，电压中心就很接近了。

（4）如果光斑是前后左右有方向性晃动的话，将"BRIGHT TILT"按亮，通过调整"DEF/STIG X"或"DEF/STIG Y"将光斑调成原地的同心收缩。单纯的光斑和均匀的样品很难判断是否同心收放，因此可以找到单个颗粒和空洞等，通过观察其边缘是否同心收放，来判断电压中心是否调好。

（5）电压中心调好了光束可能会偏离中心点，用电子束平移旋钮把它挪回来，再进行步骤(3)和(4)。

(6) 调整完毕后,关闭"HT WOB"按键。

## 6.2.10　中间镜消像散

中间镜消像散包括如下步骤:

(1) 将物镜光阑退出,在"SA DIFF"衍射模式下,旋转"Brightness"把光斑聚起来,按"PLA",调"DEF/STIG X"或"DEF/STIG Y"将其移动到中心。

(2) 如果光斑不圆的话,点"Maintenance"→"Alignment"→"Stigmator"→"IL STIG",调节"DIEF/STIG X"或"DIEF/STIG Y"旋钮使光斑变圆。

(3) 加物镜光阑,如果光阑边不清楚,调"DIEF FOCUS"使光阑边缘清楚明锐。

(4) 调整"DEF X"、"DEF Y",使其变成圆,原则使透射束明锐。使用"DIFF FOCUS"使电子衍射花样调到过聚焦和欠聚焦一侧时更好判断。

## 6.2.11　SHIFT 联动比

SHIFT 联动比包括如下操作步骤:

(1) 首先介绍"alpha3"时的 shift 联动比。在"SA DIFF"衍射模式下,顺时针旋转"Brightness"将光斑散到最大,逆时针旋"DIEF FOCUS"旋钮,出现铜线像。

(2) 点"Maintenance"→"Alignment"→"Wobbler"→"Shift X",再点击"Compensator"→"Shift",调"DEF/STIG X"使中心点不动,取消"Shift X",点"Shift Y",调"DEF/STIG Y"使中心点不动,取消"Shift"和"Shift Y"。

(3) 旋转"DIEF FOCUS"旋钮使铜钱像消失。

(4) 如果是"alpha1""alpha2"时,在调"alpha3"的"Shift"联动比后,调整"DIFF FOCUS"聚焦,然后转至"alpha1""alpha2",调整"BRIGHTNESS"使光聚成一点(此时照明系统是平行光),后面步骤跟(2)一样。

## 6.2.12　物镜消像散

物镜消像散是获得高质量电镜照片的关键之一,尤其在为了获得高分辨照片时。物镜像散的消除通常是放在照明系统和成像系统的合轴之后,作为合轴的最后一步。

物镜消像散首先要掌握像散的判断,可以根据菲涅尔条纹(Fresnel fringes)判断有无像散,即从颗粒边缘或碳膜的孔边缘来判断,如图 6 - 15 所示。正常无像散的情况下,孔洞或者颗粒边缘是均匀的黑边或白边。如果碳膜一侧是黑边,或和其垂直一侧没有黑边甚至出现白边,说明有像散。对于非晶态材料,在高倍率下出现了拉长的条纹,说明有像散。此外,还可以在高倍下用傅里叶变换图来判断。消像散过程就要根据这些方法进行操作,主要分为如下三种方法。

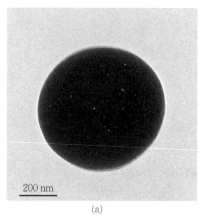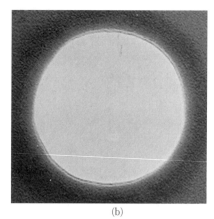

(a)                                   (b)

图 6-15   利用菲涅尔条纹判断物镜像散

(a) 颗粒;(b) 碳膜孔洞

1) 方法一:利用菲涅尔条纹对物镜像散调整

可以利用小的颗粒或空洞作为参考,根据欠焦时菲涅尔条纹为白边、正焦时菲涅尔条纹消失、过焦时菲涅尔条纹为黑边来判断像散。如果没有像散的话,在过焦时整个孔内将同时出现均匀的黑边。而有像散时,在某一对称方向将出现黑边,而与其成90°另一对称方向将出现白边。

调整操作包括如下步骤:

(1) "MAG"模式下,放大倍数放置在 40K。

(2) 移动样品位置,选择尺寸大小合适的微栅孔。

(3) 调节"FOCUS"旋钮,查看微栅孔边缘菲涅尔条纹在欠焦、正焦、过焦三种状态下的情况,并根据其变化情况初步判断像散的大小。

(4) 调节"FOCUS"旋钮使菲涅尔条纹出现。先调节聚焦钮使孔中所有方向的黑边都消失,然后再顺时针调节细聚焦钮使某一方向的黑边刚刚出现(效果达到逆时针1~2 档黑边就又消失),按下"OBJ STIG"按钮,通过"DEF/STIG X"或"DEF/STIG Y"将这个黑边调没。再顺时针调节聚焦钮使黑边再出现,然后通过"DEF/STIG X"或"DEF/STIG Y"使其再消失,如此重复直至当过焦 1~2 档后孔中的黑边同时出现。

2) 方法二:利用碳膜对物镜像散调整

利用非晶材料或者碳膜来调整物镜像散就是利用了非晶态没有方向性的特点。在较高倍数下,可以看到没有物镜像散的碳膜就像很多非常细小的颗粒,颗粒细节也很清楚。而当有像散的时候,颗粒就会被拉长,形成一些方向性的条纹;当欠焦和过焦时,条纹方向会发生变化。

调整操作包括如下步骤:

（1）"MAG"模式下，放大倍数放置在至少 100K。

（2）移动样品位置，选择合适的非晶碳膜区域。

（3）调节"FOCUS"旋钮，查看条纹的变化情况，初步判断消散方向和大小。

（4）按下"OBJ STIG"按钮，调节"DEF/STIG X"或"DEF/STIG Y"进行消像散，边调节边观察非晶图像，同时调节"FOCUS"旋钮查看条纹的变化（见图 6－16）。

（5）反复上述步骤（3）（4）操作，把欠焦或过焦时非晶图像都没有方向性，变成各向同性，同时正焦时图像衬度最小。

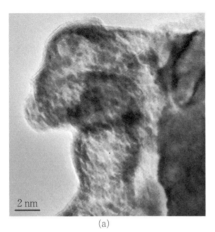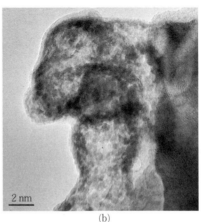

(a)           (b)

图 6－16　高倍下利用非晶判断物镜像散

(a) 有物镜像散；(b) 无物镜像散

3）方法三：利用傅里叶变换图对物镜像散调整

利用傅里叶变换图对物镜像散调整是利用非晶的傅里叶变换图圆环的特点，正焦时为一弥散的圆环，欠焦或过焦时为同心多圆环。

调整包括如下步骤：

（1）在"MAG"模式下，将放大倍率调至 300K 或 400K，至少 100K（如发现像散不好调时，可以选择较低倍率先调节，然后再增加放大倍率）。

（2）移动样品位置，选择合适的非晶碳膜区域，或块体样品边缘污染造成的非晶薄层等。

（3）点"FFT"获得其傅里叶变换图，查看傅里叶变换图的形状，初步判断像散大小。

（4）按下"OBJ STIG"按钮，调节"DEF/STIG X"或"DEF/STIG Y"进行消像散，调至 FFT 图像为正圆，说明已调好。当 FFT 图像为椭圆时是比较容易调节的，调节"DEF/STIG X"或"DEF/STIG Y"使椭圆变成正圆，如方向相反可能椭圆变得更扁。但像散大时 FFT 图像是 X 型，如图 6－17 中四个角上形状，这时调节"DEF/STIG X"或"DEF/STIG Y"有时会很难看到变化趋势，可以借助调节"FOCUS"旋钮，帮助找出正确的调节方向。

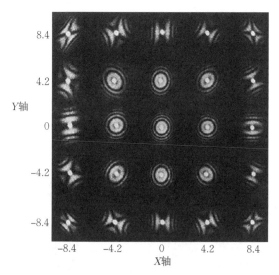

图 6-17　非晶的傅里叶变换图形状和物镜像散的关系

### 6.2.13　投影镜合轴

如果电子束对准样品中间孔,连续会聚、散开,如果不圆就是有投影镜像散。

投影镜合轴包括如下操作步骤:

(1) 切换至"DIFF"模式。

(2) 按下面板上的"PLA",调整"DEF X"或"DEF Y",使透射斑调到荧光屏中心。

注意:投影镜合轴是机械合轴,不建议用户调整。

## 6.3　具体功能操作

### 6.3.1　样品倾转操作

做电镜实验时,往往需要倾转样品到特定方向,如要得到高质量的衍射照片,需要样品转正带轴,使电子束沿某一带轴入射。在大多数情况下,带轴靠一个转轴是不能转正的,因此就需要另一个轴的配合。因此,在电镜操作上要利用双倾样品杆在两个垂直的方向上进行倾转,"Tilt X"是绕样品杆轴向进行倾转,"Tilt Y"是以垂直于样品杆轴向的一个方向为轴进行倾转。轴向倾动一般由电子显微镜操作台下方的四块踏板完成,左脚的两块控制 X 轴,一块正转,一块反转;同理,右脚的两块控制 Y 轴,分别控制正转和反转。利用菊池图或者衍射图作为参考进行倾转时,踩倾转踏板时衍射图像变化如图 6-18 所示。踩左脚左踏板时,倾转的方向如图中箭头所示,这时候衍射花样图向左上角移动。同理,其他踏板的作用如图 6-18 中箭头所示。因此,菊池图或衍射图的菊池极或透射斑点在荧屏的右侧偏上位置,要想转正带轴,无疑是按照图中虚线的方向移动,因此可以踩左脚左踏板和右脚左踏板来倾转样品。

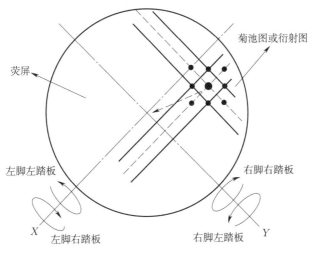

图 6-18　双倾台脚踏板控制示意图

在倾转时,样品位置在屏幕上的位置会发生移动,随着倾转角度的不同,样品移动方向和速度也可能发生变化,样品各处高度变化是不一样的,离旋转轴越远,倾转时高度变化越大,因此越要不断调整样品高度。所以,选取在铜网中心的颗粒进行倾转时,样品移动的规律性稍强,移动尺度也相对小,可控性较好。同理,对于块体样品,样品的穿孔在中心是最有利于倾转的。

透射电镜对样品观察,往往需要在一个特定的倾转角度下进行,尤其对于晶体样品,我们希望较快倾转到某个晶体取向,目前常通过借助菊池图、衍衬衬度、电子衍射、相的位相关系等方法来进行样品倾转。

1) 方法一:菊池图

参考菊池图来进行样品倾转是最常用的方式。

该方法包括如下操作步骤:

(1) 在图像模式下选择感兴趣的区域,对于易受辐照损伤材料,应选择感兴趣区域的旁边,防止电子束聚在上面导致样品损伤,但确保是同一晶内或同一取向。

(2) 调节"Beam intensity"旋钮,将电子束聚在样品上。

(3) 按"Diffraction"按钮,切换至衍射模式,这时候如果样品厚度合适就会出现菊池线。若菊池线不清晰,可以微调聚光旋钮"BRIGHTNESS"和物镜聚焦旋钮"OBJ FOCUS"。

(4) 对照标准菊池图,参考标准菊池图判断目标晶体取向的倾转,然后通过倾转踏板和软件按键调整"TX"和"TY"值,使目标菊池极到屏幕中心,这样倾转就基本完成。

（5）这时如果切换回图像模式，把电子束散开，旋入合适大小的选区光阑，再按"Diffraction"按钮就获得了衍射花样，调节衍射聚焦"DIFF FOCUS"旋钮使衍射斑点明锐。当衍射点在透射束周围强度分布均匀时，可以认为带轴转正。

该操作注意事项如下：

（1）对于多晶样品，如果只是想获得某个晶带轴的衍射，可以在较低倍率下，通过筛选合适的晶粒，对多个样品进行菊池图观察，这比只对一个晶粒进行倾转更容易获得目标取向。

（2）一般选择双倾样品杆，常见的双倾样品杆"Tilt X"角倾转通过测角台带动，倾转范围为±35°；"Tilt Y"角倾转通过样品杆自带的马达驱动，倾转范围为±30°。如果倾转达到最大倾转角时，样品杆运动就被终止，系统同时报警。但是，有时候由于样品穿孔不在样品中心，或者测角台和样品杆配合导致高度问题，可能达不到最大倾转角就和极靴接触，这时样品杆运动也被终止，同时报警。沿着相反方向进行操作，可解除警报并恢复运动。

（3）由于样品在倾转时会发生移动，可以在倾转的同时沿着相反方向平移样品。当菊池线突然发生变化时，一般是移到另一个晶粒了。

（4）一般情况下，电镜观察会选择在样品较薄的区域进行，但在很薄的区域时，是不产生菊池线的，图2-56说明了菊池线与样品厚度关系，因此要选择厚度合适的区域。

（5）一般应选择双倾杆，不推荐单倾杆，但观察纳米材料和多晶块体材料时，可用单倾杆通过多次尝试找到希望的取向。

2）方法二：衍射花样

对于一般金属样品，采用参考菊池图的方法比较方便，但如前面的介绍，采用菊池图的方法需要将电子束聚到样品上，这在样品对电子束比较敏感时是不合适的，因此可以采取参考衍射花样的方法。对于非常薄没有菊池线的样品也可以采取该方法。其原理在第2章介绍过，在对称入射情况下，零阶劳厄带斑点构成以中心斑点为圆心的圆，而高阶劳厄带斑点构成同心的圆环，这是我们希望获得的结果。而在非对称入射的情况下，零阶劳厄带为一偏心圆，高阶劳厄带为偏心的一段圆环，由此几何特征可估算晶带轴方向偏离入射束的方向和程度。

该操作包括如下步骤：

（1）选择感兴趣的观察区域。

（2）插入合适的选区光阑，按"Diffraction"按钮切换到衍射模式，获得电子衍射花样。

（3）观察电子衍射花样的特点，看劳厄带曲率大小和方向。如果是多阶劳厄带，通过倾转踏板和软件按键调整"TX"和"TY"值，倾转使劳厄带曲率变大，劳厄带的间距逐渐增加，最终只有零阶劳厄带。也可以朝着劳厄带弯曲弧的中心方向倾转（见图6-19）。

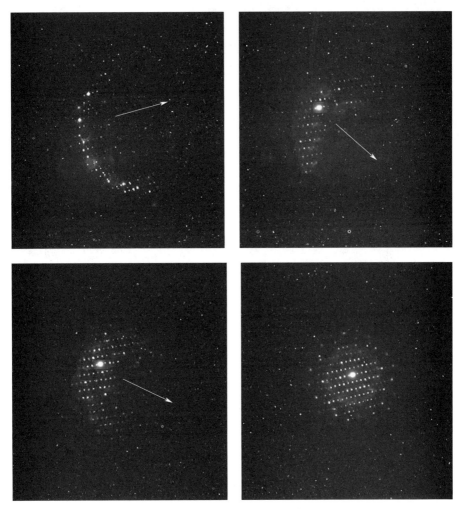

图 6 - 19 参考衍射花样的倾转过程

该操作注意事项如下：

（1）由于衍射模式下无法知道倾转到样品的位置，可以利用电子衍射散焦观察样品的阴影像来判断位置。

（2）在倾转过程中，保持样品可见，要不断调高度聚焦。

（3）其他注意点参考菊池图的方法。

3）方法三：衍衬衬度

本方法的原理在第 2 章介绍过，样品不同区域和不同晶体的衍射衬度不同是因为满足布拉格条件程度的差异。因此，我们在获得衍射花样时，选择样品衬度比较深色的衍射区域，这样的晶带轴一般比较接近转正，如图 6 - 20 所示。

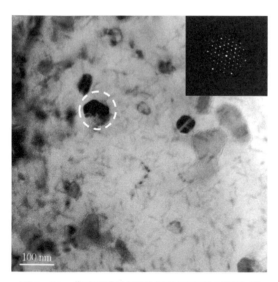

图 6-20　参考衍射衬度进行选区衍射区域选择

该方法包括如下操作步骤：

（1）选择样品衬度比较深色的区域。

（2）插入合适的选区光阑，按"Diffraction"按钮切换到衍射模式，获得电子衍射花样。

（3）观察电子衍射花样，是否是希望的晶带轴取向。如果是，再经微调转正；如不是，选择另一个颗粒或区域重复前面的步骤。

4）方法四：相的位相关系

该方法的原理主要是根据已知两种相之间的关系，如析出相和基体的位向关系。单靠基体至多根据衍衬衬度判断满足布拉格条件的程度，无法判断晶带轴，但通过本方法可以倾转到某一特定的晶体取向。有些析出相非常细小，无法得到其菊池线，但是知道它和基体的位向关系，可以通过本方法先转到基体的某取向，再获得析出相和基体的电子衍射。

要采取本方法，首先要对相和相、相和基体的关系、相本身形态比较熟悉。例如，在铝锂合金中，$\theta'(Al_2Cu)$ 相和 $T_1(Al_2CuLi)$ 相是片状相，而 $\delta'(Al_3Li)$ 相是圆形的，很明显圆形的析出相是不适合本方法的，而片状相、板条状相是适合的。$\theta'(Al_2Cu)$ 相和基体关系是 $(100)_{\theta'}//(100)_{Al}$、$[001]_{\theta'}//[001]_{Al}$，$T_1(Al_2CuLi)$ 相和基体关系是 $(0001)_{T1}//(111)_{Al}$、$[10\bar{1}0]_{T1}//(111)_{Al}$。在 2198 合金，$T_1(Al_2CuLi)$ 相是主要析出强化相，如图 6-21 所示，右侧晶粒内看到有大量针状析出相时，说明片状的 $T_1(Al_2CuLi)$ 相刚好垂直纸面方向，是接近 $[001]_{Al}$ 方向的，这时再对右侧晶粒的基体进行倾转，就能很快转正晶带轴。

在 Mg-Gd、Mg-Nd 等体系的

图 6-21　2198 合金的析出相和衍射花样

稀土镁合金中,β'相是重要的析出强化相,板条状的 β'相以垂直于基体基面分布,并沿着 3 个[11$\bar{2}$0]方向相互间以 120°(也可以视作 60°)的形式分布,如图 6-22 所示。如果从垂直基面的[0001]方向看过去,β'相应该是图 6-22(a)所示的情况,相是 2 个或 3 个成角度的针状或棒状,实际的图如图 6-23(a)所示。随着偏离[0001]方向,相逐渐变宽,如图 6-22(b)和(c)所示。而在 Mg-Gd-Zn、Mg-Y-Zn 等体系的稀土镁合金中,有长周期有序结构相,其特点是平行于基面分布。如果要观察长周期有序结构,就看其晶内是否有条状或者层状结构,因为这时往往是比较接近适合观察 LPSO 结构相的[11$\bar{2}$0]方向,如图 6-23(b)所示中圈内的晶粒。同理,稀土镁合金中平行于基面的 γ'相也具有该特点。

(a)　　　　　　　　　(b)　　　　　　　　　(c)

图 6-22　在不同倾转角度下的 β'相

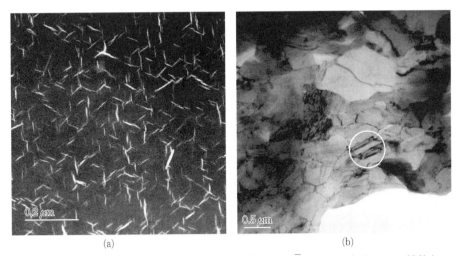

0.2 μm

(a)

0.5 μm

(b)

图 6-23　稀土镁合金中[0001]方向观察的 β'相和[11$\bar{2}$0]方向观察的 LPSO 结构相

(a) [0001]方向;(b) [11$\bar{2}$0]方向

晶界不像析出相的相界有特殊取向关系,但还是利用它作为参考进行倾转。如图 6-24(a)所示,这是一个三叉晶界处,为了拍摄析出相 β'相的形貌,我们希望转到[0001]晶带轴。首先随机选择在右下边的晶粒 A 进行倾斜,就近转到一个晶带,得到图 6-24(b),从衍射斑点或者菊池图来判断,很明显不是[0001],而是[11$\bar{2}$0],这和我们希望的[0001]方向相差90°,因为电镜倾转上限为±35°,哪怕这时刚好在一个倾转最大角,也只能倾转70°,这还不考虑另一转轴的限制。受电镜样品杆倾转角度的限制,所以在该晶粒,我们无论如何都无法转到[0001]方向。因为晶粒 A 和旁边的晶粒是大角度晶界,一定有几十度夹角,因此选择旁边的晶粒进行倾斜,如果晶粒 B 和晶粒 C 的其中一个晶粒有大概率能倾转到[0001]晶带轴。按照这个思路,果然很快晶粒 B 就转到了[0001]轴[见图 6 - 24(c)],得到了析出相的形貌[见图 6 - 24(d)]。虽然本例子有一定运气成分,但如果继续尝试在晶粒 A 倾转到[0001]晶带轴显然是不可取的。

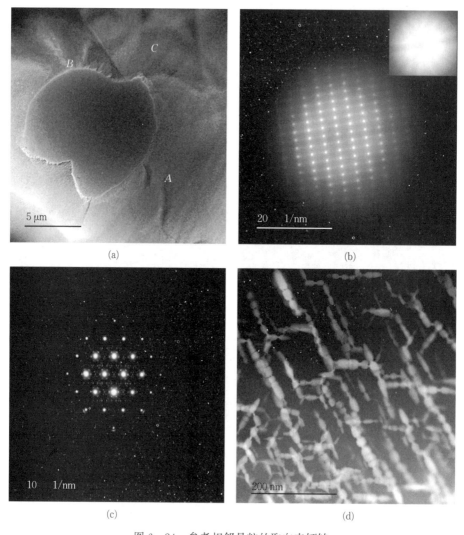

(a)　　　　　　　　　　　　　　　(b)

(c)　　　　　　　　　　　　　　　(d)

图 6 - 24　参考相邻晶粒的取向来倾转

(a) 低倍 HAADF - STEM 图;(b) [11$\bar{2}$0]电子衍射花样;(c) [0001]电子衍射花样;

(d) [0001]方向高倍 HAADF - STEM 图

### 6.3.2　选区电子衍射操作

该操作包括如下步骤：

（1）按"STD FOCUS"按钮，使物镜电流处于标准聚焦（standard focus），调整样品高度 $Z$ 至正焦，位置至中心，再调焦"OBJ FOCUS"至衬度最差的正焦。

（2）旋入合适的选区光阑，套住要分析的区域。

（3）切换到衍射模式"SA Diff"，此时应观察到衍射图像，若斑点不明锐，调节衍射聚焦"DIFF FOCUS"一般可得衍射图样。

（4）按下"PLA"键，调投影镜将透射斑点移至中央，用"beam stopper"挡住透射束，拍照。

该操作注意事项如下：

（1）调整物镜电流，使选区内物像清晰，此时样品的一次像正好落在选区光阑平面上，即物镜的像平面、选区光阑面、中间镜的物面三面重合。

（2）在衍射模式下，调节中间镜电流，使中心斑最小最圆，其余斑点明锐，此时中间镜物面与物镜背焦面相重合。

（3）若用最小的选区光阑得到的衍射花样是衍射环或有成环趋势，则说明选择的区域是多晶。在这种条件下若想得到单晶衍射照片，可以尝试用纳米束衍射（nanobeam diffraction，NBD）。

（4）荧光屏无任何光点，可能是样品太厚，需调样品位置或换颗粒。

（5）只有透射斑而无衍射斑，可能是样品衍射能力太弱或非晶化造成的。

### 6.3.3　纳米束衍射操作

该操作包括如下步骤：

（1）在标准物镜聚焦电压下，调好样品高度，调好聚焦。

（2）在"MAG"模式下，将所感兴趣的区域移至荧光屏中心。

（3）切换到衍射模式，将相机长度改为 200 cm，顺时针转束斑亮度"BRIGHT-NESS"至底，将光斑散到最大。

（4）用"DIFF FOCUS"聚焦透射斑点，使其明锐，然后根据需要改变相机长度。

（5）切换到"MAG"模式，旋入聚光镜光阑，一般选最小的聚光镜光阑。

（6）按下"NBD"钮，选择合适的"Alpha"角度（$\alpha = 1$）和合适的"spot size"，使用"SHIFT"旋钮，将电子束移至中心。

（7）调整电压中心。

（8）通过调节"BRIGHTNESS"旋钮缩小光斑，使其形成一点，按下"SA Diff"，改变相机常数"Camera Length"值使其达到所需要求。

（9）用"SHIFT"将电子束移到感兴趣的区域，如带轴不正，微倾试样踩正带轴，通过"Bright tilt""DEF/STIG X"或"DEF/STIG Y"调衍射圆盘对称，然后即可以拍照。

该操作注意事项如下：

（1）如果更改 $\alpha$ 角，要重新调电压中心，光路对中。

（2）选小"spot size"的时候光会很弱，应延长曝光时间。

### 6.3.4 会聚束衍射操作

该操作包括如下步骤：

（1）"TEM"成像，调好样品高度，调好聚焦。

（2）切到"CBD"模式，选较大的会聚角、合适的光斑直径"spot size"与聚光镜光阑，聚光至中心。

（3）调电压中心"HT Wobbler"＋"Bright tilt"。

（4）切回"TEM"模式，光路对中。

（5）再切回"CBD"模式，反复切换对中。

（6）在"CBD"模式下，切换到衍射模式"SA Diff"。

该操作注意事项如下：

（1）如果更改 $\alpha$ 角，要重新调电压中心，光路对中。

（2）减小 $\alpha$ 角可以减小衍射盘重叠，调相机长度可以放缩图像。

### 6.3.5 双光束条件操作

当分析晶体缺陷时，如位错线的柏氏矢量时，需要拍摄样品同一视场依次在若干个特定的操作反射下的衍衬像，此时，应首先在衍射模式下将晶体倾转至只有某一低指数的菊池极与电子束方向相近，而后通过倾角的微小调整（5°～10°）可获得在该菊池极附近的一系列双光束条件。倾转至双光束条件一般可以采取两种方法，一种是参考菊池线，另一种是倾转已经转正的衍射花样，下面分别介绍。

1）参考菊池线

参考菊池线模式包括如下操作步骤：

（1）把电子束会聚到样品上，切换到衍射模式，出现菊池线，先将样品转正至某个需要的晶带轴对应的菊池极，可以切换到选区衍射模式检查衍射花样是否是需要的晶带轴。

（2）踩离菊池极，沿着衍射斑对应的菊池线上倾转，直至屏幕上只有一成对的菊池线，避免其他菊池线的影响。

（3）继续倾转使在荧光屏的中心部位只保留其中一条菊池线。

（4）回到选区电子衍射模式，检查双光束条件，是否只剩下透射斑和一个衍射斑,或进行微倾转调整。

2) 倾转已经转正的衍射花样

倾转已经转正的衍射花样包括如下操作步骤:

(1) 先将样品转正至某个需要的晶带轴。

(2) 小心倾转样品,将希望的衍射斑朝它与透射束的连线相反方向倾转,倾转"TX"和"TY"使该衍射斑逐渐变亮。如果倾转时发现其变暗变小,就往反方向倾转使其恢复,同时倾转另一个轴。

(3) 进行微倾转调整,直至只剩下透射斑和一个衍射斑。

注意:一般来说,特别是在薄样品条件下,很难实现真正的双光束条件,即除了透射斑和一个衍射斑,没有其他衍射斑,总会有其他可见的衍射点,如果其他衍射斑相对于双光束中的衍射斑很弱,可以视作双光束条件。但不能出现两者亮度接近的情况。

## 6.3.6　中心暗场像操作

中心暗场像操作包括如下步骤:

(1) 选好放大倍数,调好样品高度,调好聚焦。

(2) 插入选区光阑,按下面板的"DIFF",得到选区电子衍射图"SAED",顺时针转动"BRIGHTNESS",使电子束散开,同时调节"DIFF FOCUS"旋钮,得到敏锐的衍射斑点。

(3) 按下"PLA"按键,利用"DEF/STIG X"或"DEF/STIG Y"将透射斑点移到荧光屏的中心位置。移到中心后,关闭"PLA"按钮。

(4) 插入物镜光阑,移至荧光屏的中心,使透射斑点在物镜光阑的圆心。调整"DIFF FOCUS",使物镜光阑清楚。

(5) 按下"DARK TILT",将衍射斑移到荧光屏的中心,衍射斑和透射斑在荧光屏的中心位置尽可能一致。根据需求,在软件中设置选择不同的衍射斑,共可选择 5 个衍射斑。

(6) 退出选区光阑,按下"BRIGHT TILT",得到明场像,按下"DARK TILT",得到中心暗场像,在软件中选 5 个衍射斑的中心暗场像。

注意:如果按下"DARK TILT",将衍射斑移到荧光屏的中心,可以按复位键,这时斑点位置和"BRIGHT TILT"情况下一样。

## 6.3.7　弱束暗场像操作

弱束暗场像操作包括如下步骤:

(1) 成像模式下,选择感兴趣的视场移至荧光屏中心,调好样品高度,调好聚焦。

(2) 倾转样品至正带轴。

（3）插入选区光阑套住感兴趣的区域。

（4）按"SA Diff"按钮转入衍射模式,此时荧光屏上将显示选区内晶体产生的正带轴衍射花样。

（5）选择感兴趣的衍射斑,倾转至双光束条件下,将亮的衍射斑($g_{hkl}$)用倾转旋钮移动到透射斑位置。以 $g/3g$ 为例,衍射模式下,利用束偏转,使 $g$ 移至中心,使(000)和 $3g$ 落在爱瓦尔德球面上。用物镜光阑取移至中心后的弱 $g$ 成 $g/3g$ 弱束暗场像。

（6）插入物镜光阑套住感兴趣的衍射斑点,转入成像操作方式,取出选区光阑,得到该衍射束的弱束暗场像。

## 6.3.8 高分辨像操作

高分辨像操作包括如下步骤:

（1）在样品感兴趣区域寻找较薄的区域。

（2）倾转样品到晶带轴。

（3）调整电压中心,照明系统中电压中心的调整是决定物镜像散好坏的关键步骤。

① 粗调:在×50 K 将光斑聚成 3～4 cm 的大小后移到荧光屏的中心。按下"HT WOB"按键(当它被按下后,将在原有高压基础上又施加了一个波动电压),这时光由于高压的变化会发生扩大和收缩的变化,所以人们也将电压中心称为扩大中心。如果它是同心收放的,电压中心就很接近了,然后接着做细调。但如果它是前后左右有方向性的晃动,就需要将"BRIGHT TILT"按亮后通过"DEF/STIG X"或"DEF/STIG Y"将光斑调成原地的同心收缩。

② 细调:在×100 K 将一明锐目标物移到荧光屏的中心,聚焦图像,将光斑散开,按下"HT WOB"按键,通过目镜观察样品有无方向性的晃动,如有,将"BRIGHT TILT"按亮后通过"DEF/STIG X"或"DEF/STIG Y"将图像调成原地的同心收缩。

（4）在合适的倍数下,消除物镜像散。

（5）改变聚焦,使条纹清晰。

该操作注意事项如下:

（1）由于高分辨像对样品的稳定性要求较高,而加高压和电流后都需要一段时间电性能才能达到稳定状态,所以若需要拍摄高分辨像,就需要让样品稳定,一般需要稳定半小时以上。

（2）为了使电镜稳定,不要在"LOW MAG"模式和"MAG"模式之间来回切换。

（3）对于要求高的样品,可以前一天晚上将样品装入电镜,并且将电镜放大倍率置于 100 K 以上过夜。

（4）冷阱加液氮后,一般需半小时试样台和冷阱间才能达到热平衡。试样更换、视场移动和试样倾斜后,像漂移一般可在 2～3 分钟稳定下来。但若微栅膜与铜网之间固定不好,则需要 10 分钟,甚至 20 分钟才能稳定下来。通常,在 150 万倍下 30 秒内看不见漂移时,降到 50 万倍拍照不会有问题。在移动完样品后,机械系统会因为惯性导致样品漂移,因此在感兴趣区域可慢速移动样品,如电镜装有压电工作台,可以此模式下实现微速移动。当样品已经比较稳定,而观察区域变化不大时,可以用"IMAGE SHIFT"来调整视野,减少漂移。

## 6.3.9 图像拍摄

目前大多采用 CCD 相机进行图像拍摄,因厂家不一样,软件的使用也不一样,但拍摄的步骤类似。

该操作包括如下步骤:

(1) 准备拍摄前,将电子束散开到至少与荧光屏一样大。

(2) 将荧光屏抬起(侧插式相机不用抬屏)。

(3) 点击 CCD 相机软件的快速模式的按钮,选择样品位置,调整聚焦和像散等。

(4) 点击 CCD 相机软件的高质量模式的按钮,进行聚焦和像散等的微调。

(5) 设置图片的曝光时间。

(6) 点击拍摄按钮,拍摄图像。

(7) 存储图像。

该操作注意事项如下:

(1) 准备图像拍摄之前,顺时针旋转"BRIGHTNESS"旋钮,一定要将电子束散开到至少与荧光屏一样大。

(2) 拍摄电子衍射图前,要用"beam stopper"挡住透射束,以免损伤 CCD 相机。

(3) 使用 CCD 相机观察图像过程中,如需改变放大倍数,必须先将荧光屏放下,调好后再抬屏观察,防止改变倍数过程中电子束会聚或偏移而损伤 CCD 相机。

(4) 存储图像时,一般存储为原始格式,以便后续图像处理和加工。

(5) 样品漂移是拍摄样品时希望避免的,尤其是高倍率的条件下。因此,尽量避免快速地移动轨迹球来移动样品,如移动样品导致样品沿着移动方向飘移时,可沿着相反方向轻微移动样品。如果样品在拍摄时比较稳定,就不要打破这种平衡,如果感兴趣区域在视野内,可以用"IMAGE SHIFT"将感兴趣区域移到屏幕中心,而非用机械部分来移动样品。如拍摄视野里的纳米颗粒,从一个颗粒移动到另一个颗粒可以采取该方法。

(6) 当碳膜导电性不好时,在电子束照射下会产生振动,影响拍摄。这时可以选择在铜网的附近,将束斑边缘扩大到铜网上,可以减轻甚至避免振动。

(7) 设置曝光时间,在不确定相机性能的条件下,为了保护相机,可以从较短的曝光时间开始设置。图6-25(a)是在曝光时间较短的条件下拍摄的,可以看见图像较暗;图6-25(c)则曝光时间过长,因为太亮,部分图像已经看不见了,大片区域可以看到光纤的截面了。

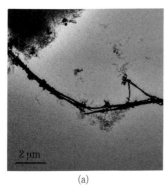 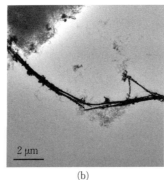 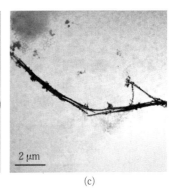

(a)　　　　　　　　　　(b)　　　　　　　　　　(c)

图6-25　曝光时间的影响
(a)曝光时间过短;(b)曝光时间合适;(c)曝光时间过长

### 6.3.10　EDS操作

EDS操作包括如下步骤:

(1)退出物镜光阑。

(2)按下"EDS"键,将光路切换到"EDS"模式。

(3)打开"EDS"软件,点击按键插入"EDS"探头,采取快门方式的能谱仪打开快门。

(4)点击"EDS"软件进行谱峰浏览,查看信号。

(5)设定"EDS"各项参数后,进行能谱图采集。

(6)信号采集好后,进入能谱分析界面,进行分析操作,进行定性定量分析等,例如调出元素周期表增加或删除元素。

(7)数据保存。

该操作注意事项如下:

(1)对于插入式"EDS"探头,换样品时,"EDS"探头位置一定要退出到等待位置。如果用的是微栅样品,穿过铜网寻找样品区域时要把探头退出到"S-CHANGE"状态。

(2)"counts/s"值最好大于800。

(3)"Dead time"的数值不能为红色,若为红色,表明光太强,需要将光斑发散,或者将"spot size"变小。

(4)当信号不足时,要倾转样品台角度。

(5)信号过强时,通过加聚光镜光阑和调整"spot size"来调节。

（6）做纳米材料操作时，为了减少干扰，尽量不要靠近铜网。

（7）如果液氮耗完添加液氮后，至少要半个小时后才能做能谱分析。

（8）要做成分线分析和面分析必须要和"STEM"结合。

（9）突然的破真空可损坏探测器窗口。

（10）尽量保留源文件，以便以后修改。

### 6.3.11　EELS 操作

EELS 操作根据实验目的可分为图像模式、谱模式、谱图模式和 STEM 谱图模式。

1）图像模式

图像模式操作包括如下步骤：

（1）按键切换到"GIF"模式光路合轴。

（2）插入一号聚光镜光阑，"Spot size 1"，调整"BRIGHTNESS"使束斑直径大小约 1 cm。

（3）选择"GIF"相机，选择空的区域进行零峰对中，单击"Centre ZLP"键，使值在 ±10 ev 以内，如超过 10 ev 需再点一次。

（4）单击"Tune Filter"做合轴，单击"Full Tune"或者"Quick Tune"。早上或中午要选"Full Tune"，早上根据需要可以做两次"Full Tune"，其他时间选做"Quick Tune"就可以。

（5）找到观察样品的位置，选"Slit in"，单击"Acquire thickness map"测量样品的厚度，一般值要在 1.3 以内。

（6）如距离上一次零峰对中步骤的时间较长，再单击"Centre ZLP"键；如时间短，则不需做。

（7）从元素周期表选择元素，缩小束斑，用"Shift"移至中间，用"Focus"聚焦，把束斑散开至观察窗口外。

（8）选择"Multimap"，选择元素，单击"Acquire"。

（9）从菜单"Window"→"Floating Windows"→"Color Mix"。

（10）结束后，把荧光屏放下，单击"Stop View"，将"Mode"改为"Singlemap"，单击"Slit in"退出，"Energy"改为 0。

2）谱模式

谱模式操作包括如下步骤：

（1）单击"EELS"，调"Spot size（=5）"或者"BRIGHTNESS"使束斑较暗。

（2）选择合适的"Regime"（培训时用的"Free Control"），"Dispersion"选择 0.25，"Aperture"选择 2.5 mm 或者 5 mm，"Exposure"选择 0.05 s。

（3）单击"Centre ZLP"进行零峰对中。

（4）单击"Focus Spectrum"，建议用手动模式，调整"Current"值，使"Focus X"和"Focus Y"最大。

（5）采集零峰（"Exposure"：0.05 s，"frame"＝1）。

（6）从菜单"EELS"→"Compute Thickness"→"Log－ratiorelative"，测厚度。

（7）选择元素。

（8）从菜单"EELS"→"Remove Dark Reference"（本步骤要将荧光屏放下，做完后将荧光屏抬起）。

（9）调"Spot size（＝1）"或者"BRIGHTNESS"使束斑变亮，和图像模式时接近。

（10）采集特征峰（"Exposure"：0.1 或 0.2 s，"frame"＝30 或者 50）。

（11）从菜单"EELS"→"Improved Dark Corrosion"（本步骤要将荧光屏放下，做完后将荧光屏抬起）。

（12）按"Ctrl"键，用点鼠标拖动选择背底，背底框的右边应该在特征峰开始前的5 ev 左右。

（13）再次按"Ctrl"键，用点鼠标拖动选择特征峰。

3）谱图模式

谱图模式操作包括如下步骤：

（1）按键切换到"GIF"模式光路合轴。

（2）插入一号聚光镜光阑，"Spot size 1"，调整"BRIGHTNESS"使束斑直径大小约 1 cm。

（3）选择"GIF"相机，选择空的区域进行零峰对中，单击"Centre ZLP"键，使值在±10 ev 以内；如超过在 10 ev 需再点一次。

（4）单击"Tune Filter"做合轴，单击"Full Tune"或者"Quick Tune"。早上或午饭后要选"Full Tune"，早上根据需要可以做两次"Full Tune"，其他时间选做"Quick Tune"就可以。

（5）找到观察样品的位置，选"Slit in"，单击"Acquire thickness map"测量样品的厚度，一般值要在 1.3 以内。

（6）如距离上一次零峰对中步骤的时间较长，再单击"Centre ZLP"键，如时间短，则不需做。

（7）从元素周期表选择元素，缩小束斑，用"Shift"移至中间，用"Focus"聚焦，把束斑散开至观察窗口外。

（8）选择"EFTEM－SI"。

（9）在"setup"进行设置，选择元素，"Slit Width"选 5 ev，"Binning"选 8，曝光时间选2，测量"value"值，要在 1 000～10 000，如太大要减少曝光时间，单击"Acquire"采集。

（10）采集后可关闭"Beam"，进行数据处理。

（11）从菜单"Window"→"Floating Windows"→"Slice"。

（12）从菜单"Volume"→"Remove X‐Ray"去掉 X 射线噪声。

（13）从菜单"Window"→"Image Alignment"选自动,选模型,去掉漂移。

（14）单击"Pickertool"按钮。

（15）按"Ctrl"键,用点鼠标拖动选择背底。

（16）再次按"Ctrl"键,用点鼠标拖动选择特征峰。

（17）从菜单"SI"→"Map"→"Sigal"。

（18）从菜单"Window"→"Floating Windows"→"Color Mix"。

（19）结束后,"Mode"改为"Singlemap",单击"Slit in"退出,将"Energy"改为 0 （本步骤在采集完时就可以做。）

4）STEM 谱图模式

STEM 谱图模式包括如下操作步骤。

（1）单击"SCANING"进入"STEM"模式。

（2）"Probe Size"选 8C,"Cl Aperture"选 20 μm,"Camera Length"选 8 cm,调 "Ronchigram"像。

（3）如用 CCD 调"Ronchigram"像,调完后需退出 CCD。

（4）从菜单"Window"→"Floating Windows"→"STEM Detector Control",选 "ADF"。

（5）选择"GIF"相机观察,用"PLA"将图像调至中心。

（6）打开"Digiscan"窗口,单击"Search"观察,用"Gain"调亮度,也可以用"Preview"观察。

（7）选择区域进行调焦。

（8）单击"EELS"进入谱模式。

（9）"EELS Acquire Setup"选择"Turbo","Dispersion"选择 0.25 ev/ch,"Aperture"选择 2.5 mm,"Exposure"选择 0.05 s。

（10）单击"Digiscan"的"Control Beam"键,将"Beam"放在空的区域,单击 "View"打开谱图观察。

（11）单击"Centre ZLP"键,进行零峰对中。

（12）单击"Focus spectrum"键,进行聚焦。

（13）测厚度。

（14）单击"Restart"重新采集图像,看样品是否漂移。

（15）用选取框选择要分析的区域,单击"Assign Image",单击"Assign ROI"。

（16）选择元素,选择参数（"Pixel Time"根据前面测试取值）,单击"Start"进行零峰采集。

（17）"EELS Acquire Setup"选择"Superfast"，"Dispersion"选择 0.25 ev/ch，"Aperture"选择 2.5 mm，"Exposure"从 0.1 s 开始测试，如信号弱增加到 0.2 s。

（18）从菜单"EELS"→"Remove Dark Reference"（本步骤要将荧光屏放下，做完后将荧光屏抬起）。

（19）单击"Start"进行采集特征峰。

（20）从菜单"EELS"→"Improved Dark Corrosion"（本步骤要将荧光屏放下，做完后将荧光屏抬起）。

（21）采集后的分析和前面的类似。

该操作注意事项如下：

（1）本操作规程只记录了最基本操作，此外的谱线、谱图分析、定量分析等，如谱线合并、谱图着色等不是关键内容没有放进来。

（2）当没有光时用菜单"AutoFilter"→"Align"自动找零峰。

（3）操作时务必注意不能使光太强，以免损伤相机，采集前必须确认束斑亮度、曝光时间等参数。

### 6.3.12　HAADF 像操作

ARM200F 电镜操作包括如下步骤：

（1）单击"Scanning"，自动执行"Relaxation"，切换到 STEM 模式。

（2）"Probe Size"选择 8 c 或 9 c。

（3）选择 150 um 聚光镜光阑 CL1 - 1,500 K，相机长度 8 cm 或 10 cm。

（4）单击"Ronchigram"，"a"：调慧差"Coma"：激活左操作面板"BEAM ALIGN"，用左右"DEFLECTOR"调节；"b"：调二重像散"A1"：左面板"COR CRS STIG"（粗调）或"COND STIG"（细调），用左右"DEFLECTOR"调节像散。

（5）选择聚光镜光阑"CL1 - 3"，调正，去掉"Ronchigram"。

（6）单击"PL ALIGN"，把图像中心移到小屏中心。

（7）观察图像"TEM PC"，"image selector"窗口 1 选择"ADF1"（HADDF），窗口 2 为"BF"（记住退出 CCD 并抬屏），并用右面板"CONTRAST"和"BRIGHNESS"调节对比度和亮度。

（8）收集图像可以用 DM 软件里面的"DIGI SCAN"。

### 6.3.13　ABF 像操作

ARM200F 电镜操作包括如下步骤：

（1）前面步骤参考 6.3.12 节，像机长度选择 6 cm"Detection Setting"。

（2）调好"Ronchigram"。

（3）聚光镜光阑"CL1 - 3"。

（4）用投影镜"PL ALIGN"把衍射图像移到中心。

（5）插入"BEAM STOP"。

（6）插入"BF"光阑，选择 3 mm，调节至中心（"TEM System Task Bar - BFI Aperture Selector - STEM BF Ap"）。

（7）"Ronchigram"去掉。

（8）退出"CCD"探头，抬屏。

（9）插入"BF"探头，在第二或第三个窗口收"ABF"图像，"image selector" - "image 2"或"image 3"选择"BF"，"image 1"默认选择"ADF"。

注意"ABF"图像去掉"BEAM STOP"和"BF Aperture"，则是"BF"图像。

### 6.3.14　BEAM SHOWER 操作

在"TEM"模式下操作步骤如下：

（1）退出所有光阑（左边操作面板所有光阑 open）。

（2）先"MAG"模式，8 000 倍。

（3）"Spot size 1"。

（4）调聚光聚"C2"，使光扩散满大荧光屏。

（5）将放大倍数调整为 2 M。

（6）30 分钟至 1 小时结束。

在"STEM"模式下操作步骤如下：

（1）"LOW MAG"模式，使整个铜网与大荧光屏尺寸相接近。

（2）"TEM1 - 3"。

（3）"CL AP"撤出位置。

（4）将光聚成与整个铜网相一致的大小。

（5）可加入"IL AP"并将光阑孔调出荧光屏外，只用一个方向的旋钮，并记住调整的方向以便后面调回。目的是防止长时间的强光照射荧光屏，造成其老化。

（6）时间为 30 分钟。

（7）最后将"IL AP"光阑孔调回并撤出。

（8）返回到"MAG"模式。

该操作注意事项如下：

（1）不是所有的样品都适合做 BEAM SHOWER，例如怕辐照损伤的样品。

（2）BEAM SHOWER 不是一劳永逸，它的功效约几十分钟，超过时间要再做一次。

# 附 录

## 附录 1 常用晶体学公式

1) 立方点阵(cubic lattices)

$$a=b=c, \quad \alpha=\beta=\gamma=90°$$

$$d=\frac{a}{\sqrt{h^2+k^2+l^2}}$$

$$\cos\varphi=\frac{h_1h_2+h_1k_2+l_1l_2}{\sqrt{h_1^2+k_1^2+l_1^2}\cdot\sqrt{h_2^2+k_2^2+l_2^2}}$$

$$r=a(u^2+v^2+w^2)^{1/2}$$

$$\cos\Phi=\frac{u_1u_2+v_1v_2+w_1w_2}{[(u_1^2+v_1^2+w_1^2)\cdot(u_2^2+v_2^2+w_2^2)]^{1/2}}$$

$$\boldsymbol{G}=\begin{bmatrix} a^2 & 0 & 0 \\ 0 & a^2 & 0 \\ 0 & 0 & a^2 \end{bmatrix}$$

$$\boldsymbol{G}^{-1}=\begin{bmatrix} \dfrac{1}{a^2} & 0 & 0 \\ 0 & \dfrac{1}{a^2} & 0 \\ 0 & 0 & \dfrac{1}{a^2} \end{bmatrix}$$

2) 六角点阵(hexagonal lattices)

$$a=b\neq c, \quad \alpha=\beta=90°, \quad \gamma=120°$$

$$d=\frac{a}{\sqrt{\dfrac{4}{3}(h^2+k^2+hk)+\left(\dfrac{a}{c}\right)^2l^2}}$$

$$\cos\varphi=\frac{\left[h_1h_2+k_1k_2+\dfrac{1}{2}(h_1k_2+h_2k_1)\right]+\dfrac{3a^2l_1l_2}{4c^2}}{\left\{\left[h_1^2+k_1^2+h_1k_1+\dfrac{3a^2l_1^2}{4c^2}\right]\left[h_2^2+k_2^2+h_2k_2+\dfrac{3a^2l_2^2}{4c^2}\right]\right\}^{1/2}}$$

$$r=[a^2(u^2-uv+v^2)+c^2w^2]^{1/2}$$

$$\cos\varPhi=\frac{\left[u_1u_2+v_1v_2-\dfrac{1}{2}(u_1v_2+u_2v_1)+\dfrac{c^2}{a^2}w_1w_2\right]}{\left[\left(u_1^2+v_1^2-u_1v_1+\left(\dfrac{c}{a}\right)^2w_1^2\right)\left(u_2^2+v_2^2-u_2v_2+\left(\dfrac{c}{a}\right)^2w_2^2\right)\right]^{1/2}}$$

$$\boldsymbol{G}=\begin{bmatrix}a^2 & -\dfrac{a^2}{2} & 0\\[2mm] -\dfrac{a^2}{2} & a^2 & 0\\[2mm] 0 & 0 & c^2\end{bmatrix}$$

$$\boldsymbol{G}^{-1}=\begin{bmatrix}\dfrac{4}{3a^2} & \dfrac{2}{3a^2} & 0\\[3mm] \dfrac{2}{3a^2} & \dfrac{4}{3a^2} & 0\\[3mm] 0 & 0 & \dfrac{1}{c^2}\end{bmatrix}$$

3) 四方点阵(tetragonal lattices)

$$a=b\neq c,\quad \alpha=\beta=\gamma=90^\circ$$

$$d=\frac{a}{\sqrt{h+k+\left(\dfrac{a}{c}\right)^2l^2}}$$

$$\cos\varphi=\frac{\dfrac{h_1h_2+k_1k_2}{a^2}+\dfrac{l_1l_2}{c^2}}{\left[\left(\dfrac{h_1^2+k_1^2}{a^2}+\dfrac{l_1^2}{c^2}\right)\cdot\left(\dfrac{h_2^2+k_2^2}{a^2}+\dfrac{l_2^2}{c^2}\right)\right]^{1/2}}$$

$$r=[a^2(u^2+v^2)+c^2w^2]^{1/2}$$

$$\cos\varPhi=\frac{a^2(u_1u_2+v_1v_2)+c^2w_1w_2}{\{[a^2(u_1^2+v_1^2)+c^2w_1^2][a^2(u_2^2+v_2^2)+c^2w_2^2]\}^{1/2}}$$

$$\boldsymbol{G}=\begin{bmatrix}a^2 & 0 & 0\\ 0 & a^2 & 0\\ 0 & 0 & c^2\end{bmatrix}$$

$$\boldsymbol{G}^{-1} = \begin{bmatrix} \dfrac{1}{a^2} & 0 & 0 \\ 0 & \dfrac{1}{a^2} & 0 \\ 0 & 0 & \dfrac{1}{c^2} \end{bmatrix}$$

4) 正交点阵(orthorhombic lattices)

$$a \neq b \neq c, \quad \alpha = \beta = \gamma = 90°$$

$$d = \frac{1}{\sqrt{\left(\dfrac{h}{a}\right)^2 + \left(\dfrac{k}{b}\right)^2 + \left(\dfrac{l}{c}\right)^2}}$$

$$\cos\varphi = \frac{\dfrac{h_1 h_2}{a^2} + \dfrac{k_1 k_2}{b^2} + \dfrac{l_1 l_2}{c^2}}{\left\{\left[\left(\dfrac{h_1}{a}\right)^2 + \left(\dfrac{k_1}{b}\right)^2 + \left(\dfrac{l_1}{c}\right)^2\right] \cdot \left[\left(\dfrac{h_2}{a}\right)^2 + \left(\dfrac{k_2}{b}\right)^2 + \left(\dfrac{l_2}{c}\right)^2\right]\right\}^{1/2}}$$

$$r = \sqrt{a^2 u^2 + b^2 v^2 + c^2 w^2}$$

$$\cos\Phi = \frac{a^2 u_1 u_2 + b^2 v_1 v_2 + c^2 w_1 w_2}{\left[(a^2 u_1^2 + b^2 v_1^2 + c^2 w_1^2)(a^2 u_2^2 + b^2 v_2^2 + c^2 w_2^2)\right]^{1/2}}$$

$$\boldsymbol{G} = \begin{bmatrix} a^2 & 0 & 0 \\ 0 & b^2 & 0 \\ 0 & 0 & c^2 \end{bmatrix}$$

$$\boldsymbol{G}^{-1} = \begin{bmatrix} \dfrac{1}{a^2} & 0 & 0 \\ 0 & \dfrac{1}{b^2} & 0 \\ 0 & 0 & \dfrac{1}{c^2} \end{bmatrix}$$

5) 三角点阵(菱形点阵)(trigonal lattices)

$$a = b = c, \quad \alpha = \beta = \gamma \neq 90°$$

$$d = a\left[\frac{1 - 3\cos^2\alpha + 2\cos^3\alpha}{B\sin^2\alpha + 2C(\cos^2\alpha - \cos\alpha)}\right]^{1/2}$$

$$B = h^2 + k^2 + l^2$$

$$C = hk + kl + hl$$

$$\cos\varphi = \frac{(h_1 h_2 + k_1 k_2 + l_1 l_2)\sin\alpha + A(h_1 k_2 + h_2 k_1 + h_1 l_2 + h_2 l_1 + k_1 l_2 + k_2 l_1)}{\left\{[H_1\sin^2\alpha + 2A(h_1 k_1 + h_1 l_1 + k_1 l_1)][H_2\sin^2\alpha + 2A(h_2 k_2 + h_2 l_2 + k_2 l_2)]\right\}^{1/2}}$$

$$A = \cos^2\alpha - \cos\alpha$$

$$H_1 = h_1^2 + k_1^2 + l_1^2$$

$$H_2 = h_2^2 + k_2^2 + l_2^2$$

$$r = a[u^2 + v^2 + w^2 + 2(uv + vw + wu)\cos a]^{1/2}$$

$$\cos \Phi = \frac{[u_1 u_2 + v_1 v_2 + w_1 w_2 + (v_1 u_2 + u_1 v_2 + w_1 u_2 + u_1 w_2 + w_1 v_2 + v_1 w_2)\cos a]}{\{[U_1 + 2(u_1 v_1 + v_1 w_1 + w_1 u_1)\cos a] \cdot [U_2 + 2(u_2 v_2 + v_2 w_2 + w_2 w_2)\cos a]\}^{1/2}}$$

$$U_1 = u_1^2 + v_1^2 + w_1^2$$

$$U_2 = u_2^2 + v_2^2 + w_2^2$$

$$\boldsymbol{G} = \begin{bmatrix} a^2 & a^2 \cos a & a^2 \cos a \\ a^2 \cos a & a^2 & a^2 \cos a \\ a^2 \cos a & a^2 \cos a & a^2 \end{bmatrix}$$

$$\boldsymbol{G}^{-1} = \frac{1}{a^2 s} \begin{bmatrix} \sin^2 a & \cos a - \cos^2 a & \cos^2 - \cos a \\ \cos a - \cos^2 a & \sin^2 a & \cos a - \cos^2 a \\ \cos^2 a - \cos a & \cos a - \cos^2 a & \sin^2 a \end{bmatrix}$$

$$s = \sin^2 a - 2\cos^2 a + 2\cos^3 a$$

6）单斜点阵（monoclinic lattices）

$$a \neq b \neq c, \quad \alpha = \gamma = 90°, \quad \beta \neq 90°$$

$$d = \frac{1}{\sqrt{\dfrac{A}{\sin^2 \beta} + \dfrac{k^2}{b^2}}}$$

$$A = \frac{h^2}{a^2} + \frac{l^2}{c^2} - \frac{2hl}{ac}\cos \beta$$

$$\cos \varphi = \frac{\dfrac{h_1 h_2}{a^2 \sin^2 \beta} + \dfrac{k_1 k_2}{b^2} + \dfrac{l_1 l_2}{c^2 \sin^2 \beta} - \dfrac{(h_1 l_2 + l_1 h_2)\cos \beta}{ac \sin^2 \beta}}{\left[\left(\dfrac{h_1^2}{a^2 \sin^2 \beta} + \dfrac{k_1^2}{b^2} + \dfrac{l_1^2}{c^2 \sin^2 \beta} - \dfrac{2h_1 l_1 \cos \beta}{ac \sin^2 \beta}\right) \cdot \left(\dfrac{h_2^2}{a^2 \sin^2 \beta} + \dfrac{k_2^2}{b^2} + \dfrac{l_2^2}{c^2 \sin^2 \beta} - \dfrac{2h_2 l_2 \cos \beta}{ac \sin^2 \beta}\right)\right]^{1/2}}$$

$$r = [a^2 u^2 + b^2 v^2 + c^2 w^2 + 2acuv\cos \beta]^{1/2}$$

$$\cos \Phi = \frac{a^2 u_1 u_2 + b^2 v_1 v_2 + c^2 w_1 w_2 + ac(w_1 u_2 + u_1 w_2)\cos \beta}{[(a^2 u_1^2 + b^2 v_1^2 + c^2 w_1^2 + 2acu_1 w_1 \cos \beta) \cdot (a^2 u_2^2 + b^2 v_2^2 + c^2 w_2^2 + 2acu_2 w_2 \cos \beta)]^{1/2}}$$

$$\boldsymbol{G} = \begin{bmatrix} a^2 & 0 & ac\cos \beta \\ 0 & b^2 & 0 \\ ac\cos \beta & 0 & c^2 \end{bmatrix}$$

$$\boldsymbol{G}^{-1} = \begin{bmatrix} \dfrac{1}{a^2 \sin^2 \beta} & 0 & \dfrac{-\cos \beta}{ac \sin^2 \beta} \\ 0 & \dfrac{1}{b^2} & 0 \\ \dfrac{-\cos \beta}{ac \sin^2 \beta} & 0 & \dfrac{1}{c^2 \sin^2 \beta} \end{bmatrix}$$

7）三斜点阵（triclinic lattices）

$$a \neq b \neq c, \quad \alpha \neq \beta \neq \gamma \neq 90°$$

$$d = abc\sqrt{\frac{1-\cos^2\alpha-\cos^2\beta-\cos^2\gamma+2\cos a\cos\beta\cos\gamma}{s_{11}h^2+s_{22}k^2+s_{33}l^2+s_{12}hk+s_{13}hl+s_{23}kl}}$$

$$s_{11}=(bc\sin\alpha)^2, \quad s_{22}=(ac\sin\beta)^2, \quad s_{33}=(ab\cos\gamma)^2$$

$$s_{12}=2abc^2(\cos\alpha\cos\beta-\cos\gamma)$$

$$s_{13}=2ab^2c(\cos a\cos\gamma-\cos\beta)$$

$$s_{23}=2a^2bc(\cos\beta\cos\gamma-\cos\alpha)$$

$$\cos\varphi=\frac{F}{A_{h_1k_1l_1}\cdot A_{h_2k_2l_2}}$$

$$F=h_1h_2(bc\sin\alpha)^2+k_1k_2(ac\sin\beta)^2+l_1l_2(ab\sin\alpha)^2+$$
$$abc^2(\cos\alpha\cos\beta-\cos\gamma)(k_1h_2+h_1h_2)+$$
$$ab^2c(\cos\gamma\cos\alpha-\cos\beta)(h_1l_2+l_1h_2)+$$
$$a^2bc(\cos\beta\cos\gamma-\cos\alpha)(k_1l_2+l_1k_2)$$

$$A_{h_ik_il_i}=[h_i^2(bc\sin\alpha)^2+k_i^2(ac\sin\beta)^2+l_i^2(ab\sin\gamma)^2+$$
$$2h_ik_iabc^2(\cos\alpha\cos\beta-\cos\gamma)+$$
$$2h_il_iab^2c(\cos\gamma\cos\alpha-\cos\beta)+$$
$$2k_il_ia^2bc(\cos\alpha\beta\cos\gamma-\cos\alpha)]^{1/2}$$

$$(i=1,2)$$

$$r=u^2a^2+v^2b^2+w^2c^2+2vwbc\cos\alpha+2wuac\cos\beta+2uvab\cos\gamma$$

$$\cos\Phi=\frac{L}{I_{u_1v_1w_1}\cdot I_{u_2v_2w_2}}$$

$$L=a^2u_1u_2+b^2v_1v_2+c^2w_1w_2+bc(v_1w_2+w_1v_2)\cos\alpha+$$
$$ac(w_1u_2+u_1w_2)\cos\beta+ab(u_1v_2+v_1u_2)\cos\gamma$$

$$I_{u_iv_iw_i}=(a^2u_i^2+b^2v_i^2+c^2w_i^2+2bcv_iw_i\cos\alpha+2caw_iu_i\cos\beta+$$
$$2abu_iv_i\cos\gamma)^{1/2}(i=1,2)$$

$$G=\begin{bmatrix} a^2 & ab\cos\gamma & ac\cos\beta \\ ab\cos\gamma & b^2 & bc\cos\alpha \\ ac\cos\beta & bc\cos\alpha & c^2 \end{bmatrix}$$

$$G^{-1}=\frac{1}{T^2}\begin{bmatrix} \dfrac{\sin^2\alpha}{a^2} & \dfrac{\cos\gamma-\cos\alpha\cos\beta}{ab} & \dfrac{\cos\alpha\cos\gamma=\cos\beta}{ac} \\ \dfrac{\cos\gamma-\cos\alpha\cos\beta}{ab} & \dfrac{\sin^2\beta}{b^2} & \dfrac{\cos\alpha-\cos\beta\cos\gamma}{bc} \\ \dfrac{\cos\alpha\cos\gamma-\cos\beta}{ac} & \dfrac{\cos\alpha-\cos\beta\cos\gamma}{bc} & \dfrac{\sin^2\gamma}{c^2} \end{bmatrix}$$

$$T=(1-\cos^2\alpha-\cos^2\beta-\cos^2\gamma+2\cos\alpha\cos\beta\cos\gamma)^{1/2}$$

# 附录 2　立方晶系 $\sqrt{N_2} : \sqrt{N_1}$

## 附表 2-1　立方晶系 $\sqrt{N_2} : \sqrt{N_1}$

表中行标 $h_1k_1l_1$（$\sqrt{N_1}$），列标 $h_2k_2l_2$（$\sqrt{N_2}$），数值为 $\sqrt{N_2}/\sqrt{N_1}$。

| $h_1k_1l_1$＼$h_2k_2l_2$ | 100 | 110 | 111 | 200 | 210 | 211 | 220 | 300/221 | 310 | 311 | 222 | 320 | 321 | 400 | 410/322 | 411/330 | 331 | 420 | 421 | 332 | 422 | 500/430 | 510/431 | 511/333 | 520/432 |
|---|---|---|---|---|---|---|---|---|---|---|---|---|---|---|---|---|---|---|---|---|---|---|---|---|---|
| 100 | 1.000 0 | 1.414 2 | 1.732 1 | 2.000 0 | 2.236 1 | 2.449 5 | 2.828 4 | 3.000 0 | 3.162 3 | 3.316 6 | 3.464 1 | 3.605 6 | 3.741 7 | 4.000 0 | 4.123 1 | 4.242 6 | 4.358 9 | 4.472 1 | 4.582 6 | 4.690 4 | 4.899 0 | 5.000 0 | 5.099 0 | 5.196 2 | 5.385 2 |
| 110 | 0.707 1 | 1.000 0 | 1.224 7 | 1.414 2 | 1.581 1 | 1.732 1 | 2.000 0 | 2.121 3 | 2.236 1 | 2.345 2 | 2.449 5 | 2.549 5 | 2.645 8 | 2.828 4 | 2.915 5 | 3.000 0 | 3.082 2 | 3.162 3 | 3.240 4 | 3.316 6 | 3.464 1 | 3.535 5 | 3.605 6 | 3.674 2 | 3.807 9 |
| 111 | 0.577 4 | 0.816 5 | 1.000 0 | 1.154 7 | 1.291 0 | 1.414 2 | 1.633 0 | 1.732 1 | 1.825 7 | 1.914 9 | 2.000 0 | 2.081 7 | 2.160 2 | 2.309 4 | 2.380 5 | 2.449 5 | 2.516 6 | 2.582 0 | 2.645 8 | 2.708 0 | 2.828 4 | 2.886 8 | 2.943 8 | 3.000 0 | 3.109 1 |
| 200 | 0.500 0 | 0.707 1 | 0.866 0 | 1.000 0 | 1.118 0 | 1.224 7 | 1.414 2 | 1.500 0 | 1.581 1 | 1.658 3 | 1.732 1 | 1.802 8 | 1.870 8 | 2.000 0 | 2.061 6 | 2.121 3 | 2.179 4 | 2.236 1 | 2.291 3 | 2.345 2 | 2.449 5 | 2.500 0 | 2.549 5 | 2.598 1 | 2.692 6 |
| 210 | 0.447 2 | 0.632 5 | 0.774 6 | 0.894 4 | 1.000 0 | 1.095 4 | 1.264 9 | 1.341 6 | 1.414 2 | 1.483 2 | 1.549 2 | 1.612 5 | 1.673 3 | 1.788 9 | 1.843 9 | 1.897 4 | 1.949 4 | 2.000 0 | 2.049 4 | 2.097 6 | 2.190 9 | 2.236 1 | 2.280 4 | 2.323 8 | 2.408 4 |
| 211 | 0.408 2 | 0.577 4 | 0.707 1 | 0.816 5 | 0.912 9 | 1.000 0 | 1.154 7 | 1.224 7 | 1.291 0 | 1.354 0 | 1.414 2 | 1.472 0 | 1.527 5 | 1.633 0 | 1.683 2 | 1.732 1 | 1.779 5 | 1.825 7 | 1.870 8 | 1.914 8 | 2.000 0 | 2.041 2 | 2.081 7 | 2.121 3 | 2.198 5 |
| 220 | 0.353 6 | 0.500 0 | 0.612 4 | 0.707 1 | 0.790 6 | 0.866 0 | 1.000 0 | 1.060 7 | 1.118 0 | 1.172 6 | 1.224 7 | 1.274 8 | 1.322 9 | 1.414 2 | 1.457 7 | 1.500 0 | 1.541 1 | 1.581 1 | 1.620 2 | 1.658 3 | 1.732 1 | 1.767 8 | 1.802 8 | 1.837 1 | 1.903 9 |
| 300/221 | 0.333 3 | 0.471 4 | 0.577 4 | 0.666 7 | 0.745 4 | 0.816 5 | 0.942 8 | 1.000 0 | 1.054 1 | 1.105 5 | 1.154 7 | 1.201 9 | 1.247 2 | 1.333 3 | 1.374 4 | 1.414 2 | 1.453 0 | 1.490 7 | 1.527 5 | 1.563 5 | 1.633 0 | 1.666 7 | 1.699 7 | 1.732 1 | 1.795 1 |
| 310 | 0.316 2 | 0.447 2 | 0.547 7 | 0.632 5 | 0.707 1 | 0.774 6 | 0.894 4 | 0.948 7 | 1.000 0 | 1.048 8 | 1.095 4 | 1.140 2 | 1.183 3 | 1.264 9 | 1.303 8 | 1.341 6 | 1.378 4 | 1.414 2 | 1.449 1 | 1.483 2 | 1.549 2 | 1.581 1 | 1.612 5 | 1.643 2 | 1.703 0 |
| 311 | 0.301 5 | 0.426 4 | 0.522 2 | 0.603 0 | 0.674 2 | 0.738 5 | 0.852 8 | 0.904 5 | 0.953 5 | 1.000 0 | 1.044 5 | 1.087 2 | 1.128 2 | 1.206 0 | 1.243 2 | 1.279 2 | 1.314 3 | 1.348 4 | 1.381 7 | 1.414 2 | 1.477 1 | 1.507 6 | 1.537 4 | 1.566 7 | 1.623 7 |
| 222 | 0.288 7 | 0.408 2 | 0.500 0 | 0.577 4 | 0.645 5 | 0.707 1 | 0.816 5 | 0.866 0 | 0.912 9 | 0.957 4 | 1.000 0 | 1.040 8 | 1.080 1 | 1.154 7 | 1.190 3 | 1.224 7 | 1.258 3 | 1.291 0 | 1.322 9 | 1.354 0 | 1.414 2 | 1.443 4 | 1.472 0 | 1.500 0 | 1.554 6 |
| 320 | 0.277 4 | 0.392 2 | 0.480 4 | 0.554 7 | 0.620 2 | 0.679 3 | 0.784 5 | 0.832 1 | 0.877 1 | 0.919 9 | 0.960 8 | 1.000 0 | 1.037 8 | 1.109 4 | 1.143 5 | 1.176 7 | 1.208 9 | 1.240 3 | 1.270 9 | 1.300 8 | 1.358 7 | 1.386 8 | 1.414 3 | 1.441 2 | 1.493 6 |
| 321 | 0.267 3 | 0.378 0 | 0.462 9 | 0.534 5 | 0.597 6 | 0.654 7 | 0.755 9 | 0.801 8 | 0.845 2 | 0.886 4 | 0.925 8 | 0.963 6 | 1.000 0 | 1.069 0 | 1.101 9 | 1.133 9 | 1.165 0 | 1.195 2 | 1.224 8 | 1.253 5 | 1.309 3 | 1.336 3 | 1.362 7 | 1.388 7 | 1.439 2 |
| 400 | 0.250 0 | 0.353 6 | 0.433 0 | 0.500 0 | 0.559 0 | 0.612 4 | 0.707 1 | 0.750 0 | 0.790 6 | 0.829 2 | 0.866 0 | 0.901 4 | 0.935 4 | 1.000 0 | 1.030 8 | 1.060 7 | 1.089 7 | 1.118 0 | 1.145 6 | 1.172 6 | 1.224 7 | 1.250 0 | 1.274 8 | 1.299 0 | 1.346 3 |
| 410/322 | 0.242 5 | 0.343 0 | 0.420 1 | 0.485 1 | 0.542 3 | 0.594 1 | 0.686 1 | 0.727 6 | 0.767 0 | 0.804 4 | 0.840 2 | 0.874 5 | 0.907 5 | 0.970 1 | 1.000 0 | 1.029 0 | 1.057 2 | 1.084 6 | 1.111 4 | 1.137 6 | 1.188 2 | 1.212 8 | 1.236 7 | 1.260 3 | 1.306 1 |
| 411/330 | 0.235 7 | 0.333 3 | 0.408 2 | 0.471 4 | 0.527 0 | 0.577 4 | 0.666 7 | 0.707 1 | 0.745 4 | 0.781 7 | 0.816 5 | 0.849 8 | 0.881 9 | 0.942 8 | 0.971 8 | 1.000 0 | 1.027 4 | 1.054 1 | 1.080 1 | 1.105 5 | 1.154 7 | 1.178 5 | 1.201 9 | 1.224 8 | 1.269 3 |
| 331 | 0.229 4 | 0.324 4 | 0.397 3 | 0.458 8 | 0.513 0 | 0.561 9 | 0.648 9 | 0.688 2 | 0.725 5 | 0.760 9 | 0.794 7 | 0.827 2 | 0.858 4 | 0.917 7 | 0.945 9 | 0.973 3 | 1.000 0 | 1.026 0 | 1.051 3 | 1.076 1 | 1.123 9 | 1.147 1 | 1.169 8 | 1.192 1 | 1.235 4 |
| 420 | 0.223 6 | 0.316 2 | 0.387 3 | 0.447 2 | 0.500 0 | 0.547 7 | 0.632 5 | 0.670 8 | 0.707 1 | 0.741 6 | 0.774 6 | 0.806 2 | 0.836 7 | 0.894 4 | 0.921 9 | 0.948 7 | 0.974 7 | 1.000 0 | 1.024 7 | 1.048 8 | 1.095 4 | 1.118 0 | 1.140 2 | 1.161 9 | 1.204 2 |
| 421 | 0.218 2 | 0.308 6 | 0.378 0 | 0.436 4 | 0.488 0 | 0.534 5 | 0.617 2 | 0.654 7 | 0.690 1 | 0.723 7 | 0.756 0 | 0.786 8 | 0.816 5 | 0.872 8 | 0.899 7 | 0.925 8 | 0.951 2 | 0.975 9 | 1.000 0 | 1.023 5 | 1.069 0 | 1.091 1 | 1.112 7 | 1.133 9 | 1.175 1 |
| 332 | 0.213 2 | 0.301 5 | 0.369 3 | 0.426 4 | 0.476 7 | 0.522 2 | 0.603 0 | 0.639 6 | 0.674 2 | 0.707 1 | 0.738 5 | 0.768 7 | 0.797 7 | 0.852 8 | 0.879 1 | 0.904 6 | 0.929 3 | 0.953 5 | 0.977 0 | 1.000 0 | 1.044 5 | 1.066 0 | 1.087 1 | 1.107 8 | 1.148 1 |
| 422 | 0.204 1 | 0.288 7 | 0.353 6 | 0.408 2 | 0.456 4 | 0.500 0 | 0.577 4 | 0.612 4 | 0.645 5 | 0.677 0 | 0.707 1 | 0.736 0 | 0.763 8 | 0.816 5 | 0.841 6 | 0.866 0 | 0.889 7 | 0.912 9 | 0.935 4 | 0.957 4 | 1.000 0 | 1.020 6 | 1.040 8 | 1.060 7 | 1.099 3 |
| 500/430 | 0.200 0 | 0.282 8 | 0.346 4 | 0.400 0 | 0.447 2 | 0.489 9 | 0.565 7 | 0.600 0 | 0.632 5 | 0.663 3 | 0.692 8 | 0.721 1 | 0.748 3 | 0.800 0 | 0.824 6 | 0.848 5 | 0.871 8 | 0.894 4 | 0.916 5 | 0.938 1 | 0.979 8 | 1.000 0 | 1.019 8 | 1.039 2 | 1.077 0 |
| 510/431 | 0.196 1 | 0.277 3 | 0.339 7 | 0.392 2 | 0.438 5 | 0.480 4 | 0.554 7 | 0.588 3 | 0.620 2 | 0.650 4 | 0.679 4 | 0.707 1 | 0.733 8 | 0.784 4 | 0.808 6 | 0.832 0 | 0.854 8 | 0.877 0 | 0.898 7 | 0.919 9 | 0.960 8 | 0.980 6 | 1.000 0 | 1.019 0 | 1.056 1 |
| 511/333 | 0.192 5 | 0.272 2 | 0.333 3 | 0.384 9 | 0.430 3 | 0.471 4 | 0.544 3 | 0.577 4 | 0.608 6 | 0.638 3 | 0.666 7 | 0.693 9 | 0.720 1 | 0.769 8 | 0.793 5 | 0.816 5 | 0.838 9 | 0.860 7 | 0.881 9 | 0.902 7 | 0.942 8 | 0.962 3 | 0.981 3 | 1.000 0 | 1.036 4 |
| 520/432 | 0.185 7 | 0.262 6 | 0.321 6 | 0.371 4 | 0.415 2 | 0.454 9 | 0.525 2 | 0.557 1 | 0.587 2 | 0.615 9 | 0.643 3 | 0.669 5 | 0.694 9 | 0.742 8 | 0.765 7 | 0.787 9 | 0.809 4 | 0.830 5 | 0.851 0 | 0.871 0 | 0.909 7 | 0.928 5 | 0.946 9 | 0.964 9 | 1.000 0 |

## 附录3 立方晶体晶面(或晶向)夹角表

对于立方晶体,晶面$(h_1k_1l_1)$与$(h_2k_2l_2)$(或者晶向$[h_1k_1l_1]$与$[h_2k_2l_2]$)之间的夹角$\varphi$可由下式计算:

$$\cos\phi=\frac{h_1h_2+k_1k_2+l_1l_2}{\sqrt{(h_1^2+k_1^2+l_1^2)}\sqrt{(h_2^2+k_2^2+l_2^2)}}$$

将低指数点阵平面间的夹角计算出来列于下表,表中列出以$h_1k_1l_1$和$h_2k_2l_2$为指数的两个晶面族(或晶向族)内任意两组晶面(或晶向)之间所有可能的夹角值(以度为单位),括号内的数表示$h_1h_2+k_1k_2+l_1l_2$。

(1)已知两晶面(或两晶向)指数求夹角时,先由所属晶面族(或晶向族)找到可能的一些$\phi$值,再根据$h_1h_2+k_1k_2+l_1l_2$确定。

(2)在采用尝试-校核法指数化单晶花样时,已知$N_1$、$N_2$(即已知斑点所属的晶面族指数)和测得的夹角$\phi$,在假设其中一个斑点的指数$h_1k_1l_1$后,可由表中所列该夹角所对应的$h_1h_2+k_1k_2+l_1l_2$值得到可能的另一斑点指数$h_2k_2l_2$。

附表 3-1 立方晶体面(或晶向)夹角表

| $h_1k_1l_1$ | $h_2k_2l_2$ | $(h_1k_1l_1)$和$(h_2k_2l_2)$之间的夹角度数/(°) | | | | | | |
|---|---|---|---|---|---|---|---|---|
| 100 | 100 | 90.00(0) | | | | | | |
| | 110 | 45.00(1) | 90.00(0) | | | | | |
| | 111 | 54.74(1) | | | | | | |
| | 210 | 26.57(2) | 63.43(1) | 90.00(0) | | | | |
| | 211 | 35.26(2) | 65.91(1) | | | | | |
| | 221 | 48.19(2) | 70.53(1) | | | | | |
| | 310 | 18.43(3) | 71.57(1) | 90.00(0) | | | | |
| | 311 | 25.24(3) | 72.45(1) | | | | | |
| | 320 | 33.69(3) | 56.31(2) | 90.00(0) | | | | |
| | 321 | 36.70(3) | 57.69(2) | 74.50(1) | | | | |

| $h_1k_1l_1$ | $h_2k_2$ $l_2$ | $(h_1k_1l_1)$和$(h_2k_2l_2)$之间的夹角度数/(°) | | | | | | | | |
|---|---|---|---|---|---|---|---|---|---|---|
| 100 | 322 | 43.31(3) | 60.98(2) | | | | | | | |
| | 331 | 46.51(3) | 76.74(1) | | | | | | | |
| | 332 | 50.24(3) | 64.76(2) | | | | | | | |
| | 410 | 14.04(4) | 75.96(1) | 90.00(0) | | | | | | |
| | 411 | 19.47(4) | 76.37(1) | | | | | | | |
| | 421 | 29.21(4) | 64.12(2) | 77.40(1) | | | | | | |
| | 430 | 36.87(4) | 53.13(3) | 90.00(0) | | | | | | |
| | 431 | 38.33(4) | 53.96(3) | 78.69(1) | | | | | | |
| | 432 | 42.03(4) | 56.15(3) | 68.20(2) | | | | | | |
| | 433 | 46.69(4) | 59.04(3) | | | | | | | |
| | 441 | 45.87(4) | 79.98(1) | | | | | | | |
| | 443 | 51.34(4) | 62.06(3) | | | | | | | |
| 110 | 110 | 60.00(1) | 90.00(0) | | | | | | | |
| | 111 | 35.26(2) | 90.00(0) | | | | | | | |
| | 210 | 18.43(3) | 50.77(2) | 71.57(1) | | | | | | |
| | 211 | 30.00(3) | 54.74(2) | 73.22(1) | 90.00(0) | | | | | |
| | 221 | 19.47(4) | 45.00(3) | 76.37(2) | 90.00(0) | | | | | |
| | 310 | 26.57(4) | 47.87(3) | 63.43(2) | 77.08(1) | | | | | |
| | 311 | 31.48(4) | 64.70(2) | 90.00(0) | | | | | | |
| | 320 | 11.31(5) | 53.96(2) | 66.91(2) | 78.69(1) | | | | | |
| | 321 | 19.11(5) | 40.89(4) | 55.46(3) | 67.79(2) | 79.11(1) | | | | |
| | 322 | 30.96(5) | 46.69(4) | 80.13(1) | 90.00(0) | | | | | |
| | 331 | 13.26(6) | 49.54(4) | 71.07(2) | 90.00(8) | | | | | |
| | 332 | 25.24(6) | 41.08(5) | 81.33(1) | 90.00(0) | | | | | |
| | 410 | 30.96(5) | 46.69(4) | 59.04(3) | 80.13(1) | | | | | |
| | 411 | 33.56(8) | 60.00(3) | 70.53(2) | 90.00(0) | | | | | |
| | 421 | 22.21(6) | 39.51(5) | 62.42(3) | 72.02(2) | 81.12(1) | | | | |
| | 430 | 8.13(7) | 55.55(4) | 64.90(3) | 81.87(1) | | | | | |
| | 431 | 13.90(7) | 46.10(5) | 56.31(4) | 65.42(3) | 73.90(2) | 82.03(1) | | | |
| | 432 | 23.20(7) | 38.02(6) | 48.96(5) | 74.77(2) | 82.45(2) | | | | |
| | 433 | 31.91(7) | 43.31(6) | 83.03(2) | 90.00(0) | | | | | |
| | 441 | 10.02(8) | 52.01(5) | 68.33(3) | 90.00(0) | | | | | |
| | 443 | 27.94(8) | 39.37(7) | 83.66(1) | 90.00(0) | | | | | |

续表

| $h_1k_1l_1$ | $h_2k_2l_2$ | $(h_1k_1l_1)$ 和 $(h_2k_2l_2)$ 之间的夹角度数/(°) | | | | | | | | | |
|---|---|---|---|---|---|---|---|---|---|---|---|
| 111 | 111 | 70.53(1) | | | | | | | | | |
| | 210 | 39.23(3) | 75.04(1) | | | | | | | | |
| | 211 | 19.47(4) | 61.87(2) | 90.00(0) | | | | | | | |
| | 221 | 15.79(5) | 54.74(3) | 78.90(1) | | | | | | | |
| | 310 | 43.09(4) | 68.58(2) | | | | | | | | |
| | 311 | 29.50(5) | 58.52(3) | 79.98(1) | | | | | | | |
| | 320 | 36.81(5) | 80.79(1) | | | | | | | | |
| | 321 | 22.21(6) | 51.89(4) | 72.02(2) | 90.00(0) | | | | | | |
| | 322 | 11.42(7) | 65.16(3) | 81.95(1) | | | | | | | |
| | 331 | 22.00(7) | 48.53(5) | 82.39(2) | | | | | | | |
| | 332 | 10.02(8) | 60.50(4) | 75.75(2) | | | | | | | |
| | 410 | 45.56(5) | 65.16(3) | | | | | | | | |
| | 411 | 35.26(6) | 57.02(4) | 74.21(2) | | | | | | | |
| | 421 | 28.13(7) | 50.95(3) | 67.79(3) | 82.76(2) | | | | | | |
| | 430 | 36.07(7) | 83.37(1) | | | | | | | | |
| | 431 | 25.07(8) | 47.21(0) | 76.91(2) | 60.00(0) | | | | | | |
| | 432 | 15.23(9) | 57.58(5) | 71.24(3) | 83.58(1) | | | | | | |
| | 433 | 8.05(10) | 66.67(4) | 78.58(2) | | | | | | | |
| | 441 | 25.24(9) | 45.29(7) | 84.23(1) | | | | | | | |
| | 443 | 7.33(21) | 63.20(5) | 74.31(3) | | | | | | | |
| 210 | 210 | 36.87(4) | 53.13(3) | 66.42(2) | 78.46(1) | 90.00(1) | | | | | |
| | 211 | 24.09(5) | 43.09(4) | 56.79(3) | 79.48(4) | 90.00(1) | | | | | |
| | 221 | 26.57(6) | 41.81(5) | 53.40(4) | 63.43(3) | 72.65(2) | 90.00(0) | | | | |
| | 310 | 8.13(7) | 31.95(6) | 45.00(5) | 54.90(3) | 73.57(2) | 81.87(1) | | | | |
| | 311 | 19.29(7) | 47.61(5) | 66.14(3) | 82.25(1) | | | | | | |
| | 320 | 7.13(8) | 29.74(7) | 41.91(6) | 60.26(4) | 68.15(3) | 75.64(2) | 82.87(1) | | | |
| | 321 | 17.02(8) | 33.21(7) | 53.30(5) | 61.44(4) | 68.99(2) | 83.14(1) | 90.00(0) | | | |
| | 322 | 29.81(8) | 40.60(7) | 49.40(6) | 64.29(4) | 77.47(2) | 83.77(1) | | | | |
| | 331 | 22.57(9) | 44.10(7) | 59.14(5) | 72.07(3) | 84.11(1) | | | | | |
| | 332 | 30.89(9) | 40.29(6) | 48.13(7) | 67.58(4) | 73.38(3) | 84.53(1) | | | | |
| | 410 | 12.53(9) | 29.81(8) | 40.60(7) | 49.40(6) | 64.29(4) | 77.47(2) | 83.77(1) | | | |
| | 411 | 18.43(9) | 42.45(7) | 50.77(6) | 71.57(5) | 77.83(2) | 83.95(1) | | | | |
| | 421 | 12.60(10) | 28.56(9) | 38.67(8) | 46.91(7) | 54.16(6) | 60.79(5) | 67.02(4) | 72.98(3) | 78.74(2) | 90.00(0) |
| | 430 | 10.30(11) | 26.57(10) | 44.31(8) | 57.54(4) | 63.43(5) | 69.04(4) | 74.44(1) | 79.70(2) | | |
| | 431 | 15.26(11) | 28.72(10) | 37.87(9) | 52.13(7) | 58.25(6) | 63.99(5) | 79.90(4) | 84.97(1) | | |
| | 432 | 24.01(11) | 33.85(10) | 48.37(8) | 54.46(7) | 60.11(6) | 65.47(5) | 70.80(4) | 80.44(2) | 85.24(1) | 90.00(0) |
| | 433 | 32.47(11) | 39.92(10) | 46.35(9) | 67.45(5) | 76.70(3) | 81.18(2) | | | | |
| | 441 | 20.90(12) | 45.52(9) | 56.98(7) | 62.15(6) | 71.86(4) | 81.04(2) | | | | |
| | 443 | 33.06(12) | 39.80(11) | 45.70(10) | 69.56(5) | 73.78(4) | 81.97(2) | | | | |

| $h_1k_1l_1$ | $\begin{matrix}h_2k_2\\l_2\end{matrix}$ | $(h_1k_1l_1)$ 和 $(h_2k_2l_2)$ 之间的夹角度数/(°) | | | | | | | | | |
|---|---|---|---|---|---|---|---|---|---|---|---|
| 211 | 211 | 33.56(5) | 48.19(4) | 60.00(3) | 70.53(1) | 80.41(1) | | | | | |
| | 221 | 17.72(7) | 35.26(6) | 47.12(5) | 65.91(3) | 74.21(2) | 82.18(1) | | | | |
| | 310 | 25.35(7) | 49.80(5) | 58.91(4) | 75.04(2) | 82.58(1) | | | | | |
| | 311 | 10.02(8) | 42.39(6) | 60.50(4) | 75.75(2) | 90.00(0) | | | | | |
| | 320 | 25.07(8) | 37.57(7) | 55.52(5) | 63.07(4) | 83.50(1) | | | | | |
| | 321 | 10.89(9) | 29.21(8) | 40.20(7) | 49.11(6) | 56.94(5) | 70.89(3) | 77.40(2) | 83.74(1) | 90.00(0) | |
| | 322 | 8.05(10) | 26.98(9) | 53.55(6) | 60.33(5) | 72.72(3) | 78.58(2) | 84.32(1) | | | |
| | 331 | 20.51(10) | 41.47(9) | 68.00(4) | 79.20(2) | | | | | | |
| | 332 | 16.78(11) | 29.50(10) | 52.46(7) | 64.20(5) | 69.63(4) | 79.98(2) | 85.01(1) | | | |
| | 410 | 26.98(9) | 46.12(7) | 53.55(6) | 60.33(5) | 72.72(3) | 78.58(2) | | | | |
| | 411 | 15.79(10) | 39.65(8) | 47.66(7) | 54.74(6) | 61.24(5) | 73.22(3) | 84.28(1) | | | |
| | 421 | 11.49(11) | 36.70(9) | 44.55(8) | 51.42(7) | 63.55(5) | 69.12(4) | 84.89(1) | 90.00(0) | | |
| | 430 | 26.08(1) | 35.26(10) | 55.14(7) | 65.91(3) | 80.60(2) | 85.32(1) | | | | |
| | 431 | 16.10(12) | 28.27(11) | 31.81(10) | 43.90(9) | 61.29(6) | 66.40(5) | 71.32(4) | 76.10(3) | 85.41(1) | |
| | 432 | 9.76(13) | 24.53(12) | 33.50(11) | 46.98(9) | 52.66(8) | 57.95(7) | 67.73(5) | 72.35(4) | 76.85(3) | |
| | | 90.00(0) | | | | | | | | | |
| | 433 | 11.42(14) | 24.47(13) | 55.94(8) | 60.65(7) | 69.51(5) | 81.95(2) | 85.99(1) | | | |
| | 441 | 22.50(13) | 38.58(11) | 44.71(10) | 64.76(6) | 69.19(5) | 77.69(3) | 81.83(1) | | | |
| | 443 | 16.99(15) | 26.81(14) | 54.98(9) | 63.49(7) | 67.51(6) | 82.67(2) | 86.34(1) | | | |
| 221 | 221 | 27.27(4) | 38.94(7) | 63.61(4) | 83.62(1) | 90.00(0) | | | | | |
| | 310 | 32.51(8) | 42.45(7) | 58.19(5) | 65.06(4) | 83.95(1) | | | | | |
| | 311 | 25.24(9) | 45.29(7) | 59.83(5) | 72.45(3) | 84.23(1) | | | | | |
| | 320 | 22.41(10) | 42.30(8) | 49.67(7) | 68.30(4) | 79.34(2) | 84.70(1) | | | | |
| | 321 | 11.49(11) | 27.02(10) | 36.70(9) | 57.69(6) | 63.55(5) | 74.50(3) | 79.72(2) | 84.89(1) | | |
| | 322 | 14.04(12) | 27.21(11) | 49.70(8) | 66.16(5) | 71.13(4) | 75.96(3) | 90.00(0) | | | |
| | 331 | 6.21(13) | 32.73(11) | 57.64(7) | 67.52(5) | 85.61(1) | | | | | |
| | 332 | 5.77(14) | 22.50(13) | 44.71(10) | 60.17(7) | 69.19(5) | 81.83(2) | 85.92(1) | | | |
| | 410 | 36.06(10) | 43.31(9) | 55.53(7) | 60.98(6) | 80.69(2) | | | | | |
| | 411 | 30.20(11) | 45.00(9) | 51.06(8) | 56.63(7) | 66.87(5) | 71.68(4) | 90.00(4) | | | |
| | 421 | 18.98(13) | 29.21(12) | 36.86(11) | 43.33(10) | 54.41(8) | 64.12(6) | 68.67(5) | 73.08(4) | 77.40(3) | |
| | | 81.64(2) | | | | | | | | | |
| | 430 | 21.04(14) | 42.83(11) | 48.19(10) | 70.53(5) | 82.34(2) | | | | | |
| | 431 | 11.31(15) | 31.81(13) | 38.33(12) | 53.96(9) | 58.47(8) | 62.77(7) | 74.84(4) | 78.69(3) | 86.25(1) | |
| | | 90.00(0) | | | | | | | | | |
| | 432 | 7.96(16) | 21.80(15) | 29.94(14) | 42.03(12) | 56.15(9) | 64.32(7) | 68.20(6) | 77.66(4) | 82.89(2) | |
| | | 86.45(1) | 90.00(0) | | | | | | | | |
| | 433 | 13.63(17) | 23.84(16) | 51.04(11) | 62.79(8) | 73.39(5) | 76.78(4) | 86.72(1) | | | |
| | 441 | 9.45(17) | 29.50(15) | 35.67(14) | 54.53(10) | 69.63(6) | 83.34(2) | 86.67(1) | | | |
| | 443 | 8.47(18) | 20.44(18) | 47.41(13) | 58.63(10) | 71.80(6) | 81.02(3) | 84.02(2) | | | |

| $h_1k_1l_1$ | $h_2k_2l_2$ | | | | | | | | | | |
|---|---|---|---|---|---|---|---|---|---|---|---|
| | | (h₁k₁l₁)和(h₂k₂l₂)之间的夹角度数/(°) | | | | | | | | | |
| 310 | 310 | 25.84(9) | 36.87(8) | 53.13(6) | 72.54(3) | 84.26(1) | 90.00(0) | | | | |
| | 311 | 17.55(10) | 40.29(8) | 55.10(6) | 67.58(4) | 79.01(2) | 90.00(1) | | | | |
| | 320 | 15.26(11) | 37.87(9) | 52.13(7) | 58.25(6) | 74.74(2) | 79.90(2) | | | | |
| | 321 | 21.62(11) | 32.31(10) | 40.48(9) | 47.46(8) | 53.74(7) | 59.53(6) | 65.00(5) | 75.31(2) | 85.15(1) | 90.00(0) |
| | 322 | 32.47(11) | 46.35(9) | 52.15(8) | 57.53(7) | 72.13(4) | 76.70(3) | | | | |
| | 331 | 29.47(12) | 43.49(15) | 54.52(8) | 64.20(6) | 90.00(0) | | | | | |
| | 332 | 36.00(12) | 42.13(11) | 52.64(9) | 61.84(7) | 66.14(6) | 78.33(3) | | | | |
| | 410 | 4.40(13) | 23.02(12) | 32.47(1) | 57.53(7) | 72.13(4) | 76.70(3) | 85.60(1) | | | |
| | 411 | 14.31(13) | 34.93(11) | 58.55(7) | 72.65(4) | 81.43(2) | 85.73(1) | | | | |
| | 421 | 14.96(14) | 26.22(13) | 40.62(11) | 46.36(10) | 61.12(7) | 69.82(3) | 82.07(2) | 86.04(1) | | |
| | 430 | 18.43(15) | 34.70(13) | 40.63(12) | 55.30(9) | 71.57(5) | 75.35(4) | 79.06(3) | | | |
| | 431 | 21.52(13) | 36.27(13) | 46.98(12) | 51.67(10) | 56.07(9) | 60.26(8) | 64.27(7) | 68.15(16) | 71.94(5) | 86.44(1) 90.00(0) |
| | 432 | 28.26(15) | 34.70(14) | 40.24(13) | 49.76(11) | 54.04(10) | 58.10(9) | 65.73(7) | 72.93(5) | 79.85(3) | 83.26(2) |
| | 433 | 35.56(15) | 45.17(13) | 49.40(12) | 60.78(9) | 71.01(6) | 74.27(5) | | | | |
| | 441 | 28.26(15) | 44.31(13) | 52.73(11) | 63.87(8) | 67.34(7) | 86.84(1) | | | | |
| | 443 | 37.80(16) | 42.20(15) | 50.06(13) | 63.61(9) | 66.73(8) | 75.70(5) | | | | |
| 311 | 311 | 35.10(9) | 50.48(7) | 62.96(5) | 84.78(1) | | | | | | |
| | 320 | 23.09(11) | 41.18(9) | 54.17(7) | 65.28(5) | 75.47(3) | 85.20(1) | | | | |
| | 321 | 14.76(12) | 36.31(10) | 49.86(8) | 61.09(6) | 71.20(4) | 80.73(2) | | | | |
| | 322 | 18.07(13) | 36.45(11) | 48.84(9) | 59.21(7) | 68.55(5) | 85.81(1) | | | | |
| | 331 | 25.94(13) | 40.46(11) | 51.50(9) | 61.04(7) | 69.77(5) | 78.02(3) | | | | |
| | 332 | 25.85(14) | 39.52(12) | 50.00(10) | 59.05(8) | 67.31(6) | 75.01(4) | 90.00(0) | | | |
| | 410 | 18.07(13) | 36.45(11) | 59.21(7) | 68.55(5) | 77.33(3) | 85.81(1) | | | | |
| | 411 | 5.77(14) | 31.48(12) | 44.71(10) | 55.35(8) | 64.76(6) | 81.83(1) | 90.00(0) | | | |
| | 421 | 9.27(15) | 31.20(13) | 43.64(11) | 53.69(9) | 70.79(5) | 78.62(3) | 86.23(1) | | | |
| | 430 | 25.24(11) | 38.38(10) | 57.13(9) | 65.03(7) | 72.45(5) | 86.54(1) | | | | |
| | 431 | 18.90(16) | 34.12(14) | 44.80(12) | 53.75(10) | 61.77(8) | 69.22(6) | 76.32(4) | 83.21(2) | | |
| | 432 | 17.86(17) | 32.88(15) | 43.29(13) | 51.98(11) | 66.93(7) | 73.74(6) | 80.33(3) | 86.79(1) | | |
| | 433 | 21.45(18) | 34.17(16) | 51.65(12) | 58.86(10) | 65.56(8) | 71.93(6) | 84.06(2) | | | |
| | 441 | 26.84(17) | 38.07(15) | 54.74(11) | 61.81(9) | 68.44(7) | 74.79(5) | 80.94(3) | | | |
| | 443 | 26.53(19) | 26.82(17) | 52.26(13) | 58.80(11) | 64.93(9) | 76.38(5) | 87.30(1) | | | |

续表

| $h_1k_1l_1$ | $h_2k_2l_2$ | ($h_1k_1l_1$)和($h_2k_2l_2$)之间的夹角度数/(°) | | | | | | | | |
|---|---|---|---|---|---|---|---|---|---|---|
| 320 | 320 | 22.62(12) | 46.19(9) | 62.51(6) | 67.38(5) | 72.08(4) | 90.00(0) | | | |
| | 321 | 15.50(13) | 27.19(12) | 35.28(11) | 48.15(9) | 53.63(8) | 58.74(7) | 68.25(5) | 72.75(4) | 77.15(3) |
| | | 85.75(1) | 90.00(0) | | | | | | | |
| | 322 | 29.02(13) | 36.18(12) | 47.73(10) | 70.35(5) | 82.27(2) | 90.00(0) | | | |
| | 331 | 17.36(15) | 45.58(11) | 55.06(9) | 63.55(7) | 79.00(3) | | | | |
| | 332 | 27.51(15) | 39.76(13) | 44.80(12) | 72.80(5) | 79.78(3) | 90.00(0) | | | |
| | 410 | 19.65(14) | 36.18(12) | 42.27(11) | 47.73(10) | 57.44(8) | 70.35(5) | 78.36(3) | 82.27(2) | |
| | 411 | 23.76(14) | 44.02(11) | 49.18(10) | 70.92(5) | 86.25(1) | | | | |
| | 421 | 14.45(16) | 32.08(14) | 48.26(11) | 52.75(10) | 61.04(8) | 64.93(7) | 72.39(3) | 75.99(4) | 83.05(2) |
| | | 86.53(1) | | | | | | | | |
| | 430 | 3.18(18) | 19.44(17) | 48.27(12) | 60.05(8) | 63.66(6) | 70.56(6) | 86.82(1) | | |
| | 431 | 11.74(18) | 22.38(17) | 40.40(14) | 53.25(11) | 57.05(10) | 60.69(8) | 67.62(7) | 70.96(6) | 74.22(5) |
| | | 80.61(3) | 86.88(1) | | | | | | | |
| | 432 | 22.02(18) | 28.89(17) | 34.51(16) | 43.86(14) | 47.97(13) | 51.83(12) | 65.67(8) | 72.00(8) | 75.08(5) |
| | | 84.09(2) | 87.05(1) | 90.00(0) | | | | | | |
| | 433 | 31.11(18) | 36.04(17) | 44.48(15) | 73.42(6) | 81.80(2) | 87.27(1) | | | |
| | 441 | 15.07(20) | 47.47(14) | 57.92(11) | 61.13(10) | 76.03(5) | 78.86(4) | | | |
| | 443 | 29.97(20) | 38.77(18) | 42.58(17) | 74.94(5) | 80.02(4) | 87.52(1) | | | |
| 321 | 321 | 21.79(13) | 31.00(12) | 38.21(11) | 44.42(10) | 49.99(9) | 00.00(7) | 64.62(6) | 69.08(5) | 73.40(4) |
| | | 81.79(2) | 35.90(1) | | | | | | | |
| | 322 | 13.52(15) | 24.84(14) | 82.58(13) | 44.52(11) | 49.59(10) | 63.02(7) | 71.09(5) | 78.79(3) | 82.55(2) |
| | | 86.28(1) | | | | | | | | |
| | 331 | 11.18(16) | 30.86(14) | 42.63(12) | 52.18(10) | 60.63(8) | 68.41(6) | 75.80(4) | 82.96(2) | 90.00(0) |
| | 332 | 14.38(17) | 24.26(16) | 31.27(15) | 42.21(13) | 55.26(10) | 59.16(9) | 62.88(7) | 79.45(5) | 80.16(2) |
| | | 83.46(3) | 86.73(1) | | | | | | | |
| | 410 | 24.84(14) | 32.58(13) | 44.52(11) | 49.59(10) | 54.31(9) | 63.02(7) | 67.11(6) | 71.09(5) | 82.55(2) |
| | | 86.28(1) | | | | | | | | |
| | 411 | 19.11(15) | 35.02(13) | 40.83(12) | 46.14(11) | 50.95(10) | 55.46(9) | 67.79(6) | 71.64(5) | 75.41(4) |
| | | 79.11(3) | 86.39(1) | | | | | | | |
| | 421 | 7.49(17) | 21.07(16) | 28.98(15) | 40.70(13) | 45.58(12) | 50.09(11) | 58.34(9) | 62.19(8) | 65.91(7) |
| | | 73.05(5) | 76.51(4) | 79.92(3) | 86.66(2) | 90.00(1) | | | | |
| | 430 | 15.82(18) | 24.68(17) | 36.70(15) | 45.98(2) | 53.99(11) | 57.69(10) | 61.24(2) | 72.29(6) | 74.50(5) |
| | | 83.86(2) | 86.94(1) | | | | | | | |
| | 431 | 5.21(19) | 19.36(18) | 27.00(17) | 33.00(16) | 38.17(15) | 42.79(14) | 47.05(13) | 54.79(11) | 65.21(8) |
| | | 68.48(7) | 74.81(5) | 80.95(3) | 83.98(2) | 87.00(1) | 90.00(0) | | | |
| | 432 | 6.98(20) | 19.45(19) | 32.47(17) | 37.43(16) | 41.89(15) | 49.82(13) | 56.91(11) | 63.47(9) | 66.61(8) |
| | | 75.63(5) | 78.63(5) | 78.55(4) | 81.44(3) | 87.16(1) | | | | |
| | 433 | 15.73(21) | 23.55(20) | 29.44(19) | 40.57(15) | 50.08(14) | 59.72(11) | 65.64(9) | 71.29(7) | 79.44(4) |
| | | 82.10(3) | 84.74(2) | 87.37(1) | | | | | | |
| | 441 | 12.31(21) | 27.88(33) | 33.13(13) | 45.74(15) | 49.36(14) | 62.27(10) | 65.25(9) | 70.99(7) | 73.79(6) |
| | | 76.55(5) | 81.98(3) | 87.33(3) | | | | | | |
| | 443 | 16.26(23) | 23.33(22) | 28.77(21) | 44.80(17) | 54.24(14) | 57.14(13) | 65.23(10) | 73.01(7) | 77.95(5) |
| | | 82.81(3) | 85.21(2) | 87.61(1) | | | | | | |

续表

| $h_1k_1l_1$ | $h_2k_2l_2$ | $(h_1k_1l_1)$和$(h_2k_2l_2)$之间的夹角度数/(°) | | | | | | | | | |
|---|---|---|---|---|---|---|---|---|---|---|---|
| 322 | 322 | 19.75(16) | 58.03(9) | 61.93(5) | 76.39(4) | 86.63(1) | | | | | |
| | 331 | 18.93(17) | 33.42(15) | 43.67(13) | 59.95(9) | 73.85(5) | 80.39(3) | 86.81(1) | | | |
| | 332 | 10.75(19) | 21.45(18) | 55.33(10) | 68.78(7) | 71.93(6) | 87.04(2) | | | | |
| | 410 | 34.56(14) | 49.68(11) | 53.97(10) | 69.33(6) | 72.90(1) | | | | | |
| | 411 | 23.84(16) | 42.00(13) | 46.69(12) | 59.04(9) | 62.79(8) | 66.41(7) | 80.13(6) | | | |
| | 421 | 17.70(18) | 32.13(16) | 37.45(18) | 42.19(14) | 50.57(12) | 58.04(10) | 61.55(9) | 68.25(7) | 71.48(6) | |
| | | 77.78(4) | 86.97(1) | 90.00(1) | | | | | | | |
| | 430 | 29.18(18) | 34.45(17) | 47.23(14) | 73.08(6) | 84.43(2) | 87.22(1) | | | | |
| | 431 | 17.95(20) | 25.35(13) | 35.04(17) | 40.44(15) | 44.48(13) | 58.45(11) | 67.63(2) | 76.24(5) | 79.03(4) | |
| | | 81.80(3) | 87.27(1) | | | | | | | | |
| | 432 | 7.77(22) | 18.95(21) | 25.74(20) | 50.91(14) | 54.16(12) | 63.23(10) | 68.88(9) | 76.99(5) | 79.62(4) | |
| | | 82.23(3) | 84.83(5) | | | | | | | | |
| | 433 | 3.37(24) | 16.93(23) | 60.06(22) | 62.77(11) | 73.07(7) | 78.00(5) | 90.00(4) | | | |
| | 441 | 21.75(22) | 36.66(19) | 40.54(16) | 56.71(13) | 75.33(6) | 82.72(3) | 85.16(2) | | | |
| | 443 | 10.00(26) | 18.75(25) | 57.98(14) | 67.74(10) | 70.07(9) | 74.62(7) | 85.66(2) | | | |
| 331 | 331 | 26.53(17) | 37.86(15) | 61.73(9) | 80.92(3) | 85.98(1) | | | | | |
| | 332 | 11.98(20) | 28.31(18) | 38.50(16) | 54.06(11) | 72.93(6) | 84.39(2) | 90.00(0) | | | |
| | 410 | 33.42(15) | 43.67(13) | 52.26(11) | 59.95(9) | 67.08(7) | 88.81(1) | | | | |
| | 411 | 30.10(16) | 40.80(14) | 52.27(10) | 64.37(8) | 77.51(4) | 83.79(2) | | | | |
| | 421 | 17.98(20) | 31.67(17) | 49.40(13) | 56.59(11) | 69.49(7) | 75.50(3) | 87.13(1) | | | |
| | 430 | 15.52(21) | 46.15(15) | 53.38(13) | 65.61(9) | 76.74(8) | 82.09(3) | | | | |
| | 431 | 8.18(22) | 25.86(20) | 35.92(18) | 43.96(14) | 57.32(12) | 63.26(10) | 68.90(1) | 74.34(6) | 79.63(4) | |
| | | 84.84(2) | | | | | | | | | |
| | 432 | 11.53(23) | 26.54(21) | 35.96(19) | 50.28(15) | 62.06(11) | 67.45(9) | 72.65(7) | 77.70(5) | 82.66(3) | |
| | | 87.56(1) | | | | | | | | | |
| | 433 | 19.22(24) | 30.05(22) | 44.91(15) | 56.58(14) | 76.35(6) | 80.95(4) | 90.00(1) | | | |
| | 441 | 3.24(25) | 23.29(23) | 40.64(19) | 58.72(23) | 63.94(11) | 78.48(5) | 87.71(1) | | | |
| | 443 | 14.68(27) | 26.40(25) | 41.20(21) | 52.48(17) | 75.48(7) | 83.83(3) | 87.95(1) | | | |
| 332 | 332 | 17.34(21) | 50.48(16) | 65.85(9) | 79.52(4) | 82.16(3) | | | | | |
| | 410 | 39.14(15) | 43.62(14) | 55.33(11) | 58.86(10) | 62.27(9) | 75.02(3) | | | | |
| | 411 | 31.32(17) | 45.29(14) | 49.21(13) | 56.44(11) | 66.30(8) | 69.40(7) | 84.23(1) | | | |
| | 421 | 21.49(20) | 27.88(19) | 37.73(17) | 41.89(16) | 52.78(13) | 59.22(11) | 68.15(8) | 76.55(5) | 79.27(4) | |
| | | 37.33(1) | | | | | | | | | |
| | 430 | 26.43(21) | 39.87(18) | 43.54(17) | 75.18(6) | 82.65(3) | 87.56(1) | | | | |
| | 431 | 15.91(23) | 28.59(21) | 33.25(20) | 37.40(19) | 51.16(18) | 54.17(14) | 67.89(9) | 77.93(5) | 80.37(4) | |
| | | 82.79(3) | 85.20(2) | 87.60(2) | | | | | | | |
| | 432 | 8.21(25) | 18.16(24) | 24.41(23) | 47.70(17) | 61.64(12) | 64.18(11) | 73.91(7) | 78.58(5) | 87.73(3) | |
| | | 90.00(1) | | | | | | | | | |
| | 433 | 9.17(27) | 18.07(26) | 56.74(13) | 68.55(10) | 70.79(9) | 72.99(8) | 83.70(7) | | | |
| | 441 | 15.21(25) | 31.39(23) | 35.26(22) | 50.88(17) | 74.94(7) | 85.74(2) | 87.87(1) | | | |
| | 443 | 2.70(30) | 15.07(29) | 53.18(18) | 64.35(13) | 68.51(12) | 78.48(6) | 80.42(8) | | | |

续表

| $h_1k_1l_1$ | $h_2k_2l_2$ | $(h_1k_1l_1)$和$(h_2k_2l_2)$之间的夹角度数/(°) | | | | | | | | |
|---|---|---|---|---|---|---|---|---|---|---|
| 410 | 410 | 19.75(16) | 28.07(18) | 61.93(5) | 76.39(4) | 85.63(1) | 90.00(0) | | | |
| | 411 | 13.63(17) | 30.96(15) | 62.79(8) | 73.39(4) | 80.13(3) | 90.00(0) | | | |
| | 421 | 17.70(18) | 25.88(17) | 37.45(15) | 42.19(14) | 50.57(12) | 61.55(9) | 64.95(1) | 68.25(7) | 71.48(6) |
| | | 77.78(4) | 83.92(2) | 90.00(0) | | | | | | |
| | 430 | 22.83(19) | 89.09(14) | 50.91(13) | 54.40(12) | 67.17(8) | 78.81(4) | 81.63(3) | | |
| | 431 | 25.35(19) | 36.04(17) | 40.44(16) | 44.48(15) | 51.80(13) | 58.45(11) | 67.63(0) | 70.55(7) | 87.27(1) |
| | | 90.00(0) | | | | | | | | |
| | 432 | 31.16(19) | 35.84(18) | 43.90(16) | 50.91(14) | 54.16(15) | 57.29(12) | 60.30(11) | 63.23(19) | 68.88(1) |
| | | 76.99(5) | 79.62(4) | | | | | | | |
| | 433 | 37.79(19) | 48.28(14) | 51.40(11) | 57.27(11) | 68.02(9) | 70.56(1) | | | |
| | 441 | 32.39(20) | 44.13(17) | 50.71(15) | 59.56(12) | 70.26(8) | 90.00(0) | | | |
| | 443 | 40.75(20) | 43.97(19) | 52.70(15) | 60.50(11) | 62.97(17) | 72.36(8) | | | |
| 411 | 411 | 27.27(16) | 38.94(16) | 60.00(9) | 67.11(7) | 86.82(1) | | | | |
| | 421 | 12.24(19) | 29.03(17) | 39.51(11) | 48.04(13) | 55.5(11) | 59.05(10) | 72.02(6) | 75.10(5) | 81.12(3) |
| | | 81.10(3) | | | | | | | | |
| | 430 | 26.41(19) | 41.04(16) | 52.21(13) | 67.84(1) | 70.73(7) | 87.30(1) | | | |
| | 431 | 22.41(20) | 33.69(18) | 38.20(17) | 46.10(11) | 49.67(14) | 56.31(18) | 59.44(11) | 65.42(9) | 71.12(7) |
| | | 76.64(5) | 82.03(3) | | | | | | | |
| | 432 | 23.20(21) | 38.02(18) | 41.92(17) | 48.96(13) | 52.21(14) | 61.22(11) | 64.04(10) | 66.80(9) | 72.16(7) |
| | | 74.77(6) | 87.49(1) | | | | | | | |
| | 433 | 27.21(22) | 39.82(19) | 49.70(16) | 58.30(13) | 63.60(11) | 66.16(10) | 78.34(1) | | |
| | 441 | 30.50(21) | 38.78(19) | 57.76(13) | 60.50(12) | 63.17(11) | 80.55(4) | | | |
| | 443 | 32.15(23) | 42.59(20) | 51.26(17) | 56.48(15) | 63.79(12) | 70.65(9) | 81.53(4) | | |
| 421 | 421 | 17.75(20) | 25.21(19) | 35.95(17) | 40.37(16) | 44.42(15) | 48.19(14) | 51.75(13) | 55.15(12) | 58.41(11) |
| | | 61.56(10) | 73.40(6) | 79.02(6) | 84.53(2) | 87.27(1) | | | | |
| | 430 | 16.23(12) | 29.21(21) | 33.98(19) | 45.71(16) | 55.43(11) | 61.31(11) | 64.12(11) | 69.56(1) | 77.40(5) |
| | | 79.95(1) | 84.99(2) | | | | | | | |
| | 431 | 10.16(23) | 26.01(22) | 35.60(11) | 39.62(10) | 43.32(17) | 50.06(1) | 53.19(14) | 61.92(11) | 64.66(10) |
| | | 67.35(9) | 72.57(7) | 75.12(6) | 77.64(5) | 82.62(3) | 85.09(2) | 87.55(1) | | |
| | 432 | 13.46(21) | 21.25(23) | 26.94(22) | 35.86(10) | 39.65(19) | 43.16(18) | 46.46(17) | 52.57(15) | 58.21(13) |
| | | 60.90(10) | 66.10(10) | 68.61(9) | 71.08(8) | 75.93(6) | 80.67(1) | 88.02(3) | 85.35(2) | |
| | 433 | 20.67(25) | 30.60(23) | 34.58(22) | 44.68(19) | 50.49(17) | 58.40(14) | 60.89(13) | 68.02(10) | 74.81(7) |
| | | 85.71(1) | 87.88(1) | | | | | | | |
| | 441 | 18.26(25) | 29.11(23) | 33.31(22) | 46.86(16) | 52.57(16) | 57.87(14) | 67.67(19) | 70.01(9) | 72.31(4) |
| | | 74.58(7) | 90.00(9) | | | | | | | |
| | 443 | 23.05(27) | 27.62(26) | 35.12(24) | 44.30(21) | 52.16(16) | 56.96(16) | 61.50(12) | 67.98(11) | 74.18(8) |
| | | 78.20(6) | 80.19(8) | 90.00(9) | | | | | | |

续表

| $h_1k_1l_1$ | $h_2k_2l_2$ | \(h_1k_1l_1\)和\(h_2k_2l_2\)之间的夹角度数/(°) | | | | | | | | |
|---|---|---|---|---|---|---|---|---|---|---|
| 430 | 430 | 16.26(24) | 50.21(16) | 61.31(12) | 68.90(9) | 73.74(7) | 90.00(0) | | | |
| | 431 | 11.31(25) | 19.72(24) | 41.82(19) | 51.13(16) | 53.96(16) | 59.34(13) | 69.39(9) | 71.71(6) | 74.06(7) |
| | | 78.69(5) | 90.00(0) | | | | | | | |
| | 432 | 21.80(26) | 26.96(24) | 35.21(22) | 42.03(20) | 48.05(18) | 50.85(17) | 68.20(11) | 74.93(7) | 77.12(6) |
| | | 81.46(4) | 87.87(1) | 90.00(1) | | | | | | |
| | 433 | 30.96(25) | 34.59(24) | 43.92(21) | 76.11(7) | 84.09(3) | 90.00(1) | | | |
| | 441 | 12.88(26) | 48.59(19) | 56.15(16) | 63.09(13) | 73.83(8) | 81.99(4) | | | |
| | 443 | 29.01(26) | 38.66(25) | 41.44(24) | 77.37(7) | 82.82(4) | 90.00(0) | | | |
| 431 | 431 | 15.94(25) | 22.62(24) | 27.80(23) | 32.20(22) | 43.05(11) | 49.17(17) | 52.02(16) | 60.00(13) | 64.97(11) |
| | | 67.38(10) | 69.75(9) | 72.08(8) | 76.66(8) | 87.80(1) | | | | |
| | 432 | 10.49(27) | 18.76(16) | 24.43(25) | 33.11(23) | 36.76(12) | 40.11(21) | 46.22(19) | 51.75(17) | 59.35(14) |
| | | 61.74(13) | 68.64(10) | 70.87(9) | 72.23(7) | 79.51(5) | 83.73(3) | 85.32(2) | 87.91(1) | |
| | 433 | 19.65(28) | 24.75(27) | 32.77(25) | 42.27(22) | 45.06(22) | 55.13(17) | 70.35(10) | 76.38(7) | 82.27(4) |
| | | 84.21(3) | 88.07(1) | | | | | | | |
| | 441 | 8.09(29) | 22.81(27) | 38.26(23) | 46.94(20) | 54.52(17) | 59.29(15) | 65.82(12) | 72.11(9) | 80.17(5) |
| | | 82.15(4) | 84.12(3) | | | | | | | |
| | 443 | 18.29(31) | 27.35(29) | 30.95(28) | 40.03(25) | 49.97(21) | 52.22(20) | 70.31(11) | 77.62(7) | 82.96(4) |
| | | 84.73(3) | 88.24(1) | | | | | | | |
| 432 | 432 | 15.09(28) | 26.29(26) | 30.45(25) | 43.60(21) | 46.40(20) | 56.51(16) | 61.13(14) | 67.71(11) | 69.83(10) |
| | | 71.92(09) | 76.03(7) | 82.07(4) | 84.06(3) | 86.05(2) | | | | |
| | 433 | 9.16(31) | 17.18(30) | 22.55(29) | 52.77(18) | 55.02(19) | 65.54(13) | 69.49(11) | 78.98(6) | 80.84(8) |
| | | 88.18(1) | | | | | | | | |
| | 441 | 14.13(30) | 29.22(27) | 32.81(26) | 39.12(24) | 47.25(21) | 58.85(16) | 69.17(12) | 75.01(0) | 78.82(6) |
| | | 80.70(5) | 86.29(2) | 90.00(8) | | | | | | |
| | 443 | 9.59(34) | 16.86(33) | 21.87(32) | 50.36(22) | 60.46(27) | 62.35(16) | 64.21(15) | 73.14(10) | 76.58(8) |
| | | 86.67(2) | 88.64(1) | | | | | | | |
| 433 | 433 | 13.93(33) | 61.93(16) | 63.82(15) | 74.65(9) | 86.63(2) | | | | |
| | 441 | 22.26(31) | 33.29(28) | 41.72(25) | 53.34(20) | 77.94(7) | 83.14(4) | 88.29(1) | | |
| | 443 | 7.70(37) | 15.38(36) | 59.41(19) | 69.62(13) | 71.25(12) | 82.30(5) | | | |
| 441 | 441 | 20.05(31) | 43.34(24) | 61.00(16) | 75.97(8) | 88.26(1) | | | | |
| | 443 | 17.91(35) | 29.55(32) | 37.96(29) | 49.27(24) | 77.44(8) | 85.32(3) | 90.00(0) | | |
| 443 | 443 | 12.68(40) | 55.88(23) | 67.03(16) | 77.32(9) | 78.75(8) | | | | |

## 附录 4　立方晶体电子衍射花样特征平行四边形表

附表 4-1　体心立方晶体电子衍射图特征平行四边形表

| $R2/R1$ | $R3/R1$ | $\varphi 12$ | $a/d1$ | $[uvw]$ | $(h_1k_1l_1)$ | $(h_2k_2l_2)$ |
|---------|---------|------|------|------|------|------|
| 1.000 | 1.000 | 60.00 | 1.414 | 111 | $1\bar{1}0$ | $10\bar{1}$ |
| 1.000 | 1.195 | 73.40 | 3.741 | 245 | $31\bar{2}$ | $\bar{1}3\bar{2}$ |
| 1.000 | 1.291 | 80.41 | 2.449 | 135 | $21\bar{1}$ | $\bar{1}2\bar{1}$ |
| 1.000 | 1.414 | 90.00 | 1.414 | 001 | 110 | $\bar{1}10$ |
| 1.049 | 1.140 | 67.58 | 4.472 | 367 | $\bar{4}20$ | $3\bar{2}3$ |
| 1.049 | 1.378 | 84.53 | 4.472 | 368 | $\bar{4}20$ | $2\bar{3}3$ |
| 1.054 | 1.202 | 71.57 | 4.242 | 148 | $41\bar{1}$ | $04\bar{2}$ |
| 1.054 | 1.374 | 83.59 | 4.242 | 348 | $\bar{4}11$ | $04\bar{2}$ |
| 1.080 | 1.225 | 72.02 | 3.464 | 235 | $2\bar{2}2$ | $\bar{2}31$ |
| 1.080 | 1.472 | 90.00 | 3.464 | 145 | $2\bar{2}2$ | $\bar{3}21$ |
| 1.095 | 1.183 | 68.58 | 3.162 | 134 | $3\bar{1}0$ | $2\bar{2}2$ |
| 1.134 | 1.195 | 67.79 | 3.741 | 127 | $32\bar{1}$ | $\bar{1}41$ |
| 1.140 | 1.140 | 63.99 | 4.472 | 458 | $40\bar{2}$ | $\bar{1}43$ |
| 1.140 | 1.449 | 84.97 | 4.472 | 478 | $\bar{4}02$ | $\bar{1}43$ |
| 1.195 | 1.253 | 68.99 | 3.741 | 346 | $\bar{2}31$ | $40\bar{2}$ |
| 1.195 | 1.464 | 83.14 | 3.741 | 125 | $\bar{2}31$ | $\bar{4}20$ |
| 1.195 | 1.464 | 83.14 | 3.741 | 247 | $13\bar{2}$ | $\bar{4}20$ |
| 1.195 | 1.558 | 90.00 | 3.741 | 356 | $13\bar{2}$ | $40\bar{2}$ |
| 1.225 | 1.225 | 65.91 | 2.000 | 012 | 200 | $1\bar{2}1$ |
| 1.291 | 1.414 | 75.04 | 2.449 | 123 | $\bar{1}21$ | $30\bar{1}$ |
| 1.291 | 1.527 | 82.58 | 2.449 | 137 | $12\bar{1}$ | $3\bar{1}0$ |
| 1.341 | 1.414 | 72.65 | 3.162 | 126 | $03\bar{1}$ | $41\bar{1}$ |
| 1.354 | 1.472 | 75.75 | 3.464 | 156 | $2\bar{2}2$ | $\bar{3}3\bar{2}$ |
| 1.363 | 1.604 | 83.98 | 3.741 | 158 | $13\bar{2}$ | $\bar{5}10$ |
| 1.363 | 1.604 | 83.98 | 3.741 | 457 | $\bar{2}31$ | $41\bar{3}$ |
| 1.414 | 1.483 | 73.57 | 3.162 | 136 | $3\bar{1}0$ | $0\bar{4}2$ |

| $R2/R1$ | $R3/R1$ | $\varphi 12$ | $a/d1$ | $[uvw]$ | $(h_1k_1l_1)$ | $(h_2k_2l_2)$ |
|---|---|---|---|---|---|---|
| 1.414 | 1.612 | 81.87 | 3.162 | 236 | $30\bar{1}$ | $04\bar{2}$ |
| 1.414 | 1.732 | 90.00 | 1.414 | 011 | $0\bar{1}1$ | 200 |
| 1.464 | 1.604 | 78.74 | 3.741 | 467 | $\bar{1}32$ | $5\bar{1}\bar{2}$ |
| 1.472 | 1.581 | 76.91 | 3.464 | 347 | $22\bar{2}$ | $\bar{3}4\bar{1}$ |
| 1.472 | 1.779 | 90.00 | 3.464 | 257 | $22\bar{2}$ | $\bar{4}3\bar{1}$ |
| 1.527 | 1.527 | 70.89 | 2.449 | 157 | $21\bar{1}$ | $\bar{1}3\bar{2}$ |
| 1.527 | 1.732 | 83.74 | 2.449 | 357 | $1\bar{2}1$ | $\bar{3}\bar{1}2$ |
| 1.527 | 1.826 | 90.00 | 2.449 | 124 | $21\bar{1}$ | $\bar{2}3\bar{1}$ |
| 1.581 | 1.683 | 77.83 | 3.464 | 167 | $22\bar{2}$ | $5\bar{2}\bar{1}$ |
| 1.581 | 1.871 | 90.00 | 2.000 | 013 | 200 | $03\bar{1}$ |
| 1.604 | 1.647 | 74.50 | 3.741 | 278 | $3\bar{2}1$ | $\bar{2}4\bar{4}$ |
| 1.604 | 1.732 | 79.74 | 3.741 | 378 | $31\bar{2}$ | $\bar{4}4\bar{2}$ |
| 1.604 | 1.813 | 84.89 | 3.741 | 568 | $2\bar{3}1$ | $\bar{4}\bar{2}4$ |
| 1.612 | 1.897 | 90.00 | 3.162 | 256 | $\bar{3}01$ | $\bar{1}4\bar{3}$ |
| 1.683 | 1.780 | 78.58 | 3.464 | 358 | $22\bar{2}$ | $\bar{5}30$ |
| 1.732 | 1.732 | 73.22 | 1.414 | 113 | $1\bar{1}0$ | $21\bar{1}$ |
| 1.732 | 1.773 | 75.67 | 3.741 | 578 | $\bar{1}32$ | $\bar{5}1\bar{4}$ |
| 1.732 | 1.897 | 83.37 | 3.162 | 138 | $3\bar{1}0$ | $\bar{1}5\bar{2}$ |
| 1.780 | 2.041 | 90.00 | 3.464 | 178 | $22\bar{2}$ | $\bar{5}3\bar{2}$ |
| 1.826 | 1.915 | 79.48 | 2.449 | 234 | $1\bar{2}1$ | $40\bar{2}$ |
| 1.826 | 2.081 | 90.00 | 2.449 | 125 | $12\bar{1}$ | $\bar{4}20$ |
| 1.871 | 1.871 | 74.50 | 2.000 | 023 | 200 | $13\bar{2}$ |
| 1.897 | 2.049 | 83.95 | 3.162 | 267 | $\bar{3}10$ | $\bar{2}4\bar{4}$ |
| 2.121 | 2.121 | 76.37 | 2.000 | 014 | 200 | $14\bar{1}$ |
| 2.236 | 2.236 | 77.08 | 1.414 | 133 | $0\bar{1}1$ | $\bar{3}\bar{1}0$ |
| 2.380 | 2.449 | 81.95 | 2.449 | 345 | $1\bar{2}1$ | $50\bar{3}$ |
| 2.449 | 2.516 | 82.18 | 2.449 | 146 | $21\bar{1}$ | $\bar{4}4\bar{2}$ |
| 2.449 | 2.646 | 90.00 | 1.414 | 112 | $1\bar{1}0$ | $22\bar{2}$ |
| 2.550 | 2.550 | 78.69 | 2.000 | 034 | 200 | $1\bar{4}3$ |

续表

| R2/R1 | R3/R1 | $\varphi12$ | $a/d1$ | $[uvw]$ | $(h_1k_1l_1)$ | $(h_2k_2l_2)$ |
|---|---|---|---|---|---|---|
| 2.550 | 2.739 | 90.00 | 2.000 | 015 | 200 | 05$\bar{1}$ |
| 2.646 | 2.646 | 79.11 | 1.414 | 115 | $\bar{1}$10 | 32$\bar{1}$ |
| 2.646 | 2.708 | 82.76 | 2.449 | 237 | 21$\bar{1}$ | $\bar{4}$51 |
| 2.708 | 2.887 | 90.00 | 2.449 | 147 | $\bar{1}$21 | 62$\bar{2}$ |
| 2.739 | 2.739 | 79.48 | 2.000 | 025 | 200 | $\bar{4}$51 |
| 2.915 | 3.082 | 90.00 | 2.000 | 035 | 200 | 05$\bar{3}$ |
| 2.944 | 3.000 | 83.50 | 2.449 | 238 | 12$\bar{1}$ | $\bar{6}$40 |
| 2.944 | 3.000 | 83.50 | 2.449 | 456 | 12$\bar{1}$ | 60$\bar{4}$ |
| 3.000 | 3.162 | 90.00 | 1.414 | 122 | 01$\bar{1}$ | $\bar{4}$11 |
| 3.082 | 3.082 | 80.66 | 2.000 | 016 | 200 | 16$\bar{1}$ |
| 3.215 | 3.366 | 90.00 | 2.449 | 258 | 12$\bar{1}$ | 72$\bar{3}$ |
| 3.240 | 3.240 | 81.12 | 2.000 | 045 | 200 | 15$\bar{4}$ |
| 3.317 | 3.317 | 81.33 | 1.414 | 335 | $\bar{1}$10 | 32$\bar{3}$ |
| 3.366 | 3.416 | 84.32 | 2.449 | 168 | 21$\bar{1}$ | $\bar{4}$6$\bar{4}$ |
| 3.512 | 3.559 | 84.55 | 2.449 | 567 | 12$\bar{1}$ | 70$\bar{5}$ |
| 3.536 | 3.674 | 90.00 | 2.000 | 017 | 200 | 07$\bar{1}$ |
| 3.605 | 3.605 | 82.03 | 1.414 | 155 | 01$\bar{1}$ | 50$\bar{1}$ |
| 3.605 | 3.605 | 82.03 | 1.414 | 117 | $\bar{1}$10 | 43$\bar{1}$ |
| 3.674 | 3.674 | 82.18 | 2.000 | 027 | 200 | 17$\bar{2}$ |
| 3.808 | 3.937 | 90.00 | 2.000 | 037 | 200 | 07$\bar{3}$ |
| 3.873 | 3.873 | 82.58 | 1.414 | 355 | 01$\bar{1}$ | $\bar{5}$21 |
| 3.937 | 3.937 | 82.70 | 2.000 | 056 | 200 | 16$\bar{5}$ |
| 4.062 | 4.062 | 82.93 | 2.000 | 018 | 200 | 18$\bar{1}$ |
| 4.062 | 4.062 | 82.93 | 2.000 | 047 | 200 | 17$\bar{4}$ |
| 4.123 | 4.123 | 83.03 | 1.414 | 337 | $\bar{1}$10 | 43$\bar{3}$ |
| 4.123 | 4.242 | 90.00 | 1.414 | 223 | $\bar{1}$10 | 33$\bar{4}$ |
| 4.242 | 4.359 | 90.00 | 1.414 | 114 | $\bar{1}$10 | 44$\bar{2}$ |
| 4.301 | 4.416 | 90.00 | 2.000 | 057 | 200 | 07$\bar{5}$ |
| 4.690 | 4.795 | 90.00 | 1.414 | 233 | 01$\bar{1}$ | $\bar{6}$22 |

续表

| $R2/R1$ | $R3/R1$ | $\varphi12$ | $a/d1$ | $[uvw]$ | $(h_1k_1l_1)$ | $(h_2k_2l_2)$ |
|---|---|---|---|---|---|---|
| 5.000 | 5.000 | 84.27 | 1.414 | 177 | $01\bar{1}$ | $\bar{7}10$ |
| 5.000 | 5.000 | 84.27 | 1.414 | 557 | $1\bar{1}0$ | $43\bar{5}$ |
| 5.196 | 5.196 | 84.50 | 1.414 | 377 | $01\bar{1}$ | $\bar{7}21$ |
| 5.568 | 5.568 | 84.85 | 1.414 | 577 | $01\bar{1}$ | $\bar{7}32$ |
| 5.745 | 5.831 | 90.00 | 1.414 | 225 | $1\bar{1}0$ | $55\bar{4}$ |
| 5.831 | 5.916 | 90.00 | 1.414 | 334 | $1\bar{1}0$ | $44\bar{6}$ |

附表 4-2  面心立方晶体电子衍射图特征平行四边形表

| $R2/R1$ | $R3/R1$ | $\varphi12$ | $a/d1$ | $[uvw]$ | $(h_1k_1l_1)$ | $(h_2k_2l_2)$ |
|---|---|---|---|---|---|---|
| 1.000 | 1.000 | 60.00 | 2.828 | 111 | $20\bar{2}$ | $02\bar{2}$ |
| 1.000 | 1.026 | 61.73 | 4.359 | 356 | $13\bar{3}$ | $\bar{3}31$ |
| 1.000 | 1.054 | 63.61 | 6.000 | 256 | $\bar{4}42$ | $\bar{2}44$ |
| 1.000 | 1.095 | 66.42 | 4.472 | 124 | $04\bar{2}$ | $\bar{4}20$ |
| 1.000 | 1.155 | 70.53 | 1.732 | 011 | $11\bar{1}$ | $\bar{1}11$ |
| 1.000 | 1.291 | 80.41 | 4.899 | 135 | $42\bar{2}$ | $\bar{2}42$ |
| 1.000 | 1.348 | 84.78 | 3.316 | 125 | $31\bar{1}$ | $\bar{1}31$ |
| 1.000 | 1.414 | 90.00 | 2.000 | 001 | 200 | 020 |
| 1.026 | 1.357 | 84.11 | 4.359 | 367 | $13\bar{3}$ | $\bar{4}20$ |
| 1.054 | 1.374 | 83.95 | 6.000 | 267 | $24\bar{4}$ | $\bar{6}20$ |
| 1.095 | 1.341 | 79.48 | 4.472 | 234 | $40\bar{2}$ | $\bar{2}42$ |
| 1.124 | 1.357 | 79.20 | 4.359 | 567 | $31\bar{3}$ | $\bar{2}42$ |
| 1.173 | 1.173 | 64.76 | 2.828 | 114 | $\bar{2}20$ | $31\bar{1}$ |
| 1.173 | 1.541 | 90.00 | 2.828 | 233 | $02\bar{2}$ | $\bar{3}11$ |
| 1.192 | 1.376 | 77.25 | 4.359 | 378 | $13\bar{3}$ | $51\bar{1}$ |
| 1.202 | 1.247 | 68.30 | 6.000 | 467 | $42\bar{4}$ | $\bar{6}40$ |
| 1.225 | 1.472 | 82.18 | 4.899 | 146 | $42\bar{2}$ | $\bar{4}42$ |
| 1.247 | 1.374 | 74.50 | 6.000 | 278 | $24\bar{4}$ | $\bar{6}42$ |
| 1.247 | 1.527 | 84.89 | 6.000 | 568 | $42\bar{4}$ | $\bar{4}62$ |
| 1.291 | 1.527 | 82.58 | 4.899 | 137 | $24\bar{2}$ | $\bar{6}20$ |
| 1.314 | 1.348 | 69.77 | 3.316 | 136 | $31\bar{1}$ | $\bar{3}31$ |

| $R2/R1$ | $R3/R1$ | $\varphi12$ | $a/d1$ | $[uvw]$ | $(h_1k_1l_1)$ | $(h_2k_2l_2)$ |
|---|---|---|---|---|---|---|
| 1.314 | 1.477 | 78.02 | 3.316 | 345 | $\overline{3}11$ | $\overline{1}33$ |
| 1.341 | 1.414 | 72.65 | 4.472 | 126 | $4\overline{2}0$ | $44\overline{2}$ |
| 1.341 | 1.673 | 90.00 | 4.472 | 245 | $4\overline{2}0$ | $\overline{2}44$ |
| 1.348 | 1.567 | 82.25 | 3.316 | 127 | $13\overline{1}$ | $4\overline{2}0$ |
| 1.414 | 1.612 | 81.87 | 4.472 | 236 | $04\overline{2}$ | $60\overline{2}$ |
| 1.472 | 1.683 | 83.50 | 4.899 | 238 | $\overline{2}42$ | $\overline{6}40$ |
| 1.472 | 1.683 | 83.50 | 4.899 | 456 | $\overline{2}42$ | $\overline{6}0\overline{4}$ |
| 1.477 | 1.567 | 75.75 | 3.316 | 237 | $13\overline{1}$ | $\overline{4}22$ |
| 1.477 | 1.784 | 90.00 | 3.316 | 147 | $31\overline{1}$ | $\overline{2}42$ |
| 1.527 | 1.527 | 70.89 | 4.899 | 157 | $42\overline{2}$ | $\overline{2}6\overline{4}$ |
| 1.527 | 1.732 | 83.74 | 4.899 | 357 | $\overline{2}42$ | $\overline{6}24$ |
| 1.541 | 1.541 | 71.07 | 2.828 | 334 | $\overline{2}20$ | $31\overline{3}$ |
| 1.541 | 1.837 | 90.00 | 2.828 | 116 | $\overline{2}20$ | $3\overline{3}1$ |
| 1.567 | 1.809 | 86.67 | 3.316 | 138 | $13\overline{1}$ | $\overline{5}11$ |
| 1.581 | 1.581 | 71.57 | 2.828 | 122 | $02\overline{2}$ | $\overline{4}20$ |
| 1.612 | 1.673 | 75.64 | 4.472 | 346 | $40\overline{2}$ | $0\overline{6}\overline{4}$ |
| 1.633 | 1.915 | 90.00 | 1.732 | 112 | $11\overline{1}$ | $\overline{2}20$ |
| 1.658 | 1.658 | 72.45 | 2.000 | 013 | $200$ | $13\overline{1}$ |
| 1.673 | 1.844 | 83.14 | 4.472 | 128 | $4\overline{2}0$ | $4\overline{6}\overline{2}$ |
| 1.673 | 1.844 | 83.14 | 4.472 | 247 | $4\overline{2}0$ | $\overline{2}6\overline{4}$ |
| 1.683 | 1.683 | 72.72 | 4.899 | 258 | $\overline{2}42$ | $\overline{6}\overline{4}4$ |
| 1.683 | 1.871 | 84.32 | 4.899 | 168 | $42\overline{2}$ | $\overline{4}\overline{6}4$ |
| 1.732 | 1.732 | 73.22 | 2.828 | 113 | $\overline{2}20$ | $42\overline{2}$ |
| 1.784 | 1.809 | 75.24 | 3.316 | 158 | $31\overline{1}$ | $\overline{1}53\overline{}$ |
| 1.784 | 1.809 | 75.24 | 3.316 | 457 | $\overline{3}11$ | $\overline{1}53\overline{}$ |
| 1.837 | 2.091 | 90.00 | 2.828 | 255 | $02\overline{2}$ | $\overline{5}11$ |
| 1.844 | 1.897 | 77.47 | 4.472 | 148 | $04\overline{2}$ | $82\overline{0}$ |
| 1.897 | 2.049 | 83.95 | 4.472 | 348 | $04\overline{2}$ | $\overline{8}2\overline{2}$ |
| 2.041 | 2.198 | 85.32 | 4.899 | 678 | $\overline{2}42$ | $80\overline{6}$ |

| $R2/R1$ | $R3/R1$ | $\varphi12$ | $a/d1$ | $[uvw]$ | $(h_1k_1l_1)$ | $(h_2k_2l_2)$ |
|---|---|---|---|---|---|---|
| 2.049 | 2.280 | 90.00 | 4.472 | 458 | $\bar{4}02$ | $\bar{2}8\bar{4}$ |
| 2.091 | 2.091 | 76.17 | 2.828 | 118 | $\bar{2}20$ | $53\bar{1}$ |
| 2.091 | 2.091 | 76.17 | 2.828 | 455 | $02\bar{2}$ | $\bar{5}31$ |
| 2.098 | 2.236 | 84.53 | 4.472 | 368 | $\bar{4}20$ | $4\bar{6}6$ |
| 2.121 | 2.121 | 76.37 | 2.828 | 223 | $\bar{2}20$ | $424$ |
| 2.153 | 2.256 | 82.72 | 3.316 | 578 | $\bar{3}11$ | $\bar{1}\bar{1}5$ |
| 2.236 | 2.236 | 77.08 | 2.828 | 133 | $02\bar{2}$ | $\bar{6}20$ |
| 2.236 | 2.449 | 90.00 | 2.000 | 012 | $200$ | $04\bar{2}$ |
| 2.318 | 2.318 | 77.55 | 2.828 | 338 | $\bar{2}20$ | $53\bar{3}$ |
| 2.318 | 2.525 | 90.00 | 2.828 | 556 | $\bar{2}20$ | $3\bar{3}5$ |
| 2.517 | 2.582 | 82.39 | 1.732 | 123 | $11\bar{1}$ | $\bar{3}31$ |
| 2.525 | 2.715 | 90.00 | 2.828 | 277 | $02\bar{2}$ | $\bar{7}11$ |
| 2.598 | 2.598 | 78.90 | 2.000 | 015 | $200$ | $15\bar{1}$ |
| 2.646 | 2.646 | 79.11 | 2.828 | 115 | $\bar{2}20$ | $64\bar{2}$ |
| 2.715 | 2.715 | 79.39 | 2.828 | 477 | $02\bar{2}$ | $\bar{7}31$ |
| 2.715 | 2.715 | 79.39 | 2.828 | 558 | $\bar{2}20$ | $53\bar{5}$ |
| 2.894 | 3.062 | 90.00 | 2.828 | 677 | $02\bar{2}$ | $\bar{7}33$ |
| 2.915 | 2.915 | 80.13 | 2.828 | 144 | $02\bar{2}$ | $\bar{8}20$ |
| 2.915 | 2.915 | 80.13 | 2.828 | 225 | $\bar{2}20$ | $64\bar{4}$ |
| 2.958 | 2.958 | 80.27 | 2.000 | 035 | $200$ | $15\bar{3}$ |
| 3.317 | 3.317 | 81.33 | 2.818 | 335 | $\bar{2}20$ | $64\bar{6}$ |
| 3.415 | 3.464 | 84.40 | 1.732 | 134 | $11\bar{1}$ | $5\bar{3}1$ |
| 3.570 | 3.570 | 81.95 | 2.000 | 017 | $200$ | $17\bar{1}$ |
| 3.605 | 3.741 | 90.00 | 2.000 | 023 | $200$ | $06\bar{4}$ |
| 3.840 | 3.840 | 82.52 | 2.000 | 037 | $200$ | $1\bar{7}3$ |
| 4.123 | 4.163 | 85.36 | 1.732 | 235 | $11\bar{1}$ | $\bar{5}\bar{5}\bar{1}$ |
| 4.123 | 4.243 | 90.00 | 2.000 | 014 | $200$ | $08\bar{2}$ |
| 4.320 | 4.434 | 90.00 | 1.732 | 145 | $11\bar{1}$ | $\bar{6}\bar{4}2$ |
| 4.330 | 4.330 | 83.37 | 2.000 | 057 | $200$ | $175\bar{}$ |
| 5.000 | 5.099 | 90.00 | 2.000 | 034 | $200$ | $08\bar{6}$ |

## 附录5　常见晶体标准电子衍射花样

### 1）面心立方晶体标准电子衍射花样

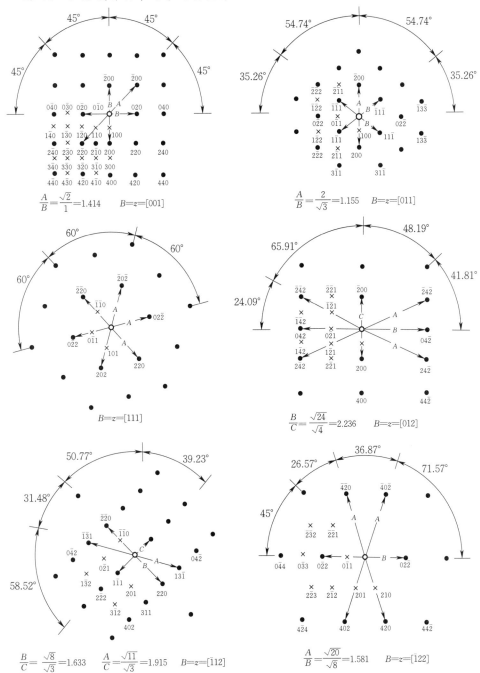

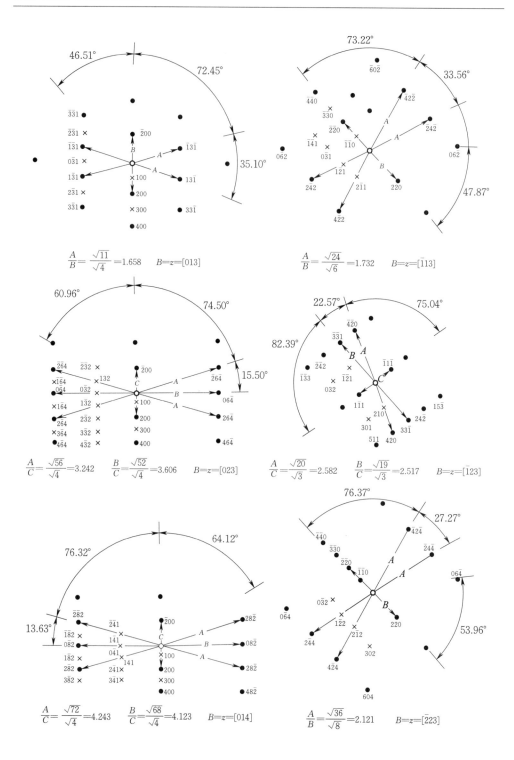

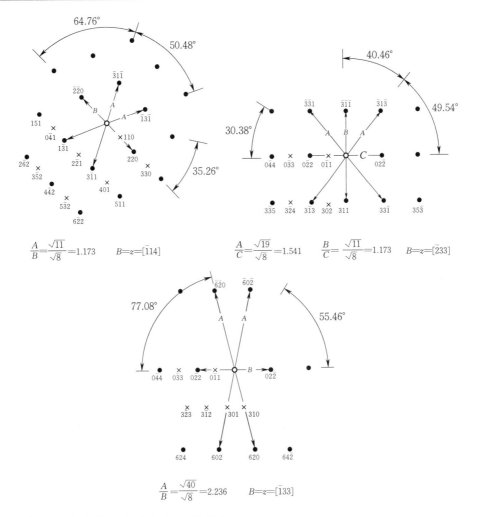

$\dfrac{A}{B}=\dfrac{\sqrt{11}}{\sqrt{8}}=1.173$　　$B=z=[\overline{1}14]$

$\dfrac{A}{C}=\dfrac{\sqrt{19}}{\sqrt{8}}=1.541$　　$\dfrac{B}{C}=\dfrac{\sqrt{11}}{\sqrt{8}}=1.173$　　$B=z=[\overline{2}33]$

$\dfrac{A}{B}=\dfrac{\sqrt{40}}{\sqrt{8}}=2.236$　　$B=z=[\overline{1}33]$

## 2) 体心立方晶体标准电子衍射花样

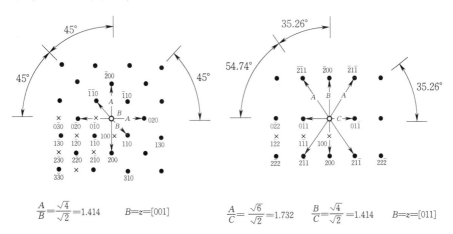

$\dfrac{A}{B}=\dfrac{\sqrt{4}}{\sqrt{2}}=1.414$　　$B=z=[001]$

$\dfrac{A}{C}=\dfrac{\sqrt{6}}{\sqrt{2}}=1.732$　　$\dfrac{B}{C}=\dfrac{\sqrt{4}}{\sqrt{2}}=1.414$　　$B=z=[011]$

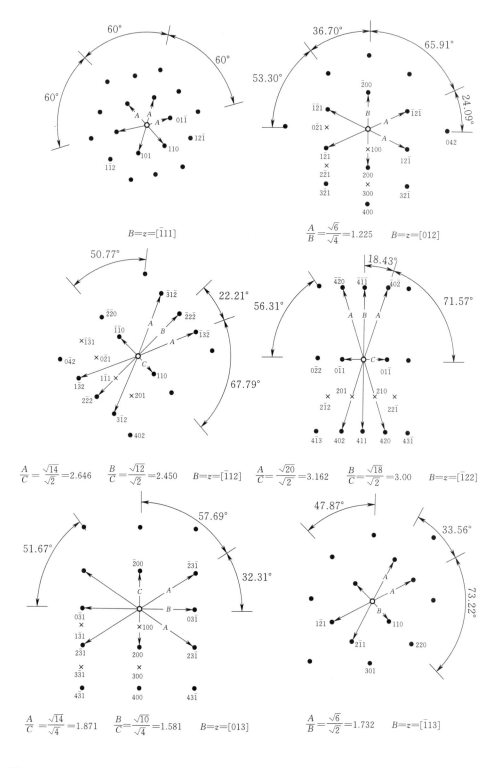

$B=z=[\bar{1}11]$

$\dfrac{A}{B}=\dfrac{\sqrt{6}}{\sqrt{4}}=1.225 \qquad B=z=[012]$

$\dfrac{A}{C}=\dfrac{\sqrt{14}}{\sqrt{2}}=2.646 \qquad \dfrac{B}{C}=\dfrac{\sqrt{12}}{\sqrt{2}}=2.450 \qquad B=z=[\bar{1}12] \qquad \dfrac{A}{C}=\dfrac{\sqrt{20}}{\sqrt{2}}=3.162 \qquad \dfrac{B}{C}=\dfrac{\sqrt{18}}{\sqrt{2}}=3.00 \qquad B=z=[\bar{1}22]$

$\dfrac{A}{C}=\dfrac{\sqrt{14}}{\sqrt{4}}=1.871 \qquad \dfrac{B}{C}=\dfrac{\sqrt{10}}{\sqrt{4}}=1.581 \qquad B=z=[013]$

$\dfrac{A}{B}=\dfrac{\sqrt{6}}{\sqrt{2}}=1.732 \qquad B=z=[\bar{1}13]$

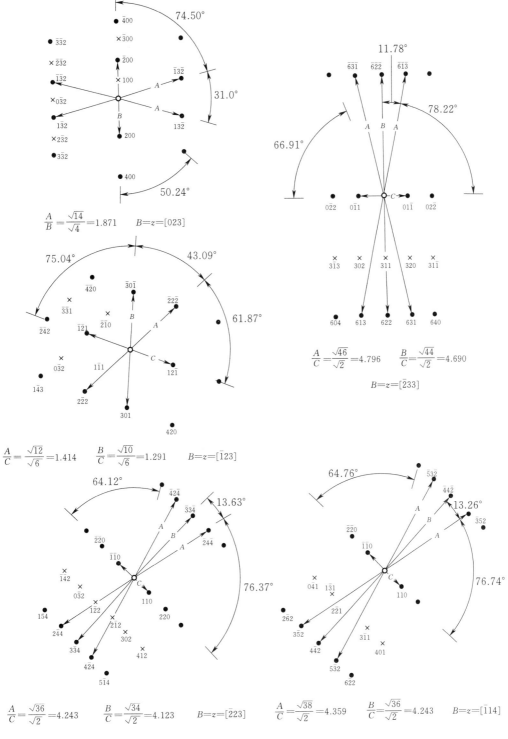

$$\frac{A}{B}=\frac{\sqrt{14}}{\sqrt{4}}=1.871 \qquad B=z=[023]$$

$$\frac{A}{C}=\frac{\sqrt{12}}{\sqrt{6}}=1.414 \qquad \frac{B}{C}=\frac{\sqrt{10}}{\sqrt{6}}=1.291 \qquad B=z=[\bar{1}23]$$

$$\frac{A}{C}=\frac{\sqrt{36}}{\sqrt{2}}=4.243 \qquad \frac{B}{C}=\frac{\sqrt{34}}{\sqrt{2}}=4.123 \qquad B=z=[\bar{2}23]$$

$$\frac{A}{C}=\frac{\sqrt{46}}{\sqrt{2}}=4.796 \qquad \frac{B}{C}=\frac{\sqrt{44}}{\sqrt{2}}=4.690$$

$$B=z=[\bar{2}33]$$

$$\frac{A}{C}=\frac{\sqrt{38}}{\sqrt{2}}=4.359 \qquad \frac{B}{C}=\frac{\sqrt{36}}{\sqrt{2}}=4.243 \qquad B=z=[\bar{1}14]$$

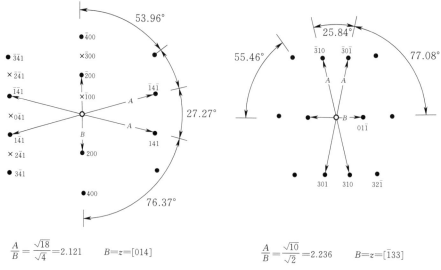

$$\frac{A}{B}=\frac{\sqrt{18}}{\sqrt{4}}=2.121 \qquad B=z=[014]$$

$$\frac{A}{B}=\frac{\sqrt{10}}{\sqrt{2}}=2.236 \qquad B=z=[\bar{1}33]$$

3) 密排六方晶体的标准电子衍射花样

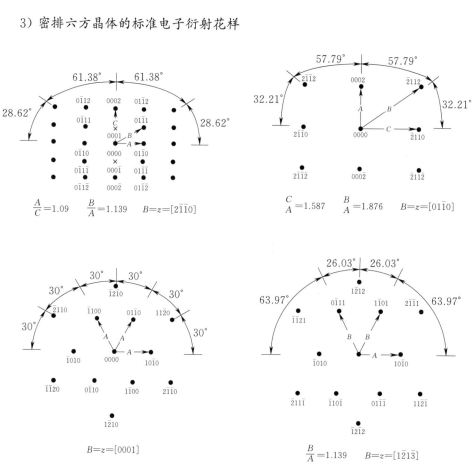

$$\frac{A}{C}=1.09 \qquad \frac{B}{A}=1.139 \qquad B=z=[2\bar{1}\bar{1}0]$$

$$\frac{C}{A}=1.587 \qquad \frac{B}{A}=1.876 \qquad B=z=[01\bar{1}0]$$

$$B=z=[0001]$$

$$\frac{B}{A}=1.139 \qquad B=z=[1\bar{2}13]$$

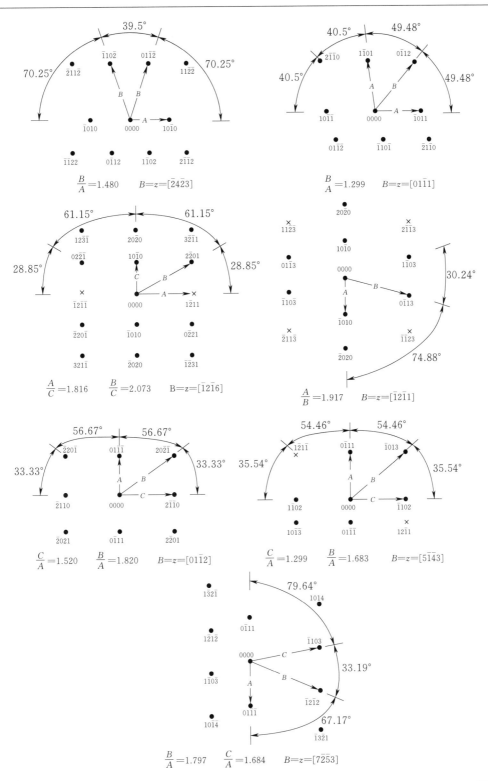

$\dfrac{B}{A}=1.480 \qquad B=z=[\bar{2}4\bar{2}3]$

$\dfrac{B}{A}=1.299 \qquad B=z=[01\bar{1}1]$

$\dfrac{A}{C}=1.816 \qquad \dfrac{B}{C}=2.073 \qquad B=z=[\bar{1}2\bar{1}6]$

$\dfrac{A}{B}=1.917 \qquad B=z=[\bar{1}2\bar{1}1]$

$\dfrac{C}{A}=1.520 \qquad \dfrac{B}{A}=1.820 \qquad B=z=[01\bar{1}2]$

$\dfrac{C}{A}=1.299 \qquad \dfrac{B}{A}=1.683 \qquad B=z=[5\bar{1}\bar{4}3]$

$\dfrac{B}{A}=1.797 \qquad \dfrac{C}{A}=1.684 \qquad B=z=[7\bar{2}\bar{5}3]$

## 附录 6　常见晶体高阶、零阶劳厄区电子衍射谱重叠图形

● 零阶劳厄区衍射斑点

▲ 正一阶劳厄区衍射斑点

1）面心立方晶体高阶、零阶劳厄区电子衍射谱重叠图形

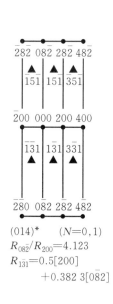

$(014)^*$　　$(N=0,1)$

$R_{08\bar{2}}/R_{200}=4.123$

$R_{\bar{1}31}=0.5[200]$

　　　　$+0.382\ 3[08\bar{2}]$

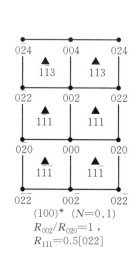

$(100)^*$　　$(N=0,1)$

$R_{002}/R_{020}=1$，

$R_{111}=0.5[022]$

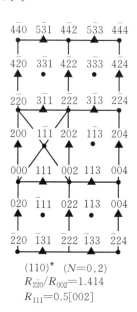

$(110)^*$　　$(N=0,2)$

$R_{2\bar{2}0}/R_{002}=1.414$

$R_{111}=0.5[002]$

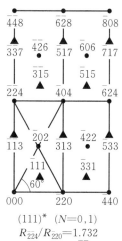

$(111)^*$　　$(N=0,1)$

$R_{2\bar{2}4}/R_{2\bar{2}0}=1.732$

$R_{\bar{1}\bar{1}3}=0.666[2\bar{2}4]$

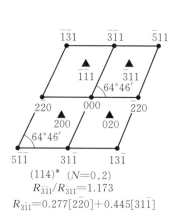

$(114)^*$　　$(N=0,2)$

$R_{\bar{3}11}/R_{3\bar{1}1}=1.173$

$R_{3\bar{1}1}=0.277[2\bar{2}0]+0.445[3\bar{1}1]$

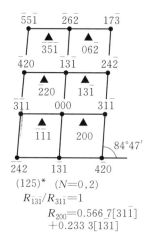

$(125)^*$　　$(N=0,2)$

$R_{\bar{1}3\bar{1}}/R_{3\bar{1}1}=1$

　　$R_{200}=0.566\ 7[3\bar{1}1]$

　　　　$+0.233\ 3[131]$

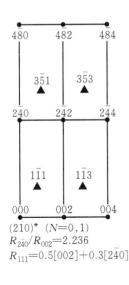

$(210)^*$ $(N=0,1)$
$R_{2\bar{4}0}/R_{002}=2.236$
$R_{111}=0.5[002]+0.3[2\bar{4}0]$

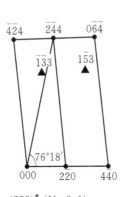

$(223)^*$ $(N=0,1)$
$R_{\bar{2}\bar{4}4}/R_{\bar{2}\bar{2}0}=2.121$
$R_{1\bar{1}1}=0.147\ 2[\bar{2}\bar{2}0]+0.294\ 1[\bar{4}\bar{2}4]$

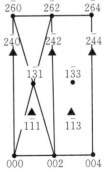

$(310)^*$ $(N=0,2)$
$R_{2\bar{6}0}/R_{002}=3.162$
$R_{2\bar{4}0}=0.7[2\bar{6}0]$

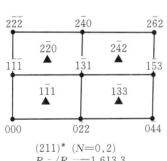

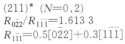

$(211)^*$ $(N=0,2)$
$R_{0\bar{2}2}/R_{1\bar{1}1}=1.613\ 3$
$R_{1\bar{1}1}=0.5[0\bar{2}2]+0.3[1\bar{1}1]$

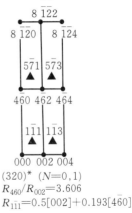

$(320)^*$ $(N=0,1)$
$R_{\bar{4}60}/R_{002}=3.606$
$R_{1\bar{1}1}=0.5[002]+0.193[\bar{4}60]$

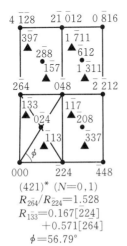

$(421)^*$ $(N=0,1)$
$R_{\bar{2}64}/R_{\bar{2}24}=1.528$
$R_{1\bar{3}3}=0.167[\bar{2}24]$
$+0.571[\bar{2}64]$
$\phi=56.79°$

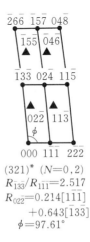

$(321)^*$ $(N=0,2)$
$R_{\bar{1}33}/R_{1\bar{1}1}=2.517$
$R_{0\bar{2}2}=0.214[1\bar{1}\bar{1}]$
$+0.643[\bar{1}33]$
$\phi=97.61°$

## 2）体心立方晶体高阶、零阶劳厄区电子衍射谱重叠图形

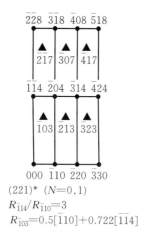

$(221)^*$ $(N=0,1)$

$R_{\bar{1}14}/R_{\bar{1}10}=3$

$R_{\bar{1}03}=0.5[\bar{1}10]+0.722[\bar{1}\bar{1}4]$

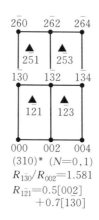

$(310)^*$ $(N=0,1)$

$R_{\bar{1}30}/R_{002}=1.581$

$R_{\bar{1}21}=0.5[002]$
$\qquad +0.7[130]$

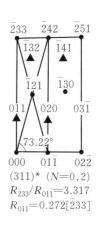

$(311)^*$ $(N=0,2)$

$R_{\bar{2}33}/R_{0\bar{1}1}=3.317$

$R_{0\bar{1}1}=0.272[\bar{2}33]$

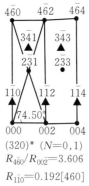

$(320)^*$ $(N=0,1)$

$R_{\bar{4}60}/R_{002}=3.606$

$R_{1\bar{1}0}=0.192[\bar{4}60]$

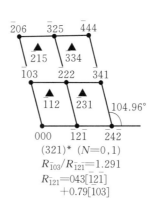

$(321)^*$ $(N=0,1)$

$R_{\bar{1}03}/R_{\bar{1}21}=1.291$

$R_{\bar{1}21}=043[\bar{1}2\bar{1}]$
$\qquad +0.79[103]$

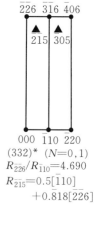

$(332)^*$ $(N=0,1)$

$R_{\bar{2}26}/R_{\bar{1}10}=4.690$

$R_{\bar{2}15}=0.5[\bar{1}10]$
$\qquad +0.818[\bar{2}26]$

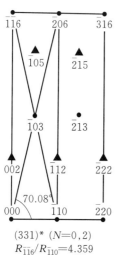

$(331)^*$ $(N=0,2)$

$R_{\bar{1}\bar{1}6}/R_{\bar{1}10}=4.359$

$R_{002}=0.316[\bar{1}\bar{1}6]$

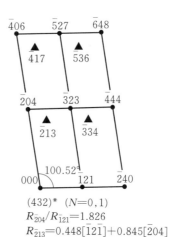

$(432)^*$ $(N=0,1)$

$R_{\bar{2}04}/R_{\bar{1}21}=1.826$

$R_{\bar{2}13}=0.448[\bar{1}2\bar{1}]+0.845[\bar{2}04]$

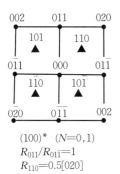

(100)* ($N=0,1$)
$R_{011}/R_{01\bar{1}}=1$
$R_{110}=0.5[020]$

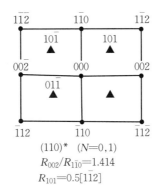

(110)* ($N=0,1$)
$R_{002}/R_{1\bar{1}0}=1.414$
$R_{101}=0.5[1\bar{1}2]$

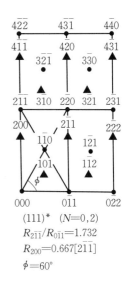

(111)* ($N=0,2$)
$R_{2\bar{1}\bar{1}}/R_{0\bar{1}1}=1.732$
$R_{200}=0.667[\bar{2}11]$
$\phi=60°$

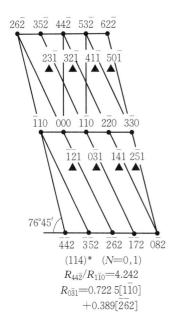

(114)* ($N=0,1$)
$R_{44\bar{2}}/R_{1\bar{1}0}=4.242$
$R_{0\bar{3}1}=0.722\ 5[1\bar{1}0]$
　　　$+0.389[\bar{2}6\bar{2}]$

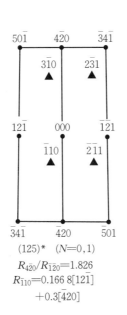

(125)* ($N=0,1$)
$R_{4\bar{2}0}/R_{\bar{1}\bar{2}0}=1.826$
$R_{\bar{1}10}=0.166\ 8[12\bar{1}]$
　　　$+0.3[\bar{4}20]$

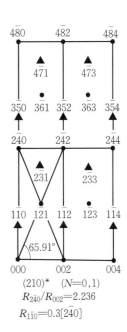

(210)* ($N=0,1$)
$R_{2\bar{4}0}/R_{002}=2.236$
$R_{\bar{1}10}=0.3[2\bar{4}0]$

497

3）六方晶系晶体高阶、零阶劳厄区电子衍射谱重叠图形

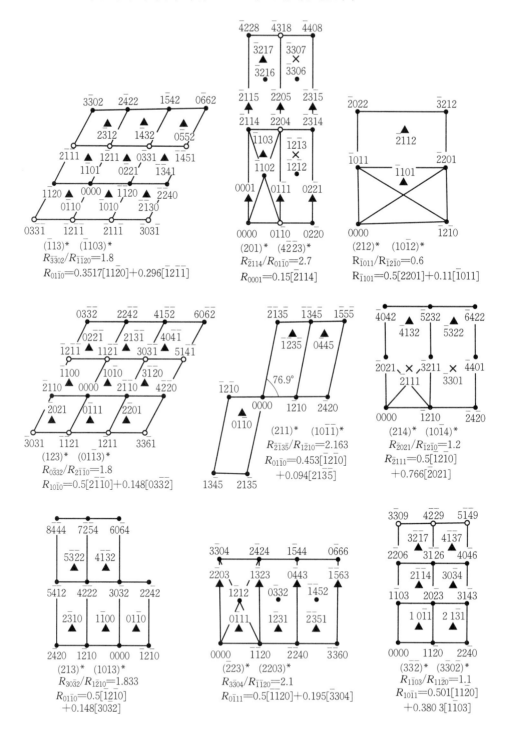

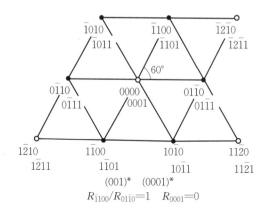

$(001)^*$　$(000\bar{1})^*$

$R_{\bar{1}100}/R_{01\bar{1}0}=1$　$R_{0001}=0$

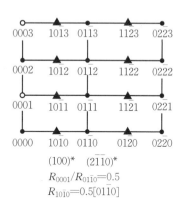

$(100)^*$　$(2\bar{1}\bar{1}0)^*$

$R_{0001}/R_{01\bar{1}0}=0.5$

$R_{10\bar{1}0}=0.5[01\bar{1}0]$

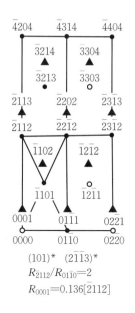

$(101)^*$　$(2\bar{1}\bar{1}3)^*$

$R_{\bar{2}112}/R_{01\bar{1}0}=2$

$R_{0001}=0.136[\bar{2}112]$

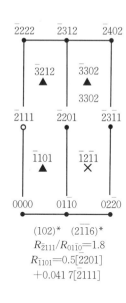

$(102)^*$　$(2\bar{1}\bar{1}6)^*$

$R_{\bar{2}111}/R_{01\bar{1}0}=1.8$

$R_{\bar{1}101}=0.5[\bar{2}201]$

$+0.041\,7[\bar{2}111]$

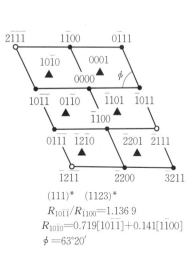

$(111)^*$　$(11\bar{2}3)^*$

$R_{10\bar{1}1}/R_{\bar{1}100}=1.136\,9$

$R_{10\bar{1}0}=0.719[10\bar{1}\bar{1}]+0.141[\bar{1}100]$

$\phi=63°20'$

# 附录 7   标准菊池衍射图谱

1）面心立方晶体的标准菊池衍射图

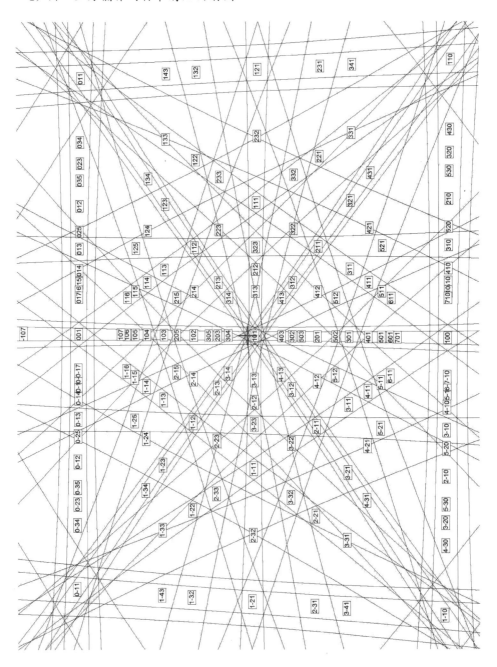

2) 体心立方晶体的标准菊池衍射图

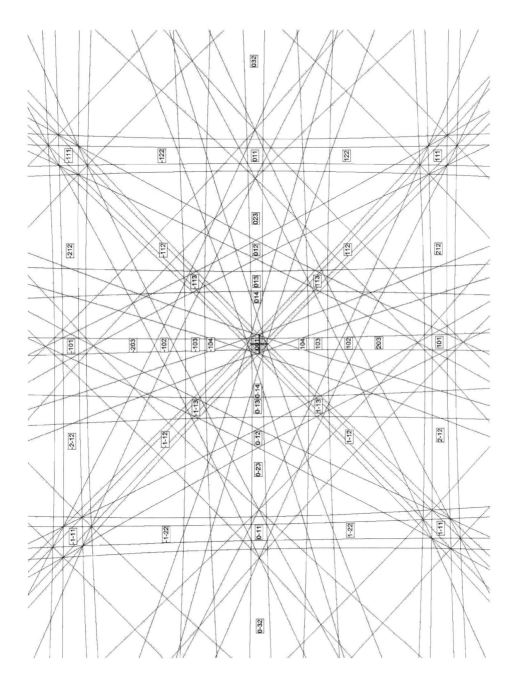

3）密排六方晶体的标准菊池衍射图

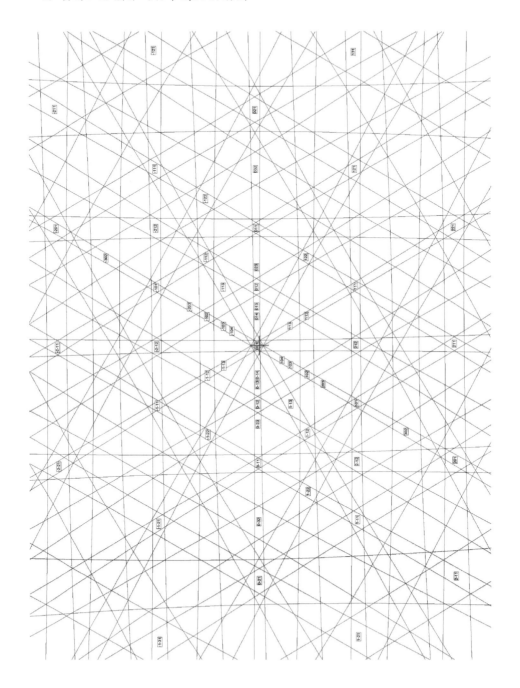

## 附录8　立方和六方晶系的极图($c/a = 1.633$)

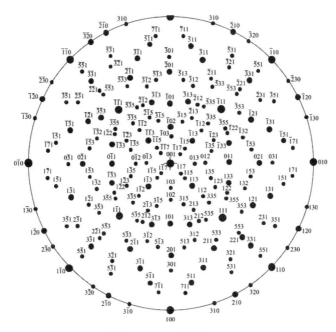

附图 8-1　立方晶系(001)

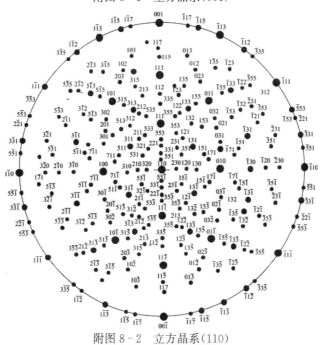

附图 8-2　立方晶系(110)

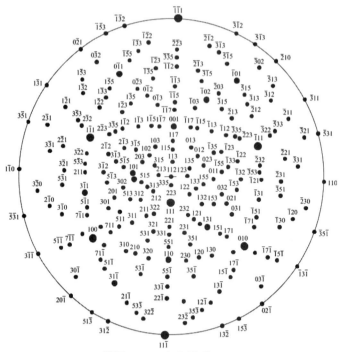

附图 8-3　立方晶系(112)

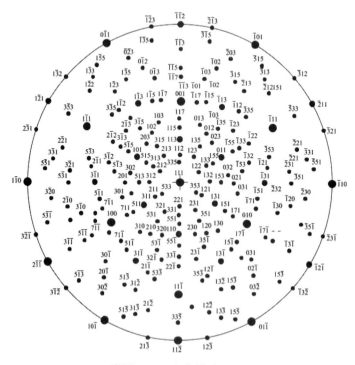

附图 8-4　立方晶系(111)

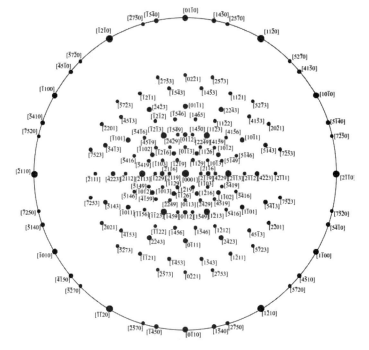

附图 8-5　六方晶系[0001]

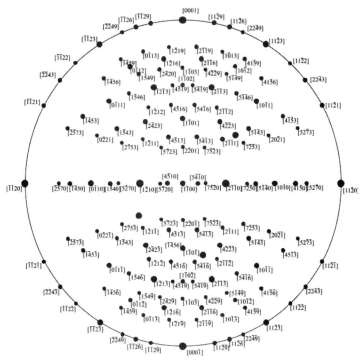

附图 8-6　六方晶系[1̄100]

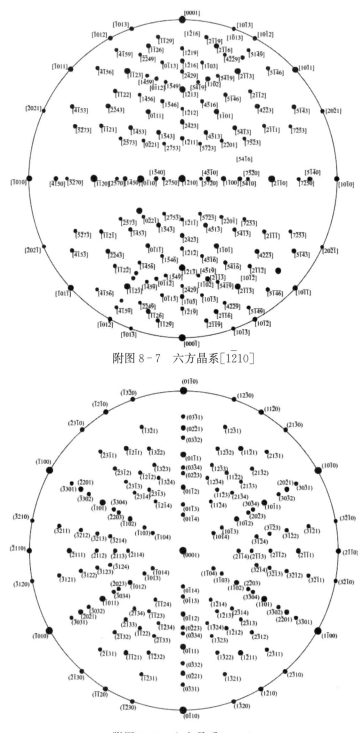

附图 8-7　六方晶系[$\bar{1}2\bar{1}0$]

附图 8-8　六方晶系(0001)

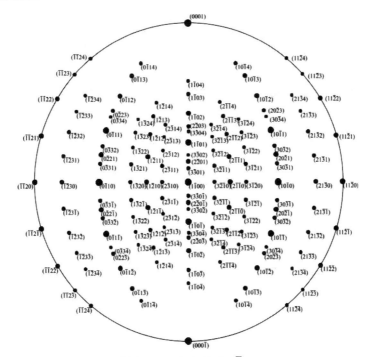

附图 8-9　六方晶系($1\bar{1}00$)

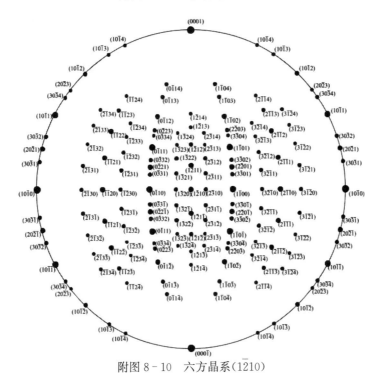

附图 8-10　六方晶系($1\bar{2}10$)

## 附录9　不同反射下,各类晶体中位错的可能 $g\cdot b$ 值

附表 9-1　不同反射下 FCC 金属中 $b=\dfrac{a}{2}\langle110\rangle$ 型位错的可能 $g\cdot b$ 值

| $g$ | $b\left(\times\dfrac{a}{2}\right)$ | | | | | |
|---|---|---|---|---|---|---|
| | $\pm[110]$ | $\pm[1\overline{1}0]$ | $\pm[101]$ | $\pm[10\overline{1}]$ | $\pm[011]$ | $\pm[01\overline{1}]$ |
| 111 | ±1 | 0 | ±1 | 0 | ±1 | 0 |
| $\overline{1}\,\overline{1}\,\overline{1}$ | ∓1 | 0 | ∓1 | 0 | ∓1 | 0 |
| $\overline{1}11$ | 0 | ∓1 | 0 | ∓1 | ±1 | 0 |
| $1\overline{1}\,\overline{1}$ | 0 | ±1 | 0 | ±1 | ∓1 | 0 |
| $1\overline{1}1$ | 0 | ±1 | ±1 | 0 | 0 | ∓1 |
| $\overline{1}1\overline{1}$ | 0 | ∓1 | ∓1 | 0 | 0 | ±1 |
| $11\overline{1}$ | ±1 | 0 | 0 | ±1 | 0 | ±1 |
| $\overline{1}\,\overline{1}1$ | ∓1 | 0 | 0 | ∓1 | 0 | ∓1 |
| 200 | ±1 | ±1 | ±1 | ±1 | 0 | 0 |
| $\overline{2}00$ | ∓1 | ∓1 | ∓1 | ∓1 | 0 | 0 |
| 020 | ±1 | ∓1 | 0 | 0 | ±1 | ±1 |
| $0\overline{2}0$ | ∓1 | ±1 | 0 | 0 | ∓1 | ∓1 |
| 002 | 0 | 0 | ±1 | ∓1 | ±1 | ∓1 |
| $00\overline{2}$ | 0 | 0 | ∓1 | ±1 | ∓1 | ±1 |
| 220 | ±2 | 0 | ±1 | ±1 | ±1 | ±1 |
| $\overline{2}\,\overline{2}0$ | ∓2 | 0 | ∓1 | ∓1 | ∓1 | ∓1 |
| $\overline{2}20$ | 0 | ∓2 | ∓1 | ∓1 | ±1 | ±1 |
| $2\overline{2}0$ | 0 | ±2 | ±1 | ±1 | ∓1 | ∓1 |
| 202 | ±1 | ±1 | ±2 | 0 | ±1 | ∓1 |
| $\overline{2}0\overline{2}$ | ∓1 | ∓1 | ∓2 | 0 | ∓1 | ±1 |
| $20\overline{2}$ | ±1 | ±1 | 0 | ±2 | ∓1 | ±1 |
| $\overline{2}02$ | ∓1 | ∓1 | 0 | ∓2 | ±1 | ∓1 |
| 022 | ±1 | ∓1 | ±1 | ∓1 | ±2 | 0 |
| $0\overline{2}\,\overline{2}$ | ∓1 | ±1 | ∓1 | ±1 | ∓2 | 0 |
| $02\overline{2}$ | ±1 | ∓1 | ∓1 | ±1 | 0 | ±2 |
| $0\overline{2}2$ | ∓1 | ±1 | ±1 | ∓1 | 0 | ∓2 |
| 311 | ±2 | ±1 | ±2 | ±1 | ±1 | 0 |
| $\overline{3}\,\overline{1}\,\overline{1}$ | ∓2 | ∓1 | ∓2 | ∓1 | ∓1 | 0 |

| $g$ | $b\left(\times\dfrac{a}{2}\right)$ | | | | | |
|---|---|---|---|---|---|---|
| | $\pm[110]$ | $\pm[1\bar{1}0]$ | $\pm[101]$ | $\pm[10\bar{1}]$ | $\pm[011]$ | $\pm[01\bar{1}]$ |
| $\bar{3}11$ | ∓1 | ∓2 | ∓1 | ∓2 | ±1 | 0 |
| $3\bar{1}1$ | ±1 | ±2 | ±1 | ±2 | ∓1 | 0 |
| $3\bar{1}1$ | ±1 | ±2 | ±2 | ±1 | 0 | ∓1 |
| $\bar{3}1\bar{1}$ | ∓1 | ∓2 | ∓2 | ∓1 | 0 | ±1 |
| $31\bar{1}$ | ±2 | ±1 | ±1 | ±2 | 0 | ±1 |
| $\bar{3}\bar{1}1$ | ∓2 | ∓1 | ∓1 | ∓2 | 0 | ∓1 |
| $131$ | ±2 | ∓1 | ±1 | 0 | ±2 | ±1 |
| $\bar{1}\bar{3}\bar{1}$ | ∓2 | ±1 | ∓1 | 0 | ∓2 | ±1 |
| $\bar{1}31$ | ±1 | ∓2 | 0 | ∓1 | ±2 | ±1 |
| $13\bar{1}$ | ±1 | ±2 | 0 | ±1 | ∓2 | ∓1 |
| $33\bar{1}$ | 0 | ±3 | ±2 | ±1 | ∓1 | ∓2 |
| $\bar{3}\bar{3}1$ | 0 | ∓3 | ∓2 | ∓1 | ±1 | ±2 |
| $33\bar{1}$ | ±3 | 0 | ±1 | ±2 | ±1 | ±2 |
| $\bar{3}\bar{3}1$ | ∓3 | 0 | ∓1 | ∓2 | ∓1 | ∓2 |
| $420$ | ±3 | ±1 | ±2 | ±2 | ±1 | ±1 |
| $\bar{4}\bar{2}0$ | ∓3 | ∓1 | ∓2 | ∓2 | ∓1 | ∓1 |
| $\bar{4}20$ | ∓1 | ∓3 | ∓2 | ∓2 | ±1 | ±1 |
| $4\bar{2}0$ | ±1 | ±3 | ±2 | ±2 | ∓1 | ∓1 |
| $131$ | ∓1 | ∓2 | ±1 | 0 | ∓1 | ∓2 |
| $\bar{1}3\bar{1}$ | ±1 | ∓2 | ∓1 | 0 | ±1 | ±2 |
| $13\bar{1}$ | ±2 | ∓1 | 0 | ±1 | ±1 | ±2 |
| $\bar{1}31$ | ∓2 | ±1 | 0 | ∓1 | ∓1 | ∓2 |
| $113$ | ±1 | 0 | ±2 | ∓1 | ±2 | ∓1 |
| $\bar{1}\bar{1}\bar{3}$ | ∓1 | 0 | ∓2 | ±1 | ∓2 | ±1 |
| $\bar{1}13$ | 0 | ∓1 | ±1 | ∓2 | ±2 | ∓1 |
| $1\bar{1}3$ | 0 | ±1 | ∓1 | ±2 | ∓2 | ±1 |
| $11\bar{3}$ | 0 | ±1 | ±2 | ∓2 | ±1 | ∓2 |
| $\bar{1}1\bar{3}$ | 0 | ∓1 | ∓2 | ±2 | ∓1 | ±2 |
| $11\bar{3}$ | ±1 | 0 | ∓1 | ±2 | ∓1 | ±2 |

续表

| $g$ | $b\left(\times\frac{a}{2}\right)$ | | | | | |
|---|---|---|---|---|---|---|
| | $\pm[110]$ | $\pm[1\bar{1}0]$ | $\pm[101]$ | $\pm[10\bar{1}]$ | $\pm[011]$ | $\pm[01\bar{1}]$ |
| $\bar{1}\bar{1}3$ | ∓1 | 0 | ±1 | ∓2 | ±1 | ∓2 |
| 222 | ±2 | 0 | ±2 | 0 | ±2 | 0 |
| $\bar{2}\bar{2}\bar{2}$ | ∓2 | 0 | ∓2 | 0 | ∓2 | 0 |
| $\bar{2}22$ | 0 | ∓2 | 0 | ∓2 | ±2 | 0 |
| $2\bar{2}\bar{2}$ | 0 | ±2 | 0 | ±2 | ∓2 | 0 |
| $2\bar{2}2$ | 0 | ±2 | ±2 | 0 | 0 | ∓2 |
| $\bar{2}2\bar{2}$ | 0 | ∓2 | ∓2 | 0 | 0 | ±2 |
| $22\bar{2}$ | ±2 | 0 | 0 | ±2 | 0 | ±2 |
| $\bar{2}\bar{2}2$ | ∓2 | 0 | 0 | ∓2 | 0 | ∓2 |
| 400 | ±2 | ±2 | ±2 | ±2 | 0 | 0 |
| $\bar{4}00$ | ∓2 | ∓2 | ∓2 | ∓2 | 0 | 0 |
| 040 | ±2 | ∓2 | 0 | 0 | ±2 | ±2 |
| $0\bar{4}0$ | ∓2 | ±2 | 0 | 0 | ∓2 | ∓2 |
| 004 | 0 | 0 | ±2 | ∓2 | ±2 | ∓2 |
| $00\bar{4}$ | 0 | 0 | ∓2 | ±2 | ∓2 | ±2 |
| 313 | ±2 | ±1 | ±3 | 0 | ±2 | ∓1 |
| $\bar{3}\bar{1}\bar{3}$ | ∓2 | ∓1 | ∓3 | 0 | ∓2 | ±1 |
| $\bar{3}13$ | ∓1 | ∓2 | 0 | ∓3 | ±2 | ±1 |
| $3\bar{1}\bar{3}$ | ±1 | ±2 | 0 | ±3 | ∓2 | ±1 |
| $3\bar{1}3$ | ±1 | ±2 | ±3 | 0 | ±1 | ∓2 |
| $\bar{3}1\bar{3}$ | ∓1 | ∓2 | ∓3 | 0 | ∓1 | ±2 |
| $31\bar{3}$ | ±2 | ±1 | 0 | ±3 | ∓1 | ±2 |
| $\bar{3}\bar{1}3$ | ∓2 | ∓1 | 0 | ∓3 | ±1 | ∓2 |
| 331 | ±3 | 0 | ±2 | ±1 | ±2 | ±1 |
| $\bar{3}\bar{3}\bar{1}$ | ∓3 | 0 | ∓2 | ∓1 | ∓2 | ∓1 |
| $\bar{3}31$ | 0 | ∓3 | ∓1 | ∓2 | ±2 | ±1 |
| $3\bar{3}\bar{1}$ | 0 | ±3 | ±1 | ±2 | ∓2 | ∓1 |
| 240 | ±3 | ∓1 | ±1 | ±1 | ±2 | ±2 |
| $\bar{2}\bar{4}0$ | ∓3 | ±1 | ∓1 | ∓1 | ∓2 | ∓2 |
| $\bar{2}40$ | ±1 | ∓3 | ∓1 | ∓1 | ±2 | ±2 |
| $2\bar{4}0$ | ∓1 | ±3 | ±1 | ±1 | ∓2 | ∓2 |
| 204 | ±1 | ±1 | ±1 | ±1 | ±2 | ∓2 |
| $\bar{2}0\bar{4}$ | ∓1 | ∓1 | ∓1 | ∓1 | ∓2 | ±2 |
| $\bar{2}04$ | ∓1 | ∓1 | ±1 | ∓3 | ±2 | ∓2 |
| $20\bar{4}$ | ±1 | ±1 | ∓1 | ±3 | ∓2 | ±2 |

附表 9 - 2　不同反射下 BCC 金属中 $b=\dfrac{a}{2}\langle111\rangle$ 和 $\langle001\rangle$ 型位错的可能 $g\cdot b$ 值

| $g$ | $b\left(\times\dfrac{a}{2}\right)$ | | | | |
|---|---|---|---|---|---|
| | $\pm[111]$ | $\pm[1\bar{1}1]$ | $\pm[\bar{1}11]$ | $\pm[11\bar{1}]$ | $\pm2[001]$ |
| 110 | $\pm1$ | 0 | 0 | $\pm1$ | 0 |
| $\bar{1}\bar{1}0$ | $\mp1$ | 0 | 0 | $\mp1$ | 0 |
| $\bar{1}10$ | 0 | $\pm1$ | $\mp1$ | 0 | 0 |
| $1\bar{1}0$ | 0 | $\mp1$ | $\pm1$ | 0 | 0 |
| 101 | $\pm1$ | $\pm1$ | 0 | 0 | $\pm1$ |
| $\bar{1}0\bar{1}$ | $\mp1$ | $\mp1$ | 0 | 0 | $\mp1$ |
| $10\bar{1}$ | 0 | 0 | $\mp1$ | $\pm1$ | $\mp1$ |
| $\bar{1}01$ | 0 | 0 | $\pm1$ | $\mp1$ | $\pm1$ |
| 011 | $\pm1$ | 0 | $\pm1$ | 0 | $\pm1$ |
| $0\bar{1}\bar{1}$ | $\mp1$ | 0 | $\mp1$ | 0 | $\mp1$ |
| $01\bar{1}$ | 0 | $\mp1$ | 0 | $\pm1$ | $\mp1$ |
| $0\bar{1}1$ | 0 | $\pm1$ | 0 | $\mp1$ | $\pm1$ |
| 200 | $\pm1$ | $\pm1$ | $\mp1$ | $\pm1$ | 10 |
| $\bar{2}00$ | $\mp1$ | $\mp1$ | $\pm1$ | $\mp1$ | 0 |
| 020 | $\pm1$ | $\mp1$ | $\pm1$ | $\pm1$ | 0 |
| $0\bar{2}0$ | $\mp1$ | $\pm1$ | $\mp1$ | $\mp1$ | 0 |
| 002 | $\pm1$ | $\pm1$ | $\pm1$ | $\mp1$ | $\pm2$ |
| $00\bar{2}$ | $\mp1$ | $\mp1$ | $\mp1$ | $\pm1$ | $\mp2$ |
| 220 | $\pm2$ | 0 | 0 | $\pm2$ | 0 |
| $\bar{2}\bar{2}0$ | $\mp2$ | 0 | 0 | $\mp2$ | 0 |
| $\bar{2}20$ | 0 | $\pm2$ | $\mp2$ | 0 | 0 |
| $2\bar{2}0$ | 0 | $\mp2$ | $\pm2$ | 0 | 0 |
| 202 | $\pm2$ | $\pm2$ | 0 | 0 | $\pm2$ |
| $\bar{2}0\bar{2}$ | $\mp2$ | $\mp2$ | 0 | 0 | $\mp2$ |
| $20\bar{2}$ | 0 | 0 | $\mp2$ | $\pm2$ | $\mp2$ |
| $\bar{2}02$ | 0 | 0 | $\pm2$ | $\mp2$ | $\pm2$ |
| 022 | $\pm2$ | 0 | $\pm2$ | 0 | $\pm2$ |

续表

| $g$ | $b\left(\times\frac{a}{2}\right)$ | | | | |
|---|---|---|---|---|---|
| | ±[111] | ±[$1\bar{1}1$] | ±[$\bar{1}11$] | ±[$11\bar{1}$] | ±2[001] |
| $0\bar{2}\bar{2}$ | ∓2 | 0 | ∓2 | 0 | ∓2 |
| $02\bar{2}$ | 0 | ∓2 | 0 | ±2 | ∓2 |
| $0\bar{2}2$ | 0 | ±2 | 0 | ∓2 | ±2 |
| 310 | ±2 | ±1 | ∓1 | ±2 | 0 |
| $\bar{3}\bar{1}0$ | ∓2 | ∓1 | ±1 | ∓2 | 0 |
| $\bar{3}10$ | ∓1 | ∓2 | ±2 | ∓1 | 0 |
| $3\bar{1}0$ | ±1 | ±2 | ∓2 | ±1 | 0 |
| 301 | ±2 | ±2 | ∓1 | ±1 | ±1 |
| $\bar{3}0\bar{1}$ | ∓2 | ∓2 | ±1 | ∓1 | ∓1 |
| $\bar{3}01$ | ∓1 | ∓1 | ±2 | ∓2 | ±1 |
| $30\bar{1}$ | ±1 | ±1 | ∓2 | ±2 | ∓1 |
| 013 | ±2 | ±1 | ±2 | ∓1 | ±3 |
| $0\bar{1}\bar{3}$ | ∓2 | ∓1 | ∓2 | ±1 | ∓3 |
| $0\bar{1}3$ | ±1 | ±2 | ±1 | ∓2 | ±3 |
| $01\bar{3}$ | ∓1 | ∓2 | ∓1 | ∓2 | ∓3 |
| 130 | ±2 | ∓1 | ±1 | ±2 | 0 |
| $\bar{1}\bar{3}0$ | ∓2 | ±1 | ∓1 | ∓2 | 0 |
| $\bar{1}30$ | ±1 | ∓2 | ±2 | ±1 | 0 |
| $1\bar{3}0$ | ∓1 | ±2 | ∓2 | ∓1 | 0 |
| 103 | ±2 | ±2 | ±1 | ∓1 | ±3 |
| $\bar{1}0\bar{3}$ | ∓2 | ∓2 | ±1 | ±1 | ±3 |
| $\bar{1}03$ | ±1 | ±1 | ±2 | ∓2 | ±3 |
| $10\bar{3}$ | ∓1 | ∓1 | ∓2 | ±2 | ∓3 |

**附表 9 - 3　不同反射下 HCP 金属中 $b=\frac{1}{3}\langle\bar{1}1\bar{2}0\rangle$ · $\frac{1}{3}\langle11\bar{2}3\rangle$ 和 $\langle0001\rangle$ 型位错的可能 $g\cdot b$ 值**

| $g$ | $b\left(\times\frac{1}{3}\right)$ | | | | | | | | | |
|---|---|---|---|---|---|---|---|---|---|---|
| | ±[11$\bar{2}$0] | ±[$\bar{1}$21$\bar{0}$] | ±[$\bar{2}$110] | ±[11$\bar{2}$3] | ±[$\bar{1}$21$\bar{3}$] | ±[$\bar{2}$113] | ±[11$\bar{2}$$\bar{3}$] | ±[$\bar{1}$21$\bar{3}$] | ±[$\bar{2}$11$\bar{3}$] | ±[0003] |
| 10$\bar{1}$0 | ±1 | 0 | ∓1 | ±1 | 0 | ∓1 | ±1 | 0 | ∓1 | 0 |
| 01$\bar{1}$0 | ±1 | ±1 | 0 | ±1 | ±1 | 0 | ±1 | ±1 | 0 | 0 |
| $\bar{1}$100 | 0 | ±1 | ±1 | 0 | ±1 | ±1 | 0 | ±1 | ±1 | 0 |
| 0002 | 0 | 0 | 0 | ±2 | ±2 | ±2 | ∓2 | ±2 | ∓2 | ±2 |
| 10$\bar{1}$1 | ±1 | 0 | ∓1 | ±2 | ±1 | 0 | 0 | ∓1 | ∓2 | ±1 |
| 10$\bar{1}$$\bar{1}$ | ±1 | 0 | ∓1 | 0 | ∓1 | ∓2 | ±2 | ±1 | 0 | ∓1 |
| 01$\bar{1}$1 | ±1 | ±1 | 0 | ±2 | ±2 | ±1 | 0 | 0 | ∓1 | ±1 |
| 01$\bar{1}$$\bar{1}$ | ±1 | ±1 | 0 | 0 | 0 | ∓1 | ±2 | ±2 | ±1 | ∓1 |
| $\bar{1}$101 | 0 | ±1 | ±1 | ±1 | ±2 | ±2 | ∓1 | 0 | 0 | ±1 |
| $\bar{1}$10$\bar{1}$ | 0 | ±1 | ±1 | ∓1 | 0 | 0 | ±1 | ±2 | ±2 | ∓1 |
| 10$\bar{1}$2 | ±1 | 0 | ±1 | ±3 | ±2 | ±1 | ∓1 | ∓2 | ∓3 | ±2 |
| 10$\bar{1}$$\bar{2}$ | ±1 | 0 | ±1 | ∓1 | ∓2 | ∓3 | ±3 | ±2 | ±1 | ∓2 |
| 01$\bar{1}$2 | ±1 | 0 | ±3 | ±3 | ±3 | ±2 | ∓1 | ∓1 | ∓2 | ±2 |
| 01$\bar{1}$$\bar{2}$ | ±1 | 0 | ∓1 | ∓1 | ∓1 | ∓2 | ±3 | ±3 | ±2 | ∓2 |
| $\bar{1}$102 | 0 | ±1 | ±1 | ±2 | ±3 | ±3 | ∓2 | ∓1 | ∓1 | ±2 |
| $\bar{1}$10$\bar{2}$ | 0 | ±1 | ±1 | ∓2 | ∓1 | ∓1 | ±2 | ±3 | ±3 | ∓2 |
| 11$\bar{2}$0 | ±2 | ±1 | ∓1 | ±2 | ±1 | ∓1 | ±2 | ±1 | ∓1 | 0 |
| $\bar{1}$21$\bar{0}$ | ±1 | ±2 | ±1 | ±1 | ±2 | ±1 | ±1 | ±2 | ±1 | 0 |
| $\bar{2}$110 | ∓1 | ±1 | ±2 | ∓1 | ±1 | ±2 | ∓1 | ±1 | ±2 | 0 |
| 10$\bar{1}$3 | ±1 | 0 | ∓1 | ±4 | ±3 | ±2 | ∓2 | ∓3 | ∓4 | ±3 |
| 10$\bar{1}$$\bar{3}$ | ±1 | 0 | ∓1 | ∓2 | ∓3 | ∓4 | ±4 | ∓3 | ±2 | ∓3 |
| 01$\bar{1}$3 | ±1 | ±1 | 0 | ±4 | ±4 | ±3 | ∓2 | ±4 | ∓3 | ±3 |
| 01$\bar{1}$$\bar{3}$ | ±1 | ±1 | 0 | ∓2 | ∓2 | ∓3 | ±4 | ∓2 | ∓3 | ∓3 |
| $\bar{1}$103 | 0 | ±1 | ±1 | ±3 | ±4 | ±4 | ∓3 | ±4 | ∓2 | ±3 |
| $\bar{1}$10$\bar{3}$ | 0 | ±1 | ±1 | ∓3 | ∓2 | ∓2 | ±3 | ∓2 | ±4 | ∓3 |
| 112$\bar{2}$ | ±2 | ±1 | ∓1 | ±4 | ±3 | ±1 | 0 | ∓1 | ∓3 | ±2 |
| 11$\bar{2}$$\bar{2}$ | ±2 | ±1 | ∓1 | 0 | ∓1 | ∓3 | ±4 | ±3 | ±1 | ∓2 |

续表

| $g$ | $b\left(\times\frac{1}{3}\right)$ | | | | | | | | | |
|---|---|---|---|---|---|---|---|---|---|---|
| | $\pm[11\bar{2}0]$ | $\pm[\bar{1}2\bar{1}0]$ | $\pm[\bar{2}110]$ | $\pm[11\bar{2}3]$ | $\pm[\bar{1}2\bar{1}3]$ | $\pm[\bar{2}113]$ | $\pm[11\bar{2}\bar{3}]$ | $\pm[\bar{1}2\bar{1}\bar{3}]$ | $\pm[\bar{2}11\bar{3}]$ | $\pm[0003]$ |
| $\bar{1}2\bar{1}2$ | ±1 | ±2 | ±1 | ±3 | ±4 | ±3 | ∓1 | 0 | ∓1 | ±2 |
| $\bar{1}2\bar{1}\bar{2}$ | ±1 | ±2 | ±1 | ∓1 | 0 | ∓1 | ±3 | 0 | ±3 | ∓2 |
| $\bar{2}112$ | ∓1 | ±1 | ±2 | ±1 | ±3 | ±4 | ∓3 | ±3 | 0 | ±2 |
| $\bar{2}11\bar{2}$ | ∓1 | ±1 | ±2 | ∓3 | ∓1 | 0 | ±1 | ±1 | ±4 | ∓2 |
| $2\bar{2}00$ | 0 | ∓2 | ∓2 | 0 | ∓2 | ∓2 | 0 | ∓2 | ∓2 | 0 |

**附表 9-4　不同反射下 FCC 金属中不全位错的 $g \cdot b$ 值**

| 层错面 | $b$ | $g$ | | | | | | | |
|---|---|---|---|---|---|---|---|---|---|
| | | 200 | $0\bar{2}0$ | $2\bar{2}0$ | 220 | 111 | $1\bar{1}\bar{1}$ | $4\bar{2}\bar{2}$ | 311 |
| (111) | $\frac{1}{6}[\bar{1}\bar{1}2]$ | −1/3 | 1/3 | 0 | −2/3 | 0 | −1/3 | −1 | −1/3 |
| | $\frac{1}{6}[2\bar{1}\bar{1}]$ | 2/3 | 1/3 | 1 | 1/3 | 0 | 2/3 | 2 | 2/3 |
| | $\frac{1}{6}[\bar{1}2\bar{1}]$ | −1/3 | −2/3 | −1 | 1/3 | 0 | −1/3 | −1 | −1/3 |
| $(11\bar{1})$ | $\frac{1}{6}[2\bar{1}1]$ | 2/3 | 1/3 | 1 | 1/3 | 1/3 | 1/3 | 4/3 | 1 |
| | $\frac{1}{6}[\bar{1}\bar{1}\bar{2}]$ | −1/3 | 1/3 | 0 | −2/3 | −2/3 | 1/3 | 1/3 | −1 |
| | $\frac{1}{6}[\bar{1}21]$ | −1/3 | −2/3 | −1/3 | 1/3 | 1/3 | −2/3 | −5/3 | 0 |
| $(1\bar{1}\bar{1})$ | $\frac{1}{6}[\bar{1}\bar{2}\bar{1}]$ | −1/3 | 2/3 | 1/3 | −1 | −2/3 | 1/3 | 1/3 | −1 |
| | $\frac{1}{6}[\bar{1}12]$ | −1/3 | −1/3 | −2/3 | 0 | 1/3 | −2/3 | −5/3 | 0 |
| | $\frac{1}{6}[21\bar{1}]$ | 2/3 | −1/3 | 1/3 | 1 | 1/3 | 0 | 4/3 | 1 |
| $(\bar{1}11)$ | $\frac{1}{6}[\bar{2}\bar{1}\bar{1}]$ | −2/3 | 1/3 | −1/3 | −1 | −2/3 | 0 | −2/3 | −4/3 |
| | $\frac{1}{6}[1\bar{1}2]$ | 1/3 | 1/3 | 2/3 | 0 | 1/3 | 0 | 1/3 | 2/3 |
| | $\frac{1}{6}[12\bar{1}]$ | 1/3 | −2/3 | −1/3 | 1 | 1/3 | 0 | 1/3 | 2/3 |

| 层错面 | $b$ | $g$ | | | | | | | |
|---|---|---|---|---|---|---|---|---|---|
| | | 200 | $0\bar{2}0$ | $\bar{2}\bar{2}0$ | 220 | 111 | $1\bar{1}\bar{1}$ | $4\bar{2}\bar{2}$ | 311 |
| (111) | $\frac{1}{3}$ [111] | 2/3 | −2/3 | 0 | 4/3 | 1 | −1/3 | 0 | 5/3 |
| $(11\bar{1})$ | $\frac{1}{3}$ $[11\bar{1}]$ | 2/3 | −2/3 | 0 | 4/3 | 1/3 | −1/3 | 4/3 | 1 |
| $(1\bar{1}1)$ | $\frac{1}{3}$ $[1\bar{1}1]$ | 2/3 | 2/3 | 4/3 | 0 | 1/3 | 1/3 | 4/3 | 1 |
| $(\bar{1}11)$ | $\frac{1}{3}$ $[\bar{1}11]$ | −2/3 | −2/3 | −4/3 | 0 | 1/3 | −1 | −8/3 | −1/3 |
| (111) | $\frac{1}{6}$ $[1\bar{1}0]$ | 1/3 | 1/3 | 2/3 | 0 | 0 | 1/3 | 1 | 1/3 |
| | $\frac{1}{6}$ $[01\bar{1}]$ | 0 | −1/3 | −1/3 | 1/3 | 0 | 0 | 0 | 0 |
| | $\frac{1}{6}$ $[10\bar{1}]$ | 1/3 | 0 | 1/3 | 1/3 | 0 | 1/3 | 1 | 1/3 |
| $(1\bar{1}1)$ | $\frac{1}{6}$ $[\bar{1}01]$ | −1/3 | 0 | −1/3 | −1/3 | 0 | 1/3 | −1 | 1/3 |
| | $\frac{1}{6}$ [110] | 1/3 | −1/3 | 0 | 2/3 | 1/3 | 0 | 1/3 | 2/3 |
| | $\frac{1}{6}$ [011] | 0 | −1/3 | −1/3 | 1/3 | 1/3 | −1/3 | −2/3 | 1/3 |
| $(11\bar{1})$ | $\frac{1}{6}$ [101] | 1/3 | 0 | 1/3 | 1/3 | 1/3 | 0 | 1/3 | 2/3 |
| | $\frac{1}{6}$ $[1\bar{1}0]$ | 1/3 | 1/3 | 2/3 | 0 | 0 | 1/3 | 1 | 1/3 |
| | $\frac{1}{6}$ [011] | 0 | −1/3 | −1/3 | 1/3 | 1/3 | −1/3 | −2/3 | 1/3 |
| $(\bar{1}11)$ | $\frac{1}{6}$ [110] | 1/3 | −1/3 | 0 | 2/3 | 1/3 | 0 | 1/3 | 2/3 |
| | $\frac{1}{6}$ $[0\bar{1}1]$ | 0 | 1/3 | 1/3 | −1/3 | 0 | 0 | 0 | 0 |
| | $\frac{1}{6}$ [101] | 1/3 | 0 | 1/3 | 1/3 | 1/3 | 0 | 1/3 | 2/3 |

附表 9 - 5　不同反射下 BCC 金属中不全位错的 $g \cdot b_p$ 值

| 层错面 | $b_p$ | $g$ | | | | | | | | | | | | |
|---|---|---|---|---|---|---|---|---|---|---|---|---|---|---|
| | | 110 | $\bar{1}10$ | 101 | $10\bar{1}$ | 011 | $01\bar{1}$ | 200 | 020 | 002 | 220 | $\bar{2}20$ | 202 | $20\bar{2}$ |
| $\{\bar{2}11\}$ | $\dfrac{a}{3}[111]$ | 2/3 | 0 | 2/3 | 0 | 2/3 | 0 | 2/3 | 2/3 | 2/3 | 4/3 | 0 | 4/3 | 0 |
| $\{\bar{2}11\}$ | $\dfrac{a}{6}[111]$ | 1/3 | 0 | 1/3 | 0 | 1/3 | 0 | 1/3 | 1/3 | 1/3 | 2/3 | 0 | 2/3 | 0 |
| $\{\bar{1}12\}$ | $\dfrac{a}{2}[110]$ | 1 | 0 | 1/2 | 1/2 | 1/2 | 1/2 | 1 | 1 | 0 | 2 | 0 | 1 | 1 |
| $\{100\}$ | $\dfrac{a}{2}[001]$ | 0 | 0 | 1/2 | $-1/2$ | 1/2 | $-1/2$ | 0 | 0 | 1 | 0 | 0 | 1 | $-1$ |
| $\{001\}$ | $\dfrac{a}{2}[110]$ | 1 | 0 | 1/2 | 1/2 | 1/2 | 1/2 | 1 | 1 | 0 | 2 | 0 | 1 | 1 |
| $\{110\}$ | $\dfrac{a}{2}[001]$ | 0 | 0 | 1/2 | $-1/2$ | 1/2 | $-1/2$ | 0 | 0 | 1 | 0 | 0 | 1 | $-1$ |
| $\{1\bar{1}0\}$ | $\dfrac{a}{2}[110]$ | 1 | 0 | 1/2 | 1/2 | 1/2 | 1/2 | 1 | 1 | 0 | 2 | 0 | 1 | 1 |
| $\{1\bar{1}0\}$ | $\dfrac{a}{8}[\bar{1}\bar{1}1]$ | $-1/4$ | 0 | 0 | $-1/4$ | 0 | $-1/4$ | $-1/4$ | $-1/4$ | $-1/4$ | $-1/2$ | 0 | 0 | $-1/2$ |
| $\{1\bar{2}0\}$ | $\dfrac{a}{4}[\bar{1}\bar{1}2]$ | $-1/2$ | 1/4 | 1/4 | $-3/4$ | 1/4 | $-3/4$ | $-1/2$ | $-1/2$ | 1 | $-1$ | 0 | 1/2 | $-2/3$ |
| $\{1\bar{1}0\}$ | $\dfrac{a}{8}[\bar{1}\bar{1}0]$ | $-1/4$ | 0 | $-1/8$ | $-1/8$ | $-1/8$ | $-1/8$ | $-1/4$ | $-1/4$ | 0 | $-1/2$ | 0 | $-1/4$ | $-1/4$ |

附表 9 - 6　不同反射下 HCP 金属中不全位错的 $g \cdot b_p$ 值

| | $g$ | $b_p$ | | |
|---|---|---|---|---|
| | | $\dfrac{1}{3}[0\bar{1}10]$ | $\dfrac{1}{6}[0\bar{2}23]$ | $\dfrac{1}{6}[02\bar{2}3]$ |
| $[0001]$ 取向 | $20\bar{2}0$ | 2/3 | $-2/3$ | 2/3 |
| | $\bar{2}200$ | 2/3 | 2/3 | $-2/3$ |
| | $02\bar{2}0$ | $-4/3$ | $-4/3$ | 4/3 |
| | $21\bar{1}0$ | 0 | 0 | 0 |
| | $\bar{1}2\bar{1}0$ | $-1$ | $-1$ | $-1$ |
| | $\bar{1}\bar{1}20$ | 1 | 1 | $-1$ |

| | | $b_p$ | | |
|---|---|---|---|---|
| | $g$ | $\frac{1}{3}[0\bar{1}10]$ | $\frac{1}{6}[0\bar{2}23]$ | $\frac{1}{6}[02\bar{2}3]$ |
| $[0001]\sim$ $[4\bar{2}\bar{2}9]$取向 | $2\bar{1}10$ | 0 | 0 | 0 |
| | $\bar{3}032$ | 1 | 2 | 0 |
| | $\bar{3}302$ | −1 | 0 | 2 |
| $[0001]\sim$ $[1\bar{2}03]$取向 | $2\bar{1}10$ | 0 | 0 | 0 |
| | $\bar{2}111$ | 0 | 1/2 | −1/2 |
| | $\bar{3}302$ | −1 | 0 | 2 |

# 缩 略 语 表

ACD　防污染装置

CCD　电荷耦合器件

CMOS　互补金属氧化物半导体

DDD　直接电子探测器

DQE　检测量子效率

EELS　电子能量损失谱

EDS　X 射线能量色散谱方法

ETEM　环境透射电镜

ECELL　环境腔

FFT　快速傅里叶变换

GPA　几何相位分析方法

HRTEM　高分辨成像技术

HABF　高角度亮场

IFFT　逆快速傅里叶变换

LABF　低角度亮场

MEMS　微机电系统

MABF　中角度亮场

STEM　扫描透射电子显微镜

TEM　透射电子显微镜

WDS　X 射线波长色散谱方法

YAGs　单晶钇铝石榴石

# 参 考 文 献

[1] Plücker. Über die einwirkung des magneten auf die elektrischen entladungen in verdünnten gasen[J]. Annalen der Physik und Chemie, 1858, 179:88 - 106.

[2] Plücker J. Oa the action of the magnet upon the electrical discharge in Rarefied gases, Philosophical Magazine Series4, 1958 16(105):119 - 135.

[3] Hittorf J W. Ueber die Elektricitätsleitung der Gase[J]. Annalen der Physik, 1869, 212(2):197 - 234.

[4] Goldstein E. Vorläufige Mittheilungen über elektrische Entladungen in verdünnten Gasen[J]. Berlin Akd. Monatsber, 1876:279 - 295.

[5] Crookes W V. The Bakerian Lecture.—On the illumination of lines of molecular pressure, and the trajectory of molecules[J]. Philosophical Transactions of the Royal Society of London, 1879(170):135 - 164.

[6] Hertz R H. Ueber den Durchgang der Kathodenstrahlen durch dünne Metallschichten[J]. Annalen der Physik, 1892, 281(1):28 - 32.

[7] Hertz R H. Miscellaneous papers [M]. London:Macmillan, 1896.

[8] von Lenard P E A. Ueber Kathodenstrahlen in Gasen von atmosphärischem Druck und im äussersten Vacuum [J]. Annalen der Physik, 1894, 287(2):225 - 267.

[9] Thomson J J. XL. Cathode rays[J]. The London, Edinburgh, and Dublin Philosophical Magazine and Journal of Science, 1897, 44(269):293 - 316.

[10] Hase T, Kano T, Nakasawa, et al. Phosphor materials for cathode - ray tubes [J]. Advances in Electronics and Electron Physics, 1990, 79:271 - 373.

[11] de Broglie L V. Les quanta, la théorie cinétique des gaz et le principe de Fermat [J]. Comptes Rendus, 1923, 177:630 - 632.

[12] de Broglie L V. Onde de Lumiere, diffraction et interferences [J]. Comptes Rendus, 1923, 177:548 - 550.

[13] de Broglie L V. Onde et quanta [J]. Comptes Rendus, 1923, 177:507.

[14] de Broglie L V. Recherches sur la théorie des quanta[D]. Migration-université

en cours d'affectation,1924.

[15] Davisson C J,Germer L H.Diffraction of electrons by a crystal of nickel[J].
    Physical Review,1927,30(6):705 - 740.

[16] Davisson C J,Germer L H.Reflection of electrons by a crystal of nickel[J].Pro-
    ceedings of the National Academy of Sciences of the United States of America,
    1928,14(4):317 - 322.

[17] Davisson C J,Germer L H.Reflection and refraction of electrons by a crystal of
    nickel [J]. Proceedings of the National Academy of Sciences of the United
    States of America,1928,14(8):619 - 627.

[18] Thomson G P,Reid A.Diffraction of cathode rays by a thin film[J].Nature,
    1927,119(3007):890 - 890.

[19] Busch H.Berechnung der bahn von kathodenstrahlen im axialsymmetrischen
    elektromagnetischen felde[J].Annalen der Physik,1926,386(25):974 - 993.

[20] Busch H.Über die wirkungsweise der konzentrierungsspule bei der braunschen
    röhre[J].Archiv für Elektrotechnik,1927,18(6):583 - 594.

[21] Ruska E A F.The development of the electron microscope and of electron microscopy
    [J].Angewandte Chemie International Edition in English,1987,26(7):595 - 605.

[22] Knoll M,Ruska E A F.Beitrag zur geometrischen elektronenoptik.I[J].Annal-
    en der Physik,1932,404(5):607 - 640.

[23] Knoll M,Ruska E A F.Beitrag zur geometrischen elektronenoptik.II[J].Annal-
    en der Physik,1932,404(6):641 - 661.

[24] Knoll M,Ruska E A F.Das elektronenmikroskop[J].Zeitschrift für Physik,
    1932,78(5):318 - 339.

[25] Ruska E A F,Knoll M.Die magnetische sammelspule für schnelle elektronen-
    strahlen[J].Z.Techn.Physik,1931,12:389 - 400.

[26] Ruska E A F. Nachtrag zur mitteilung: die magnetische sammelspule für
    schnelle elektronenstrahlen[J].Z.Techn.Phys.Bd,1931,12:389 - 400,448.

[27] von Borries B,Ruska E A F.Magnetische sammellinse kurzer feldlänge[P].
    German Paten t680284,1932 - 03 - 17.

[28] von Borries B,Ruska E A F.Magnetische sammellinse kurzer feldlänge[P].
    German Paten t679857,1932 - 03 - 17.

[29] von Borries B,Ruska E A F.Die abbildung durchstrahlter folien im elektronen-
    mikroskop[J].Zeitschrift für Physik,1933,83(3):187 - 193.

[30] Ruska E A F.Über fortschritte im bau und in der leistung des magnetischen

Elektronenmikroskops[J].Zeitschrift für Physik,1934,87(9 - 10):580 - 602.

[31] von Borries B,Ruska E A F.Vorläufige mitteilung über fortschritte im bau und in der leistung des übermikroskopes,in wissenschaftliche veröffentlichungen aus den siemens-werken[J].Springer,1938:99 - 106.

[32] von Borries B,Ruska E A F.Ein übermikroskop für forschungsinstitute[J]. Naturwissenschaften,1939,27(34):577 - 582.

[33] Kausche G A,Pfankuch E,Ruska H.Die sichtbarmachung von pflanzlichem virus im übermikroskop[J].Naturwissenschaften,1939,27(18):292 - 299.

[34] Abbe E K.Beiträge zur theorie des mikroskops und der mikroskopischen wahrnehmung[J].Archiv für mikroskopische Anatomie,1873,9(1):413 - 468.

[35] Airy G B.On the diffraction of an object-glass with circular aperture[J].Transactions of the Cambridge Philosophical Society,1835,5:283 - 291.

[36] Lord Rayleigh.The explanation of certain acoustical phenomena 1[J].Nature, 1878,18(455):319 - 321.

[37] 戎咏华.分析电子显微学导论[M].北京:高等教育出版社,2006.

[38] 陈世朴,王永瑞.金属电子显微分析[M].北京:机械工业出版社,1982.

[39] Goldstein J I,Newbury D E,Echlin P,et al.Scanning electron microscopy and X-ray microanalysis[M].New York:Springer,2017.

[40] 进藤大辅,及川哲夫.材料评价的分析电子显微方法[M].北京:冶金工业出版社,2001.

[41] Holms A,Quach A.Complementary metal-oxide semiconductor sensors[M]. Santa Barbara,CA:University of California Santa Barbara,2010.

[42] Boyle W S,Smith G E.The inception of charge-coupled devices[J].IEEE Transactions on Electron Devices,1976,23(7):661 - 663.

[43] Boyle W S,Smith G E.Charge coupled semiconductor devices[J].Bell System Technical Journal,1970,49(4):587 - 593.

[44] Tompsett M F,Amelio G,Smith G.Charge coupled 8:bit shift register[J].Applied Physics Letters,1970,17(3):111 - 115.

[45] Wanlass F M,Sah C T.Nanowatt logic using field-effect metal-oxide semiconductor triodes:1963 IEEE international solid-state circuits conference digest of technical papers[C].

[46] Wanlass F M.Low stand-by power complementary field effect circuitry[P]. 1967,Google Patents.

[47] Le Poole J B.A new electron microscope with continuously variable magnifica-

tion[J].Philips Tech.Rev,1947,9(2):33 - 46.

[48] Laue M.Eine quantitative prüfung der theovie für die interferenz-erscheinungen bei Röntgenstrahlen [J]. Sitzungsberichte der mathematisch-physikalischen Klasse der K.B.Akademie der Wissenschaften zu München,1912:363 - 373.

[49] BRAGG W L.The diffraction of short electromagnetic waves by a crystal[J]. Proc.Cambridge Phil.Soc.,1913,17:43 - 57.

[50] Thomson G P.The diffraction of cathode rays by thin films of platinum[J].Nature,1927,120(3031):802 - 802.

[51] Thomson G P.Experiments on the diffraction of cathode rays[J].Proceedings of the Royal Society of London:Series A,Containing Papers of a Mathematical and Physical Character,1928,117(778):600 - 609.

[52] Thomson G P.Experiments on the diffraction of cathode rays.II[J].Proceedings of the Royal Society of London:Series A,Containing Papers of a Mathematical and Physical Character,1928,119(783):651 - 663.

[53] Thomson G P.Experiments on the diffraction of cathode rays.III[J].Proceedings of the Royal Society of London:Series A,Containing Papers of a Mathematical and Physical Character,1929,125(797):352 - 370.

[54] Boersch H.Über das primäre und sekundäre bild im elektronenmikroskop.I. Eingriffe in das Beugungsbild und ihr Einfluß auf die Abbildung[J].Annalen der Physik,1936,418(7):631 - 644.

[55] Boersch H.Über das primäre und sekundäre bild im elektronenmikroskop.II. strukturuntersuchung mittels elektronenbeugung [J]. Annalen der Physik, 1936,419(1):75 - 80.

[56] Fournier M.Electron microscopy in second world war delft[M].Scientific Research in Wlorld war II.London:Routledge,2009.

[57] Shmueli U.International tables for crystallography,volume B:reciprocal space [M].Dordrecht:Springer Science & Business Media,2008.

[58] 郭可信.金相学史话(6):电子显微镜在材料科学中的应用[J].材料科学与工程, 2002.20(1):5 - 10.

[59] Hirata A,Guan P,Fujita T,et al.Direct observation of local atomic order in a metallic glass[J].Nature Materials,2011,10(1):28 - 33.

[60] Deas H D.Crystallography and crystallographers in England in the early nineteenth century:a preliminary survey[J].Centaurus,1959,6(2):129 - 148.

[61] Miller W H.A treatise on crystallography[M].Cambridge:Deighton,1839.

［62］ Wilson E B. Vector analysis：a text-book for the use of students of mathematics and physics, founded upon the lectures of J. Willard Gibbs［M］. Scribner's New York, 1901.

［63］ Ewald P P. Dispersion und doppelbrechung von elektronengittern(kristallen). ［D］. Dieterichschen Universitats-Buchdruckerei, 1912.

［64］ 孟庆昌. 透射电子显微学［M］. 哈尔滨：哈尔滨工业大学出版社, 1998.

［65］ Ewald P P. Contributions to the theory of the interference of rays in crystals ［J］. Phys. Z, 1913, 14：465 – 472.

［66］ 黄孝瑛. 透射电子显微学［M］. 上海：上海科学技术出版社, 1987.

［67］ 陈彬. 高强度 Mg-Y-Zn 镁合金的研究［D］. 上海：上海交通大学, 2007.

［68］ Wang K, Tao R N, Liu G, et al. Plastic strain-induced grain refinement at the nanometer scale in copper［J］. Acta Materialia, 2006, 54(19)：5281 – 5291.

［69］ Chen B, Zheng J X, Yang C M, et al. Mechanical properties and deformation mechanisms of Mg-Gd-Y-Zr alloy at cryogenic and elevated temperatures［J］. Journal of Materials Engineering and Performance, 2017, 26：590 – 600.

［70］ Shechtman D, Blech I, Gratias D, et al. Metallic phase with long-range orientational order and no translational symmetry［J］. Physical Review Letters, 1984, 53(20)：1951 – 1954.

［71］ Levine D, Steinhardt P J. Quasicrystals：a new class of ordered structures［J］. Physical Review Letters, 1984, 53(26)：2477 – 2480.

［72］ Penrose R. The role of aesthetics in pure and applied mathematical research ［J］. Bull. Inst. Math. Appl. , 1974, 10：266 – 271.

［73］ de Bruijn N G. Sequences of zeros and ones generated by special production rules［J］. Indagationes Mathematicae(Proceedings). 1981, 84(1)：27 – 37.

［74］ de Bruijn N G. Algebraic theory of Penrose's non-periodic tilings of the plane. I, II：dedicated to G. pólga［J］. Indagationes Math. in Proceedings. 1981, 43(1)：39 – 66.

［75］ Mackay A L. Crystallography and the Penrose pattern［J］. Physica A：Statistical Mechanics and its Applications, 1982, 114(1 – 3)：609 – 613.

［76］ Kramer P. Non-periodic central space filling with icosahedral symmetry using copies of seven elementary cells［J］. Acta Crystallographica Section A：Crystal Physics, Diffraction, Theoretical and General Crystallography, 1982, 38(2)：257 – 264.

［77］ Gummelt P. Construction of Penrose tilings by a single aperiodic protoset［C］. in Quasicrystals, 5th International Conference at Avignon. Singapore：World Scientific, 1995.

［78］ 马海坤.Al-Cr-Fe-(Si)系十次准晶的制备及电子显微学研究［D］.北京:北京科技大学,2021.

［79］ Ishimasa T,Nissen H U,Fukano Y.New order state between crystalline and amorphous in Ni-Cr particles［J］.Physical Review Letters,1985,55(5):511－513.

［80］ Bendersky L A.Quasicrystal with one-dimensional translational symmetry and a tenfold rotation axis［J］.Physical Review Letters,1985,55(14):1461－1463.

［81］ Wang N,Chen H,Kuo K H.Two-dimensional quasicrystal with eightfold rotational symmetry［J］.Physical Review Letters,1987,59(9):1010－1013.

［82］ Ritsch S,Beeli C,Nissen H V,et al.The existence regions of structural modifications in decagonal Al-Co-Ni［J］.Philosophical Magazine Letters,1998,78(2):67－75.

［83］ Ma H,Zhao L,Hu Z Y,et al.Near-equiatomic high-entropy decagonal quasicrystal in Al 20 Si 20 Mn 20 Fe 20 Ga 20［J］.Science China Materials,2021,64:440－447.

［84］ Tsai A P.Icosahedral clusters,icosaheral order and stability of quasicrystals:a view of metallurgy［J］.Science and Technology of Advanced Materials,2008,9(1):013008.

［85］ Chen B,Guo M F,Zheng J X,et al.The effect of thermal exposure on the microstructures and mechanical properties of 2198 Al-Li alloy［J］.Advanced Engineering Materials,2016,18(7):1225－1233.

［86］ Kikuchi S.The diffraction of cathode rays by mica［J］.Japanese Journal of Physics,1928,5:83－96.

［87］ Kikuchi S.Diffraction of cathode rays by mica［J］.Proceedings of the Imperial Academy,1928,4(6):271－274.

［88］ Kikuchi S.Further study on the diffraction of cathode rays by mica［J］.Proceedings of the Imperial Academy,1928,4(6):275－278.

［89］ von Heimendahl M,Bell W,Thomas G.Applications of Kikuchi line analyses in electron microscopy［J］.Journal of Applied Physics,1964,35(12):3614－3616.

［90］ Okamoto P,Levine E,Thomas G.Kikuchi maps for hcp and bcc crystals［J］.Journal of Applied Physics,1967,38(1):289－296.

［91］ 刘文西,黄孝瑛,陈玉如,等.材料结构电子显微分析［M］.天津:天津大学出版社,1989.

［92］ 张博文,张晓娜,刘程鹏,等.使用会聚束电子衍射技术测定 Ni-Al 二元模型单晶高温合金 $\gamma/\gamma'$ 两相错配度［J］.电子显微学报,2019,38(6):608－614.

［93］ Høier R.A method to determine the ratio between lattice parameter and electron wavelength from Kikuchi line intersections［J］.Acta Crystallographica

Section A:Crystal Physics,Diffraction,Theoretical and General Crystallography,1969,25(4):516-518.

[94] 张毓俊.用菊池线法测量入射电子波长的实例[J].电子显微学报,1983,3:37-42.

[95] Levine E,Bell W,Thomas G.Further applications of Kikuchi diffraction patterns:Kikuchi maps[J].Journal of Applied Physics,1966,37(5):2141-2148.

[96] 郭可信,叶恒强,吴玉琨.电子衍射图在晶体学中的应用[M].北京:科学出版社,1983.

[97] Kimoto K.An electron diffraction study on the plastic deformation of aluminium single crystals[J].Journal of the Physical Society of Japan,1956.11(5):485-495.

[98] Macgillavry C H.Diffraction of convergent electron beams[J].Nature,1940,145(3666):189-190.

[99] Macgillavry C H.Zur prüfung der dynamischen theorie der elektronenbeugung am kristallgitter[J].Physica,1940,7(4):329-343.

[100] Kossel W,Möllenstedt G.Elektroneninterferenzen in konvergentem Bündel [J].Naturwissenschaften,1938,26(40):660-661.

[101] Kossel W,Möllenstedt G.Elektroneninterferenzen im konvergenten Bündel [J].Annalen der Physik,1939,428(2):113-140.

[102] Möllenstedt G.Messungen an den interferenzerscheinungen im konvergenten elektronenbündel[J].Annalen der Physik,1941,432(1):39-65.

[103] Kossel W,Möllenstedt G.Dynamische anomalie von elektroneninterferenzen [J].Annalen der Physik,1942,434(4):287-293.

[104] Buxton B F.The symmetry of electron diffraction zone axis patterns[J].Philosophical Transactions of the Royal Society of London:Series A,Mathematical and Physical Sciences,1976,281(1301):171-194.

[105] Jones P M,Rackham G M,Steeds J W.Higher order Laue zone effects in electron diffraction and their use in lattice parameter determination[J].Proceedings of the Royal Society of London:A.Mathematical and Physical Sciences,1977,354(1677):197-222.

[106] Tanaka M,Saito R,Ueno K.et al.Large-angle convergent-beam electron diffraction[J].Microscopy,1980,29(4):408-412.

[107] Williams D B,Carter C B.Transmission electron microscopy[M].New York:Springer Science+Business Media,1996.

[108] Tanaka M,Tsuda K.Convergent-beam electron diffraction[J].Journal of Elec-

tron Microscopy,2011,60(suppl_1):S245 - S267.

[109] Morniroli J.CBED and LACBED characterization of crystal defects[J].Journal of Microscopy,2006,223(3):240 - 245.

[110] Carpenter R W,Spence J C H.Three-dimensional strain-field information in convergent-beam electron diffraction patterns [J]. Acta Crystallographica Section A:Crystal Physics,Diffraction,Theoretical and General Crystallography,1982,38(1):55 - 61.

[111] Cherns D,Preston A. Convergent beam diffraction studies of crystal defects (retroactive coverage)[J].Electron Microscopy,1986,1:721 - 722.

[112] 国家市场监督管理总局.薄晶体厚度的会聚束电子衍射测定方法[S].GB/T 20724 - 2006,2006.

[113] Fröhlich K,Machajdik D,Rosoua A,et al.Growth of SrTiO$_3$ thin epitaxial films by aerosol MOCVD [J].Thin Solid Films,1995,260(2):187 - 191.

[114] Bae H J,Ko K K,Ishtiaq M,et al.On the stacking fault forming probability and stacking fault energy in carbon-doped 17 at%Mn steels via transmission electron microscopy and atom probe tomography [J].Journal of Materials Science & Technology,2022,115:177 - 188.

[115] Chen B,Lin O,Zeng X,et al.Effects of yttrium and zinc addition on the microstructure and mechanical properties of Mg-Y-Zn alloys [J].Journal of Materials Science,2010,45(9):2510 - 2517.

[116] 黄孝瑛,侯耀永.电子衍衬分析原理与图谱[M].济南:山东科技出版社,2000.

[117] 洪班德,崔约贤.材料电子显微分析实验技术[M].哈尔滨:哈尔滨工业大学出版社,1990.

[118] Wang S,Dong L,Han X,et al.Orientations and interfaces between α′-Al13Cr4Si4 and the matrix in Al-Si-Cr-Mg alloy[J].Materials Characterization,2020,160:110096.

[119] Taylor G I.The mechanism of plastic deformation of crystals:Part I,Theoretical[J].Proceedings of The Royal Society A,1934,145(855):362 - 387.

[120] Heidenreich R D.Electron microscope and diffraction study of metal crystal textures by means of thin sections[J].Journal of Applied Physics,1949,20(10):993 - 1010.

[121] Hirsch P B,Whelan M J.A kinematical theory of diffraction contrast of electron transmission microscope images of dislocations and other defects[J]. Philosophical Transactions of the Royal Society of London:Series A,Mathe-

matical and Physical Sciences,1960,252(1017):499 – 529.

[122] Whelan M,Hirsch P.Electron diffraction from crystals containing stacking faults:I [J].Philosophical Magazine,1957,2(21):1121 – 1142.

[123] Howie A,Whelan M J.Diffraction contrast of electron microscope images of crystal lattice defects-II:the development of a dynamical theory [J].Proceedings of the Royal Society of London:Series A,Mathematical and Physical Sciences,1961,263(1313):217 – 237.

[124] Howie A,Whelan M J.Diffraction contrast of electron microscope images of crystal lattice defects:III,results and experimental confirmation of the dynamical theory of dislocation image contrast [J].Proceedings of the Royal Society of London:Series A,Mathematical and Physical Sciences,1962,267(1329):206 – 230.

[125] Hashimoto H,Howie A,Whelan M J.Anomalous electron absorption effects in metal foils:theory and comparison with experiment [J].Proceedings of the Royal Society of London:Series A,Mathematical and Physical Sciences,1962,269(1336):80 – 103.

[126] Hashimoto H,Howie A,Whelan M.Anomalous electron absorption effects in metal foils [J].Philosophical Magazine,1960,5(57):967 – 974.

[127] Butler E.An experimental evaluation of bright and dark field imaging modes in high voltage electron microscopy [J].Micron,1974,5(3):293 – 305.

[128] Von Heimendahl M.On specimen thickness determination in transmission electron microscopy in the general case [J].Micron,1973,4(1):111 – 116.

[129] Gevers R,Art A,Amelinckx S.Electron microscopic images of single and intersecting stacking faults in thick foils:Part I,Single faults [J].Physica Status Solidi(b),1963,3(9):1563 – 1593.

[130] Ashby M F,Brown L.Diffraction contrast from spherically symmetrical coherency strains [J].The Philosophical Magazine:A Journal of Theoretical Experimental and Applied Physics,1963,8(91):1083 – 1103.

[131] Chen J,Lv M Y,Liu Z Y,et al.Combination of ductility and toughness by the design of fine ferrite/tempered martensite:austenite microstructure in a low carbon medium manganese alloyed steel plate [J].Materials Science and Engineering:A,2015,648:51 – 56.

[132] 嵇钤,戎詠华,陈世朴.18Cr2Ni4WA 钢高温淬火组织中残余奥氏体的透射电镜观察[J].理化检验:物理分册,1982,18(03):5 – 8.

[133] Xu Z,Ding Z,Dong L,et al.Characterization of M23C6 carbides precipitating at grain boundaries in 100Mn13 steel[J].Metallurgical and Materials Transactions A,2016,47(10):4862 – 4868.

[134] Wen C,Chen Z,Huang B,et al.Nanocrystallization and magnetic properties of Fe-30 weight percent Ni alloy by surface mechanical attrition treatment[J]. Metallurgical and Materials Transactions A,2006,37(5):1413 – 1421.

[135] Murr L.Stacking-fault anomalies and the measurement of stacking-fault free energy in fcc thin films [J].Thin Solid Films,1969,4(6):389 – 412.

[136] Read W T.Dislocations in crystals:Vol 10 [M].New York:McGraw-Hill,1953.

[137] Kim J,Lee S J,De Cooman B C.Effect of Al on the stacking fault energy of Fe18Mn-0. 6 C twinning-induced plasticity[J]. Scripta Materialia, 2011, 65 (4):363 – 366.

[138] Hirsch P B,Howie A,Nicholson R B,et al.Electron Microscopy of Thin Crystals[M].London:Butterworths,1965.

[139] Brown L.The self-stress of dislocations and the shape of extended nodes [J]. Philosophical Magazine,1964,10(105):441 – 466.

[140] Whelan M.Dislocation interactions in face-centred cubic metals,with particular reference to stainless steel [J].Proceedings of the Royal Society of London:Series A, Mathematical and Physical Sciences,1959,249(1256):114 – 137.

[141] Howie A,Swann P.Direct measurements of stacking-fault energies from observations of dislocation nodes [J].Philosophical Magazine,1961,6(70):1215 – 1226.

[142] Smith C S,Guttman L.Measurement of internal boundaries in three-dimensional structures by random sectioning [J].JOM,1953,5(1):81 – 87.

[143] Bailey J E,Hirsch P B.The dislocation distribution,flow stress,and stored energy in coldworked polycrystalline silver[J].Philosophical Magazine,1960,5 (53):485 – 497.

[144] Ham R K.The determination of dislocation densities in thin films [J].Philosophical Magazine,1961,6(69):1183 – 1184.

[145] Thomas G,Washburn J.Electron microscopy and strength of crystals [M]. Geneva:Inderscience Publishers,1963.

[146] Hirsch P B,Howie A,Nicholson R B,et al.Microscopy of thin crystals [M]. Malabar FL USA:Krieger Publishing Company,1977.

[147] Loretto M H.Electron beam analysis of materials [M].Dordrecht:Springer,1984.

[148] Jain J,Cizek P,Hariharan K.Transmission electron microscopy investigation

on dislocation bands in pure Mg [J].Scripta Materialia,2017,130:133 – 137.

[149] Wu X,Rong R,Chen S,et al.Dissociation of dislocations in Al67Mn8Ti26 deformed at ambient and high temperatures [J].Scripta Metallurgica et Materialia,1993,28(12):1519 – 1523.

[150] Boersch H.Über die möglichkeit der abbildung von atomen im elektronenmikroskop.I [J].Monatshefte für Chemie und verwandte Teile anderer Wissenschaften,1946,76(2):86 – 92.

[151] Boersch H.Über die möglichkeit der abbildung von atomen im elektronenmikroskop.II [J].Monatshefte für Chemie und Verwandte Teile anderer Wissenschaften,1946,76(2):163 – 167.

[152] Boersch H. Über die kontraste von atomen im elektronenmikroskop[J]. Zeitschrift für Naturforschung A,1947. 2(11 – 12):615 – 633.

[153] Boersch H.Über die möglichkeit der abbildung von atomen im elektronenmikroskop III [J].Monatshefte für Chemie und Verwandte Teile anderer Wissenschaften,1948,78(1):163 – 171.

[154] Scherzer O. The theoretical resolution limit of the electron microscope[J]. Journal of Applied Physics,1949,20(1):20 – 29.

[155] Menter J W. The direct study by electron microscopy of crystal lattices and their imperfections [J].Proceedings of the Royal Society of London:Series A, Mathematical and Physical Sciences,1956,236(1204):119 – 135.

[156] Cowley J M,Moodie A F.The scattering of electrons by atoms and crystals.I.A new theoretical approach [J].Acta Crystallographica,1957,10(10):609 – 619.

[157] Cowley J,Moodie A F.Fourier images:I-the point source[J].Proceedings of the Physical Society:Section B,1957,70(5):486 – 496.

[158] Allpress J G.Mixed oxides of titanium and niobium:intergrowth structures and defects [J].Journal of Solid State Chemistry,1969,1(1):66 – 81.

[159] Allpress J G,Sanders J V,Wadsley A D.Multiple phase formation in the binary system $Nb_2O_5$-$WO_3$.VI:electron microscopic observation and evaluation of non-periodic shear structures[J].Acta Crystallographica Section B:Structural Crystallography and Crystal Chemistry,1969,25(6):1156 – 1164.

[160] Allpress J G, Sanders J, Wadsley A. Electron microscopy of high-temperature Nb2O5 and related phases [J].Physica Status Solidi(b),1968,25(2):541 – 550.

[161] Iijima S.High-resolution electron microscopy of crystal lattice of titanium-niobium oxide [J].Journal of Applied Physics,1971,42(13):5891 – 5893.

[162] 进藤大辅,平贺贤二.材料评价的高分辨电子显微方法[M].北京:冶金工业出版社,1998.

[163] Chen B,Dong L,Hu B,et al.The effect of Cu addition on the precipitation sequence in the Al-Si-Mg-Cr alloy [J].Materials,2022,15(22):8221.

[164] Ardenne M.Von ein glückliches leben für technik und forschung:autobiographie [M].Zürich:Kindler Verlag,1972.

[165] Ardenne M.Von das elektronen-rastermikroskop[J].Zeitschrift für Physik,1938,109(9):553 – 572.

[166] Ardenne M.Von Das elektronen-rastermikroskop:praktische ausführung [J].Zeitschrift für technische Physik,1938,19(11):407 – 416.

[167] Crewe A V.Scanning electron microscopes:is high resolution possible? [J].Science,1966,154(3750):729 – 738.

[168] Crewe A V,Eggenberger D N,Wall J,et al.Electron gun using a field emission source [J].Review of Scientific Instruments,1968,39(4):576 – 583.

[169] Crewe A V,Wall J.A scanning microscope with 5 Å resolution [J].Journal of Molecular Biology,1970,48(3):375 – 393.

[170] Crewe A V,Wall J,Welter L.A high-resolution scanning transmission electron microscope [J].Journal of Applied Physics,1968,39(13):5861 – 5868.

[171] Butler J W.Digital computer techniques in electron microscopy[C].in Proceedings of the 6th International Congress on Electron Microscopy.Maruzen Co.,Ltd,1966.

[172] Crewe A V,Wall J,Langmore J.Visibility of single atoms [J].Science,1970,168(3937):1338 – 1340.

[173] Humphreys C J,Sandstrom R,Spencer J P.Scanning electron microscopy,1973(Part II)[J].Johari O Ed.,IITRI,Chicago:Illinois,1973:233 – 239.

[174] Wardell I RM,Morphew J,Bovey P E.Results and performance of a high resolution STEM[C].in Proc.Conf.Scanning Electron Microscopy,Systems and Applications,1973:182 – 185.

[175] von Harrach H.Cold field emission and the scanning transmission electron microscope [J].Advances in Imaging & Electron Physics,2009,159:287.

[176] Crewe A V,Langmore J P,Isaacson M S.Physical aspects of electron microscopy and microbeam analysis [M].New York:Wiley,1975.

[177] Treacy M M J,Howie A,Pennycook S J.Z-contrast of supported catalyst particles on the STEM [J].Electron Microscopy and Analysis,1979(52):261 – 264.

[178] Pennycook S J.Z-contrast STEM for materials science [J].Ultramicroscopy, 1989,30(1 - 2):58 - 69.

[179] Pennycook S J,Jesson D.High-resolution incoherent imaging of crystals[J]. Physical review letters,1990,64(8):938.

[180] Nellist P D,Pennycook S J.The principles and interpretation of annular dark-field Zcontrast imaging,in Advances in imaging and electron physics[M]. Amsterdam:Elsevier,2000.

[181] Treacy M M J,Howie A,Pennycook S J.Electron microscopy and analysis 1979[C].in Inst.Phys.Conf.Ser.,1980(52):261 - 264.

[182] Pennycook S J,Boatner L.Chemically sensitive structure-imaging with a scanning transmission electron microscope [J].Nature,1988,336(6199):565 - 567.

[183] Kotaka Y.Direct visualization method of the atomic structure of light and heavy atoms with double-detector Cs-corrected scanning transmission electron microscopy [J].Applied Physics Letters,2012,101(13):133107.

[184] Pennycook S J,Berger S,Culbertson R.Elemental mapping with elastically scattered electrons [J].Journal of Microscopy,1986,144(3):229 - 249.

[185] Zheng J,Li Z,Luo Z,et al.Precipitation in Mg-Nd-Y-Zr-Ca alloy during isothermal aging:a comprehensive atomic-scaled study by means of HAADF-STEM [J].Advanced Engineering Materials,2017.19(2):1600244.

[186] Liu Z,Chen B,Zhao P,et al.Atomic-scale characterization of the precipitates in a Mg-Gd-Y-Zn-Mn alloy using scanning transmission electron microscopy [J].Vacuum,2022,207:111668.

[187] Zheng J K,Xa X,Luo R,et al.Degradation of precipitation hardening in 7075 alloy subject to thermal exposure:a Cs-corrected STEM study [J].Journal of Alloys and Compounds,2018,741:656 - 660.

[188] Pennycook S J.Characterization of materials[M].New York:John Wiley& Sons,2002.

[189] Kan G,Zeng X,Chen B,et al.Effect of double aging on mechanical properties and microstructure of EV31A alloy[J].Transactions of Nonferrous Metals Society of China,2021,31(9):2606 - 2614.

[190] Li W,Chen X,Chen B.Effect of aging on the corrosion behavior of 6005 Al alloys in 3.5 wt% NaCl aqueous solution[J].Journal of Materials Research, 2018,33(12):1830 - 1838.

[191] Hÿtch M J,Snoeck E,Kilaas R.Quantitative measurement of displacement

and strain fields from HREM micrographs [J]. Ultramicroscopy, 1998, 74 (3):131 - 146.

[192] 任锡标.二维六方氮化硼的晶界结构和运动[D].杭州:浙江大学,2020.

[193] Zhu C, Zhou L, Zheng J, et al. Cluster on interface of LPSO phase and matrix in Mg-Gd-Y-Ni alloy: atomic scale insight from HAADF-STEM[J]. Materials Letters, 2018, 235:71 - 75.

[194] Zhu C, Dong L, Hu B, et al. Evolution of microstructure and strain field by precipitation during early ageing of Al-Si-Mg-Cu alloy [J]. Philosophical Magazine Letters, 2021, 101(4):1 - 11.

[195] Hÿtch M J, Putaux J L, Pénisson J M. Measurement of the displacement field of dislocations to 0.03 Å by electron microscopy [J]. Nature, 2003, 423 (6937):270 - 273.

[196] Rontgen W C. Ueber eine neue art von strahlen[J]. Ann. Phys. Chem., 1898, 64:1 - 11.

[197] Barkla C G, Sadler C A. XXXVII. secondary x-rays and the atomic weight of nickel[J]. The London, Edinburgh, and Dublin Philosophical Magazine and Journal of Science, 1907, 14(81):408 - 422.

[198] Barkla C G, Sadler C A. XLVIII. homogeneous secondary Röntgen radiations [J]. The London, Edinburgh, and Dublin Philosophical Magazine and Journal of Science, 1908, 16(94):550 - 584.

[199] Barkla C G. Phenomena of X-ray transmission[J]. Proc. Camb. Philos. Soc. 1909, 15:257 - 268.

[200] Barkla C G, Nicol J. X-ray spectra [J]. Nature, 1910, 84(2127):139 - 139.

[201] Barkla C G, Nicol J. Homogeneous fluorescent X-radiations of a second series [J]. Proceedings of the Physical Society of London, 1911, 24(1):9.

[202] Barkla C G, Collier V. CI. the absorption of X-rays and fluorescent X-ray spectra [J]. The London, Edinburgh, and Dublin Philosophical Magazine and Journal of Science, 1912, 23(138):987 - 997.

[203] Beatty R T. The direct production of characteristic Röntgen radiations by cathode particles [J]. Proceedings of the Royal Society of London: Series A, Containing Papers of a Mathematical and Physical Character, 1912, 87(598): 511 - 518.

[204] Moseley H G J. XCIII. the high-frequency spectra of the elements[J]. The London, Edinburgh, and Dublin Philosophical Magazine and Journal of Science,

1913,26(156):1024 - 1034.

[205] Moseley H G J.LXXX.the high-frequency spectra of the elements:part II[J].
the London, Edinburgh, and Dublin Philosophical Magazine and Journal of
Science,1914,27(160):703 - 713.

[206] Coster D. Hevesy G. On the new element hafnium[J]. Nature, 1923, 111
(2782):252 - 252.

[207] Geiger H,Müller W.Elektronenzählrohr zur messung schwächster aktivitäten
[J].Naturwissenschaften,1928,16(31):617 - 618.

[208] Friedman H,Birks L S.A geiger counter spectrometer for X-ray fluorescence
analysis [J].Review of Scientific Instruments,1948,19(5):323 - 330.

[209] Hillier J.Electron probe analysis employing X-ray spectragrphy[J].US Pat,
1947(2).

[210] Castaing R. Application des sondes électroniques à une méthode d'analyse
ponctuelle chimique et cristallographique [D]. Paris: Universite de Paris,
1951.

[211] Cosslett V E,Duncumb P.Micro-analysis by a flying-spot X-ray method [J].
Nature,1956,177(4521):1172 - 1173.

[212] Fitzgerald R,Keil K,Heinrich K F J.Solid-State energy-dispersion spectrome-
ter for electron-microprobe X-ray analysis [J].Science,1968,159(3814):528 -
530.

[213] Woldseth R. All you ever waned to know about X-ray energy spectrometry
[M].Burlingame California:Kevex Corporation,1973.

[214] 施明哲,董本霞.电子材料分析中的能谱干扰峰[J].电子产品可靠性与环境试
验,2002(4):46 - 49.

[215] Leithäuser G E. Über den Geschwindigkeitsverlust, welchen die Kathoden-
strahlen beim Durchgang durch dünne Metallschichten erleiden, und über die
Ausmessung magnetischer Spektren [J].Annalen der Physik,1904,320(12):
283 - 306.

[216] Rudberg E.EELS measurements in reflection on noble metals[J].K.Svenska
Vet.Akad.Handl,1929,7:1.

[217] Ruthemann G.Diskrete energieverluste schneller elektronen in festkörpern
[J].Naturwissenschaften,1941,29(42):648 - 648.

[218] Ruthemann G.Elektronenbremsung an röntgenniveaus[J].Die Naturwissen-
schaften,1942,30(9):145.

［219］ Ruthemann G. Diskrete energieverluste mittelschneller elektronen beim durchgang durch dünne folien ［J］. Annalen der Physik,1948,437(3 - 4):113 - 134.

［220］ Hillier J. On microanalysis by electrons ［J］. Physical Review,1943,64(9 - 10):318 - 319.

［221］ Hillier J,Baker R F. Microanalysis by means of electrons［J］. Journal of Applied Physics,1944,15(9):663 - 675.

［222］ Wittry D. An electron spectrometer for use with the transmission electron microscope ［J］. Journal of Physics D:Applied Physics,1969,2(12):1757 - 1766.

［223］ Colliex C. Electron energy loss spectroscopy in the electron microscope［J］. Advances in imaging and electron microscopy,2019,211:187 - 304.

［224］ Tan H,Verbeeck J,Abakumov A,et al. Oxidation state and chemical shift investigation in transition metal oxides by EELS［J］. Ultramicroscopy,2012, 116:24 - 33.

［225］ Xie K Y,Domnich V,Tarbaniec L,et al. Microstructural characterization of boron-rich boron carbide ［J］. Acta Materialia,2017,136:202 - 214.

［226］ Disko M,Krivanek O,Rez P. Orientation-dependent extended fine structure in electron-energy-loss spectra ［J］. Physical Review B,1982,25(6):4252.

［227］ Egerton R F. 电子显微镜中的电子能量损失谱学［M］. 北京:高等教育出版社, 2011.

［228］ Bertein F. Optique electronique-un systeme correcteur en optique electronique ［J］. Comptes Rendus Hebdomadaires des Seances De L Academie des Sciences,1947,225(18):801 - 803.

［229］ Hillier J,Ramberg E. The magnetic electron microscope objective:contour phenomena and the attainment of high resolving power ［J］. Journal of Applied Physics,1947,18(1):48 - 71.

［230］ Rang O. Der elektrostatische Stigmator,ein Korrektiv für astigmatische Elektronenlinsen ［J］. Optik,1949,5(8 - 9):518 - 530.

［231］ Scherzer O. Some defects of electron lenses ［J］. Z. Phys,1936,101(9 - 10):593 - 603.

［232］ Scherzer O. Spharische und chromatische korrektur von elektronen-linsen ［J］. Optik,1947,2:114 - 132.

［233］ Seeliger R. Die spharische Korrektur von Elektronenlinsen mittels nichtrotationssymmetrischer Abbildungselemente ［J］. Optik,1951,8:311 - 317.

［234］ Mollenstedt G. Elektronenmikroskopische Bilder mit einem nach O. Scherzer korrigierten Objectiv ［J］. Optik-International Journal for Light and Electron

Optics,1956,13:209 - 215.

[235] Tretner W.Existenzbereiche rotationssymmetrischer elektronenlinsen [J].Optik,1959,16:155 - 184.

[236] Deltrap J H M.Correction of spherical aberration of electron lenses [D].Cambridge,1964.

[237] Crewe A V,Parker.NW Correction of third-order aberrations in the scanning electron microscope[J].Optik,1976,46(2):183 - 194.

[238] Parker N W,Golladay S D,Crewe A V.Theoretical Analysis of Third-Order Aberration Correction in the SEM and STEM [J]. Proc. Scanning Electron Microscopy symposium.IIT Research Institute,Chicago,1976:24 - 25.

[239] Rose H.Elektronenoptische aplanate [J].Optik,1971,34:285 - 311.

[240] Rose H. Outline of a spherically corrected semiaplanatic medium-voltage transmission electron microscope [J].Optik,1990,85:19 - 24.

[241] Maximilian H,Herald R,Stephan U,et al. Towards 0. 1 nm resolution with the first spherically corrected transmission electron microscope [J].Journal of Electron Microscopy,1998(5):395 - 405.

[242] Haider M,Müller H,Uhlemann S,et al.Prerequisites for a Cc/Cs-corrected ultrahigh-resolution TEM [J].Ultramicroscopy,2008,108(3):167 - 178.

[243] 陈文雄,徐军,陈蔚,等.中等电压透射电镜的球差矫正[J].电子显微学报,2007,26(1):1 - 7.

[244] Haider M,Rose H,Uhlemann S,et al.A spherical-aberration-corrected 200 kV transmission electron microscope [J].Ultramicroscopy,1998,75(1):53 - 60.

[245] Reimer L.Transmission electron microscopy:physics of image formation and microanalysis [M].New York:Springer,1993.

[246] Boersch H. Experimentelle bestimmung der energieverteilung in thermisch ausgelösten elektronenstrahlen [J].Zeitschrift für Physik,1954,139(2):115 - 146.

[247] Knauer W.Analysis of energy broadening in electron and ion beams [J].Optik,1979,54:211 - 234.

[248] Kahl F,Rose H.Outline of an electron monochromator with small Boersch effect:in proceedings of the 14th international conference on electron microscopy [C].Bristol UK CRC Press,1998,14:71 - 72.

[249] Kahl F.Design of a monochromator for electron sources[C].Proc.of the 12th European Congress on Electron Microscopy,2000:459 - 460.

[250] Mook H,Kruit P.On the monochromatisation of high brightness electron sources

for electron microscopy [J].Ultramicroscopy,1999,78(1 - 4):43 - 51.

[251] Mook H,Kruit P.Construction and characterization of the fringe field monochromator for a field emission gun [J].Ultramicroscopy,2000,81(3 - 4):129 - 139.

[252] Tiemeijer P.Measurement of coulomb interactions in an electron beam monochromator [J].Ultramicroscopy,1999,78(1 - 4):53 - 62.

[253] Kisielowski C,Freitag B,Bischoff M,et al.Detection of single atoms and buried defects in three dimensions by aberration-corrected electron microscope with 0. 5-Å information limit [J].Microscopy and Microanalysis,2008,14(5):469 - 477.

[254] Grogger W,Hofer F,Kothleitner G,et al.An introduction to high-resolution EELS in transmission electron microscopy [J]. Topics in catalysis, 2008, 50(1):200 - 207.

[255] De Rosier D,Klug A.Reconstruction of three dimensional structures from electron micrographs [J].Nature,1968,217(5124):130 - 134.

[256] Crowther R A. Procedures for three-dimensional reconstruction of spherical viruses by Fourier synthesis from electron micrographs [J]. Philosophical Transactions of the Royal Society of London: B, Biological Sciences, 1971, 261(837):221 - 230.

[257] Scherzer O. Die Strahlenschädigung der objekte als grenze für die hochauflösende elektronenmikroskopie [J].Berichte der Bunsengesellschaft für Physikalische Chemie,1970,74(11):1154 - 1167.

[258] Sasaki T,Sawada H,Hosokawa F,et al.Performance of low-voltage STEM/TEM with delta corrector and cold field emission gun [J].Journal of Electron Microscopy,2010,59(S1):S7 - S13.

[259] Weichan C.Zur elektronenmikroskopischen untersuchung von dehnungsvorgängen mit hilfe einer spreizpatrone[J].Z.Wiss-Mikrosk,1955,62:147.

[260] Wilsdorf H.Apparatus for the deformation of foils in an electron microscope [J].Review of Scientific Instruments,1958,29(4):323 - 324.

[261] Takeuchi T, Ikeda S,Ikeno S,et al.A specimen stage for low temperature tensile deformation in an electron microscope [J].Japanese Journal of Applied Physics,1973,12(1):142 - 145.

[262] Harris J E,Sykes E C.Physical metallurgy of reactor fuel elements [C].Metal Soc,1975.

[263] Lepinoux J,Kubin L.In situ TEM observations of the cyclic dislocation behaviour in persistent slip bands of copper single crystals [J].Philosophical Maga-

zine A,1985,51(5):675 - 696.

[264] Legros M,Cabié M,Gianola D S. In situ deformation of thin films on substrates [J].Microscopy Research and Technique,2009,72(3):270 - 283.

[265] Chen B,Lu T,Yin K. In-situ observation of microcrack evolution in a dual-phase steel during tensile straining[J]. Materials Science and Technology,2020(10):674 - 680.

[266] Kiener D,Minor A M.Source truncation and exhaustion:insights from quantitative in situ TEM tensile testing[J].Nano Letters,2011,11(9):3816 - 3820.

[267] Shan Z,Mishra R K,Syed Asif S A,et al.Mechanical annealing and source-limited deformation in submicrometre-diameter Ni crystals [J].Nature Materials,2008,7(2):115 - 119.

[268] Vanstreels K,De Wolf I,Zahedmanesh H,et al.In-situ scanning electron microscopy study of fracture events during back-end-of-line microbeam bending tests [J].Applied Physics Letters,2014,105(21):213102.

[269] Hintsala E D,Stauffer D D,Oh Y,et al.In situ TEM scratch testing of perpendicular magnetic recording multilayers with a novel MEMS tribometer [J].Jom,2017,69(1):51 - 56.

[270] Wang L,Han X,Liu P,et al.In situ observation of dislocation behavior in nanometer grains [J].Physical Review Letters,2010,105(13):135501.

[271] Huang J Y,Zhong L,Wang C M,et al.In situ observation of the electrochemical lithiation of a single $SnO2$ nanowire electrode[J]. Science,2010,330(6010):1515 - 1520.

[272] Williamson M J,Tormp R M,Vereeckenpm,et al.Dynamic microscopy of nanoscale cluster growth at the solid-liquid interface[J]. Nature Materials,2003,2(8):532 - 536.

[273] Yuk J M,Park J,Ercius P,et al.High-resolution EM of colloidal nanocrystal growth using graphene liquid cells [J].Science,2012,336(6077):61 - 64.

[274] De Jonge N,Peckys D B,Kremers G J,et al.Electron microscopy of whole cells in liquid with nanometer resolution[J]. Proceedings of the National Academy of Sciences,2009,106(7):2159 - 2164.

[275] Litvinov D,Rosenauer A,Gerthsen D.Transformation of Shockley into Frank stacking faults in a ZnS 0. 04 Se 0. 96/GaAs(001)heterostructure [J].Philosophical Magazine Letters,2003,83(9):575 - 581.

[276] Driest E,Müller H.Elektronenmikroskopische aufnahmen(elektronenmikro-

gramme)von Chitinobjekten [J].Z.wiss.Mikrosk,1935,52:53 – 57.

[277] Krause F.Das magnetische elektronenmikroskop und seine anwendung in der biologie [J].Naturwissenschaften,1937,25(51):817 – 825.

[278] Beischer D,Krause F.Das elektronenmikroskop als hilfsmittel der kolloidforschung [J].Naturwissenschaften,1937,25(51):825 – 829.

[279] Uhlir Jr A.Micromachining with virtual electrodes [J].Review of Scientific Instruments,1955,26(10):965 – 968.

[280] Riesz R P,Bjorling C G.Sample preparation for transmission electron microscopy of germanium [J].Review of Scientific Instruments,1961,32(8):889 – 891.

[281] Phillips V A,Hugo J A.Automatic polishing technique for electro-thinning metals for transmission electron microscopy [J].Journal of Scientific Instruments,1960,37(6):216.

[282] Hugo J,Phillips V.A versatile jet technique for thinning metals for transmission electron microscopy [J].Journal of Scientific Instruments,1963,40(4):202.

[283] Hugo J,Phillips V.A twin-jet technique for thinning metals for transmission electron microscopy [J].Journal of Scientific Instruments,1965,42(5):354.

[284] Schoone R D,Fischione E A.Automatic unit for thinning transmission electron microscopy specimens of metals[J].Review of Scientific Instruments,1966,37(10):1351 – 1353.

[285] Das S.Specimen preparation for electron microscopy[C].Experimental Techniques in Lndastrial Metallography National Metallargial labtoraton Jamshedpur,1995.

[286] Wang Z,Lv K,Zheng J K,et al.Atomic-scale characterization of interfaces between 2A70 aluminum alloy matrix and Cu-enriched layer after electropolishing [J].Materials Characterization,2019,150:150 – 154.

[287] Hao Y,Chen X,Li X,et al.Polycrystalline and single-crystalline edge layer of Mg-Gd-TM(TM＝Ni,Ag)alloys prepared by ion thinner [J].Advanced Engineering Materials,2021.23(4):2001222.

[288] Sun B B,Wang Y B,Wen J,et al.Artifacts induced in metallic glasses during TEM sample preparation [J].Scripta Materialia,2005,53(7):805 – 809.

[289] Gangopadhyay A,Croat T,Kelton K.The effect of phase separation on subsequent crystallization in Al88Gd6La2Ni4 [J].Acta Materialia,2000,48(16):4035 – 4043.

[290] Kelton K F,Groat T K,Gangopadhyay A K,et al.Mechanisms for nanocrystal formation in metallic glasses [J].Journal of Non-Crystalline solids,2003,317

(1-2):71-77.

[291] Nagahama D,Ohkubo T,Hono K.Crystallization of Ti36Zr24Be40 metallic glass [J].Scripta Materialia,2003,49(7):729-734.

[292] Castaing R,Laborie P.Examen direct des métaux par transmission au microscope électronique[J].Comptes Rendus HebdomadAires des Seances de L Academie des Sciences,1953,237(21):1330-1332.

[293] Hietel B,Meyerhoff K. Die herstellung dünner silizium-einkristallschichten durch kathodenzerstäubung [J].Zeitschrift für Physik,1961,165(1):47-52.

[294] Tighe N.Microstructure of fine-grain ceramics,...eds.,JJ Burke,NL Reea,and V. Weiss [M].New York:Syracuse University,1970.

[295] Barber D J.Thin foils of non-metals made for electron microscopy by sputteretching [J].Journal of Materials Science,1970,5(1):1-8.

[296] Heuer A H,Firesture R F,Snow J D,et al.An improved ion thinning apparatus[J].Review of Scientific Instruments,1971,42(8):1177-1184.

[297] Franks J.Ion beam technology applied to electron microscopy[J].Advances in Electronics and Electron Physics,1978,47:1-50.

[298] Li J,Gu X,Hufnagel T.Using fluctuation microscopy to characterize structural order in metallic glasses [J].Microscopy and Microanalysis,2003,9(6):509-515.

[299] McCaffrey J P.Small-angle cleavage of semiconductors for transmission electron microscopy [J].Ultramicroscopy,1991,38(2):149-157.

[300] McCaffrey J P. Improved TEM samples of semiconductors prepared by a small-angle cleavage technique[J]. Microscopy Research and Technique, 1993,24(2):180-184.

[301] Zhang X F,Zhang Z.Progress in transmission electron microscopy:I.concepts and techniques [M].Berlin Heideberg:Springer,2001.

[302] Walck S,McCaffrey J.The small angle cleavage technique applied to coatings and thin films [J].Thin Solid Films,1997,308:399-405.

[303] von Ardenne M.Die keilschnittmethode,ein weg zur herstellung von mikrotomschnitten mit weniger als 10-3 mm stärke für elektronenmikroskopische zwecke [J].Z Wiss Mikrosk,1939,56:8-23.

[304] Sjöstrand F S.Eine neue Methode zur Herstellung sehr dunner objektschnitte fur die elektronenmikroskopische untersuchung von geweben [J].Ark.Zool., 1943,35A(5):18.

[305] Krause F. Die erzielung übermikroskopischer elektronenbilder von gewebe-

schnitten[J]. Virchows Archiv für pathologische Anatomie und Physiologie und für klinische Medizin, 1944, 312(1): 346 - 391.

[306] Pease D C, Baker R F. Sectioning techniques for electron microscopy using a conventional microtome [J]. Proceedings of the Society for Experimental Biology and Medicine, 1948, 67(4): 470 - 474.

[307] Bretschneider L H. A simple technique for the electron-microscopy of cell and tissue sections [J]. Proceedings of the Koninklijke Nederlandse Akademie van Wetenschappen North-Holland publishing compang, 1949, 52: 654 - 666.

[308] Hillier J, Gettner M E. Improved ultra-thin sectioning of tissue for electron microscopy [J]. Journal of Applied Physics, 1950, 21(9): 889 - 895.

[309] Latta H, Hartmann J F. Use of a glass edge in thin sectioning for electron microscopy [J]. Proceedings of the Society for Experimental Biology and Medicine, 1950, 74(2): 436 - 439.

[310] Newman S B, Borysko E, Swerdlow M. New sectioning techniques for light and electron microscopy [J]. Science, 1949, 110(2846): 66 - 68.

[311] Fernández-Morán H. A diamond knife for ultrathin sectioning [J]. Experimental Cell Research, 1953, 5(1): 255 - 256.

[312] Reimer L. Elektronenmikroskopie an metalldünnschnitten mit diamantmesser [J]. International Journal of Materials Research, 1959, 50(1): 37 - 41.

[313] Tice W, Lasko W. The determination of fine metallic filament morphology by ultramicrotomy [J]. Analytical Chemistry, 1963, 35(10): 1553 - 1554.

[314] Dawson I, Follett E. An electron microscope study of synthetic graphite[J]. Proceedings of the Royal Society of London: Series A, Mathematical and Physical Sciences, 1959, 253(1274): 390 - 402.

[315] Granzer F, Haase G. Zörgiebel F. Ultra-thin sections of CsI single crystals [J]. Journal of Applied Physics, 1966 37(1): 457 - 458.

[316] Dorsey G. Some evidence for duplex film structuring within the anodic alumina barrier layer [J]. Journal of the Electrochemical Society, 1969, 116(4): 466.

[317] Feng S Q, Yu D P, Hub G, et al. The hrem observation of cross-sectional structure of carbon nanotubes[J]. Journal of Physics and Chemistry of Solids, 1997, 58(11): 1887 - 1892.

[318] Azizi A, Gadinski M R, Li Q, et al. High-performance polymers sandwiched with chemical vapor deposited hexagonal boron nitrides as scalable high-temperature dielectric materials [J]. Advanced Materials, 2017, 29(35): 1701864.

[319] Zhang H,Wang C,Zhou G.Ultra-microtome for the preparation of TEM specimens from battery cathodes[J].Microscopy and Microanalysis,2020,26(5): 867 – 877.

[320] Stewart A.Investigation on the topography of ion bombardet surfaces with a scanning electron microscope[C].5th international Congress for Electron Microscopy,Philadelphia,1962,1:D12~D13.

[321] Seliger R L,Fleming W P.Focused ion beams in microfabrication[J].Journal of Applied physics,1974,45(3):1416 – 1422.

[322] Krohn V E,Ringo G R.Ion source of high brightness using liquid metal[J]. Applied Physics Letters,1975,27(9):479 – 481.

[323] Seliger R L,Ward J W,Wang V,et al.A high-intensity scanning ion probe with submicrometer spot size [J].Applied Physics Letters,1979,34(5):310 – 312.

[324] Kirk E C G,Williams D A,Ahmed H.Cross-sectional transmission electron microscopy of precisely selected regions from semiconductor devices[C].Inst. Phys.Conf.Ser,1989,100:501.

[325] Park K-h.Cross-sectional TEM specimen preparation of semiconductor devices by focused ion beam etching[J].MRS Online Proceedings Library(OPL), 1990,199:271 – 280.

[326] Young R,Kirk E C G,Williams D A,et al.Fabrication of planar and cross-sectional TEM specimens using a focused ion beam [J].MRS Online Proceedings Library(OPL),1990,199:205 – 216.

[327] Mahl H.Metallkundliche untersuchungen mit dem elektrostatischen übermikroskop [J].Z.Tech.Phys.,1940,21:17 – 18.

[328] Schaefer V J,Harker D.Surface replicas for use in the electron microscope [J].Journal of Applied Physics,1942,13(7):427 – 433.

[329] König H,Helwig G.Über dünne aus kohlenwasserstoffen durch elektronen-oder ionenbeschuß gebildete schichten [J]. Zeitschrift für Physik, 1951, 129(5): 491 – 503.

[330] Bradley D E.Evaporated carbon films for use in electron microscopy[J]. British Journal of Applied Physics,1954,5(2):65 – 66.

[331] Bradley D E.An evaporated carbon replica technique for use with the electron microscope and its application to the study of photographic grains [J].British Journal of Applied Physics,1954,5(3):96 – 97.

[332] Bradley D E.A high-resolution evaporated-carbon replica technique for the e-

lectron microscope [J].J.Inst.Metals,1954,83:35 - 38.

[333] Smith E,Nutting J.Direct carbon replicas from metal surfaces[J].British Journal of Applied Physics,1956,7(6):214 - 217.

[334] Dykstra M J,Reuss L E.Replicas,shadowing,and negative staining,in biological electron microscopy[M].Boston M.A.:Springer,2003.

[335] Taoka T.Magnetic after-effect in $Ni_3Mn$ alloy[J].Journal of the Physical Society of Japan,1956,11(5):537 - 547.

[336] Adachi K,Hojou K,Katoh M,et al.High resolution shadowing for electron microscopy by sputter deposition [J].Ultramicroscopy,1976,2:17 - 29.

[337] Hanzlikova K,Věchet S,Kohout J.The optimization of the isothermal transformation dwell with emphasis on the matrix structural mixture of austempered ductile iron [J].Materials Science,2007.13(2):113 - 116.

[338] 李慧改,赵丹,龚玥,等.用于检测合金中第二相粒子的透射电镜样品的制备方法:20110357602.9[P].2012 - 06 - 20.

[339] Fu J,Li G,Mao X.Nanoscale cementite precipitates and comprehensive strengthening mechanism of steel[J].Metallurgical and Materials Transactions A,2011,42(12):3797 - 3812.

[340] 杜开平,于月光,张淑亭,等.微合金钢中纳米碳化物分析方法[J].有色金属科学与工程,2017,8(01):35 - 41.

[341] Mitchell D,Sulaiman S.Advanced TEM specimen preparation methods for replication of P91 steel [J].Materials Characterization,2006,56(1):49 - 58.

[342] Stewart R L.Insulating films formed under electron and ion bombardment[J]. Physical Review,1934,45(7):488 - 490.

[343] Ennos A E.The origin of specimen contamination in the electron microscope [J].British Journal of Applied Physics,1953,4(4):101 - 106.

[344] Ennos A E.The sources of electron-induced contamination in kinetic vacuum systems [J].British Journal of Applied Physics,1954,5(1):27 - 31.

[345] Luo L,Zhu F,Tian R,et al.Composition-graded Pd x Ni1-x nanospheres with Pt monolayer shells as high-performance electrocatalysts for oxygen reduction reaction [J].ACS Catalysis,2017,7(8):5420 - 5430.